U0376546

本书研究工作与出版得到如下项目的支持与资助

高等学校特聘教授“长江学者奖励计划”
国家自然科学基金委杰出青年基金项目
国家自然科学基金委优秀青年基金项目
国家自然科学基金委创新群体项目
国家自然科学基金委重大、重点项目
科学技术部“863”“973”、支撑计划及重点研发计划
国家“十五”重大科技攻关计划
北京市科技新星计划
霍英东教育基金
教育部科学技术研究重大项目基金
高等学校博士点学科专项科学基金

超重力
技术及应用

第二版

High Gravity
Technology and Application

陈建峰　等著

化学工业出版社

·北京·

内 容 简 介

《超重力技术及应用》（第二版）主要介绍了超重力技术的基本概念及发展历程，超重力环境下的流体力学、混合与传递过程，超重力装备设计原理，超重力法制备纳米材料及工业应用，超重力过程强化技术及工业应用，并面向国家重大战略需求和学科前沿，对超重力技术未来的发展方向和应用领域进行了展望。

本书共10章，从基础理论到工业应用案例及成效进行了系统的论述，以帮助读者更加全面地了解超重力技术。本书适合化工、材料、环境、生物等相关专业的师生阅读，也可作为相关领域的科研和工程技术人员的参考书。

图书在版编目（CIP）数据

超重力技术及应用/陈建峰等著．—2版．—北京：化学工业出版社，2020.10

ISBN 978-7-122-37418-9

Ⅰ.①超… Ⅱ.①陈… Ⅲ.①分离-化工过程②化学反应工程 Ⅳ.①TQ028②TQ03

中国版本图书馆CIP数据核字（2020）第131515号

责任编辑：白艳云　　装帧设计：尹琳琳

责任校对：宋　夏

出版发行：化学工业出版社（北京市东城区青年湖南街13号　邮政编码100011）

印　　装：中煤（北京）印务有限公司

787mm×1092mm　1/16　印张25　字数582千字　2021年1月北京第2版第1次印刷

购书咨询：010-64518888　　售后服务：010-64518899

网　　址：http://www.cip.com.cn

凡购买本书，如有缺损质量问题，本社销售中心负责调换。

定　　价：168.00元

第二版编写人员名单

陈建峰　初广文　邹海魁　曾晓飞　王洁欣
邵　磊　乐　园　孙宝昌　罗　勇　张亮亮
向　阳　徐联宾　张　燚

第一版编写人员名单

陈建峰　郭　锴　郭　奋　张鹏远　邵　磊
宋云华　毋　伟　初广文

第二版序

科学技术正在对社会经济发展、生存环境改善及人类健康保障产生前所未有的重大贡献，对传统工业升级改造、绿色发展及战略新兴产业形成起着至关重要的作用。基于“三传一反”的化学工程科学原理广泛适用于化工、能源、环保、新材料制备等工业过程，但限于地球重力场的作用，传统的“三传一反”装备常显庞大。随着空间技术的发展，使人们可以突破地球重力场的限制，创造出更多的新技术，超重力技术正是在这种背景下诞生的。经过40多年的研究，它已发展成为强化传递、分子混合和反应过程的一项突破性高新技术。工业实践表明：在完成相当生产目标情况下，与传统塔式/釜式设备相比，超重力技术装备的尺寸可缩小至塔/釜的1/10，呈现出重大的科学研究价值和广阔的工业化应用前景。

本书作者及其所在单位北京化工大学教育部超重力工程研究中心，自20世纪80年代末将超重力技术引入我国以来，围绕这一科学技术，以“新理论-新装备-新技术-工程应用”为主线，经过30余年系统创新研究，开创了超重力反应工程新学科方向，创建了超重力反应器强化技术平台，发明了超重力强化系列新工艺，取得了被誉为国际原创性的成果，获得了国际同行的高度认同，被评价为“国际首创”(First as a reactor)、“在国际上首次实现了超重力技术商业化应用”(First commercial use) 等，吸引了国内外著名公司的合作，装备出口法国、瑞士等行业龙头企业。在石油化工、高端化学品、纳米材料、海洋工程、环保工程、能源工程等领域的100余台/套工程装置上实现了工业应用，产生了重大经济效益和社会效益。作者相关研究成果荣获国家技术发明二等奖3项（2002年、2012年、2016年，其中第一完成单位2项)、国家科技进步二等奖1项（2007年)。

《超重力技术及应用》第2版，是在2003年第1版基础上，全面总结和补充了超重力技术的理论和工业应用的最新研究成果及进展而完成的。本书内容丰富，素材翔实，特色鲜明，创新性突出。不仅有丰富的理论研究成果，而且还列举了许多工业应用案例，将理论研究与实际应用紧密结合，具有很强的实践性和工业应用指导价值。可作为从事相关高新技术领域工作的高年级大学生、研究生和工程科研工作者的参考书。

我相信本书的出版，为人们了解和利用超重力技术提供了很好的工具，对超重力技术在化工、环保、能源、新材料、海洋工程、健康产业等领域的推广应用，造福社会，将起到积极的促进作用。

中国科学院院士

天津大学教授

2020年6月

第二版前言

本书《超重力技术及应用》自 2003 年 1 月第一版问世，已经历了 17 个春秋。随着全球科技日新月异的发展，太空技术、人工智能、绿色制造等新技术正在改变与影响着人们的生活，人类面临前所未有的挑战和机遇，科技创新成为全球经济的重要引擎。

作为源于太空试验的超重力技术，近年来也取得了突破性快速发展，在石油化工（主流程）高端化学品制造、纳米新材料制造、海洋工程、环保工程、能源开采工程、医药等领域均实现了世界首台/套的工业化应用，成为一种流程工业过程强化的平台性技术，世界上各国学术机构和公司的研发热潮再次掀起，中国已成为超重力技术国际工业应用的引领国家，受到了国际同行们的广泛关注。

为总结 17 年来超重力技术的理论和应用的进展，使人们能从工业案例中“举一反三”，推广应用，北京化工大学教育部超重力工程研究中心团队以超重力技术研究所取得的理论成果和工业应用为创作基础，对第一版《超重力技术及应用》进行了全面修订和补充更新。

主要修订补充内容有：

① 在超重力装备设计原理方面，增加超重力装备的结构型式方面的内容，以阐明超重力装备结构的新发展；

② 在超重力法制备纳米材料及工业应用方面，增加了超重力法制备纳米分散体及纳米药物及相应的应用两个章节内容，以论述在纳米材料制备方面取得的新进展和应用情况；

③ 将上一版中超重力水脱氧技术、超重力技术在环境工业中的应用、超重力技术在生物化工中的应用等内容合并到超重力过程强化技术及工业应用篇章中，分别作为超重力反应过程及分离过程强化技术两章中内容。

本书是团队集体智慧和劳动的结晶，包括已毕业和在校的所有研究生，在此表示衷心感谢。

限于编著者的学识，书中还会存在诸多不妥和不足，恳请有关专家和读者不吝指正。

目 录

第 1 篇 超重力技术原理

第 1 章 导论

第 2 章 超重力环境下的流体力学、混合与传递过程

第 2 篇 超重力装备设计原理

第 3 章 超重力装备的结构型式

第4章　超重力旋转填充床装备的设计及计算

第3篇　超重力法制备纳米材料及工业应用

第5章　超重力法制备纳米粉体及工业应用

第6章 超重力法制备纳米分散体及工业应用

第7章 超重力法制备纳米药物及工业应用

第 4 篇 超重力过程强化技术及工业应用

第 8 章 超重力反应过程强化技术及工业应用

第9章　超重力分离过程强化技术及工业应用

第10章　展望

第 1 篇
超重力技术原理

第1章 导 论

1.1 超重力技术的基本概念

自20世纪60年代以来，空间技术的迅速发展给人类提供了开发利用空间环境的需要和条件。在地面上，自然界的很多规律都受到地球重力场的作用和限制。作为两种极端的物理条件——微重力环境和超重力环境，为物理学、生物学、流体力学、化学、化学工程学、材料科学、生命科学等学科的研究开辟了新的天地，为科学的发展注入了新的活力，同时也孕育了新学科和新技术的诞生，使人们可以突破地球重力场的限制，创造出更多的新技术，造福人类。随着空间技术的发展，微重力科学与技术已成为人们科学研究的热点，超重力科学与技术亦引起了人们的广泛关注，并已在工业中得到了应用。

所谓超重力是指加速度高于地球重力加速度（$9.8m/s^2$）的环境下，物质所受到的力(包括引力或排斥力)。研究超重力环境下的物理和化学变化过程的科学称为超重力科学。利用超重力科学原理而创制的应用技术称为超重力技术。超重力科学技术作为一种高新科技，在工业上有重大的应用前景。在超重力环境下，不同大小分子间的分子扩散和相间传质过程均比常规重力场下的要快得多，气液、液液、液固两相在比地球重力场大百倍至千倍的超重力环境下的多孔介质或孔道中产生流动接触，巨大的剪切力将液体撕裂成微米至纳米级的液膜、液丝和液滴，产生巨大的和快速更新的相界面，使相间传质速率比在传统的塔器中的提高1～3个数量级，微观分子混合和传质过程得到极大强化。同时，在超重力条件下，液泛速度提高，气体的线速度也得到大幅度提高，这使单位设备体积的生产效率得到1～2个数量级的提高，时空效率提高千～万倍量级。

1.2 超重力环境模拟实现的手段

在地球上，通过旋转产生离心力可模拟实现超重力环境。我们将这种经特殊设计的旋转设备统称为超重力装备，简称为超重力机。最早的模拟设备为 Rotating Packed Bed（旋转填充床，简称为 RPB）或 Higee（High “g” 中 High 和 “g” 的发音，$g=9.8m/s^2$，即 High gravity）。超重力机这一名称，是 Higee 的意译。由于习惯和用途的不同，超重力装备还有旋转床、旋转床反应器、超重力反应器等称谓。利用超重力环境下可高度强化传递和分子混合的特性，往往可以将高达几十米的巨大的化工塔式设备用高不及两米的超重力机替代。因此，超重力技术被认为是强化传递和多相反应过程的一项突破性技术，超重力机也被誉为“化学工业的晶体管”。

超重力装备所处理的介质是多种多样的，根据不同需要可以是气液或液液两相，又可以是气液固三相（如用水除尘，多相反应和发酵等）；气液可以并流或逆流，也可以是错流。无论怎样变化，超重力装备总是以气液、液液两相或气液固三相等在模拟的超重力环境中的多孔填料或孔道内，进行质量传递、混合与反应为其主要特征。

当超重力装备用于气液多相过程时，其气相为连续相的气液逆流接触的旋转填充床的基本结构如图 1-1 所示。它主要由转子、液体分布器和外壳组成。核心部分为转子，其主要作用是固定和带动填料旋转，实现良好的气液接触和分子混合。气相经气体进口管引入旋转填充床外腔，在气体压力的作用下由转子外缘处进入填料。液体由液体进口管引入转子内腔，经液体分布器淋洒在转子内缘上。进入转子的液体受到转子内填料的作用，周向速度增加，所产生的离心力将其推向转子外缘。在此过程中，液体被填料分散、破碎形成极大的、不断更新的表面，曲折的流道更加剧了表面的更新。液体在高分散、高湍动、强混合以及界面快速更新的情况下与气体以极大的相对速度在弯曲孔道中逆向接触，极大地强化了传质过程。而后，液体被转子甩到外壳汇集后经液体出口管离开超重力机。气体自转子中心离开转子，由气体出口管引出，完成整个传质或反应过程。

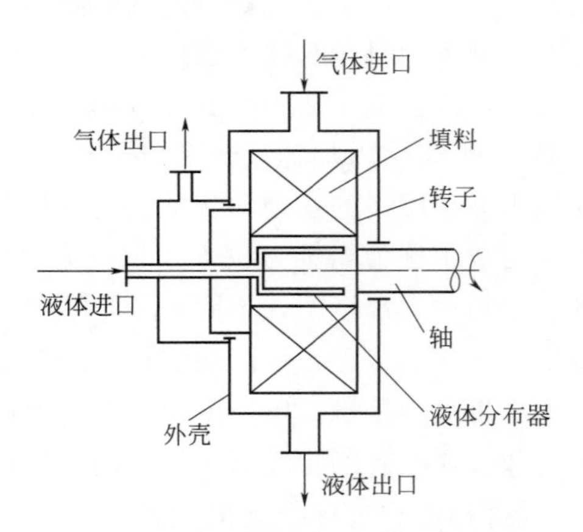

图 1-1 逆流旋转填充床结构示意图

虽然超重力技术的实质是通过离心力模拟超重力环境的，但该技术与传统的利用离心力进行多相分离或密度差分离有着本质的区别。它的核心在于对传递过程和分子混合过程的极大强化，因而它应用于需要对相间传递过程进行强化的多相分离过程，和需要相内或拟均相内分子混合强化的混合与反应过程。过程强化是一个具有高度革新内涵的概念，它的目的是把整个工厂的物理尺度缩小，以达到在投资、能耗、环境、安全等全方位的效益。

概括地说，超重力机具有如下特点：极大地缩小了设备尺寸与重量；极大地强化了传递过程；物料在设备内的停留时间极短（100ms～1s）；易于操作，易于停开车，维护与检修方便；可垂直、水平或任意方向安装，不怕颠簸，可安装于运动载体上；快速而均匀的分子混合等等。基于以上特点，超重力技术可应用于以下特殊过程：热敏性物料的处理（利用停留时间短）；昂贵物料或有毒物料的处理（利用机内残留量少）；选择性吸收分离（利用传递效率高和停留时间短）；高质量纳米材料的生产和高选择性反应（利用快速而均匀的分子混合特性）；高黏体系脱挥，如聚合物脱除单体（利用传递效率高）等等，因此，具有广阔的工业应用前景。

1.3 超重力技术的发展历史与现状

1976年，美国太空署（NASA）征求微重力场实验项目，英国帝国化学公司（ICI）新学科组的 Colin Ramshow 博士等人做了微重力场对化工分离单元操作——蒸馏、吸收等影响效应的研究[1]。他们发现微重力场使控制多相流体动力学行为的浮力因子 $\Delta\rho g$ 接近于零，使相间的相对运动速度降低，非但对传质没有任何好处，反而极大地削弱了传质过程。更严重的是，在几乎没有重力的情况下，液体的表面张力将起主导作用，液体凝聚在一起，组分基本上得不到分离。与此相反，超重力不仅使液体的表面张力变得微不足道，而且液体在巨大剪切力的作用下被拉伸成膜成丝成滴，产生出巨大的相间接触面积，更因此极大地提高了传质速率，也提高了气液逆流操作的泛点气速，这一切都对分离与操作有利。沿着这一思路，ICI 着手进行这方面的研究，设计出可产生 200～1000g 超重力环境的旋转填充床。大约两年以后，第一套示范装置开始运转。1979年6月，公开了在超重力机方面的第一个专利[2]。在后来的几年里，又陆续公开了一些专利[3～8]，从而形成了当时超重力机的基本结构和操作方式。

1983年，ICI 公司报道了工业规模的超重力机平行于传统板式塔进行乙醇与异丙醇分离和苯与环己烷分离试验，成功运转数千小时，肯定了这一新技术的工程与工艺可行性[9]。它的传质单元高度仅为 1～3cm，较传统填料塔的 1～2m 下降了两个数量级。它极大地降低了投资和能耗，显示出十分重大的经济价值和广阔的应用前景。

在超重力机的开发过程中，ICI 公司认为，超重力机技术的开发，如果能够由专门从事塔板与填料的生产与销售的公司来进行，可能更为有利。基于这种考虑，1984年5月，ICI 与美国 Glitsch 公司达成协议，ICI 将 Higee 的全部专利与开发销售权转让给 Glitsch 公司[10]。在此之后，Glitsch 公司成立了 Higee 技术开发研究中心，并与 Ohio 州的 Case Western Reserve 大学、Austin 的 Texas 州立大学和 Missouri 州的 Washington 大学以及专门从事气体处理的 Fluor Daniel 公司合作，在美国能源部的支持下，对多个体系进行了研究，并成功地将其应用于若干过程的工业试验。

1985年第一套超重力机售出。该机用于脱除被污染的地下水中的有机挥发物。可将水中的苯、甲苯、二甲苯的含量由 500～3000μg/kg 脱除到 1μg/kg 左右，装置成功地运转了6年。在此过程中，研究工作也在进行。美国 Tennessee 州立大学的 Singh S. P.[11] 于1989年撰写了一篇博士论文，描述了位于 Floreda Tyndall Eglin 空军基地用于同样目的的超重力机的情况。论文对该机的传质、液泛、功耗进行了研究。与此同时，美国的一些大公司如 Du Pont、DOW、Norton 等也都在自行进行这方面的研究。

由于 Higee（超重力）技术可能带来巨大经济效益和可能在特殊场合的应用，无论是 ICI、Glitsch 还是其他公司，当时都很少对这一技术进行实质性的技术报道，只是发表一些应用性的研究成果与商业性宣传报道。当时所能见到的专业技术性文章都是出自一些大学。

在国内，1984 年，汪家鼎院士在第二届高校化学工程会议上曾经做过关于超重力技术及其应用前景的报告；1989 年浙江大学陈文炳[12]等曾经发表过常规填料超重力机内的传质实验的结果；天津大学朱慧铭[13]于 1991 年，南京化工学院沈浩[14]等于 1992 年也都有关于超重力分离过程研究的硕士论文发表。

1988 年，北京化工大学郑冲教授等与美国 Case Western Reserve 大学 N. C. Gardner 教授合作，由 Glitsch 公司租赁提供超重力机主机，在北京化工大学建立了一套实验装置，开始进行超重力技术的基础研究以及用于油田注水脱氧、酵母发酵等应用技术研究。自 1989 年起，北京化工大学超重力技术的研究，连续得到国家有关部委的重点支持，被列为国家“八五”“九五”“十五”计划的重点科技研究项目。1990 年在北京化工大学建立我国第一个超重力工程技术研究中心，2001 年升级成立教育部超重力工程研究中心，由陈建峰教授出任主任，开展了系列创新性研究工作。经过近 30 年的持续研究，该中心在超重力技术的基础和应用研究方面取得了具有国际领先或国际先进水平的研究成果，特别是开创了超重力反应工程的研究新领域，并使超重力技术真正实现了商业化应用。典型的里程碑式意义的应用案例有：1998 年，在国际上首次将超重力水脱氧技术实现商业化应用，将海水处理能力为 250t/h 的超重力机安装于山东胜利油田埕岛二号平台上，投入了工业化运用；2000 年和 2001 年，相继在广东恩平、山西芮城建成了世界上首条年产 3000 吨和万吨级超重力法合成纳米碳酸钙工业生产线；2001 年，美国 DOW 化学公司在北京化工大学的技术合作下，成功地将超重力技术应用于次氯酸的工业生产过程中，将四台直径 6m 高 30m 的钛材塔用四台直径 3m 高 3m 的钛材超重力机进行了成功替代，节省投资 70%以上，操作费用节省 30%，同时提高了反应选择性和分离效果；2007 年，北京化工大学与烟台/宁波万华聚氨酯有限公司合作，成功实现了超重力缩合反应强化技术在 MDI 生产中的工业应用，与原反应器工艺相比，其缩合反应进程加快 100%，三条生产线的总产能从 64 万吨/年提升到 100 万

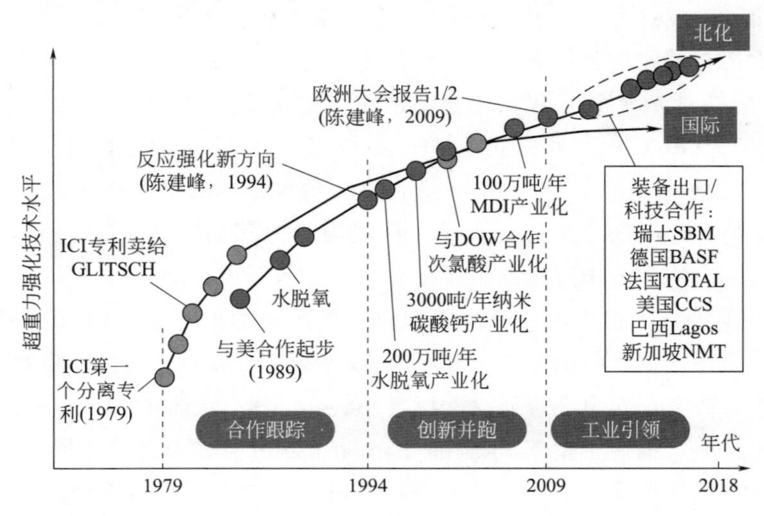

图 1-2 以北京化工大学为代表的中国超重力技术研发与工业应用

吨/年，产品杂质含量下降约30%，产品质量达到世界领先水平，且单位产品能耗下降约30%。

随着超重力技术在纳米材料制备、高端化学品合成、反应与分离过程强化等工业生产中的成功商业化应用，超重力技术的应用范围得到极大拓展。我国超重力技术的研发与工业化应用研究，也由此实现了从合作跟踪到创新并跑到工业引领的跨越式发展，已进入了一个全新的发展阶段（图1-2）。

1.4 超重力技术的研究和应用范畴

由于超重力技术显而易见的优点，自20世纪70年代末第一台超重力机出现以来，世界上许多大化学公司都竞相对该技术进行开发研究，并进行了一定的中试或工业性试验运行。至90年代末，中国和美国在纳米材料制备和分离过程等已有商业性应用报道。同时，欧美一些大学也在大公司的支持下从事超重力旋转床等方面的基础研究。这些工作概括如下。

（1）地下水中有机挥发物的脱除。位于美国Michigan州Traverse城的美国海岸警卫队购置了一套超重力装置，1985年9月开始运转，用空气对地下水中的苯类有机物进行脱除[15]。污染物含量由500～3000μg/kg降至1μg/kg左右。装置正常运转6年，直到全部被污染的地下水处理完毕。

（2）H_2S的选择性吸收。美国Fluor Daniel公司于1987年在位于New Maxco州Farmington的EL Paso天然气公司的San Juan河工厂建立了一套利用二乙醇胺对含有H_2S和CO_2的天然气进行选择性吸收H_2S的超重力装置[16]。该装置的经济技术指标都明显高于传统的处理方法，这项工作得到了美国能源部的支持，当时一直继续进行和完善。

（3）1987年7月，Glitsch公司在Louisiana州的Chevron' Jaudge Digby工厂进行了两次实验[17,18]，一个是在不含H_2S的气体中利用二乙醇胺脱除CO_2；另一个是利用三甘醇进行天然气干燥，据称这两项实验都非常成功。

（4）1984年以前，ICI公司曾经在如下体系中进行过超重力技术应用的实验研究，如表1-1所示[19]，在这中间甲醇/乙醇精馏是在小型超重力机中进行的。所用转子内径86mm，外径220mm，轴向厚度12mm，所产生的超重力水平范围最高达到1000g。其余实验是在工业规模上进行的，所有实验据称都非常成功。

表1-1 ICI公司进行的超重力技术应用研究

序号	过程与体系	说明
1	水吸收氨	气膜控制吸收
2	水吸收氧和氧自水中解吸	液膜控制
3	水吸收二氧化硫	气膜控制吸收
4	碳酸盐溶液吸收二氧化硫	在水中加入CMC,黏度提高到30mPa·s
5	水吸收二氧化硫	在水中加入CMC,黏度提高到30mPa·s
6	用乙胺和助催化的丙胺吸收二氧化碳	在常压下进行,在吸收二氧化碳时液相化学反应速率对过程速率有重要影响

续表

序号	过程与体系	说明
7	用乙胺和丙胺吸收硫化氢	
8	用乙胺和丙胺吸收二氧化碳和硫化氢	
9	用乙二醇吸收空气中的水	常压
10	从润滑油和密封油中解吸轻烃	常温常压，用氮气吹出
11	甲醇/乙醇精馏	常压，全回流
12	乙醇/异丙醇分离	$(1.0\sim1.5)\times10^5$Pa
13	甲苯/环己烷分离	1.5×10^5Pa
14	用 MEA 从烟道气中吸收二氧化碳	常压

（5）英国 Newcastle 大学的 Colin Ramshaw 教授领导的小组，多年来一直致力于海水脱氧的研究。他们将 166t/h 海水中的氧脱除至 20μg/kg 的超重力机装置与传统塔器加以比较，结果示于表 1-2 中[20]。用于上述比较的超重力机内，是以液相为连续相、气体为分散相，并以鼓泡形式通过两级串联的填料层的。

表 1-2 海水脱氧用超重力机与传统塔器比较

设备	超重力机	真空塔
高	2m	20m
占地	$4m^2$	$4m^2$
附件	2.9t	9.5t
填料重	0.2t	1.6t
持液量	0.6t	12.3t
预处理液体	1.2t	10.0t
电机	0.6t	0
真空系统	0	5.0t
总重	5.5t	38.4t

（6）美国 Case Western Reserve 大学的郝靖国[21]在 N. C. Gardner 教授的指导下进行了利用超重力机对聚苯乙烯脱单体的研究。

聚苯乙烯熔融物的黏度高达 400Pa·s。在 260℃和大约 1333.22Pa 的绝压下，利用真空将其中的乙苯和苯乙烯单体脱除。处理之前，聚合物熔融物中含乙苯 320mg/kg，苯乙烯单体 900mg/kg，二聚物 414mg/kg，三聚物 4520mg/kg。处理之后，乙苯小于 16mg/kg，苯乙烯类小于 65mg/kg，脱除率大于 95%。

（7）在国内，天津大学曾经进行过通过超重力机用二乙醇胺吸收二氧化碳的研究。南京化工学院曾经进行过通过超重力机利用空气处理含氨废水的工作。华南理工大学简弃非等人致力于旋转床的研究，并于1995年申请了“同心环薄板填料旋转床气液传质反应器”的专利。

(8) 北京化工大学教育部超重力工程研究中心作为国内专业从事超重力技术研究的机构，对超重力技术的应用进行过多个领域的广泛研究和开创性探索，展现出广阔的应用前景，其中主要有以下内容。

① 油田注水脱氧[22]。利用超重力机，用油田产出的天然气吹出水中的氧，使含饱和氧的地表水中的含氧量降至50μg/kg。用超重力机代替现有装备技术，投资可节省23%，操作费用可节省25%。此项技术已实现工业化和商业化应用。

② 含SO_2烟气脱硫[23]。利用亚胺法对硫酸生产中的尾气SO_2进行脱除。在进口气体含SO_2 5000mg/kg的条件下，出口气体中的SO_2含量低于200mg/kg。此项技术的5000m^3/h的工业侧线实验于1996年完成，并于2010年，与浙江巨化公司合作，在国际上率先实现了超重力脱硫技术的工业化应用，并得到了广泛的推广。

③ 生物氧化反应[24]。传统的酵母生产技术把酵母菌种放在充满糖蜜溶液的空塔中，自底部鼓入空气，生产周期为12h，产量为菌种量的4～6倍，空气用量为每立方米产品液600m^3。这一过程移到超重力机中进行，生产周期缩短一半，空气耗量只是原耗量的1/3。

④ 尘雾的洗涤[25]。用于分离、捕集大气量的含尘、雾气体的超重力除尘应用技术正处于研究阶段。实验结果表明，当入口气体含尘50g/m^3时，通过超重力机，出口气体含尘为0.05g/m^3，切割粒径为0.3μm。此技术在锅炉烟气除尘净化中实现了工业化试验运行。

⑤ 纳米粉体材料的制备[26]。利用超重力机内高强高速微观混合的特点，用反应结晶的方法制得了粒度可控，粒径分布窄的纳米级（30nm）碳酸钙，产品粒度及均匀程度均优于国外产品。利用超重力法还制备出了纳米碳酸锶、纳米氢氧化铝、纳米碳酸钡以及纳米二氧化硅等十多种粉体产品，其中万吨级/年纳米碳酸钙制备技术已工业化。

⑥ 反应过程强化[27]。围绕受分子混合/传递限制的复杂多相快速反应体系，提出在毫秒至秒量级内实现分子级混合均匀的新思想，形成了通过超重力强化混合/传递过程使之与反应相匹配的方法，发明了系列超重力强化新工艺，如缩合、磺化、聚合、贝克曼重排等新技术，成功应用于10万～100万吨/年多种工业过程中，取得了显著的节能、减排和高质化的效果。如发明了聚氨酯关键原料MDI缩合反应超重力强化新工艺，使副产物减少30%，反应进程加快100%，产品质量明显提高。

⑦ 超重力机的设计与创制。根据反应与分离过程的工艺特点，独立研究开发创制了具有多种新颖结构各类小型实验设备、中型试验设备及大规模工业化装备。

至今，北京化工大学研发的超重力强化技术已在化工、新材料（纳米材料）、冶金、环保、油气能源开采、海洋工程和健康产业等许多领域实现了工业化应用（如图1-3）。特别是一些通过常规方法难于做到的，所谓‘困难’的过程，如高黏度、大气液比、大液液比、海洋平台、复杂快速反应过程及反应结晶等等，更有它的独到优势之处[28]。

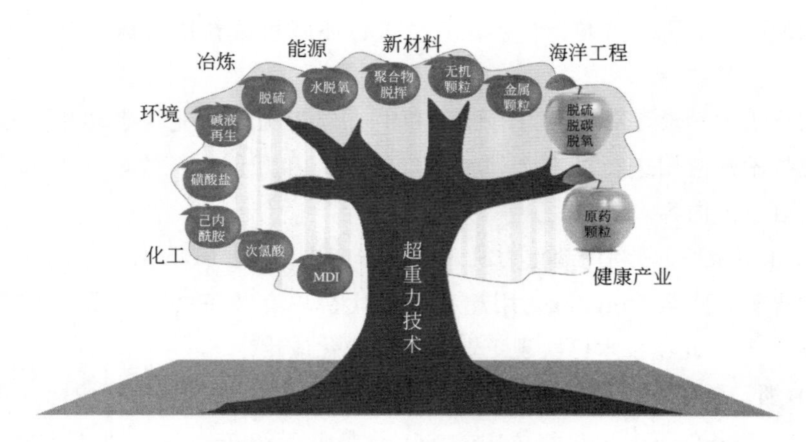

图 1-3 超重力强化技术-流程工业平台

参考文献

[1] Bucklin R. W., Won K. W., Higee contactors for selective H_2S removal and superdehydration, Laurance Reid Gas Conditioning Conference, Univ. of Oklahoma, USA Mar., 1987, 2-4.

[2] Ramshaw C., Mallinson R. H., Mass transfer apparatus and its use [P], EP 0002568, 1979. 6. 27.

[3] Ramshaw C., Mallinson R. H., Process and apparatus for effecting mass transfer [P], EP 0023745, 1985. 5. 8.

[4] Steel M. L., Norton B. P., Apparatus and process for treating a fluid material while it is subjected to a centrifugal force [P], EP 0024097, 1981. 2. 25.

[5] Toms D. J., The removal of hydrogen sulphide from gas streams [P], EP 0084410, 1983. 7. 27.

[6] Ramshaw C., Mallinson R. H., Mass transfer process [P], US 4283255, 1981. 8. 11.

[7] James W. W. (Cleveland), Centrifugal gas-liquid contact apparatus [P], US 4382045, 1983. 5. 3.

[8] James W. W. (Middlesbrough), Centrifugal gas-liquid contact apparatus [P], US 4382900, 1983. 5. 10.

[9] Short H., New mass transfer find is a matter of gravity, Chemical Engineering, Feb. 21, 1983, 23-29.

[10] Mohr R. J., The role of Higee technology in gas processing, GPA (Gas Processing Association) meeting, Dallas, 1985, USA.

[11] Singh S. P., Air stripping of volatile organic compounds from groundwater: an evaluation of a centrifugal vapor-liquid contactor, Doctoral Dissertation, The University of Tennessee (1989).

[12] 陈文炳，金光海，刘传富．新型离心传质设备的研究．化工学报，1989，(5)：635-639.

[13] 朱慧铭．超重力场传质过程的研究及其在核潜艇内空气净化中的应用 [D]．天津：天津大学，1991.

[14] 沈浩，施南庚．用离心传质机对含氨废水进行吹脱．南京化工学院学报，1994，16 (4)：60-64.

[15] Fowler R. and Khan A. S., VOC removal with a rotary air stripper, AIChE Annual Meeting, New York: Nov., 1987, 15-17.

[16] Smelser S. C. et al, Selective acid gas removal using the Higee absorber, AIChE Spring Meeting, Orlando, Florida, Mar., 1990, 18-22.

[17] Fowler R., HIGEE—A status report, Chemical Engineer, Jan. 1989, 35-37.

[18] Fowler R., Gerdes K. F. and Nygaard H. F., A commercial scale demonstration of Higee for bulk CO_2 removal and gas dehydration, 21st Annual Offshore Technology Conference, Houston, Texas, USA May,

1989，1-4.

[19] Mohr R. J.，The role of Higee technology in gas processing，GPA (Gas Processing Association) meeting，Dallas，USA (1985) .

[20] Ai-Shaban K.，Balasundaram V.，Howarth C. R.，Ramshaw C. and Peel J. R. A.，The hydrodynamic and mass transfer characteristics of a large centrifugal water deoxygenator，Personal communication.

[21] 郝靖国 (Jimkuo Haw)，Mass transfer of centrifugally enhanced polymer devolatilization by using foam metal bed，MS. Dissertation，Case Western Reserve University (1995) .

[22] 周绪美，郭锴，王玉红，冯元鼎，郑冲，单永年，张希俭，周秋柱 . 超重力场技术用于油田注水脱氧的工业研究 . 石油化工，1994，23 (12) : 807-812.

[23] 万冬梅 . 超重机技术用于工业尾气脱硫化学吸收过程的研究 [D] . 北京: 北京化工大学，1995.

[24] 化工部超重力工程技术研究中心可行性报告 . 北京化工大学 (内部资料)，1995.

[25] 张健 . 旋转床超重力场分离气溶胶的研究 . 北京: 北京化工大学，1994.

[26] Chen Jianfeng，Wang Yuhong，Guo Fen，et al. Synthesis of Nanoparticles with Novel Technology: High-Gravity Reactive Precipitation. Ind. Eng. Chem. Res.，2000，39: 948-954.

[27] Zhao Hong，Shao Lei，Chen Jianfeng. High-gravity process intensification technology and application. Chem. Eng J.，2010，156 (3) : 588-593.

[28] 陈建峰等 . 分子化学工程 . 中国工程院化工、冶金与材料工程学部学术年会报告 . 宁波: 2014.

第 2 章
超重力环境下的流体力学、混合与传递过程

2.1 流体流动现象及描述

2.1.1 液体在填料中的流动形态

深入认识液体在模拟的超重力环境——旋转填充床内及填料中的流动状态，是建立超重力环境下的传递和混合理论的物理基础。利用高速摄像、高速频闪照相技术、X-ray CT 技术、PIV 技术等可视化方法揭示液体的流动过程和流动状态，并基于此建立相关的理论模型。

郑冲、郭锴等[1]将电视摄像机直接固定于旋转填料中，对流体流动进行观察，其实验结果表明，在低转速下（300～600r/min，15～60g），液体在填料中是以填料表面上的液膜（Film Flow）和覆盖填料孔隙的液膜（Pore Flow）两种状态存在；但在高转速下（＞800～1000r/min，＞100g），由于液体在填料中的运动速度加快，液体的湍动加剧，观察不到覆盖填料孔隙的液膜存在。此外，由于电视摄像机固有摄像速度的限制，很难分清这时填料空间的液体是以丝还是以滴的形式流动。并且，在其实验范围内没有观察到气体加入对液体流动形态有明显的影响。

Burns[2]和张军[3]分别利用高速频闪照相的方法，各自研究了液体在填料中的流动形态。实验结果表明（图 2-1），当转速在 300～600r/min（15～60g）时，液体在填料中主要是以填料表面上的膜与覆盖孔眼的膜的形式流动（图 2-2）；当转速达到 800～1000r/min（＞100g）以上时，填料中的液体主要是以填料表面上的膜与孔隙中的液滴（图 2-3）两种形式流动。实验研究所用填料为内径 70mm，外径 320mm，比表面积 $1500m^2/m^3$ 的 PVC 泡沫塑料。

2.1.2 液体在填料中的不均匀分布

Burns 等[2]用高速频闪照相的方法对液体在填料中的不均匀分布问题进行了研究，结果表明（图 2-4），液体在填料中分布很不均匀，液体以放射状螺旋线沿填料的径向流动，周向分散很小。

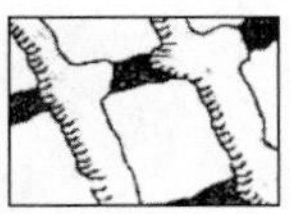

图 2-1　液体在填料中的流动形态[2]

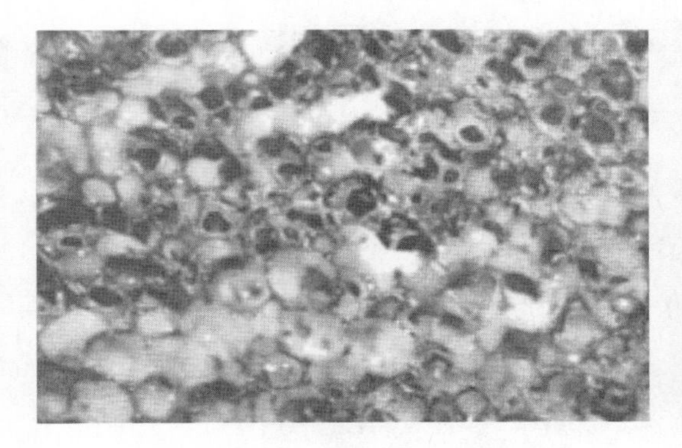

图 2-2　液体在填料中的膜流动（Pore Flow）[3]

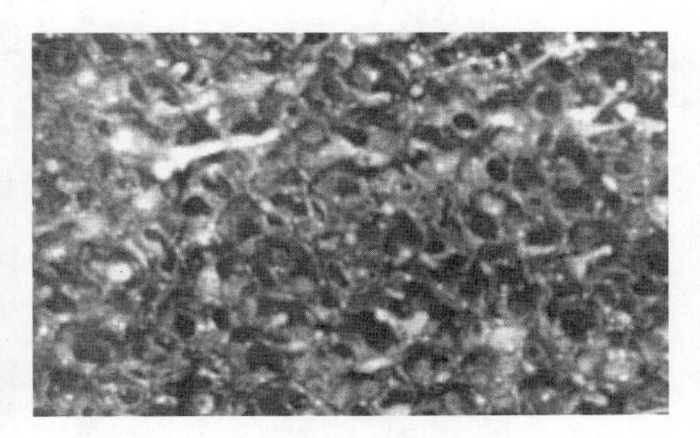

图 2-3　液体在填料中的液滴流动（Droplet Flow）[3]

当使用一个固定点的液体分布器分布液体，将填料内圈一些部分用挡板挡住，使液体不能从此部分进入填料，结果发现（图 2-5），遮挡部分对应的扇面区域填料未被润湿，说明液体基本上是径向运动，而周向分散很小。从这一结果可看出，液体最初的分布好坏对整个填料层的液体分布质量的影响至关重要。

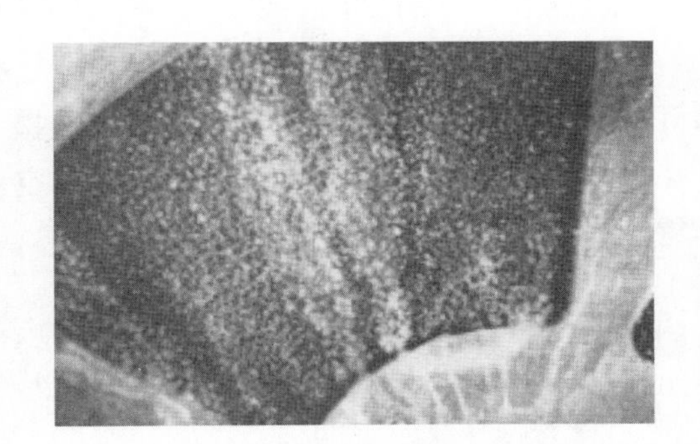

图 2-4　液体在填料中的不均匀分布

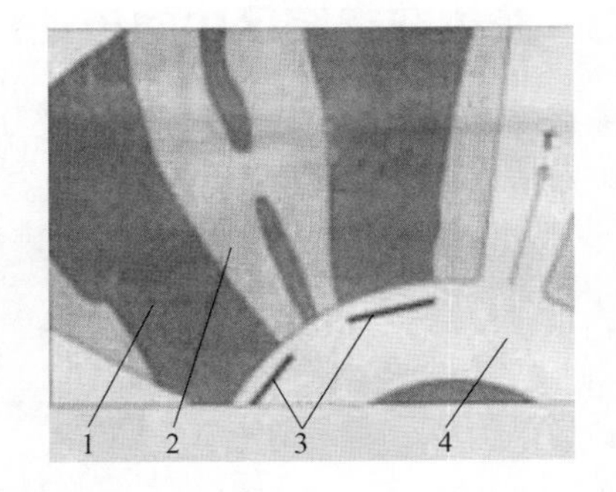

图 2-5　液体在填料中的不均匀流动分析

1—干填料；2—湿填料；3—金属衬垫；4—有机玻璃支架

陈建峰、杨宇成等[4]采用 X-ray 的 CT 技术，对金属丝网填料和泡沫镍填料内液体流动状况进行观测。图 2-6 和图 2-7 分别为时均状态下液体在两种填料层内分布图。由图可知，持液量在低转速下要大于高转速，泡沫镍填料内持液量高于丝网填料；液体在填料内缘处存在分布不均的现象，特别是对于泡沫镍填料；提高转速能改善液体在填料内的分布。

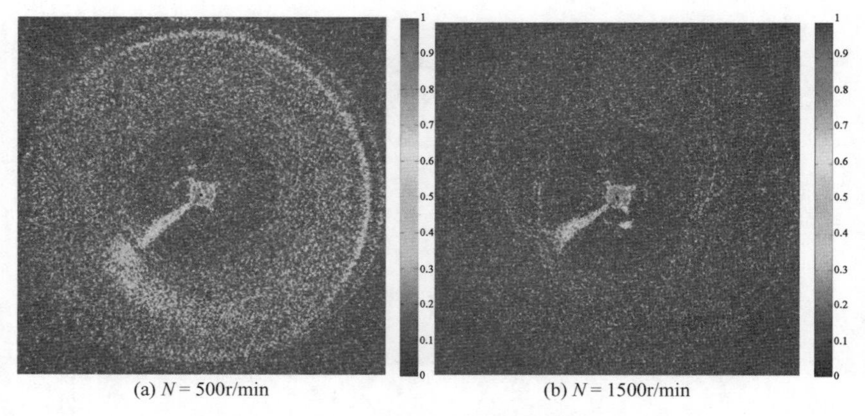

(a) $N = 500\mathrm{r/min}$　(b) $N = 1500\mathrm{r/min}$

图 2-6　金属丝网填料内持液量分布图

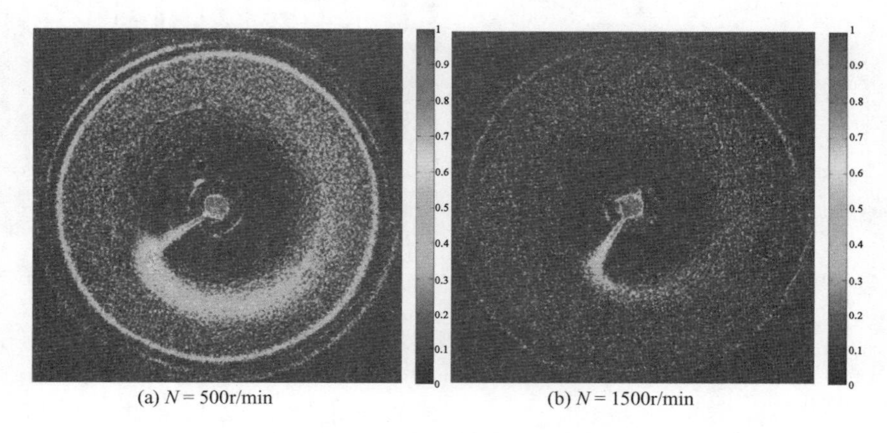

(a) $N = 500\mathrm{r/min}$　(b) $N = 1500\mathrm{r/min}$

图 2-7　泡沫镍填料内持液量分布图

2.1.3　液体在空腔区中的流动形态

陈建峰、杨旷[5]和孙润林等[6]使用快门速度 1/20000s、拍摄帧率为 5000fps 的高速摄像机，对旋转填充床空腔区的液体形态进行拍摄（图 2-8）。结果表明：从填料甩出进入空

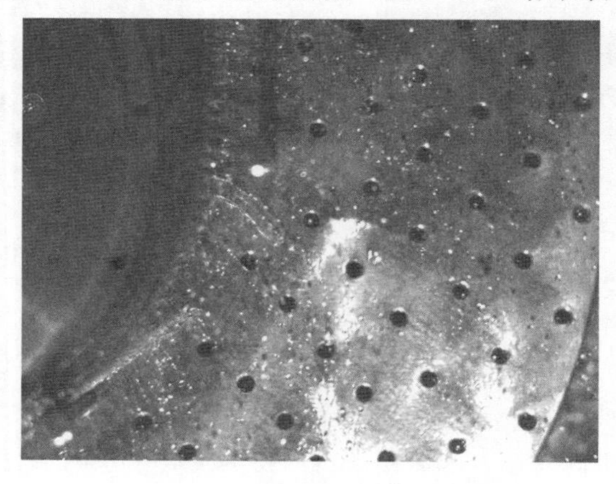

图 2-8　液体在空腔区的流动形态

腔区的液滴直径随填料厚度或转速提高而下降，直径在0.15～0.9mm；填料丝径越细，对液体的剪切能力越强；液体穿过一定厚度的填料（约8mm），液体在填料区周向上的分布基本达到均匀。

2.2　旋转填充床内流体力学特性

2.2.1　液体流动模型

由于旋转填充床内的液体流动与传统填料塔内的液体流动有很大不同，因此，要想了解旋转填充床内液体的流动特性，就必须从理论分析入手，并做合理的简化，即通过建立描述床内液体流动形态的物理模型，建立能描述液体流体力学特性的数学模型[1,3,7]。

电视摄像与高速频闪照相的实验结果表明，在低转速下（约小于60g），填料内的液体主要是以填料表面上的液膜（单面膜）和覆盖填料孔隙的液膜（双面膜）两种状态存在；而在高转速下（约大于100g），液体主要是以填料丝上的膜与空间的液滴两种形态存在，并伴有少量的液丝。由于旋转造成高的剪切力，使液体在填料上的膜很薄，仅有几十微米或更小，所以，雷诺数 Re 很低（通常小于30），液体在填料上的流动可按层流处理。虽然局部位置上填料丝的位向随机性很强，但其上的液体流动均可简化看作呈膜状沿填料的轴向与周向流动的合成。基于以上分析，可建立液体在填料内流动的物理模型。

2.2.1.1　液体流动的物理模型

液体流动物理模型的假设如下：

① 填料内的液体分为填料丝上的液膜和空间的液滴两部分；

② 填料上的液膜流动分为沿填料丝轴向的降膜与沿周向的绕流两种；

③ 填料上的液膜流动为层流；

④ 液滴通过下层填料丝时即被捕获重新形成新的液滴。

2.2.1.2　液体流动的数学模型

利用简化的Navier-Stokes方程，可得到液体轴向降膜与周向绕流流动（图2-9）的速度方程，分别为：

$$u_z=\frac{1}{\nu}\omega^2R_i\left[\frac{1}{4}(r_0^2-r^2)+\frac{1}{2}(r_0+\delta)^2\ln\left(\frac{r}{r_0}\right)\right] \tag{2-1}$$

$$u_\theta=\frac{1}{3\nu}R_i\omega^2\sin\theta\left(\frac{r_0^3+2r_1^3}{r_0^2+r_1^2}r+r_0^2r_1^2\ \frac{r_0-2r_1}{r_0^2+r_1^2}\times\frac{1}{r}-r^2\right) \tag{2-2}$$

式中　u_z——液体在填料丝上的轴向流速；

u_θ——液体在填料丝上的周向流速；

ν——运动黏度；

ω——角速度；

R_i——第 i 层填料半径；

δ——液膜厚度。

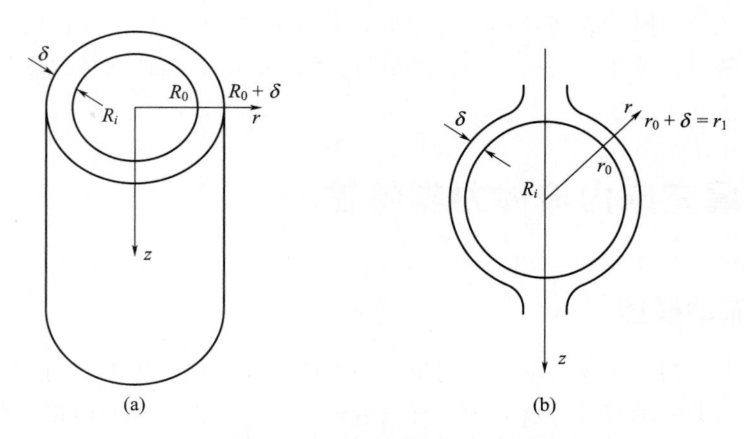

图 2-9 液体轴向降膜与周向绕流流动的示意图

2.2.2 液膜厚度

Munjal[8]、竺洁松[9]等人基于对旋转圆盘和叶片上液膜厚度进行分析研究来估计填料上的液膜厚度。Munjal 等人的结果为：

$$\delta=\left(\frac{3\nu Q_{\mathrm{w}}}{R\omega^2}\right)^{1/3} \tag{2-3}$$

式中 Q_{w}——单位宽度表面上的液体流量；

ν——动力黏度；

R——转子半径；

ω——角速度。

预计的液膜厚度为 8×10^{-5}m（600r/min）和 5×10^{-5}m（1200r/min）。郭锴[1]将干湿填料情况下的电视摄像结果，用图像分析仪进行分析对比，得到了不同条件下的填料上的液膜厚度的定量数据，结果见表 2-1。

表 2-1 丝网填料的丝上液膜厚度的测定和分析结果

半径/m	流量/(m^3/h)	转速/(r/min)	液膜厚度/μm
0.15	0	0	0
0.15	1.5	450	11
0.15	1.5	500	17
0.15	1.5	600	16
0.15	1.5	750	4
0.15	1.5	900	2
0.15	1.5	1050	14

郭奋[7]结合前面的式(2-1)、式(2-2) 和表 2-1 中的实验结果，得到：

$$\delta=4.20\times10^{8}\ \frac{\nu L}{a_{\mathrm{f}}\omega^2 R} \tag{2-4}$$

式中 ν——动力黏度；

a_f——填料比表面积；

ω——角速度；

R——转子半径。

利用上式，可计算丝网填料上的平均液膜厚度。

2.2.3 液滴直径

床层半径 R 处填料丝网空隙中的最大液滴直径可由液滴的受力分析得出（参见图 2-10）。

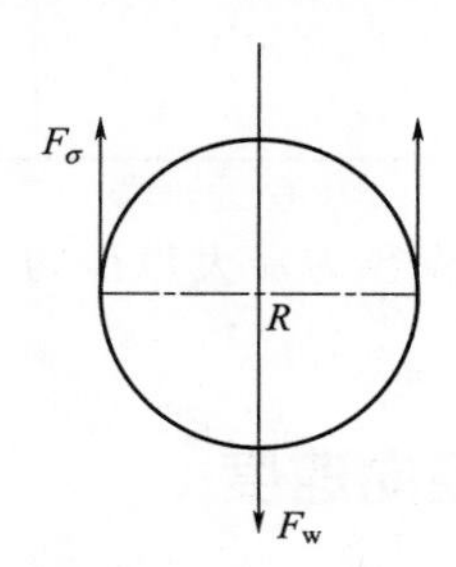

图 2-10 液滴受力分析

由于对丝网上的液体，离心力是主要的支配力，故忽略重力及气体曳力的影响。此时，液滴主要受两个力作用，一个是离心力：

$$F_w = \frac{1}{6}\pi d^3 R\omega^2 \rho \tag{2-5}$$

另一个是表面张力：

$$F_\sigma = \sigma \pi d \tag{2-6}$$

能够维持不被离心力撕碎的最大液滴直径是由上述两个力平衡决定，即：

$$F_w = F_\sigma \tag{2-7}$$

$$\frac{1}{6}\pi d_{max}^3 R\omega^2 \rho = \sigma \pi d_{max}$$

$$d_{max} = \sqrt{6}\left(\frac{\sigma}{\rho R\omega^2}\right)^{\frac{1}{2}} \tag{2-8}$$

设液滴的平均直径为：

$$d_i = B\left(\frac{\sigma}{\rho R\omega^2}\right)^{\frac{1}{2}} \tag{2-9}$$

式中 d_{max}——最大液滴直径；

R——转子半径；

ω——角速度；

ρ——液体密度；

σ——表面张力；

B——常数，可由照相分析结果得出。

液滴直径的测量结果如表 2-2 液滴直径测试结果所示。

表 2-2 液滴直径测试结果

转速/(r/min)	流量/(m^3/h)	照相平均直径/mm	实际平均直径/mm	B
600	2.5	0.37	0.276	0.785
600	1.75	0.35	0.253	0.7282
600	1.0	0.32	0.229	0.6422
800	2.5	0.366	0.238	0.9098
800	1.75	0.332	0.204	0.7798
800	1.0	0.330	0.203	0.7722
1000	1.5	0.272	0.111	0.5352
1000	1.75	0.301	0.140	0.6738

由表 2-2 可以计算出，液滴平均直径为最大直径的 1/3～1/4。

2.2.4 液体在填料中的平均径向速度

设液体在填料中的平均径向速度与 L 及 $\omega^2 R$ 的关系为：

$$u=cL^a(\omega^2 R)^b \tag{2-10}$$

用表 2-1 中数据拟合可以得到：

$$u=0.02107L^{0.2279}(\omega^2 R)^{0.5448} \tag{2-11}$$

式中 L——液体通量；

ω——角速度；

a、b——系数；

R——几何平均半径，$R=\left(\dfrac{R_1^2+R_2^2}{2}\right)^{\frac{1}{2}}$，$R_1$为转子内半径，$R_2$为转子外半径。

2.2.5 持液量

Basic 和 Dudukovic[10,11]用电导的方法对填料层的持液量进行了研究。通过建立简化的物理模型，得到了计算径向平均持液量的数学模型。郭锴[1]也用电导的方法对床层中的持液量进行了研究。结果表明，持液量随液量的增加而增大，随转速的升高而减小。

持液量与平均径向速度并不是独立的，二者有如下关系：

$$u\varepsilon_L=L \tag{2-12}$$

$$\varepsilon_L=\frac{L}{u}=47.45L^{0.7721}(\omega^2 R)^{-0.5448} \tag{2-13}$$

式中 ε_L——持液量，液体体积/填料体积；

L——液体通量；

u——平均径向速度；

R——转子半径；

ω——角速度。

杨宇成和陈建峰等[4]通过 X-ray CT 的技术定量测定了液体在泡沫镍填料（the nickel foam packing）和丝网填料（the wire mesh packing）内的持液量（ε_L）。图 2-11 表示转速（N）对填料区持液量的影响规律。由图可知，当转速从 500r/min 提高到 1000r/min 的过程中，持液量有快速的下降趋势，之后随着填料转速的增加，持液量下降速度变缓。图 2-12 表示了流量（Q_L）对填料内持液量的影响。持液量随着液量的增加而逐步升高；在相同转速下，随着液量的增加，持液量的增加速度比较缓慢，这意味着液量对持液量的影响并不明显。这一结果与前人的研究结论基本一致。此外，泡沫镍填料的持液量要大于金属丝网填料。

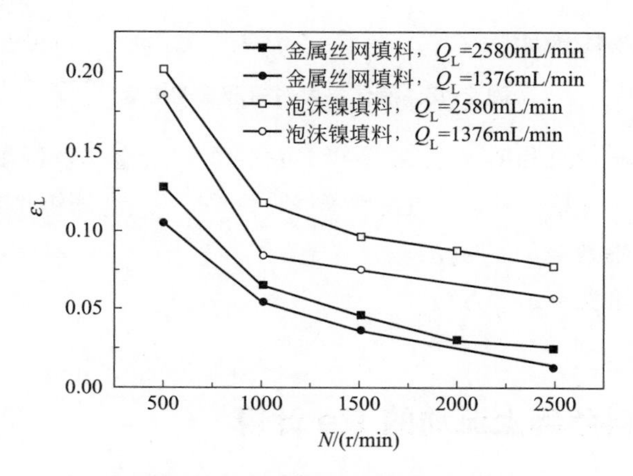

图 2-11　转速对持液量的影响

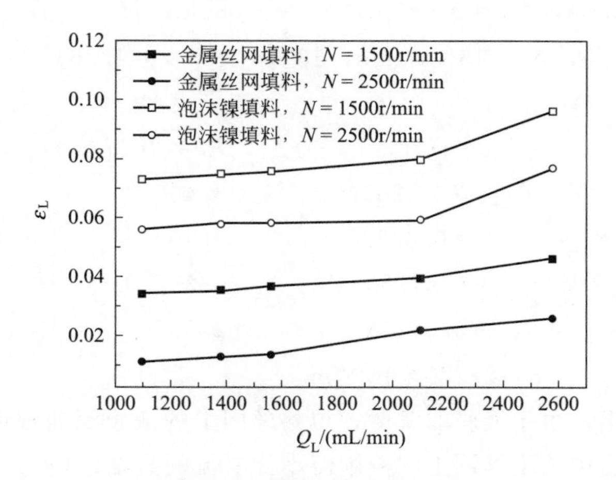

图 2-12　液体流量对持液量的影响

图 2-13 表示液体黏度（μ）对填料层内持液量的影响规律。由图可知，在高转速下，液体黏度对持液量的影响程度明显低于低转速下的。这可能是由于高转速下填料层内液体获得较大的离心力，提高了剪应力，使得液膜变薄，流速增快，从而降低了高转速下黏度对持液量的影响趋势；在同一转速下，金属丝网填料的持液量随黏度增加速度要小于泡沫镍填料。

根据实验数据，分别对两种填料建立相应的经验关联式：

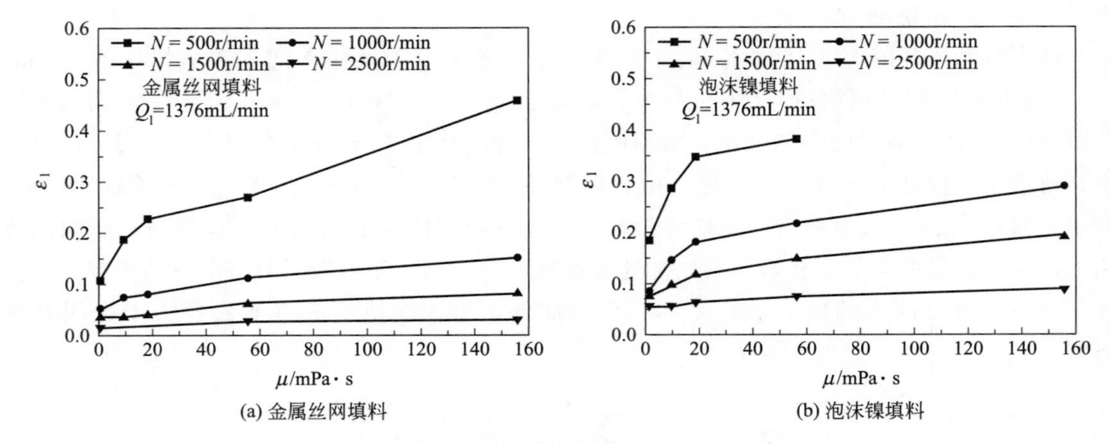

(a) 金属丝网填料　　(b) 泡沫镍填料

图 2-13　液体黏度对持液量的影响

$$\varepsilon_L = 12.159 Re^{0.923} Ga^{-0.610} Ka^{-0.019} \quad 金属丝网填料 \tag{2-14}$$

$$\varepsilon_L = 12.159 Re^{0.479} Ga^{-0.392} Ka^{-0.033} \quad 泡沫镍填料 \tag{2-15}$$

式中　Ka——卡皮查准数$=\mu^4 g/\sigma^3 \rho$；

　　　Ga——伽利略准数$=g d_p^3/\nu^2$。

2.2.6 液膜在填料丝网上流动的 Re 计算

由式(2-1)、式(2-2)，可计算出轴向降膜和周向绕流流动的最大流速及平均流速。例如，在条件 $R_1=0.032\text{m}$，$R_2=0.082\text{m}$，$R_i=0.082\text{m}$，$H=0.1\text{m}$，$a_f=457\text{m}^{-1}$，$r_0=0.00013\text{m}$，$L_0=2\text{m}^3/\text{h}$，$N=1500\text{r/min}$，18℃，水，$\nu=1.066\text{m}^2/\text{s}$ 下，得到如下计算结果：

$u/(\text{m/s})$	$Re=2r_0u/\nu$
$u_{z\max}=0.02627$	6.406
$u_{\theta\max}=0.02625$	6.402
$u_{zm}=0.01760$	4.292
$u_{\theta m}=0.01118$	2.726

$\delta=5.229\times10^{-6}\text{m}$

从计算结果可看出，由于液膜非常薄，填料丝网上的液膜流速很低，所以雷诺数 Re 很小，说明液体流动模型中关于丝网上的液膜流动为层流的假设合理。

2.2.7 液泛

Munjal[8]、朱慧铭[12]和王玉红[13]等对逆流旋转填充床中的液泛特性进行了研究，结果表明，液泛气速随液量的增加而减小，随转速的增加而增大。总体而言，逆流旋转填充床的液泛线速要比填料塔中的整砌拉西环的液泛线高 40%左右。

2.2.8　气相压降

旋转填充床的压降主要由外腔（转子外缘和机器外壳之间）、转子和转子内腔（转子内缘到气体出口）三部分组成。压降主要是在转子的填料和内腔中。一般情况下，旋转填充床的压降在 600～1500Pa 左右。或者说，整体压降不高于传质效果与之相当的填料塔或筛板塔。

Keyvani[14]、Kumar[15]、朱慧铭[12]和沈浩[16]等人对逆流旋转填充床气相压降进行了实验研究和模型计算。总的趋势是气相压降随转速和气量的增加而增加，而在一定的液量范围内，随液量的增加而减小。特别值得一提的是，郑冲[17]等人对逆流旋转填充床中气相压降做了系统的研究工作，他们在实验中发现了三个重要的与传统填料塔完全不同的现象。第一，在实验范围内，湿床压降小于干床压降；第二，在固定填料外径的前提下，填料越厚，压降越小；第三，转子动力消耗随气体流量的增加而减小。基于简化的 Navier-Stokes 方程，对旋转填充床中的压降进行了数学模拟，得到了计算压降的半经验式，通过数学模拟，以上三个现象得到了初步的解释，如图 2-14 和图 2-15 所示。

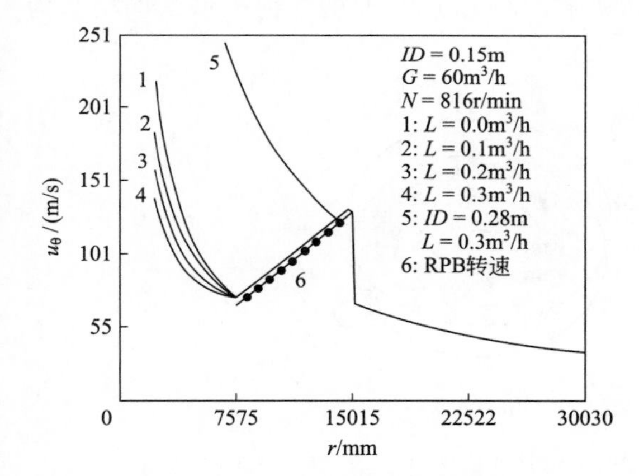

图 2-14　气体切向速度随半径的变化关系

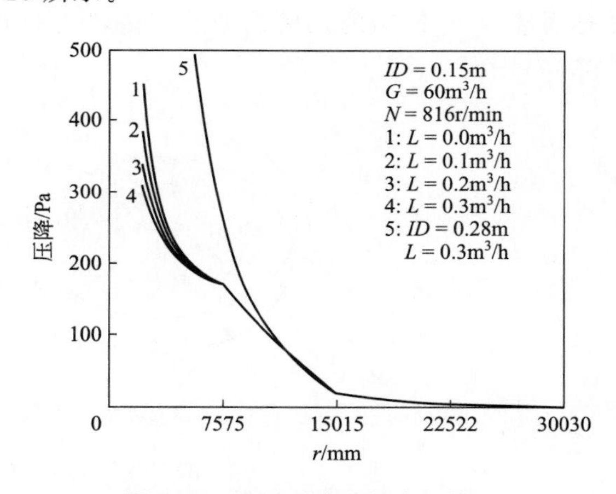

图 2-15　压降随半径的变化关系

李树华[18]用五孔探针测试了转子内腔流场的压力和速度，并利用氦气、氮气和二氧化碳三种气体，测试了密度对旋转填充床压降的影响。结果表明，旋转填充床内腔的速度和压力场是轴对称场；气体压力变化明显区域是气体流道突变区；减少气体压降应避免流道突然改变，从而减小气体压降和能量损失；旋转填充床压降与气体密度成正比。

经理论分析和实验数据拟合，发现转子内腔气体压力沿半径的分布符合下式：

$$P=a+br^{-2n} \tag{2-16}$$

式中，a、b、n 是轴向位置的函数。因此，腔内气体压力分布是轴向和径向位置的函数。

实验测定的腔内流场情况见图 2-16。图 2-16 中所示的 2-2 和 3-3 截面处，主流的外面有涡流区存在。流体在此构

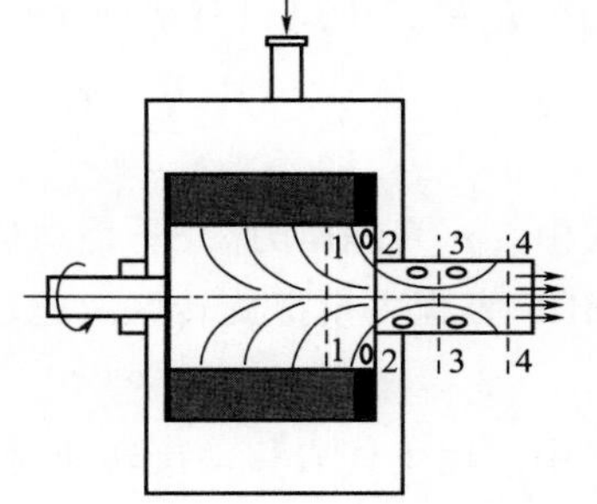

图 2-16　旋转填充床内腔气体流线示意图

成环流，它的能量来自与主流的动量交换，这部分能量消耗在流体内部和涡流与器壁的摩擦上，最后变成热量，成为涡流损失。

2.2.9 旋转填充床内气液流动的 CFD 模拟

近年来，随着电子计算机及相关技术的高速发展，计算流体力学（CFD）已逐渐成为流动、传递与反应器模拟研究和结构优化的有效手段。通过建立旋转填充床内气液流动的 CFD 方法，模拟研究旋转填充床内气相和气液两相流动过程，揭示填料层流体力学特征，对旋转填充床内结构进行优化，可为拓展旋转填充床的工业应用提供理论依据和技术支持。

2.2.9.1 旋转填充床气相流动的三维 CFD 模拟[19]

采用多孔介质模型模拟填料区，建立了旋转填充床气相流场的三维 CFD 模型，分别采用两种结构差别较大的旋转填充床压降实验数据进行模型验证。旋转填充床的几何结构如图 2-17 所示，使用四面体网格，按照 T-grid 方式对几何模型进行网格划分。网格间距设为 5，孙润林等[20]使用的几何模型的网格数为 3062309 个，而 Liu 等[21]的几何模型的网格数为 656555 个。

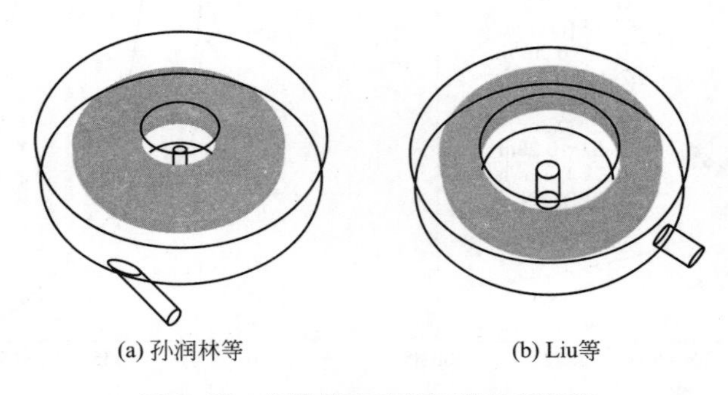

图 2-17 旋转填充床的三维几何模型

连续性方程如下：

$$\frac{\partial}{\partial x_i}(\rho u_i)=S_{\mathrm{m}}, \quad i=i,j,k \tag{2-17}$$

式中，i，j，k 代表三维坐标的三个方向，S_{m} 为连续性方程源项。对于动量守恒方程，在 RPB 的模拟中可以分成两个部分，对于不旋转区域的动量守恒方程如下：

$$\frac{\partial \rho u_i u_j}{\partial x_j}=-\frac{\partial p}{\partial x_i}+\mu\frac{\partial^2 u_i}{\partial x_j \partial x_j}+\frac{\partial(-\rho\overline{u'_i u'_j})}{\partial x_j}+\rho S_{\mathrm{F}} \tag{2-18}$$

式中，p 为静压力，S_{F} 是动量守恒方程的源项，可以添加其他体积力。采用旋转模型——MRF 方程去模拟旋转区，把动量守恒方程中的速度参数 u 进行了如下的修改：

$$u_{\mathrm{r}}=u-v_{\mathrm{r}} \tag{2-19}$$

式中，用于代表移动旋转速度参数 v_{r}，可由下式求得：

$$v_{\mathrm{r}}=v_{\mathrm{t}}+\omega r \tag{2-20}$$

式中，v_{t} 代表移动区域内的平移速度，由于无平移，$v_{\mathrm{t}}=0$。ω 代表角速度，用于模拟旋转速度。把修正后的旋转速度 u_r 代入到动量守恒方程(2-18) 中即可模拟该计算域的旋转效应。

采用多孔介质模型模拟填料区，将其添加在旋转区域动量守恒方程的源项中，方程如下：

$$S_i=-\left(\frac{\mu}{K_{\text{perm}}}u+K_{\text{loss}}\frac{1}{2}\rho|u|u\right) \tag{2-21}$$

方程由两部分组成，等式右边第一部分为黏性阻力项，第二部分为惯性阻力项。这里 u 代表的是流动区域的速度，K_{perm} 和 K_{loss} 分别代表得是多孔介质的渗透性和能量损失系数，采用半经验方程——Ergun 方程[22]进行求解，方程如下：

$$K_{\text{perm}}=\frac{D_{\text{p}}^2}{150}\frac{\varepsilon^3}{(1-\varepsilon)^2}\quad 和\quad K_{\text{loss}}=\frac{3.5}{D_P}\frac{(1-\varepsilon)}{\varepsilon^3} \tag{2-22}$$

动量守恒方程中的雷诺应力项 $-\rho\overline{u_i'u_j'}$ 采用 Boussinesq 的假设进行求解，该假设认为湍流中雷诺应力与时均速度成正比，该项可由下式得出：

$$-\rho\overline{u_i'u_j'}=\mu_{\text{t}}\left(\frac{\partial u_i}{\partial x_j}+\frac{\partial u_j}{\partial x_i}\right)-\frac{2}{3}\rho\delta_{ij}k \tag{2-23}$$

式中，δ_{ij} 为 Kronecker 符号，其数值为：

$$\delta_{ij}=\begin{cases}1, i=k\\0, i\neq k\end{cases} \tag{2-24}$$

式中，k 为湍动能，可表示为：

$$k=\frac{1}{2}(\overline{u_i'^2}+\overline{v_i'^2}+\overline{w_i'^2})=\frac{1}{2}(\overline{u_i'u_j'}) \tag{2-25}$$

式中，μ_{t} 是湍流黏度，与湍流运动状态有关。采用 k-ε 两方程去求解湍流情况，在两方程的假设中，湍流黏度由湍动能 k 和湍动能耗散率 ε 这两个方程去获得，求解方程如下：

$$\mu_{\text{t}}=C_\mu\rho\frac{k^2}{\varepsilon} \tag{2-26}$$

把式(2-26) 的假设代入到公式(2-23) 中，即可得到两方程假设下的雷诺应力求解方程：

$$-\overline{u_i'u_j'}=C_\mu\frac{k^2}{\varepsilon}\left(\frac{\partial u_i}{\partial x_j}+\frac{\partial u_j}{\partial x_i}\right)-\frac{2}{3}\delta_{ij}k \tag{2-27}$$

式中，C_μ 为无量纲系数，设为 0.09。采用标准 k-ε 模型，该模型因具有稳定、经济且合理等优点，一直被用于模拟多种工况。模型中两个方程的表示分别如下：

$$u_k\frac{\partial\rho k}{\partial x_k}=\frac{\partial}{\partial x_k}\left[\left(\mu+\frac{\mu_t}{\sigma_k}\right)\frac{\partial k}{\partial x_k}\right]+\mu_t\left(\frac{\partial u_i}{\partial x_k}+\frac{\partial u_k}{\partial x_i}\right)\frac{\partial u_i}{\partial x_k}-\rho\varepsilon \tag{2-28}$$

$$u_k\frac{\partial\rho\varepsilon}{\partial x_k}=\frac{\partial}{\partial x_k}\left[\left(\mu+\frac{\mu_t}{\sigma_\varepsilon}\right)\frac{\partial\varepsilon}{\partial x_k}\right]+C_{1\varepsilon}\frac{\varepsilon}{k}\mu_t\left(\frac{\partial u_i}{\partial x_k}+\frac{\partial u_k}{\partial x_i}\right)\frac{\partial u_i}{\partial x_k}-C_{2\varepsilon}\rho\frac{\varepsilon^2}{k} \tag{2-29}$$

式中，常数 $\sigma_k=1$，$C_{1\varepsilon}=1.44$，$C_{2\varepsilon}=1.92$ 和 $\sigma_\varepsilon=1.3$。

气体入口为速度进口，方向与进口管截面垂直，按照真实管径大小设定入口处的水力直径，并且估算湍流强度的大小；气体出口为压力出口，其压力大小与大气压相同；壁面为无滑移的固壁边界，填料区与空腔区的交界面为“interface”。图 2-18 和图 2-19 分别描述了气量（G）和转速（N）对旋转填充床压降（ΔP）的影响规律。结果表明，压降随着气量或转速的增加而增加。由图 2-18(a) 和图 2-19(a) 可知，采用标准 k-ε 模型比 realizable k-ε 模型得到的模拟结果更接近实验值；随着转速增大，采用 realizable k-ε 模型的模拟值逐步与实验值误差缩小；在本模拟的操作参数范围内，标准 k-ε 模型更合适。

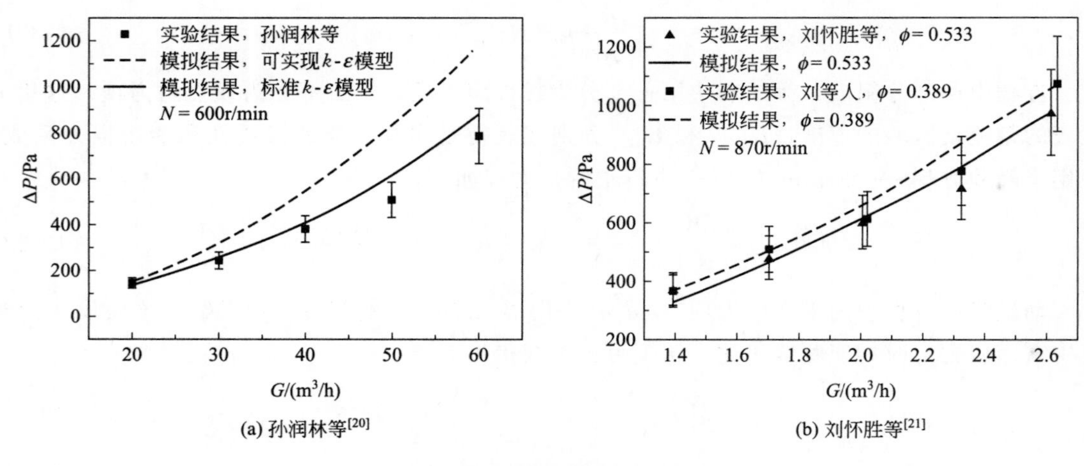

(a) 孙润林等[20]　　(b) 刘怀胜等[21]

图 2-18　气量对压降的影响

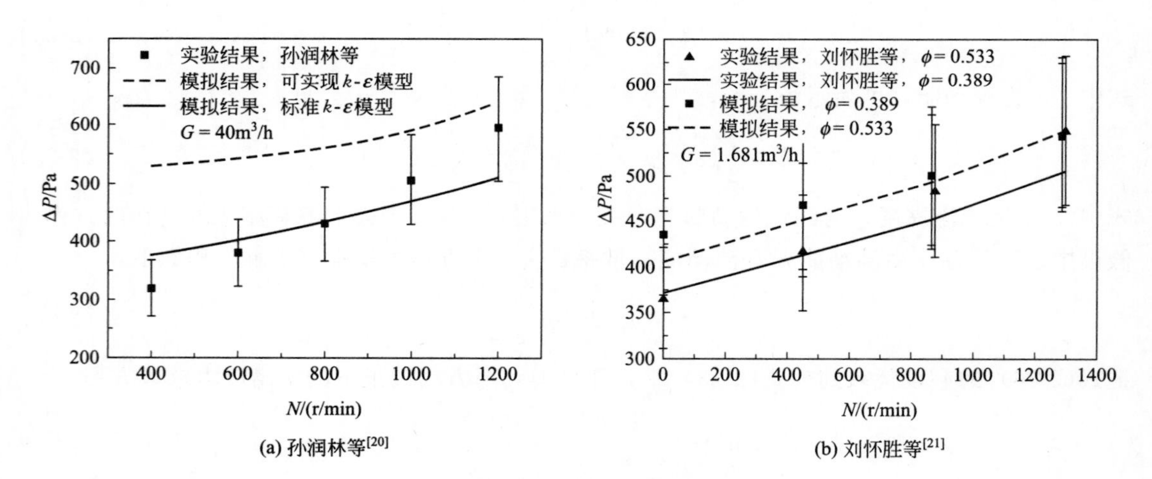

(a) 孙润林等[20]　　(b) 刘怀胜等[21]

图 2-19　转速对压降的影响

在工业应用中，旋转填充床常采用径向入口方式。这种结构可导致气体在填料外缘存在严重的分布不均现象，如图 2-20(a) 所示。为此，提出在填料外缘和气体入口间增加挡板解决此问题。模拟结果表明，该方法能有效地改善填料外缘气体分布不均状况［图 2-20(b)］。为实现优化设计，我们采用下式定量分析气体分布情况：

$$rM_{\mathrm{f}}^{\mathrm{B}}(h,\Theta)=\frac{1}{n(\Theta,h)}\sum_{z=-h/2}^{z=h/2}\sum_{i=1}^{n(\Theta)}\left(\frac{u_r(\theta_i,z)}{\tilde{u}_r}-1\right)^2 \tag{2-30}$$

式中，$n(\Theta,h)$ 为参与计算的网格数，Θ 为选取的角度范围（分析的区域为整个填料外表面，所以 $\Theta=2\pi$），h 是填料的厚度，$u_r(\theta_i,z)$ 是单个网格上的径向速度，而 $\tilde{u}_r$ 是整个填料外表面的平均径向速度。$rM_{\mathrm{f}}^{\mathrm{B}}(h,\Theta)$ 的值越大就代表气相分布越不均匀，相反 $rM_{\mathrm{f}}^{\mathrm{B}}(h,\Theta)$

值越小，就代表气相分布越为均匀。

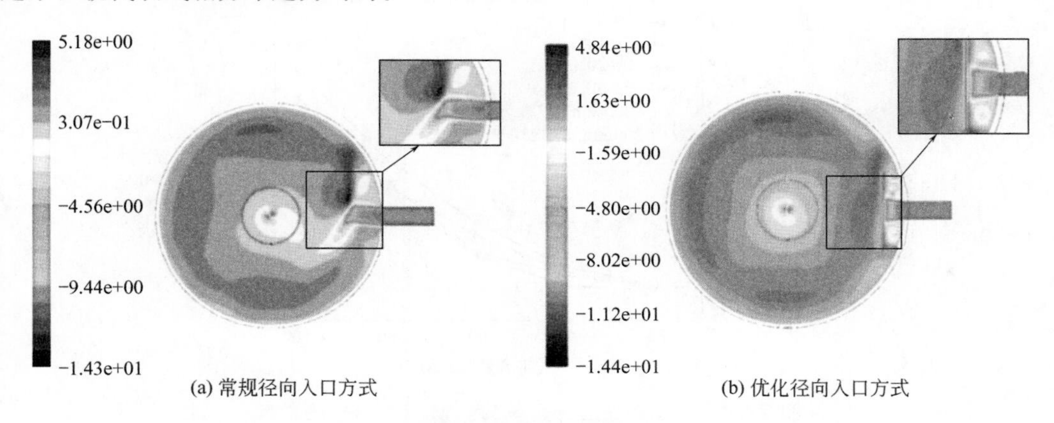

图 2-20　径向速度云图

图 2-21 和图 2-22 分别表示挡板宽度 D 和挡板离轴距离 L 对填料外缘气相分布均匀性的影响规律。由图 2-21 可知，最低点在 $D=200\sim250\text{mm}$ 的范围内，表明较宽的挡板要优于较窄的挡板；由图 2-22 可知，最低点在 $L=250.5\text{mm}$，表明此处气体分布最为均匀。

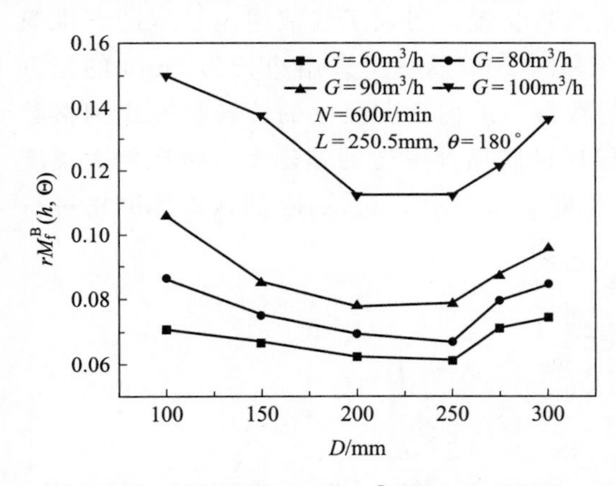

图 2-21　挡板宽度 D 对 $rM_f^B(h,\Theta)$ 的影响

图 2-22　挡板离轴距离 L 对 $rM_f^B(h,\Theta)$ 的影响

不同开孔率曲面挡板的结构如图 2-23 所示，其开孔率对 $rM_f^B(h,\Theta)$ 的影响规律如图 2-24。结果表明，开孔后的曲面挡板对气相分布的效果要优于不开孔的曲面挡板；三种不同开孔率的曲面挡板对气相分布的优化效果相近。这为气体入口管的优化设计提供了思路。

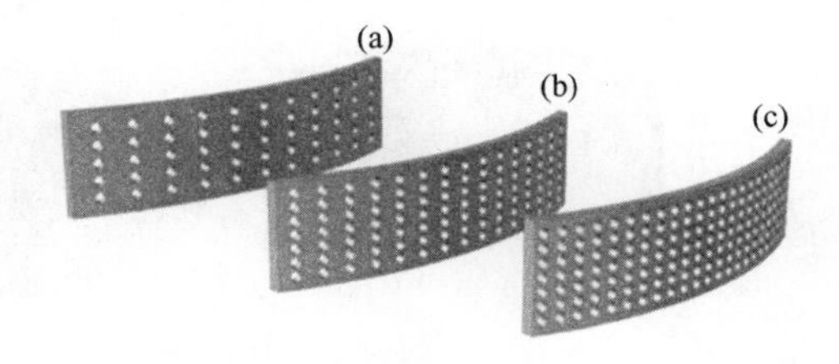

图 2-23　具有不同开孔率的曲面挡板结构图

孔排布：(a) $\zeta=10\%$，5 行 11 列；(b) $\zeta=20\%$，7 行 15 列；(c) $\zeta=30\%$，7 行 23 列

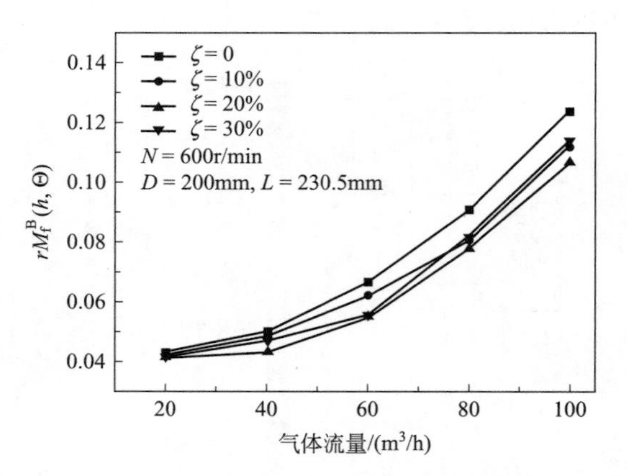

图 2-24 曲面挡板上开孔率ζ对rM_f^B(h, Θ)的影响

2.2.9.2 旋转填充床气液两相流动的三维 CFD 模拟[23]

旋转填充床内液体经分布器喷到转子内缘后，在填料区受到离心力和高速旋转填料的撞击切割，形成液膜、液线、液滴等流动形态，液体为分散相，气体为连续相，其相含率（持液量）在10%以内。通过在外空腔区外壁面添加液封装置，实现了气液逆流过程的三维模拟。旋转填充床的几何结构及局部放大如图 2-25 和图 2-26 所示。采用边长为 1mm 的正方体模拟填料，由空隙率为 0.95，计算出正方体的数量。采用真实尺寸的旋转填充床网格数量太大（达上千万），因此模拟的旋转填充床在保证径向尺寸不变的基础上，按比例大幅度缩小了轴向高度，具体模型参数如表 2-3 所示。模型采用间距为 0.5mm 的六面体网格进行网格划分，网格总数为 986504 个。

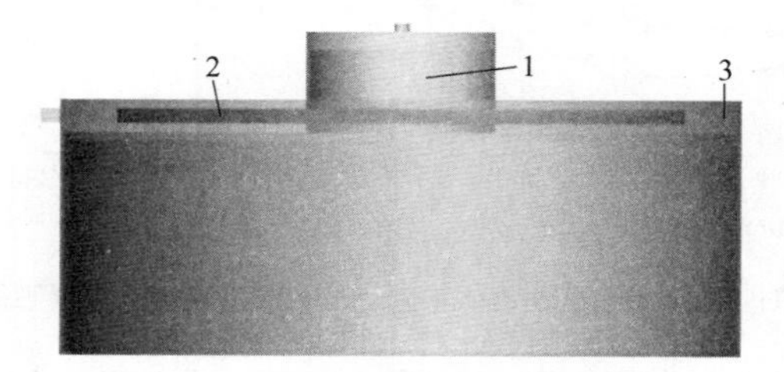

图 2-25 三维旋转填充床几何结构

1—内空腔区；2—填料区；3—外空腔区

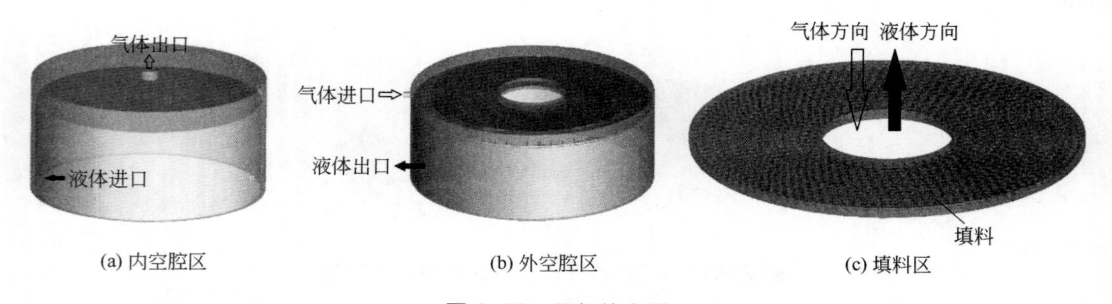

图 2-26 局部放大图

表 2-3　旋转填充床的几何尺寸

内空腔	
外径/mm	25
轴向高度/mm	25
转子	
内径/mm	25
外径/mm	75
轴向高度/mm	4
填料	
填料性质	立方体(1mm×1mm×1mm)
空隙率	0.95
个数	2513
外空腔	
外径/mm	90
轴向高度/mm	69
气体进口管/mm^2	2×4
气体出口直径/mm	2
液体进口管/mm^2	1×0.5

对于气液两相流动，连续性方程在单相的基础上添加了相含率 α，来分别描述各相的连续性问题，具体方程如下：

$$\frac{\partial \rho_q \alpha_q}{\partial t}+\frac{\partial \rho_q U_{q,i} \alpha_q}{\partial x_i}=0, \quad q=\mathrm{g}\text{ 和 }\mathrm{l}, \quad i=i,j,k \tag{2-31}$$

式中，下标 q 可以被写为 g 和 l，分别代表了气相和液相，由于没有涉及传质反应，所以，源项值为 0。采用欧拉模型，气液两相的动量方程是分别计算的，对于每一相态 g 或 l，其在不旋转区域和旋转区域的方程表示如下：

$$\frac{\partial \rho U_i}{\partial t}+\frac{\partial \rho U_i U_j}{\partial x_i}=-\frac{\partial P}{\partial x_j}+\mu \frac{\partial^2 U_i}{\partial x_i \partial x_i}+\frac{\partial(-\rho \overline{u'_i u'_j})}{\partial x_i}+\rho S_F \tag{2-32}$$

$$\frac{\partial \rho U_i}{\partial t}+\frac{\partial \rho (U_i U_j-U_i^T U_j^T)}{\partial x_i}=-\frac{\partial P}{\partial x_j}+\mu \frac{\partial^2 U_i}{\partial x_i \partial x_i}+\frac{\partial(-\rho \overline{u'_i u'_j})}{\partial x_i}+\rho S_F \tag{2-33}$$

式(2-33) 通过添加 $U_i^T U_j^T$ 来表示旋转区域的速度，而相与相之间信息，除了压力外，其他主要依靠源项 S_F 来实现，如相间作用力：

$$\vec{R}_{gl}=-\vec{R}_{lg}=K_{gl}(\vec{U}_g-\vec{U}_l) \tag{2-34}$$

式中，K_{gl} ($=K_{lg}$) 是相间动能转换系数，对于流体间的模拟，可由公式(2-35) 求出：

$$K=\frac{\rho_p f}{6\tau_p} d_p A_i \tag{2-35}$$

式中，A_i 表示相间面积，它在欧拉模型中的计算如下：

$$A_i=\frac{6\alpha_p(1-\alpha_p)}{d_p} \tag{2-36}$$

式中，d_p 代表离散相的直径；α_p 代表 p 相所占的体积分率。而公式(2-35) 中，τ_p 代表离散相的松弛时间，被定义为：

$$\tau_p=\frac{\rho_p d_p^2}{18\mu_p} \tag{2-37}$$

公式(2-35) 中的 f 代表的是曳力函数，本部分使用常用的 Schiller and Naumann 提出的模型[24]进行求解：

$$f=\frac{C_D Re}{24} \tag{2-38}$$

式中，C_D为曳力系数，根据相间相对雷诺数 Re 的不同，可以分别求解：

$$C_D=\begin{cases}24(1+0.15Re^{0.687})/Re, & Re\leqslant 1000\\ 0.44, & Re>1000\end{cases} \tag{2-39}$$

而雷诺数近似用下式计算：

$$Re=\frac{\rho_g|\vec{U}_l-\vec{U}_g|d_l}{\mu_g} \tag{2-40}$$

源项 S_F中还包含了表面张力项 F_V，采用由 Brackbill 提出的 Continuum Surface Model (CSF)[25]进行求解：

$$F_V=\gamma\frac{K\ \nabla\alpha}{0.5(\rho_l+\rho_g)} \tag{2-41}$$

其中，γ 是表面张力系数，设置为常数 73.5dyn/cm（1dyn=10^{-5}N），$\nabla\alpha$ 为某相态相含率的变化梯度，K 是表面曲率值，它可以由公式(2-42) 计算得出：

$$K=\nabla\hat{n}=\nabla\left(\frac{\nabla\alpha}{|\nabla\alpha|}\right) \tag{2-42}$$

当液体出现在填料表面时，由于此时会出现气液固三相，需要对表面曲率值 K 进行修正，方法是引入接触角，根据杨式公式进行修正。

$$\hat{n}=\hat{n}_w\cos\theta_w+\hat{t}_w\sin\theta_w \tag{2-43}$$

式中，θ_w 为接触角，设置为常数 53°，$\hat{n}_w$ 和 $\hat{t}_w$ 分别代表了相对于壁面的切向和垂直方向的单位矢量。最后，动量方程式(2-32) 和式(2-33) 中脉冲速度$\overline{u_i'u_j'}$继续沿用气相模拟的方法，采用两方程中标准 k-ε 模型进行求解。

气体和液体的入口都设置为速度进口，气液入口速度采用保证实验与模拟的流通通量相等。气体和液体的出口边界条件被设置为压力出口，出口表压设置为 0Pa。整个模拟过程中操作压力被设置为标准大气压 101325Pa。壁面对气相和液相都设置为无滑移的固壁边界，接触角设置为 53°。压力-速度耦合问题通过 Phase Coupled SIMPLE 方法进行求解，网格梯度采用 Least Squares Cell Based 方式进行计算，采用一阶迎风方法进行离散。每个工况的时间步长设置为 5×10^{-4}s，计算残差值在 1×10^{-3} 以下。模型模拟结果与实验结果的比较如图 2-27～图 2-30 所示。

图 2-27 和图 2-28 分别表示转速和液量对旋转填充床湿床压降的影响规律。由图可知，压降随着转速和液量的升高而升高；实验值与模拟值在湿床压降的对比中，误差值要明显大于±15%。这可能是由于模拟中填料的结构尺寸与真实丝网填料相差太远导致

的。为了减少计算量，模拟中填料层轴向厚度只有 4mm，气相流动受到液相和壁面的影响更明显，立方体填料对液体的剪切能力弱于真实丝网填料，导致填料层内液体微元的尺寸增加。

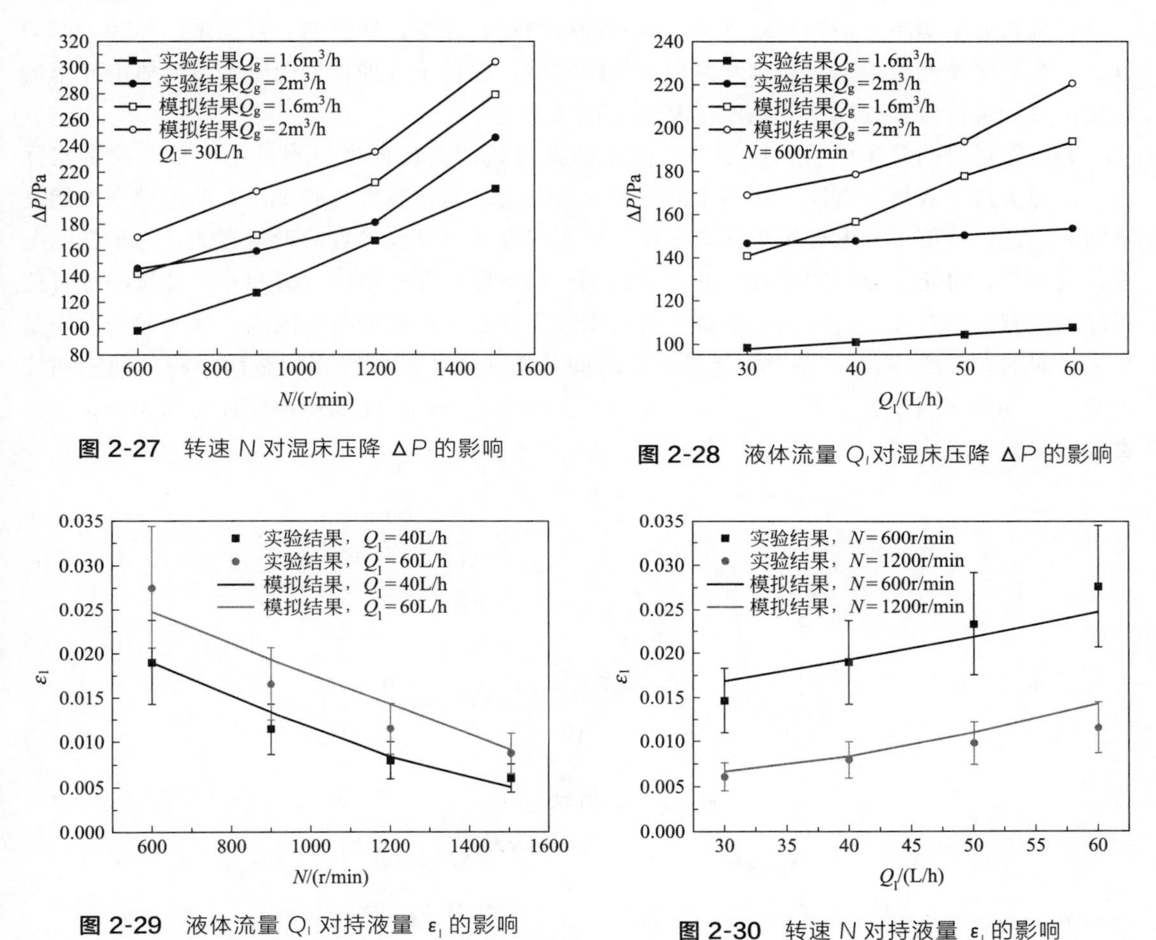

图 2-27　转速 N 对湿床压降 ΔP 的影响

图 2-28　液体流量 Q_l 对湿床压降 ΔP 的影响

图 2-29　液体流量 Q_l 对持液量 ε_l 的影响

图 2-30　转速 N 对持液量 ε_l 的影响

图 2-29 和图 2-30 分别表示液量和转速对持液量的影响规律。结果表明，填料区持液量随着液量的增加而升高，随转速的降低而降低。持液量实验关联式计算值[4]与模拟值误差在±25%以内，表明本 CFD 模型相对合理。

2.3　旋转填充床内流体停留时间实验测定

了解液体在转子内停留时间和返混程度，对于传质与反应的研究具有至关重要的意义。美国 Case Western Reserve 大学的 Keyvany[14] 等前人采用脉冲示踪的方法，通过在液体的进口处和转子外空腔中分别安装电导探头来测定停留时间分布。然而，这包括了液体在进出口管路中的停留与返混，并非填料内的停留时间分布规律。北京化工大学郭锴等[1]将电导探头固定于旋转转子上，进行原始测量，测得液体在转子填料内，不含液体在外腔空间飞行的停留时间，可真实反映液体在填料中停留时间分布。

2.3.1 实验方法

由于液体在转子内的停留时间很短，在毫秒级，人工取样测量已经不可能满足要求。应用计算机数据采集系统，同时对进出口物料进行测量，方能达到目的。实验采用脉冲示踪的方法，在旋转填充床稳定操作时脉冲加入示踪物质，在转子内外径处同时测量液体电导率的变化，然后进行数学处理，得到停留时间分布规律。

典型停留时间分布曲线见图 2-31。图中两条曲线的高度即电导率的绝对值，没有实际意义，因为这一数值与基线（即清水的电导率）有关，而在各次实验中，水的电导率可能是不同的，这一数值也和电导探头的灵敏度、沾污程度及电导仪参数的设定有关。为了在图上看得更清楚，将两条曲线的基线拉开以示区别。两条曲线在横坐标（时间）上位置的绝对值同样不具有实际意义，这一数值取决于自数据采集开始到进样的时间间隔。这个时间间隔是手工控制的，大约在 0.5s 左右。通过停留时间分布曲线，需要得到的是两个峰的间隔和峰的宽度，它们分别代表了平均停留时间和方差。各次采样时间间隔均相同且为 9.3ms，多数实验点采样 300 次。

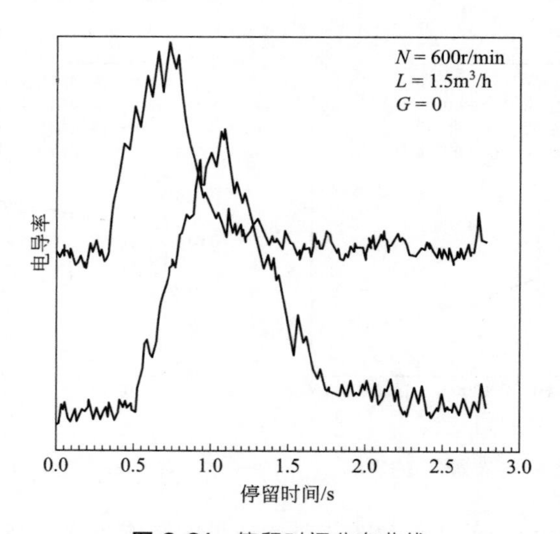

图 2-31 停留时间分布曲线

对进口和出口两条曲线分别用式(2-44) 和式(2-45) 计算平均停留时间和方差。进、出口曲线平均停留时间之间的差即为液体在填料转子内的平均停留时间。

$$\bar{t}=\frac{\sum tE(t)\Delta t}{\sum E(t)\Delta t}=\frac{\sum tE(t)}{\sum E(t)} \tag{2-44}$$

$$\sigma_t^2=\frac{\sum t^2E(t)}{\sum E(t)}-(\bar{t})^2 \tag{2-45}$$

式中 $\bar{t}$——平均停留时间，s；

$E(t)$——停留时间密度函数，s^{-1}；

t——时间，s；

σ_t^2——方差，s^2。

在图 2-31 中，进口曲线的锯齿形波纹代表了对填料内缘上某一固定点每转一周示踪物淋洒一次。这意味着，在填料内缘附近存在着液体流量变化的周期性的波。在将入口探头向填料内部移动 10mm 的实验曲线上则看不到这一现象，这说明 10mm 左右的填料层将这一波动完全吸收。

2.3.2 液量与液体平均停留时间

实测表明，平均停留时间随液量（即液体流量）的增加而下降（图 2-32）。这不难理解，当流量增加时，填料表面的液膜变厚。而从液膜内的流速分布看，必然是远离填料表面的液体流速快。大流量比小流量多出的流量是远离填料表面的部分，因此，平均停留时间下降。并由此引出一个推论：平均停留时间或者说填料层中的平均流速取决于流量和转速，而与液体喷口速度关系不大。实验中，液体流量自 1.0m^3/h 增加到 2.5m^3/h，喷口速度后者是前者的 2.5 倍，而平均停留时间仅下降 25%。这说明液体进入填料层并与其撞击后，其动能迅速被填料吸收，再向前运动的能量由填料提供，初速度带来的动能已不复存在。（以旋转转子为参照系，转子本身动能为零）。

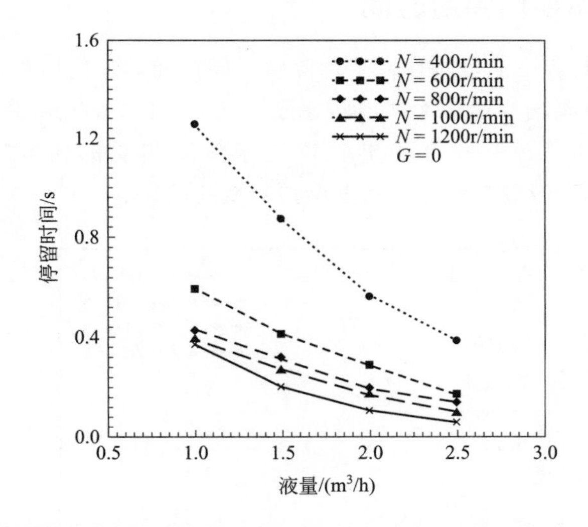

图 2-32　液量与液体平均停留时间（泡沫金属填料，无气）

2.3.3 气量与液体平均停留时间

由图 2-33 可见，在 150m^3/h 的气量气体作用下，液体的平均停留时间并无显著变化。进一步的结果表明，当气量在 0～250m^3/h 范围内递增变化时，液体的平均停留时间仅稍有下降，这一现象与 Keyvani[14] 的结果相同。对这一现象，可做如下解释：当转速为 600r/min时，液体在床层内径处受到大约 50 倍于地球引力场的离心力场的作用，此时，气液两相的 $\Delta\rho g$ 同样为地球引力场下的 50 倍。若要阻止液体的流动，所需的力是相当可观的。当最大气量为 250m^3/h 时，内径处 19m/s 的气体流速在气液界面上造成的剪应力不足以产生明显影响。也正是由于这一原因，在旋转填充床中泛点气速大大提高。

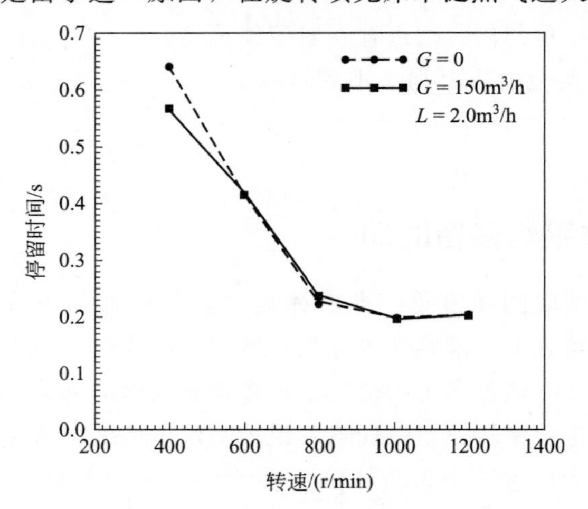

图 2-33 气量对液体平均停留时间的影响

2.3.4 转速与液体平均停留时间

由图 2-34 可见，对各个流量条件，平均停留时间都随转速的增加而下降；在低转速下，平均停留时间随转速下降的幅度较大，当转速超过 800～1000r/min 后，平均停留时间保持基本不变。值得注意的是，一些有关旋转填充床传质实验的研究中，也有当转速超过 1000r/min 后，平均体积传质系数 $k_{l}a$ 基本保持不变的结果。

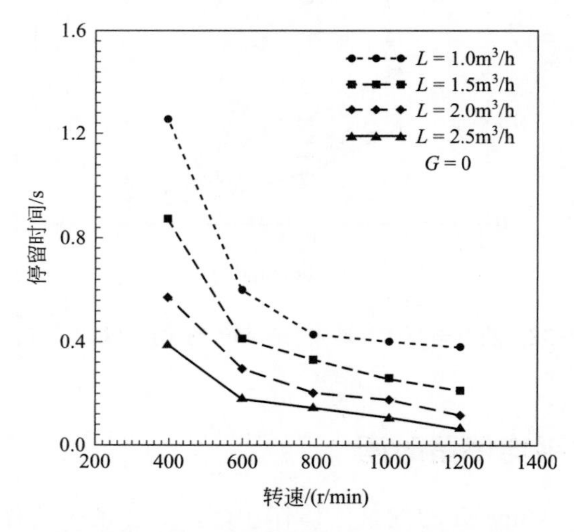

图 2-34 转速对液体平均停留时间的影响（泡沫金属填料，无气）

转速增加，液体在填料表面获得更大的离心加速度。离心加速度的增加会带来流速的增加，则平均停留时间下降。与此同时，在流量不变的前提下，平均停留时间的下降在一定程度上意味着填料表面的液膜厚度下降。液膜内的剪应力 $\tau=-\mu \mathrm{d}u/\mathrm{d}y$ 随液膜内速度梯度 $\mathrm{d}u/\mathrm{d}y$ 值的增加而增加。如果在一定范围内，流速随转速的增加而增加，液膜厚度随转速的增加而减小，则 du/dy 变化就会更大，液膜内部的剪应力将随转速迅速增加，这对液膜的变薄和流速的增加都起着阻滞作用，使得二者的变化趋势变缓。

2.3.5 方差

有关方差的计算，可依照方差的加成性进行。

$$\Delta\sigma_{\mathrm{t}}^2=\sigma_{\mathrm{t出}}^2-\sigma_{\mathrm{t入}}^2 \tag{2-46}$$

$$\Delta\sigma^2=\frac{\Delta\sigma_{\mathrm{t}}^2}{\Delta t^2} \tag{2-47}$$

用对比时间表示的方差代表了填料中液体的返混程度。当停留时间很短时，进出口之间方差与平均停留时间在测量上的微小误差都会对 $\Delta\sigma^2$ 值产生较大影响。尽管如此，也可以从总的统计数据看出旋转填充床的液体流动特性。在郭锴的实验中，对于没有气相流动的实验点，总平均的 $\Delta\sigma^2$ 值约为 0.5。借用化学反应工程中的多级串联槽模型来判断液体在填料中的返混程度。模型参数 $n=1/\Delta\sigma^2$，以总平均的 $\Delta\sigma^2$ 值 0.5 代入得 $n=2$，即液体在旋转填充床中的返混程度相当于二级串联的理想混合釜，其 $E(\theta)$ 曲线如图 2-35 所示。

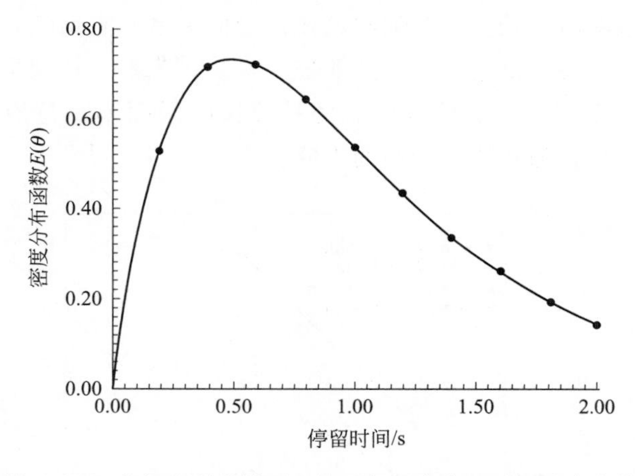

图 2-35　多级串联釜模型二级理想混合停留时间分布曲线

值得注意的是，将入口探头沿半径方向向外移动 10mm 的数据的平均方差为 0.17，仅为全程方差值的 1/3，此时，平均停留时间与全程数据没有明显差别。产生这一方差的填料是全部填料的 93%，换言之，在内缘处 7%的填料造成了全部混合的 70%。就混合强度而言，内缘处 10mm 内的混合强度数倍于填料的其他部位。因此，内缘处液体混合的剧烈程度是不言而喻的。

这就给了我们一个重要的启示：在填料内缘处，液体在极短的时间内（几十毫秒数量级）就得到了充分的混合，其混合程度之好是其他混合设备难以做到的。旋转填充床的这一特性为它的应用（如超重力反应沉淀法制备纳米材料）开拓了新的领域。

分析填料内缘产生剧烈混合的原因，一是有填料与来流液体的碰撞，二是已经附着在填料表面的液体与飞行中的来流的碰撞。与此形成对照的是，在填料主体部分，液体的返混较小，偏向于平推流。从实验观察的结果来看，填料入口处与填料主体部分的区别在于入口处存在填料与来流在周向上的碰撞。因此，有理由得出这一推论，剧烈的混合是由于填料（包括附着在填料上的液体）与其周向速度有较大不同的液体的碰撞所致。在填料主体部分，由于液体与填料的周向速度基本相同，不存在剧烈的混合，与填料内缘相比，在混合的机制上有较大的差别。

2.3.6 停留时间与持液量

Basic 和 Dudukovic[10,11]等通过测量电导的方法，进行过旋转填充床中持液量的研究，但由于所用的填料孔隙率只有30%左右，其结果与高孔隙率填料有很大不同。我们可通过测量停留时间的方法进行比较研究，持液量定义为单位体积的床层所持液体体积。

$$\varepsilon_l=\frac{V_l}{V_b}\times 100\% \tag{2-48}$$

由前面所得平均停留时间，可直接计算出转子填料的持液量。

$$\varepsilon_l=\frac{L}{\rho\times 3600}\bar{t}/V_b \tag{2-49}$$

由式(2-49) 可以看出，持液量是液体流量与平均停留时间的乘积，填料所表现出的持液量与液体流量的关系实质上是停留时间与液体流量的关系。它反映了在流量变化引起停留时间变化的幅度，因此，持液量这一参数并非独立变量。当然，持液量可以反映出床层的一些特性，但从更深层次而言，需要认真研究的是停留时间而不是持液量。如图 2-36 显示，持液量随液量增加而增加，随转速的升高而下降。

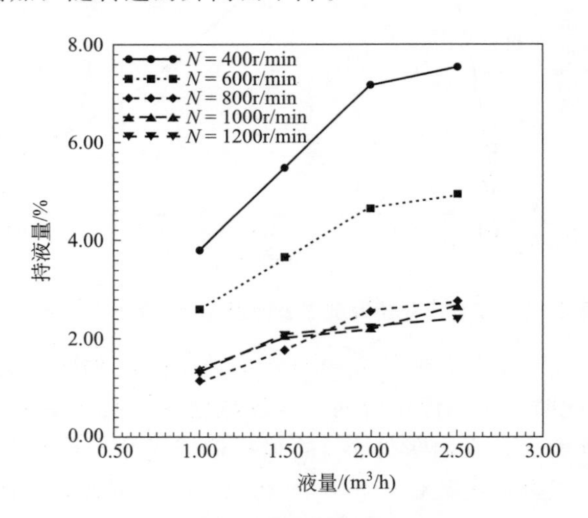

图 2-36 液量与持液量关系

2.4 旋转填充床内气液传递过程与传质模型

2.4.1 液相控制的传质过程

早期的研究者，如 Keyvani[14]，Kumar[15]曾用旋转填充床对 CO_2-H_2O 系统的体积传质系数进行了研究。由于当时缺少有关液膜厚度和液滴直径等方面的研究，所以只能将 K_L 和 a 一起处理，求出床层的平均液相体积传质系数 K_La。虽然有的研究者将 K_L 与 a 分开，得到单独的 K_L，但只是简单地把填料表面积看作传质面积，这与实际不符。

Munjal[8]用实验方法测定了相界面积，从实验得到了 K_L 值。同时，他将液体在填料层中的流动简化为液体在旋转桨叶和旋转圆盘上的流动，利用溶质渗透理论求出了这两种情况下的 K_L 值，但他未考虑填料空间的液体形态与传质作用。

北京化工大学超重力工程研究中心[9,13]对用氮气解吸水中氧的液膜控制传质过程进行了研究，还对逆流床的端效应进行了研究[1,26,27]，结果表明，转子中填料的内缘（即端效应区）的传质系数很大，气液传质过程在填料层中主要发生在靠近转子填料内径的区域。

北京化工大学超重力工程研究中心[28,29]对以黄原胶水溶液为对象的拟塑性非牛顿流体在逆流床中的传质进行了研究，结果表明，对非牛顿流体体系，旋转填充床也能大大强化液相的传质过程。

2.4.2 气相控制的传质过程

Ramshaw[30]曾用水吸收氨测定了逆流旋转填充床填料层的平均气膜传质系数，用比表面积为 1650 的不锈钢丝网填料在 760g 下得到气膜传质系数为 10.8×10^{-8} m/s。朱慧铭[12]也利用水吸收氨体系测定了填料层的平均气膜传质系数，得到加速度与平均体积传质系数及传质单元高度的关系。沈浩[16]等用空气解吸废水中的氨得到传质单元高度为 3～10cm。

北京化工大学超重力工程研究中心早期用逆流旋转填充床对水除尘过程进行了研究，结果表明，除尘效率可达 99.9%以上，当入口气体含尘 50g/m^{3}时，出口气体含尘 0.05g/m^3，切割粒径 0.3μm，达到工业上电除尘装置串联填料洗涤塔的除尘效果。

2.4.3 气液两相控制传质过程

北京化工大学超重力工程研究中心[31]采用水吸收空气中的 SO_2 体系，研究了这个气液两相对传质阻力均有影响的吸收过程。采用安装在旋转填充床填料层不同径向位置的自制电导探头，测定逆流和并流操作条件下旋转填充床填料层内径向的浓度分布。研究了液体流量、气体流量、转速和气相进口中 SO_2 含量四个因素对旋转填充床填料层内径向浓度分布和径向体积传质系数分布的影响规律。研究结果表明。

① 逆流旋转填充床填料层内的体积传质系数在填料层的入口处有一极大值，说明在此处为液相端效应区。离开液相端效应区后，体积传质系数随填料层半径逐渐增大，在接近转子的外缘处时，体积传质系数迅速增大，这与液相控制的传质过程相反，说明在填料层的外缘处存在一个气相端效应区。并流时，旋转填充床内的体积传质系数在填料层内缘处迅速增大，说明并流时气、液两相端效应区都集中在填料层内缘处，离开端效应区后，随填料层半径逐渐减小。

② 转速和气体流量对旋转填充床填料层内的体积传质系数影响较大，而液体流量和气相中 SO_2 浓度对传质系数的影响不大。

2.4.4 平均体积传质系数实验值的计算

由于气液逆流接触，气液浓度、通量、传质比表面积和流速等沿径向变化，所以很难得到计算床层传质系数的解析式，只能将体积传质系数看成常数，将床层分为微圆环，用试差和递推的方法求取。即先给定体积传质系数 K_xa，然后从气相或液相入口端逐层递推，最后求出气液相出口浓度与实验值比较。如果两者之差小于精度要求，则认为 K_xa 即为所求，否则，修正 K_xa 重新从头开始递推计算，直到满足要求。

水吸收氨的传质过程是一个典型的气相控制过程，以此为例，建立求取体积传质系数的表达式。

对旋转填充床填料内一个微小的单元层进行物料衡算如下（图 2-37）。

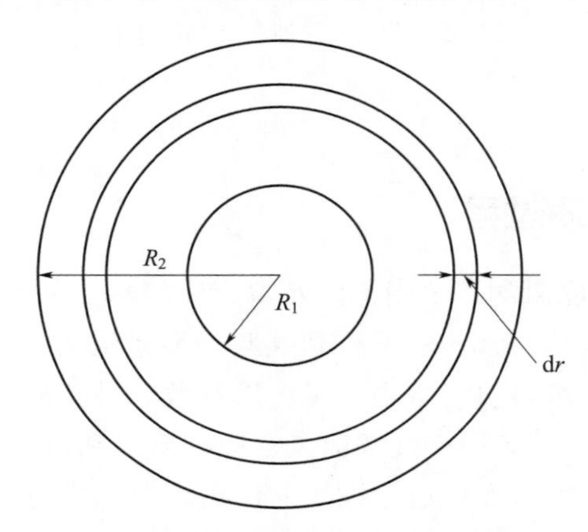

图 2-37 旋转填充床填料的示意图

根据质量守恒：

$$-G\mathrm{d}y = N_A a 2\pi r H \mathrm{d}r \tag{2-50}$$

$$N_A = K_y(y-y_e) \tag{2-51}$$

将式(2-51) 代入式(2-50) 得：

$$-G\mathrm{d}y = K_y a(y-y_e)2\pi r H \mathrm{d}r \tag{2-52}$$

对式(2-52) 积分：

$$\int_{y_1}^{y_2} -G\mathrm{d}y = \int_{R_1}^{R_2} K_y a(y-y_e)2\pi r H \mathrm{d}r \tag{2-53}$$

可得：

$$K_y a = \frac{G}{\pi H(R_2^2-R_1^2)}\int_{y_2}^{y_1}\frac{\mathrm{d}y}{y-y_e} \tag{2-54}$$

令传质单元数 $NTU=\int_{y_2}^{y_1}\frac{\mathrm{d}y}{y-y_e}$，传质单元高度 $HTU=\frac{G}{K_y a\pi(R_2^2-R_1^2)}$，则：

$$K_y a = \frac{G}{\pi H(R_2^2-R_1^2)}NTU \tag{2-55}$$

$H=NTU\times HTU$

当气相浓度很低时，可用以下方法求 NTU：

$$NTU=\frac{Y_1-Y_2}{\dfrac{(Y_1-Y_{e1})-(Y_2-Y_{e2})}{\ln\dfrac{Y_1-Y_{e1}}{Y_2-Y_{e2}}}} \tag{2-56}$$

式中　Y_1——NH_3在旋转填充床入口的物质的量浓度；

Y_2——NH_3在旋转填充床出口的物质的量浓度；

Y_{e1}——NH_3在旋转填充床入口与液相平衡的气相物质的量浓度；

Y_{e2}——NH_3在旋转填充床出口与液相平衡的气相物质的量浓度；

G——为气相摩尔流率；

R_1、R_2——填料层的内外半径；

H——填料的轴向长度；

a——传质总比表面积；

N_A——传质通量；

K_y——液相传质系数。

2.4.5　气液传质过程模型化

根据不同黏度体系中液体微元存在方式，我们建立了相应的气液传质模型，包括适用于低黏度体系（<0.1Pa・s）的变尺寸液滴传质模型[32]、适用于中等黏度体系（0.1～1Pa・s）的表面更新传质模型[33]、适用于高黏度体系（>1Pa・s）的液膜传质模型[34]，模拟揭示了旋转填充床内不均匀传质规律。在此基础上，结合化学反应动力学，建立了传质耦合反应过程的超重力多相反应器模型。

2.4.5.1　用于低黏度体系的变尺寸液滴传质模型

以本菲尔溶液吸收CO_2为工作体系，进行了低黏度体系传质模型化研究[32]。假设液体在较高的超重力水平下仅以球形液滴的形式存在，在端效应区内球形液滴直径的表达式为：

$$d=[0.826+17.4(r-r_i)]d_1 \qquad r-r_i<0.01\text{m} \tag{2-57}$$

在填料主体区液滴直径的表达式为：

$$d=12.84\left(\frac{\sigma}{\omega^2 r\rho}\right)^{0.630}u_1^{0.201} \qquad r-r_i\geqslant 0.01\text{m} \tag{2-58}$$

液滴内组分控制方程：

$$c=(c_0-c_e)\frac{d}{2R}\sinh\left(\sqrt{\frac{k_1}{D_1}}R\right)\Big/\sinh\left(\sqrt{\frac{k_1}{D_1}}\frac{d}{2}\right)+c_e \tag{2-59}$$

传质方程：

$$\frac{k_G RT}{a_t D_G}=2Re_G^{0.7}Sc_G^{1/3}(a_t d_p)^{-2.0} \tag{2-60}$$

单位体积内CO_2的吸收速率为：

$$N_{CO_2}=K_G a(Py-c_e H)=K_G\frac{6\varepsilon_L}{d}(Py-c_e H) \tag{2-61}$$

CO_2在气相中的质量守恒方程：

$$G_{N_2}\mathrm{d}\left(\frac{y}{1-y}\right)=N_{CO_2}2\pi rh\,\mathrm{d}r \tag{2-62}$$

利用该模型方程，可在已知气体和液体进口条件的情况下，计算得到旋转填充床出口气体中的CO_2浓度。图2-38为计算得到的出口气体CO_2浓度（摩尔分数）和实验值的对比图。从图中可知，绝大多数的计算值和实验值的误差都在±10%以内，表明本模型合理。

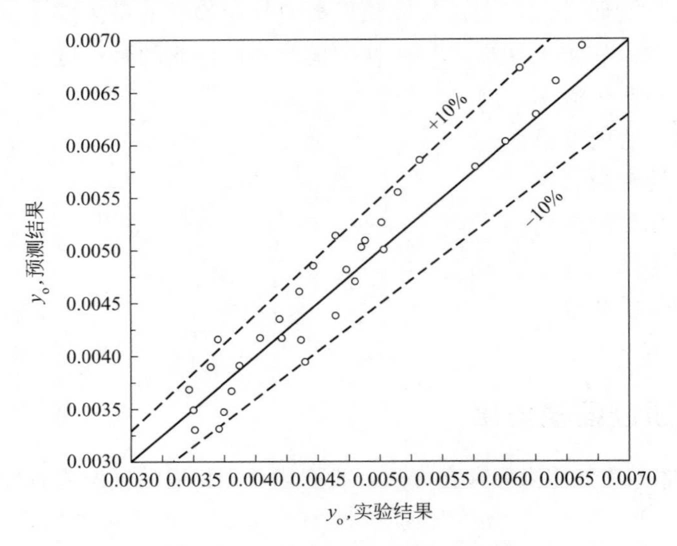

图 2-38 计算值和实验值的对比图

2.4.5.2 适用于中等黏度体系的表面更新传质模型

以离子液体吸收CO_2为工作体系，结合基础研究的结果，建立了适用于中等黏度体系的表面更新传质模型[33]。模型假定：

① 液体以平推流方式沿填料径向向外流动，液体在填料上有相同的停留时间和流动类型；

② 处于填料中的绝大多数液体在高速剪切和填料的撞击下分散成液滴，液滴的总面积即气液有效传质面积；

③ 在填料空间内，气液为逆流接触，液体每经过一层丝网后浓度就会发生更新。

根据Burns[35]的关联式，RPB内液体持液量为：

$$\varepsilon_1=0.039\left(\frac{\omega^2 r_o}{g_0}\right)^{-0.5}\left(\frac{u_1}{u_0}\right)^{0.6}\left(\frac{\nu}{\nu_0}\right)^{0.22} \tag{2-63}$$

根据持液量计算得到液体流速：

$$u_1=\frac{L_f}{\varepsilon_1} \tag{2-64}$$

液膜每经过丝网一次，即被更新一次，则更新频率为：

$$S=u_1\frac{N_s}{r_o-r_i} \tag{2-65}$$

根据Danckwerts的表面更新理论，可得液相传质系数：

$$k_L=\sqrt{D_{CO_2}S} \tag{2-66}$$

填料丝网的表面即为气液接触表面，则液相体积传质系数为：

$$k_La=a\sqrt{D_{CO_2}S} \tag{2-67}$$

由此建立了以表面更新理论为基础的旋转填充床内气液传质模型。图 2-39 是液相体积传质系数实验值和模型预测的对比图，实验和模型的偏差在 15%以内，两者吻合良好。

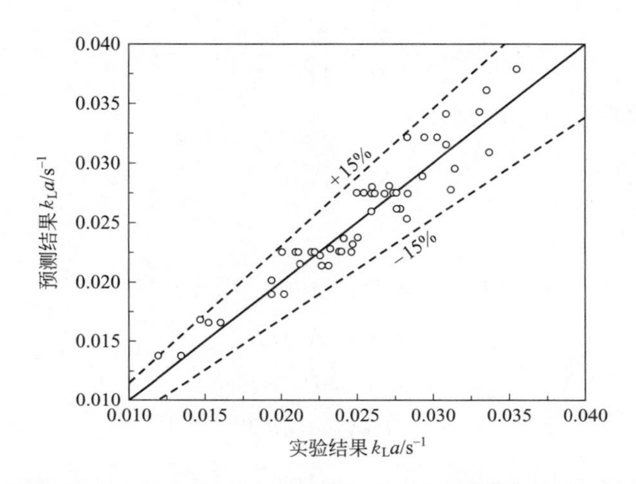

图 2-39　超重力旋转填充床内液相传质系数实验值和模型预测值对比图

2.4.5.3　适用于高黏度体系的液膜传质模型

以糖浆-丙酮为工作体系，建立了适用于高黏度体系的液膜传质模型[36]。模型假设（如图 2-40 所示）：

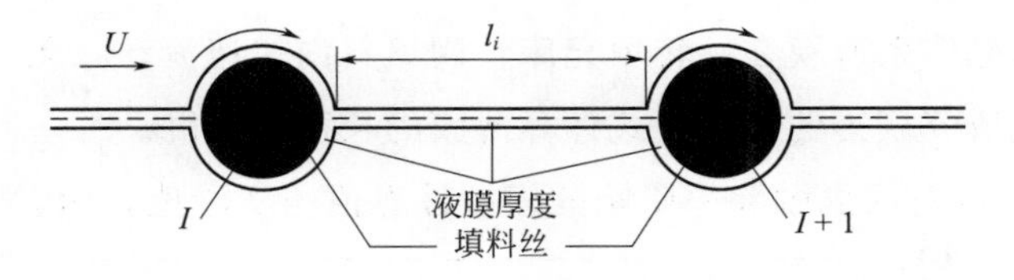

图 2-40　高黏度体系的液膜传质模型示意图

① 液体微元在填料中完全以液膜的形式存在，且能够始终保持连续，直至流出填料；

② 流体的体积流量、密度、黏度和温度保持恒定，忽略气相传质阻力和压力变化；

③ 假设流体从喷嘴喷出后，在离心作用下，以液膜形式运动，其间不断进行着扩散与传质过程，液膜在以后的逐层流动中均被填料丝捕获，并在填料丝表面发生绕流流动；流体在填料内流动时，扩散传质过程只发生于填料空间的无绕丝流动过程。

基于渗透模型，气液相界面上，单位面积的瞬时摩尔传递速率可表达为：

$$N(t)=\sqrt{\frac{D}{\pi t}}(C_0-C_e) \tag{2-68}$$

则液膜整个扩散传质过程的传质总量为：

$$Q_f = A\int_0^{t_f} N(t)\,dt \tag{2-69}$$

根据质量守恒，液膜整个扩散传质过程的传质总量也可以表示为：

$$Q_f = \delta_f A_f (C_0 - C_A) \tag{2-70}$$

得到扩散传质后流体内丙酮含量计算公式：

$$C_A = C_0 - \frac{2}{\delta_f} \times \frac{A}{A_f}\sqrt{\frac{Dt_f}{\pi}}(C_0 - C_e) \tag{2-71}$$

因此，丙酮脱除率可由下式表示：

$$E = \frac{C_0 - C_A}{C_0} \tag{2-72}$$

具体计算如下：

$$D = 6.9 \times 10^{-16} T^{3.292} \mu^{-1.242} \tag{2-73}$$

$$A = \rho_B A_f 4\pi R_B^2 \tag{2-74}$$

$$\rho_B = a(P_0 - P) \tag{2-75}$$

$$P_B V_B = nRT \tag{2-76}$$

$$V_B = \frac{4\pi R_B^3}{3} \tag{2-77}$$

$$n = (C_0 - C_A)V_l \tag{2-78}$$

$$V_l = h\delta_f l \tag{2-79}$$

$$t_f = \frac{l}{u_l} \tag{2-80}$$

在脱挥过程中，高黏体系薄膜在旋转填充床丝网填料内快速流动，无法直接测量薄膜的尺寸。因此，采用前人研究获得的经验公式计算薄膜的长度和厚度。

图 2-41 给出了真空度对丙酮脱除率影响的模型计算值与实验值，两者吻合良好。

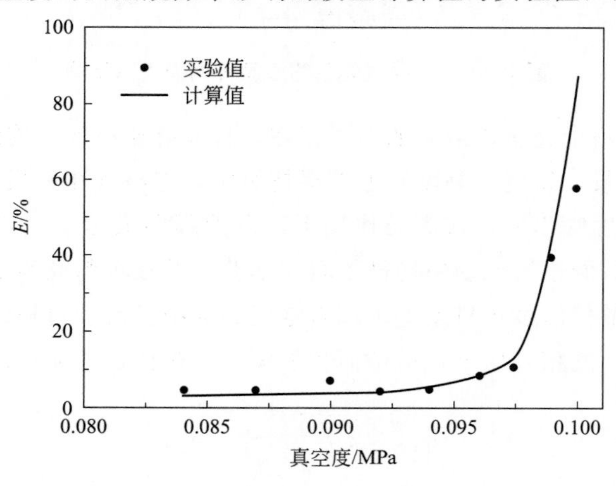

图 2-41 真空度对丙酮脱除率的影响

2.4.6 旋转填充床气液传质过程的 CFD 模拟

为了更进一步理解和揭示旋转填充床中气液传质机制，提出传质强化的优化结构思路。我们采用计算流体力学方法建立了旋转填充床内气液传质过程的二维 CFD 模型，以真空水脱氧为对象，模拟填料层内气液传质过程，研究各操作参数对传质过程的影响规律，进而提出结构优化方案[37]。

旋转填充床几何模型采用的是正方形来简化填料丝网。正方形以轴心为圆心按一定比例排列成二十层同心圆环，其边长为 1mm，两个正方形的中心距为 3mm（如图 2-42 所示）。填料区的孔隙率为 0.94，与金属丝网填料的孔隙率 0.95 相近。整个内圆和外圆被分别设为进口和出口，采用间距为 0.5mm 的四边形网格进行网格划分，网格总数为 164757 个。

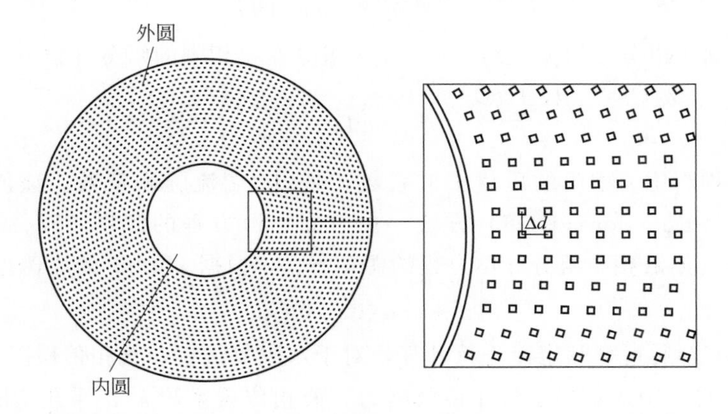

图 2-42　旋转填充床二维几何结构模型和填料区局部放大图

在脉冲速度的求解上，采用较为复杂但更为真实的雷诺应力湍流模型（RSM model）。RSM 方程如下：

$$\frac{\partial(\rho\overline{u_i'u_j'})}{\partial t}+U_k\frac{\partial(\rho\overline{u_i'u_j'})}{\partial x_k}=\frac{\partial}{\partial x_k}\left(\rho C_k\frac{k^2}{\varepsilon}\frac{\partial\overline{u_i'u_j'}}{\partial x_k}+\mu\frac{\partial\overline{u_i'u_j'}}{\partial x_k}\right)-\rho\left(\overline{u_i'u_k'}\frac{\partial U_j}{\partial x_k}+\overline{u_j'u_k'}\frac{\partial U_i}{\partial x_k}\right)$$
$$-C_1\rho\frac{\varepsilon}{k}\left(\overline{u_i'u_j'}-\frac{2}{3}k\delta_{ij}\right)-C_2\rho\left(\overline{u_i'u_k'}\frac{\partial U_j}{\partial x_k}+\overline{u_j'u_k'}\frac{\partial U_i}{\partial x_k}-\frac{2}{3}\delta_{ij}\overline{u_i'u_k'}\frac{\partial U_i}{\partial x_k}\right)$$
$$-\frac{2}{3}\rho\varepsilon\delta_{ij}\tag{2-81}$$

通过 k 和 ε 方程，对 RSM 方程内原有的脉冲相进行化简

$$\rho C_k\frac{k^2}{\varepsilon}\frac{\partial\overline{u_i'u_j'}}{\partial x_k}=-(\rho\overline{u_i'u_j'u_k'}+\delta_{jk}\overline{u_i'p'}+\delta_{ik}\overline{u_j'p'})\tag{2-82}$$

$$C_1\rho\frac{\varepsilon}{k}\left(\overline{u_i'u_j'}-\frac{2}{3}k\delta_{ij}\right)+C_2\rho\left(\overline{u_i'u_k'}\frac{\partial U_j}{\partial x_k}+\overline{u_j'u_k'}\frac{\partial U_i}{\partial x_k}-\frac{2}{3}\delta_{ij}\overline{u_i'u_k'}\frac{\partial U_i}{\partial x_k}\right)=-p'\left(\frac{\partial u_i'}{\partial x_j}+\frac{\partial u_j'}{\partial x_i}\right)\tag{2-83}$$

$$\frac{2}{3}\rho\varepsilon\delta_{ij}=2\mu\overline{\frac{\partial u_i'}{\partial x_k}\frac{\partial u_j'}{\partial x_k}}\tag{2-84}$$

此外，RSM 方程中常数 $C_k=0.09$，$C_1=1.8$ 和 $C_2=0.6$，δ_{ij} 是 Kronecker 符号，可表

示为：

$$\delta_{ij}=\begin{cases}0,i\neq j\\1,i=j\end{cases} \tag{2-85}$$

k 和 ε 方程分别表示如下：

$$\frac{\partial(\rho k)}{\partial t}+U_i\frac{\partial(\rho k)}{\partial x_i}=\frac{\partial}{\partial x_i}\left[\left(\mu+\frac{\mu_t}{\sigma_k}\right)\frac{\partial k}{\partial x_i}\right]+G_k-\rho\varepsilon \tag{2-86}$$

$$\frac{\partial(\rho\varepsilon)}{\partial t}+U_i\frac{\partial(\rho\varepsilon)}{\partial x_i}=\frac{\partial}{\partial x_i}\left[\left(\mu+\frac{\mu_t}{\sigma_\varepsilon}\right)\frac{\partial\varepsilon}{\partial x_i}\right]+C_{1\varepsilon}\frac{\varepsilon}{k}G_k-C_{2\varepsilon}\rho\frac{\varepsilon^2}{k} \tag{2-87}$$

这两个方程中，常数 $C_{1\varepsilon}=1.44$，$C_{2\varepsilon}=1.92$，$\sigma_k=0.82$ 和 $\sigma_\varepsilon=1.0$。G_k 代表的是：

$$G_k=\mu_t\left(\frac{\partial U_j}{\partial x_i}+\frac{\partial U_i}{\partial x_j}\right)\frac{\partial U_j}{\partial x_i} \tag{2-88}$$

传质过程添加了组分守恒方程组，其中，i 组分在 q 相中的组分守恒方程可被描述成：

$$\frac{\partial\alpha_q C_{q,i}}{\partial t}+\frac{\partial\alpha_q U_i C_{q,i}}{\partial x_i}=\frac{\partial}{\partial x_i}\left(D+\frac{1}{\rho}\frac{\mu_t}{Sc_t}\right)\frac{\partial\alpha_q C_{q,i}}{\partial x_i}+S_{C,q} \tag{2-89}$$

式中，D 是混合物料中 i 物质的质量扩散系数，是 Sc_t 湍流施密特数，该值被设置为 0.7。通过 User-Defined-Function（UDF）方法，在组分守恒方程的源项 Sc,q 中，添加了符合 RPB 的传质方程。如液相中组分守恒方程的源项 $S_{c,1}$，根据 Higbie 的渗透理论可以表示为：

$$S_{c,1}=k_L a(C_{1,i}^*-C_{1,i}) \tag{2-90}$$

式中，饱和浓度 $C_{1,i}^*$ 通过亨利定律进行计算，对于水脱氧过程，气相传质阻力远小于液相传质阻力，在式(2-90) 中，忽略了气相传质阻力。液相传质系数 $k_L a$ 采用 Chen 等人[38]提出的经验关联式(2-91) 计算得出。这个关联式拟合了多种操作条件下不同物性的液体在不同尺寸 RPB 内的传质速率实验值，故适用性较高，其表达式如下：

$$\frac{k_L a d_P}{D a_t}\left(1-0.93\frac{V_o}{V_t}-1.13\frac{V_i}{V_t}\right)=0.65\left(\frac{\mu}{\rho D}\right)^{0.5}\left(\frac{L}{a_t\mu}\right)^{0.17}\left(\frac{d_P^3\rho^2 a_c}{\mu^2}\right)^{0.3}\left(\frac{L^2}{\rho a_t\sigma}\right)^{0.3} \tag{2-91}$$

式中，V_i、V_o 和 V_t 分别代表了反应器内空腔区的体积、外空腔区的体积和整体体积，D 代表了扩散系数，a_t 代表的是填料的比表面积，a_c 是离心加速度。

入口设置成速度进口边界条件，由于这是二维几何结构，不适用真实速度，所以速度通过方程式(2-92) 得出：

$$U_{\text{inlet}}=\frac{Q_L}{3600\times 2\pi r_i Z} \tag{2-92}$$

式中，r_i 是 RPB 内缘半径，而 Z 代表了填料的厚度，入口的初始表压设置为 0Pa，而湍流强度和水力直径被分别设置为 1% 和 84mm。进料入口的液体分率设置为 1。出口为压力出口边界条件，出口的表压设置为 0Pa，液体回流量分率设置为 0。压力-速度耦合问题通过 PISO 方法进行求解，体积分率和组分输运方程采用二阶迎风格式进行离散。每个工况都进行 1×10^4 步的计算，时间步长为 5×10^{-4}s。

图 2-43 为旋转填充床在不同转速下液相分布云图。由图可知，在高转速下液体微元尺寸小于低转速下的，提高转速能增加气液相界面，提高传质效率；液相存在分布不均的情况，提高转速可改善液相分布。图 2-44 表示持液量（ε_L）及水中氧脱除率（E）的模拟值

与实验值的对比。结果表明，持液量的误差在±20%范围内，氧脱除率的模拟值与实验结果的误差值在±10%以内，模型的预测性较好。转速和液量对持液量的影响规律与前人的文献结果趋势一致[35]，模拟值均小于实验值，这可能是由于简化填料结构降低了对液体的捕获率所致。

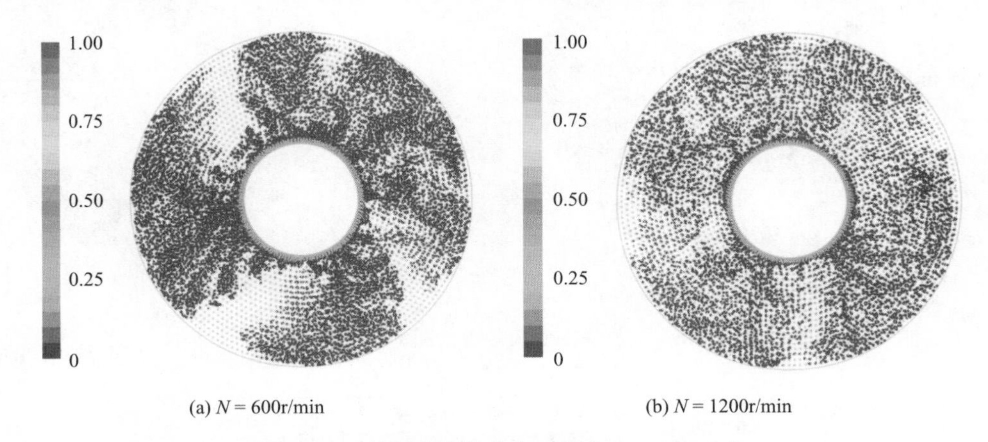

图 2-43　填料内液相分布云图（Q_L = 100L/h）

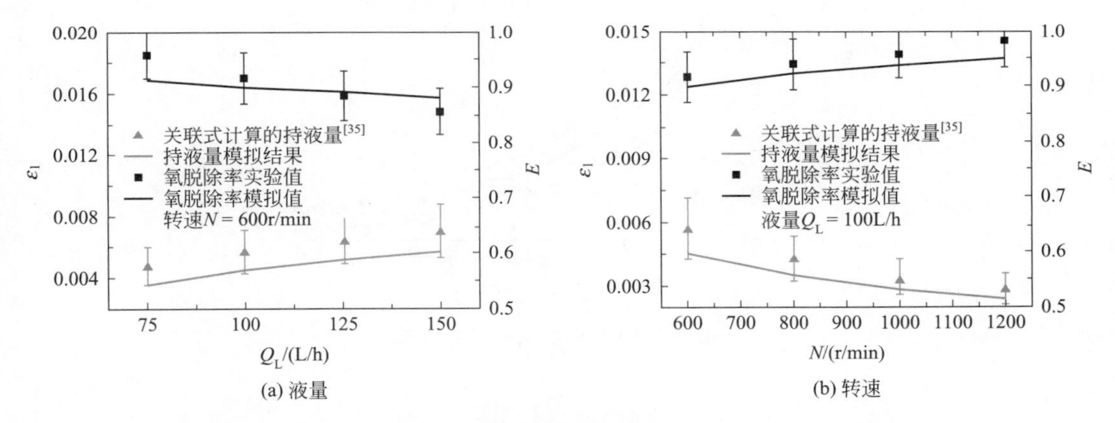

图 2-44　模拟值与实验值的对比

图 2-45 表示溶解氧在填料层内的分布，图 2-46 表示溶解氧沿径向的分布情况。由图可知，溶解氧的质量分率是随着径向距离的增大而逐渐减小的，根据曲线下降速率可把填料区分成两个部分：一是靠近转子的内缘，称为入口区，至少 40%的溶解氧在这个狭小的区域被解吸出来；其余部分称之为主体区，这个区域溶解氧的质量分数沿径向的增加，其下降的速率减缓，在靠近出口区域处，液相中溶解氧的质量分数达到稳定，气液传质过程接近平衡状态。

基于前面的研究结果，可提出结构优化方案。为此研究了填料、转子尺寸以及填料内添加导向板对传质过程的影响规律。图 2-47 表示了通过改变正方形的中心距 Δd 来调节填料的参数，Δd 值越大表明正方形数量越少，填料的比表面积和空隙率增加。

图 2-48 为不同结构填料对溶解氧脱除率的影响规律。结果表明，当操作条件相同时，与 Δd 大的填料相比，Δd 小的填料有更高的氧脱除率，这可能是由于 Δd 小的填料层具有更高的持液量，液体在该填料中的停留时间增大，对溶解氧的脱除有利。

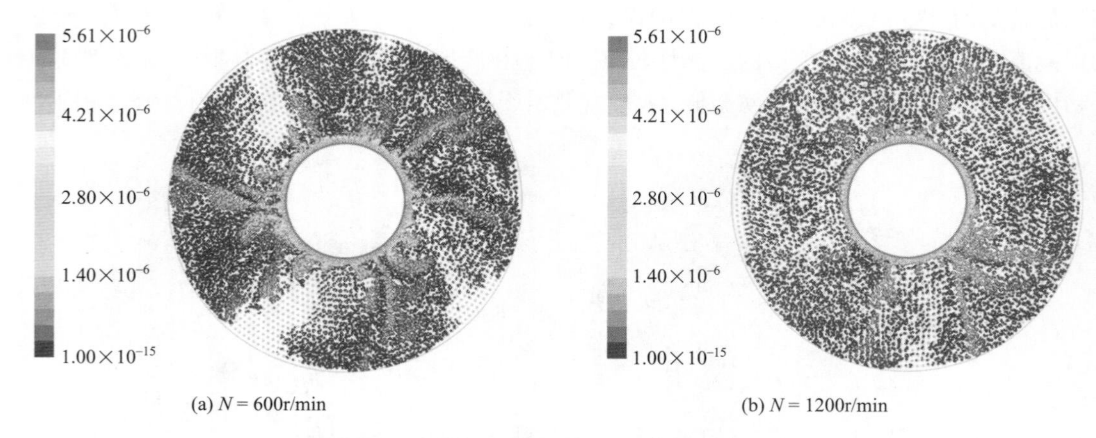

图 2-45 溶解氧的质量分布云图（Q_L = 100L/h）

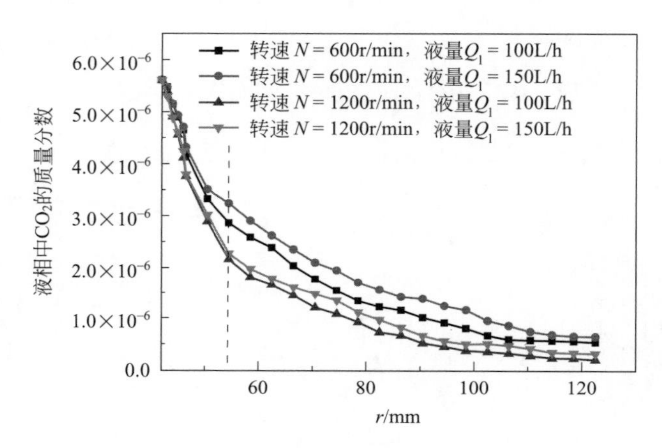

图 2-46 溶解氧沿径向的分布

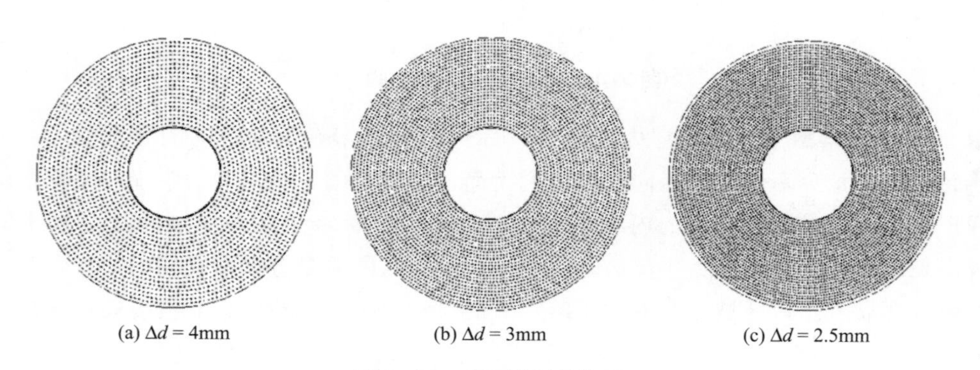

图 2-47 不同填料结构图

图 2-49 表示三种不同尺寸的转子，图 2-50 为转子尺寸对溶解氧脱除率的影响规律。模拟结果表明，在填料径向厚度一致时，与小尺寸内外径的转子相比，大尺寸内外径的转子在相同的操作条件下有着更大的溶解氧脱除率，表明了大尺寸内外径的转子的气液传质效率更高，这主要原因是由于大尺寸内外径的转子在相同转速下获得了更大的离心力，对液相的剪切作用增强，液体微元尺寸下降，减低了液相传质阻力。

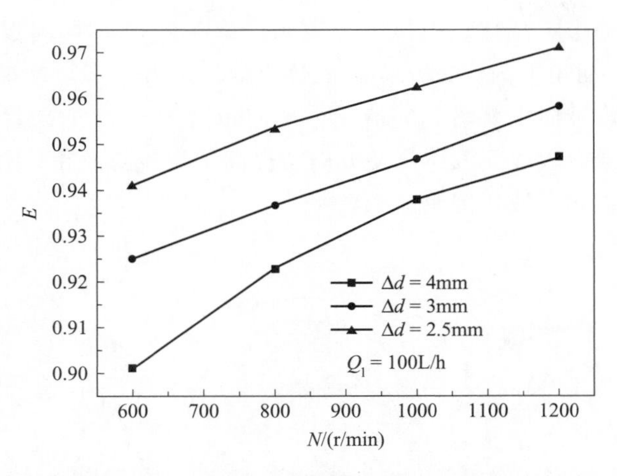

图 2-48　不同结构填料对溶解氧脱除率的影响

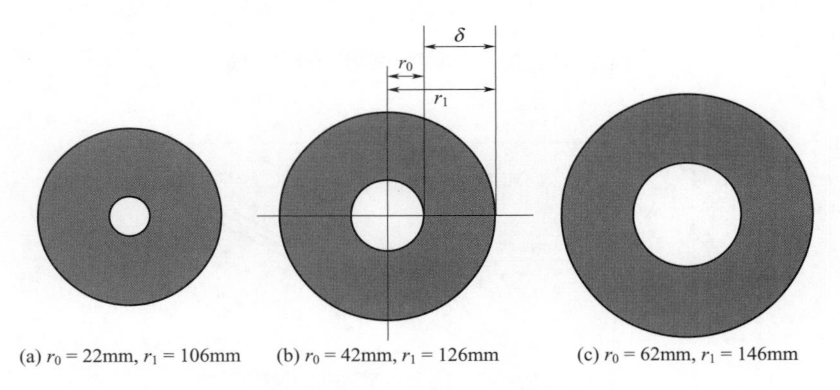

图 2-49　转子不同尺寸示意图

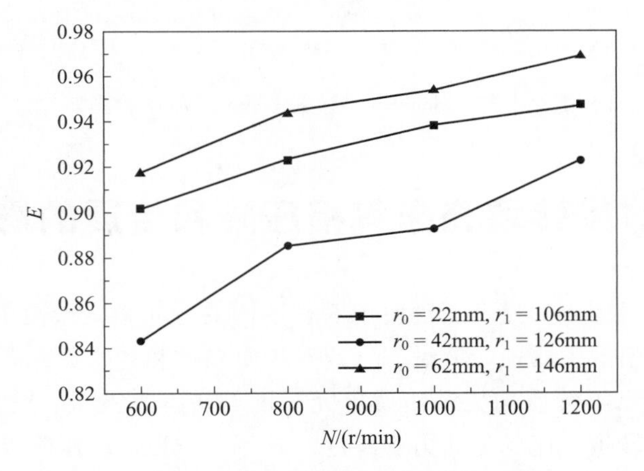

图 2-50　转子尺寸对溶解氧脱除率的影响

图 2-51 为添加在填料区内三种导向挡板的结构示意图，图 2-52 表示在这三种不同导向挡板下转速对解吸率的影响规律。模拟结果表明，角度为－60°导向板的传质效果最好，角度为 60°导向板次之，而角度为 0°的导向板的传质效果最差，其与常规几何结构填料的基本相同。由于在主体区内液体主要沿径向流动，导向角度为－60°的挡板，其导角方向与填料旋转方向相反，此时导向板改变液体流动方向，提高了液相与液相、液相与填料间的碰撞混合和液体微元破碎，强化了液相传质。

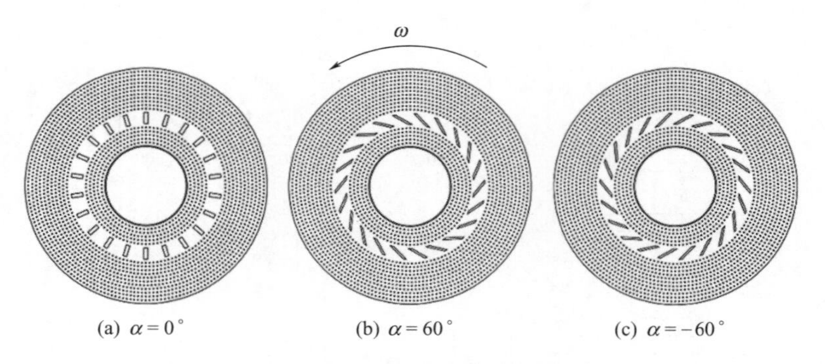

图 2-51 含有不同导向挡板填料结构简图

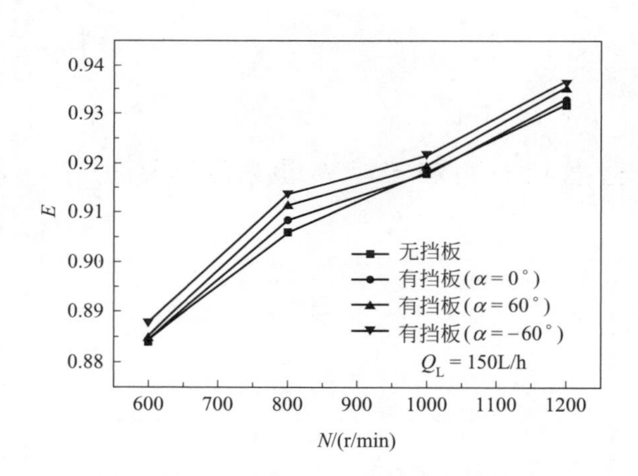

图 2-52 不同导向挡板对溶解氧脱除率的影响

2.5 内构件对旋转填充床气相压降和传质的影响

利用水吸收混合气体中的氨，通过使用 5 种不同的分布器，改变流体的初始分散状态，研究在不同初始分布情况下转速、液量、气速对传质系数和传质单元高度的影响。并对实验数据进行了回归，得出了传质系数及传质单元高度与转速、液量、气速的经验关联式。此外，还研究了逆流旋转填充床的流体力学特性，对不同分布器的压降以及旋转填充床压降在气速、液量、转速等操作条件影响下的情况进行对比。结果表明，在相同的操作条件下，不同的分布器对旋转填充床气相压降和传质的影响并不十分明显[39]。

2.5.1　液体分布器形式

实验共采用了 5 种形式的液体分布器，包括：①TG0.5 和 TG1.0 喷头孔径分别为 0.5mm 和 1.0mm，液体喷出后为雾状，每个分布器有 4 个管，每个管上装有 2 个喷头（其间的距离为 25mm），8 个喷头沿四个方向喷向填料，喷头与填料之间的距离为 23mm；②BUCTHC1 4 个管，每个管上有 2 个孔，孔径为 1.0mm，两个孔之间的距离为 25mm，孔与填料间的距离为 23mm；③BUCTHC2 4 个管，每个管上有一条小缝，缝隙为 0.3mm，缝长为 10.0mm，缝与填料之间的距离为 23mm，4 个缝错开安装，如图 2-53 所示；④BUCTHC3 4 个雾状喷头，喷孔为 1.0mm，一组（2 个）喷头距填料 22mm，另一组（2 个）距填料 15mm，两组喷头的轴向距离为 7mm，如图 2-54 所示。

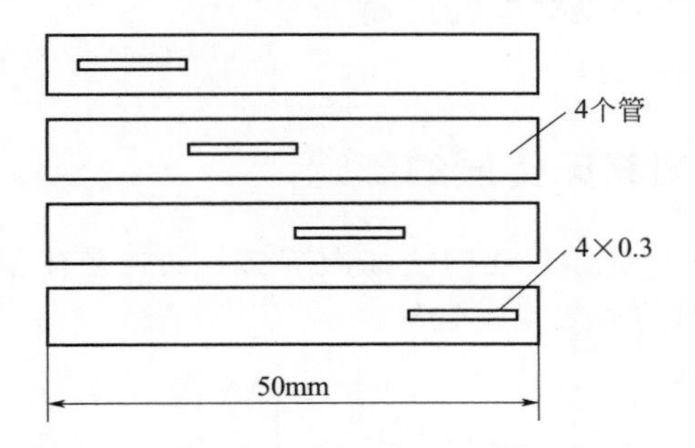

图 2-53　液体分布器 BUCTHC2 示意图

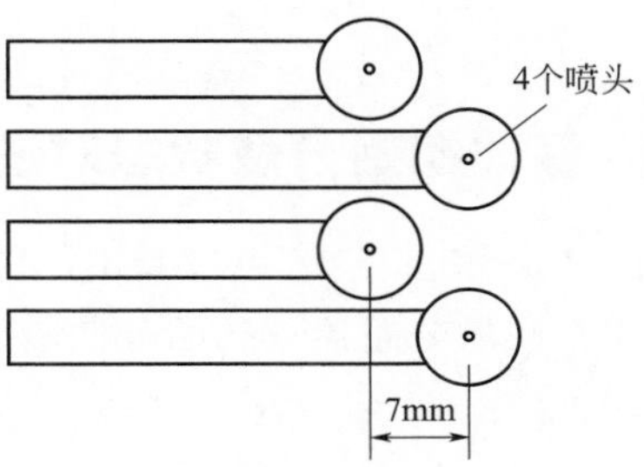

4个喷头

7mm

图 2-54　液体分布器 BUCTHC3 示意图

2.5.2　液体初始分散状态对逆流旋转填充床压降的影响

在气速的影响下，TG1.0 分布器使旋转填充床的气相压降相对于其他分布器稍小。而安装 TG0.5、BUCTHC1、BUCTHC2、BUCTHC3 四种分布器的旋转填充床气相压降的变化基本一致，如图 2-55 所示。

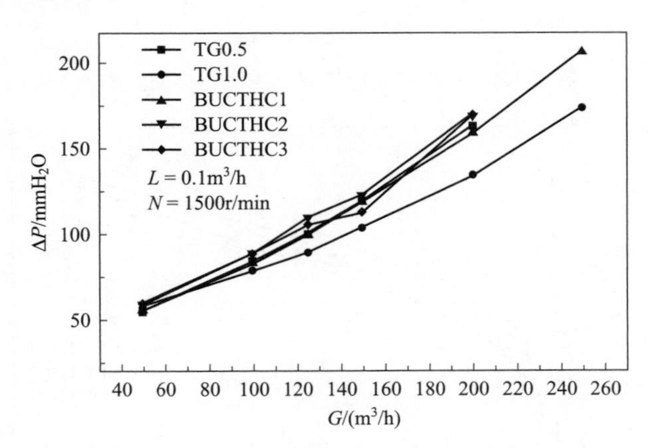

图 2-55　气量变化时不同分布器对压降的影响

（$1mmH_2O=9.81Pa$，下同）

转速对旋转填充床气相压降的影响总的趋势是压降随转速的增大而增大，如图 2-56 所示。

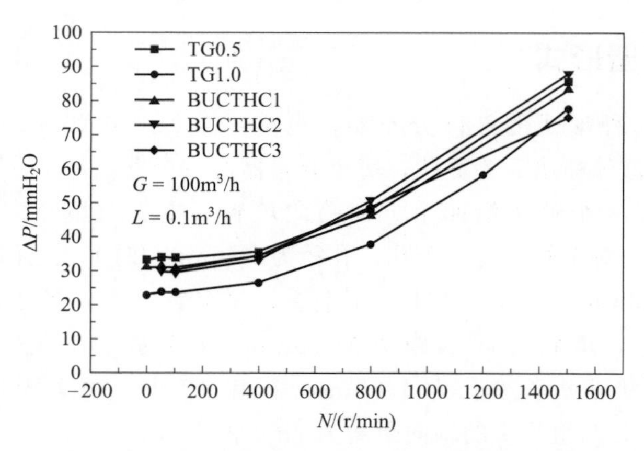

图 2-56 转速变化时不同分布器对压降的影响

2.5.3 液体初始分散状态对逆流旋转填充床传质的影响

从图 2-57 和图 2-58 可以看出，传质系数随气量和转速的增加而增加，变化规律基本相同。对比不同的分布器，初始分散较好的分布器传质效果也较好。

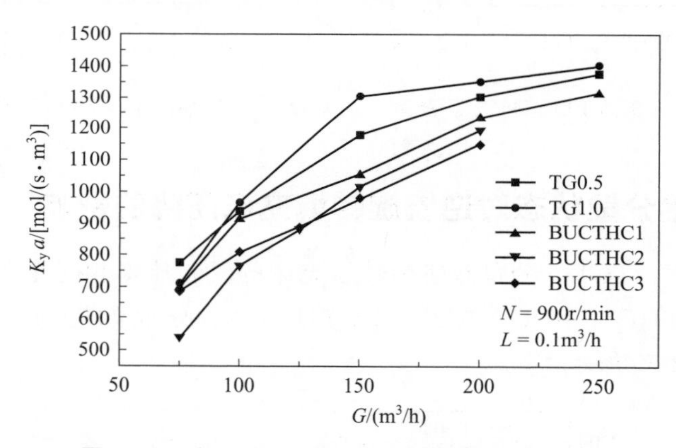

图 2-57 气量变化时不同分布器对传质的影响

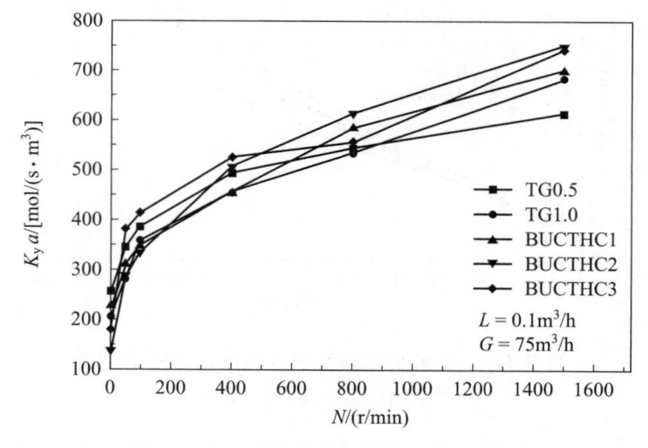

图 2-58 转速变化时不同分布器对传质的影响

2.5.4 液体的初始分散对传质影响的经验关联

假设不同的操作条件对传质系数 K_ya 和传质单元高度 HTU 影响的关系式为：

$$K_ya(HTU)=a_0G^aL^b(N_0+N)^c \tag{2-93}$$

式中，a_0，a，b，c，N_0——拟合参数。

利用实验数据进行回归，可以得到各参数值，如表 2-4 所示。

表 2-4　拟合参数数据表

参数	参数 / 分布器	a_0	a	b	c	N_0	平均误差/%
K_ya	TG0.5	69.13	0.5669	0.5445	0.1524	18.61	12.69
	TG1.0	31.37	0.6215	0.3498	0.1635	29.91	16.03
	BUCTHC1	23.55	0.6197	0.2786	0.1804	96.51	10.07
	BUCTHC2	46.41	0.5154	0.5106	0.2268	12.92	10.27
	BUCTHC3	126.4	0.4464	0.6270	0.1758	8.826	9.59
HTU	TG0.5	0.01000	0.2966	−0.4643	−0.1680	25.64	10.40
	TG1.0	0.03019	0.1579	−0.4232	−0.2162	33.49	15.33
	BUCTHC1	0.03328	0.1775	−0.2885	−0.2024	56.28	12.68
	BUCTHC2	0.03655	0.08378	−0.4930	−0.2092	3.062	15.62
	BUCTHC3	0.01000	0.2642	−0.5227	−0.1623	4.412	10.24

2.6 填料内支撑对逆流旋转填充床传质过程的影响

在实践中，填料可极大地强化传质，而松散的填料必须用内支撑来定位，以防止填料变形、移位，但内支撑的加入必然会影响旋转填充床传质过程。为此，北京化工大学教育部超重力研究中心系统地研究了填料内支撑对旋转填充床传质的影响[40]。

2.6.1 填料内支撑对液膜控制传质过程的影响

采用氮气解吸水中的氧这一典型的液膜控制传质体系，研究了填料内支撑对液膜控制传质过程的影响规律。结果表明，内支撑的板厚度、开孔形状对传质无明显影响；内支撑布置在填料端效应区会明显地强化传质；在 10%～100%的开孔率范围内，内支撑的加入有利于传质，而在 2.5%～10%的开孔率范围内，内支撑的加入不利于传质。

2.6.1.1 填料内支撑的结构

实验中采用正方形和圆孔两种结构内支撑，轴向宽度 0.1m，详细情况如表 2-5 所示。

表 2-5 内支撑的结构尺寸

名称	开孔率/mm	孔径/mm	孔间距/mm	厚度/mm
形式 A	0.8	45×45	3	3
	0.4	32×32	12	3
	0.2	22×22	18.5	3
	0.1	15.5×15.5	23	3
	0.08	14×14	24	3
	0.05	11×11	26	1,3
	0.025	6.5×6.5	29	3
形式 B	0.6	10	12	3
	0.13	10	25	3

2.6.1.2 无内支撑时液量、转速对传质的影响

无内支撑时液量对传质影响的结果如图 2-59 所示。在其他条件不变的条件下，在低转速区（0～200r/min），随着液量的增加，*NTU* 值几乎不变；但当转速大于 200r/min 后，随着液量的增加，*NTU* 值反而降低。对于液量对传质的影响，有两方面因素：一方面，随液量的增加，液体停留时间变短，不利于传质；同时，液量增加，液滴变大、液膜变厚，这也不利于传质。另一方面，液量增加，气液相间相对速度提高，有利于传质过程。实验结果表明，在低转速时，湍动程度不大，此时液量增加，气液相间相对速度提高，有利于传质过程占优；但在高转速区，旋转填充床旋转产生的湍动程度极大，使得液量增加所导致的气液相间相对速度提高，有利于传质过程的影响作用变小。综合正反两方面的作用，在高转速区，液量增加反而不利于传质。

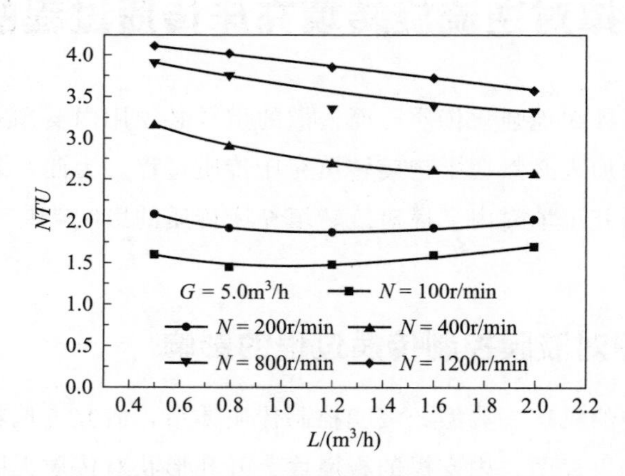

图 2-59 在不同旋转速度下液速对传质的影响

无内支撑时转速对传质影响的实验结果如图 2-60 所示。在其他条件不变的条件下，在 0～800r/min 转速范围内，随着转速的增加，*NTU* 值迅速增加，但当转速大于 800r/min 后，*NTU* 的增加幅度变得越来越小。之所以产生上述结果，对于转速而言，有两方面原因：一方面，增加转速，迅速提高离心加速度 [$a=r(2\pi n)^2$]，有利于传质；同时，增加转

速导致填料线速度增加，其结果是填料与液体的碰撞频率加大，这会导致产生大量的液滴、液雾、液丝，表面大量更新，大大强化传质；另一方面，增加转速使液体停留时间迅速减少，气液接触时间迅速变短，不利于总体传质。在 0～800r/min 间，增加转速对传质有利的方面占优；在 800r/min 后，增加转速对传质有利的方面与不利的方面彼此相当，相互抵消，使得增加转速对传质影响不显著。

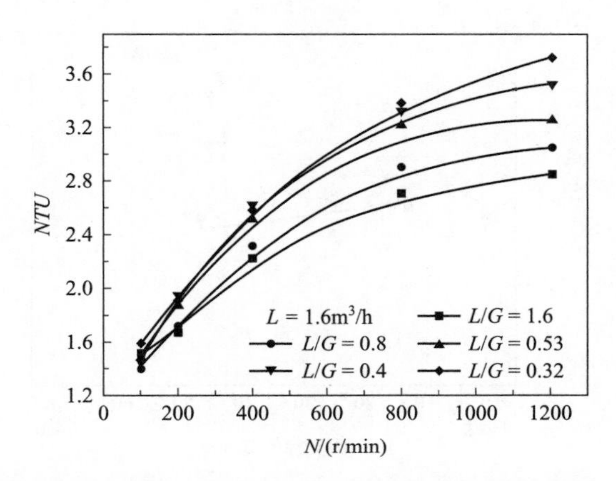

图 2-60　在不同气液比下旋转速度对传质的影响

2.6.1.3　内支撑的开孔形状和板厚度对传质的影响

从图 2-61 可以看出，在其他条件不变的情况下，开孔形状（正方形孔与圆形孔的支撑板）对传质的影响不明显区别。而从图 2-62 可以看出，在其他条件相同的情况下，内支撑板的厚度对传质的影响也不明显。

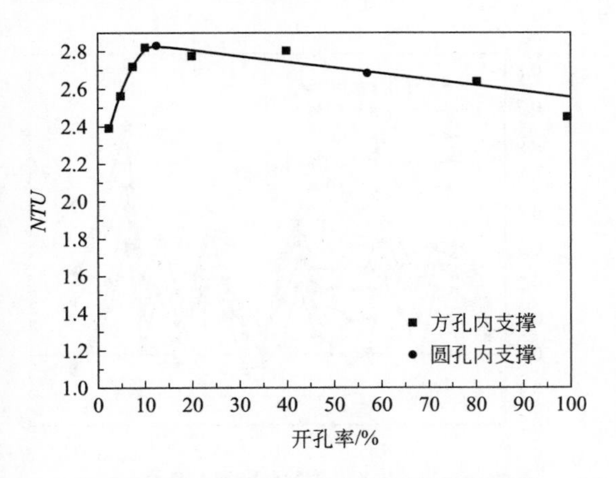

图 2-61　内支撑的开孔形状对传质的影响

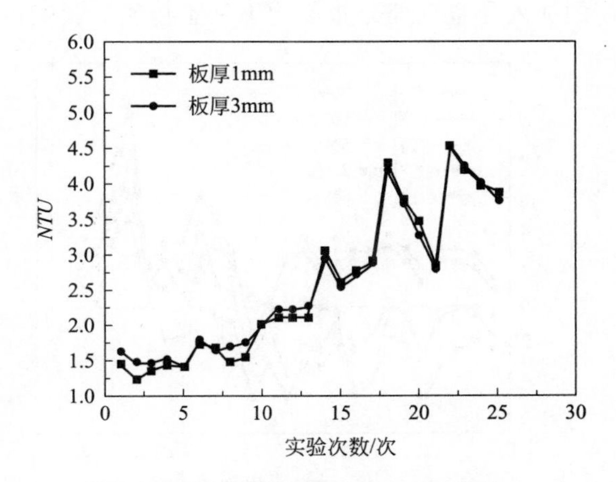

图 2-62　内支撑的板厚对传质的影响

2.6.1.4　内支撑开孔率、内支撑的安置位置对传质的影响

图 2-63 给出了内支撑的布置位置对传质影响的实验结果。由图可知，在实验条件范围内，内支撑的布置在填料内缘一层时传质效果最好。之所以产生上述结果，有两点原因：首先，内支撑的加入相当于一层特殊的填料，有利于传质；但是，内支撑的加入也产生负面影

响，支撑体的未开孔部分对气、液体的遮挡会导致气、液分布不均匀，减少了气液接触界面，不利于传质。在液膜控制传质体系中，端效应区在填料内缘一层（约距离内缘 3mm），且端效应区的传质强度几倍于填料主体，此处内支撑的加入强化了端效应区的传质，而内支撑的加入导致气液分布不均，不利于传质的影响占次要地位。因此，当内支撑布置在填料内缘一层时，传质效果最好。

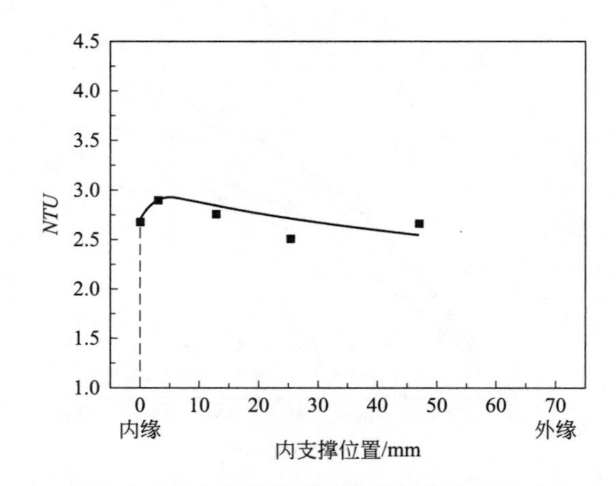

图 2-63 内支撑的安置位置对传质的影响

图 2-64 给出了内支撑的开孔率 ε 对传质的影响。这里 $\Delta NTU = NTU$（有内支撑）$-$ NTU（无内支撑），实验结果表明，在 10%～100%的开孔率范围内，内支撑的加入有利于传质；而在 2.5%～10%的开孔率范围内，内支撑的加入不利于传质。如上所述，在开孔率大时，内支撑作为一层特殊的填料有利于传质的方面占主导；相反，在开孔率小时，内支撑的加入导致气液分布不均不利于传质的影响占主导。

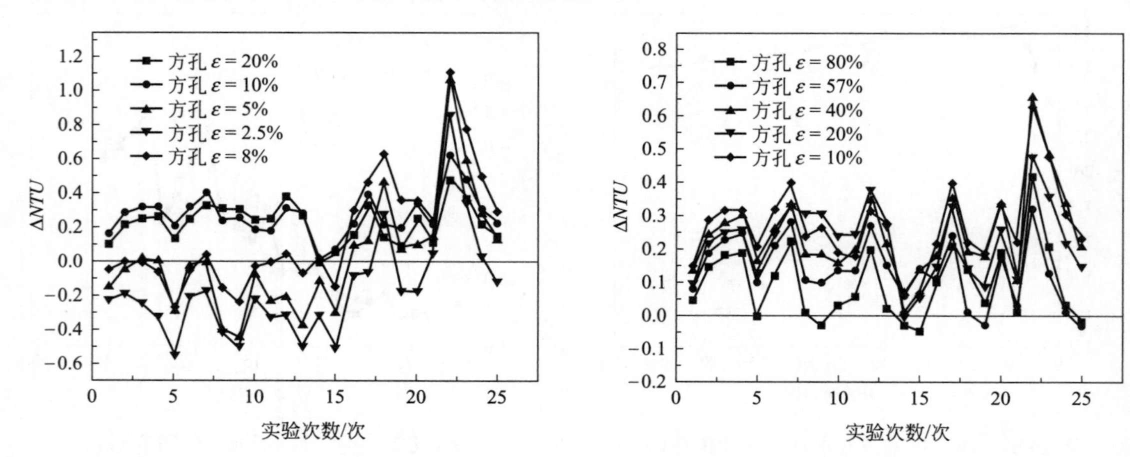

图 2-64 内支撑的开孔率对传质的影响

2.6.2 填料内支撑对气膜控制传质过程的影响

采用氨-水气膜控制传质体系，研究了旋转填充床中填料内支撑对气膜控制传质过程的影响。与无内支撑相比，有内支撑时的传质效果变差。在40%～100%开孔率范围内，随着开孔率的增加，传质系数值缓慢升高，而内支撑在填料中安置位置对传质无明显影响。

2.6.2.1　填料内支撑的结构尺寸

实验采用四种内支撑，均为正方形孔筛板，内支撑结构尺寸见表2-6。

表2-6　内支撑结构尺寸

开孔率/%	方孔尺寸/mm	两孔间距/mm	长/mm	高/mm	厚度/mm
45.51	33×33	12	102	100	2.5
54.21	36×36	10	102		
64.77	40×40	7	101		
82.17	45×45	4	102		

2.6.2.2　内支撑对传质的影响

无内支撑时，液量、转速对传质影响如图2-65(a)所示。在低转速区(0～400r/min)，随着转速增加，K_ya值迅速增加，但当转速大于400r/min后，K_ya的增加幅度变小；随液量增加，K_ya变小。有内支撑时传质规律与无内支撑时相同，如图2-65(b)所示。转速增加，离心加速度增加，填料线速度增加，填料与液体的碰撞频率加大，导致产生大量的液滴、液雾、液丝，表面更新速率提高，有利于传质强化；另一方面，增加转速使液体停留时间减少，气液接触时间变短，不利于总体传质。在低于400r/min时，增加转速对传质有利占优；高于400r/min时，增加转速对传质有利与不利影响相互抵消，导致转速对传质影响不显著。

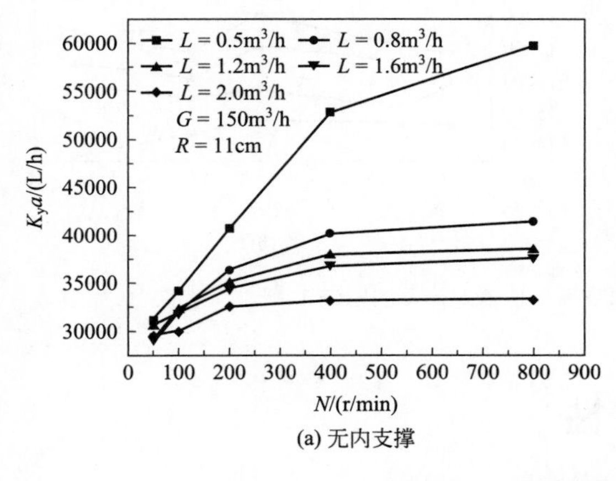

(a) 无内支撑

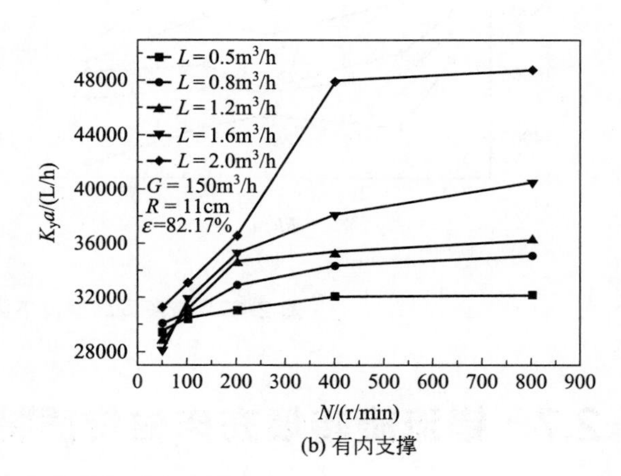

(b) 有内支撑

图2-65　不同液量下旋转速度对传质的影响

2.6.2.3　内支撑结构及布置位置对传质的影响

内支撑开孔率及有、无内支撑对传质的影响如图2-66所示。开孔率为40%～100%的范围内，随着开孔率的增大，传质系数值缓慢变大，如图2-66(a)所示。以有、无内支撑两种情况下传质系数差，即$\Delta K_ya=K_ya$(有支撑)$-K_ya$(无支撑)来表征内支撑的影响，如图2-66(b)所示。内支撑相当于一层特殊填料，有利于传质；但内支撑的未开孔部分对气、液的遮挡会导致气、液分布不均匀，减少了气液接触界面，不利于传质。对比研究表明，后者的影响较大，内支撑的加入使传质效果变差。随开孔率增加，传质效果缓慢改善。

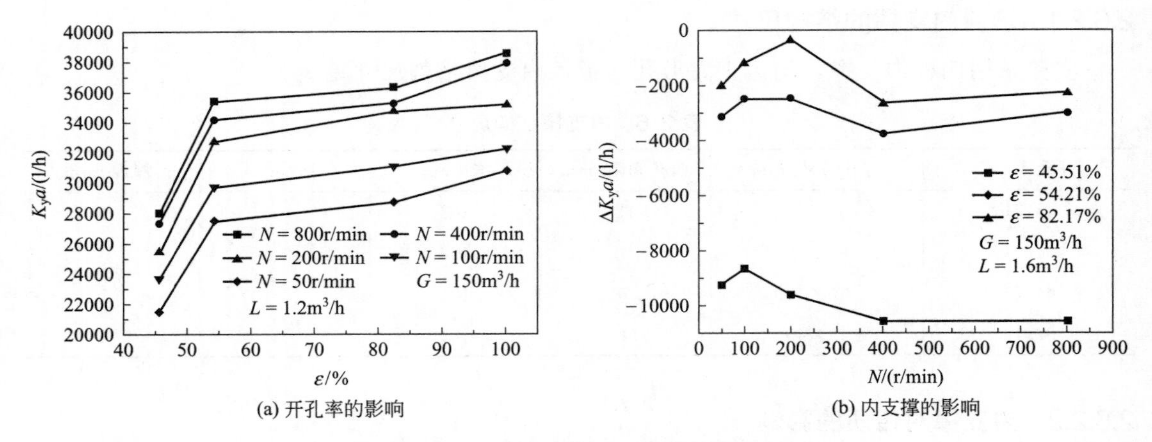

图 2-66 开孔率及内支撑对传质的影响

图 2-67 为在不同转速度下内支撑的位置对传质的影响。由图可知，在实验条件范围内，内支撑的布置位置对传质影响不明显。

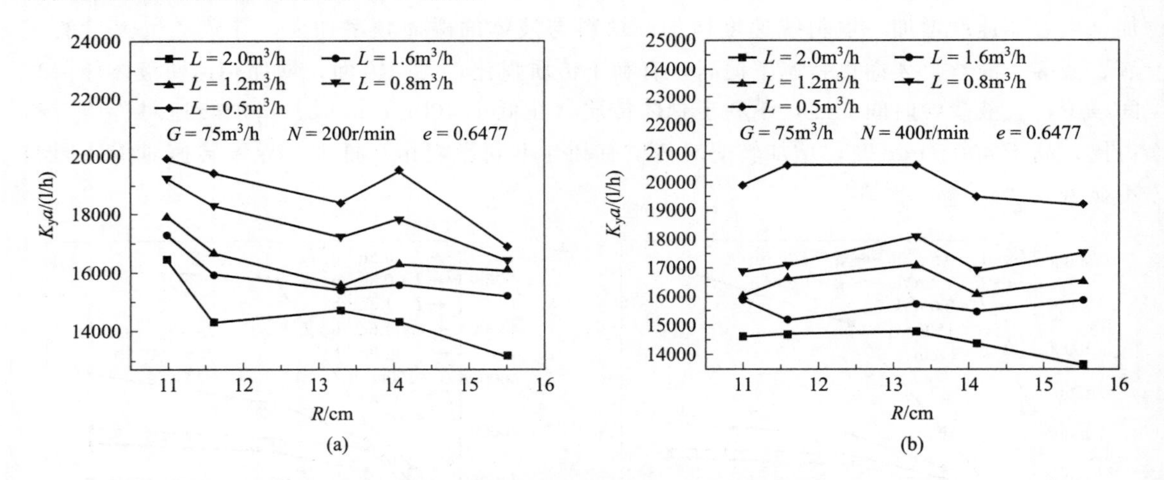

图 2-67 在不同转速度下内支撑的位置对传质的影响

2.7 错流旋转填充床的传质特性

随着旋转填充床转子直径的增加，机械强度、加工精度都会要求越来越高，所以，设备投资费用都会大幅增加。因此，减小转子直径是降低设备投资的一个重要途径，由此提出了错流旋转填充床的设想。其基本思想是液体由空心轴进入旋转填充床（见图 2-68），在转子的喷淋段沿径向喷出，与轴向流动的气体错流接触后被抛到外腔，然后由设备底部排出。

从理论上讲，错流传质推动力不如逆流大，但对液相浓度较高的循环操作，液体经过一次吸收后浓度变化极小，对于这类气液过程，采用逆流、错流或并流，其传质推动力差别不大。另外，对于湿法除尘过程，由于不存在平衡分压问题，气液错流接触分离效果可能更好。因为气体横吹可将填料中的液丝吹断，液膜吹破，有利于增加气液接触机会，增强分离效果。如果在错流接触情况下的传质系数和逆流相当，而两种情况下过程的推动力没有显著差异或不是过程的主要矛盾时，则错流旋转填充床可因其以下的特点而具有吸引力：错流旋转填充床不存在逆流液泛的限制气速问题，而其出口气体中的液沫夹带可通过捕沫段设计解决，因此，错流床有可能采取远比逆流旋转填充床泛点气速高得多的操作气速，如采取类似于气体管道中的经济气速（8～16m/s），这对于处理大气量的洗涤、吸收过程具有特别有意义。

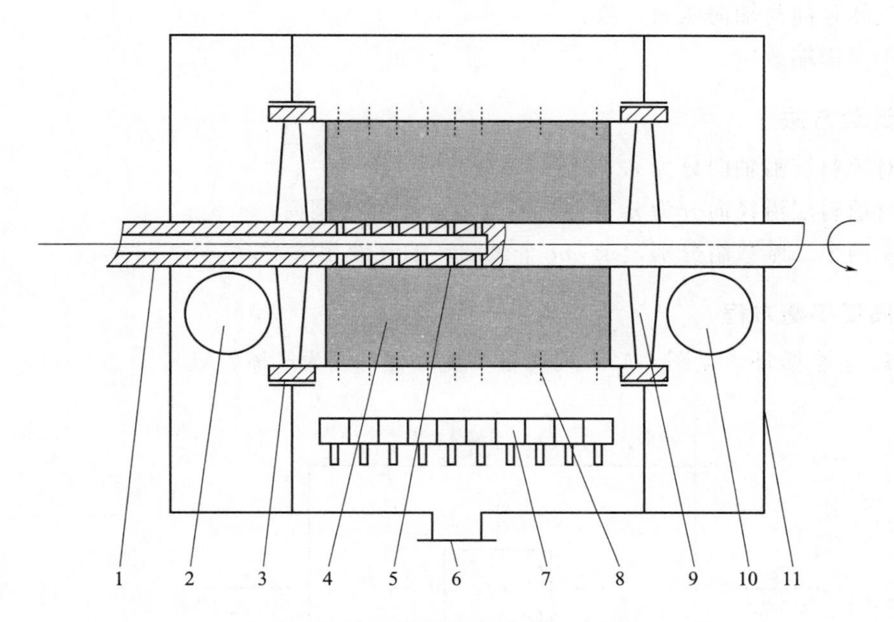

图 2-68　错流超重力机结构示意图

1—空心轴；2—气体入口；3—转子动密封；4—填料；5—空心轴液体分布孔；6—液体出口；7—液体浓度轴向分布取样盒；8—转子 U 型管液体出口；9—填料筐支撑叶片；10—气体出口；11—外壳

郭奋[41]对错流旋转填充床的流体力学和传质特性进行了理论分析和实验研究。分别采用氮气解吸水中的氧这一典型的液膜控制传质过程和水吸收空气中的氨这一气膜控制传质过程，对错流旋转填充床的传质过程进行了实验研究和理论计算，还利用氨法尾气 SO_2 吸收，研究了错流旋转填充床的化学吸收过程，计算结果与实验值吻合较好。结果表明，错流旋转填充床的传质单元高度在 2～5cm，与逆流旋转填充床的结果相当，用于氨法尾气 SO_2 吸收单级吸收率可达 90%以上，是一种高效的传质设备。

2.7.1　体积传质系数实验值的计算模型

由于气液错流接触，气液浓度在径向和轴向上都有变化，所以很难得到计算床层传质系数的解析式，只能将床层分为微圆环，用试差和递推的方法求取。即先给定体积传质系数

K_xa，然后，从气相或液相入口端逐层递推，最后，求出气液相出口平均浓度与实验值比较。如果两者之差小于精度要求，则认为 K_xa 即为所求，否则，修正 K_xa 重新从头开始递推计算，直到满足要求。

2.7.1.1 计算假设

（1）气相平推流；

（2）液相无轴向和径向返混；

（3）液相传质系数 K_xa 取常数；

（4）气体径向与轴向压力一致；

（5）不考虑端效应。

2.7.1.2 计算方法

（1）对填料层沿轴向分为 m 等份，即分为 m 段；

（2）对填料层沿径向分为 n 等份，即分为 n 个同心圆筒；

（3）用两个二维数组分别记录 nm 个微圆环的气液相浓度。

2.7.1.3 质量平衡方程

对第 i、j 个微环（见图 2-69）列质量平衡方程（设为气体解吸）：

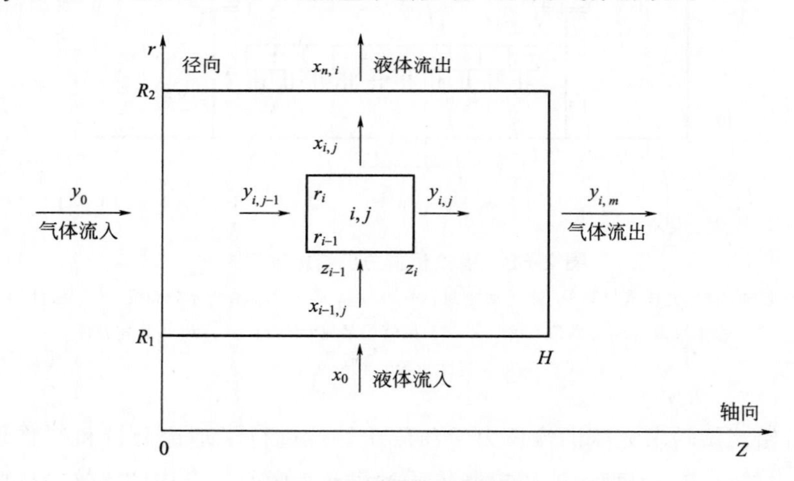

图 2-69 微环衡算示意图

$$\frac{G}{\pi(R_2^2-R_1^2)}\times 2\pi r\mathrm{d}r\mathrm{d}y=-\frac{L}{H}\mathrm{d}z\mathrm{d}x=2\pi r\mathrm{d}z\mathrm{d}raN_A \tag{2-94}$$

式中 L、G——分别为液、气相摩尔流率，mol/s；

R_1、R_2——分别为填料层的内外半径，m；

H——填料的轴向长度，m；

a——传质总比表面积，m^2/m^3；

N_A——传质通量，$mol/(m^2\cdot s)$。

$$N_A=K_x(x-x_e) \tag{2-95}$$

式中　K_x——液相传质系数，mol/m^2s；

　　x_e——液相平衡浓度，可由亨利定律求出。

$$P_A = H_e x_e \tag{2-96}$$

式中　H_e——亨利系数，mmHg；

　　P_A——O_2的气相分压，mmHg，P_A由下式计算：

$$P_A = Py \tag{2-97}$$

式中　P——床内总压，mmHg；

　　y——氧的摩尔分数。

将式(2-95) 代入式(2-94)，得到：

$$L\mathrm{d}x = 2\pi HK_x ar\mathrm{d}r(xe - x) \tag{2-98}$$

积分上式得：

$$L\int_{x_0}^{x_{n,j}} \frac{\mathrm{d}x}{x_e - x} = \int_{R_1}^{R_2} 2\pi HK_x ar\mathrm{d}r = \pi HK_x a(R_2^2 - R_1^2)$$
$$= \pi HK_x a(R_2 + R_1)(R_2 - R_1) \tag{2-99}$$

变形得：

$$R_2 - R_1 = \frac{L}{\pi HK_x a(R_2 + R_1)}\int_{x_0}^{x_{n,j}} \frac{\mathrm{d}x}{x_e - x} = HTU_r NTU \tag{2-100}$$

式中，

$$HTU_r = \frac{L}{\pi HK_x a(R_2 + R_1)} \tag{2-101}$$

定义为第 j 段的径向传质单元高度，m；

$$NTU = \int_{x_0}^{x_{n,j}} \frac{\mathrm{d}x}{x_e - x} \tag{2-102}$$

定义为第 j 段的传质单元数。

可以看出此结果与逆流旋转填充床的结果在形式上完全一致。由式(2-103) 还可看出，由于 $R_2 - R_1$ 为常数，所以 NTU 对每个径向层都相等。如果按轴向定义传质单元高度则：

$$HTU = \frac{L}{\pi K_x a(R_2^2 - R_1^2)} \tag{2-103}$$

对错流床以轴向传质单元高度表达传质特性较好为合理，所以后面的传质单元高度皆以轴向表示。

2.7.1.4　递推公式的推导

(1) 对液相，由式(2-94) 得：

$$L(x_{i,j} - x_{i-1,j}) = 2\pi Hr(r_i - r_{i-1})K_x a(x_{ei,j-1} - x) \tag{2-104}$$

取 $r = \frac{r_i + r_{i-1}}{2}$，$x = \frac{x_{i,j} + x_{i-1,j}}{2}$，代入式(2-104) 得：

$$L(x_{i,j} - x_{i-1,j}) = \pi H(r_i^2 - r_{i-1}^2)K_x a\left(x_{ei,j-1} - \frac{x_{i,j} + x_{i-1,j}}{2}\right) \tag{2-105}$$

令 $A = \pi HK_x a/L$ 代入式(2-105) 并整理，得到液相浓度的递推公式：

$$x_{i,j} = \frac{A(r_i^2 - r_{i-1}^2)x_{ei,j-1} + \left[1 - \frac{1}{2}A(r_i^2 - r_{i-1}^2)\right]x_{i-1,j}}{1 + \frac{1}{2}A(r_i^2 - r_{i-1}^2)} \tag{2-106}$$

（2）对气相，对第 i,j 微环列出质量平衡方程得：

$$\frac{G}{\pi(R_2^2-R_1^2)}\times\pi(r_i^2-r_{i-1}^2)\Delta y=-\frac{L}{H}\Delta z\Delta x \tag{2-107}$$

将 $\Delta z=H/m$，$\Delta y=y_{i,j}y_{i,j1}$，$\Delta x=x_{i1,j}x_{i,j}$，代入式(2-107)得：

$$G\times\frac{r_i^2-r_{i-1}^2}{R_2^2-R_1^2}\times(Y_{i,j}-Y_{i,j-1})=\frac{L}{m}(x_{i-1,j}-x_{i,j}) \tag{2-108}$$

令 $B=\dfrac{L(R_2^2-R_1^2)}{mG}$代入式(2-108)得：

$$y_{i,j}=y_{i,j1}+\frac{B}{r_i^2r_{i1}^2}(x_{i1,j}x_{i,j}) \tag{2-109}$$

式(2-106)、式(2-109)为错流旋转填充床的递推公式，由给定的进口条件和 K_xa，自填料内层向外递推，对每层（薄圆筒）自气体进口向出口推，即可得到出口气液相浓度分布。

2.7.1.5 气液出口平均浓度的计算

（1）对出口液体：

$$\overline{x}=\sum_{j=1}^{m}x_{n,j}/m=\frac{1}{m}\sum_{j=1}^{m}x_{n,j} \tag{2-110}$$

（2）对出口气体：

$$\overline{y}=\sum_{i=1}^{n}\frac{\pi(r_i^2-r_{i-1}^2)}{\pi(R_2^2-R_1^2)}\times y_{i,m}=\frac{1}{R_2^2-R_1^2}\sum_{i=1}^{n}(r_i^2-r_{i-1}^2)y_{i,m} \tag{2-111}$$

2.7.1.6 体积传质系数实验值的计算过程

（1）给定 n,m 值，输入数据；

（2）由实验测得的气液进出口浓度，用逆流床的计算公式估算 K_xa 初值并定出上下限；逆流床的计算 K_xa 公式为：

$$K_xa=\frac{L}{\pi H(R_2^2-R_1^2)}\times\frac{x_0-x_2}{\dfrac{(x_0-x_{e0})-(x_2-x_{e2})}{\ln\dfrac{x_0-x_{e0}}{x_2-x_{e2}}}} \tag{2-112}$$

式中　x_0、x_2——分别为液相进出口的氧浓度；

x_{e0}、x_{e2}——分别为液相进出口的氧平衡浓度。

（3）根据 K_xa 初值由递推公式(2-106)、式(2-109)递推求出气液相出口浓度分布，再由下式(2-110)求出液相出口的平均浓度；

（4）将液体出口浓度的测量值与计算值对比。如果计算值与实验值的误差小于控制精度，则认为这时的 K_xa 值即为实验值。如果误差不小于控制精度则采用二分法修正 K_xa 值重新计算直至满足精度要求；

（5）计算框图。计算框图如图 2-70 所示。

2.7.2 理论计算与试验结果的对比

实验与模拟结果的对比见图 2-71。由图可看出，在整个实验范围内，模型的计算结果与实验结果吻合良好。图 2-72～图 2-74 为 HTU 随 G_0、L_0 和 N 变化的部分实验结果。由图可看出，转速对 HTU 的影响最为显著。在转速为 1420r/min 时，HTU 基本在 2.5～4cm 之间，逆流旋转填充床的结果也是在这一范围内，这说明错流旋转填充床的传质效果也相当好。

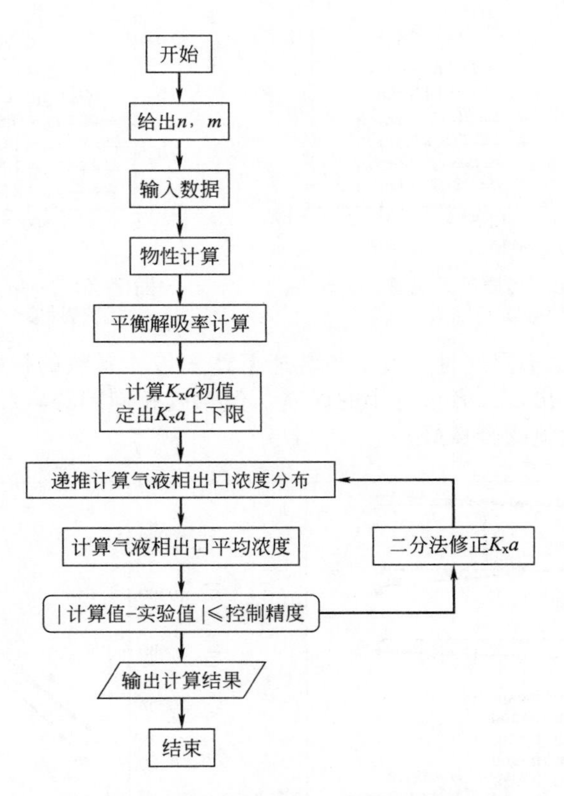

图 2-70　体积传质系数实验值的计算框图

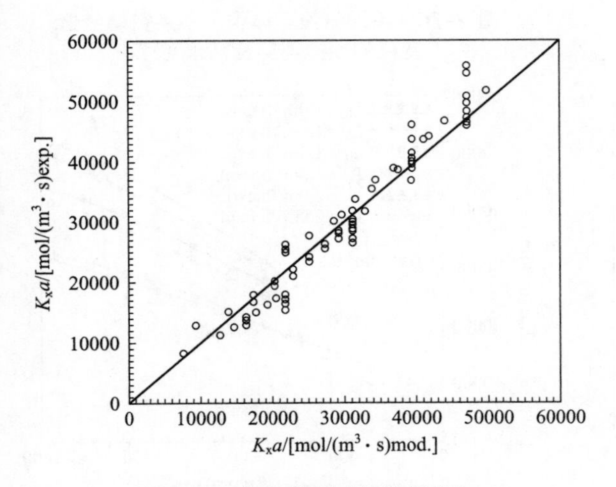

图 2-71　体积传质系数的模拟与实验结果对比

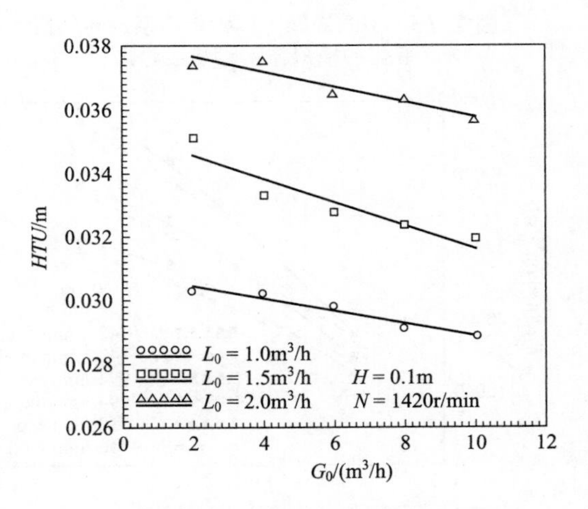

图 2-72　不同液量下传质单元高度随气量变化的部分实验结果

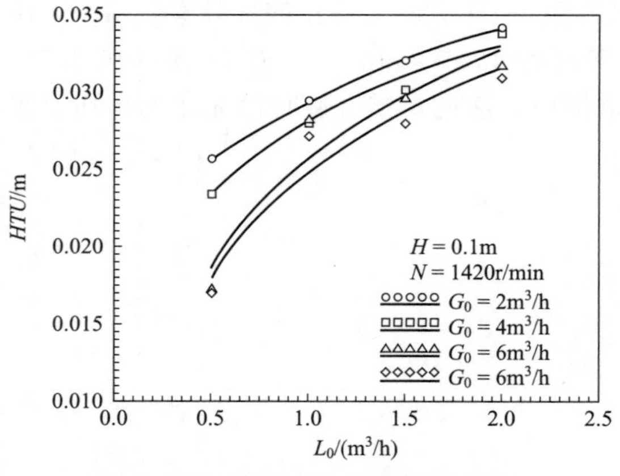

图 2-73 不同气量下传质单元高度随液量变化的部分实验结果

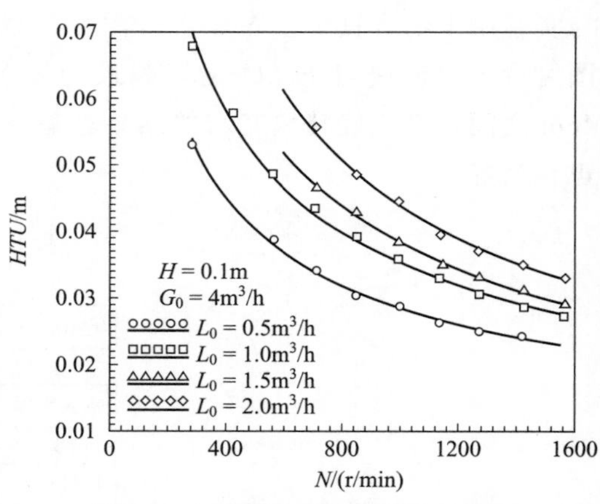

图 2-74 不同液量下传质单元高度随转速变化的部分实验结果

图 2-75～图 2-78 是不同气量、液量与转速下体积传质系数的模型计算与实验结果对比的部分结果。由图可看出，二者虽有小的误差，但均有相同趋势，特别是转速对 $K_x a$ 影响的模型计算结果与实验值吻合良好。

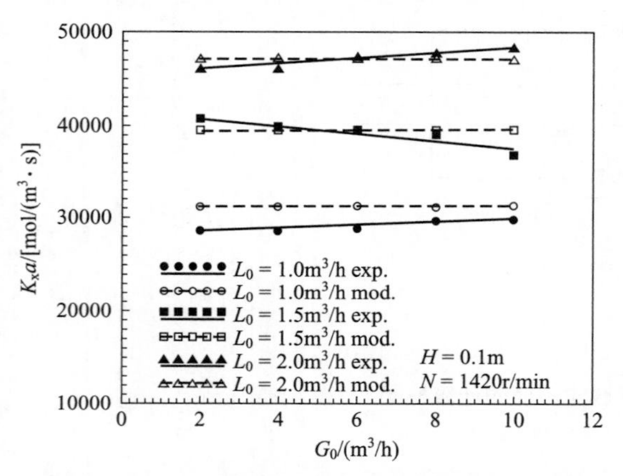

图 2-75 不同液量下体积传质系数随气量变化的模拟与实验结果对比

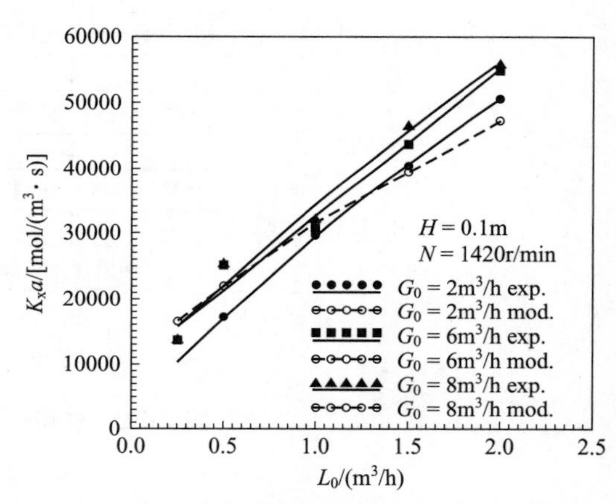

图 2-76 不同气量下体积传质系数随液量变化的模拟与实验结果对比

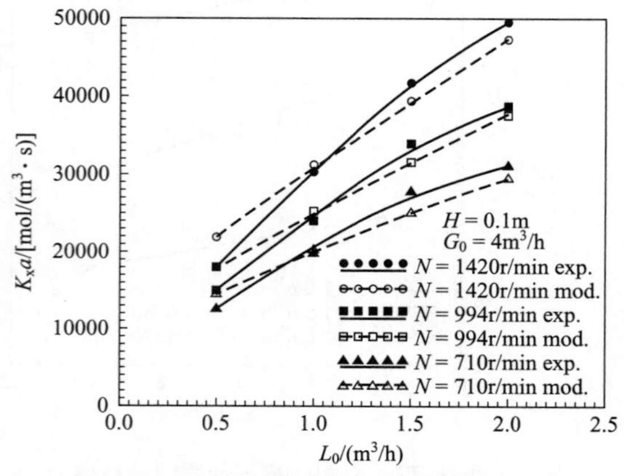

图 2-77 不同转速下体积传质系数随液量变化的模拟与实验结果对比

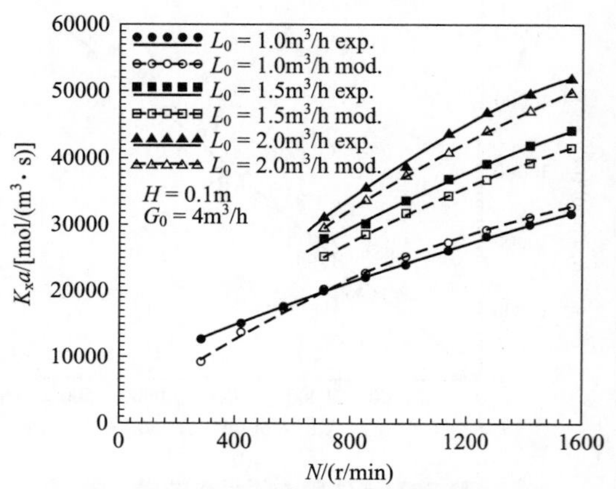

图 2-78 不同液量下体积传质系数随转速变化的模拟与实验结果对比

2.8 旋转填充床的分子混合现象及模型化

2.8.1 分子混合的概念与理论研究

工程上常将混合划分为宏观与微观两个尺度，目的是为了简化问题。宏观混合（macromixing）是指大尺度（装置尺寸）上的均匀化过程，而微观混合（micromixing）则是指分子尺度上的局部均匀化过程（mixing on the molecular scale or molecular mixing），又称为“分子混合”（为便于阅读，下文统一用“分子混合”称谓之）。宏观混合指空间上的均匀化过程，一般用流体对流和湍流扩散去描述；分子混合一般指物料从湍流分散后的最小微团（Kolmogorov 尺度，λ_k）到分子尺度上的均匀化过程，对低黏流体，这一 Kolmogorov 尺度大约为 $10^1 \sim 10^2 \mu m$。

分子混合对快速复杂化学反应有着重要影响。快速反应的特征速率小于或接近分子混合速率，在混合尚未达到分子尺度的均匀以前，反应已经完成或接近完成。因此，这类反应实际上是在物质局部离集（segregation）的非均匀状态下进行的，这种局部非均匀状态严重影响着产物的分布和反应的稳定性，同时也是化工放大过程产生“放大效应”的主要根源。工业上受分子混合影响的快速反应过程主要有燃烧、聚合、反应结晶及有机合成反应，如磺化、硝化、卤化、烷基化、氧化、酰胺化、缩合、贝克曼重排等。

分子混合的研究有其特殊的理论意义。在如此细小的微纳尺度上，湍流运动、流体微元的变形、分子扩散和化学反应交互作用，要了解这几类因素的作用方式和影响规律，就必须从物理化学、流体力学及化学反应工程等多方面入手。从 Danckwerts[42] 提出“离集”的概念到现在，已经有 60 多年的历史，其间一批优秀的学者如 J. M. Ottino、J. R. Bourne 和 J. Baldyga 等为分子混合的现象描述和机理研究作出了重要的贡献。陈建峰和陈甘棠等[43]将流体力学理论、化学反应工程的基本原理及先进的光学技术有机地结合起来，从微观角度出发，对分子混合过程进行了较深入的理论和实验研究，为分子混合机理的理论研究提供了重要的感性知识和坚实的物理基础。

陈建峰等[43]采用高速频闪显微摄影系统，对无化学反应的搅拌釜中湍流局部区域亚微观和分子混合的情况进行了拍摄，拍摄目标是墨水从加料管滴入搅拌釜清水的湍流场中后，与水混合形成微团的混合历程。图 2-79 展示了混合历程的显微照片，图片（a）～（e）表征了较低 Re 数下（N=180～200r/min，Re=12520～13910）的流体微元的变形情况。可发现物料微元在湍流脉动作用下，两种物料界面变形成舌状枝杈，再伸长变形成舌状的情景。在黏性耗散、拉伸收缩变形、分子扩散等作用下，随着时间的推移，片层结构的微团逐渐变成丝带状开放结构的微团，直至两种物质完全丧失分辨性而达到分子状态的完全均匀为止。

为了考证较高湍动强度下流体微元分散变形规律，拍摄了 Re=25040（N=360r/min）条件下的混合状况。图 2-80(a)～(o) 展示了有代表性的部分照片。

可以看出，在较高湍流强度下的流体微元的分散变形规律与在较低湍流强度下的有所不同。总的来说，由于湍流强度的提高，随机性增加，脉动强度明显增大，这导致各个方向的脉动拉伸作用增强，与脉动速度梯度（即涡度）的作用相比，占明显的主导地位，这样封闭的多层涡旋结构不再呈现出优势，甚至灭绝。据此，可得出在较强的湍流混合中，微元的细观分布形态以片状结构为主，变形规律以拉伸变形为主，各个片之间可以互相掺混交杂，这取决于它们所处的空间位置，亦即取决于湍流宏观混合（对流加扩散）与伸长变形两者之间的相对快慢，宏观混合相对越快，则片间距离越远，越不易交杂掺混，反之，越易交杂掺混。

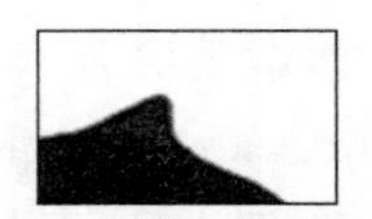
(a) 舌状枝叉的形成

(b) 涡旋的形成

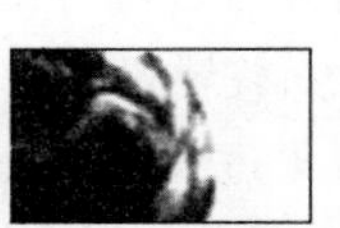
(c) 涡旋内细观结构

(d) 涡旋的分裂

(e) 舌状枝叉的再次形成及拉伸作用

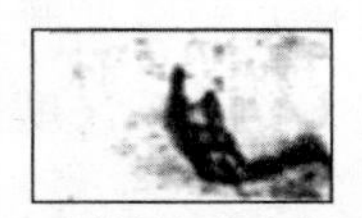
(f) 在拉伸机旋度作用下层或片结构的形成

图 2-79 搅拌釜中细观及微观分子混合的拍摄结果

(a) 初始时惯性对流

(b) 介质-环境物质间的互围

(c) 物质的弯曲与脉动拉伸

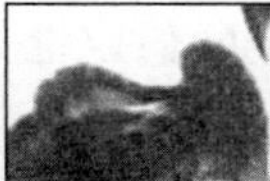

(d) 涡旋的形成

(e) 子体的形成

(f) 涡的分裂

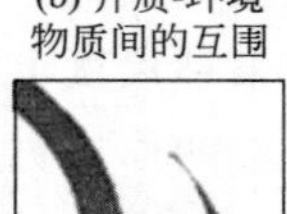
(g) 弯曲片及片的伸长变形

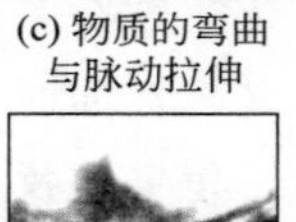
(h) 片的伸长收缩形成“叉状”

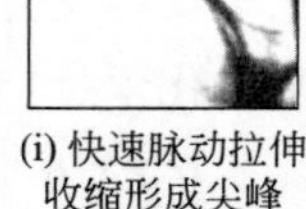
(i) 快速脉动拉伸收缩形成尖峰

(j) 随机脉动伸长形成“树”状结构

(k) 随机脉动伸长、分子扩散及片间相互掺混

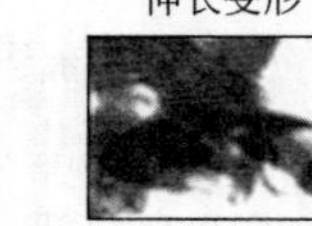
(l) 伸长与旋转作用

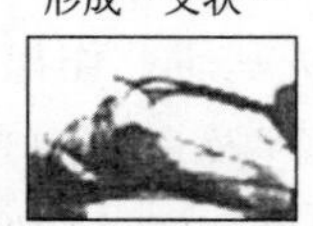
(m) 片的伸长、弯曲及分子扩散与相互掺混

(n) 相互交杂的多片结构

(o) 丝状结构的形成与消失

图 2-80 高湍流强度下的混合情况（Re= 25040）

通过上面关于搅拌釜中细观和分子混合过程照片的显示与分析，对该混合过程有了直接的感性认识。经过抽象概括和统计，据此得出：湍流混合中微元体的细观结构尺度（尺度$\leqslant\lambda_k$）以较开放的片状结构为主，细观变形则以随机的伸长弯曲变形为主。同时还归结出，细观及分子混合由三个下面步骤组成。

① 湍流分散：此阶段，大尺度的涡团（尺度$>\lambda_k$）借助于涡度和脉动对流的作用下分裂成小尺度（约λ_k）的具有环状封闭的曲片、层状半封闭的曲片或片状结构的细观微团，在高湍流强度下，将以片状结构为主，此时，在介质与环境物质接触的界面处有少量的分子扩散与化学反应。

② 黏性伸长变形：细观结构的微团（尺度约λ_k）在黏性对流的作用下，伸长或拉伸变形成片状或卷片状结构，伸长变形的方向是随机的。因此，片的长度、宽度及厚度均不均

匀，且片间可交杂掺混，此阶段在两种介质接触面处附近有较多的分子扩散与化学反应，但未占主导地位。

③ 分子扩散：片状结构的微元（尺度$<\lambda_k$）进一步伸长，使其更薄，大大促进了分子扩散。这时，分子扩散占明显的主导地位，反应量急剧增加，这一过程直到分子尺度上完全均匀或化学反应完毕而终止。

2.8.2　分子混合的实验研究

2.8.2.1　分子混合研究体系

为了更好了解和掌握化学反应器的分子混合效率，为反应器在一些受分子混合影响的过程中的应用打下良好的理论基础，采用实验手段对其进行表征和分析就显得极其重要。由于缺乏足够的分辨率，以物理现象为基础的方法难以满足分子混合研究的需要，因此，采用化学反应作为分子探头（Molecular probes）的化学方法就成为目前最常用的研究分子混合的方法。这些方法的理论基础是通过采用一些动力学机理相对清晰的快速化学反应，采用一定的反应物配比在反应器中进行反应，通过定义反应物的转化率或最终产物的产率作为对分子混合效率的分析。一个好的分子混合反应体系通常应满足以下条件：反应简单，产物少，以避免对很多的生成物进行分析；反应产物容易分析；反应机理清晰，反应速率比混合速率快；较好的灵敏度和可重复性。

研究分子混合所采用的反应体系基本可分为以下三类：简单反应（A+B→R）、串联竞争反应体系（A+B→R，B+R→S）和平行竞争反应体系（A+B→R，A+C→S）。在上述三类反应体系中，简单反应由于缺乏对混合速率的记忆性，而在线分析手段往往不具备，因而很少被采用。以下介绍比较常用的串联竞争反应体系和平行竞争反应体系。

（1）偶氮化串联竞争反应体系　偶氮化串联竞争反应体系是在分子混合的研究历史中采用最广泛的体系。尤其是 20 世纪八九十年代，以 Bourne 为代表的瑞士学派和波兰的学者 Baldyga 合作，通过采用这一反应体系对分子混合进行了大量卓有成效的研究。

偶氮化串联竞争反应体系是由 Bourne 等[44]于 1981 年提出的，它包括以下两个反应：

$$A+B \longrightarrow R \tag{2-113}$$

$$R+B \longrightarrow S \tag{2-114}$$

其中，A 为 1-萘酚，B 为对氨基苯磺酸重氮盐，R 和 S 分别为一次产物（单偶氮染料）和二次产物（双偶氮染料）。反应温度为 298K，两个反应的速率常数分别是：$k_1=7300\text{m}^3\cdot\text{mol}^{-1}\cdot\text{s}^{-1}$，$k_2=3.5\text{m}^3\cdot\text{mol}^{-1}\cdot\text{s}^{-1}$，二者相差 2086 倍。第一个反应的反应速率远大于第二个反应的反应速率，如果分子混合均匀，那么所有的 B 就和 A 发生反应(2-113)，生成 R；反之，反应(2-114) 生成的 R 继续和未反应的 B 发生反应，生成 S。通过定义二次产物的选择率 X_S来表征分子混合的效率，又称 segregation index，离集指数：

$$X_S=\frac{2c_S}{2c_S+c_R} \tag{2-115}$$

当 X_S趋于 0 时，表示分子混合达到最大混合均匀状态；当 X_S趋于 1 时，意味着完全离集；$0<X_S<1$ 时，表示处于中间状态。偶氮化反应体系的产物 R 和 S 分别是单偶氮染料和双偶氮染料，所以产物分析一般采用分光光度法。

（2）氯乙酸乙酯水解平行竞争反应体系　平行竞争反应体系（$A+B \rightarrow R$，$A+C \rightarrow S$）也有许多种，其中，出现较早且被广泛使用的是一个由酸碱中和反应及氯乙酸乙酯在碱性条件下的水解反应所组成的平行竞争反应体系：

$$NaOH + HCl \xrightarrow{k_1} NaCl + H_2O \tag{2-116}$$

$$NaOH + CH_2ClCOOC_2H_5 \xrightarrow{k_2} CH_2ClCONa + C_2H_5OH \tag{2-117}$$

式(2-116）是酸碱中和反应，在 25℃下其速率常数 k_1 约为 $10^8 m^3 \cdot mol^{-1} \cdot s^{-1}$。氯乙酸乙酯的水解反应速率由下式给出：

$$\frac{dc_C}{dt} = -(k_0 + k_{H^+}[H^+] + k_{OH^-}[OH^-]c_C) \tag{2-118}$$

式中，$[H^+]$，$[OH^-]$ 分别是 H^+ 和 OH^- 的浓度，k_0，k_{H^+}，k_{OH^-} 分别是中性、酸性和碱性条件下水解的速率常数。在浓度比较低的条件下，通过控制溶液 pH 值，水解过程是拟一级反应，表观速率常数由下式给出：

$$k_{obs} = k_0 + k_{H^+}[H^+] + k_{OH^-}[OH^-] \tag{2-119}$$

许多研究者测定了 k_0，k_{H^+}，k_{OH^-} 的值[45]。尽管这些测得的值之间存在一定的差别，但在 25℃下，k_0、k_{H^+}、k_{OH^-} 的值分别约为 $10^{-7} s^{-1}$、$10^{-8} m^3 \cdot mol^{-1} \cdot s^{-1}$ 和 $0.03 m^3 \cdot mol^{-1} \cdot s^{-1}$。这说明中性和酸性水解的速率和碱性水解的速率相比非常小，所以，和 k_{OH^-} 相比，k_0、k_{H^+} 可以忽略不计，即反应(2-117）是一个二级非可逆反应。Nolan 和 Amis 得到 k_2 的速率常数为 $k_2 = 2.0 \times 10^5 \exp(-3.891 \times 10^4 / RT)$。与混合过程相比，上述两个反应都是快速反应，其中，反应(2-116）是瞬间中和反应，所以适合用作研究分子混合的“测试体系”。

（3）间苯二酚的溴化取代反应体系　间苯二酚的溴化取代反应体系由 Bourne 等[46]提出，包括以下三个反应方程：

$$A + B \longrightarrow AB + D \tag{2-120}$$

$$AB + B \longrightarrow AB_2 + D \tag{2-121}$$

$$AB_2 + B \longrightarrow AB_3 + D \tag{2-122}$$

其中，A 是间苯二酚（m-dihydroxybenene），B 是溴，D 是溴化氢（HBr），AB 和 AB_2 分别是单取代物和二取代物且每种包括 2 种异构体，AB_3 是三取代间苯二酚。

在上述体系中究竟生产单取代物和二取代物的哪种异构体取决于反应初始生成物附近的 pH 值。离集对溴化过程的影响是：高取代的程度以牺牲单取代物为代价来提高二取代物的比例；由于 HBr 的生成，降低了反应区的 pH 值（即使存在缓冲体系的情况下），此时，异构体生成，这使更多的 4-单取代物和 4,6-二取代物生成，而不是生成 2,4-二取代物。

在宏观尺度上是中性或碱性的缓冲溶液中，所要求的高局部 pH 值和低搅拌强度是相互矛盾的。所以，可期望溴化程度将比异构体组成对混合更不敏感。对间苯二酚的溴化取代反应体系通过定义二取代物中以 2,4-方式取代的产物在总产物中的比率来表征离集对取代过程的影响。

（4）碘化物-碘酸盐反应体系　碘化物-碘酸盐体系也是一个平行竞争反应体系，它最初是由法国学者 Villermaux 等于 1992 年首先提出。随后，Fournier 和 Guichardon 等又对这一体系进行了系统的阐述和完善，从而使这一体系得到越来越多的应用。

碘化物-碘酸盐反应体系包含以下反应：

$$H_2BO_3^- + H^+ \rightleftharpoons H_3BO_3 \tag{2-123}$$

$$5I^- + IO_3^- + 6H^+ \rightleftharpoons 3I_2 + 3H_2O \tag{2-124}$$

$$I^- + I_2 \rightleftharpoons I_3^- \tag{2-125}$$

其中，反应(2-123）是准瞬间反应（酸碱中和反应），它的反应速率远大于反应(2-124)。反应(2-124）的速率可被写成：$r=k(H^+)^2(I^-)^2(IO_3^-)$，速率常数 k 是离子强度 μ 的函数，并由实验得出：

$$\mu<0.166\text{mol}\cdot\text{L}^{-1},\quad \lg k=9.28105-3.664\mu^{1/2} \tag{2-126}$$

$$\mu>0.166\text{mol}\cdot\text{L}^{-1},\quad \lg k=8.383-1.5112\mu^{1/2}+0.23689\mu \tag{2-127}$$

由反应(2-124）生成的 I_2 进一步和 I^- 发生反应(2-125)，生成 I_3^-。I_3^- 的生成量可以在 353nm 下由分光光度计测得并通过 Beer-Lambert 定律换算得到。定义如下的离集指数 X_S 来表征分子混合效率：

$$X_S=\frac{Y}{Y_{ST}} \tag{2-128}$$

离集指数的计算公式中，$Y=\dfrac{2(n_{I_2}+n_{I_3^-})}{n_{H_0^+}}$为参与反应(2-124）的 H^+ 量与所加入的 H^+ 总量的比，$Y_{ST}=\dfrac{6(IO_3^-)_0}{6(IO_3^-)_0+(H_2BO_3^-)_0}$为完全离集状况下离集指数的值。$X_S$ 值在 0～1 之间：若 $X_S=1$ 为完全离集；若 $X_S=0$ 为最大分子混合。

2.8.2.2　旋转填充床内分子混合效率测定

1994 年，陈建峰等基于分子混合理论与实验研究，理论预测了超重力环境下分子混合速率可提高 2～3 个数量级的特征，并由此提出了超重力强化化学反应的新思想，开拓了超重力反应工程研究新领域，并率先应用于纳米颗粒材料制备过程，发明了反应结晶超重力法制备新方法（中国发明专利 ZL95105344.2、ZL95215430.7 等）。

为了将超重力技术拓展至更普遍的快速反应体系的反应过程强化，我们进行了超重力旋转填充床中分子混合效率的实验测定研究，分别采用偶氮化串联竞争反应（A+B→R，B+R→S）和碘化物-碘酸盐平行竞争反应（A+B→R，C+B→S）体系为工作体系，实验研究了超重力环境下的分子混合特性。

（1）偶氮化实验体系[47]　采用偶氮化这一竞争串联反应作为工作体系，对旋转填充床内分子混合效率进行测定。图 2-81 是转速与 X_S 的关系图。由图中可以看出，随着转速的升高，X_S 下降，但下降趋势逐渐减缓，最后趋近于定值。转速增加，填料的线速度增加，喷头喷出的液体与旋转填料间的相对速度也增加，填料对液体的破碎作用更为显著，形成的液体微元更为细小，分子混合进程被加快了；同时液体在填料层内停留时间缩短，加快液体微元间的聚并分散频率，提高了分子混合速率，X_S 下降。图 2-82 反映了液体流量对 X_S 的影响。从图中可以看出，随着流量的增加，X_S略有下降。

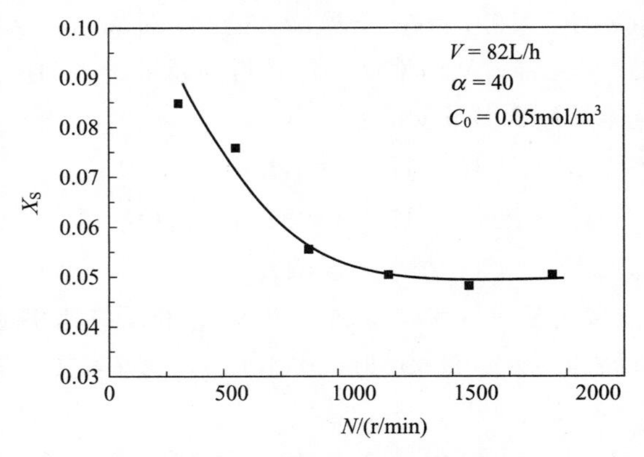

图 2-81 转速对 X_S 的影响

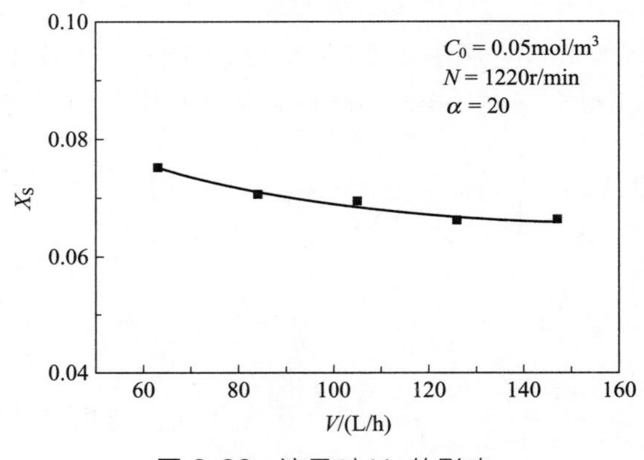

图 2-82 流量对 X_S 的影响

（2）碘化物-碘酸盐的实验体系[48,49] 采用碘化物-碘酸盐体系，对旋转填充床内分子混合效率进行测定，设计了一台可实现沿程取样的旋转填充床。

图 2-83 表示离集指数 X_S沿旋转填充床径向的分布。由图可看出，X_S在旋转填充床填料径向一段很小的距离后有一个明显的降低，随后基本上变成恒定值。结果表明，与传质类似，在旋转填充床中同样存在混合端效应区，即旋转填充床填料内缘的一小段区域对强化液液相分子混合具有非常重要的作用，超过这个厚度之后的填料作用明显变小。如图 2-84 所示，与前述偶氮体系的测试结果一样，在旋转填充床中，随着转速的增加，离集指数明显降低，这表明分子混合效率提高。从图 2-85 可看出表示流量的增大使 X_S有略微的降低，表明分子混合得到了适度的改善。在旋转填充床中，流量增加，液体微元间的聚并分散频率提高，分子混合速率提高，X_S下降。

2.8.3 宏观混合对分子混合的影响

由 Burns 等[2]的可视化实验结果可知，在旋转填充床中宏观混合是不均匀的，并且不能通过液体自内向外的流动过程得到改善。这样，流体在旋转填充床内缘的宏观初始分布极为重要，因为它决定了进入旋转填充床强化分子混合区（混合端效应区）的初始环境，从而影响到整体分子混合效率。因此，我们提出通过物料预混分布方式来改善宏观初始分布进而提高分子混合效率的思路。研究结果表明，采用物料预混分布方式后，如图 2-86(b)，旋转填充床中的离集指数大大下降，表明了它的分子混合性能充分改善，分子混合效率大幅提高(如图 2-87)[50]。

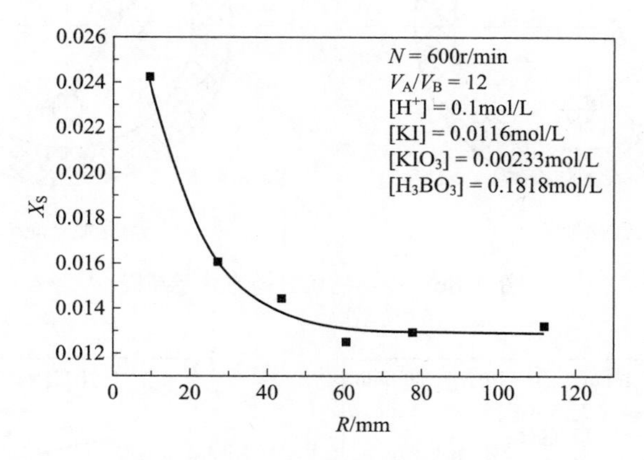

图 2-83　X_S 沿填料的径向分布

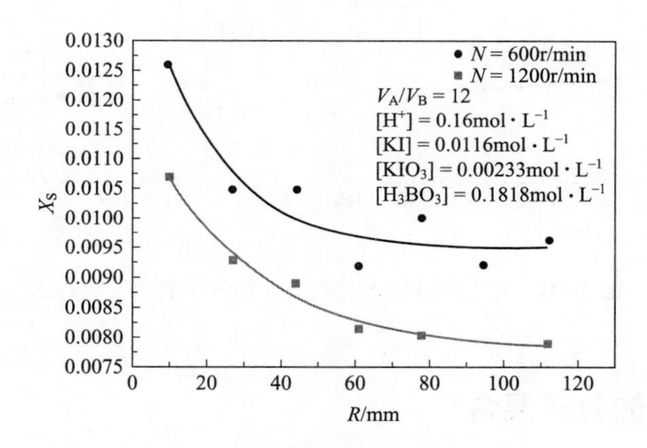

图 2-84　转速对 X_S 的影响

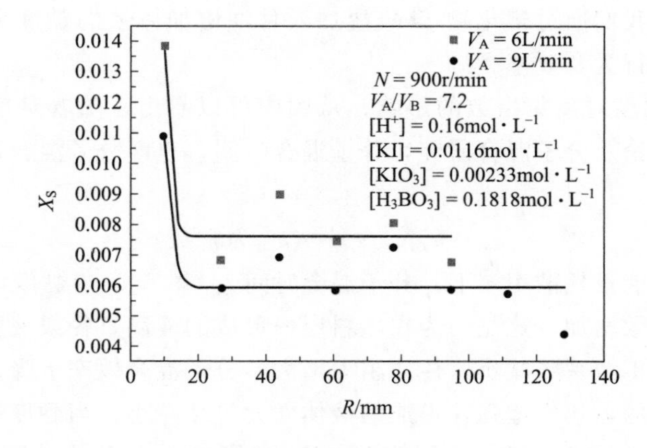

图 2-85　流量对 X_S 的影响

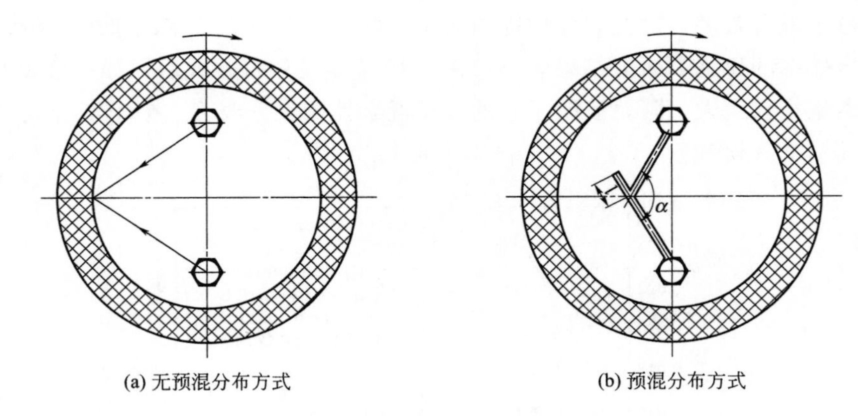

(a) 无预混分布方式　　(b) 预混分布方式

图 2-86　物料初始分布方式示意图

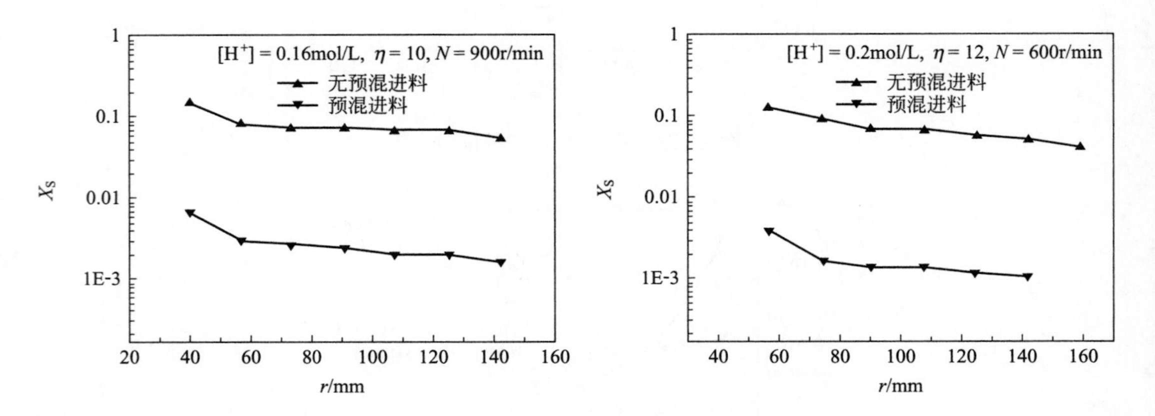

图 2-87　预混与非预混分布方式的分子混合性能对比

2.8.4　黏性流体的分子混合

聚合反应、生化反应过程等都涉及黏性流体的快速反应过程。因此研究黏性流体的分子混合特性极为必要。我们通过碘化物-碘酸盐加入甘油增加体系的黏度来研究旋转填充床内黏性流体的分子混合行为及效率[51]。

图 2-88 显示了黏度对离集指数的影响，从图中可以看出，随着黏度增加，离集指数增加。根据经典湍流理论及分子混合研究，分子混合时间，也即分子混合速率的倒数，可以表示为：

$$t_m = k_m(\nu/\varepsilon)^{1/2}(k_m\text{为常数}) \tag{2-129}$$

因此，在一定的能量耗散率 ε 下，分子混合时间 $t_m \propto \nu^{0.5}$。当黏度增加时，分子混合时间增加，也即离集指数增加。这是因为在填料层内形成的液滴直径或液膜厚度增大，另一方面，分子在溶液中的扩散系数减小，传质阻力增大，分子混合效率下降，离集指数增大。转速增大，填料对液体的剪切力增强，形成的液体微元尺寸减小，当黏度较高时，离心力对分子混合增强作用明显。图 2-89 展示了转速对 X_S 的影响。由图可以看出，在黏性流体中，随转速的增加，分子混合性能变好。这主要是因为转速越大，对液体的剪切作用越强，能量

耗散率 ε 增加，分子混合时间 t_m 将减小，也即旋转填充床具有更加优异的分子混合性能。图 2-90 为液体流量对 X_S 的影响。从图中可以看出，随液体流量的增加，X_S 减小。这主要的原因：一方面是流量较高时，流体流动速度更快，液体与填料间碰撞更剧烈；另一方面，流量增加，液体的停留时间减小，导致液体微元间的聚并分散频率增加，这些都导致分子混合性能增强。

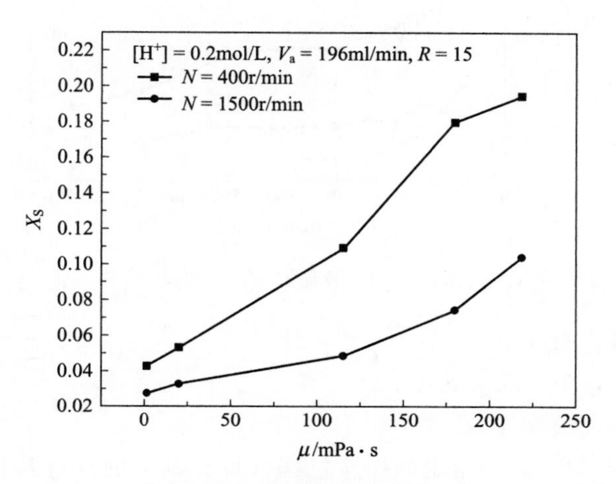

图 2-88 黏度对 X_S 的影响

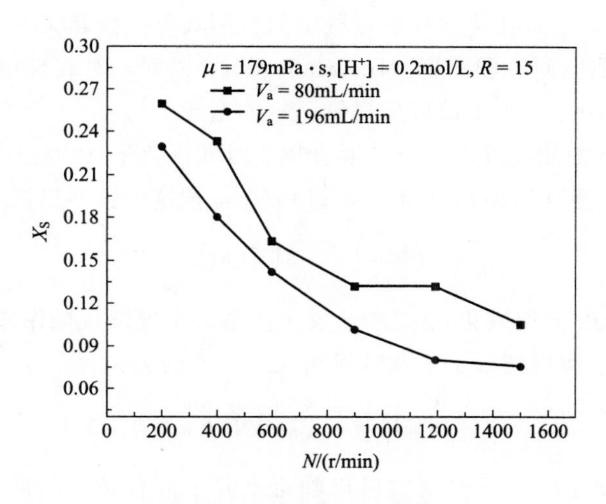

图 2-89 转速对 X_S 的影响

2.8.5 分子混合特征时间

化学反应只有在反应物实现分子尺度上的相互接触，才有可能发生，而这种接触只有依靠不同尺度上的混合作用（整个反应器尺度上的宏观混合与最小运动尺度上的分子混合）才能实现。表示反应与混合相对速率的参数，常用反应特征时间 t_r 与混合特征时间 t_m 的比值 t_r/t_m（Damkohler 数），按照这一比值的大小，可分为以下三种情况：

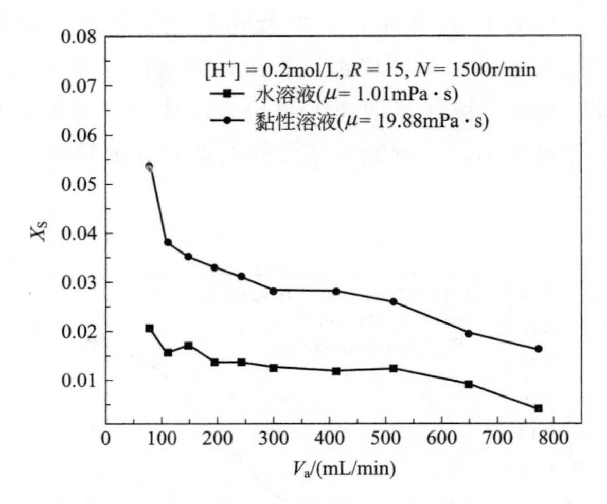

图 2-90 液量对 X_S 的影响

① $D_a=t_r/t_m \gg 1$，慢反应；

② $D_a=t_r/t_m \approx 1$，中等反应速率；

③ $D_a=t_r/t_m \ll 1$，快反应。

在实际的工业生产中，对于给定的反应过程（具有确定的反应特征时间 t_r），为了达到最佳的反应收率和经济收益，往往面临选择合适的混合方式的问题，因此，对反应器的混合特征时间 t_m 进行评估，对其在化学反应过程中的应用具有重要意义。

我们基于前面的实验研究和团聚（Incorporation）模型，对旋转填充床的分子混合特征时间 t_m 进行模拟计算，这为今后的应用提供一定的指导[49]。

根据 Kolmogorov 的湍流理论，分子混合特征时间正比于 $(\nu/\varepsilon)^{1/2}$（这里 ν 是流体的动力学黏度，ε 是局部能量耗散率）。Baldyga 和 Bourne 把这个关系更进一步量化为：

$$t_m=k_m\left(\frac{\nu}{\varepsilon}\right)^{1/2}\text{，其中 } k_m=17.24 \tag{2-130}$$

Guichardon 和 Falk 采用碘化物-碘酸盐反应体系对半连续式操作的搅拌槽反应器进行研究，同时，基于团聚模型得到分子混合时间和 $(\nu/\varepsilon)^{1/2}$ 的关系为：

$$t_m=20\left(\frac{\nu}{\varepsilon}\right)^{1/2}\text{，其中 } k_m=20 \tag{2-131}$$

因此，只要知道 k、ν、ε 三个值就可以确定出分子混合特征时间 t_m。下面基于团聚模型对旋转填充床内的分子混合时间进行计算。

团聚模型源自 Villermaux 及其同事的早期工作。假设有两种流体，1 和 2（图 2-91）。模型假定新鲜物料流体 2（酸）被分散成一个个离集体，随后被周围包含碘化物和碘酸盐的环境溶液所侵蚀。在离集体内，认为混合完全并发生化学反应。特征团聚时间 t_m 认为等于分子混合时间。离集体的生长遵循公式 $V_2=V_{20}g(t)$［这里 $g(t)$ 由团聚机理决定］并且不大于 $(V_{10}+V_{20})$。常采用的离集体的生长规律有线性规律和指数规律，即

$$g(t)=1+t/t_m \tag{2-132}$$

$$g(t)=\exp(t/t_m) \tag{2-133}$$

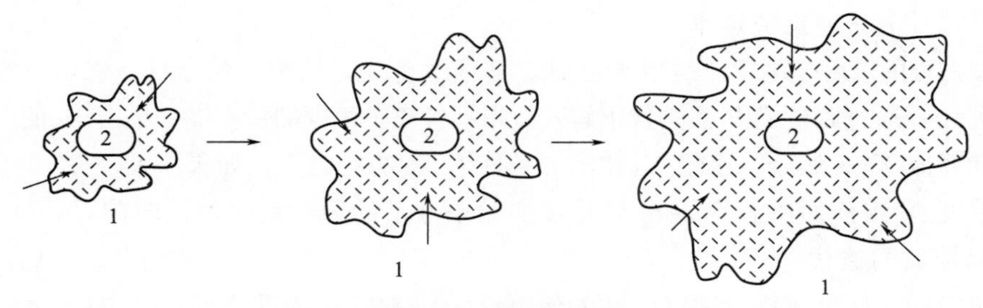

图 2-91 团聚模型原理

在反应体积 2 中，j 离子的浓度可由下式得到：

$$\frac{dc_j}{dt}=(c_{j10}-c_j)\frac{1}{g}\times\frac{dg}{dt}+R_j \tag{2-134}$$

式中，下标 10 表示环境流体。对应的碘化物-碘酸盐体系的团聚模型结构如图 2-92 所示。

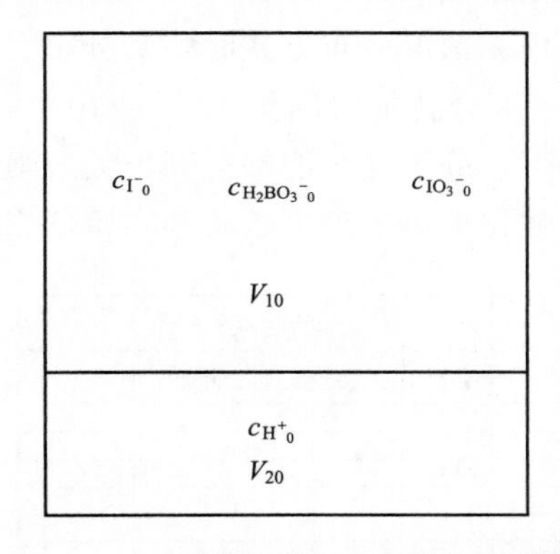

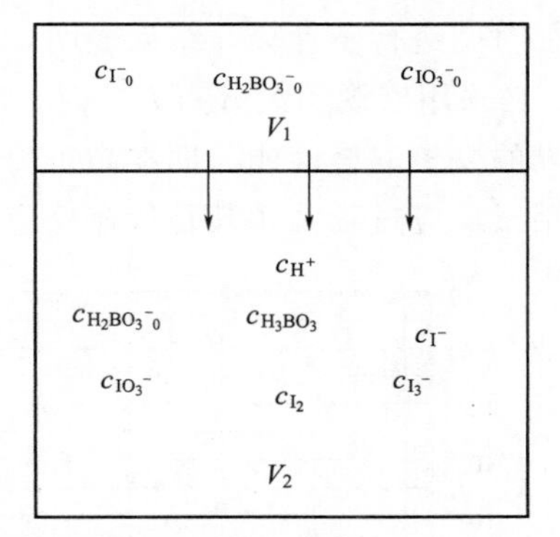

图 2-92 对应的碘化物-碘酸盐体系的团聚模型结构图

碘化物-碘酸盐体系共涉及以下几种离子及化合物：$H_2BO_3^-$、H^+、I^-、IO_3^-，I_2、I_3^-。为了书写简便，分别用 A、B、C、D、E、F 指代上述 5 种离子。由公式(2-134)，采用 $g(t)=\exp(t/t_m)$，对上述离子作物料衡算，得到：

$$\frac{dc_A}{dt}=\frac{c_{A10}-c_A}{t_m}-R_1 \tag{2-135}$$

$$\frac{dc_B}{dt}=-\frac{c_B}{t_m}-R_1-6R_2 \tag{2-136}$$

$$\frac{dc_C}{dt}=\frac{c_{C10}-c_C}{t_m}-5R_2-R_3+R_4 \tag{2-137}$$

$$\frac{dc_D}{dt}=\frac{c_{D10}-c_D}{t_m}-R_2 \tag{2-138}$$

$$\frac{dc_E}{dt}=-\frac{c_E}{t_m}+3R_2-R_3+R_4 \tag{2-139}$$

$$\frac{dc_F}{dt}=-\frac{c_F}{t_m}+R_3-R_4 \tag{2-140}$$

上述各方程中，R_1和R_2分别为反应(2-123) 和反应(2-124) 的速率；R_3、R_4分别为可逆反应(2-125）的正逆反应速率。

对模型方程的求解是基于“预测-校正法”进行。首先，给定初始条件，然后，假定一个分子混合时间 t_m；通过龙格-库塔法迭代求解式，得到各离子浓度的值，进一步由 X_S的定义得到离集指数的计算值 X'_S。然后，比较 X'_S和同等条件下 X_S的实验值。如果 $|X'_S-X_S|<\varphi$(φ 为指定的计算精度)，则前面所假定的 t_m就是该实验条件下的分子混合特征时间，否则，改变 t_m的值，重复前面的迭代。

对于恒定的初始反应物浓度（t_{r1}和 t_{r2}恒定），X_S的变化能准确反映 t_m的变化。从实验来说，通过改善分子混合状况，能明显的观察到 X_S的降低，即 X_S和 t_m呈线性关系。在这些条件下，通过比较 X_S的值（相同实验条件下）来选择具有最佳分子混合效率的混合器。

基于分子混合实验结果，由团聚模型计算得到的旋转填充床离集指数 X_S与相应的分子混合特征时间 t_m之间的关系如图 2-93 所示。由图可以看出，X_S与 t_m之间近似成直线关系，随着 t_m的增大，X_S也相应增大。通过采用团聚模型并结合实验结果，对超重力旋转填充床分子混合特征时间进行了计算，结果表明，当采用无预混分布方式时，其分子混合特征时间达到 10^{-4}s；当采用宏观预混分布方式时，其分子混合特征时间为 $10^{-5}\sim10^{-4}$s，显示了旋转填充床优异的分子混合性能，即在超重力环境下，分子混合能够得到极大地强化。这为超重力技术应用于反应过程，尤其是快速反应过程强化提供了理论基础和实验依据。

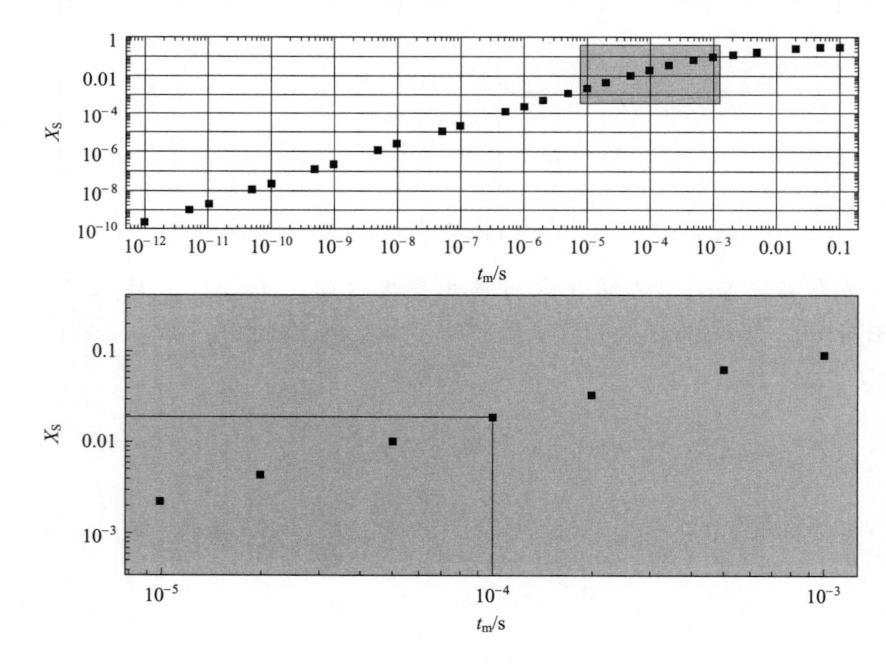

图 2-93 X_S 和 t_m 的关系（团聚模型）

2.8.6 分子混合模型

2.8.6.1 分子混合模型简介

在对众多反应器进行实验研究的同时，有不少的分子混合模型被提出来对这些反应器内分子混合情形进行阐述，其中比较著名的有：多环境模型、聚并-分散模型、IEM 模型、扩散模型及涡旋卷吸模型等。

（1）多环境模型　多环境模型包括双环境模型、三环境模型和四环境模型。1964 年，Ng 和 Rippin 首先提出了双环境模型。其基本思想是：设反应器内同时存在两个环境——进入环境和离开环境；两个环境占据同样的空间，具有同样的停留时间分布；两个环境中的物料分别处于完全离集与最大混合状态，环境之间通过质量交换来实现分子混合，其交换速率 R_s 即为模型参数，当 $R_s=0$ 和 $R_s=\infty$时，反应器内分别为完全离集与最大混合状态，再根据停留时间分布对两个环境中的物料进行衡算，即建立起以组分浓度为未知量的数学模型。由于双环境模型只能描述单股进料的情形，1979 年，Ritchie 和 Tobgy 提出了三环境模型来模拟双股进料的情况，即反应器内同时存在三个环境——两个进入环境和一个离开环境，其他与双环境模型相同；1983 年，Mehta 和 Tarbell 提出了四环境模型（两个进入环境和两个离开环境）来描述双股进料和双股出料的情况。

（2）聚并-分散模型　1963 年，Curl 提出了聚并-分散模型，用于处理液-液悬浮体系中液滴之间的作用。后来，作者把它推广到均相分子混合的情形。模型假定流体由众多大小相同、不相混溶的聚集体组成，通过聚集体两两碰撞、聚并、再分散而实现混合过程。碰撞频率 ω 即是模型中的分子混合参数。当 $\omega=\infty$时，混合过程在瞬间就完成，达到最大混合状态；$\omega=0$ 时，不发生混合，为完全离集状态；部分离集时，ω 处于二者之间。ω 的大小通过实验确定。由于最后所得到的微积分方程相当复杂，1965 年，Spielman 和 Levenspiel 用 Monte Carlo 方法简化了聚并分散模型的数值计算。

（3）IEM 模型　IEM 是 Interaction by Exchange with the Mean 的缩写。该模型是 Villermaux 和 Devillon 以及 Costa 和 Trevissoi 于 1972 年同时提出的。其基本思想是：体系由一些有效涡团和一个平均环境组成；每一个涡团充当一个混合良好的反应器；每个涡团只与平均环境之间进行质量交换，涡团间没有直接作用；分子混合过程可描述为涡团与平均环境之间的一级质量传递过程，传质系数 h 即为微观混合参数，当 $h=0$ 时，为完全离集的情况；当 $h=\infty$时，代表最大混合；h 介于两者之间时，即为部分离集。h 的值由实验确定。

（4）扩散模型　扩散模型是由 Mao 和 Toor 首先提出的。其基本思想是：宏观流体经过湍流分散后形成一个个微团，该微团具有一定的尺度——Kolmogorov 尺度；在该尺度以下，局部雷诺数很小，湍动无法再发挥作用，微团之间通过分子扩散达到微观上的均匀。由于扩散模型认为微团形状大小保持不变，没有考虑到流体的对流交换作用，Ottino、Ranz 和 Angst 等人又分别提出了变形－扩散模型。其具体做法是：当流体形成了微团后，微团在黏性对流的作用下产生变形，变形及分子扩散与化学反应同时进行，互相促进，分子混合过程由变形和分子扩散过程组成。

（5）涡旋卷吸模型　Baldyga 和 Bourne 对湍流浓度谱进行分析后指出，变形扩散模型没有完整地反映微团（即湍流活性涡旋）与环境之间的物质变换，而根据湍流涡旋的能量串级理论，涡旋存在一个生灭过程，平均寿命为 τ_{ω}。他们认为分子混合过程由交换（卷吸过程）、变形和分子扩散三部分所组成。在此基础上，他们提出了涡旋卷吸模型，模型假定：涡旋生成时，卷吸等体积的环境物质，形成 ABAB 相间的层状结构涡旋；在涡旋生成阶段，涡旋内的行为可完全由变形扩散模型来描述；涡旋一旦消亡就瞬间与环境混合均匀，其平均浓度就是下一代涡旋的初始浓度条件；经过一次生灭过程，涡旋数目和总体积增加一倍。该模型除了初始条件是一个周期性变化的条件外，其余完全与变形扩散模型一致。

后来，Baldyga 等对该模型进行了简化处理，他们根据分析得出：当 $S_c \leqslant 4800$ 时，分子混合过程由涡团与环境间的卷吸交换过程所控制，忽略变形和分子扩散的影响。他们还把不续的生灭卷吸过程改为连续的按指数进行体积膨胀的卷吸过程。

在以上所述众多模型中，多环境模型、聚并分散模型及 IEM 模型是经验模型，而扩散模型和涡旋卷吸模型则是机理模型，它们都是在湍流理论的基础上提出的，尤其是涡旋卷吸模型，它已经成功地用于预测搅拌釜、管式反应器中分子混合行为，并用于对其他反应器进行分析。

2.8.6.2 超重力环境下的分子混合模型

在旋转填充床中，由于旋转填料的粉碎作用，液体是分散相，不符合涡旋卷吸模型，而 Curl 提出的聚并-分散模型的物理过程与之相符。该模型将流体分为众多不相混溶的聚集体，通过聚集体两两之间的碰撞、聚并、再分散来实现混合过程。为此我们提出了一个以聚并-分散模型为基础，耦合层状扩散模型来描述旋转填充床内液体流动、混合和反应过程的分子混合模型，即聚并分散-层状扩散耦合模型，来模拟阐述在分子混合控制区域内转速及流量对离集指数的影响规律[52]。

当液体微元被填料捕获时，发生两两聚并分散从而导致混合，如图 2-94 所示。这种混合按参与聚并的微元来源不同可以分为两类：当参与聚并的两个微元至少有一个是直接来源于进口射流，也就是说该微元是第一次被填料所捕获时，由于进口射流与填料之间速度差非常大，微元之间的混合被认为是瞬间完成的且是完全的；而当参与聚并的两个微元均来自前面的填料时，由于在旋转填充床中液体微元被填料捕获后即获得了与填料相当的速度，并且由于它们频繁地被捕获，它们与填料间的速度差很小，它们之间的混合不可能是瞬间达到完全均匀，为此，提出用层状扩散模型机理进行描述。如图 2-95 所示，有两片厚度为 δ（y 轴方向）、长度为 L（x 轴方向）、宽度为 W（垂直于 xy 平面的 z 轴方向）液膜，称之为微元 1 和 2。它们在 $y=0$ 处相遇，然后一起沿着 x 轴方向流动。

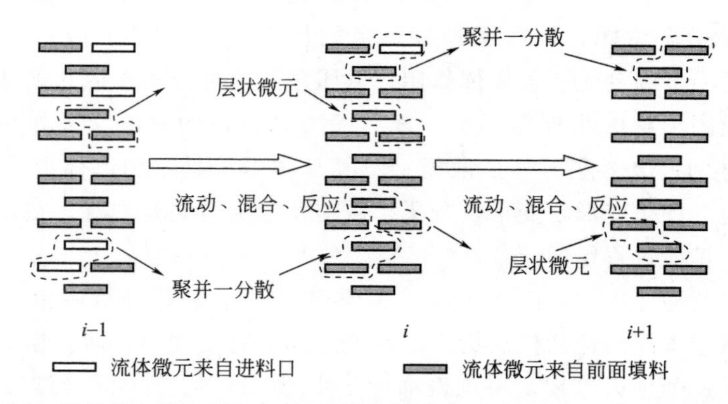

图 2-94 填料层上微元两两聚并和填料层间微元流动、混合、反应过程示意图

假定两片液膜相遇前沿 x 轴方向的速度均为 v_x，沿 y 轴和 z 轴方向上运动速度忽略不计，同时，忽略因它们造成的相遇时的扰动，因此，两片液膜相遇后，将一起沿着 x 轴以

v_x的速度向前运动，同时进行扩散和反应，由此，可以得到组分 i 组分的连续性方程为：

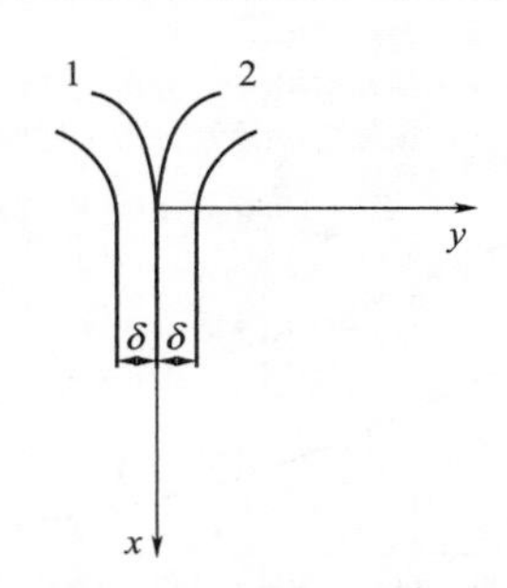

图 2-95　层状模型示意图

$$\frac{\partial c_i}{\partial t}+v_x\frac{\partial c_i}{\partial x}=D_i\left(\frac{\partial^2 c_i}{\partial x^2}+\frac{\partial^2 c_i}{\partial y^2}\right)-r_i \tag{2-141}$$

当组分较多且反应不为 0 或 1 级时，要对式(2-141) 直接进行求解是比较困难的，采用控制容积法将该方程组离散化，对离散化后的方程组进行迭代求解。

模型求解过程：根据旋转填充床的操作条件计算出床内液体平均停留时间、液滴平均直径等参数，根据进口流量计算出在该时间段内进入床内的液体微元的数目。在每层填料上，按照捕获概率计算出被该层填料捕获的液体微元数目，采用 Monto Carlo 方法对这些微元进行两两聚并，发生反应，到达下层填料，并在这之前一瞬间将每个聚并后的微元分散成为两个大小、内容都完全相同的液体微元，如此往复，从第一层计算到第 n 层填料。

图 2-96 给出了转速对 X_S影响规律的模拟与实验结果。图中实线表示在假定液体宏观分布均匀的条件下得到的模拟结果；而虚线则假定由于液体初始宏观分布不均，造成 10%的反应物 A 溶液离开填料到空腔内才参加混合、反应的计算结果。结果表明，转速的升高，X_S下降，但下降趋势逐渐减缓，最后趋近于定值。由图可知，在宏观分布均匀的假设条件下，模拟结果普遍低于实验值，这是因为在实际过程中，由于进料液体没有预混，两股反应物料原始射流有可能不喷在完全相同的一点上，在填料径向上液体的宏观分布不是完全均匀，而模型初始假设液体宏观分布均匀，造成模拟值普遍低于实验值。图 2-97 表示了流量对 X_S影响规律的模拟与实验结果，图中两条模拟线的意义同前。结果表明，流量增加，X_S略有下降；考虑宏观分布不均的情况时，二者吻合良好。这一结果表明，液体初始宏观分布对分子混合过程有重要影响性，这从理论上阐明了旋转填充床内液体分布器的设计是非常重要的。

2.8.7 超重力环境下的分子混合-反应耦合模型

我们在上节中提出了聚并分散-层状扩散耦合模型，较精细地描述了分子混合过程及作用。在模拟研究中发现，层状扩散过程对总混合过程贡献作用较小，因此当与复杂反应过程耦合时，为了减少计算工作量我们在下文中忽略了层状扩散作用，提出如下简化模型假设：

(1) 假定液体在填料层内全部以离散液滴的微元形式存在；

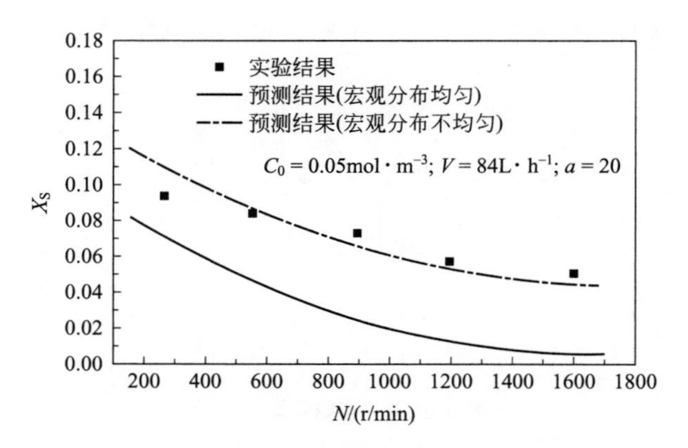

图 2-96　转速对 X_S 的影响

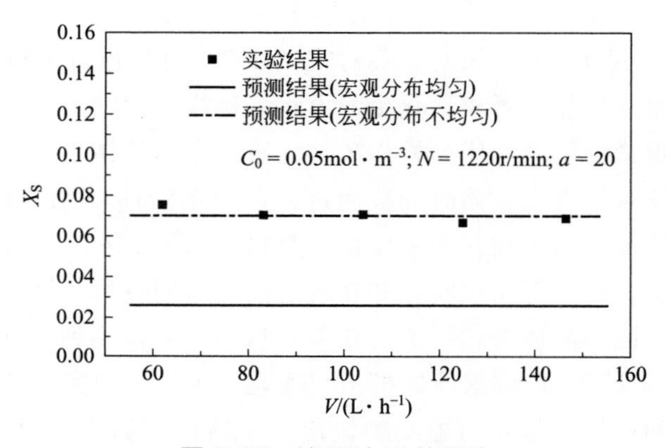

图 2-97　流量对 X_S 的影响

（2）液体进入填料层后，在初始速度和离心力的作用下，从内侧向外侧流动过程中，忽略径向返混、液体与旋转填料相遇时可能出现的飞溅，即液体沿填料径向为平推流；

（3）模型将流体分为众多不相混溶的聚集体，通过聚集体两两之间的碰撞、聚并和再分散来实现分子混合。假设液滴一旦被丝网填料捕获即出现两两聚并-分散（瞬间完成），液滴在相邻填料层间的飞行过程中，发生化学反应。

基于聚并-分散分子混合模型，结合反应动力学模型、组分控制方程等，分别对反应结晶、聚合、复杂有机反应等过程，我们构建了超重力旋转填充床内的分子混合-反应模型[53,54]，描述如下。

2.8.7.1　反应结晶过程——分子混合反应模型

超重力反应结晶法制备纳米颗粒材料（见第 5 章），实质上就是在旋转填充床反应器中，利用旋转所产生的超重力环境，实现可控的液相沉淀反应，生成纳米颗粒。为了解该过程的机制，以便于为超重力法制备纳米颗粒技术的工业化提供依据，进行分子混合-反应结晶过程模型化研究，十分必要。

由于液体进入旋转填充床后不完全是以连续相的形式存在，不存在一个支持包括扩散模型、涡旋卷吸模型等在内的分子混合模型所需的连续相环境。因此，基于旋转填充床内流体流动情况和液相混合特征进行合理假设，结合物料衡算方程、粒数衡算方程及结晶动力学方程，建立了旋转填充床内流体流动、混合、反应、成核及晶体生长的数学模型。

以硫酸钡为工作体系，其反应式为：

$$BaCl_2(A)+Na_2SO_4(B) \longrightarrow BaSO_4(C)\downarrow+2NaCl(D)$$

成核速率为：

$$\lg\frac{B}{10^{36}}=\frac{200}{\lg^2 S}\quad 若 S>999\ （初级均相成核） \tag{2-142}$$

$$\lg\left(\frac{B}{10^{11}}\right)=-\frac{2}{\lg^2 S}\quad 若 999\geqslant S>1\ （初级非均相成核） \tag{2-143}$$

生长速率表示为：

$$G=1.78\times10^{-10}(S-1)\quad 若 S>55\ （扩散过程控制） \tag{2-144}$$

$$G=2.91\times10^{-7}(S-1)^2\quad 若 55\geqslant S>1\ （表面反应控制） \tag{2-145}$$

其中　B——成核速率，个·m^{-3}·s^{-1}；

S——过饱和度比；

G——晶体生长速率，m·s^{-1}。

这里，晶体生长速率与粒径 l 无关；同时，忽略粒子的团聚和破碎，得到液滴内物料衡算方程及各阶矩量方程如下：

$$\frac{dC_A}{dt}=-\frac{\rho_p k_v}{M_p}(3Gm_2+Bl_0^3) \tag{2-146}$$

$$\frac{dC_B}{dt}=-\frac{\rho_p k_v}{M_p}(3Gm_2+Bl_0^3) \tag{2-147}$$

$$\frac{dC_p}{dt}=\frac{\rho_p k_v}{M_p}(3Gm_2+Bl_0^3) \tag{2-148}$$

$$\frac{dm_0}{dt}=B \tag{2-149}$$

$$\frac{dm_j}{dt}=jGm_{j-1}\qquad j=1\cdots4 \tag{2-150}$$

其中　C_i——组分 i 浓度，mol·L^{-3}；

ρ_p——产物粒子密度，kg·m^{-3}；

k_v——体积形状因子；

M_p——产物粒子相对分子质量，kg·mol^{-3}；

l_0——晶核粒度，m。

求解方程式(2-142)～方程式(2-150)，可计算出每个活性液滴内的各组分浓度及各阶矩量。对第 i 层填料上所有液滴的组分平均浓度及各阶矩量计算如下：

$$\overline{C}_{i,k}=\frac{\sum_{g=1}^{N_D} C_{i,k,g}v_g}{\sum_{g=1}^{N_D} v_g} \tag{2-151}$$

$$\overline{m}_{i,j}=\frac{\sum_{g=1}^{N_D} m_{i,j,g}v_g}{\sum_{g=1}^{N_D} v_g} \tag{2-152}$$

式中，N_D为填料层上液滴数；v为液滴体积。基于此可计算出粒度分布的两个特征值：平均粒径与方差，即第i层填料上产物颗粒的平均粒径及方差，如以数目为基准，则为：

$$d_{i,10}=\frac{\overline{m}_{i,1}}{\overline{m}_{i,0}} \tag{2-153}$$

$$\sigma_{i,10}=\sqrt{\frac{\overline{m}_{i,3}}{\overline{m}_{i,1}}-\left(\frac{\overline{m}_{i,2}}{\overline{m}_{i,1}}\right)^2} \tag{2-154}$$

我们采用该模型对超重力环境下分子混合-反应结晶过程进行模拟研究，将模拟结果与实验结果进行了比较，结果表明，在选定了适当的模型参数后，该模型基本合理地反映出填料层厚度、转速及反应物流量对粒度大小及分布的影响规律，模拟结果与实验结果吻合良好，见图 2-98～图 2-100。这些研究结果对采用旋转填充床反应器进行无机纳米材料的制备提供了理论指导。图 2-101 为基于该模型得到的平均粒径计算值和实验值的斜方图，从图中可以看出，模型计算的误差在±15%的范围内，表明在模拟旋转填充床不同操作条件下平均粒径的变化具有较好的准确性。

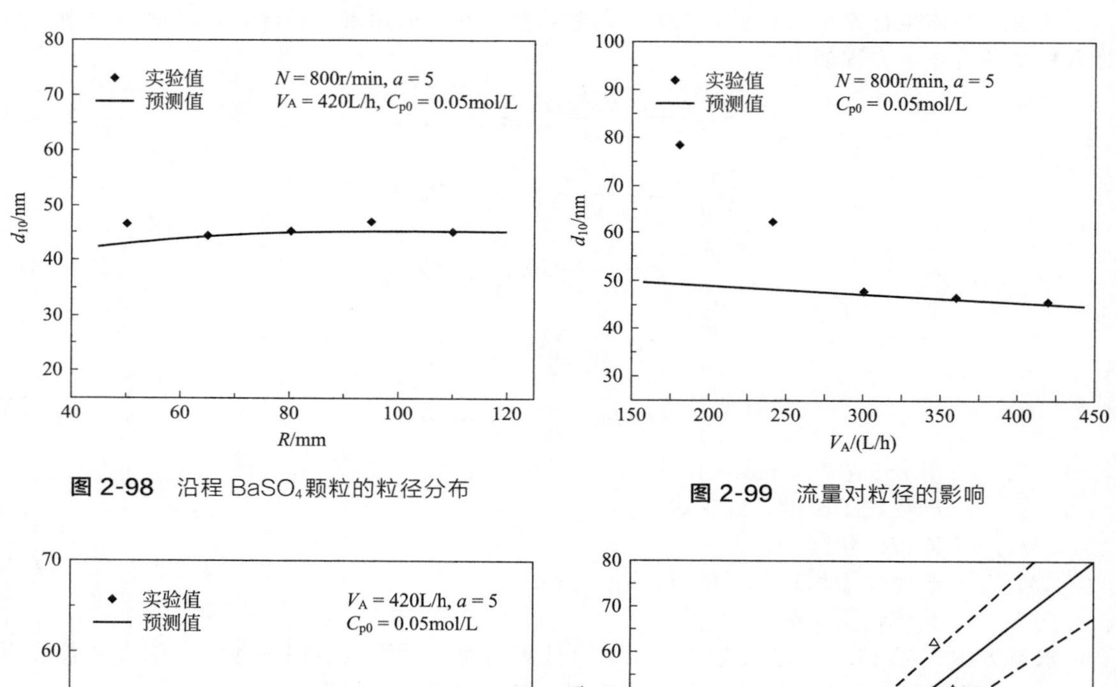

图 2-98　沿程 $BaSO_4$颗粒的粒径分布

图 2-99　流量对粒径的影响

图 2-100　转速对粒径的影响

图 2-101　模型误差分析图

2.8.7.2　聚合反应过程的分子混合反应模型

聚合反应在工业上有重要价值，通过聚合反应合成了多种大量高分子材料。我们率先提出了超重力聚合反应新方法，成功应用于丁基橡胶（IIR）聚合过程，实验发现与传统工艺的比较，在相近的实验条件下，采用超重力法新工艺制备的产品的数均分子量达到 $2.89\times10^5 g\cdot mol^{-1}$，分子量分布指数达到 1.99，略优于传统工艺，同时，该新工艺使物料的平均停留时间从 30～60min 缩短至小于 1s，生产效率提高了 2～3 个数量级。

针对聚合过程，采用链节分析法，建立聚合过程链节动力学模型，结合聚并-分散模型，建立了旋转填充床反应器内聚合反应过程的分子混合反应数学模型[54]。

以典型的丁基橡胶阳离子聚合反应作为工作体系，其聚合过程包括链引发、链增长和链终止三个阶段，并常伴有链转移反应（以 I 表示催化剂活性中心，M_1、M_2 分别表示异丁烯和异戊二烯单体，A 表示聚合过程中的活性链节，C_1、C_2 分别表示丁基橡胶中的两个结构单元，E_1 表示丁基橡胶大分子中的端节，以 E_2 表示丁基橡胶大分子中另外一种的端节。P_1，P_2 表示死聚体，S 表示反离子）。

（1）链引发

$$I+M_1 \xrightarrow{k_i} A+E_1 \tag{2-155}$$

（2）链增长

$$A+M_1 \xrightarrow{k_p} C_1+A \tag{2-156}$$

$$A+M_2 \xrightarrow{k_p} C_2+A \tag{2-157}$$

（3）链转移

① 向单体转移

$$A+M_1 \xrightarrow{k_{tr,M_1}} P_1+E_1+E_2+A \tag{2-158}$$

② 向反离子转移

$$A+S \xrightarrow{k_{tr,S}} P_2+E_2 \tag{2-159}$$

以上几个基元反应方程式(2-155)～反应式(2-159) 构成了聚合过程的反应网络，各步反应速率的表达式如下：

$$\begin{cases} r_i=k_i[I][M_1] \\ r_{p,M_1}=k_p[A][M_1] \\ r_{p,M_2}=k_p[A][M_2] \\ r_{tr,M_1}=k_{tr,M_1}[A][M_1] \\ r_{tr,S}=k_{tr,S}[A][S] \end{cases} \tag{2-160}$$

其中　r_i——反应速率，$mol\cdot m^{-3}s^{-1}$；

k_i——反应速率常数，$m^3mol^{-1}s^{-1}$。

基于上述表达式，可得到诸如异丁烯、异戊二烯单体、催化剂等的消耗速率，活性中心浓度和聚合物链节生成速率等。具体表示形式如下：

单体异丁烯（M_1）消耗速率：

$$R_{M_1}=\frac{d[M_1]}{dt}=-r_i-r_{p,M_1}-r_{tr,M_1}=-k_i[I][M_1]-k_p[A][M_1]-k_{tr,M_1}[A][M_1] \tag{2-161}$$

单体异戊二烯（M_2）消耗速率：

$$R_{M_2}=\frac{d[M_2]}{dt}=-r_{p,M_2}=-k_p[A][M_2] \tag{2-162}$$

活性链节（A）生成/消耗速率：

$$R_A=\frac{d[A]}{dt}=r_i-r_{tr,S}=k_i[I][M_1]-k_{tr,s}[A][S] \tag{2-163}$$

催化剂（I）消耗速率：

$$R_I=\frac{d[I]}{dt}=-r_i=-k_i[I][M_1] \tag{2-164}$$

反离子（S）生成/消耗速率：

$$R_S=\frac{d[S]}{dt}=-r_{tr,S}=-k_{tr,s}[A][S] \tag{2-165}$$

异丁烯结构单元（C_1）生成速率：

$$R_{C_1}=\frac{d[C_1]}{dt}=r_{p,M_1}=k_p[A][M_1] \tag{2-166}$$

异戊二烯结构单元（C_2）生成速率：

$$R_{C_2}=\frac{d[C_2]}{dt}=r_{p,M_2}=k_p[A][M_2] \tag{2-167}$$

端节（E）生成速率：

$$R_E=\frac{d[E_1]}{dt}+\frac{d[E_2]}{dt}=2r_{tr,M_1}+r_{tr,S}=2k_{tr,M_1}[A][M_1]+k_{tr,S}[A][S] \tag{2-168}$$

由反应动力学可计算出系统中各个组分任何时刻在反应器内的浓度，包括结构单元 C_1、C_2和端节 E_1、E_2等。再由直链假定，便可从数均分子量定义出发计算 M_n：

$$M_n=\frac{W}{n}=\frac{\sum_j n_j M_j}{\sum_j n_j}=2\times\frac{\sum_i([C_i\times Mwc_i])+\sum_i([E_i\times Mw_{E_i}])+[A]\times Mw_A}{[A]+\sum_i[E_i]} \tag{2-169}$$

采用上述聚合数学模型，分别计算了不同转子转速、填料层数、聚合温度以及单体流速等因素对聚合产物 IIR 分子量的影响规律，并与实验结果进行比较（如图 2-102～图 2-105），发现模型能良好地预测各个条件对聚合产物数均分子量的影响，具有非常好的可信度。

图 2-106 为模型的实验值和模拟值的数均分子量的对比图，从图可以看出，模型的误差在±10%的范围内。

以上关于分子混合-反应的模型化理论基础研究，为超重力技术在纳米材料制备和反应强化等方面的工业应用提供了重要的理论基础，为相关超重力旋转填充床反应器放大和工艺优化提供了理论指导。

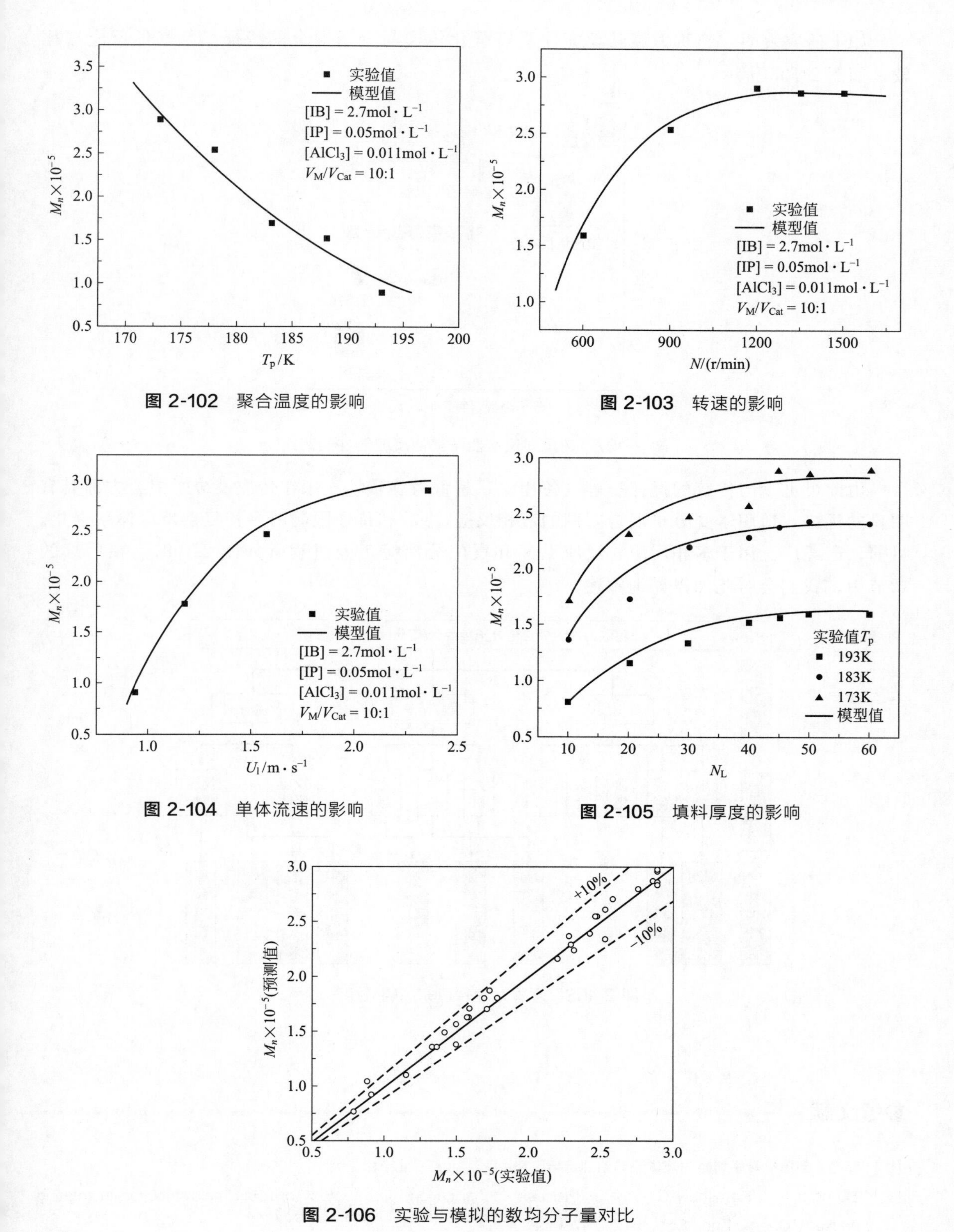

图 2-102　聚合温度的影响

图 2-103　转速的影响

图 2-104　单体流速的影响

图 2-105　填料厚度的影响

图 2-106　实验与模拟的数均分子量对比

如上研究表明，超重力旋转填充床具有强化传递与分子混合的特征。与其他反应器比较，如图 2-107 所示。

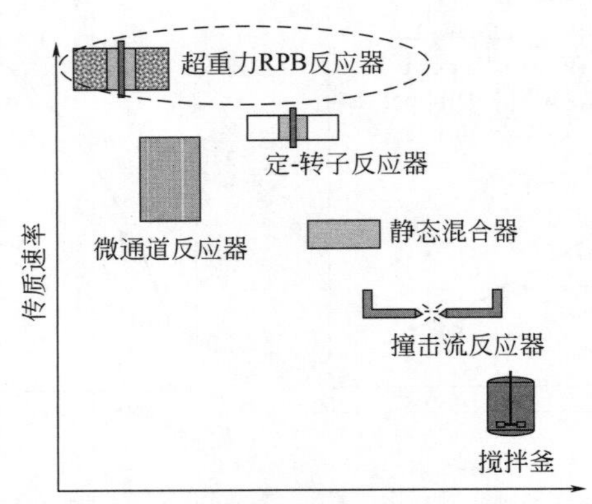

图 2-107 超重力反应器与其他反应器性能对比

由此可见，与传统的搅拌釜等设备相比，超重力旋转填充床在传质及分子混合方面具有明显的优势，适用于受分子混合限制的液相反应，或/和传递限制的多相复杂反应体系强化。目前，已经广泛用于多相反应、反应结晶和反应分离等工业过程（如图 2-108）。在后续的章节中，我们会对此加以详细阐述。

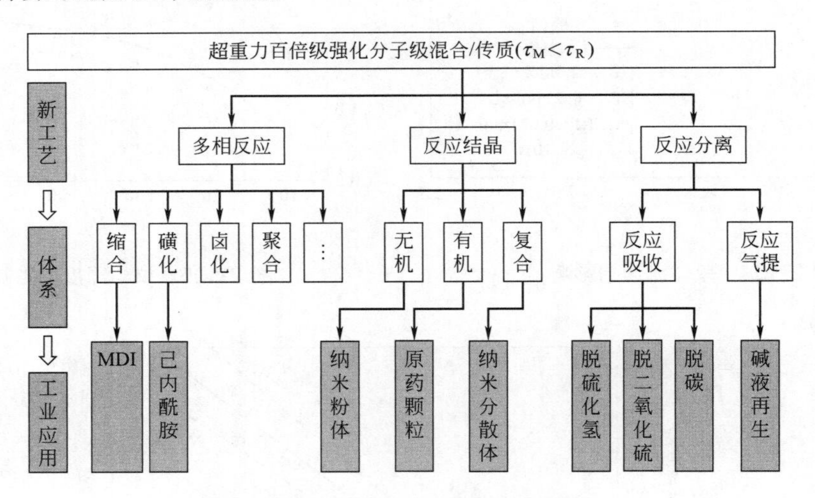

图 2-108 超重力旋转填充床的应用领域

参考文献

[1] 郭锴．超重机转子填料内液体流动的观测与研究［D］．北京：北京化工大学，1996.

[2] Burns J. R.，Ramshaw C.，1996. Process intensification：visual study of liquid maldistribution in rotating packed，Chem. Eng. Sci.，51，1347-1352.

[3] 张军．旋转床内流体流动与传质的实验研究和计算模拟［D］．北京：北京化工大学，1996.

[4] Yang Y. C., Xiang Y., Chu G. W., Zou H. K., Luo Y., Arowo M, Chen J. F. A noninvasive X-ray technique for determination of liquid holdup in a rotating packed bed, Chem. Eng. Sci., 2015, 138: 244-255.
[5] 杨旷．超重力旋转床微观混合与气液传质特性研究 [D]．北京：北京化工大学，2010.
[6] 孙润林，向阳，杨宇成，邹海魁，初广文，陈建峰．旋转填充床流体流动的可视化研究，高校化学工程学报，2013，27：411-416.
[7] Guo F., Zheng C., Guo K., Feng Y. D., Garnder N. C. Hydrodynamics and mass transfer in cross-flow rotating packed bed, Chem. Eng. Sci. 1997, 52: 3853-3859.
[8] Munjal S., Duduković M. P., Ramachandran P., Mass-transfer in rotating packed beds—I. Development of gas-liquid and liquid-solid mass-transfer correlations, Chem. Eng. Sci. 1989, 44: 2245-2256.
[9] 竺洁松．旋转床超重力场中传质特性的研究 [D]，北京：北京化工大学，1994.
[10] Basic A., Dudukovic M. P., Hydrodynamics and mass transfer in rotating packed beds, Heat and MassTransfer in porous Media, Elsevier Sciencs Publishers, 1992.
[11] Basic A, Dudukovic M. P., Liquid holdup in rotating packed beds: examination of the film flow assumption, AIChE J. 1995, 41: 301-316.
[12] 朱慧铭．超重力场传质的研究及在核潜艇内空气净化中的应用 [D]．天津：天津大学，1991.
[13] 王玉红．旋转床超重力场装置的液泛和传质研究 [D]．北京：北京化工大学，1992.
[14] Keyvani M., Gardner N. C. Operating characteristics of rotating beds, Chem. Eng. Prog. 1989, 85: 48-52.
[15] Kumar M. P., Rao D. P. Studies on a high-gravity gas-liquid contactor, Ind. Eng. Chem. Res. 1990, 29: 917-920.
[16] 沈浩，施南庚．用离心传质机对含氨废水进行吹脱．南京工业大学学报（自科），1994，16：60-64.
[17] Zheng C., Guo K., Feng Y., Yang C. Pressure drop of centripetal gas flow through rotating beds, Ind. Eng. Chem. Res. 2000, 39: 829-834.
[18] 李树华．关于旋转填充床压降特性的研究 [D]．北京：北京化工大学，1999.
[19] Yang Y. C., Xiang Y., Li Y., Chu G. W., Zou H. K., Arowo M., Chen J. F. 3D CFD modelling and optimization of single-phase flow in rotating packed beds, Can. J. Chem. Eng. 2015, 93: 1138-1148.
[20] 孙润林，向阳，初广文，邹海魁，邵磊，陈建峰．旋转填充床气相流场模拟与验证，北京化工大学学报（自然科学版），2012，39：6-11.
[21] Liu H. S., Lin C. C., Wu S. C., Hsu H. W. Characteristics of a rotating packed bed, Ind. Eng. Chem. Res. 1996, 35: 3590-3596.
[22] Ergun S. Fluid flow through packed columns, Chem. Eng. Prog. 1952, 48: 89-94.
[23] 杨宇成．旋转填充床内流体流动和传质的 CFD 模拟与实验研究 [D]．北京：北京化工大学，2016.
[24] Schiller L., Naumann A. A drag coefficient correlation, Vdi Zeitung, 1935, 77: 318-320.
[25] Brackbill J. U., Kothe D. B., Zemach C. A continuum method for modeling surface tension, J. Comput. Phys. 1992, 100: 335-354.
[26] 王桂轮．旋转床超重力场中传质机理的研究 [D]．北京：北京化工大学，1994.
[27] 廖颖．旋转床中传质机理的研究 [D]．北京：北京化工大学，1996.
[28] 王刚．旋转床中拟塑性非牛顿流体性质的研究 [D]．北京：北京化工大学，1995.
[29] 李文博．生化反应器的开发 [D]．北京：北京化工大学，1996.
[30] Ramshaw C., Mallinson R. H. Mass transfer process: U. S. Patent 4, 283, 255 [P]. 1981-8-11.
[31] 李振虎．旋转床内传质过程的模型化研究 [D]．北京：北京化工大学，2000.
[32] Yi F., Zou H. K., Chu G. W., Shao L., Chen J. F. Modeling and experimental studies on absorption of CO_2 by Benfield solution in rotating packed bed, Chem. Eng. J. 2009, 145: 377-384.
[33] Zhang L. L., Wang J. X., Xiang Y., Zeng X. F., Chen J. F. Absorption of carbon dioxide with ionic liquid in a rotating packed bed contactor: mass transfer study, Ind. Eng. Chem. Res. 2011, 50: 6957-6964.

[34] Li W. Y., Wu W., Zou H. K., Chu G. W., Shao L., Chen J. F. A mass transfer model for devolatilization of highly viscous media in rotating packed bed, Chinese J. Chem. Eng. 2010, 18: 194-201.

[35] Burns J. R., Jamil J. N., Ramshaw C. Process intensification: operating characteristics of rotating packed beds-determination of liquid hold-up for a high-voidage structured packing, Chem. Eng. Sci. 2000, 55: 2401-2415.

[36] 李沃源．旋转填充床内高黏聚合物脱挥的实验、理论及应用研究［D］．北京：北京化工大学，2009.

[37] Yang Y. C., Xiang Y., Chu G. W., Zou H. K., Sun B. C., Arowo M., Chen J. F. CFD modeling of gas-liquid mass transfer process in a rotating packed bed, Chem. Eng. J. 2016, 294: 111-121.

[38] Chen Y. S., Lin C. C., Liu H. S. Mass transfer in a rotating packed bed with various radii of the bed, Ind. Eng. Chem. Res. 2005, 44: 7868-7875.

[39] 吴金梁．液体初始分散对逆流旋转床内传质影响的研究．［D］．北京：北京化工大学，2000.

[40] 崔建华．填料内支撑对液膜控制传质过程的影响［D］．北京：北京化工大学，1999.

[41] 郭奋．错流旋转床内流体力学与传质特性的研究［D］．北京：北京化工大学，1996.

[42] Danckwerts P. V. Continuous flow systems: distributions of residence times, Chem. Eng. Sci. 1953, 2: 1-13.

[43] 陈建峰．混合-反应过程的理论与实验研究［D］：杭州：浙江大学，1992.

[44] Bourne J. R., Kozicki F., Rys P. Mixing and fast chemical reaction Ⅰ: test reactions to determine segregation, Chem. Eng. Sci. 1981, 36: 1643-1648.

[45] Nolan G. L., Amis E. S. The rates of the alkaline hydrolysis of ethyl α-haloacetates in pure and mixed solvents, J. Phys. Chem. 1961, 65: 1556-1563.

[46] Bourne J. R., RYS P., Suter K. Mixing effects in the bromination of resorcin, Chem. Eng. Sci. 1977, 32: 711-716.

[47] 刘骥．旋转填充床微观混合研究及应用［D］．北京：北京化工大学，1999.

[48] Yang H. J., Chu G. W., Xiang Y., Chen J. F. Characterization of micromixing efficiency in rotating packed beds by chemical methods, Chem. Eng. J. 2006, 121: 147-152.

[49] 杨海健．新型化学反应器的微观混合实验、理论及应用研究［D］．北京：北京化工大学，2007.

[50] 杨旷．超重力旋转床微观混合与气液传质特性研究［D］．北京：北京化工大学，2010.

[51] Yang Y. C., Xiang Y., Pan C., Zou H. K., Chu G. W., Arowo M., Chen J. F. Influence of viscosity on micromxing efficiency in a rotating packed bed with premixed liquid distributor, J. Chem. Eng. Japan 2015, 48: 72-79.

[52] 向阳，陈建峰，高正明．旋转填充床中微观混合模型与实验验证．化工学报，2008，59：2021-2026.

[53] Xiang Y., Wen L. X., Chu G. W., Shao L., Xiao G. T., Chen J. F. Modeling of the precipitation process in a rotating packed bed and its experimental validation, Chinese J. Chem. Eng. 2010, 18: 249-257.

[54] Chen J. F., Gao H., Zou H. K., Chu G. W., Zhang L., Shao L., Xiang Y., Wu Y. X. Cationic polymerization in rotating packed bed reactor: experimental and modeling, AIChE J. 2010, 56: 1053-1062.

第2篇 超重力装备设计原理

第 3 章 超重力装备的结构型式

3.1 概述

旋转填充床（Rotating Packed Bed，RPB）是模拟超重力环境的最主要装备型式。1981 年，

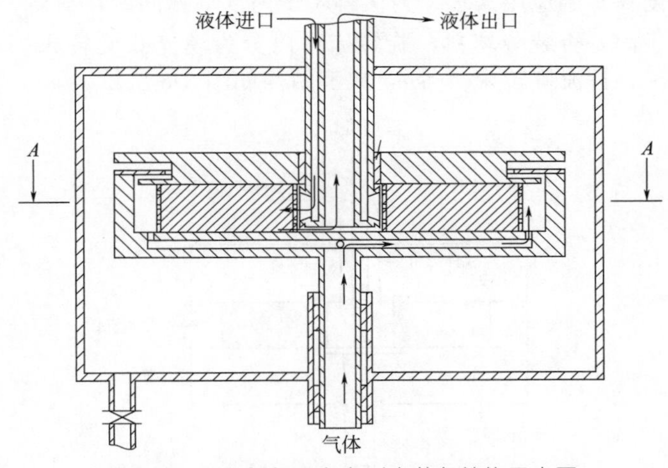

图 3-1 1981 年超重力专利中装备结构示意图

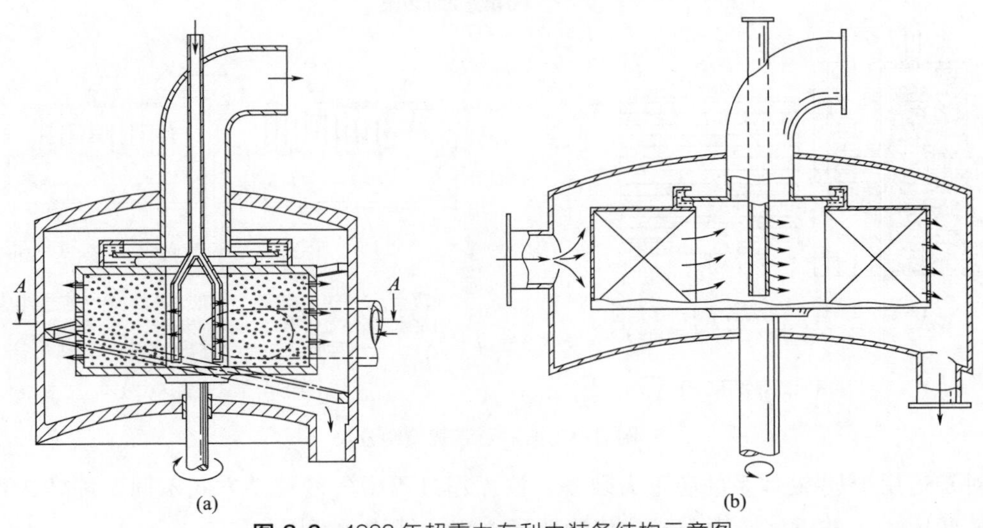

图 3-2 1983 年超重力专利中装备结构示意图

ICI公司申请了第一个关于RPB的美国专利，其结构如图3-1所示[1]。从图3-1可以看出，在最初的RPB结构中，液相为连续相，而气相为分散相，类似于鼓泡塔。鉴于该种结构RPB对气、液相的切割、破碎作用有限，1983年，ICI公司连续申请了第二个和第三个关于RPB的美国专利[2,3]，其中RPB结构如图3-2所示。在此类结构的RPB中，液相为分散相，气相为连续相。众多研究者在后来的发展中，以此类型为基础，根据工艺特点与要求，进行了RPB结构的创新设计，发展出不同类型的RPB装备。

3.2 超重力装备结构发展

随着超重力技术的研究及推广应用，超重力装备结构也得到了创新发展。一般情况下，针对低黏度体系（气液反应或液液反应，产物为液相）的应用需求，在旋转填充床转子内部装载能够剪切液相的填料；针对高黏度体系（气液反应或液液反应，产物为固相或高黏度物质，或物料本身黏度高）的应用需求，为缓解转子内部堵塞问题，科研人员发明了无填料的转子结构。按照转子内是否装载填料，旋转床可以分为填充式旋转床[4]及非填充式旋转床（如定-转子反应器[5]、折流旋转床[6]等），典型结构如图3-3所示。

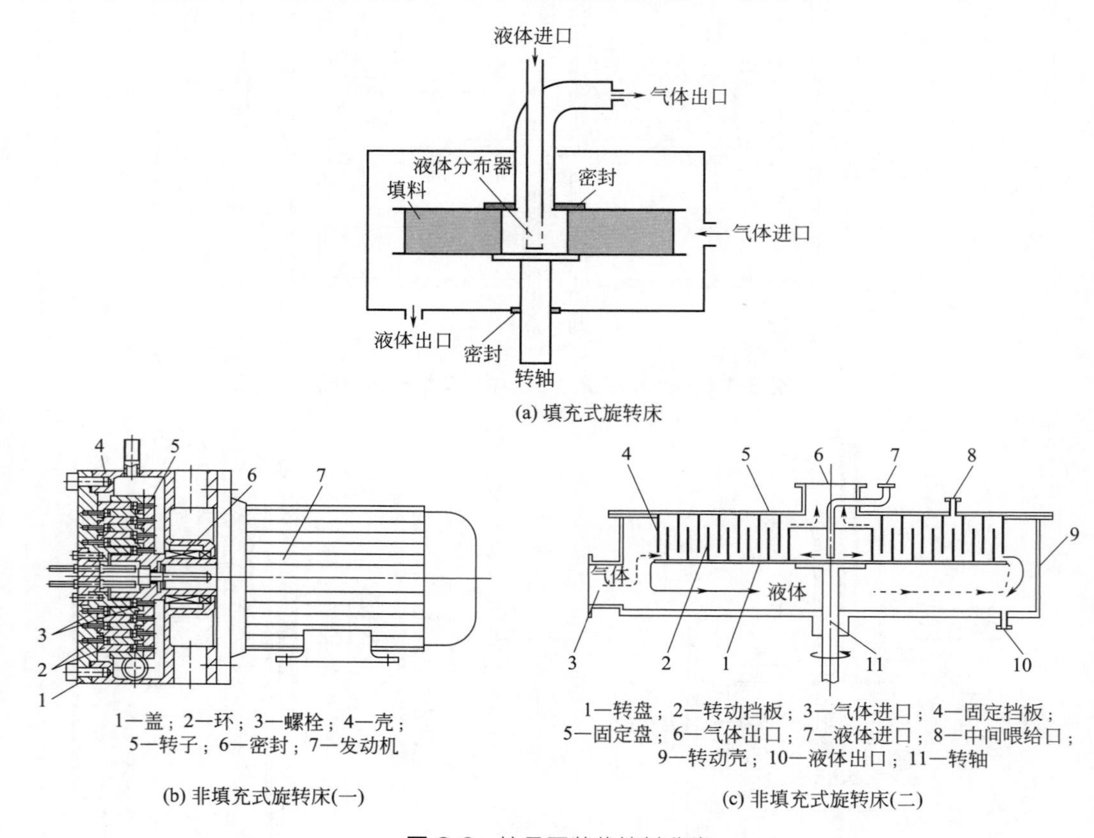

(a) 填充式旋转床

1—盖；2—环；3—螺栓；4—壳；5—转子；6—密封；7—发动机

(b) 非填充式旋转床(一)

1—转盘；2—转动挡板；3—气体进口；4—固定挡板；5—固定盘；6—气体出口；7—液体进口；8—中间喂给口；9—转动壳；10—液体出口；11—转轴

(c) 非填充式旋转床(二)

图3-3 按是否装载填料分类

对于适用于气-液体系的超重力装备，按操作过程中气液流动方式不同，旋转床可分为逆流旋转床[7]、并流旋转床[8]和错流旋转床[9,10]，结构示意图如图3-4所示。

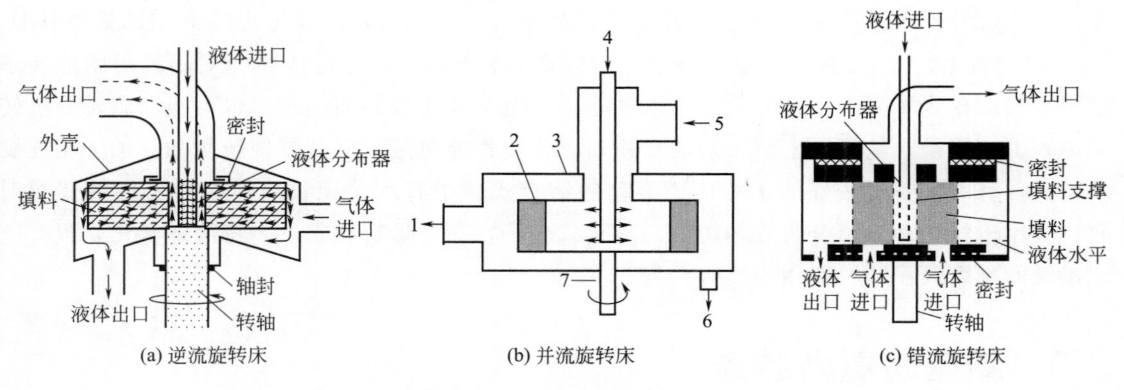

(a) 逆流旋转床　　(b) 并流旋转床　　(c) 错流旋转床

图 3-4　按气液流动方式分类

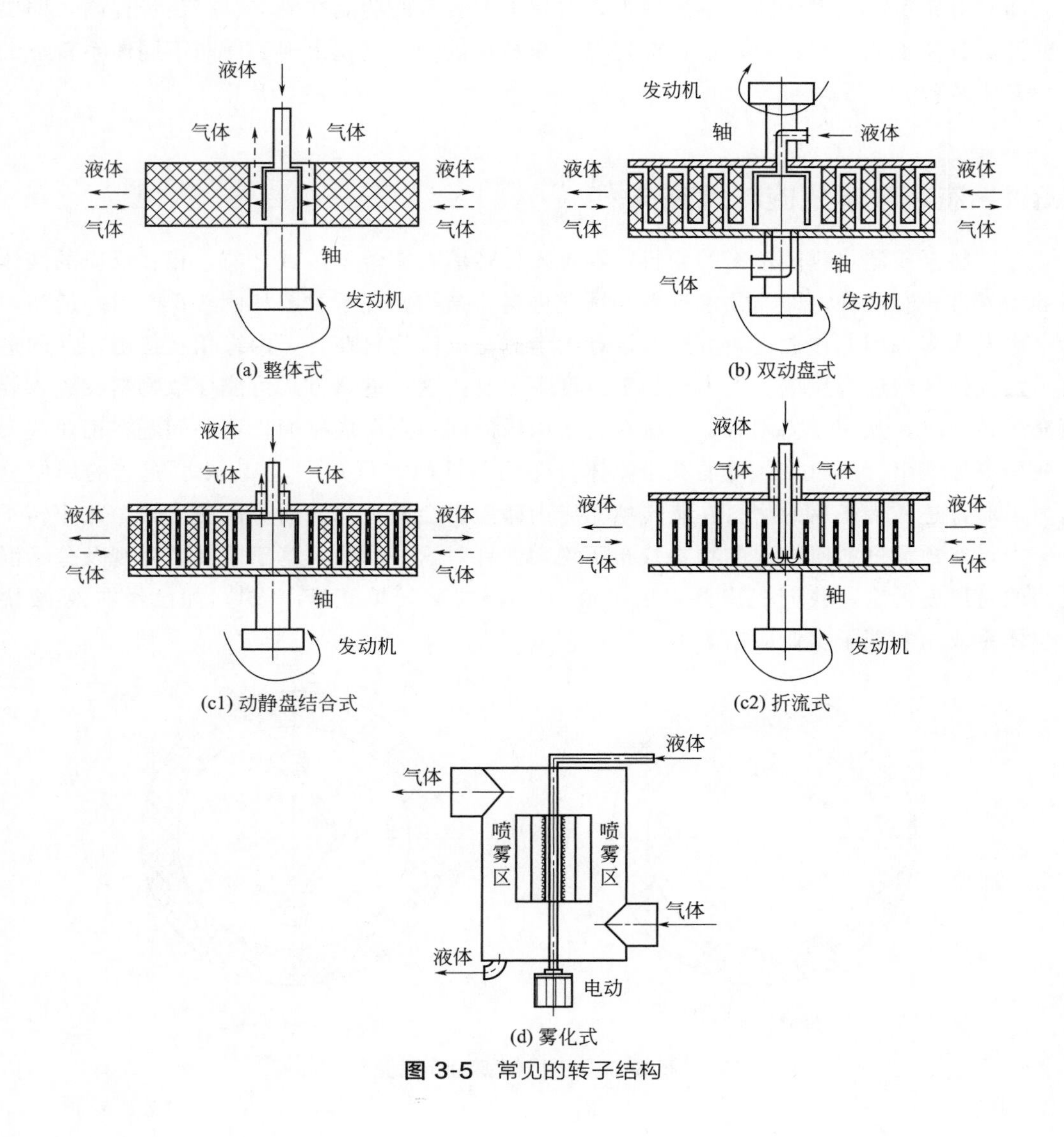

(a) 整体式　　(b) 双动盘式

(c1) 动静盘结合式　　(c2) 折流式

(d) 雾化式

图 3-5　常见的转子结构

转子是超重力装备的核心内构件，常见的转子结构有整体式转子［如图 3-5(a)］、双动盘式转子［如图 3-5(b)］、动静结合式转子［如图 3-5(c1)，(c2)］、雾化式转子［如图 3-5(d)］等[11,12]。整体式转子结构简单，整个转子空间全部装有填料，是最成熟、工业最常用的转子结构。双动盘式转子上下盘各由一个电机驱动，上下盘可以同向旋转，也可逆向旋转，为转子输入更多能量。从理论上讲，双动盘式转子传递性能更好，但其结构较复杂，加工精度要求较高，目前未获得较好的工业应用。动静结合式转子有利于延长流体在转子内的停留时间，可用于精馏、多组分吸收等场合。雾化式转子在高速运转状态下，将液体雾化，提高气液接触的比表面积，一般用于吸收过程。

3.3 新型超重力装备

随着对超重力技术研究的逐渐深入，对超重力装备的功能性要求也在逐步提高，即要求能够针对具体工艺过程特点，进行旋转填充床结构设计，这就出现了面向不同体系特征的旋转填充床装备。

3.3.1 液液预混式旋转填充床

自送料泵或储料罐输送来的物料，在进入旋转填充床转子区域之前，相互反应的液体物料的加入方式有两种，即非预混进料和预混进料，结构原理示意图如图 3-6 所示。最初，实验室研究大多采用非预混进料方式，设计的考虑是反应物料在转子内缘相互接触，共同进入转子强混合区域进行反应。但由于加工精度等限制，这一进料方式可能导致物料在进入旋转填充床转子时，互相碰撞困难，无法在转子内缘的同一点形成碰撞，这一问题在工业放大时会变得更加突出。由 Burns 等的关于流体分布均匀性研究可知[13]，旋转填充床的周向分散能力很弱，进入转子后的物料在旋转填充床内碰撞机会减少，因而难以在旋转填充床转子内改善宏观非预混进料所导致的物料分布不均匀。针对这一问题，基于宏观、介观及分子混合之间的跨尺度模型，我们提出并发展了液-液预混式旋转填充床[14,15]，并已经在液-液快速反应体系成功实现了工业应用。

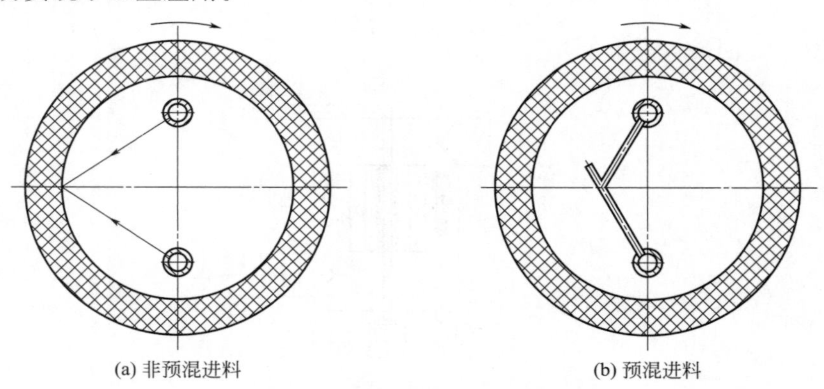

(a) 非预混进料　　(b) 预混进料

图 3-6　进料方式原理示意图

3.3.2 气液高能效旋转填充床

研究发现在紧靠转子内缘一个较小区域内（该区域填料体积约为总体积的10%），由于液体喷入的方向和填料旋转方向不同，在该区域内液体与填料产生强烈地碰撞而反生变形、破碎，产生大量的新表面，其传质和混合效果最高，该区域被称为端效应区[16]。与之相比，占填料总体积约为90%的主体区的填料对传质和混合的贡献只有端效应区的1/5～1/3。通过旋转填充床空腔区可视化研究可知，被转子甩到空腔区的液体微元在空腔区内飞行速度与转子外缘的切向速度相当[17,18]。如何更充分地利用端效应，进一步强化现有旋转填充床主体区的传质效率，如何充分利用空腔区高速飞行的液体微元的动能，以提高旋转填充床因旋转所消耗的能量的有效利用率，以最大限度地发挥旋转填充床的能效，这对超重力技术的发展及应用都有重要的意义。基于上述想法，我们提出并发展了一系列气-液高能效旋转填充床。

（1）导向板式旋转填充床 图3-7为导向板式旋转填充床转子结构示意图。转子主体区域是由填料层与能够对流体进行导向的叶片层沿径向呈同心环形式间隔排列组成，高速旋转的转子中的填料层对流体进行分割、破碎、撕裂，使流体产生大量新的表面积，转子中的叶片层可以调控流体流动方向，使流体进入下一层填料时形成端效应区。可以根据调控流体流动方向的需要，采用不同的叶片形式，如直叶片、后弯叶片及前弯叶片等。通过这种填料和叶片的组合型式，可以进一步改善主体区的传质性能[19]，同时有望降低气体压降，节省系统能耗。

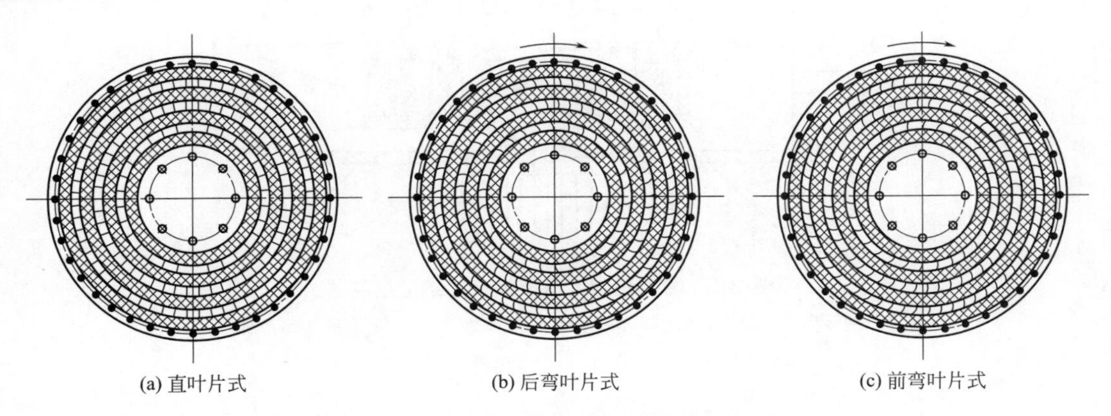

图3-7 导向板式旋转填充床转子结构示意图

（2）内置挡圈式旋转填充床 为充分利用空腔区高速飞行的液体微元的动能，以实现旋转填充床因旋转所消耗的能量的充分利用，在转子外侧的壳体空腔内安装有环形挡圈，该环形挡圈可以改善气体分布，同时，也充分利用被转子甩出来的液滴的动能，形成一个强化传质与混合的区域。挡圈结构为开孔型挡圈、栅板型挡圈及丝网型挡圈等[20]，如图3-8所示。对比表明，在操作条件相同的情况下，挡圈的加入，可以将传质效率提高10%左右，提高了旋转填充床的能效[21]。

（3）分段进液式旋转填充床 图3-9是分段进液式旋转填充床的结构示意图。在上盖下端面，径向分段固定有多个同心分布的进液喷淋管，填料层由多段沿转轴径向并列分布的环形填料层组成，环形填料层的直径互不相同，在每两段相邻的圆环填料层之间分布有进液喷淋管。该旋转填充床采用分段进液方式，实现在转子填料层中人为地制造多个端效应区，强化主体区的传质效率[22]。研究结果表明，与传统单段进液式旋转填充床相比，对于转子尺寸相同时，在保持传质效率相当的情况下，气相压降降低了约 50%，可有效地节省系统能耗，尤其适用于余压有限的尾气处理场合要求[23]。另外，该分段进液旋转填充床也适用于液-液体系，相当于液体关键组分分级加入的型式，可有效降低液液体系对于混合强度的要求。

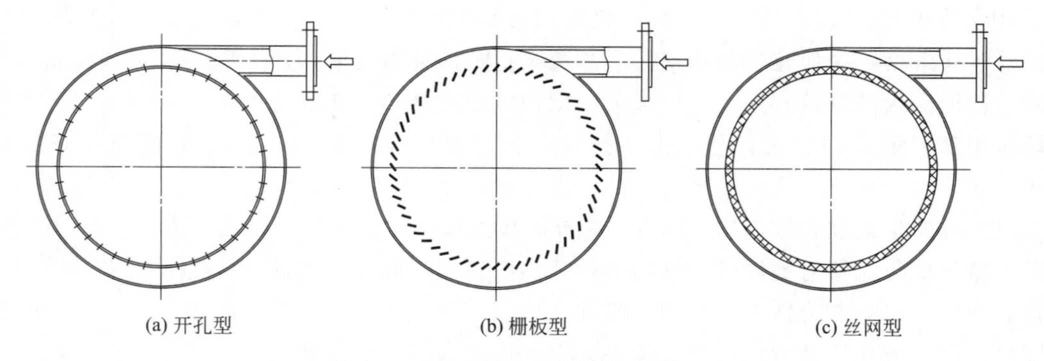

图 3-8 内置挡圈结构示意图

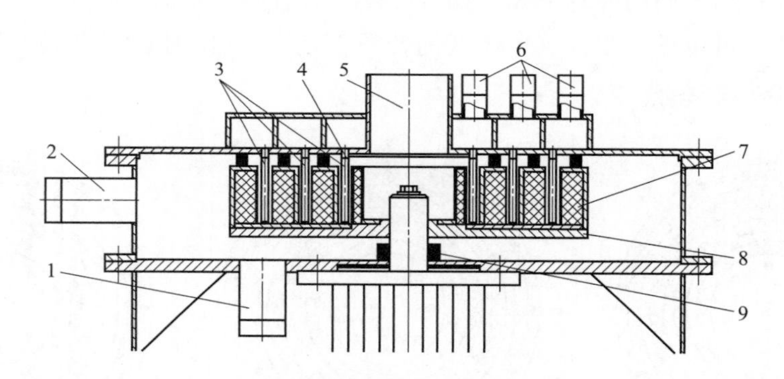

图 3-9 分段进液式旋转填充床结构示意图

1—液体出口；2—气体进口；3—液体进液喷淋管；4—反溅液体捕获装置；5—气体出口；6—液体进口；7—填料；8—转盘；9—密封

3.3.3 多级逆流式旋转填充床

基于精馏过程的特点，利用端效应区理论，并借鉴传统旋转填充床和折流旋转床的优点，提出并发展了多级逆流式旋转填充床[24,25]。图 3-10 为二级逆流式旋转填充床的结构示意图。其转子中保留了填料，但布置成同心环式结构（动环），填料环间布置全开孔（可以实现高通量）的静环，以利于流体的再分布和加料口的设置，同时，每层动环内缘处均可形成端效应区，强化传质分离效果。对于此二级逆流式旋转填充床，采用甲醇-水、乙醇-水为工作体系进行连续精馏实验，结果表明，其当量理论塔板高度为 19.5～31.4mm，较传统折流旋转床具有优势[11,26,27]。

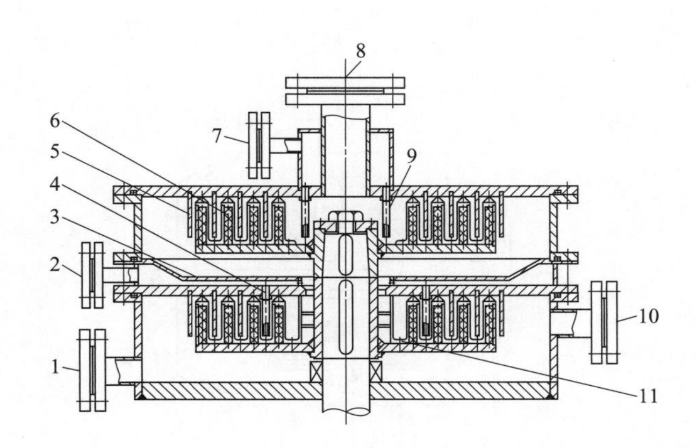

图 3-10　二级逆流式旋转填充床示意图

1—液体出口；2—进料口；3—集液盘；4—原料分布器；5—静环；6—动环；7—回流口；8—气体出口；9—回流液分布器；10—气体进口；11—液体再分布器

另外，可以将此二级逆流式旋转填充床一部分或全部动环中的填料更换为催化剂进行反应精馏。如以反应精馏合成乙酸正丁酯为模型体系，进行超重力过程强化技术在反应精馏领域应用的可行性研究。结果表明，乙酸转化率达 88%以上，与传统塔器反应精馏相比，产品纯度提高约 20%[28]。

3.3.4　多功能旋转填充床

在过程工业中，气体净化处理是常见的单元操作过程之一。为达到质量指标的要求，通常采用多台装置串联或在一个高塔中分段实现。如气体降温、除尘、净化等过程，多采用一塔多段的操作型式。如果采用传统旋转填充床，往往需要几台串联，导致流程相对复杂，对工业推广应用不利。针对此问题，提出并发展了多功能用途的多级旋转填充床装置[29]。

图 3-11 为二级转子式的多功能旋转填充床的结构示意图。需要处理的气体自气体进口进入多功能旋转填充床，依此通过两级转子，分别与不同液体进口喷入的液体在转子中逆流接触，完成不同的功能，如除尘-脱硫；或以串联的方式完成相同的功能，如二氧化碳两级吸收。对应的液体可以是不同种类，也可是同种不同浓度的（如贫液和半贫液）或是同种液体，进入不同转子的液体可以通过级间冷却/加热等方式来移出或加入热量，实现过程的调控或节能优化。该旋转填充床有效拓宽了传统旋转填充床的应用场合。

3.3.5　高黏体系脱挥旋转填充床

高黏体系脱挥是一种从体系中分离低分子量组分（通常被统称为挥发分）的工艺过程。提高挥发分的传递速率的途径有三个：一是使液膜变薄，缩短扩散距离；二是增加液体的扰动强度，使气液界面不断更新；三是促使挥发分汽化并易于与液相分离。结合高黏体系脱挥过程的特点和要求，开发了高黏体系旋转填充床脱挥装置[30]，如图 3-12 所示。

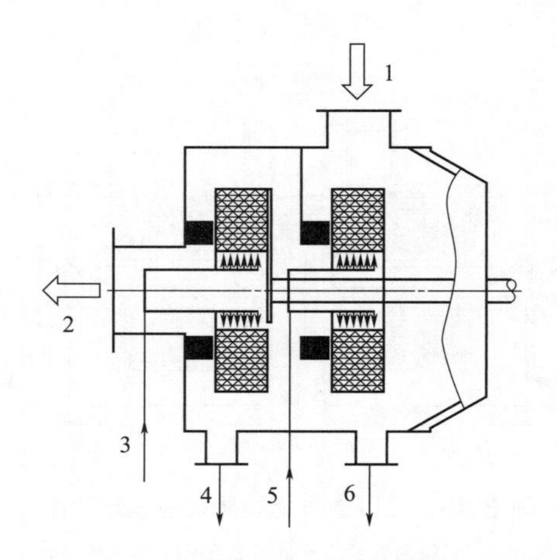

图 3-11 二级转子式的多功能旋转填充床结构示意图

1—气体进口；2—气体出口；3—液体进口Ⅰ；4—液体出口Ⅰ；5—液体进口Ⅱ；6—液体出口Ⅱ

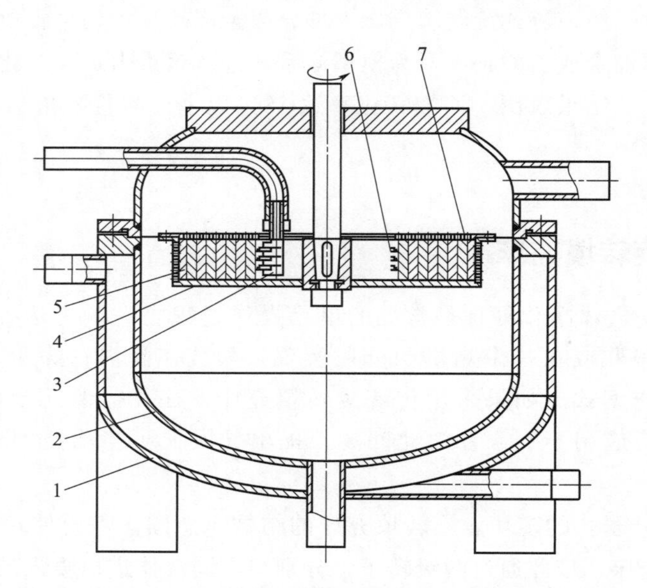

图 3-12 高黏体系旋转填充床脱挥装置示意图

1—夹套；2—壳体；3—高黏流体分布器；4—转子；
5—定型填料；6—分层布液器；7—转子压盖

针对高黏度聚合物在转子轴向分布均匀性问题，设计了特殊的高黏流体分布器，如图 3-13(a) 所示。同时，在转子内缘设置“分层布液”结构，使物料在离心力的作用下沿填料轴向均匀由内到外流过填料。

通过采用不同类型填料及组合，形成同心环形状多层定型填料结构。该组合结构具有规整流道，不仅可以提高比表面积，而且使聚合物流体在通过不同类型的填料层时产生局部扰动，进一步被填料分割、细化、暴露出大量且快速更新的表面积，使挥发分快速扩散到聚合物-蒸气的界面，并在界面蒸发，提高脱挥效率。

超重力装备经过 30 多年的发展，其主体结构已基本成型。在未来的研究中，重点将转向其内构件，如转子结构的创新设计、微纳结构或通道的高效填料的开发以及液体分布器的优化等，从而为其工业应用提供装备保障。

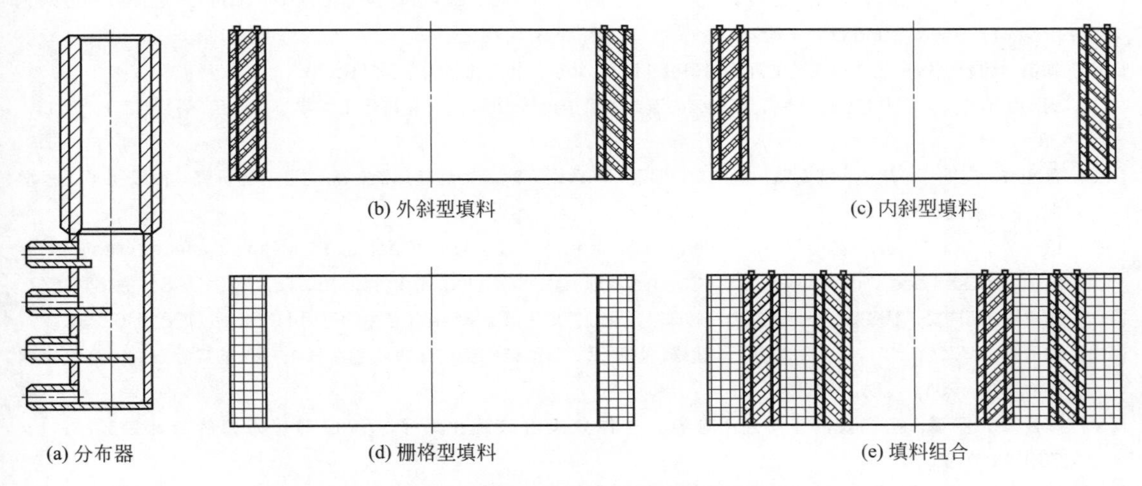

图 3-13　高黏流体分布器及定型填料示意图

参考文献

[1] Ramshaw C., Mallinson R. H. Mass transfer process [P]. US4283255.

[2] James W. W., Cleveland. Centrifugal gas-liquid contact apparatus [P]. US4382045.

[3] James W. W., Middlesbrough. Centrifugal gas-liquid contact apparatus [P]. US4382900.

[4] Chen J. F., Wang Y. H., Guo F., Wang X. M., Zheng C. Synthesis of nanoparticles with novel technology: High-gravity reactive precipitation, Ind. Eng. Chem. Res. 2000, 39: 948-954.

[5] Chu G. W., Song Y. H., Yang H. J., Chen J. M., Chen H., Chen J. F. Micromixing efficiency of a novel rotor-stator reactor. Chem. Eng. J. 2007, 128: 191-196.

[6] Wang G. Q., Xu Z. C., Yu Y. L., Ji J. B. Performance of a rotating zigzag bed-a new higee. Chem. Eng. Process. 2008, 47: 2131-2139.

[7] Guo K., Guo F., Feng Y. D., Chen J. F., Zheng C., Gardner N. C. Synchronous visual and RTD study on liquid flow in rotating packed-bed contactor, Chem. Eng. Sci. 2000, 55: 1699-1706.

[8] 李振虎，郭锴，燕为民，郑冲．逆流和并流操作时旋转床气相压降的对比．北京化工大学学报（自然科学版），2001，01：1-5.

[9] Guo F., Zheng C., Guo K., Feng Y. D., Gardner N. C. Hydrodynamics and mass transfer in cross-flow rotating packed bed, Chem. Eng. Sci. 1997, 52: 3853-3859.

[10] Lin C. C., Chen B. C., Chen Y. S., Hsu S. K. Feasibility of a cross-flow rotating packed bed in removing carbon dioxide from gaseous streams, Sep. Purif. Technol. 2008, 62: 507-512.

[11] Luo Y., Chu G. W., Zou H. K., Xiang Y., Shao L., Chen J. F. Characteristics of a two-stage counter-current rotating packed bed for continuous distillation, Chem. Eng. Process. 2012, 52: 55-62.

[12] 潘朝群，张燕青，邓先和，陈海辉．多级雾化超重力旋转床能耗的建模及实验．华南理工大学学报（自然科学版），2005，33：48-51.

[13] Burns J. R., Ramshaw C. Process intensification: Visual study of liquid maldistribution in rotating packed beds, Chem. Eng. Sci. 1996, 51: 1347-1352.

[14] Chen J. F., Chen B., Chen G. T. Visualization of meso- and micro-mixing status in flow system by high speed stroboscopic microscopic photography, Can. J. Chem. Eng. 1993, 71: 967-970.

[15] Yang K., Chu G. W., Shao L., Luo Y., Chen J. F. Micromixing efficiency of rotating packed bed with premixed liquid distributor, Chem. Eng. J. 2009, 153: 222-226.

[16] 郭锴．超重机转子内填料流动的观测与研究 [D]．北京：北京化工大学，1996.

[17] 杨旷，初广文，邹海魁，陈建峰．旋转床内流体微观流动 PIV 研究．北京化工大学学报（自然科学版），2011，38：7-11.

[18] 孙润林，向阳，杨宇成，邹海魁，初广文，邵磊，陈建峰．超重力旋转床流体流动可视化研究．高校化学工程学报，2013，27：411-416.

[19] Luo Y., Chu G. W., Zou H. K., Wang F., Xiang Y., Shao L., Chen J. F. Mass transfer studies in a rotating packed bed with novel rotors: Chemisorption of CO_2, Ind. Eng. Chem. Res. 2012, 51: 9164-9172.

[20] 陈建峰，初广文，邹海魁．一种超重力旋转床装置及在二氧化碳捕集纯化工艺中的应用 [P]，ZL200810103231.

[21] 谢冠伦，邹海魁，初广文，张富明，陈建峰，佘政军．新型结构旋转床吸收混合气中 CO_2 的实验研究．高校化学工程学报，2011，25：199-204.

[22] 陈建峰，罗勇，初广文，邹海魁，向阳．一种分段进液强化转子端效应的超重力旋转床装置 [P]，ZL201110153297. 1.

[23] 邢子聿．分段进液式旋转填充床压降与传质性能研究 [D]．北京：北京化工大学，2013.

[24] 陈建峰，高鑫，初广文，罗勇，邹海魁，张鹏远．一种多级逆流式超重力旋转床装置 [P]，ZL200920247008. 2.

[25] 陈建峰，史琴，张鹏远，初广文，邹海魁，毋伟．一种多级逆流式旋转床反应精馏装置及其应用 [P]，ZL201010108702. 3.

[26] 高鑫，初广文，邹海魁，罗勇，张鹏远，陈建峰．新型多级逆流式超重力旋转床精馏性能研究．北京化工大学学报（自然科学版），2010，37：1-5.

[27] Chu G. W., Gao X., Luo Y., Zou H. K., Shao L., Chen J. F. Distillation studies in a two-stage countercurrent rotating packed bed, Sep. Purif. Technol. 2013, 102: 62-66.

[28] 史琴，张鹏远，初广文，陈建峰．超重力催化反应精馏技术合成乙酸正丁酯的研究．北京化工大学学报（自然科学版），2011，38：5-9.

[29] 陈建峰，鱼潇，初广文，罗勇，赵宏，邹海魁．多功能用途的多级旋转填充床反应器装置其利用该装置进行多相多组分反应的方法 [P]，CN201310454946. 0.

[30] 陈建峰，李沃源，初广文，邹海魁，毋伟，张鹏远．一种脱除聚合物挥发分的方法及装置 [P]，ZL200710120712. 7.

第 4 章
超重力旋转填充床装备的设计及计算

4.1 旋转填充床的总体设计思路

在常见的化工单元操作中，气液两相接触进行化学反应与质量传递是较为普遍的过程。在两相间的浓度差一定的条件下，相间质量传递的速率受两相间的接触面积、紧邻相界面处的湍动强度和相对速度差等几个因素的限制。如果要提高相间质量传递的速率，必然要增加或增强这些因素之一。而这些因素之所以对过程速率产生制约，都与地球引力场有关。如果能够提高地球引力场，就能够对过程速率产生强化。然而，万有引力这一自然规律是无法改变的，人们只好利用其他方法模拟提高引力场。

旋转可以造成稳定的、可以调节的离心力场，可以模拟引力场产生的超重力环境。由此，人们在设法提高质量传递速率时，用旋转的方法人为地给体系施加离心力，模拟超重力，使浮力因子 $\Delta\rho g$ 提高 1～3 个数量级。这就大大提高了相间的相对速度，使相间的接触面快速更新，生产强度因此成倍增加。达到了减少设备体积，节约投资和降低能耗的目的。

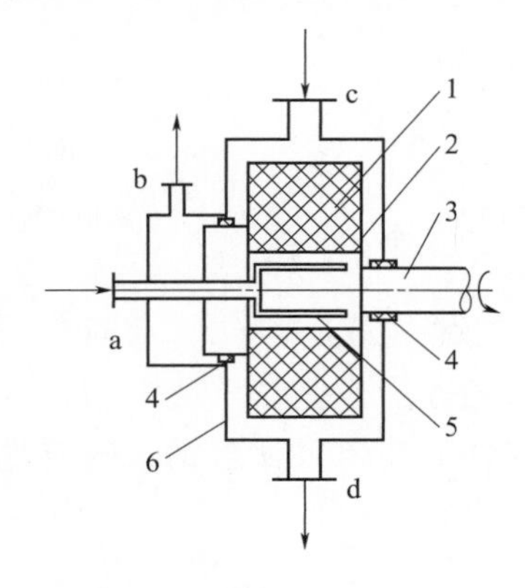

图 4-1 旋转填充床的结构示意图（北京化工大学）

1—填料；2—转子；3—转轴；4—密封；5—液体分布器；6—外壳；a—液体进口；b—气体出口；c—气体进口；d—液体出口

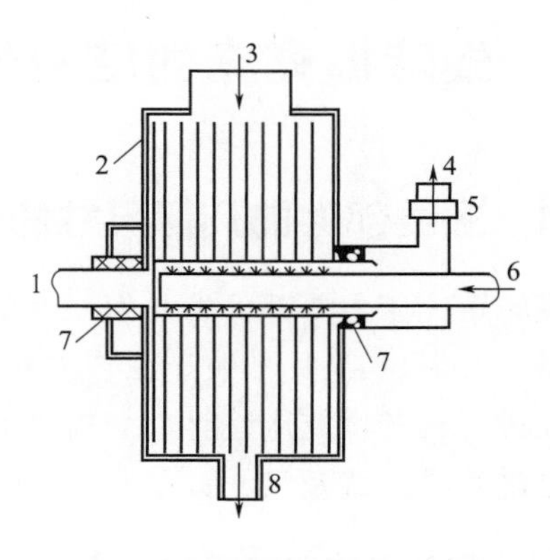

图 4-2 旋转填充床的结构示意图（华南理工大学）

1—转轴；2—同心环波纹碟片填料；3—进气口；4—排气口；5—气水分离器；6—喷水管；7—密封填料；8—带液封的排液口

基于上述思路，人们设计出了具有不同结构形式的能够提供超重力环境的旋转填充床，如图 4-1 和图 4-2 所示例。图 4-1 和表 4-1 为北京化工大学教育部超重力工程研究中心设计的用于实验的小型旋转填充床的结构示意图和结构尺寸参数；图 4-2 和表 4-2 为华南理工大学设计的旋转填充床结构示意图和结构尺寸参数[1]。

表 4-1 结构尺寸参数（北京化工大学）

参数	数值
机壳内径/mm	250
转子外径/mm	150
转子内径/mm	50
轴向装填高度/mm	50
气体进、出管内径/mm	16
液体进、出管内径/mm	8
孔隙率	0.97
比表面积/$m^2 \cdot m^{-3}$	266

表 4-2 结构尺寸参数（华南理工大学）

参数	数值
旋转床内、外径/mm	70、320
同心环波纹碟片数/块	10
板间距/mm	1.5
环状波纹深度/mm	<1
环状径向波纹间距/mm	2
空隙率	0.7
铝板碟片厚度/mm	0.5
比表面积/$m^2 \cdot m^{-3}$	1.3×10^3

对于一台能够满足工艺要求并且正常运转的超重力设备，在设计中应同时考虑以下几个方面：

①主要部件的几何尺寸的确定；②功率计算及电机的选择；③转鼓的结构设计及强度计算；④转动轴的设计及强度和临界转速的计算；⑤密封系统的确定。

上述 5 个方面中，④、⑤两个方面是转动机械设计中较为常见的情况，可以参考相关的文献，在此不再赘述。而①～③三个方面是旋转填充床设计中所特有的，将在以下部分中作着重介绍。

4.2 旋转填充床的结构设计与计算

4.2.1 主要部件的几何尺寸的确定

旋转填充床主要部件的几何尺寸的确定依赖于操作时的气液比 G/L。而对于确定的操作体系，气液比 G/L 取决于工艺的要求，主要通过实验的方法来确定。

在进行旋转填充床设计时，需要首先确定的主要部件的几何尺寸包括：气液进出口管径；喷淋管的形式及尺寸；填充床层的尺寸。

4.2.1.1 气液进出口管径

如果气液比 G/L 已经由工艺确定，再根据生产要求确定气体或液体的流量，则相应的液体或气体流量就已知。因此，气、液进出口管路的内径分别为：

$$D_g = \sqrt{\frac{4G}{3600\pi V_g}} \tag{4-1}$$

$$D_l=\sqrt{\frac{4L}{3600\pi V_l}} \tag{4-2}$$

式中　D_g——气体进出管内径，m；

D_l——液体进出管内径，m；

V_g——气体流速，工程设计中通常取为 $V_g=10\text{m/s}$；

V_l——液体流速，工程设计中通常取为 $V_l=3\text{m/s}$；

G——气体流量，m^3/h；

L——液体流量，m^3/h。

然后，根据相应的钢管规格，由式(4-1) 和式(4-2) 计算出的管口直径进行圆整，选取相应的管口尺寸。

4.2.1.2　喷淋管的形式及尺寸

喷淋管在旋转填充床中为静止件，它位于旋转床层的内表面附近，是旋转填充床中非常重要的零部件之一。喷淋管的结构直接影响液体在旋转床层的分布状况，进而影响整台设备的传质效果。如果能够在旋转床层的整个圆周上均匀的喷淋液体，则液体在床层内与气体的接触将是均匀且充分的，这无疑在很大程度上提高床层的传质效率。

喷淋管一般有开缝与开孔两种结构类型[2]，如图 4-3 所示。开缝喷淋管相对于开孔喷淋管而言，具有不易堵塞，加工比较方便等优点。但是，由实验观察到，开缝喷淋管液体喷出的方向并不垂直于喷淋管轴线，这不利于液体在床层内的均匀分布。特别对于尺寸较大的情况，这将极大的降低设备的传质效率，因此，在结构上采取了相应的改进措施，该种结构已成功应用于相应的工业化设备上。

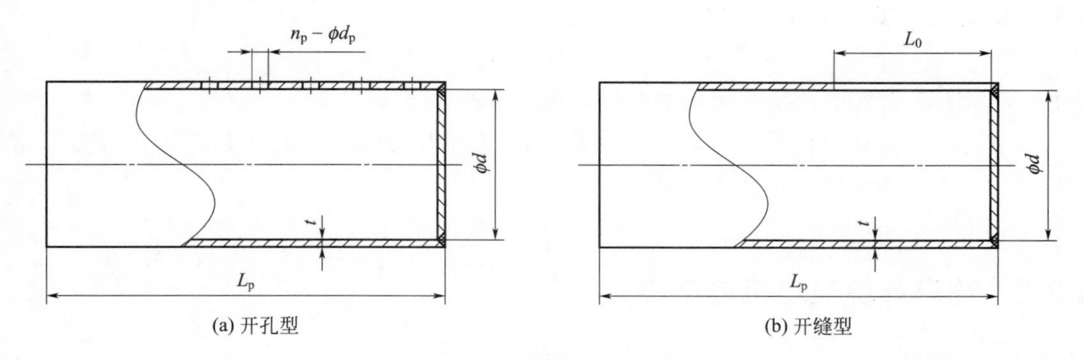

图 4-3　喷淋管结构示意图

假定液体在喷淋管内的流速已知，则喷淋管的数量可以由下式计算：

$$n_p'=\frac{4L}{\pi d^2 V_0} \tag{4-3}$$

式中　V_0——液体在喷淋管内的流速，m/s；

d——喷淋管内径，m。

由式(4-3) 计算后经圆整得到喷淋管数量为 n_p，则喷淋面积为：

$$A_p=\frac{L}{n_p V_p} \tag{4-4}$$

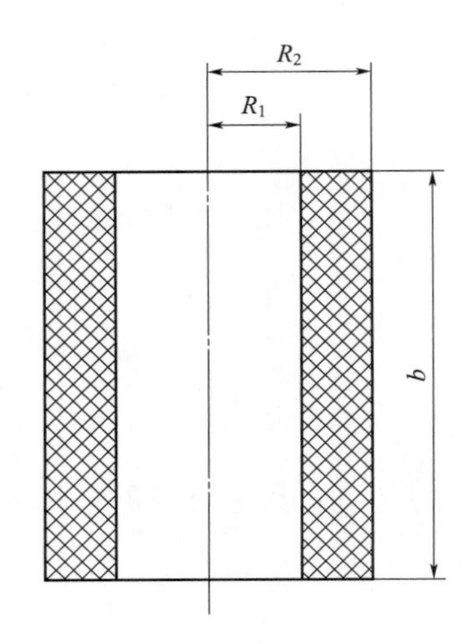

图 4-4 旋转填充床床层的结构示意图

式中 V_p——喷口速度，m/s；一般取为 $V_p=1.5V_0$。

然后，再结合所选定的喷淋管的结构类型，确定开缝或开孔的尺寸。

4.2.1.3 填充床层的尺寸

如图 4-4 所示，为旋转填充床床层的结构示意图。其中，内半径为 R_1，床层高度为 b，外半径为 R_2。

（1）内半径 R_1 的确定　内半径 R_1 可以通过气体的流量来确定，同时，需要考虑以下两点：

① 对于气液反应体系，气体因反应而消耗，床层内半径 R_1 可以适当减小，但应满足喷淋管布置所需要的空间；

② 如果需要设置除沫装置，床层内半径 R_1 应相应扩大以满足除沫装置所需的空间。

（2）床层高度 b 的确定　对于一台运转正常的旋转填充床，将床层的内圆周面上的液体通量定义为：

$$\phi_L=\frac{L}{2\pi R_1 b} \tag{4-5}$$

对于确定的气液体系，可以通过在结构相同的旋转填充床上进行实验，得到床层内圆周面上的液体通量 ϕ_L。则床层高度由式(4-5) 可以确定。

（3）外半径 R_2 的确定　旋转填充床的床层外半径为：

$$R_2=R_1+H \tag{4-6}$$

式中，H 为旋转填充床床层厚度，m；它的计算式为：

$$H=H_{OL}N_{OL} \tag{4-7}$$

式中 H_{OL}——液相总传质单元的填料层高度，m；

N_{OL}——液相总传质单元数。H_{OL}及 N_{OL}的计算与填料塔的计算相同，可参考相关的文献，在此不再赘述。

4.2.2 功率计算及电机的选择

4.2.2.1 功率计算

功率计算对于任何一台设备都是非常重要的，它直接关系到原动机的选择是否合理。对于旋转填充床来说，功率计算尤为重要，因为功耗的大小决定了它是否是一种新型高效节能设备。

旋转填充床中的功率消耗主要包括以下几个部分[2,3]：液体通过旋转填充床填料层所消耗的功率 N_1'及液体自喷淋管喷出进入填料层克服自身惯性所消耗的功率 N_1''，即甩液功率 $N_1=N_1'+N_2''$(kW)；转子旋转过程中与气体间相互摩擦而消耗的功率，即气体阻力损失 N_2(kW)；转动体转动过程中因机械摩擦而消耗的功率，即机械损失 N_3(kW)。

下面分别对以上各部分功率消耗进行分析。

（1）甩液功率 N_1　液体在旋转填充床层内的实际运动是非常复杂的，这是因为填充床层是由孔隙率极高的填料组成，液体在床层内不断受到填料的撞击，同时被打碎成细小的液滴。在每一次撞击过程中，液滴不仅运动方向发生变化，而且不断地发生破碎与重新集聚的过程。这样，液滴在填充床层内的微观运动是随机的、无序的，采用数学方法描述液滴在床层中的微观运动是非常困难的。

但是，对于旋转填充床的功率计算来说，我们无需知道液滴在床层内的微观运动状态，只需从宏观上来把握液体的运动状态。一般认为，液体在填充床层内的运动可分为沿周向的旋转运动与沿径向的直线运动的合成。

与分析离心泵叶轮中液体的运动类似，具有一定惯性的液滴实际上是在离心惯性力的作用下由孔隙极大的填料层内表面甩向外表面。可以画出填充床层内外表面上的速度三角形及液滴运动轨迹上任意一点处的速度三角形。图 4-5 为液体由喷淋管喷出后沿径向喷至填充床层内表面的速度三角形。图中，V_{r1} 为床层内表面液体径向速度，$V_{r1}=\dfrac{L}{2\pi R_1 b}$(m/s)；$V_{r2}$ 为床外表面液体径向速度，$V_{r2}=\dfrac{L}{2\pi R_2 b}$(m/s)；$u_1$ 为床层内表面周向速度，$u_1=\omega R_1$(m/s)；u_2 为床层外表面周向速度，$u_2=\omega R_2$(m/s)；ω 为旋转床的旋转角速度，$\omega=2\pi n/60$(1/s)；n 为旋转床转速（r/min）；C_1 为床层内表面处液体的绝对速度（m/s）；C_2 为床层外表面处液体的绝对速度（m/s）；C_{1u} 为速度 C_1 在 u_1 方向的投影(m/s)；C_{2u} 为速度 C_2 在 u_2 方向的投影（m/s）；W_1 为床层内表面处液体的相对速度(m/s)；W_2 为床层外表面处液体的相对速度（m/s）。

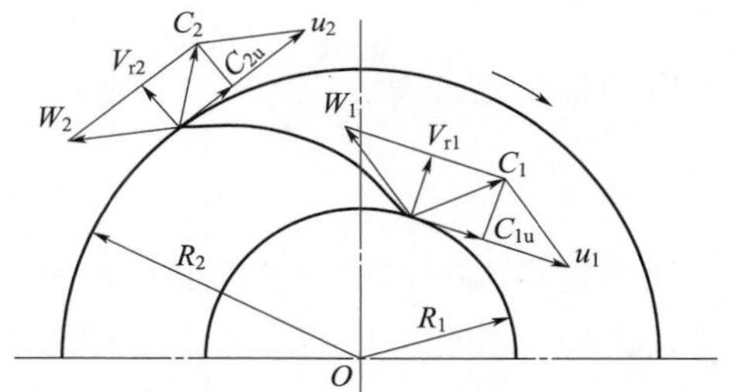

图 4-5　径向喷淋速度三角形

液体通过旋转填充床填料层所消耗的功率就是液体由旋转填充床内表面甩至外表面过程中相对于转轴 O 的动量矩发生的变化。

由动量矩定理可知，质点系对某轴的动量矩对时间的导数等于外力对同轴的矩，即

$$\frac{\mathrm{d}K_O}{\mathrm{d}t}=\sum M_O \tag{4-8}$$

式中　K_O——液体对转轴 O 的动量矩，N·m·s；

t——时间，s；

M_O——外力对转轴 O 的力矩，N·m。

如图 4-6 所示，设在某时刻 t，液体充满由内半径 R_1 及外半径 R_2 所围成的环形空间。在 $t+\mathrm{d}t$ 时刻，此液环流至半径为 R_1' 及 R_2' 所围成的环形空间。在稳定的工作状况下，半径为 R_1' 及 R_2' 所围成的环形空间中的液体的动量矩应保持不变。因此，在 $\mathrm{d}t$ 时间内，液体动量矩的增值为半径为 R_2 及 R_2' 的环形空间内液体相对于半径为 R_1 与 R_1' 的环形空间内的液体的动量矩之差。

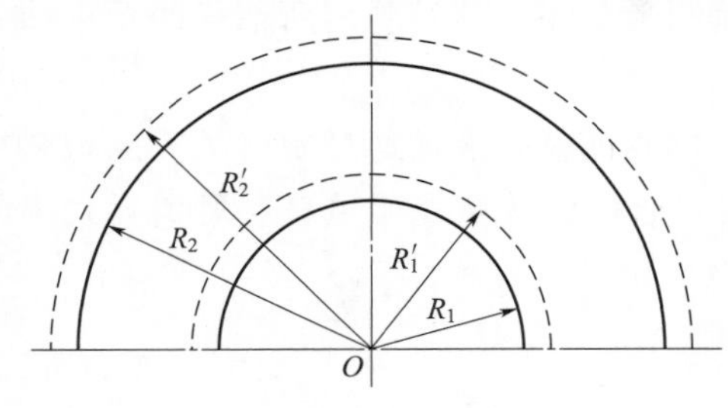

图 4-6　动量矩定理的应用

在稳定的工况下，（$R_1 \to R_1'$）及（$R_2 \to R_2'$）这两部分液体的质量流量相等，即：

$$M_{R_1R_1'}=M_{R_2R_2'}=\frac{\rho L\,\mathrm{d}t}{3600} \tag{4-9}$$

式中　$M_{R_1R_1'}$——半径为 R_1 与 R_1'的环形空间内的液体的质量，kg；

$M_{R_2R_2'}$——半径为 R_2 与 R_2'的环形空间内的液体的质量，kg；

ρ——液体密度，kg/m³。

在 dt 时间间隔内，流过旋转填充床层的液体动量矩的变化为：

$$\mathrm{d}K_{\mathrm{O}}=\rho L\,\mathrm{d}t(R_2C_{1\mathrm{u}}-R_1C_{1\mathrm{u}})/3600 \tag{4-10}$$

由动量矩定理得：

$$\sum M_{\mathrm{O}}=\frac{\mathrm{d}K_{\mathrm{O}}}{\mathrm{d}t}=\rho L(R_2C_{2\mathrm{u}}-R_1C_{1\mathrm{u}})/3600 \tag{4-11}$$

此力矩即为旋转填充床床层推动液体旋转时转轴所受到的力矩，即流量为 L 时转轴上的做功力矩。因此，得到液体通过旋转填充床填料层所消耗的功率为：

$$N_1'=\sum M_{\mathrm{O}}\omega=\rho L(u_2C_{2\mathrm{u}}-u_1C_{1\mathrm{u}})/3.6\times10^6 \tag{4-12}$$

由于旋转填充床在转速较高的情况下运转，因此，有 $V_{\mathrm{r1}}\ll u_1$；$V_{\mathrm{r2}}\ll u_2$。则由速度三角形可知，$C_{1\mathrm{u}}\approx u_1=\omega R_1$；$C_{2\mathrm{u}}\approx u_2=\omega R_2$。式(4-12) 变为：

$$N_1'=\sum M_{\mathrm{O}}\omega=\rho L(u_2^2-u_1^2)/3.6\times10^6 \tag{4-13a}$$

$$N_1'=\rho L\omega^2(R_2^2-R_1^2)/3.6\times10^6 \tag{4-13b}$$

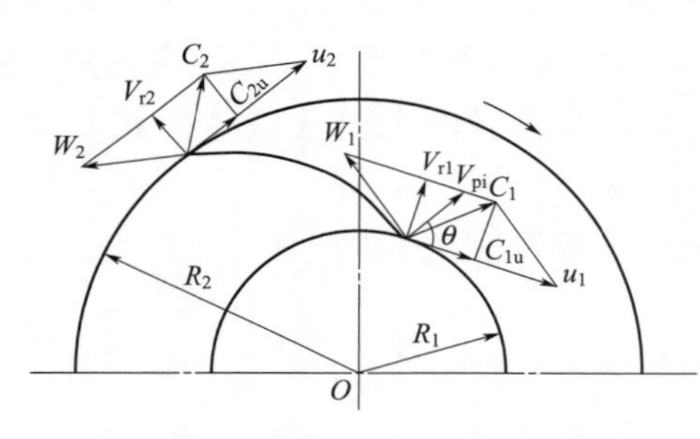

图 4-7　夹角为 θ 时的速度三角形

式(4-13a) 或 (4-13b) 为液体由喷淋管径向喷淋时液体通过旋转床填料层所消耗的功率的表达式。现在来讨论一般情况，假设液体喷至填充床内表面时，其速度方向与该处圆周切向夹角为 θ，速度大小为 V_{pi}，则速度三角形如图 4-7 所示。

与推导液体由喷淋管径向喷淋（与切向夹角为 π/2）时的方法相同，由动量矩定理可得到这种情况下液体通过旋转床填料层所消耗的功率：

$$N_1'=\rho L(u_2^2-u_1^2-u_1V_{\mathrm{pi}}\cos\theta)/3.6\times10^6 \tag{4-14a}$$

$$N_1'=\rho L\omega^2(R_2^2-R_1^2-\frac{R_1V_{\mathrm{pi}}\cos\theta}{\omega})/3.6\times10^6 \tag{4-14b}$$

由式(4-14a) 及式(4-14b) 可得：

① 当 $\theta=\pi/2$ 时，即液体沿径向喷淋时，液体通过旋转填充床填料层所消耗的功率如式(4-13a) 及式(4-13b) 所示；

② 当 $\theta=0$ 时，即液体沿切向喷淋并且与旋转方向相同时，液体通过旋转填充床填料层所消耗的功率如式(4-15) 所示，由该式可见，是液体通过旋转填充床填料层所消耗功率的最小值；

$$N_1'=\rho L\omega^2\left(R_2^2-R_1^2-\frac{R_1V_{\mathrm{pi}}}{\omega}\right)/3.6\times10^6 \tag{4-15}$$

③ 当 $\theta=\pi$ 时，即液体沿切向喷淋并且与旋转方向相反时，其甩液功率如式(4-16) 所

示，由该式可见，是液体通过旋转填充床填料层所消耗功率的最大值。

$$N_1' = \rho L\omega^2\left(R_2^2 - R_1^2 + \frac{R_1 V_{pi}}{\omega}\right)/3.6\times10^6 \tag{4-16}$$

液体自喷淋管喷到旋转填充床内层壁面并随壁面旋转需要克服液体自身的惯性，这样需要消耗的功率记为 N_1''。采用与上述相同的分析方法，可以得到：

$$N_1'' = \rho L\omega^2 R_1^2/3.6\times10^6 \tag{4-17}$$

在旋转填充床的设计过程中，一般是按径向喷淋的情况进行设计，此时，液体甩液功率为：

$$N_1 = \rho L\omega^2 R_2^2/3.6\times10^6 \tag{4-18}$$

(2) 气体阻力损失 N_2　为了求得转子在旋转过程中由于与气体间的摩擦而消耗的功率，我们先来分析气体在壳体中的流动。如图 4-8 所示，将壳体简化为半径为 R 的圆筒，并且暂不考虑转子的存在。这样，气体在壳体中的流动可以看作是涡流流动。从图中可以看出，气体以速度 V_g 沿切向流入圆筒，绕轴心 O 做旋转运动，形成涡流。在半径为 r 处，取一个质量为 dm 的流体微团。该团由两条无限靠近的半径和两条无限靠近的同心圆弧所围成，其厚度为 1 个单位。如果流体微团的旋转线速度为 V_θ，则流体微团绕轴心 O 旋转时所受到的离心力为：

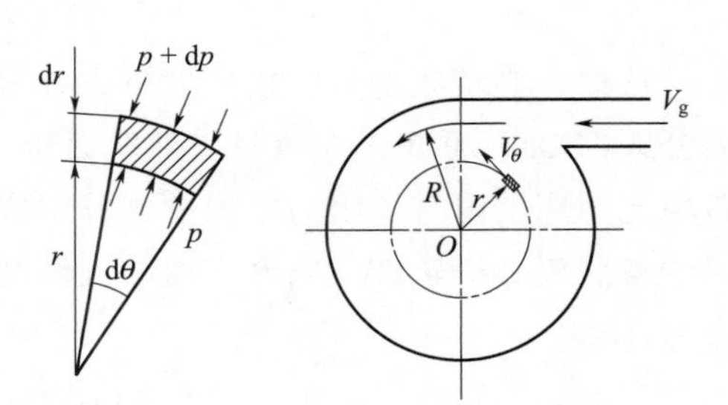

图 4-8　壳体中气体流动简化模型

$$F = dmV_\theta^2/r \tag{4-19}$$

由于在旋转体中离心力起主要作用，故可以忽略重力的影响。这样，沿半径方向压力与离心力平衡，即：

$$(p+dp)r\,d\theta - pr\,d\theta = dmV_\theta^2/r \tag{4-20}$$

微团的质量为：

$$dm = \rho_0 r\,dr\,d\theta \tag{4-21}$$

其中　ρ_0——气体密度，kg/m^3。

将式(4-21) 代入式(4-20)，经整理可得：

$$\frac{dp}{dr} = \rho_0\,\frac{V_\theta^2}{r} \tag{4-22}$$

式(4-22) 为流体做曲线运动时离心效应的表达式。

另外，由于圆筒外的流动是无旋的，则由伯努利方程可得：

$$p + \frac{1}{2}\rho_0 V_\theta^2 = 0 \tag{4-23}$$

将式(4-23) 两边对 r 进行微分得：

$$\frac{dp}{dr} = -\rho_0 V_\theta\,\frac{dV_\theta}{dr} \tag{4-24}$$

由式(4-22) 及式(4-24) 可得：

$$\frac{dV_\theta}{V_\theta} = -\frac{dr}{r} \tag{4-25}$$

由式(4-25)积分并整理可得：

$$rV_\theta = C \tag{4-26}$$

式中　C——积分常数。

式(4-26)实际上是动量矩守恒的具体体现。

由边界条件 $V_{\theta|r=R}=V_g$，可得任意一半径 r 处的速度：

$$V_\theta=\frac{RV_g}{r} \tag{4-27}$$

则在半径为 r 处的气体旋转角速度为：

$$\omega_\theta=\frac{RV_g}{r^2} \tag{4-28}$$

这样，旋转床的旋转角速度 ω 与半径为 r 处的气体旋转角速度 ω_θ 的差值 $\Delta\omega$ 可以得到。由公式(4-28)可知，在填料层外壁面 ω_θ 取得最小值，则差值 $\Delta\omega$ 最大。为安全起见，在旋转填充床床层内气体阻力损失的计算中取这个最大值计算。

参照离心机转鼓及物料表面与气体摩擦功耗的关系式，旋转填充床床层内的气体阻力损失为：

$$N_2=11.3\times10^{-6}\rho_0 b\Delta\omega^3(R_1^4+R_2^4) \tag{4-29}$$

式中　ρ_0——气体密度，kg/m^3；

b——床层高度，m；

$\Delta\omega$——旋转床的旋转角速度与气体在床层外壁面处旋转角速度的差值，$\Delta\omega=\omega-\omega_{\theta|r=R}$，1/s；

R_1——床层内半径，m；

R_2——床层外半径，m。

通过我们的算例可知，与甩液功率相比，气体阻力损失很小。

(3) 机械损失 N_3　在旋转填充床中，机械损失主要包括两部分：密封的摩擦损失及轴承的摩擦损失。相对于总功耗来说，机械损失所占比例很小，一般取为：

$$N_3=(0.01\sim0.03)N \tag{4-30}$$

由于甩液功率在总功率中占很大的比例，在此，将总功率取为 $N\approx N_1$。

4.2.2.2 电机的选择

综上所述，可以得到旋转填充床的总功率消耗 N。考虑到电机选择时功率应有一定的裕度，通常按 $(1.2\sim1.5)N$ 来选取，而电机的型号及防爆要求依据介质的性质来确定。

4.2.3 转鼓的结构设计及强度计算

转鼓是旋转填充床中的核心部件，其结构设计的好坏直接关系到设备能否达到工艺要求，同时关系到能否长期安全稳定地运转。

4.2.3.1 转鼓的结构设计[2]

在转鼓结构设计中主要应注意两点：一是强度高，需要满足旋转填充床床层旋转过程中对其强度的要求；二是流通面积大，即转鼓表面开孔率高，一般要求开孔率在 55% 以上。这两项要求实际上是相互矛盾的，因为开孔率高就意味着单位面积上开孔数目多，所留下的金属部分少，结果是开孔削弱系数增大，转鼓许用应力降低。因此，在转鼓的结构设计中必须正确处理好这一关系。

转鼓主要有两种结构形式：圆筒型开孔转鼓与鼠笼型转鼓，结构如图 4-9 所示。下面针对这两种转鼓的强度计算进行讨论。

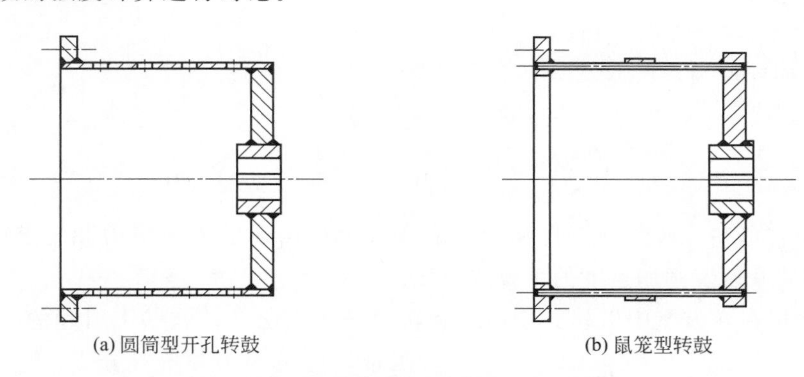

(a) 圆筒型开孔转鼓　　(b) 鼠笼型转鼓

图 4-9　两种结构型式转鼓的结构示意图

4.2.3.2　转鼓的强度计算

（1）圆筒型开孔转鼓的强度计算　对于圆筒型开孔转鼓而言，其转鼓是一个高速旋转并且受离心力作用的壳体。它除了承受转鼓壁自身质量产生的离心力外，还要承受旋转填充床床层产生的离心力。至于液体对转鼓壁的冲刷力，由于填充床层的孔隙率很高，转鼓开孔率也很高，液体可以在其中极其迅速、通畅地通过，因此可以不必考虑。

① 转鼓自身重力引起的应力。当开孔圆筒以一定的角速度 ω 旋转时，转鼓壁上将产生由于其自身质量而引起的离心力 F_1，此离心力对转鼓壁的作用与薄壁圆筒承受内压的情况基本相同。因此，可以把离心力看作是与内压相当的离心压力，这样就可以按薄壁圆筒承受内压的计算方法来计算应力。故应先求出作用在转鼓壁单位面积上的离心压力 P_1。

如图 4-10 所示，圆筒型开孔转鼓的内半径为 R_2（即为填充床外半径），壁厚为 S，轴向长度为 l，开孔率为 ψ，转鼓材料的密度为 ρ_s，则转鼓壁上宽度为 a 的单元体所产生的离心力为：

$$F_1 = laS\rho_s(1-\psi)\overline{R}\omega^2 \tag{4-31}$$

式中　$\overline{R}$——圆筒的平均半径，m。

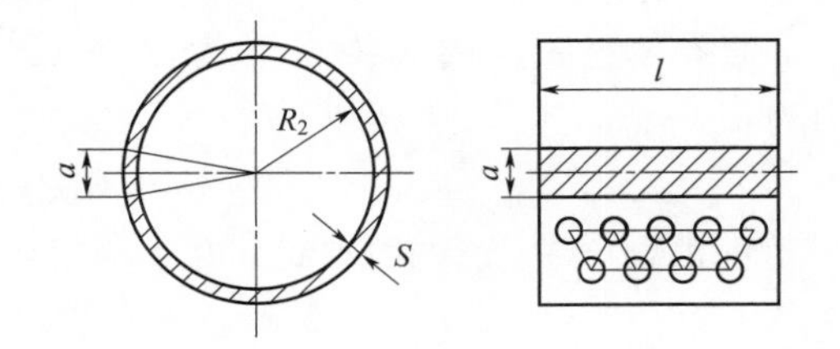

图 4-10　圆筒型开孔转鼓示意图

由于转鼓壁厚度 S 远小于转鼓半径 R_2，即 $S \ll R_2$，所以，可以近似地取 $\overline{R} \approx R_2$ 进行计算，则式(4-31) 变为：

$$F_1 = laS\rho_s(1-\psi)R_2\omega^2 \tag{4-32}$$

离心力 F_1 均匀地作用于转鼓的单元体上，其方向与转鼓轴线方向垂直，所以，由转鼓壁自身质量产生的单位面积上的离心压力为：

$$P_1 = S\rho_s(1-\psi)R_2\omega^2 \tag{4-33}$$

由于转鼓壁质量产生的离心力的方向与转鼓轴线垂直，因此，它在转鼓上不会产生经向应力，即经向应力：

$$\sigma_2'=0 \tag{4-34}$$

则由拉普拉斯方程：

$$\frac{\sigma_1'}{R_2}+\frac{\sigma_2'}{R'}=\frac{P_1}{S} \tag{4-35}$$

式中 R'——经向曲率半径，m；

σ_1'——周向应力，Pa。

可以得到：

$$\sigma_1'=\frac{P_1R_2}{S}=(1-\psi)\rho_sR_2^2\omega^2=(1-\psi)\rho_su_2^2 \tag{4-36}$$

由式(4-36) 可知，薄壁圆筒自身产生的离心力所引起的周向应力和转鼓的厚度无关，而与转鼓材料的密度及圆周速度的平方成正比。

② 填充床层在转鼓壁中引起的应力。旋转填充床床层在转鼓壁中引起的应力的计算比较困难，这是因为填充床层是由丝网缠绕而成的，它可以承受自身质量产生的离心力的一部分，另一部分由转鼓承受。但两者的分配比例受到诸多因素的影响，如填料类型、缠绕方法、缠绕松紧度等。因此，转鼓所承受的离心力很难确定。

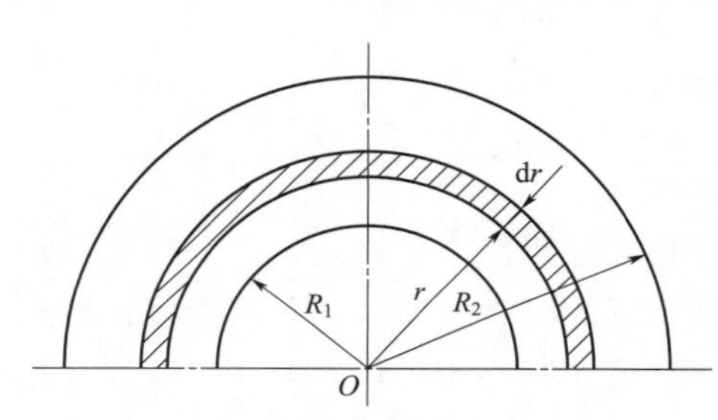

图 4-11 床层离心压力计算示意图

为安全起见，同时也为简化计算，在本计算过程中，认为填充床层产生的离心力全部由转鼓承受，这在一定程度上也减轻了由于忽略液体对转鼓的冲刷作用所带来的影响。

首先来求填料床层随转鼓一起作高速旋转时床层作用于转鼓上的离心力 F_2。如图 4-11 所示，在半径 r 处取一厚为 $\mathrm{d}r$ 的微元环，其体积为：

$$\mathrm{d}V=2\pi rb\,\mathrm{d}r \tag{4-37}$$

假设填充床层的缠绕密度为 ρ_{mf}(kg/m^3)，则当微元以角速度 ω 旋转时产生的离心力为：

$$\mathrm{d}F_2=\rho_{mf}\mathrm{d}V\omega^2r \tag{4-38}$$

将式(4-37) 代入式(4-38) 并积分得：

$$F_2=\frac{2\pi}{3}\rho_{mf}b\omega^2(R_2^3-R_1^3) \tag{4-39}$$

因此，转鼓壁上所受到的离心压力为：

$$P_2=\frac{F_2}{2\pi R_2b}=\frac{\rho_{mf}\omega^2(R_2^3-R_1^3)}{3R_2} \tag{4-40}$$

由于填充床层产生的离心力 F_2 与转鼓轴线垂直，因此，它在转鼓壁中不会引起经向应力，即 $\sigma_2''=0$，则根据拉普拉斯方程可以得到周向应力：

$$\sigma_1''=\frac{P_2R_2}{S}=\frac{\rho_{mf}\omega^2(R_2^3-R_1^3)}{3S} \tag{4-41}$$

根据实验测定，填充床层的孔隙率为 $\psi_0=0.95\sim0.97$，如果填料的密度为 ρ_m(kg/m³)，则有：

$$\rho_{mf}=(1-\psi_0)\rho_m \tag{4-42}$$

从而式(4-41) 变为：

$$\sigma_1''=\frac{(1-\psi_0)\rho_m\omega^2(R_2^3-R_1^3)}{3S} \tag{4-43}$$

这样，圆筒型开孔转鼓中的周向总应力为：

$$\sigma_1=\sigma_1'+\sigma_1''=(1-\psi)\rho_s\omega^2R_2^2+\frac{(1-\psi_0)\rho_m\omega^2(R_2^3-R_1^3)}{3S} \tag{4-44}$$

③ 圆筒型开孔转鼓壁厚计算　圆筒型开孔转鼓由于开孔削弱了转鼓的强度，许用应力［σ］相应地减小，为此引入开孔削弱系数 ϕ，表达式为：

$$\phi=\frac{(t-d)}{t} \tag{4-45}$$

其中　t——孔的轴向或斜向中心距（取两者中的小值），m；

d——开孔直径，m。

另外，圆筒型开孔转鼓一般由钢板卷焊而成，因此，许用应力［σ］中还应计入焊缝对强度的影响，即引进焊缝系数 ϕ_H。则转鼓壁所用材料的许用应力为 $\phi\phi_H[\sigma]$。

根据第三强度理论，圆筒型开孔转鼓壁的强度条件为：

$$(1-\psi)\rho_s\omega^2R_2^2+\frac{(1-\psi_0)\rho_m\omega^2(R_2^3-R_1^3)}{3S}\leqslant\phi\phi_H[\sigma] \tag{4-46}$$

则圆筒型开孔转鼓壁厚的计算公式为：

$$S\geqslant\frac{(1-\psi_0)(R_2^3-R_1^3)}{3\left[\frac{[\sigma]\phi\phi_H}{\omega^2\rho_s}-(1-\psi)R_2^2\right]} \tag{4-47}$$

(2) 鼠笼型转鼓的强度计算　与圆筒型开孔转鼓受力情况类似，鼠笼型转鼓在高速旋转过程中，圆棒除了承受自身质量产生的离心力外，还要承受填充床层作用在其上的离心压力。

① 圆棒自身质量引起的离心力 q_1。如图 4-12 所示，圆棒轴线所在圆周半径为：

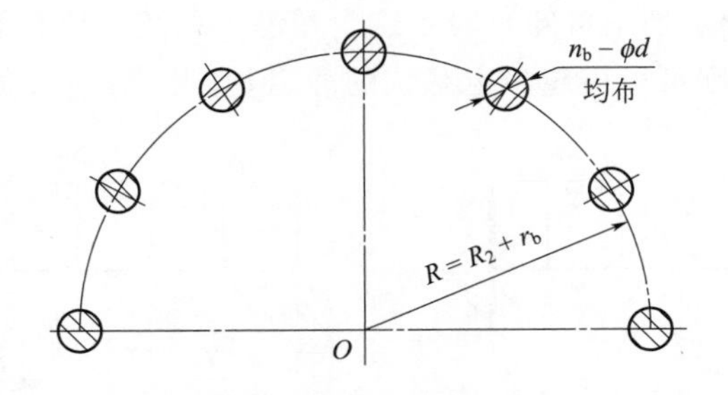

图 4-12　圆棒自身质量引起的离心力计算示意图

$$R=R_2+r_b \tag{4-48}$$

其中　R——圆棒轴线所在圆周半径，m；

r_b——圆棒半径，m。

单根圆棒自身质量引起的离心力为：

$$P_b = \pi r_b^2 L_b \rho_b \omega^2 (R_2 + r_b) \tag{4-49}$$

式中 L_b——圆棒长度，m；

ρ_b——圆棒密度，kg/m³。

单根圆棒上由自身质量产生的离心力 P_b 在整个圆棒长度上的均布力为：

$$q_1 = \frac{P_b}{L_b} = \pi r_b^2 \rho_b \omega^2 (R_2 + r_b) \tag{4-50}$$

② 填充床层作用到圆棒上的作用力。与圆筒型开孔转鼓中的填充床层离心力的计算相同，如式(4-39) 所示。

如果圆棒的数量为 n_b 个，则作用在每根圆棒上的均布力为：

$$q_2 = \frac{2\pi}{3n_b}(1-\psi_0)\rho_m \omega^2 (R_2^3 - R_1^3) \tag{4-51}$$

③ 圆棒直径的计算。综上所述，圆棒上所受的均布离心力为：

$$q = q_1 + q_2 = \pi r_b^2 \rho_b \omega^2 (R_2 + r_b) + \frac{2\pi}{3n_b}(1-\psi_0)\rho_m \omega^2 (R_2^3 - R_1^3) \tag{4-52}$$

在离心力场中，一般忽略重力的影响，因此，认为 q 就是圆棒所受的外载荷。

另外，在设计鼠笼型转鼓时，一般在中间加一道或几道加强箍，且与圆棒焊牢，以提高转鼓的整体强度和刚度，如图 4-9(b) 所示。因此，对于每一个圆棒来说，其力学模型可视为一个三次超静定梁，如图 4-13 所示。

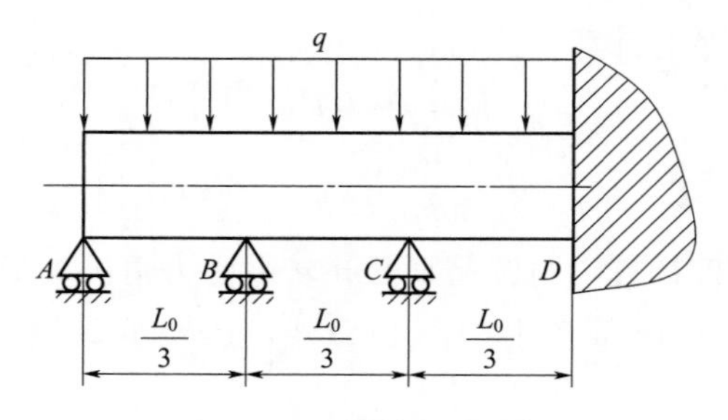

图 4-13 圆棒力学模型

根据材料力学的超静定理论可知，对于这个超静定系统，应将多余的约束去掉，代以约束反力 X_A，X_B，X_C，则可得该超静定系统的静定基，如图 4-14 所示。

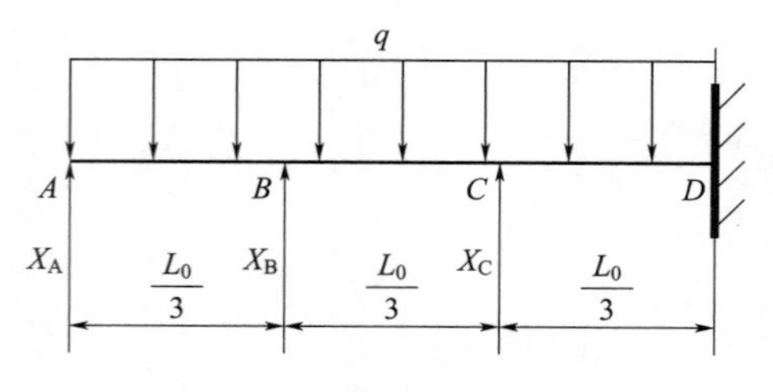

图 4-14 圆棒的静定基

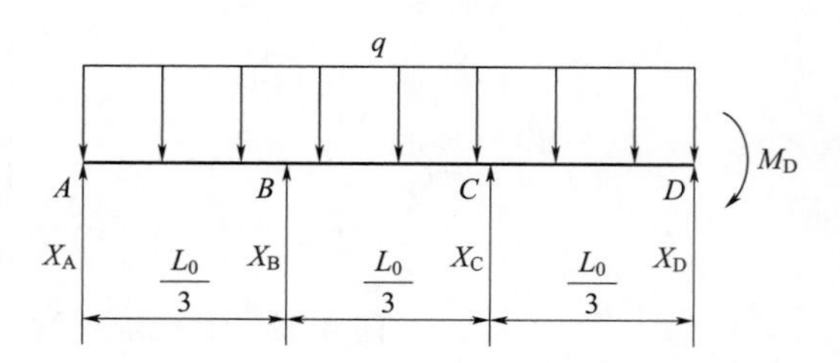

图 4-15 约束反力图

将图 4-14 中的固定端去掉，以约束反力 X_D 及力矩 M_D 代替，得到圆棒的约束反力图，如图4-15所示。

由图可得，力平衡方程为：

$$qL_b - X_A - X_B - X_C - X_D = 0 \tag{4-53}$$

对D点取矩，列力矩平衡方程，可得：

$$X_A L_b + \frac{2}{3}X_B L_b + \frac{1}{3}X_C L_b + M_D - \frac{1}{2}qL_b^2 = 0 \tag{4-54}$$

在A点的挠度为零得出A点的变形协调方程：

$$\delta_{1X_A} + \delta_{1P_A} = 0 \tag{4-55}$$

其中　δ_{1X_A}——由于X_A作用在静定基上时，其作用点A沿X_A方向的位移；

δ_{1P_A}——除X_A外其他载荷作用在静定基上时点A沿X_A方向的位移。

现引入影响系数δ_{11A}，它表示沿X_A方向的单位作用力在A点所引起的沿X_A方向的位移。因此，在X_A作用下，A沿X_A方向的位移是δ_{11A}的X_A倍，即：

$$\delta_{1X_A} = X_A \delta_{11A} \tag{4-56}$$

将式(4-56) 代入式(4-55) 可得：

$$X_A \delta_{11A} + \delta_{1P_A} = 0 \tag{4-57}$$

同理，在B和C两点可得到：

$$X_B \delta_{11B} + \delta_{1P_B} = 0 \tag{4-58}$$

$$X_C \delta_{11C} + \delta_{1P_C} = 0 \tag{4-59}$$

根据式(4-53) 和式(4-54) 及式(4-57)～式(4-59) 以及材料力学中的公式，可以得到约束反力X_A，X_B，X_C，X_D及力矩M_D，在此不再赘述。

圆棒的强度应满足：

$$\sigma_{max} = \frac{M_{max}}{W} \leqslant [\sigma] \tag{4-60}$$

式中　W——弯曲截面模量，对于圆棒，$W=\pi d^3/32$，m^3；

d——圆棒直径，m；

M_{max}——最大弯矩，N·m；可以从圆棒的弯矩图中得到。

则圆棒的直径应满足：

$$d \geqslant \sqrt[3]{\frac{32M_{max}}{\pi[\sigma]}} \tag{4-61}$$

4.2.3.3　两种形式转鼓的比较

对于圆筒型开孔转鼓来说，由于开孔削弱系数ϕ的影响，许用应力将大大降低；同时，由于开孔型圆筒转鼓一般为钢板卷焊而成，就必须考虑焊缝系数ϕ_H的影响，这样许用应力又进一步降低，这就导致转鼓壁厚大大增加，转鼓变得笨重，设备成本提高。而对于鼠笼型转鼓来说，不存在上述的情况，因此，较为经济合理。

从机械加工的角度来讲，圆筒型开孔转鼓，尤其对于大型的转鼓，为保证高的开孔率，在转鼓上打孔的工作量相对较大。若采用鼠笼型转鼓，则只需在大法兰、厚壁板及加强圈上钻孔，而焊接工作量并不比圆筒型开孔转鼓大。

因此，如果对于大型设备，采用鼠笼型转鼓具有一定的优势；对于小型高转速的设备，采用圆筒型开孔转鼓，可以避免焊接加工，从而得到较高的加工精度。

参考文献

[1] 简弃非，邓先和，邓颂九．碟片填料旋转床气阻与气液传质实验研究，化学反应工程与工艺，1998，14：42-48.
[2] 宋云华．油田注水脱氧用超重力场分离机的设计与研究［D］．北京：北京化工大学，1995.
[3] 柳松年，宋云华，杜婉瀛，郑冲．超重力场分离机的功率测定与分析，北京化工大学学报，1998，25：39-45.

第3篇 超重力法制备纳米材料及工业应用

人类对客观世界的认识是不断发展的。从认识直接用肉眼能看到的事物开始，不断深入，逐渐发展为两个层次：一个是宏观领域，另一个是微观领域。这里的宏观领域是指以人的肉眼可见的物体为下限，上至无限大的宇宙天体；微观领域是指以分子、原子为最大起点，直至在时间和空间的坐标中，下限是无限的领域。在宏观领域和微观领域之间存在着一个近年来才引起人们极大兴趣的领域即介观领域，这个领域包括微米、亚微米、纳米到团簇之间的范畴。但是，目前通常把与亚微米级（0.1～1μm）体系有关现象的研究称为介观领域。将纳米和团簇从介观范围中独立出来，称之为纳米体系。由于处于纳米体系的物质具有常规物体不具备的量子尺寸效应、小尺寸效应、表面效应、宏观量子隧道效应等特性，引起了人们的极大兴趣和关注。

纳米科学技术（简称纳米科技）是20世纪80年代末期诞生并正在崛起的新科技，其基本含义是指在纳米尺寸（10^{-9}～10^{-7}m）范围内认识和改造自然，通过直接操作和排列原子、分子创造新物质。它是研究由尺寸在1～100nm之间的物质组成体系的运动规律和相互作用，以及在实际应用中的技术问题的科学技术。其内容主要包括：纳米体系物理学、纳米化学与工程、纳米材料学、纳米生物学、纳米电子学、纳米加工学和纳米力学等。在纳米科学的基础上产生的纳米技术是指纳米材料的发现和制备技术、复合技术，以及纳米材料在各个领域的应用技术[1,2]。

纳米材料技术是纳米科技领域富有活力、研究内涵十分丰富的分支学科。在纳米材料发展初期，纳米材料是指纳米颗粒及其构成的纳米薄膜和固体。其中，纳米颗粒指的是粒子尺寸为1～100nm的超微粒子，是介于原子、分子与块状材料之间的尚未被人们充分认识的新领域，也是纳米技术中的基础原材料，其本身的结构和特性决定了纳米固体材料的许多新特性。广义地，纳米材料是指在三维空间内至少有一维处于纳米尺度范围或由它们作为基本单元构成的材料。纳米材料有多种分类方法，如果按维数纳米材料可以分为三类：①零维，指空间三维尺度均在纳米尺度，如纳米颗粒、原子团簇等；②一维，指在空间有两维处在纳米尺度，如纳米丝、纳米棒、纳米管等；③二维，指在三维空间内有一维处在纳米尺度，如超薄膜、多层膜、超晶格等。按纳米材料的属性可分为：①金属纳米材料，如 Au、Ag、Cu、Mo、Ta、W 等；②氧化物纳米材料，是纳米材料中的大家族，根据氧化物组成的不同又可细分为金属氧化物纳米材料，如 TiO_2、Fe_2O_3、MgO、CaO、CuO、Cr_2O_3等；非金属氧化物纳米材料，如 SiO_2等；两性氧化物纳米材料，如 ZnO、Al_2O_3等；稀土金属纳米材料；③硫化物纳米材料，如 CdS、ZnS、MnS 等；④碳硅化合物纳米材料，如 SiC、$MoSi_2$等；⑤氮（磷）等化合物纳米材料，如 TiN、Si_3N_4、GaP、AgBr 等；⑥含氧酸盐纳米材料，如磷酸盐类、硫酸盐类、铁酸盐类、碳酸盐类等；⑦纳米复合材料，这是一类新型的复合材料，其性质取决于组成纳米复合材料各元素的存在状态；⑧有机纳米材料，包括脂质体、PLGA 等纳米药物载体，尼罗红等有机荧光纳米材料等。依据纳米材料的功能可分为：①半导体型纳米材料，如硅的氧化物、过渡金属硫化物、过渡金属氧化物和过渡金属化合物微粒等；②光敏型纳米材料，如 TiO_2、ZnO 等；③增强型纳米材料，如 SiO_2、$CaCO_3$、SiC、MgO 等；④磁性纳米材料。依据纳米材料的来源可分为合成纳米材料和天然纳米材料。

概括起来，纳米材料的特性主要表现在：①光学性质，主要有光谱迁移性、光学吸收性、光学发光性和光学催化性；②磁性质，纳米微粒的磁性特征是奇异的超顺磁性和较高的矫顽力。纳米铁氧体的磁性研究表明，20nm 的纯铁微粒的矫顽力是大块铁的 1000 倍，但当铁的微粒小到 6nm 时，其矫顽力反而降到零，表现出超顺磁特性；③催化性质，催化是利用自身的特殊结构和性质促使其它物质快速进行化学变化的一个过程也是催化剂本身的一种性质。纳米材料具有多种催化性，如热催化、光催化等，最具有光催化性能的纳米材料有纳米 TiO_2、纳米 ZnO 等；④增强增韧性，刚性无机粒子填充聚合物材料可以提高聚合物材料的刚性、硬度和耐磨性等性能，但普通的无机填料填充聚合物材料在增强这些性能的同时大都会降低聚合物材料的强度和韧性；无机纳米材料由于粒径小、比表面积大，在聚合物复合材料中与基体间有很强的结合力，不仅能提高材料的刚性和硬度，还可以起到增韧的效果；例如，在聚氯乙烯中加入适当的纳米碳酸钙，可以使其强度和韧性都得到提高；⑤储氢性质，纳米晶金属氢化物和碳纳米管、纳米纤维都是一类新型的储氢材料；⑥润滑性质，纳米材料具有耐磨损、减摩擦性质。纳米无机单质、纳米无机盐、纳米氧化物和氢氧化物、纳米陶瓷、纳米金属硫化物以及纳米有机高分子微球等都可以作为抗磨减磨的润滑材料使用，而且润滑效果都很好。

纳米材料的应用具有多种形态，常见的有纳米粉体、纳米液相分散体和纳米结构材料等几种，其中研究和应用最为广泛的是纳米粉体材料。然而，纳米颗粒以粉体的形式存在和应用时，极易发生团聚，这就导致优异的纳米效应无法充分发挥。而纳米液相分散体材料（简称纳米分散体）被称为继纳米粉体之后的第二代纳米材料，其特点是纳米颗粒在液相中稳定分散甚至单分散，从而解决了纳米颗粒分散难的关键问题，其应用性能通常优于纳米粉体。本部分接下来的第 5～7 章将分别就无机纳米粉体和纳米分散体，以及有机纳米药物原料的超重力法制备和应用进行详细介绍。

第5章
超重力法制备纳米粉体及工业应用

5.1 纳米材料的制备方法概论

纳米粉体材料的制备方法按物态可分为固相法、液相法和气相法三种，具体分类方法见图5-1。按纳米材料制备过程的变化形式可分为化学法、物理法和物理化学法等。按纳米材料的形成形式可分为从小到大的构筑式和从大到小的粉碎式。这里主要介绍按物态分类法纳米材料的制备方法[3~5]。

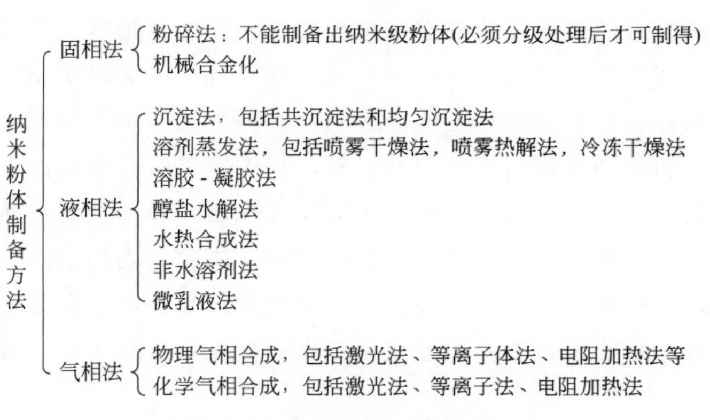

图5-1 纳米粉体材料制备方法分类

5.1.1 纳米粉体材料固相法制备

固相法是通过从固相到固相的变化来制造粉体，气相法和液相法制备的微粉大多数情况下都必须再进一步处理，如把盐转化为氧化物等等，属于固相法范围。此外，当一些复杂化合物，采用液相法和气相法难于制备时，必须采用高温固相反应合成，也属于固相法。固相法合成的纳米材料主要是纳米粉体材料和纳米结构材料。目前主要的合成方法有热分解法、固相反应法、球磨法等。下面分别进行简单介绍。

5.1.1.1 热分解法

固相热分解法就是固相通过加热分解生成新的固相的方法。固相热分解的通式如下

（S代表固相，G代表气相）：

$$S_1 \longrightarrow S_2 + G_1 \tag{5-1}$$

$$S_1 \longrightarrow S_2 + G_1 + G_2 \tag{5-2}$$

目前，采用热分解法制备纳米粉体的常用盐类有金属草酸盐、金属硝酸盐、金属碳酸盐等易分解盐类。

5.1.1.2 固相反应法

固相热分解可获得单一的金属氧化物，但氧化物以外的物质，如碳化物、氮化物、硅化物等含两种金属元素以上的氧化物制成的化合物，仅仅用热分解法就很难制备，通常是将最终合成所需组成的原料混合，再用高温反应的方法制备。固相反应是陶瓷材料科学的基本手段，粉体间的反应相当复杂，反应虽从固体间的接触部分通过粒子扩散来进行，但接触状态和各种原料颗粒的分布情况显著地受各颗粒的性质（粒径、颗粒形状和表面状态等）和粉体处理方法（团聚状态和填充状态等）的影响。

5.1.1.3 球磨法

在矿物加工、陶瓷工艺和粉末冶金工业中，所使用的基本方法是球磨法，它是固相合成纳米材料的主要方法。球磨工艺的主要作用为减小粒子尺寸、固态合金化、混合或熔融，以及改变粒子的形状。

利用球磨设备对混合的宏观尺寸的物体进行球磨，以达到物体尺寸减小化的目的进而形成合金或者混合物。球磨的对象可以是单质金属、金属合金、无机矿物、有机聚合物等。当利用球磨法进行金属合金化制备新相金属合金时，这种方法又叫作机械合金化法。球磨法制备纳米材料目前限于制备纳米相结构的纳米材料，其中以机械合金化为主。机械合金化反应机理一般分为两大类：一类是界面原子逐渐扩散反应机制；另一类是机械反应诱发的自蔓延反应（也称为爆炸反应、燃烧合成反应、自维持反应）机制。固相纳米合成法在以球磨法制备纳米结构材料时，具有规模大、产量高、工艺简单易行等特点，但是要制备出分布均匀的纳米材料并不是一件容易的事，主要问题在于介质的存在易给纳米材料带来杂质，并影响其性能。

高能球磨法制备的纳米微粒主要包括以下几种。

① 纳米纯金属。高能球磨可以容易地使具有bcc结构（如Cr、Mo、W、Fe等）和hcp结构（如Zr、Hf、Ru）的金属形成纳米晶结构。

② 不互溶体系纳米结构材料的制备。用机械合金化的方法很容易将相图上几乎不互溶的金属制成纳米固溶体。目前，公开报道的制成的纳米固溶体有Fe-Cu、Ag-Cu、Al-Fe、Cu-Ta、Cu-W等。

③ 纳米金属间化合物。金属间的化合物是一类用途广泛的合金材料，纳米金属间化合物特别是一些高熔点的金属间化合物制备比较困难。目前用机械合金化法，已在Fe-B、Ti-Si、Ti-B、Ti-Al、Ni-Si、V-C、W-C、Si-C、Pd-Si、Ni-Mo、Nb-Al、Ni-Zr、Al-Cu、Ni-Al等十多个合金体系中制备了不同粒径的纳米金属间化合物。

④ 纳米级的金属-陶瓷粉复合材料的制备。高能球磨法也是制备纳米复合材料行之有效

的方法，它能把金属与陶瓷粉复合在一起，获得具有特殊性质的新型纳米复合材料，如用高能球磨法可制得 Cu-纳米氧化镁或 Cu-纳米氧化钙复合材料，这些氧化物纳米微粒均匀分散在 Cu 基体中。这种新型材料的电导率与 Cu 基本一样，但强度却大大提高。

⑤ 聚合物-无机物纳米复合材料的制备。利用高能球磨法可制备出聚合物-无机物纳米复合材料，目前，见诸报道的有聚氯乙烯-氧化铁纳米复合材料，聚四氟乙烯-铁纳米复合材料等。

5.1.2 纳米粉体材料液相法制备

纳米粉体材料液相法制备的主要特征是：可以精确控制化学组成；易添加微量有效成分，可制成含多种成分的均一粉体；合成的纳米粉体表面活性好；容易控制颗粒的形状和粒径；工业化生产成本较低。液相法制备按原理可分为物理法和化学法。

5.1.2.1 物理法

物理法是指从水溶液中迅速析出金属盐，将溶解度高的盐的水溶液雾化成小液滴，使其中盐类呈球状均匀地迅速析出的方法。为了使盐类快速析出，可以采用加热蒸发或冷冻干燥等方法，最后将这些微细的粉末状盐类加热分解，即可得到氧化物微粉。主要包括超临界法、溶剂蒸发法和溶剂-反溶剂法。

（1）超临界法 利用某些超临界流体（CO_2和水等）使某些化合物有较强的溶解能力，且溶解度随其密度增大而快速大幅度增大。利用这种特性使超临界流体溶液迅速膨胀，溶液中的溶质以极细的微粒快速析出，而制得该物质的纳米粉体。其特点是生成的固体微粒不易发生聚集，适用于难超细化的聚合物纳米粒子的制备。缺点是生产成本太高，且因涉及高压操作对设备及操作要求较高等。

（2）溶剂蒸发法 将溶液中的溶剂蒸发掉，使溶质达到过饱和而析出的方法。在溶剂蒸发法中为了保持溶剂蒸发过程中液体的均匀性，要求溶液分散成小液滴以使成分偏析的体积最小，常用喷雾法。喷雾法可合成复杂的氧化物粉末，所生成的氧化物颗粒一般为球状，流动性好，易于处理。用喷雾液滴制备氧化物粉末可采用冷冻干燥、喷雾干燥和喷雾热解等方法。溶剂蒸发法是一种非常有效、潜力很大的制造高纯度纳米粉体的方法，不足之处是仅对可溶性盐有效。

（3）溶剂-反溶剂法 将反溶剂快速与溶有溶质的溶液混合，使溶质从混合液中析出形成沉淀的方法，常用于有机纳米颗粒的制备，如纳米药物颗粒。

5.1.2.2 化学法

化学法是指通过在溶液中的化学反应生成沉淀（能够生成沉淀的化合物种类很多，如氢氧化物、草酸盐、碳酸盐、氧化物、氮化物等）并将沉淀物加热分解，制成纳米粉体材料的方法。其应用广泛，种类多包括：沉淀法、醇盐水解法、溶胶-凝胶法、水热合成法、微乳液法、模板法等。

（1）沉淀法 液相化学反应合成金属氧化物纳米粉体最普通的方法。它是指利用各种在水中溶解的物质，经反应生成不溶性的氢氧化物、碳酸盐、硫酸盐、醋酸盐等，根据要制备物质的性质（加热分解或不加热分解）得到最终所需化合物产品。其优点是可以广泛用于合成单一或复合氧化物纳米粉体，反应过程简单，成本低，便于推广到工业化生产。不足之处是沉淀为胶状物，水洗、过滤困难；沉淀剂作为杂质易混入；若使用能够分解除去的氨水、碳酸铵作沉淀剂，许多离子可形成可溶性络离子，沉淀过程中各种成分不易分离；水洗时要损失部分沉淀物等。该法包括共沉淀法和均匀沉淀法两种。

① 共沉淀法。在混合的金属盐溶液（含有两种或两种以上的金属离子）中加入合适的沉淀剂。由于解离的离子以均一相存在于溶液中，所以经反应后可以得到各种具有均一相组成的沉淀，再进行热分解进而得到高纯纳米粉体颗粒。其优点是能够得到化学成分均一的复合粉体，容易制备粒度小且较均匀的纳米颗粒。目前，已广泛用来合成 PLZT 材料、钛酸钡材料、敏感材料、铁氧体和荧光材料等。不足之处是杂质离子不易洗掉，反应速度不易控制等。

② 均匀沉淀法。利用某一化学反应使溶液中的构晶离子由溶液中缓慢均匀地产生出来的方法。此方法中，加入溶液中的沉淀剂不会立刻与被沉淀组分发生反应，而是通过化学反应使沉淀剂在整个溶液中均匀地释放出来，从而使沉淀在整个溶液中缓慢均匀地产生。其优点是颗粒均匀致密可以避免杂质的共沉淀，缺点是反应时间过长。其中用均匀沉淀法生产纳米氧化锌在我国已实现了工业化，是用尿素作为沉淀剂，沉淀可溶性锌盐，然后高温分解制得。常用的沉淀剂有 2-氯乙醇、尿素、六亚甲基四胺、草酸二甲酯、草酸二乙酯等。

（2）醇盐水解法　金属醇盐是金属与醇反应生成的含有 Me-O-C 键的金属有机化合物，其通式为 $Me(OR)_n$，Me 为金属，R 为烷基或烯丙基。金属醇盐易水解生成金属氧化物、氢氧化物或水合物沉淀。该方法不需要加碱加水就能进行分解，而且也没有有害的阴离子和碱金属离子产生。其优点是反应条件温和，操作简单，缺点是成本昂贵。醇盐法合成纳米粉体的一个显著特征是能在颗粒单元尺度上获得与原始反应物组成相同的粉体。用其制备的粉体不仅比表面积大、活性好、呈分散球状体，而且具有很好的低温烧结性。该方法为在发展高功能陶瓷材料低温烧结方面提供了广阔的前景。

（3）溶胶-凝胶法　金属有机或无机化合物经过溶液、溶胶和凝胶而固化，再经热处理制成氧化物或其他化合物固体的方法。按其产生溶胶、凝胶过程的机制划分可分为 3 种类型，即传统胶体型，无机聚合物型和络合物型。溶胶-凝胶法制备纳米粉体过程如图 5-2 所示。该方法在工业陶瓷方面具有广阔的发展前景，不足之处是成本较高。

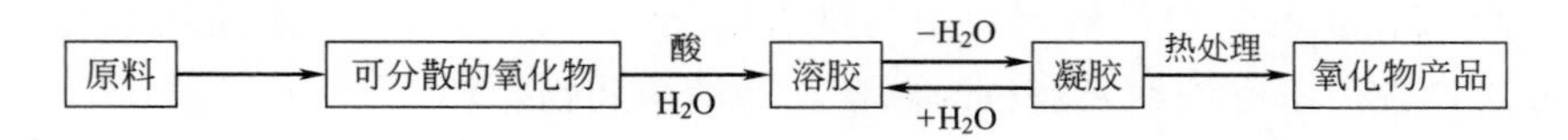

图 5-2　溶胶-凝胶法制备纳米材料示意图

（4）水热合成法　高温高压下在水、水溶液或蒸汽等流体中进行有关化学反应而直接制得纳米粉体材料的方法。水热条件不仅能加速离子反应和促进水解反应还可实现在常规条件下难以实现的反应。在水热条件下，水可作为一种化学组分起作用并参与反应，既是溶剂又是膨化促进剂，同时还可以作为压力传递介质，通过加速渗析反应和控制其过程的物理化学因素，实现无机化合物的形成和改性。该法制得的纳米粉体可以是单组分也可以是多组分，可克服某些高温制备过程中不可克服的晶型转变、分解、挥发等缺陷，产品粒度小、纯度高、分散性好、均匀、分布窄、无团聚、晶型好、形状好、有利于环境净化等，是一种很有发展前途的方法，已经引起了人们的广泛关注。不足之处是对反应容器要求很高。该方法包括水解氧化法、水热沉淀法、水热合成法、水解还原过程、水热分解法、水热结晶法等。

(5) 微乳液法　将混合金属盐和一定的沉淀剂形成微乳状液，在较小的微区内控制胶粒成核和生长，热处理得到纳米粉体颗粒的方法。这种方法实验装置简单、操作方便，并且可以人为控制粒径，在纳米材料的制备中具有极其广泛的应用前景。微乳液法制备纳米微粒的特点是微反应器的界面是一层表面活性剂分子，在微反应器中形成的纳米微粒因这层膜隔离而不能聚结，是一种理想的反应介质。由于微乳液的结构从根本上限制了颗粒的生长，使纳米颗粒的制备变得容易，通过选择不同的表面活性剂可对纳米微粒的表面进行修饰并能够控制微粒的粒径大小。不足之处是助表面活性剂和表面活性剂的存在在一定程度上影响了纳米微粒的纯度和纳米材料的性能，以及微乳液与纳米颗粒的分离问题和有机溶剂的回收问题等。目前，微乳液技术合成的纳米材料主要包括纳米催化剂、半导体材料、磁性材料、陶瓷材料以及超导材料等。用于制备纳米颗粒的微乳液体系一般由4个组分组成：表面活性剂、助表面活性剂、有机溶剂、水。常用的表面活性剂有二（2-乙基己基）磺基琥珀酸钠、十二烷基磺酸钠、十二烷基苯磺酸钠、十六烷基三甲基溴化胺以及非离子表面活性剂如聚氧乙烯醚类等。形成微乳液常用的非极性溶剂有烷烃或环烷烃等。用微乳液法制备纳米粉体的技术关键是：①选择一个适当的微乳液体系，该体系不仅应对反应试剂有很好的增溶作用，而且还不应与试剂发生化学反应；②选择适当的沉淀条件以获得粒径小粒径分布好的纳米微粒，其中水和表面活性剂的相对比例是一个重要因素；③选择后处理条件以保证纳米微粒的均匀性。

(6) 模板法　由于纳米微粒表面缺陷多、表面积大、表面自由能高等因素使体系难以稳定，以聚合物为模板的组装方法，可以将纳米微粒限制在聚合物的基体结构中，从而提高纳米微粒的稳定性。作为模板的聚合物有两类：一类是仅作为分散剂，不含有效的官能团，在纳米微粒的形成过程中，与纳米微粒只产生物理作用；另一类是含有有效的官能团（如巯基、酸酐等)，合成的纳米微粒分散在这类聚合物中，利用纳米微粒表面的官能团与聚合物有效基团的键接作用，使纳米微粒受到保护。

5.1.3 纳米粉体的气相法制备

纳米粉体的气相法制备是指在气相中形成纳米粉体颗粒的一类工艺方法。气相法合成纳米粉体的特点是产品纯度高、分散性良好、颗粒直径分布窄、颗粒粒径细。通过控制气氛可以制出液相法难以制备的纳米金属、碳化物、氮化物、硼化物等非氧化物粉体颗粒。该法主要包括物理气相沉积法和化学气相沉积法。

物理气相沉积法不伴随化学反应，是将与最终产物纳米粉体颗粒同样组成的固体通过高温加热或用某种方法强制性地使其蒸发、急冷和凝缩等步骤达到颗粒纳米化的一种方法，主要用于制备金属纳米粉体。根据加热源的不同可分为电阻加热法、等离子喷雾加热法、电子束加热法、高频感应加热法、激光束加热法等。

化学气相沉积法是利用挥发性金属化合物进行化学反应而合成纳米粉体的方法，该方法在制备金属氧化物、氮碳化物及复合纳米粉体等方面更有发展前途，不仅可以制备纳米氧化物也可以制备纳米碳化物、氮化物、硼化物等，是合成高熔点纳米无机化合物最引人注目的方法。其中制备纳米二氧化硅、氧化锌、二氧化钛、三氧化二锑、三氧化二铝等已达到工业生产水平，高熔点的碳化物、氮化物、硼化物等的制备也走向批量生产。

化学气相沉积技术（CVD）是利用气体原料在气相中通过化学反应形成构成物质的基本粒子一分子、原子、离子等，经过成核和生长两个阶段合成薄膜、颗粒、晶须和晶体等固体材料的工艺过程。CVD 已经在微电子材料领域广泛应用，同时，它也是一种合成各种功能性涂层和纳米颗粒的实用技术。CVD 作为新材料的合成技术，具有三大特征，即多功能性，可制成多种类型多种形态的产品；其生产规模既适用于小批量生产，也适用于大批量生产，适用对象极广；产品具有高纯性，工艺过程可实现精密的控制和调节，在越格子的过程中能实现原子层之间界面的控制。此外，还能从相同的原料体系出发，合成组成、晶型和晶体结构各异的材料。

根据加热方法的不同，CVD 法可分为热 CVD 法、等离子体 CVD 法和激光 CVD 法等。热 CVD 法可用于合成纳米二氧化钛、二氧化硅、三氧化二铝和碳化硅等；等离子体 CVD 法可用于合成纳米 SiC、Si_3N_4、AlN、ZrO_2 等；激光 CVD 法可用于合成纳米 Si、SiC、Si_3N_4、三氧化二铝等。

5.1.4 其他合成方法

5.1.4.1 爆炸法

利用炸药的爆炸实现物质的转化和相变是近年来逐渐受到重视的一个领域。用负氧炸药爆炸法合成的纳米金刚石是一种较新的且具有实用前景的纳米材料。在爆炸产生的高温高压下，炸药分子的一部分碳可转化为尺寸为 3～10nm 左右的球状纳米金刚石微粒，同时有片状石墨和非晶态碳小球产生。这种金刚石微粒由于在高速及远离平衡状态条件下生成使其具有一系列特殊的物化性质，可形成高度缺陷的金刚石结构。

5.1.4.2 燃烧合成法

燃烧合成是相对于自蔓延高温合成而提出的。它指的是采用硝酸盐水溶液和有机燃料混合物为原料，在较低的点火温度和燃烧放热温度下，简便快捷地制备出多组分氧化物粉体。该方法具有以下优点：利用原料自身的燃烧放热即可达到化合反应所需的高温；燃烧合成的速度快，使形成的粉末不易团聚生长进而合成比表面积高的粉体；液相配料，易于保证组分的均匀性。目前用该法合成的纳米材料有超细铁氧体、纳米结构氧化钇等。

5.1.4.3 辐射化学合成法

常温下，采用 γ 射线辐照金属盐的溶液可以制备出纳米粒子。用此法曾经获得了 Cu、Ag、Au、Pt、Pd、Co、Ni、Cd、Sn、Pb、Ag-Cu、Cu_2O 纳米粉体以及纳米 Ag/非晶 SiO_2 复合材料。制备纯金属纳米粉体时，其步骤是采用蒸馏水和分析纯试剂制成相应的金属盐溶液，向其中加入表面活性剂（如十二烷基硫酸钠）作为金属胶体的保护剂，加入异丙醇作OH自由基消除剂，必要时加入适当的金属离子络合剂或其他调节剂，调节溶液的pH值。在溶液中通入N_2以消除溶液中溶解的氧，配制好的溶液在γ射线场中辐照，分离产物，用氨水和蒸馏水洗涤产物数次，干燥即得金属纳米粉体。

5.2 纳米材料工业性制备技术要素

5.2.1 纳米粉体材料工业性制备过程的特殊性

对于任何一个工业过程，其经济性是决定其存在的根本因素，人们常常以过程的经济性为目标，来确定过程优化的技术指标，对于传统的化工过程这些指标常常是反应速率、反应选择性、能量消耗等。过程优化的主要技术指标是反应的转化率和选择性，过程优化追求的目标是物质的化学性质。但是，对于纳米粉体合成来说，材料的性能和产率决定了过程的经济效益。纳米粉体的功能不仅取决于其化学组成，还取决于纳米粉体的形态、颗粒粒度分布和组成[1,4]。

纳米粉体的粒度及其分布是其主要形态特征，在很大程度上决定了粉体的整体和表面特性，这些因素有时可决定粉体的最终行为。例如，二氧化钛颗粒粒度为200nm时，对可见光的散射率最大，遮盖力最强，被广泛用于高档涂料、油墨颜料等。当二氧化钛粒径减小至10～60nm，则呈现透明性、强紫外吸收能力，可用作高档化妆品、透明涂料等。纳米粉体的形态特征还包括内外表面积、粗糙度、体积、表面缺陷、晶体组成及分布等。

纳米粉体的组成影响其使用性能，这包括物理组成和化学组成。在传统的化工过程中，组成被描述为纯物质的百分含量，然而对于纳米粉体则还应注意很重要的两点：首先，颗粒内部和表面组成会有差异。其次，每千克纳米颗粒的表面有几个毫克的杂质都会影响到纳米粉体的功能。从物理组成来看，颗粒凝聚体和粉末团聚体也会影响纳米粉体的特性。

纳米粉体的性能在很大程度上取决于产物的物理结构和形态，而这些物理性质的差异往往导致产品价格上的重大差异；如几个微米的三氧化二铝价格不高于1000元/t，而纳米三氧化二铝其价格为20万元/t。球形30～50nm α-Fe_2O_3价格为1万元/t，而针形（长100nm，轴比9～12）为300元/t。因此，对于纳米粉体制备过程应将产物的物理形态的定量函数作为主要技术指标。

总之，纳米粉体工业制备过程有其本身的特殊性，这些特殊性决定了纳米粉体材料工业性制备技术要素的特殊性。

5.2.2 纳米粉体制备的工程分析

这里以液相法纳米粉体制备为例，简单论述纳米粉体工业性制备技术要素。纳米粉体液相制备技术覆盖了众多的工业过程，这表现在一系列的单元操作中，如合成、分离、粉碎、表面改性、混合、分散、粉体贮存等。这些单元操作涉及诸多学科和领域，包括物理学、化学、材料学等。在纳米粉体制备所涉及的单元操作中又存在一些共同的工程问题。

（1）进料方式和分子混合　反应成核是一快速瞬间反应，必须使反应在反应器内瞬间达到分子级的均匀混合即分子混合，才能避免反应器中过饱和度的非均匀性，使产物形态尽可能一致。因此，必须采取特殊的进料和混合方式才能达到分子混合均匀状态，并在反应器放大过程中保持一致。

（2）反应器形式　不同形式的反应器，具有不同的流动、传热和传质特征，导致反应器中具有不同的浓度、温度和停留时间分布，影响反应成核、生长过程的相对速率，从而影响最终产物的粒度和粒度分布。

（3）流动和混合　对于化学反应器来说，流动和混合方面的问题，不仅是压降和功率计算问题，更重要的是浓度和温度分布问题。物料的停留时间分布、混合程度都制约着最终反应结果。因此，反应装置中物料流动和混合规律的研究及相应的反应装置开发是关键。

（4）质量与热量传递及浓度与温度效应　对于均相成核过程，不仅温度而且浓度与反应速率间均具有较强的非线性关系。同时纳米粉体合成体系又是高固含量和高黏度的多相体系，随着反应的进行，固含量增加，传递效果变差，从而影响反应速率而改变最终产物的性质。

（5）操作方式　间歇、连续、半连续、一次加料或分批加料、加料速度以及预混、非预混加料显著影响反应器中各处局部的粒子形成结果，从而影响反应器出口颗粒产品的平均结果。这些因素的影响规律随反应尺寸的放大而变化，因此，在工业生产过程中必须加以重视。

由此可见，纳米粉体制备工程问题的复杂性在于多影响因素以及这些因素之间的交联作用，表现在该过程的变量非线性关系和由于传热、传质和流动阻力所导致的各种分布，这种交联作用使反应过程各有关变量的分布极为重要，但又不能以它们的平均性质表示，由此导致过程放大的困难。

纳米粉体材料制备过程的放大存在着两种意义上的放大，一是维持在适当浓度和温度分布上的扩大装置，主要追求的是最终宏观结果与小试相当；二是在小尺度装置上合成的物理形态和结构怎样在材料制备的规模上得到实现。

综上所述，对于纳米粉体材料的工业化生产，有以下工业要素特别重要：对于生产设备，要求纳米粉体材料所用的设备生产能力大、产量高、能耗低、耐磨性好、对产品无污染、使用寿命长。对于生产工艺，要求工艺简单、生产连续、自动化程度高、产品质量稳定、生产安全可靠、生产成本低。对于产品性能，要求能制备出粉体粒度小、分布窄且均匀、分散性好，表面特性优越的纳米粉体。

对于沉淀法制备粒度分布窄化、晶型可控的纳米粉体颗粒，分子混合对其粒度分布和颗粒形貌有重要影响。混合包括发生在大尺度上的宏观混合过程和发生在分子尺度上的微观分子混合过程。通过宏观混合，各组分可达反应器尺度上的宏观浓度分布均匀，通过分子混合则使局部小区域内各组分浓度分布达到分子尺度上的均匀化。对晶粒的成核，分子混合起十分重要的关键作用。对于晶体生长，分子混合对其影响较微，只要考虑容器尺度的宏观混合即可，宏观混合均匀则使得晶核在浓度均匀的生长环境中长大成尺寸分布均匀和形状一致的晶粒。因此，沉淀法制备高品质纳米粉体反应器的设计和选型原则是：①反应成核区和晶体生长区分开；②反应成核区置于高度强化的分子混合区；③晶体生长区置于完全宏观混合区；④反应成核区宏观流动设计为平推流、无返混。鉴于在第 2 章中所揭示的超重力环境下流体的分子混合、宏观混合特征，我们可以预测到：超重力旋转床反应器可以满足作为反应成核区的要求，是制备纳米颗粒材料的理想反应器，由此，我们在国际上率先提出了超重力反应沉淀法（简称超重力法）制备纳米粉体材料的思想并进行了实验研究，1995 年申请了第一个发明专利（ZL95105343.4）。

5.3　超重力法制备纳米材料的基本原理

超重力法制备纳米粉体材料实质就是在超重力反应器中，利用超重力环境，通过液相沉淀反应，生成纳米颗粒，制备纳米粉体材料。下面先分析液相法纳米粒子形成过程。

5.3.1　液相法纳米粒子形成过程分析[6,7]

纳米粒子形成过程是一个晶体生长的过程，也是一个相变过程。对于溶液中的晶体生长，这个过程可以分为成核和长大两个阶段。对于以制备纳米颗粒为目的的沉淀反应体系，化学反应极为迅速，在局部反应区内可形成很高的过饱和度，成核过程多为均相成核机理所控制。

对于均匀成核过程，相变的驱动力为自由能变化：

$$\Delta G=-\frac{4}{3}\pi r^3\ \frac{\Delta g}{V}+\pi r^2\sigma \tag{5-3}$$

式中　ΔG——Gibbs 自由能变化；

r——成核胚芽半径；

Δg——摩尔的相变 Gibbs 自由能变化；

V——摩尔体积；

σ——比表面能。

由 Gibbs-Thomson 关系式，临界晶核大小：

$$r_c=\frac{2V\sigma}{RT\ln S} \tag{5-4}$$

成核过程可以看作是激活过程，成核所需的活化能为：

$$E_c=\Delta G_{max}\propto\frac{1}{\ln^2 S} \tag{5-5}$$

在式(5-4)、式(5-5) 两式中，r_c为临界晶核半径；R 为气体常数；T 为开尔文温度；E_c 为成核活化能；ΔG_{max}为临界自由能变化；S 为过饱和度。

提高溶液的过饱和度 S，可以大大降低 ΔG_{max}，使 r_c减小，因此，溶液的过饱和度是纳米粒子成核的必要条件。

根据均匀成核理论，成核速率 J 可以表示为：

$$J=\Omega\exp(-\Delta G/kT) \tag{5-6}$$

$$\Delta G=\beta\sigma^{3}V^{2}/k^{2}T^{2}\ln^{2}S \tag{5-7}$$

式(5-7)可以写成：

$$J=\Omega\exp(-A_{0}/\ln^{2}S)=\Omega\left[\exp\left(-\frac{1}{\ln^{2}S}\right)\right]^{A_{0}}=\Omega(J)^{A_{0}} \tag{5-8}$$

式中　J——核化速率；

Ω——单位时间单位速率的有效碰撞次数；

β——形状因子。

$$A_{0}=\beta\sigma^{3}\frac{V^{2}}{k^{2}T^{2}} \tag{5-9}$$

可见，成核速率 J 对过饱和度 S 非常敏感，当过饱和度超过某一程度（临界过饱和度），成核速率迅速增大至极限。因此，相对高的过饱和度是溶液中粒子快速均匀成核的先决条件。

对于扩散控制过程，化学反应近于瞬时，故表观反应速率取决于扩散速率。分子混合即分子尺度上的混合，其混合水平取决于微元变形速率和分子扩散速率。只有通过强化分子混合才能使反应物组分达到较充分的分子接触，进而强化宏观化学反应。

另一方面，浓度分布的不均匀性与晶体生长时间的差异均可导致最终产品晶粒的大小不一，形成宽的粒度分布。

综上分析：为获得粒度分布均匀且平均粒径小的颗粒产品，必须尽可能满足以下条件：①高浓度；②浓度分布处处均一；③所有颗粒有同样的晶体生长时间。若能完全满足这三个条件，则可制得大小均一的纳米级颗粒。

5.3.2 超重力法制备纳米材料基本原理[7]

利用旋转填料床中产生的强大离心力-超重力环境，使气液的流速和填料的比表面积大大提高且不发生液泛。液体在高分散、高湍动、强混合以及界面急速更新的情况下与气体以极大的相对速度在弯曲孔道中逆向接触，极大地强化了传质过程。传质单元高度降低了1～2个数量级，并且显示出许多传质设备所完全不具备的优点。我们发现：在超重力环境下，不同大小分子间的分子扩散和相间传质过程均比常重力场下的要快得多，气液、液液、液固两相在比地球重力场大数百倍至千倍的超重力环境下的多孔介质中产生流动接触，巨大的剪切力使液体撕裂成纳米级的膜、丝和滴，产生巨大的和快速更新的相界面，使相间的传递速度比传统的塔器中的提高1～3个数量级，分子混合和传质过程得到极大强化[8,9]。据估算：一般水性介质中，成核特征时间 t_{N}（即成核诱导期）约为1ms级。根据分子混合理论，分子混合均匀化特征时间 t_{m} 可以下式来计算得到：

$$t_{m}=k_{m}(\nu/\varepsilon)^{1/2} \tag{5-10}$$

式中　k_{m}——常数，它的大小随反应器的不同而改变；

ν——动力学黏度，在水溶液中其值为 $1\times10^{-6}\,m^{2}/s$；

ε——单位质量的能量耗散速率。

根据式(5-10)，在传统搅拌槽式反应器中，ε 为0.1～10W/kg，因此可估算得到，$t_{m}=$

5～50ms，可见 $t_m > t_N$。这说明在传统反应器中，成核过程是在非均匀的微观环境中进行的，微观分子混合状态严重影响成核过程，这就是目前传统沉淀法制备颗粒过程中粒度分布不均和批次重现性差的理论根源。在超重力条件下，超重力装置内的分子混合极大强化，估算得 t_m＝0.4～0.04ms 或更小（视操作条件而定），因此，$t_m < t_N$。这可使成核过程在微观均匀的环境中进行，从而使成核过程可控，粒度分布窄化。

由上述理论分析可见：用超重力法克服了常重力法的缺点，在超重力旋转床中，可保证 $t_m < t_N$。因此，利用超重力旋转填充床作为反应器，通过反应结晶沉淀来合成纳米颗粒在理论上是完全可行的。

5.4 超重力法制备纳米粉体材料及其应用

利用超重力法制备纳米材料具有突出的特点和优势，我们在国际上率先发明了超重力法合成纳米材料的新方法，并在国家"863"计划等的资助下，探索了气液固相超重力法，气液相超重力法及液液相超重力法合成纳米粉体的新工艺，相继开发出实验室小试合成技术，不仅在超重力法合成纳米材料的理论研究方面取得了突破性进展，而且将这一技术成功放大到工业化生产规模，并形成一定的产业规模[8,9]。

5.4.1 气液固相超重力法制备技术及应用实例

气液固相超重力法制备技术是利用气、液、固三相反应物料在旋转填充床中进行反应来制备纳米材料的一种技术。这一技术已成功应用于纳米碳酸钙粉体的合成中[10～15]。

5.4.1.1 超重力法制备纳米碳酸钙的原理与工艺

碳酸钙作为一种重要的无机化工产品，广泛应用于油墨、涂料、橡胶、塑料、造纸、纺织品、密封胶、胶黏剂、日用品、化妆品、医药、食品、饲料等行业。微米级的碳酸钙主要用作填充剂，仅起增量和降低成本的作用。近年来，由于微细化及表面处理技术的发展，纳米级碳酸钙添加到橡胶和塑料中具有明显的补强作用，而且该产品的应用领域仍在不断扩大，并向专业化和精细化方向发展，因此对不同形态的纳米碳酸钙制备技术的研究，已成为发达国家竞相开发的热点。

国内外普遍采用间歇操作碳化法制备轻质超细碳酸钙，但这种制备方法不能很好地强化 CO_2 的吸收传质过程，因此制备的碳酸钙存在如下的不足：产品粒度不够超细化，粒度分布宽且难于控制，不同批次产品质量重复性差，碳化反应时间较长以及工业放大困难等。要解决这些问题，必须从根本上强化反应器内的传递过程和分子混合过程，并将碳酸钙成核过程与生长过程分别在两个反应器中进行，即将反应成核区置于高度强化的分子混合区，晶体生长置于宏观全混流区。超重力法制备纳米碳酸钙可以满足这一工艺要求，与传统的碳化法采用的工艺相比，超重力法确保了结晶过程满足较高的产物过饱和度，产物浓度空间分布均匀，所有晶核有相同的生长时间等要求。我们利用超重力技术成功地合成出平均粒度为15～40nm 的纳米碳酸钙粉体，产品技术指标和技术水平均处于国际领先水平。

利用 $Ca(OH)_2$ 悬浮液和 CO_2 气体在超重力反应器（旋转填充床）中进行碳化反应制备纳米碳酸钙的实验流程如图 5-3 所示。

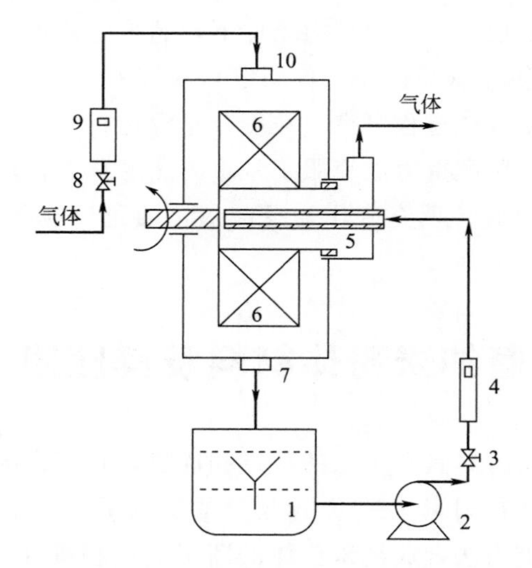

图 5-3 制备纳米碳酸钙碳化实验流程简图

1—循环釜；2—泵；3—球阀；4—液体流量计；5—液体分布器；6—填料层；
7—液体出口；8—球阀；9—气体流量计；10—气体进口

循环釜（1）中的 $Ca(OH)_2$ 悬浮液经循环泵（2）、液体流量计（4）进入超重力反应器，并通过液体分布器（5）喷向转子填料层（6）的内层。来自钢瓶的 CO_2 气体经气体流量计（9）进入超重力反应器转子的外缘。$Ca(OH)_2$ 悬浮液在离心力的作用下在填料层内与 CO_2 气体逆流接触并进行反应生成 $CaCO_3$，产物流回循环釜。整个碳化反应期间，CO_2 气体连续通入反应器，$Ca(OH)_2$ 悬浮液则是一次性加入循环釜，并通过泵不断在超重力反应器和循环釜之间进行循环，此间，通过 pH 计测定悬浮液的 pH 值。当 pH 等于 7 时，停止通入 CO_2 气体，反应结束。

5.4.1.2 超重力法制备纳米碳酸钙过程特性研究

利用氢氧化钙悬浮液与二氧化碳气体碳化反应制备超细碳酸钙时，其热化学方程式可以表示为：

$$Ca(OH)_2(s)+H_2O(l)+CO_2(g) = CaCO_3(s)+2H_2O(l)+71.8kJ/mol \quad (5\text{-}11)$$

根据水溶液的电离理论，该碳化反应按下列步骤进行：

$$CO_2(g)+H_2O(l) = H_2CO_3(l) = H^+(l)+HCO_3^-(l) = 2H^+(l)+CO_3^{2-}(l) \quad (5\text{-}12)$$

$$Ca(OH)_2(s) = Ca(OH)_2(aq) = Ca^{2+}(l)+2OH^-(l) \quad (5\text{-}13)$$

$$Ca^{2+}(l)+2HCO_3^-(l) = Ca(HCO_3)_2(l) = CaCO_3(s)+2H^+(l) \quad (5\text{-}14)$$

$$Ca^{2+}(l)+2CO_3^{2-}(l) = CaCO_3(s) \quad (5\text{-}15)$$

$$H^+(l)+OH^-(l) = H_2O(l) \quad (5\text{-}16)$$

CO_2 溶于 H_2O 生成的 H_2CO_3 为弱酸，在水中大部分离解为 H^+ 和 HCO_3^-，仅有少量

CO_3^{2-}，即 HCO_3^- 的浓度远远大于 CO_3^{2-} 的浓度。由于化学反应速率与反应物浓度的乘积成正比，因此，Ca^{2+} 与 HCO_3^- 化合生成 $Ca(HCO_3)_2$ 的速率远远大于 Ca^{2+} 与 CO_3^{2-} 化合生成 $CaCO_3$ 的速度。因此，$Ca(OH)_2$ 浆液碳化过程中，溶液中的 Ca^{2+} 大量与 HCO_3^- 结合生成 $Ca(HCO_3)_2$，随后再生成 $CaCO_3$。

从式(5-14) 和式(5-15) 可知，Ca^{2+} 同 HCO_3^-、CO_3^{2-} 结合生成难溶的 $CaCO_3$，液相中 Ca^{2+} 的减少，使固相 $Ca(OH)_2$ 不断溶解进入液相中，并解离成 Ca^{2+} 和 OH^-。Ca^{2+} 与 HCO_3^-、CO_3^{2-} 相结合，生成难溶解的 $CaCO_3$，如此继续下去直到悬浮液中的 $Ca(OH)_2$ 全部转变成 $CaCO_3$ 为止。

从上述过程可知，碳化反应在气液固多相体系中进行，主要包括相间传质、碳化反应和结晶三个步骤，它涉及 CO_2 气体吸收，$Ca(OH)_2$ 固体的溶解，$CaCO_3$ 的沉淀及 $CaCO_3$ 粒子的成核、生长和凝并过程。由于化学反应本身速率很快，因此 CO_2 气体的吸收与固体 $Ca(OH)_2$ 的溶解过程就成为碳化过程的控制步骤，而且 CO_2 的传质吸收过程还是整个过程的主要控制步骤。在碳化反应前期，过程速率主要由 CO_2 的吸收速率决定；在碳化反应后期，过程速率主要由固体 $Ca(OH)_2$ 溶解速率决定。因此，强化碳化反应过程中 CO_2 的吸收和/或固体 $Ca(OH)_2$ 的溶解过程，均能提高过程总的宏观速率，从而缩短碳化反应时间。

pH 计及电导率仪跟踪碳化反应全过程，所得 pH 值及电导率随碳化反应时间变化曲线如图 5-4 所示。

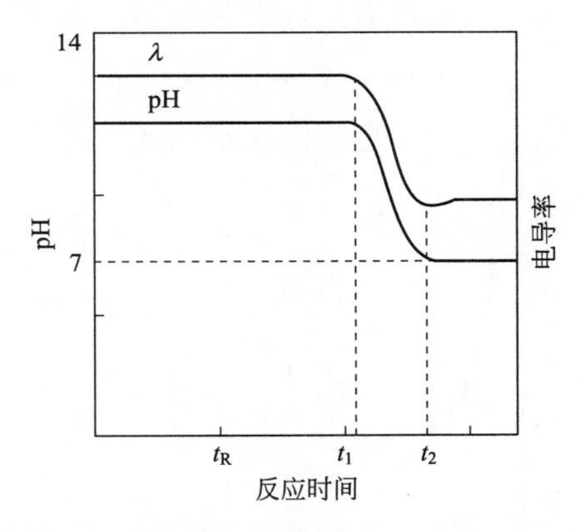

图 5-4　pH 值和电导率随碳化反应时间变化规律

研究结果表明，通入 CO_2 气体后，在碳化时间 $t_R<t_1$ 时间段内（约占总碳化时间 70%～80%，为 $CaCO_3$ 成核阶段），溶液中的 pH 值与电导率基本维持不变。在该时间段内，碳化速率恒定，反应主要发生在气、液界面的液膜中，液相主体中 $Ca(OH)_2$ 浓度维持恒定，速率控制步骤为 CO_2 吸收传质过程。

该过程的物理模型见图 5-5(a) 所示。在 $t_1<t_R<t_2$ 时间段（约占总碳化时间 20%～30%，为 $CaCO_3$ 生长阶段），溶液中固体 $Ca(OH)_2$ 含量已经大大降低，使其溶解速率迅速减小，溶解的 $Ca(OH)_2$ 已不足以提供碳化反应所消耗的 Ca^{2+} 和 OH^-，使得溶液的 pH 值与电导率迅速减小。此时，反应过程转变为 $Ca(OH)_2$ 的溶解控制，反应面移至颗粒附近的液膜中，其物理模型见图 5-5(b)。当 $t_R=t_2$ 时，反应系统的 pH=7，碳化反应结束，停止通入 CO_2 气体，此时，所对应的时间为 $Ca(OH)_2$ 碳化反应时间。

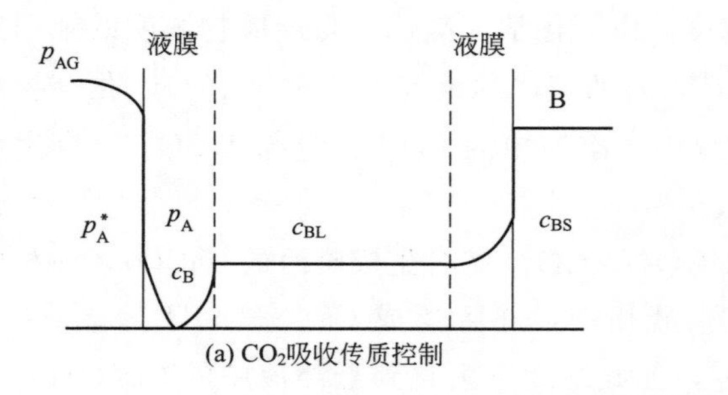

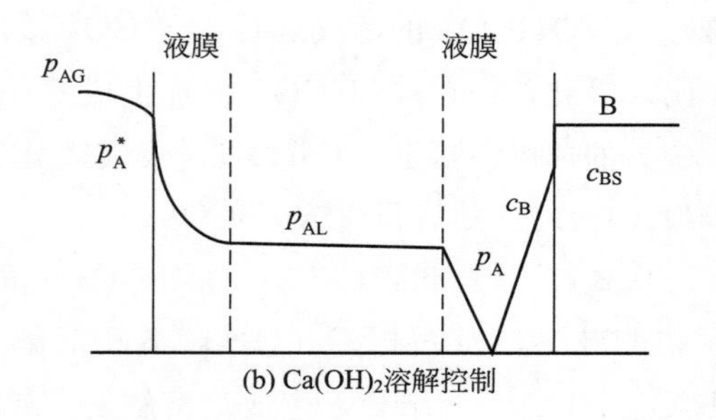

图 5-5 旋转填充床反应器中碳化反应过程的物理模型

5.4.1.3 超重力水平对碳化过程的影响

在一定的 $Ca(OH)_2$ 初始浓度、气液流量和反应温度下，通过调节旋转床转速来控制离心加速度 a，以获得不同的超重力水平。a 定义为：

$$a=\omega^2 r=\sqrt{(r_o^2+r_i^2)/2} \tag{5-17}$$

式中 ω——转子旋转角速率；

r_i，r_o——分别为转子内、外径。

（1）超重力水平对碳化反应时间的影响 图 5-6 是碳化时间 t_R 随超重力水平 g_r 变化曲线。从图中可知，随着 g_r 的增加，t_R 总体上呈减小趋势，尤其是当 g_r 取值较小时，t_R 的减小趋势非常明显，而当 g_r 增大到一定值后，t_R 的减小明显变缓。

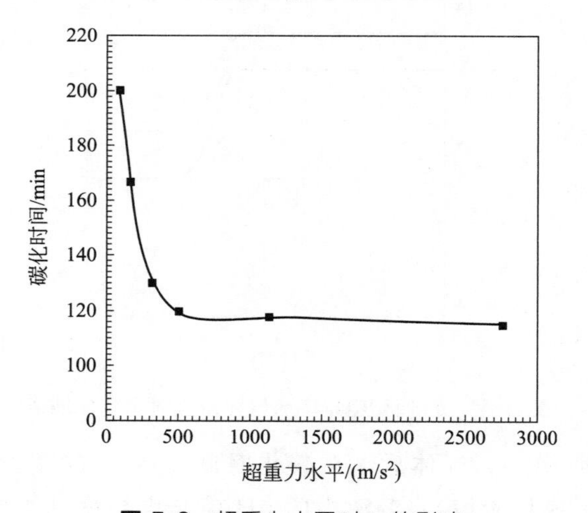

图 5-6 超重力水平对 t_R 的影响

超重力技术的基础研究表明，旋转填充床中转子填料层的传质分为两个区，即进口端区和主体区。在进口端区，液体以喷口速度（径向）进入旋转的填料，在前进中被填料撞击，至离内缘径向距离约 10mm 左右，液体的切向速度由零转变为与转子基本相同。在这一碰撞过程中，液体分散、飞溅形成细小的液滴（称为液体的微滴化），它提供了很大的相界面积，且由于黏附在填料表面的液膜厚度在离心运动产生的巨大剪切作用下变薄，液膜传质阻力变小，使传质速率大大提高。尽管进口端的厚度只有 10mm 左右，但在该区域内的传质量约占总传质量的 70%～80%。液体在填料层主体区的流动近似于平推流。

$Ca(OH)_2$与 CO_2气体的多相反应发生在相界面上，反应速率同反应物移向界面和产物离开界面的扩散过程紧密相关。超重力反应器为涡流扩散过程的强化提供了条件，使整个反应的宏观速率明显提高。但是，当超重力加速度 g_r增大到一定值后，液体微滴化作用增强的幅度趋缓，致使 CO_2的吸收和固体 $Ca(OH)_2$溶解的强化增长的幅度也减缓，这导致 t_R随着 g_r的变化也趋缓。

（2）超重力水平 g_r对产物平均粒度及其分布的影响　图 5-7 是产物 $CaCO_3$的平均粒度 d_p随 g_r的变化曲线。从图中可知，d_p随 g_r的增加而减小。这是因为 g_r的增加，过程宏观速率增加，使反应体系 $CaCO_3$过饱和度增加，成核晶粒数目增加，晶粒减小。同时，产物过饱和度空间分布均匀，晶核生长时间变短，产物粒度分布也变窄（图 5-8）。

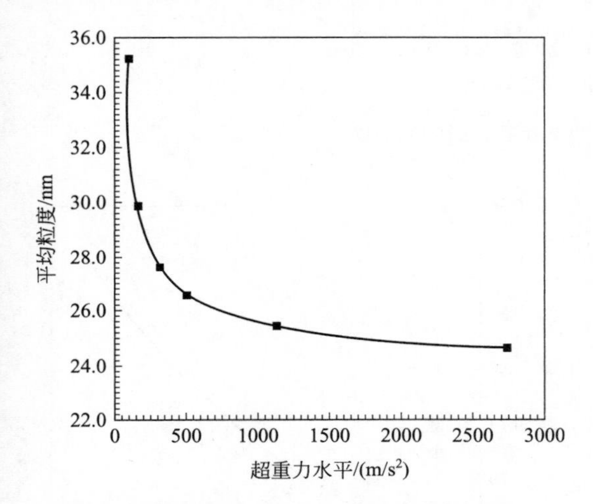

图 5-7　超重力水平对产物平均粒度的影响

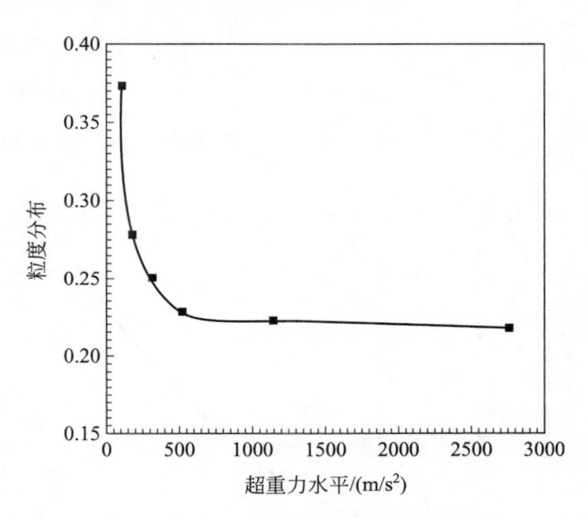

图 5-8　超重力水平对产物分布的影响

5.4.1.4　$Ca(OH)_2$浓度对碳化过程的影响

（1）$Ca(OH)_2$初始浓度对碳化时间的影响　图 5-9 是 $Ca(OH)_2$初始浓度对碳化时间 t_R的影响规律图。从图中可知，随着 $Ca(OH)_2$初始浓度的增加，碳化反应时间增大。这是因为在碳化反应过程中，$Ca(OH)_2$悬浊液是一次性加入，增加 $Ca(OH)_2$初始浓度相当于增加反应物总量，在其他条件相同的情况下，这会引起反应时间的延长。

（2）$Ca(OH)_2$初始浓度对产物粒度及其分布的影响　图 5-10 和图 5-11 分别是$Ca(OH)_2$初始浓度对产物粒度及其分布的影响规律图。从图中可知，随着 $Ca(OH)_2$初始浓度增加，产物粒度增大，分布变差。

在其他操作参数不变的情况下，增加初始浓度相当于增加反应过程中 $Ca(OH)_2$对 CO_2的过量程度。这有利于 CO_2的完全反应，形成更高的过饱和度，加速 $CaCO_3$的成核和生长。$CaCO_3$成核速率的增加，有利于新生成更多的晶核，使产物粒径变小。$CaCO_3$生长速率的增加，使晶核长得更大，晶粒粒度变大。同时，$Ca(OH)_2$初始浓度的增大，不仅使碳化反应时间延长，晶核生长时间增加，而且由于其体系黏度明显增大，碳化过程中出现凝胶化现象较严重，而且持续时间长，阻碍了晶核粒子的运动，为粒子的凝并生长提供了可能，从而使产物粒子粒度变大、分布变宽。以上几个方面综合影响的结果致使随着 $Ca(OH)_2$初始浓度的增加，产物粒度变大，分布变差。

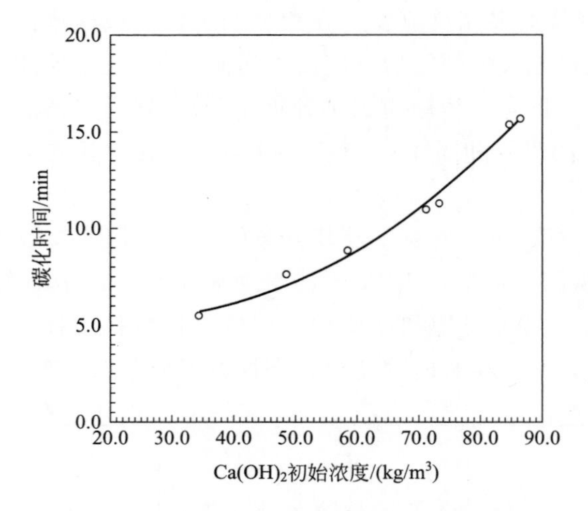

图 5-9 Ca(OH)$_2$初始浓度对碳化时间的影响

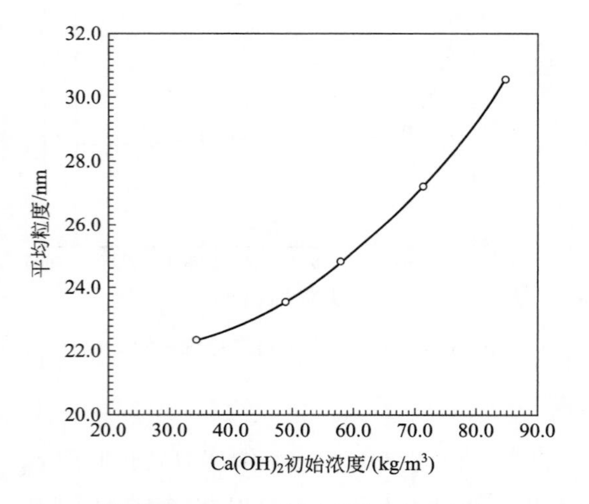

图 5-10 Ca(OH)$_2$初始浓度对产物粒度的影响

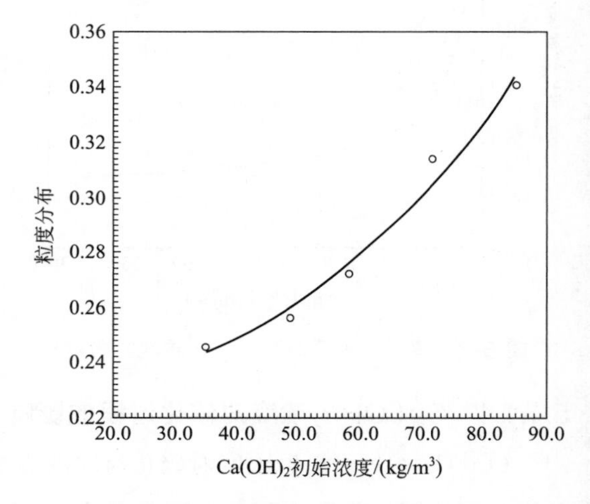

图 5-11 Ca(OH)$_2$初始浓度对产物粒度分布的影响

5.4.1.5 循环液体体积流量和气体体积流量对碳化过程的影响

(1) 液气比 L/G 对碳化时间的影响 图 5-12 为碳化时间随 L/G 的变化曲线。图中表明，随着 L/G 的增加，碳化时间呈减小趋势。

(2) 液气比 L/G 对产物粒度及其分布的影响 增加循环液体体积流量有利于超重力反应器中填料层内液相的均匀分布，增加局部反应区内产物过饱和度，使成核、生长速率加快，成核数量增加，产物平均粒度变小，粒度分布变窄，如图 5-13 和图 5-14 所示。

5.4.1.6 纳米碳酸钙的粒度控制

(1) 粒度控制剂 A 对碳酸钙颗粒生长的抑制作用 碳化反应初期，速率控制步骤为 CO_2的传质吸收过程，液相中［OH^-］和［Ca^{2+}］浓度维持恒定，pH 值保持不变。碳化反应末期，当 Ca(OH)$_2$消耗将尽时，体系中［OH^-］和［Ca^{2+}］开始降低，导致溶液 pH

值和电导率发生突变，此时加入粒度控制剂A，以控制晶体生长。

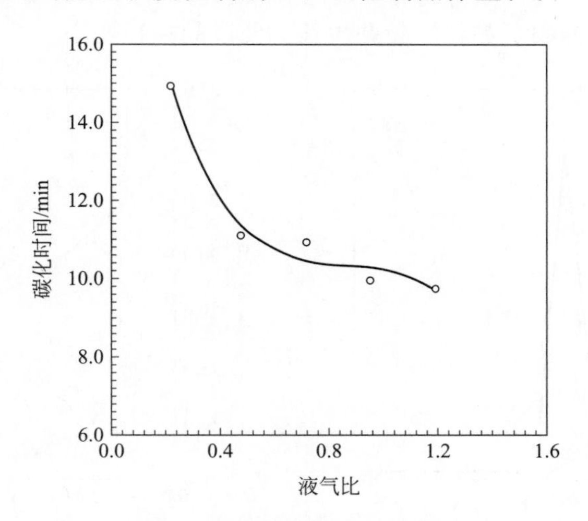

图 5-12 液气比对碳化时间的影响

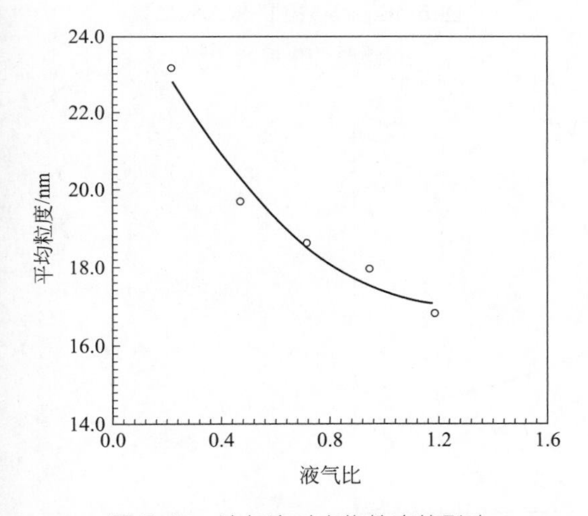

图 5-13 液气比对产物粒度的影响

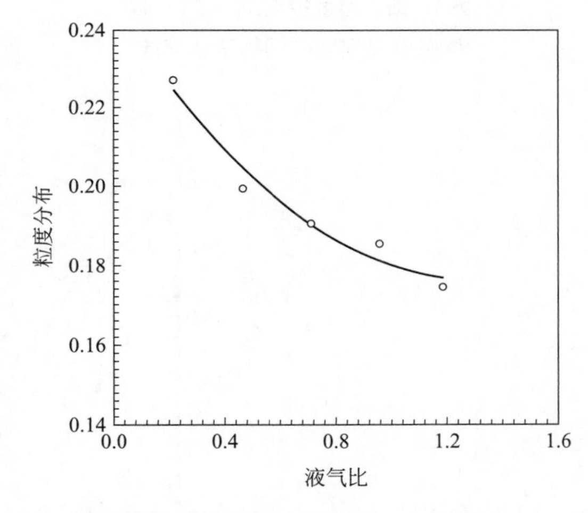

图 5-14 液气比对产物粒度分布的影响

由图5-15可知，在体系电导率开始降低的t_1时刻加入A后，体系电导率迅速上升，然后又迅速回落。随着A加入量（占$CaCO_3$质量百分比）的增加，产品粒径呈减小趋势，如图5-16所示。究其原因，我们认为，pH值突变阶段，体系过饱和度开始降低，使成核和生长速率下降，并且成核速率将下降得更快些，使晶体生长相对速度提高。加入A后，能迅速提高体系过饱和度和成核速率，从而使最终产品粒径减小。可见，晶体粒度及粒度分布是由成核和生长速率共同决定的。提高过饱和度，从而提高成核绝对速率和相对速度，是实现粒度控制的关键。

（2）粒度控制剂B对碳酸钙颗粒生长的抑制作用　在碳化前，在$Ca(OH)_2$悬浮液中加入微量控制剂B，然后再进行碳化反应。由图5-17可知，微量B的抑制生长作用非常明显，产品晶粒细小。添加0.2(质量)%的B时，产品平均粒径仅为15nm。因为一方面B加入后能与溶液中的OH^-发生反应，使$Ca(OH)_2$的电离平衡向右移动，溶液中Ca^{2+}浓度增加，

同样可以提高 $CaCO_3$ 过饱和度和成核速率；另一方面，B 电离形成的阴离子 R^- 能吸附在 $CaCO_3$ 晶粒表面，从而抑制了晶粒的凝并生长，使产品粒径变小。

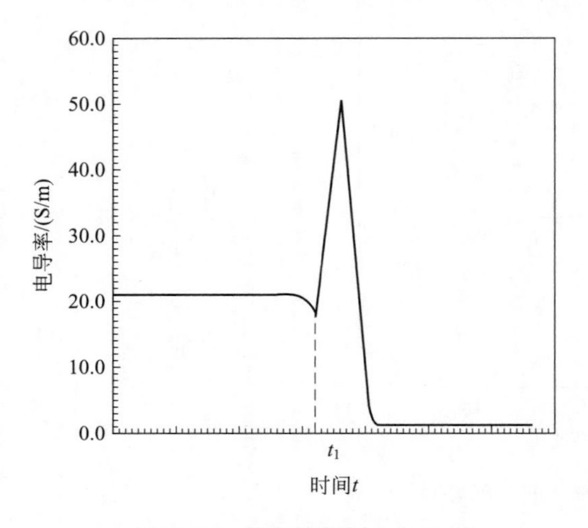

图 5-15 粒度控制剂 A 加入后体系电导率随时间的变化曲线

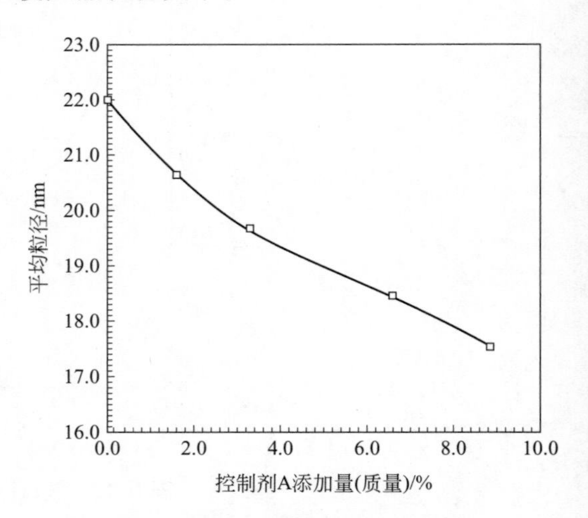

图 5-16 粒度控制剂 A 添加量对碳酸钙粒径的影响

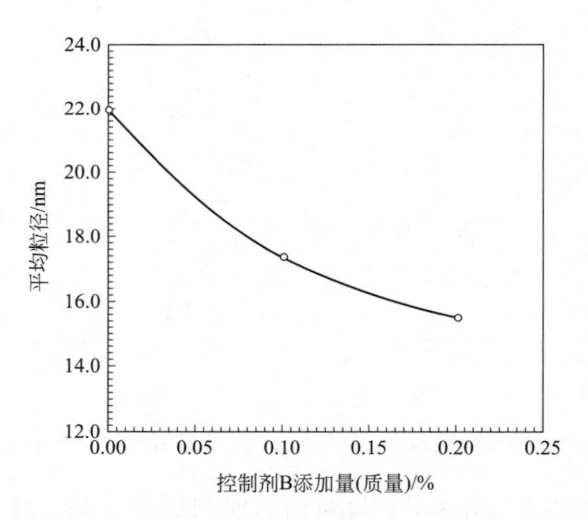

图 5-17 粒度控制剂 B 添加量对碳酸钙粒径的影响

（3）表面活性剂对产品晶习的影响　在 $Ca(OH)_2$ 悬浮液中分别添加 0.75(质量)%的脂肪酸盐 C、0.75(质量)%的树脂酸盐 D 和 0.03(质量)%（均为占 $CaCO_3$ 产品质量百分比）的高分子型表面活性剂 E，然后再进行碳化，以考察不同种类表面活性剂对产品粒度的影响。结果表明，C、D 和 E 对晶体生长没有抑制作用，反而会导致晶粒凝并长大，甚至发生晶习畸变。这是因为当表面活性分子量较大、分子链较长时，吸附在一个晶粒上的有机分子可以同时以另外一些链节吸附在其它晶粒表面上，形成搭桥效应，使晶粒凝并。当分子量更大时，还会导致晶粒严重团聚，使晶习畸变。

5.4.1.7 纳米碳酸钙的形貌控制

通过对超重力水平、反应温度、反应物浓度、气液流量比等工艺参数的调节和加入晶型控制剂等方法对颗粒形状及其粒度分布进行控制，已合成出几种不同形状的纳米碳酸钙。从图 5-18 可以看到，超重力法制备的立方形碳酸钙的粒径范围在 15～30nm 之间，且粒度分布窄；晶须碳酸钙的长径在 1～3μm，短径约为 40nm 左右；链锁状 $CaCO_3$ 的轴比大于 10、单个颗粒平均粒度小于 10nm、分布均匀；而片状碳酸钙的厚度在 40～50nm 之间，晶型比较单一。

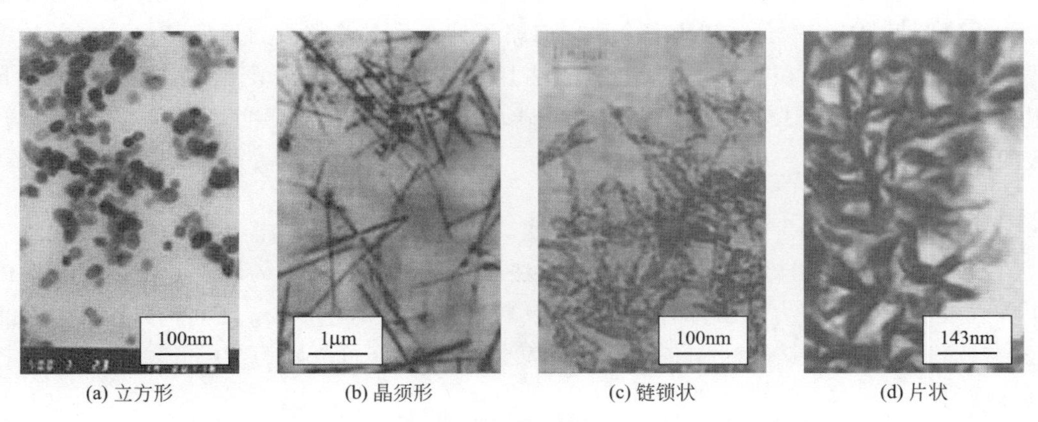

(a) 立方形　(b) 晶须形　(c) 链锁状　(d) 片状

图 5-18　不同形状碳酸钙的 TEM 照片

5.4.1.8　纳米碳酸钙的 XRD 分析

超重力法制备的纳米碳酸钙的 X 射线衍射图谱如图 5-19 所示。将产物的 XRD 分析结果同 JCPDS 标准卡对比，可以确定纳米立方形碳酸钙粒子为方解石晶型，属于六方晶系，其晶体常数为：晶轴单位为 $a_1=a_2=b=4.989\text{Å}$（$1\text{Å}=0.1\text{nm}$），$c=17.062\text{Å}$，晶轴角为 $\alpha=\beta=90°$，$\gamma=120°$。该晶体结构同普通碳化法合成的产物相同。

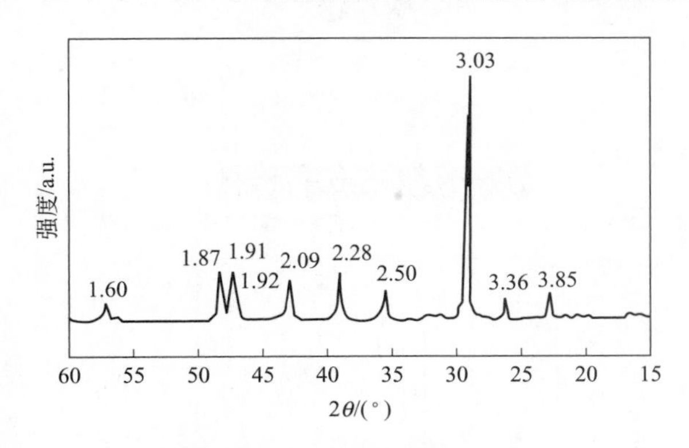

图 5-19　纳米碳酸钙 XRD 图谱

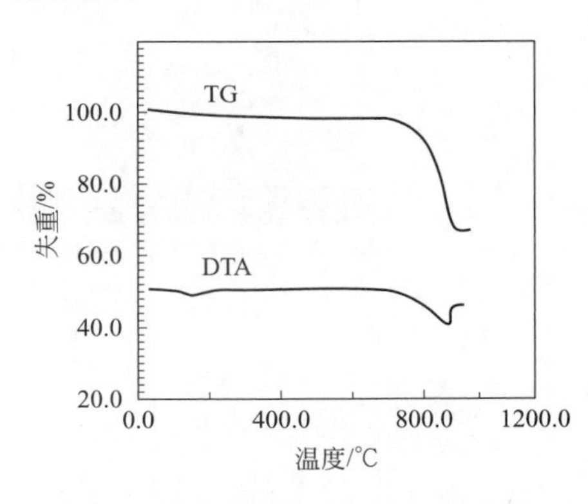

图 5-20　纳米碳酸钙 TG/DTA 图谱

5.4.1.9　纳米碳酸钙的 TG/DTA 分析

图 5-20 为纳米碳酸钙的热重和差热分析图。由图可知，颗粒的吸附水在 40～270℃之间失去，表现为 2.7% 的失水率和弱吸热峰的出现。630℃时，碳酸钙开始分解为 CaO 和 CO_2，790℃时分解完全，此阶段失重率为 42%，出现了强吸热峰。与常重力场中合成的 $CaCO_3$ 粉体在 825℃开始分解相比，开始分解温度降低了 195℃。分析推知，此为纳米颗粒表面效应所致。因为 $CaCO_3$ 热分解反应为：

$$CaCO_3 \xlongequal{\quad} CaO + CO_2 \tag{5-18}$$

其标准自由焓变化为：

$$\Delta G_{T,P} = G^0_{CO_2} + G^0_{CaO} - G^0_{CaCO_3} \tag{5-19}$$

式中，$G^0_{CaCO_3} = G^b + G^s$，其中 G^b 表示不考虑表面特性时的体系自由焓，G^s 表示表面过剩自由焓。对于普通碳化法制备的纳米碳酸钙来说，由于比表面积不大，处于表面层的分子占总分子数的比例很小，G^b 与 G^s 相比完全可以忽略不计。而对于超重力反应结晶法制备的纳米碳酸钙颗粒，其比表面积很大，表面分子所占比例提高，表面分子由于键合不平衡性，自由能很高，G^s 增加为一个较大数值，表面效应显著，使 $\Delta G_{T,P}$ 变得更负，反应进行趋势增大，故碳酸钙分解温度降低。

5.4.1.10 纳米碳酸钙不同制备方法的比较

图 5-21 比较了采用超重力法和普通碳化法制备的纳米碳酸钙的形貌和粒度分布。由图 5-21 可以看出，用超重力法制备的纳米碳酸钙粒度分布在 25～40nm 之间，分布较窄且呈正态分布，而日本用普通碳化法制备的纳米碳酸钙的粒度分布范围为 30～150nm，分布较宽而且不均匀。

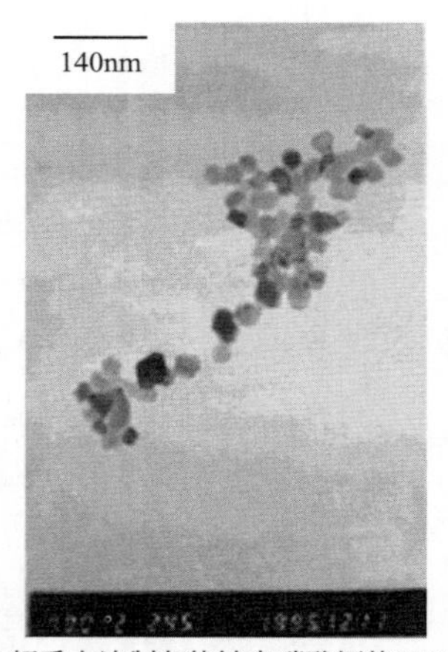

(a) 超重力法制备的纳米碳酸钙的TEM照片

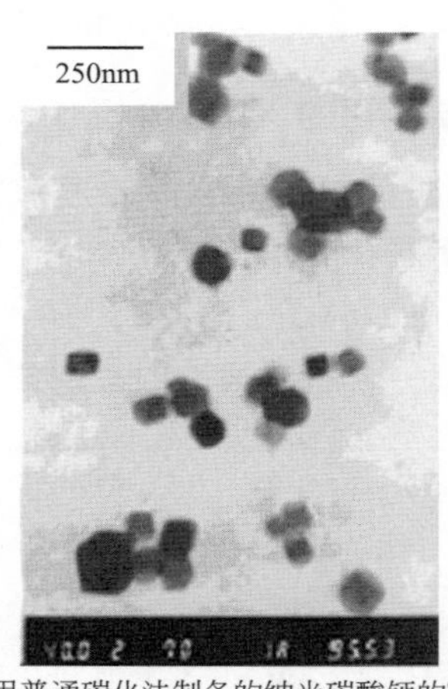

(b) 日本用普通碳化法制备的纳米碳酸钙的TEM照片

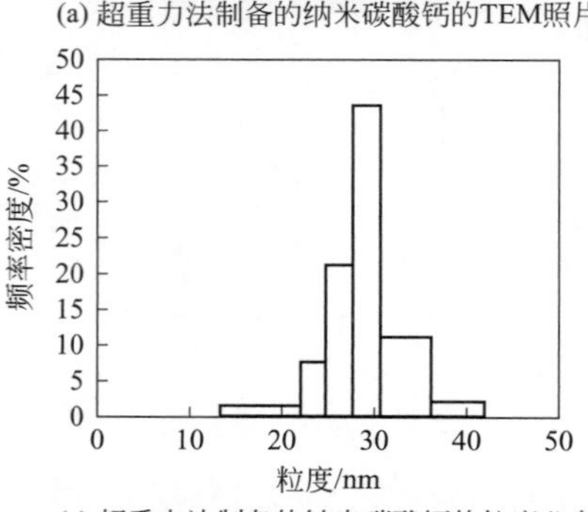

(c) 超重力法制备的纳米碳酸钙的粒度分布

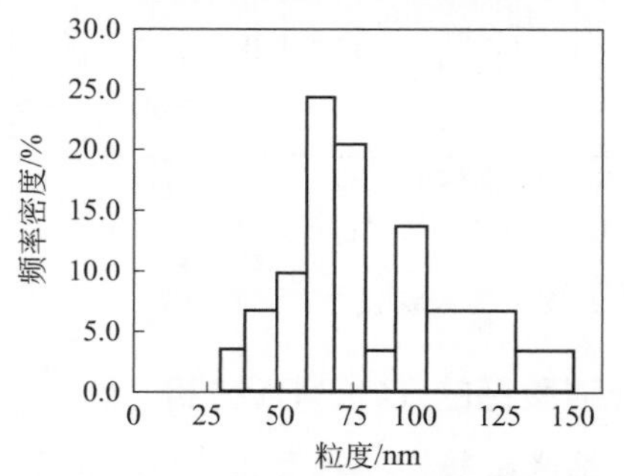

(d) 日本用普通碳化法制备的纳米碳酸钙的粒度分布

图 5-21 超重力法和普通碳化法制备的纳米碳酸钙的比较

5.4.1.11 超重力法制备纳米碳酸钙工业生产过程

超重力法制备纳米碳酸钙的技术由于具备一系列突出的优点，已成功应用于万吨级/年规模工业生产中。下面以具有代表性的山西芮城某公司的生产线为例，介绍超重力法制备纳米碳酸钙的工业生产过程。

超重力法生产纳米碳酸钙的工艺流程如图 5-22 所示。石灰石和焦炭从上部给入机械立窑中，空气则通过鼓风机从机械立窑的下部给入。石灰石经机械立窑煅烧后变成石灰，进入消化反应器中进行消化。从消化反应器出来的石灰乳经过精制和调和后给入超重力反应器中。

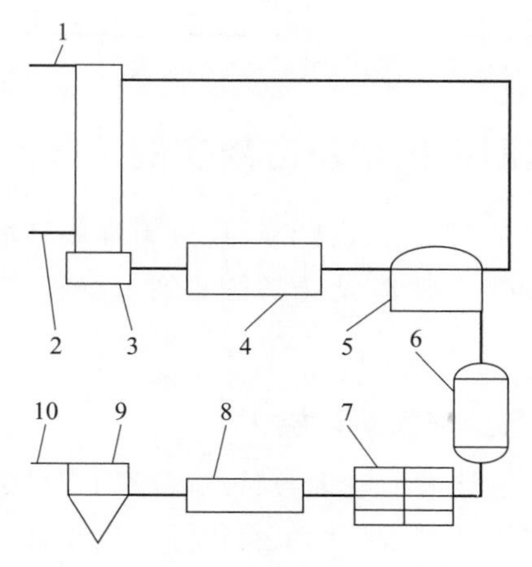

图 5-22　山西芮城超重力法制备纳米碳酸钙的生产工艺流程图

1—石灰石和焦炭；2—空气；3—机械立窑；4—消化反应器；5—超重力反应器；6—改性罐；7—板框压滤机；8—浆叶干燥机；9—微粉干燥机；10—纳米碳酸钙

空气进入机械立窑中与石灰石反应形成富含二氧化碳的窑气，经过脱除烟尘、二氧化硫和焦油后，送入超重力反应器中与石灰乳进行碳化反应制备纳米碳酸钙。当浆料的 pH 值达到 7 左右时为碳化反应的终点，生产过程中通过检测浆料的电导率变化来判明这一终点。

纳米碳酸钙悬浮液随后进入改性罐中。在改性罐中加入改性剂并乳化，然后在一定的温度下保温一段时间，得到改性纳米碳酸钙。

改性纳米碳酸钙经泵送入板框压滤机脱水，再经过浆叶干燥机、微粉干燥机干燥后，最后经包装机装袋后成为商品纳米碳酸钙入库保存。

工业放大实验表明，与传统工艺技术相比，超重力法合成纳米碳酸钙具有特殊优越性，见表 5-1 所述。

表 5-1　超重力法技术与传统技术的优缺点比较

名称	传统技术	超重力法技术
反应器型式	搅拌釜式或塔式 鼓泡反应器	旋转填充床
分子混合速率	慢，5～50ms	快，0.01～0.1ms
传质速率	慢，1	快，10～100
产品粒度	不加晶体生长抑制剂时>100nm； 加晶体生长抑制剂时，<100nm，形貌不易控	不加晶体生长抑制剂，15～30nm； 形貌可控
批反应时间	长，60～75min，3 天	短，15～25min

续表

名称	传统技术	超重力法技术
反应器体积(3000t/a)/m^3	30～50m^3,3个 投资大	约4m^3 投资小
生产可控性	较难,批与批质量重复性	较易,质量稳定
生产成本	较差,成本高	成本低
工程放大效应	大,难放大	无负效应,易

5.4.2 气液相超重力法制备技术及应用实例

气液相超重力法制备技术是利用气液两相反应物料在旋转填充床中进行反应制备纳米材料的一种技术。目前，已利用这一技术成功制备的纳米材料有纳米氢氧化铝、纳米二氧化硅、纳米氧化锌等。

5.4.2.1 气液相超重力法制备纳米氢氧化铝[16,17]

纳米氢氧化铝具有粒径小、比表面积大等特点，可用作增强剂、橡胶补强剂、高效阻燃剂、高性能催化剂、生物陶瓷以及制备超细氧化铝等，近年来受到了人们的广泛关注。

（1）超重力法制备纳米氢氧化铝的原理与工艺　传统的氢氧化铝制备都是从铝酸钠溶液中沉淀出氢氧化铝产品。沉淀的方法有晶种分解法和碳分分解法。目前，工业上这两种生产工艺都非常成熟，但只能生产冶金级氢氧化铝，粒度为几十微米到几百微米。如利用不同改良的拜耳法（晶种分解法）可以制备出粒度为几微米的氢氧化铝产品，但未能达到超细的程度。理论分析表明，在超细颗粒的制备过程中，保证粒子在高源速率下成核是得到超细粒子的前提条件，而晶种分解法实际上是一个结晶生长过程，也是一个低源速率成核的过程，因而不可能得到超细粒子。碳分分解法是向铝酸钠溶液中通入CO_2气体，通过复分解反应沉淀出氢氧化铝产品。对于反应沉淀过程，如果有足够的过饱和度，则可以满足粒子在高源速率下成核的条件。因此，碳分分解法有可能得到超细氢氧化铝粒子。其反应步骤可以表示如下：

液相扩散控制过程

$$CO_2(g) = CO_2(aq) \tag{5-20}$$

瞬间化学反应吸收（pH＝12～14）

$$CO_2(aq) + OH^-(aq) = HCO_3^-(aq) \tag{5-21}$$

瞬间质子转移反应

$$HCO_3^-(aq) + OH^-(aq) = CO_3^{2-}(aq) + H_2O(aq) \tag{5-22}$$

快速沉淀反应

$$AlO_2^-(aq) + 2H_2O(aq) = Al(OH)_3(s) + OH^-(aq) \tag{5-23}$$

从以上反应步骤可以看出，碳分分解的反应速率主要是由第一步CO_2从气相主体进入液相主体这一扩散过程的速率决定的。因此，碳分分解过程不为动力学控制，而是扩散控制。

理论分析结果表明，液相法制备纳米氢氧化铝的生产工艺应该尽可能满足以下条件：应当采用碳分分解法的工艺；超细粒子成核区和生长区分开；成核区应达到高度分子混合；生长区要实现宏观混合均匀。在上述条件中，如何实现高度分子混合是液相法制备纳米氢氧化铝生产工艺的关键。而采用超重力反应-水热耦合的方法制备纳米氢氧化铝可以很好地满足上述工艺条件的要求。其第一步是在超重力旋转填充床内制备出纳米氢氧化铝的前驱体氢氧化铝凝胶，第二步则是把氢氧化铝凝胶进行水热处理，最终得到超细氢氧化铝产品。

碳分分解过程实验流程图如图 5-23 所示，实验步骤如下：

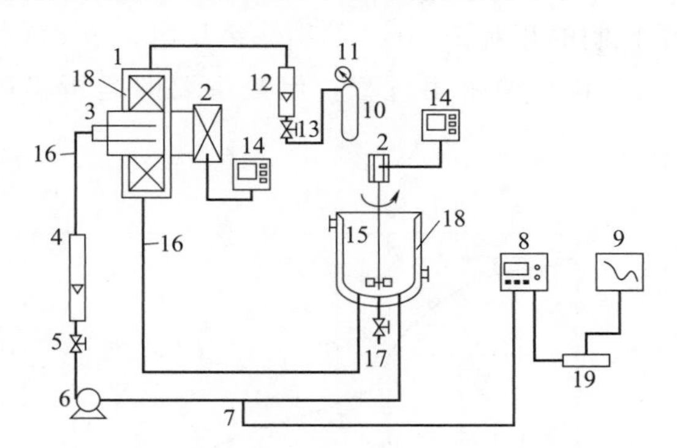

图 5-23 制备纳米氢氧化铝碳分分解过程实验流程图

1—超重力反应器；2—电机；3—进液喷头；4—液体流量计；5—流量调节阀；6—磁力阀；7—电极；8—数字 pH 计；9—记录仪；10—CO_2钢瓶；11—减压阀；12—气体流量计；13—气量调节阀；14—调频仪；15—循环罐；16—温度计；17—出料阀；18—夹套；19—可调电阻

称取一定量的分析纯氢氧化钠，溶于一定量的去离子水中，再称取一定量的氢氧化铝（工业级）加入氢氧化钠溶液中，加热至氢氧化铝全部溶解，并维持沸腾一段时间，得到粗铝酸钠溶液，过滤后配制成一定浓度的铝酸钠原料液。

铝酸钠原料液加入循环罐，用磁力泵打出，经液体流量计计量后由进液喷头喷入超重力机的转子内，在磁力泵的入口前端由数字 pH 计测量溶液的 pH 值。来自钢瓶的 CO_2 气体经压力表测量压力后，由气体转子流量计计量，沿转子旋转方向切向进入超重力机内，在转子内与液相逆向接触发生反应。反应物料不断在超重力机和循环罐之间进行循环，当悬浮液的 pH 值达到 10.5 时判定为反应终点并停止通入 CO_2。

将由超重力机制得的悬浮液抽滤、洗涤，得到凝胶（分子式为 $Na_2O \cdot Al_2O_3 \cdot 2CO_2 \cdot nH_2O$）。将此凝胶重新分散到去离子水中形成一定浓度的悬浮液，并在四口烧瓶中维持一定温度，在强力搅拌的情况下进行水热处理 30min，然后再将此悬浮液抽滤、洗涤，于 110℃下干燥 2h，得到纳米氢氧化铝产品。

（2）铝酸钠溶液的碳分分解过程分析

① 旋转床中的碳分分解过程。图 5-24 所示是旋转床中 pH 变化的典型实验曲线。在超重力机内的碳分分解过程中，pH 值的变化可以分为三个阶段。Ⅰ段从反应开始到 C 点，是诱导期，pH 值下降很快但并没有氢氧化铝析出，反应料液中没有白色浑浊物出现。这是由于在反应初期，铝酸钠溶液中的 OH^- 浓度很高，使得由于 CO_2 的中和而产生的氢氧化铝的晶核重新与 OH^- 反应而溶解。C 点是通过测定从反应开始到反应料液中刚出现白色浑浊为

止来确定的。Ⅱ段从 C 点到 D 点，是氢氧化铝剧烈析出期。C 点表明诱导期结束，氢氧化铝开始析出。当反应进行了一段时间后，pH 值下降到一定程度，反应产生的晶核远远多于由于铝酸钠溶液中的 OH^- 存在而消亡的氢氧化铝的晶核，溶液处于过度饱和，晶核很快凝结并成长为氢氧化铝沉淀而剧烈析出。由于氢氧化铝的析出非常迅速，因而这一区间经历的时间很短。D 点是结合 pH 值微分曲线来确定的（见图 5-25）。Ⅲ段从 D 点到反应结束，是碳分分解的末期。在这一区间内，低浓度的铝酸钠溶液继续被中和分解，析出氢氧化铝沉淀，但在低浓度下，由于扩散到液相中的 CO_2 大大过量，液相中的 CO_2 浓度可以看成是一常数，反应转变为动力学控制的相对于 OH^- 的拟一级反应，故 pH 值呈直线下降。实际上，在Ⅲ区内，虽然有氢氧化铝新相的析出过程，但最主要的是析出的氢氧化铝凝胶老化的过程。

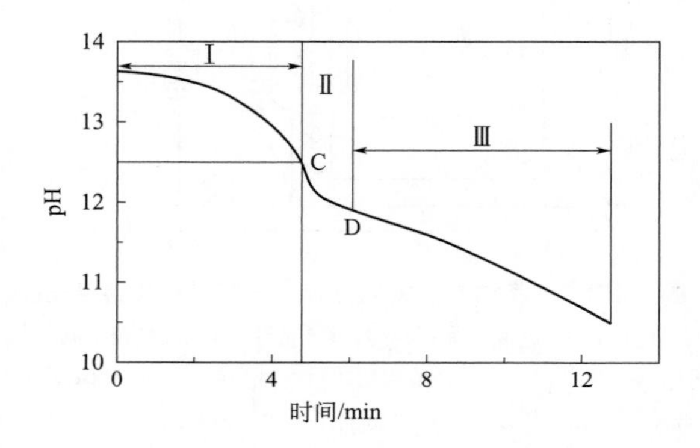

图 5-24 碳分分解过程 pH 值的变化规律

Ⅰ碳分分解诱导期；Ⅱ铝酸钠溶液剧烈分解；Ⅲ碳分分解末期

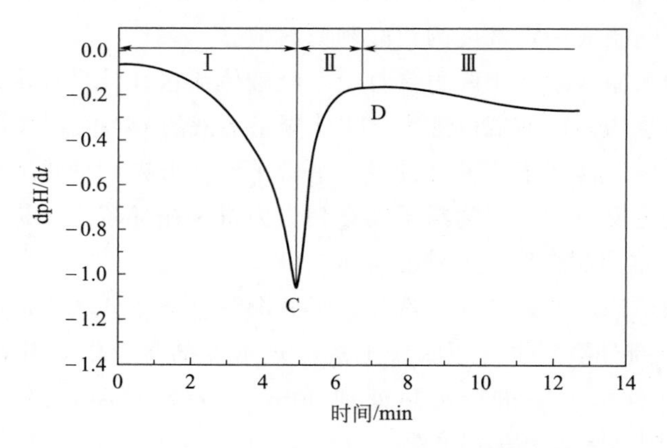

图 5-25 碳分分解过程 pH 的变化率与时间的关系

Ⅰ碳分分解诱导期；Ⅱ铝酸钠溶液剧烈分解；Ⅲ碳分分解末期

② 碳分分解反应过程的动力学。图 5-25 为旋转床中碳分分解过程 pH 的变化率与时间的典型曲线图。

对应于图 5-24，从反应开始到 C 点是诱导期，从 C 点到 D 点是铝酸钠溶液的剧烈分解期，从 D 点到反应终点是碳分分解反应的末期。碳分分解反应可以看成是如下反应控制的不可逆二级反应。

反应方程式

$$CO_2(aq)+2OH^- \longrightarrow CO_3^{2-}+H_2O \tag{5-24}$$

其反应速率可以表示为：

$$R_r=k_r[OH^-][CO_2] \tag{5-25}$$

式中 k_r——反应速率常数。

则

$$-\frac{1}{2}\frac{d[OH^-]}{dt}=-\frac{d[CO_2]}{dt}=k_r[OH^-][CO_2] \tag{5-26}$$

式(5-26) 表示式(5-25) 中 $[OH^-]$ 和 $[CO_2]$ 的消耗速率，$[CO_2]$ 为 CO_2 溶解在铝酸钠溶液中的浓度。随着碳分分解反应的进行，溶液中的 OH^- 一方面由于被 CO_2 中和而消耗，另一方面由于 $Al(OH)_3$ 析出生成 OH^- 而增加，则总 $[OH^-]$ 的反应速率为：

$$-\frac{d[OH^-]}{dt}=2k[OH^-][CO_2]-R_2 \tag{5-27}$$

式中 R_2——伴随着 $Al(OH)_3$ 析出生成 OH^- 的速率，即如下反应的速率。

$$AlO_2^-+2H_2O \longrightarrow Al(OH)_3+OH^- \tag{5-28}$$

由于体系中的水大大过量，而且反应(5-24) 中有水生成，故可以认为在整个过程中，水的浓度变化不大，因此，可以假定反应(5-28) 为一级反应，则有：

$$R_2=k_p[AlO_2^-] \tag{5-29}$$

式中 k_p——反应速率常数。

溶液的 pH 值与 $[OH^-]$ 有如下关系：

$$pH=14+\lg[OH^-] \tag{5-30}$$

式(5-30) 两边对 t 求导得：

$$\frac{dpH}{dt}=\frac{1}{\ln 10}\frac{1}{[OH^-]}\frac{d[OH^-]}{dt} \tag{5-31}$$

将式(5-29)、式(5-31) 两式代入式(5-27) 得，

$$\frac{dpH}{dt}=-\frac{2k_r}{\ln 10}[CO_2]+\frac{k_p}{\ln 10}\times\frac{[AlO_2^-]}{[OH^-]} \tag{5-32}$$

溶液中 $[CO_2]$ 的变化来自两方面的贡献：一方面 CO_2 气体从气相通过气液界面扩散到液相中而增加；另一方面由于中和铝酸钠溶液中的 OH^- 被消耗，所以，溶液中 $[CO_2]$ 的积累速率可以用下式来表示：

$$\frac{d[CO_2]}{dt}=R_D-R_r \tag{5-33}$$

式中 R_D——$[CO_2]$ 从气相扩散到液相中的速率；

R_r——中和反应消耗的速率。

在本工作中，由于采用了纯的 CO_2 气体，因而不存在气相主体扩散，所以，R_D 即为 CO_2 在液相中的扩散速率。根据表面更新理论，R_D 可以表示为：

$$R_D=k_L(C_A^*-C_{AL}) \tag{5-34}$$

式中，$k_L=\sqrt{D_A s}$，为表面更新理论的液相传质系数；D_A 为 $CO_2(l)$ 在液相中扩散系数；

s 为表面更新分率，它是系统流体力学状况对传质系数影响的表征，对于带有反应的吸收过程，系统的流体力学状况包括气液的流动状况、气液的接触方式等因素；C_A^* 表示气液界面 CO_2 的平衡浓度；C_{AL} 表示 CO_2 气体在液相主体中的浓度。

综合以上分析，可以得到气液反应沉淀体系的基本方程：

$$\frac{dpH}{dt}=-\frac{2k_r}{\ln 10}[CO_2]+\frac{k_p}{\ln 10}\frac{[AlO_2^-]}{[OH^-]} \tag{5-35}$$

$$\frac{d[CO_2]}{dt}=R_D-R_r \tag{5-36}$$

$$R_D=k_L(C_A^*-C_{AL}) \tag{5-37}$$

$$R_r=k_r[OH^-][CO_2] \tag{5-38}$$

$$k_L=\sqrt{D_A s} \tag{5-39}$$

从式(5-36) 中可以看出，当 $R_D>R_r$ 时，溶液中积累的 $[CO_2]$ 就会增加，直到达到溶液中 CO_2 的平衡浓度为止；而当 $R_D<R_r$ 时，溶液中积累的 $[CO_2]$ 就会逐渐减小直到为零。

根据上面分析，可以解释图 5-25 中所呈现的实验结果。反应开始时，$[OH^-]$ 很大，R_D 小于 R_r，溶液中积累的 $[CO_2]$ 很小，且由于 $[AlO_2^-]$ 很大，因而起始时 dpH/dt 的绝对值较小，随着反应的进行，$[OH^-]$ 越来越小，R_r 越来越小，R_D 可能很快超过 R_r，由式(5-36) 可知溶液中的 $[CO_2]$ 越来越高，所以Ⅰ区曲线很快下降。但当反应进行到 C 点时，铝酸钠溶液中的 $Al(OH)_3$ 晶核处于过度饱和，很快凝结并生长析出氢氧化铝沉淀，由于高的 CO_2 浓度，OH^- 消失速率很快，使溶液中 OH^- 浓度下降很快，式(5-35) 右边的第二项的影响越来越显著，dpH/dt 的绝对值减小，所以Ⅱ区曲线迅速回升。最后，铝酸钠溶液分解接近完全，式(5-35) 右边的第二项近似为 0。此时，溶液中的 OH^- 离子浓度很小，吸收反应进行得很慢，可以近似为物理吸收，因而该范围内液相中 $[CO_2]$ 约为该浓度的溶液中 CO_2 的平衡浓度，Ⅲ区曲线近似为一条水平的直线。

(3) 超重力反应-水热偶合法制备纳米氢氧化铝粒子

① 水热处理的机理。水热处理即是把凝胶重分散到去离子水中，在某一恒定温度下，伴随剧烈搅拌加热处理一定时间，以使凝胶发生转变。关于这种凝胶水热转变的机理，可以这样来解释：在水热的条件下，丝钠铝石凝胶重新分解，它的分解可能经历如下过程：

$$Na_2O \cdot Al_2O_3 \cdot 2CO_2 \cdot nH_2O \xrightarrow{\text{水热}} 2Al(OH)CO_3+2NaOH+(n-2)H_2O$$

$$2Al(OH)CO_3+(x-1)H_2O \xrightarrow{\text{水热}} Al_2O_3 \cdot xH_2O+2CO_2$$

丝钠铝石在水热的条件下，先分解成碱式碳酸铝，碱式碳酸铝在水热的条件下继续分解释放出 CO_2，得到薄水铝石 $Al_2O_3 \cdot xH_2O$ $(1<x<2)$。化学式 $Al_2O_3 \cdot xH_2O$ 中的 xH_2O 并不是结晶水，而是化合水。由于丝钠铝石凝胶是在超重力的条件下得到的，它具有超细结构，因而水热处理得到的是氢氧化铝的超细粉体。

② 纳米氢氧化铝的 XRD 分析。纳米氢氧化铝的 XRD 谱图如图 5-26 所示。XRD 分析中出现的吸收峰经鉴定与一水硬铝石的特征峰一致，但衍射峰宽得多，体现出拟薄水铝石的特征。据此可以判断所得产物是拟薄水铝石。

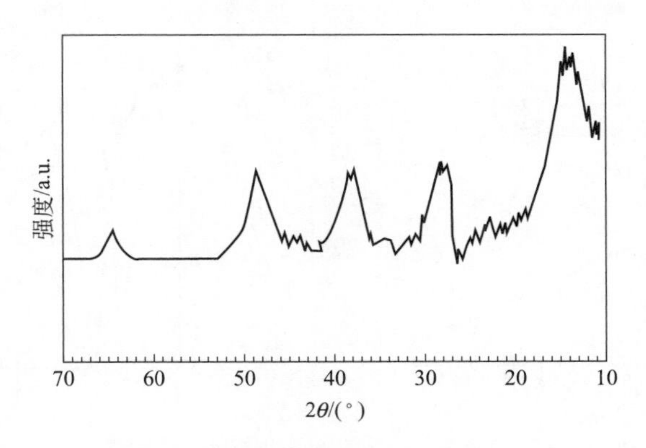

图 5-26 氢氧化铝的 XRD 谱图

③ 纳米氢氧化铝的 TEM 分析。纳米拟薄水铝石的透射电镜照片见图 5-29(a)。产物为纤维状，粒径为 1～5nm，长度为 100～300nm。

④ 纳米氢氧化铝的 BET 分析。不同条件下制备的纳米氢氧化铝的 BET 分析结果如表 5-2 所示。

表 5-2 不同的碳化终点 pH 值下制备的纳米氢氧化铝的比表面积

pH	10.0	10.5	11.0	11.5
比表面积/(m^2/g)	407	437	372	333

⑤ 纳米氢氧化铝的组成分析。拟薄水铝石的分子式可以表示为 $Al_2O_3 \cdot 2H_2O$，它的组成分析如表 5-3 所示。

表 5-3 拟薄水铝石的组成分析

组成	Al_2O_3	Na	CO_3^{2-}	HCO_3^-	Fe	H_2O
含量/%	69.5	0.13	0.05	0.12	0.009	30.19
分析方法	化学滴定	原子吸收光谱	化学滴定	化学滴定	原子吸收光谱	失重分析

(4) 旋转床与搅拌槽两种型式的反应器中合成纳米氢氧化铝特性的比较

① 两种反应器中碳分分解反应的不同。为了比较旋转床反应器和搅拌槽反应器中制备纳米氢氧化铝时所得结果的异同，将这两种装置进行了实验比较，利用搅拌槽代替旋转床进行了制备超细氢氧化铝粒子的研究。

图 5-27 和图 5-28 分别是旋转床中和搅拌槽中进行的碳分分解反应的 pH 值变化曲线及其微分曲线的对比。

旋转填充床和搅拌槽的反应条件如表 5-4 所示。

表 5-4 旋转床和搅拌槽反应条件对比

设备	反应温度/℃	铝酸钠溶液浓度/$mol \cdot L^{-1}$	原料液体积/L^{-1}	气体通量/$m^3 \cdot h^{-1}$	终点pH	诱导期时间/min	反应时间/min
旋转床	19.6	0.8	3	0.5	10.5	2.2	7.4
搅拌槽	24	0.8	0.5	0.5	10.5	3.2	14.3

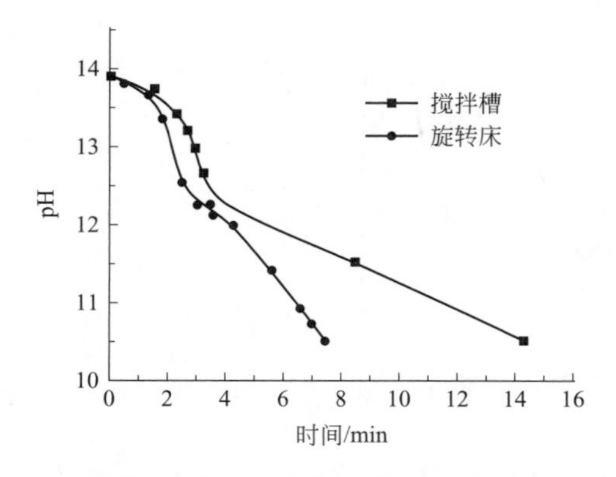

图 5-27 pH 值变化曲线的对比

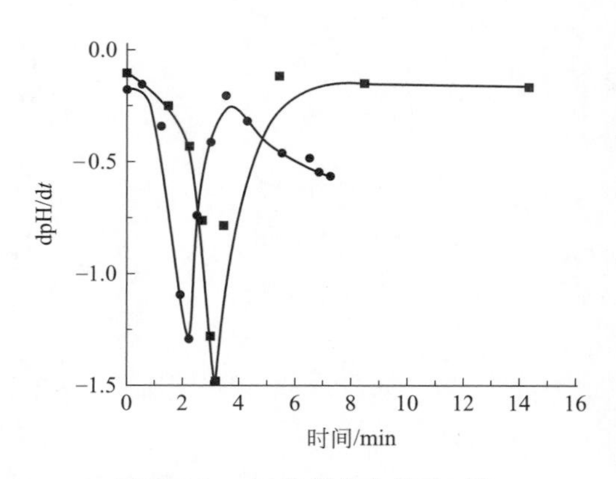

图 5-28 pH 值微分曲线的对比

由表 5-3 可知，两个条件下反应温度基本上相同，原料铝酸钠溶液浓度相同，而原料液体积在搅拌槽中为 0.5L，在旋转床中为 3L。通气量相同，反应终点 pH 值相同。而在旋转床中的诱导期时间比在搅拌槽中快 1min，旋转床中的反应时间比搅拌槽中缩短近一半。也就是说，在其他条件相同、而处理原料料液量为旋转床的 1/6 的情况下，搅拌槽中诱导期时间和反应时间大大延长，因而在搅拌槽中进行的碳分分解反应比在旋转床中进行要慢得多。这就充分体现了旋转床强化传质的作用。

② 两种反应器所制备的产物的差异。搅拌槽两步法制备的纳米氢氧化铝的透射电镜照片示于图 5-29(b) 中。比较图 5-29(a) 和 (b) 可以发现：用超重力反应-水热偶合法得到的纳米氢氧化铝形态单一，分布均匀，而用搅拌槽两步法得到的产品中有大量的薄膜状物，且形态很不均匀。这是由于旋转填充床具有强化传质和微观混合的特点，相比搅拌槽可以得到性能更为优异的氢氧化铝凝胶，而凝胶性能的优异必然引起在水热处理后所形成的氢氧化铝超细粒子性能的优异。

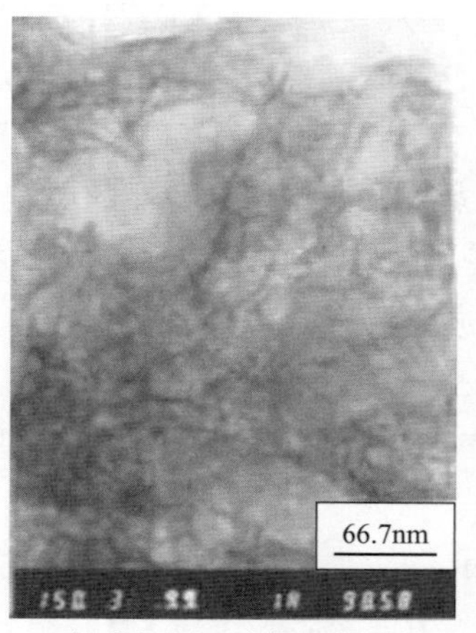

(a) 超重力反应 - 水热偶合法制备

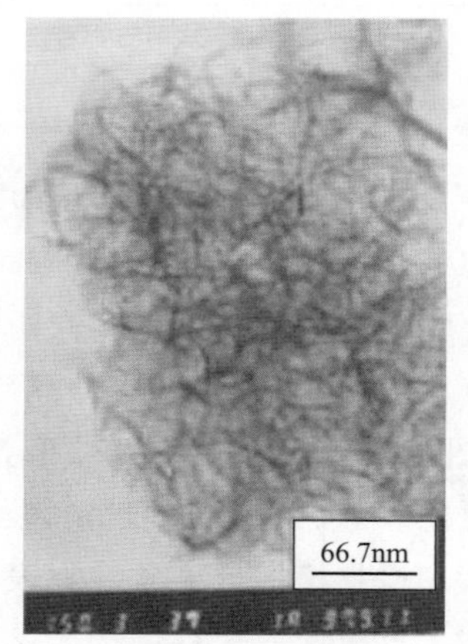

(b) 搅拌槽两步法制备

图 5-29 纳米氢氧化铝的 TEM 照片

5.4.2.2 气液相超重力法制备纳米二氧化硅[18]

纳米二氧化硅具有高度表面活性和成链倾向，表面硅醇基和活性硅烷键能形成强弱不等的氢键结合，因而表现出极强的补强性、增稠性、触变性、消光性、吸湿性、放黏性，且耐酸、耐碱、耐高温并具有良好的电气绝缘性能和分散性能，可用于橡胶、乳胶、塑料薄膜、皮革、喷涂材料、半导体包裹材料、绝缘绝热填充剂、油漆消光剂、油墨放沉剂、晶体抛光剂、黏合剂、精密铸造、高档填料、合成树脂、造纸、农药、炸药等方面的制造。

（1）超重力法制备纳米二氧化硅的原理　利用超重力反应器，以碳化沉淀法制备超细二氧化硅是以易于获得的水玻璃（即硅酸钠水溶液）与二氧化碳气体为原料，在旋转填充床中进行反应来制备纳米二氧化硅。该反应初期是典型的气液两相反应，反应中期出现含水的二氧化硅固体颗粒沉淀（即沉淀白炭黑），直到反应结束都是气液固三相反应体系。普遍认为硅酸钠水溶液与二氧化碳之间进行的反应如下：

主反应

$$Na_2O \cdot mSiO_2 + nH_2O + CO_2 = Na_2CO_3 + mSiO_2 \cdot nH_2O \downarrow \tag{5-40}$$

$$SiO_2 \cdot nH_2O = SiO_2 \cdot n'H_2O + (n-n')H_2O \tag{5-41}$$

副反应

$$Na_2CO_3 + CO_2 + H_2O = 2NaHCO_3 \tag{5-42}$$

关于水玻璃吸收二氧化碳的反应历程，一般认为，首先硅酸钠水溶液水解成氢氧化钠和硅酸，再由氢氧化钠与二氧化碳反应生成碳酸钠，硅酸脱水聚合形成沉淀二氧化硅。

硅酸钠水解

$$Na_2O \cdot nSiO_2 + (2n+1)H_2O = 2NaOH + nSi(OH)_4 \tag{5-43}$$

碳酸钠生成

$$2NaOH + CO_2 = Na_2CO_3 + H_2O \tag{5-44}$$

硅胶脱水

$$mSi(OH)_4 = m(SiO_2 \cdot nH_2O) + (2m-mn)H_2O \tag{5-45}$$

（2）超重力法制备纳米二氧化硅的工艺　将配制好的一定浓度的水玻璃溶液置于反应釜内并升温，当温度即将达到所需反应温度时，加入絮凝剂和表面活性剂，开启旋转填充床和料液循环泵，在不断搅拌和循环回流下待温度稳定后，通入二氧化碳气体进行反应，同时定时取样测定物料的 pH 值，直到 pH 值几乎没有变化时，停止进气结束反应。取反应产物置于烧瓶内，加盐酸调节 pH 值至考察值，并保温陈化，陈化时间为所设考察值。陈化后，将料浆产物抽滤，洗涤，于 110℃下恒温干燥 6h。最后，研磨、过筛（400 目）制得超细二氧化硅粉体。工艺流程如图 5-30 所示。

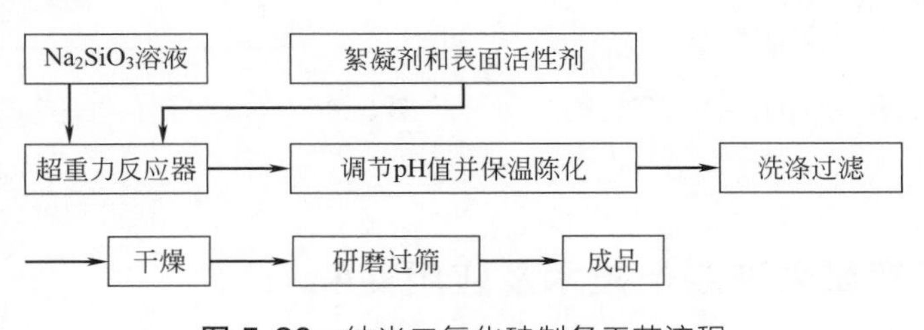

图 5-30　纳米二氧化硅制备工艺流程

（3）纳米二氧化硅的 TEM 分析　图 5-31 为二氧化硅粉末的透射电子显微镜测试图，从图像分析可知，产品粒子成球形，平均粒径为 30nm。

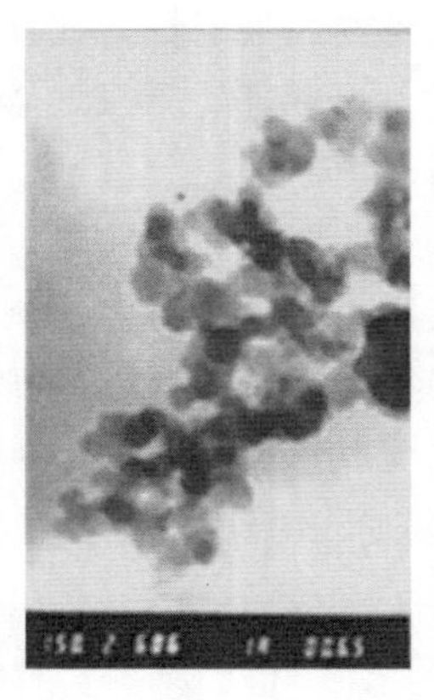

图 5-31 纳米二氧化硅的透射电子显微镜图片

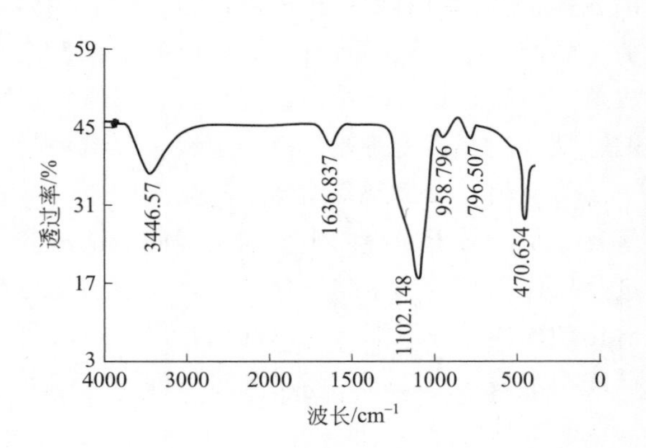

图 5-32 纳米二氧化硅的红外光谱测试图

(4) 纳米二氧化硅的 IR 分析　图 5-32 为产品的红外光谱测试图。图中 $1102cm^{-1}$、$958cm^{-1}$、$796cm^{-1}$、$470cm^{-1}$处是水合二氧化硅的特征峰，这些峰与水合二氧化硅的标准谱图一致，谱图上的微小差别可能是杂质引起的。$958cm^{-1}$处的峰是由 Si—OH 键的弯曲振动引起的，$1102cm^{-1}$处的峰对应于 Si—O—Si 反对称收缩振动，$796cm^{-1}$、$470cm^{-1}$对应于 Si—O 对称收缩振动和弯曲振动。在 $1636cm^{-1}$和 $3446cm^{-1}$对应于水分子（毛细孔水，表面吸附水，结构水）的吸收峰，前者是 H—O—H 的弯曲振动，与游离水（毛细孔水，表面吸附水）有关；后者是反对称的 O—H 的伸缩振动，与结构水和游离水有关。

(5) 纳米二氧化硅的 XRD 分析　图 5-33 为产品的 X-射线衍射测试图。图上出现一个大峰包，说明产品为无定形结构。

(6) 纳米二氧化硅的 TG/DTA 分析　图 5-34 为产品差热与热重测试图。从图中可以看出，样品含有一定量的水，总体含水量＜10％。

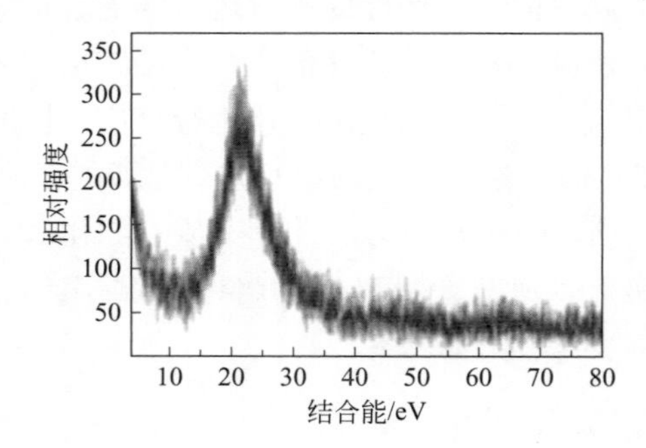

图 5-33 纳米二氧化硅的 X-射线衍射图谱

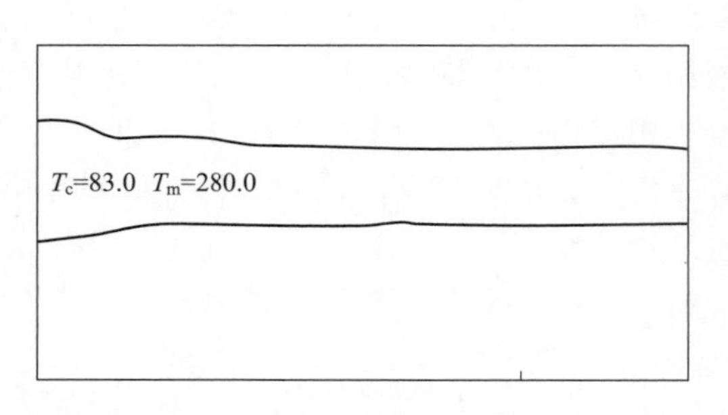

图 5-34 纳米二氧化硅的差热和热重图谱

5.4.3 液液相超重力法制备技术及应用实例

液液相超重力法制备技术是利用两种液相反应物料在旋转填充床中进行反应制备纳米材料的一种技术。目前，利用这一技术成功制备的纳米材料有纳米氢氧化镁、纳米碳酸锶、纳米碳酸钡、纳米氧化锆等。

5.4.3.1 液液相超重力法制备纳米氢氧化镁

氢氧化镁具有良好的热稳定性，且分解过程不生成有害物质，且其热分解温度约为340℃，比氢氧化铝高约100℃。因此，对于一些加工温度较高的聚合物而言，氢氧化镁阻燃剂的适用性更强。另外，氢氧化镁还具有良好的抑烟能力，可以快速中和聚合物燃烧产生的酸性气体，其消烟效果也明显优于氢氧化铝[19,20]。

然而，普通氢氧化镁的阻燃效率较低，通常需要在较大的添加量下才能达到令人满意的阻燃效果，这会造成聚合物的机械物理性能严重恶化；在聚合物基体中的分散性和相容性较差，会影响材料的外观和力学性能等。研究表明，将无机阻燃剂超细化，尤其是纳米化，可以显著降低填充量，减少因氢氧化镁填充量过高而引起的材料机械性能下降的影响，从而有效解决材料阻燃性能与力学性能之间的矛盾。因此，为了更好地提高阻燃效果，颗粒的超细化无疑是未来氢氧化镁阻燃剂发展的主要方向之一。然而，纳米级氢氧化镁颗粒由于表面能高，易发生团聚，难以在聚合物基体中实现良好分散，从而限制了氢氧化镁在众多领域的应用。

北京化工大学教育部超重力工程研究中心采用超重力技术制备得到在聚合物基体中分散良好的超细氢氧化镁阻燃型粉体[21]，为氢氧化镁阻燃剂的应用提供了基础。超重力法制备阻燃型氢氧化镁粉体的工艺如图5-35所示。将氨水或氢氧化钠溶液加入搅拌釜1中，卤水（或氯化镁溶液）加入搅拌釜2中，经过流量计计量的碱液和卤水按照一定比例在超重力反应器的转子上接触并发生反应，离开超重力反应器的浆料进入搅拌釜2，并通过循环泵在搅拌釜2和超重力反应器间循环，保温热处理一定时间后，确保碱式氯化镁完全转化为氢氧化镁时结束反应。

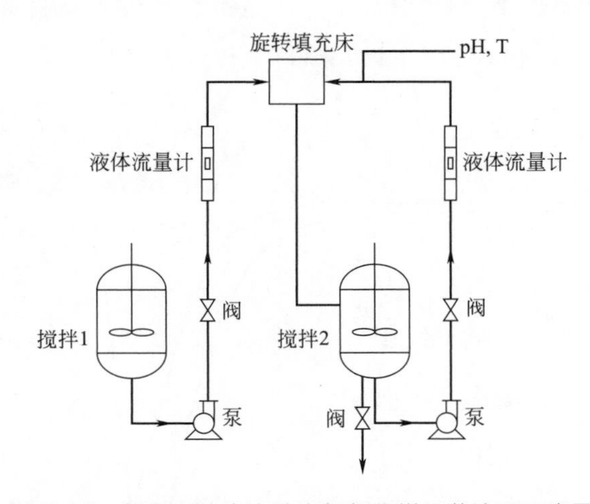

图5-35 超重力法生产纳米氢氧化镁工艺流程示意图

在小试基础上，北京化工大学与某企业合作，建立了1000t/a超重力法生产氢氧化镁工业装置（图5-36）。首先采用超重力技术制备出超微细且粒度分布窄的氢氧化镁胶状沉淀，并通过调变工艺参数，实现了氢氧化镁阻燃剂粉体粒度的可控制备，之后经过水热处理、表面改性等后处理过程，制备得到$Mg(OH)_2$阻燃剂。所得产品的SEM照片如图5-37所示，产品的TG-DSC热重分析照片如图5-38所示。

图 5-36 1000 吨/年超重力法生产氢氧化镁工业装置

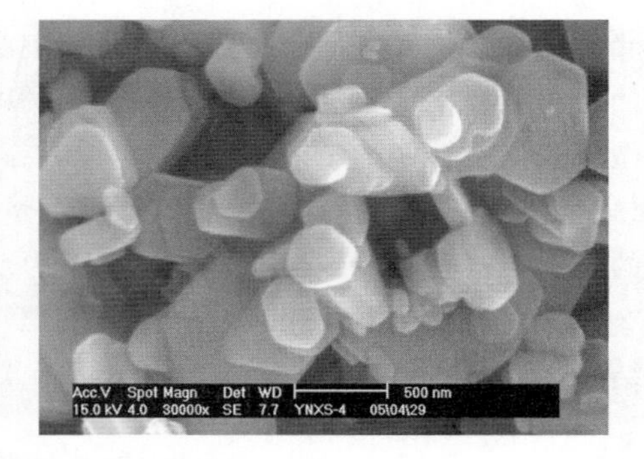

图 5-37 氢氧化镁阻燃剂样品 SEM 照片

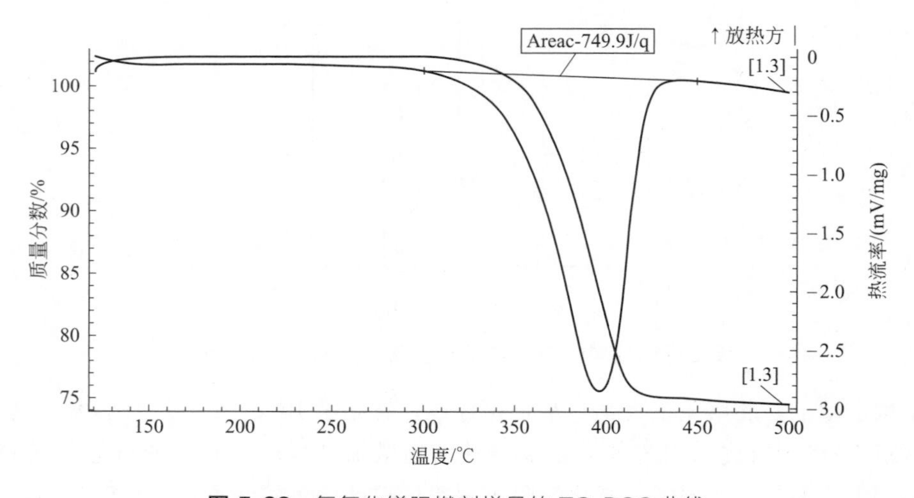

图 5-38 氢氧化镁阻燃剂样品的 TG-DSC 曲线

5.4.3.2 液液相超重力法制备纳米碳酸锶[22~24]

碳酸锶主要用于彩色显像管（吸收阴极射线管产生的X射线，改进玻璃的折射指数及熔融玻璃的流动性）、磁性材料（铁酸锶磁石比起铁酸钡磁石具有高矫顽场强、磁学性能优越的特点，特别适宜音响设备小型化）及高档陶瓷（在陶瓷中，加入碳酸锶作配料可以减少皮下气孔，扩大烧结范围，增加热膨胀系数）。

将无水硝酸锶［$Si(NO_3)_2$］和无水碳酸钠溶于水中配成硝酸锶溶液和碳酸钠溶液，以这两种溶液为反应物料，利用超重力反应器，采用液液相法制备碳酸锶纳米粉体。整个过程在室温下进行，具有操作简单、易于工业化的特点。

实验流程如图5-39所示。反应物溶液分别装在两个储槽内，由两个离心泵经转子流量计从中心处进入旋转填充床内，通过液体进口管喷到转子的填料上，液体在离心力作用下沿填料孔隙由转子内缘向转子外缘流动，并在此期间相互混合，在填料外缘处甩到外壳上，最后在重力作用下汇集到出口处流出。将流出的浆料进行过滤、洗涤和干燥得到纳米碳酸锶产品。纳米碳酸锶的透射电镜照片如图5-40所示，平均粒径为30nm，且产品粒度分布较窄。

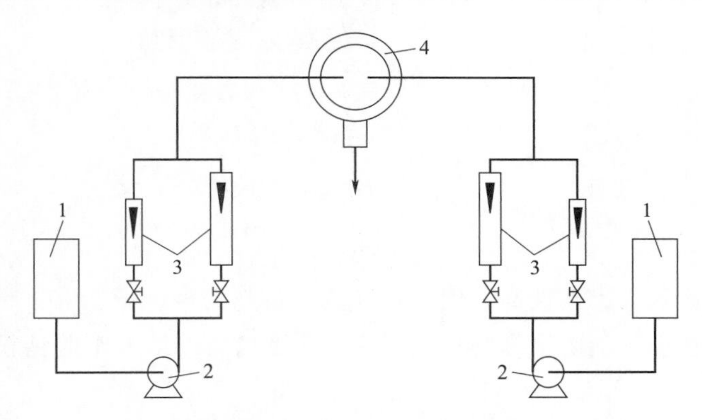

图5-39 制备纳米碳酸锶的实验流程简图

1—贮槽；2—离心泵；3—转子流量计；4—旋转填充床

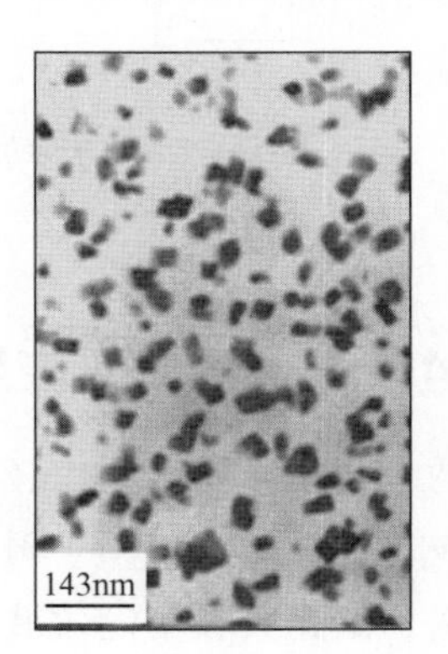

图5-40 碳酸锶纳米粉体的TEM照片

5.4.3.3 液液相超重力法制备纳米碳酸钡

碳酸钡有较强的X射线屏蔽能力，在彩色显像管和计算机显示器玻璃中加入纳米级碳酸钡材料，可有效吸收X射线，起到对人体的保护作用；由碳酸钡纳米粉体制成的铁氧体具有高矫顽场强及磁学性能优异的特点；结构陶瓷的生产中加入碳酸钡纳米材料，如用作室内装饰用的瓷砖等，可改进砖的强度，增加耐磨性和化学腐蚀性，并可减少生产过程中的气泡和气孔，扩大烧结范围，增加热膨胀系数；采用碳酸钡纳米粉末作釉料，可以提高釉的焙烧和耐磨能力，使釉料色泽牢固，光亮稳定；由碳酸钡纳米材料制成的陶瓷电容具有较大的介电常数和温度特性，可使其具有小型、轻质、大容量和高频等特点；在玻璃生产中加入碳酸钡纳米粉体可改善玻璃的光学性能，提高玻璃的折射率，增加其硬度和耐磨划性[25]。

液液相超重力法制备纳米碳酸钡采用工业精制氯化钡（$BaCl_2 \cdot 2H_2O$）、分析纯碳酸氢铵（NH_4HCO_3）和分析纯氨水（$NH_3 \cdot H_2O$）为原料。主要化学反应为：

$$BaCl_2 + NH_4HCO_3 + NH_3 \cdot H_2O = BaCO_3 \downarrow + 2NH_4Cl + H_2O \tag{5-46}$$

反应工艺流程如图5-41所示。将一定浓度的氯化钡溶液以及pH值为9.0～9.5的碳酸氢铵和氨水溶液分别装入两个储槽中，由两个离心泵经转子流量计从中心处送入旋转填充床内，通过液体进口管喷到填料上。液体在离心力的作用下沿填料孔隙由转子内缘向转子外缘流动，并在此期间相互混合反应，在填料外缘处甩到外壳上，最后，在重力作用下汇集到出口处流出。得到的浆料再进行过滤、洗涤、干燥得到碳酸钡纳米粉体。纳米碳酸钡的透射电镜照片如图 5-42 所示。

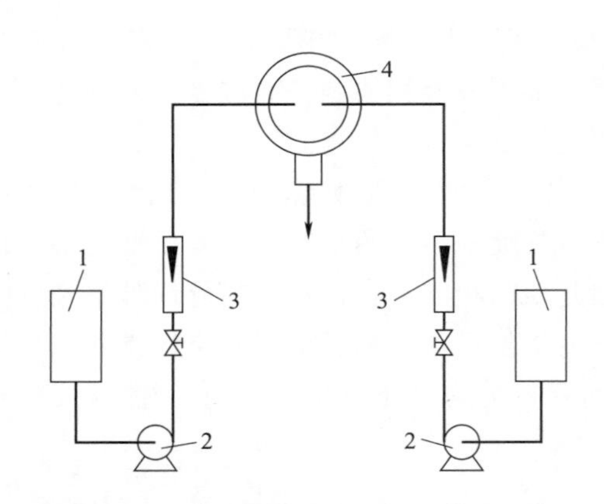

图 5-41 纳米碳酸钡的制备工艺流程图

1—贮槽；2—离心泵；3—转子流量计；4—旋转填充床

图 5-42 碳酸钡纳米粉体的 TEM 照片

5.4.4 纳米粉体的应用

纳米粉体材料由于粒径小、比表面积大、活性高，因此，其具有特殊的声、光、电、磁等效应，可被广泛应用于国民经济及社会生活的诸多领域[26～28]。下面我们以纳米碳酸钙粉体为例，阐述其在不同领域的应用。

纳米碳酸钙是最早开发的无机纳米材料之一，它作为一种优质填料和白色颜料，用途极为广泛。使用不同的表面改性剂对超重力法制备得到的纳米碳酸钙进行表面处理，并分别应用在塑料、橡胶、涂料、油墨和阴极电泳漆中，均取得了良好的效果。

(1) 在塑料中的应用[29]　对塑料来讲，普通碳酸钙只能起填充剂的作用，而加入改性纳米碳酸钙则起到增韧增强作用，纳米碳酸钙对材料的缺口冲击强度和双缺口冲击强度的增韧效果十分显著，而且加工性能仍然良好。当共混体系中 PVC/CPE 为 100/8 时，共混物的冲击强度随纳米 $CaCO_3$ 加入量的增大有明显提高。当纳米 $CaCO_3$ 用量为 8 份（质量）时，共混物的缺口冲击强度比不加纳米 $CaCO_3$ 的共混物提高 7.3 倍。可见，体系中存在一定量的 CPE 时，纳米 $CaCO_3$ 对 PVC 共混体系有显著的增韧作用。

表 5-5 为纳米 $CaCO_3$ 的使用对 PVC/CPE 共混体系拉伸性能与弯曲性能的影响。从表中可以看出，纳米 $CaCO_3$ 的加入，可以提高共混体系的断裂伸长率、弯曲强度和弯曲弹性模量，共混物的拉伸强度基本上保持不变。说明纳米 $CaCO_3$ 的加入在提高共混物韧性的同时，还可以提高共混物的强度及刚性。而用弹性体（如 CPE、ACR）对脆性塑料（如 PVC）进行增韧时，体系的冲击强度可以得到提高，但体系的拉伸性能及弯曲性能都会有不同程度地下降。这一现象体现了刚性粒子部分替代弹性体增韧的优越性。

表 5-5 纳米 $CaCO_3$ 对 PVC/CPE 共混体系拉伸性能与弯曲性能的影响

PVC/CPE/纳米 $CaCO_3$	拉伸强度/MPa	断裂伸长率/%	弯曲强度/MPa	弯曲弹性模量/MPa
100/8/0	38.8	61	54.2	2180
100/8/8	38.6	147	55.3	2210

图 5-43(a) 为未改性纳米 $CaCO_3$/PVC 复合材料的断裂面形态，图 5-43(b) 为改性后纳米 $CaCO_3$/PVC 复合材料的断裂面形态。从图 5-43(b) 可以看出，添加改性后纳米 $CaCO_3$ 的 PVC 复合材料受到外力冲击时，PVC 基体产生大量的银纹，基体在冲击方向存在网丝状屈服，这种现象对于体系增韧有重要作用。而加入未改性纳米 $CaCO_3$ 的 PVC 复合材料的冲击断裂面呈脆性断裂形貌。因此，纳米 $CaCO_3$ 经过表面改性后能对 PVC 基体起显著的增韧作用。

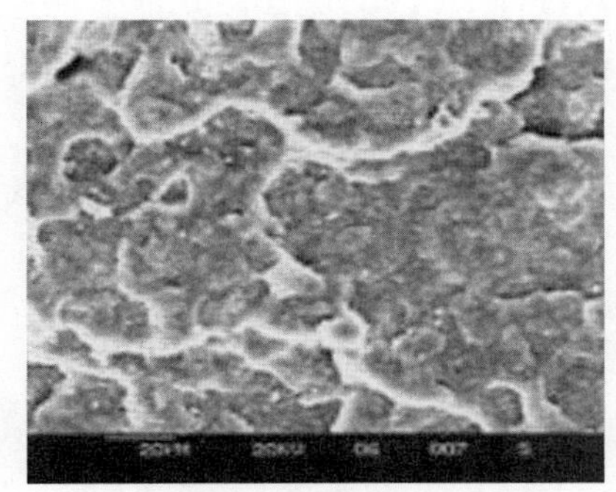

(a) 添加没有改性的纳米$CaCO_3$

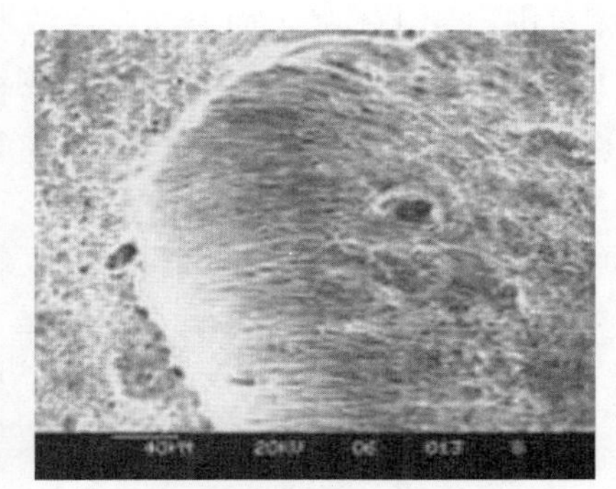

(b) 添加改性的纳米$CaCO_3$

图 5-43 纳米 $CaCO_3$/PVC 复合材料的断裂面形态

(2) 在橡胶中的应用 橡胶工业要求 $CaCO_3$ 产品具有粒径细化、表面活化、易于分散的特点。我们应用改性纳米 $CaCO_3$ 作为橡胶的补强剂，使得橡胶易混炼，压出加工性能和模型流动性好；硫化胶表面光滑，耐撕裂强度高，起补强和半补强作用。各种填料在苯乙烯-丁二烯嵌段共聚物（SBS）中的实验结果如表 5-6 所示。

从表 5-6 中可以看到纳米 $CaCO_3$ 在 SBS 中添加量为 40% 的抗拉伸效果超过白炭黑，添加量为 60% 的抗撕裂性能与白炭黑相当。图 5-44 是添加了 60% 改性纳米 $CaCO_3$ 的 SBS/复合材料的 TEM 照片，从图中可以看出，纳米 $CaCO_3$ 在 SBS 中具有良好的分散性，这正是 $CaCO_3$ 起到了补强作用。

表 5-6 填料对 SBS 性能的影响

填料	拉伸强度①/MPa	撕裂强度②/MPa
白炭黑	9.23	32.8
白燕华 CCR	10.75	18.31
超重力法纳米 $CaCO_3$	13.12	30.5

① 填料的添加量为 40%；

② 填料的添加量为 60%。

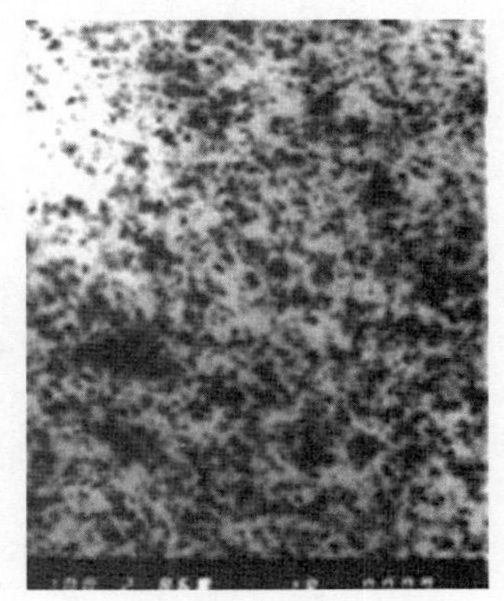

图 5-44 纳米碳酸钙/SBS 复合材料的 TEM 照片

(3) 在涂料中的应用[30,31] 涂料为多组分体系，它由成膜物质（亦称黏料）和颜料、填料、溶剂、增塑剂等组分构成，涂料的流变性与涂料的组分有关。不同的剪切速率下要求涂料的黏度不同。刷涂涂布产生高剪切速率，要求涂料保持适宜的低黏度；而在喷涂时需要漆浆雾化良好，在辊涂时拉丝黏度要低，以减少“飞溅”。在施工完毕后，剪切作用消失，黏度又开始变大，可防止涂膜在垂直面上发生“流挂”现象。即要求涂料在低剪切速率下要有适宜的高黏度和高剪切速率下要有适宜的低黏度。由于纳米 $CaCO_3$ 粒子能够赋予优良的触变性能，大大提高涂料的附着力，并以其来源广泛和价格低廉的优势，在涂料行业中发挥越来越大的作用。

图 5-45 中的两条曲线分别是添加了微米和纳米 $CaCO_3$ 的 PVC 增塑糊在 $CaCO_3$：PVC＝1∶2 的比例下，黏度随剪切速率的变化关系曲线。在所测的剪切速率范围内，微米 $CaCO_3$/PVC 增塑糊的黏度最大值为剪切速率在 $1.8s^{-1}$时的 20Pa・s，最小时在 4Pa・s 左右，在整个剪切速率范围内变化不大，而添加改性纳米碳酸钙的 PVC 糊体系的黏度在低剪切速率下黏度达到 120Pa・s，而高剪切速率下黏度则在 3Pa・s 左右，具有优越的切力变稀性能。另外，根据我们的实验结果，目前汽车底盘涂料中占据垄断地位 ICI 公司产纳米 $CaCO_3$ 填充 PVC 增塑糊的触变环面积为 5500Pa/s 左右，而我们所研制的纳米 $CaCO_3$ 填充 PVC 增塑糊的触变环面积为 11000Pa/s 左右，约为 ICI 公司产品的 2 倍。可见，纳米 $CaCO_3$ 能够赋予 PVC 糊良好的切力变稀性能和触变性能，是一种功能性填料。

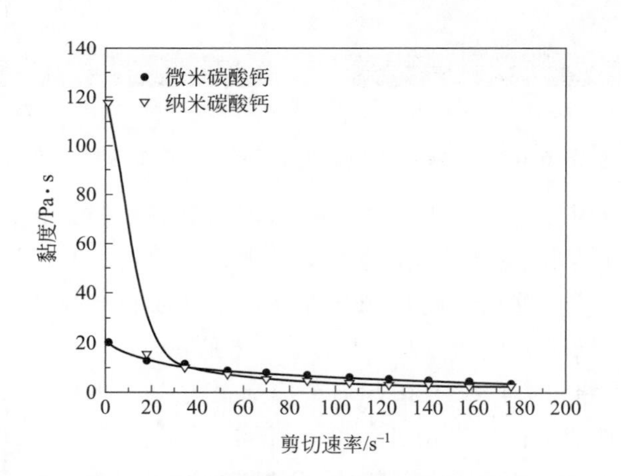

图 5-45 添加了不同粒度碳酸钙的 PVC 增塑糊黏度随剪切速率的变化关系曲线

(4) 在油墨中的应用 油墨是有色体（如颜料、染料等）、联结料、填料、附加料等物质组成的均匀混合物。颜色、流动度等流变性能和干燥性能是油墨的三个最重要的性能。我们将所做纳米碳酸钙与目前广泛应用于油墨中的白艳华在几个方面的性能进行了比较，结果如表 5-7 所示。可以发现，与添加白艳华的油墨相比，在光泽度和透明度相当的情况下，添加了我们所研制的改性纳米碳酸钙的油墨样品体现出更佳的流动性。

表 5-7 超重力法制备纳米碳酸钙与白艳华的比较

样品	添加白艳华的油墨	添加超重力法所做纳米碳酸钙的油墨
光泽度	标准	相当

续表

样品	添加白艳华的油墨	添加超重力法所做纳米碳酸钙的油墨
透明度	标准	相当
流动性(30min)/mm	23.2	40

5.4.5　超重力法制备纳米粉体材料的发展前景

超重力法制备纳米材料具有以下特点：①增加了均相成核的可控性；②组成达到分子、原子尺度的均一化；③适合制备低成本、高性能的纳米颗粒；④工程放大较容易；⑤生产能力大（可提高 4～20 倍），生产效率高；⑥适应性强，可生产多种品种的纳米粉体。

超重力法制备技术和装备不但适用于气液固三相反应，而且还适用于气液和液液反应体系来制备纳米材料。现在，利用超重力技术和装置已可成功地制备出纳米阻燃剂、碳酸锶、碳酸钡、二氧化硅等纳米材料，这表明：超重力技术具有很强的通用性，是一项平台性的高新技术，可进一步推广至其他纳米材料的制备。例如，高抑烟性纳米阻燃剂工业化生产产品包括纳米氢氧化铝、氢氧化镁和水滑石等等，其粒度分布在 20～50nm 之间，可广泛添加在各种防火涂料及聚合物材料之中，起到高抑烟、高阻燃作用。再如，金红石型纳米钛白粉产品应用范围非常广泛，添加在涂料中可增强其耐磨及抗老化性能，涂在公路上可在光照作用下分解汽车尾气；添加在聚合物材料中可增强、增韧、耐老化，还可抗菌消毒，可制成电冰箱、洗衣机的内衬或用于食品包装和制鞋材料等；添加在化妆品中因其具有良好的吸收紫外线功能，可制成防晒品等。可以预见，随着纳米材料的应用越来越广泛和深入，超重力法制备纳米粉体技术必将具有更加广阔的应用前景。

参考文献

[1] 张立德．超微粉体制备与应用技术．北京：中国石化出版社，2001.

[2] 徐国财，张立德. 纳米复合材料. 北京：化学工业出版社，2002.

[3] 李凤生等. 超细粉体技术. 北京：国防工业出版社，2000.

[4] 卢寿慈. 粉体加工技术. 北京：中国轻工业出版社，1999.

[5] 王世敏，许祖勋，傅晶. 纳米材料制备技术. 北京：化学工业出版社，2002.

[6] Chen J. F.，Zheng C.，Chen G. T. Interaction of macro- and micromixing on particle size distribution in reactive precipitation，Chem. Eng. Sci. 1996，51：1957-1966.

[7] Chen J. F.，Wang Y. H.，Guo F.，Wang X. M.，Zheng C. Synthesis of nanoparticles with novel technology：High-gravity reactive precipitation，Ind. Eng. Chem. Res. 2000，39：948-954.

[8] 陈建峰，邹海魁，刘润静，曾晓飞，沈志刚．超重力反应沉淀法合成纳米材料及其应用．现代化工，2001，21：9-12.

[9] 王玉红，郭锴，陈建峰，郑冲．超重力技术及其应用，金属矿山，1999，4：25-29.

[10] 竺洁松，郭锴，冯元鼎，郑冲．旋转床填料中的传质及其模型化．高校化学工程学报，1998，12：219-225.

[11] 王玉红，陈建峰，贾志谦，郑冲．旋转填充床新型反应器中合成纳米 $CaCO_3$ 过程特性研究．化学反应工程与工艺，1997，13：141-146.

[12] 陈建峰，王玉红，贾志谦，郑冲．超重力场中合成立方形纳米 $CaCO_3$颗粒与表征．化学物理学报，1997，10: 457-460.
[13] 王玉红，陈建峰．超重力反应结晶法制备纳米碳酸钙颗粒研究．粉体技术，1998，4: 5-11.
[14] 朱开明，刘春光，饶国瑛，王玉红，陈建峰，Harm Wiese. 超重力法合成纳米碳酸钙的研究（Ⅰ）最佳反应时间的确定，北京化工大学学报，2001，28: 66-68.
[15] 邹海魁，陈建峰，刘润静，沈志刚．纳米 $CaCO_3$的制备、表面改性及表征．中国粉体技术，2001，7: 15-19.
[16] 王星明. 超重力反应-水热偶后法制备超细氢氧化铝的实验研究［D］. 北京：北京化工大学，1998.
[17] 郭奋，梁磊，王星明，陈建峰．超重力碳分反应法合成纳米拟薄水铝石．材料科学与工艺，2001，9: 305-307.
[18] 贾宏，郭锴，郭奋，邹海魁，陈建峰．用超重力法制备纳米二氧化硅．材料研究学报，2001，15: 120-124.
[19] Oyama H. T.，Sekikawa M.，Ikezawa Y. Influence of the polymer/inorganic filler interface on the mechanical，thermal，and flame retardant properties of polypropylene/magnesium hydroxide composites，J. Macromol. Sci. B 2011，50: 463-483.
[20] Rothon R. N.，Hornsby P. R. Flame retardant effects of magnesium hydroxide，Polym. Degrad. Stabil. 1996，54: 383-385.
[21] 宋云华，陈建铭，陈建峰．一种纳米氢氧化镁阻燃材料制备新工艺，ZL01141787. 0.
[22] 刘骥. 旋转填充床内微观混合研究及液－液相法制备碳酸锶纳米粉体［D］. 北京：北京化工大学，1999.
[23] 刘骥，郑冲，周绪美，陈建峰，向阳．碳酸锶纳米粉体的制备研究．无机盐工业，1999，31: 3-4.
[24] 刘骥，向阳，郑冲，周绪美，陈建峰．旋转填充床内液-液法制备碳酸锶纳米粉体．化工科技，1999，7: 11-14.
[25] 肖世新，陈建铭，郭锴，陈建峰，郭奋．反应沉淀法制备碳酸钡纳米粉体的研究．无机盐工业，2001，33: 11-13.
[26] 刘春光，朱开明，王玉红，陈建峰，饶国英，Harm Wiese. 纳米 $CaCO_3$合成及原位改性的研究．高校化学工程学报，2001，15: 490-493.
[27] 陈建峰，邹海魁，刘润静，曾晓飞，沈志刚．超重力反应沉淀法合成纳米材料及其应用．现代化工，2001，21: 9-12.
[28] 杜振霞，贾志谦，饶国瑛，陈建峰．改性纳米碳酸钙表面性质的研究．现代化工，2001，21: 42-44.
[29] 曾晓飞，王国全，陈建峰．纳米 $CaCO_3$/PVC 共混体系的研究．塑料科技，2001，3: 1-3.
[30] 王国全，王玉红，邹海魁，陈建峰．纳米级 $CaCO_3$填充 PVC 糊的流变及凝胶化性能．塑料科技，2000，5: 15-17.
[31] 杜振霞，贾志谦，饶国瑛，陈建峰．纳米碳酸钙表面改性及在涂料中的应用研究．北京化工大学学报，1999，26: 83-85.

第 6 章 超重力法制备纳米分散体及工业应用

纳米粉体材料在实际应用中通常会遇到团聚问题，如何解决其团聚问题，充分发挥纳米效应是一个科学挑战。2006 年 11 月，Balazs 和 Russell 等在 Science 上综述了有机无机纳米复合材料的发展现状、机遇和挑战[1,2]。他们指出，缺乏低成本纳米级分散的纳米颗粒宏量制备技术，缺乏全面的结构-性能相关性研究和数据库等，成为制约有机无机纳米复合材料规模化制备和应用的瓶颈问题。特别地，对于纳米粒子在有机光学材料中的应用，其典型特征要求是纳米粒子小于 40nm[3]，这个特征值与有机、无机分散相的折射率差值密切相关，差值越小，散射强度越低，则粒子尺寸可大些，但折射率完全匹配的无机、有机相材料极少，因此需要通过降低纳米粒子的尺寸来提高纳米复合材料的透明性，但纳米粒子尺寸越小，越容易聚集，分散成为挑战问题。无机纳米颗粒在有机基体中的纳米级分散问题并没有得到圆满解决，仍然是困扰有机无机纳米复合材料宏量制备和工业应用的瓶颈和核心难题。

为此，我们[4]通过研究有机相中无机纳米颗粒分散过程科学与工程基础，进行了纳米分散体的功能导向表面主动设计与规模稳定化工程制备的新方法和新技术研究，提出了超重力反应结晶/萃取相转移法（二步法）和超重力原位萃取相转移法（一步法）制备纳米颗粒透明分散体新方法，解决了纳米颗粒在有机基体中的分散难题，成功开发了高固含量（固含量均超过 30%～50%，甚至可为全固体的分散体）、高透明、高稳定（可稳定储存半年至一年以上）、分散介质极性可调控的纳米金属、纳米氧化物、纳米氢氧化物等液相分散体及其宏量制备技术，并将纳米分散体转相或复合于有机体系中，成功开发了高透明纳米复合新材料和新产品，部分产品已实现了商业化应用。

6.1 超重力反应原位萃取相转移法制备纳米分散体

6.1.1 技术路线

原位萃取相转移法是指表面活性剂与制备纳米材料的原料同时进入体系中，在水油相界面处，改性剂包覆生成的颗粒直接进入油相的方法。该方法适用于改性剂对反应不会产生影响的纳米颗粒制备过程中。我们以制备纳米碳酸钙的油相分散体为例，论述超重力反应原位萃取相转移技术制备纳米分散体的原理，原理图如图 6-1 所示。在油和水两种完全不互溶的体系中，形成油包水的微乳液，反应在水相中进行，生成的碳酸钙颗粒马上被油相中的表面活性剂包覆，转移至油相体系中，去除水后（即油水分离后），形成纳米碳酸钙的油相分散体。此工艺实现了纳米颗粒制备和改性过程的同步进行，因而被称为一步法。

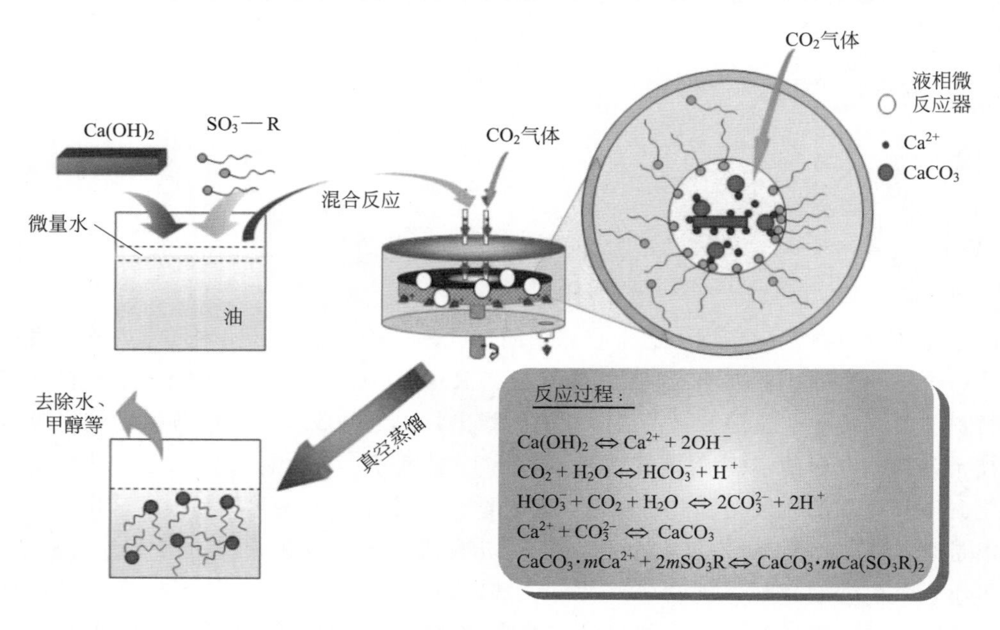

图 6-1 超重力反应原位萃取相转移技术制备纳米分散体原理图
（以纳米碳酸钙油相分散体为例）

6.1.2 超重力反应原位萃取相转移法制备透明纳米碳酸钙油相分散体

作为最早开发的纳米材料之一，纳米碳酸钙（$CaCO_3$）可广泛应用于塑料、橡胶、造纸、涂料等诸多领域，但当其作为油品清洁剂应用时，就对碳酸钙颗粒尺寸、分散性和稳定性提出了更高的要求。润滑油清洁剂中的碱性组分纳米 $CaCO_3$ 能够有效中和内燃机燃油后产生的无机酸和有机酸，防止其对发动机金属表面的腐蚀，同时，由于相对大的比表面积，纳米 $CaCO_3$ 可吸附在烟灰、油泥等固体颗粒上并对其包裹进而胶溶于润滑油基础油中，再经过后处理作用，起到清净、增溶的作用。碱值是鉴别润滑油清洁剂性能的关键参数，碱值的高低主要取决于清洁剂中碱性组分的含量。

目前，国内外关于纳米 $CaCO_3$ 粉体的制备工艺已经相当纯熟，但关于纳米 $CaCO_3$ 透明分散体的制备研究相对较少。高质量的润滑油添加剂用纳米 $CaCO_3$ 分散体通常要求具有较高的固含量、颗粒粒径小（20nm 以下）且分布窄，以及良好的光安定性和化学稳定性。传统的高碱值润滑油纳米 $CaCO_3$ 添加剂的制备主要包括中和反应和碳化反应。但是，现有的工业生产大多采用传统搅拌釜，存在产品混浊、颗粒粒径大、产率低、能耗高等问题。为此，我们在原先超重力反应沉淀法制备碳酸钙纳米粉体的基础上，通过结合原位改性和微乳液技术，创新提出采用超重力反应原位萃取相转移法制备透明纳米 $CaCO_3$ 分散体[5,6]。

图 6-2 为中和过程中以 0.75mL/min 速率外加不同微量水所制备的纳米 $CaCO_3$ 分散体的 TEM 照片、粒径分布图，以及对碱值 TBN 和钙含量的影响。由图可知，随着水与白油添加量比（以下简称水油比）从 0 增加到 0.2 时，纳米 $CaCO_3$ 的平均粒径明显增加，由 6.4nm 增加到 10.3nm，但不添加水时，纳米 $CaCO_3$ 的分散性相对较差。此外，随着水添加量的增加，分散体的碱值和钙含量先增加后下降；当水油比为 0.1 时，碱值最高，可达 416mgKOH/g。

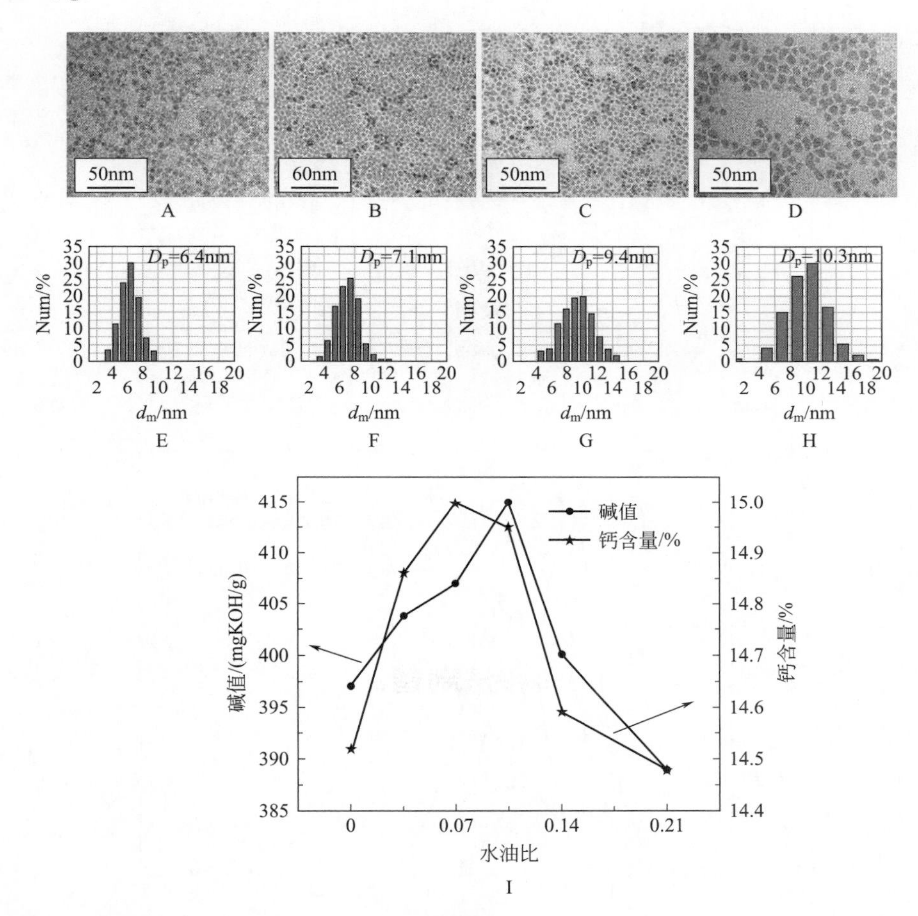

图 6-2　中和过程中以 0.75mL/min 速率外加不同水油比（A 0、B 0.07、C 0.14、D 0.21）所制备的样品 TEM 照片、粒径分布图混合对碱值和钙含量影响

图 6-3 为不同超重力水平下所得纳米分散体中纳米 $CaCO_3$ 颗粒的 TEM 照片和相对应的粒径分布对比。由图可知，所得纳米 $CaCO_3$ 基本呈单分散。超重力水平对 $CaCO_3$ 的粒径大小和分散性有明显影响。在较低的超重力水平为 21 时，所得纳米分散体中纳米颗粒平均粒径为 10.3nm；随着超重力水平的增加，$CaCO_3$ 颗粒的粒径逐渐减小，粒径分布也越来越窄；当超重力水平增加到 134（2500r/min）时，碳酸钙平均粒径可减小至 5.5nm。原因是较高的超重力水平可以增强剪切力，通过填料的流体可以破碎成更细小的液滴，从而大大强化混合和传质过程，形成更加均一的成核和反应环境，有利于生成粒径小和分布窄的颗粒。

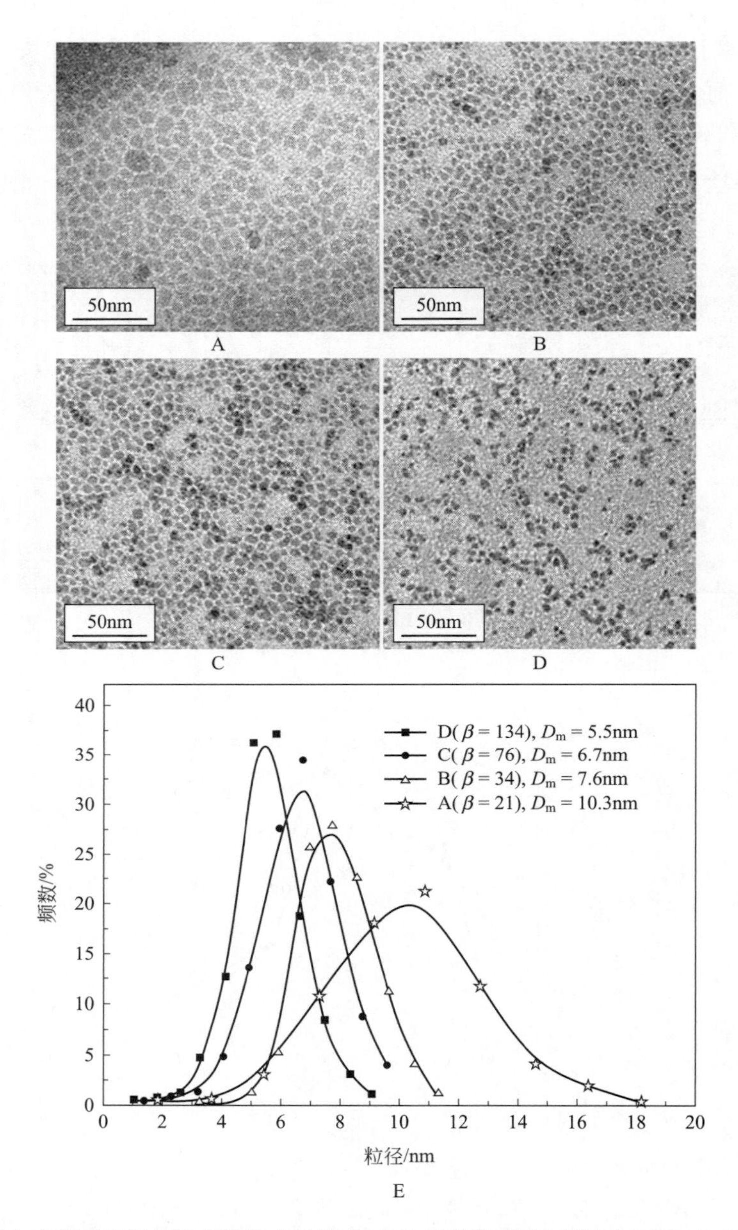

图 6-3 不同超重力水平下所得纳米分散体中纳米 $CaCO_3$颗粒的 TEM 照片（A 21，B 34，C 76，D 134）和相对应的粒径分布对比（E）（气速为 90mL/min；液速为 1100mL/min）

图 6-4 是超重力水平对碱值、钙含量和残渣量的影响。随着超重力水平的增加，碱值和钙含量迅速增加，当超重力水平为 76 时，碱值和钙含量分别达到 401mgKOH/g 和 15.35%（折算成分散体中的固含量约为 38.5%）；进一步增加超重力水平，碱值和钙含量变化很小，略有下降。相应地，残渣量从 6.7%减小到了 2.6%。这主要是因为超重力水平引起的混合和传质过程的强化明显改善了反应效率，特别是碳化反应过程，$Ca(OH)_2$残渣量因此而明显下降，几乎都转变成了 $CaCO_3$，这就促进了固含量和碱值的增加。

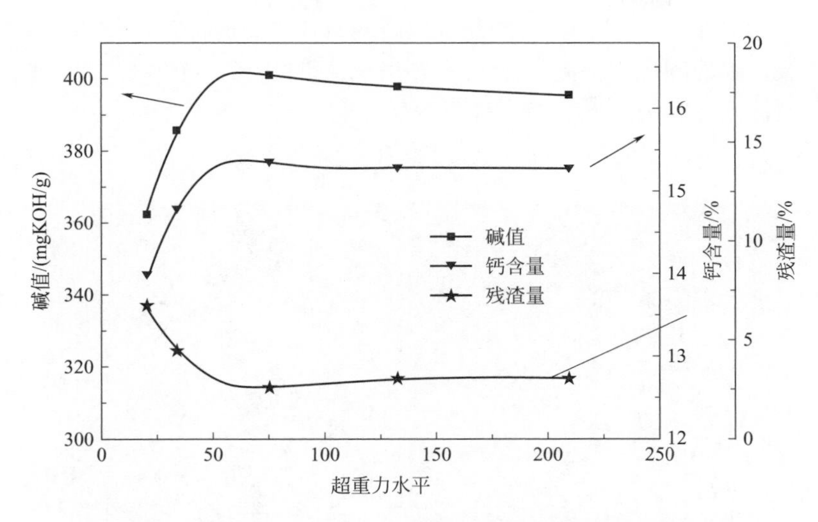

图 6-4 不同超重力水平对对碱值、钙含量和残渣量的影响
（气液比为 0.082，液速为 1100mL/min）

图 6-5 为不同气液比下所得纳米分散体中纳米 $CaCO_3$ 颗粒的 TEM 照片，以及不同气液比对碱值、碳化时间和残渣量的影响。由图可知，气液比的变化对颗粒粒径影响不大，但当气液比为 0.082 时，所得产品的分散性相对较好；当气液比为 0.109 时，分散体有较高的黏度和差的流动性。此外，随着气液比从 0.027 提高到 0.082，碱值仅有一个微小的增加，即从 398 提高到 405mgKOH/g，此时，碳化时间从 138min 迅速缩短到 53min，残渣量控制在 2.5%的较低水平；进一步增加气液比到 0.136，碱值快速下降，残渣量明显增加到了 6.5%，碳化时间仅微小缩短。可能的原因是较高气速下过量的 CO_2 很难在固定的液速下被消耗，较高的气速导致气液接触时间缩短，不利于碳化反应。

图 6-6 是传统搅拌釜和超重力反应器所得样品的纳米 $CaCO_3$ 颗粒的 TEM 照片与粒径分布图。从图中可看出，两个反应器所得产品的颗粒形貌没有明显区别，搅拌釜反应器所得样品分布较宽，颗粒的平均粒径为 9.4nm，其碱值为 397；而超重力反应器所得样品的平均粒径为 5.8nm、分布更窄，碱值为 405。而且，碳化时间从 120min 大幅缩短到 53min，生产效率提高了 56%。这主要是由于超重力反应器极大的强化分子混合和传质过程，较传统搅拌釜提高了 1～2 个数量级。

图 6-7 是碱值为 401mgKOH/g 的产品的红外分析图。所得纳米 $CaCO_3$ 透明分散体具有良好的稳定性，可稳定放置 1 年以上。最高碱值可达 417mgKOH/g。随着碱值的增加，分散体的颜色变浅，表明更多的碳酸钙的白色稀释了深的棕红色。红外分析表明，在 $863cm^{-1}$ 处的峰对应的是无定形碳酸钙的特征峰；在 $2925cm^{-1}$ 和 $2856cm^{-1}$ 处的峰对应的是 C—H 和 C—C 振动，在 $1180cm^{-1}$ 和 $1056cm^{-1}$ 处的峰对应的是石油磺酸盐的 O═S═O 振动，这充分表明碳酸钙表面被 $Ca(ArSO_3)_2$ 改性。

在实验室研究的基础上，我们进一步对超重力反应原位萃取相转移法制备的纳米碳酸钙油相分散体体系，进行了从小试、中试到工业化生产过程及装置新技术的研究开发。图 6-8 是 1000 吨/年的纳米碳酸钙油相分散体工业生产线。与已有的传统釜式法工艺相比，采用相同投料条件，超重力反应原位萃取相转移法制备纳米碳酸钙油相分散体技术具有明显的技术经济性优势：产率增加15%以上；碳酸化反应时间从130min减少为60min，生产效率提高50%以上；二氧化碳的利用率提高了31%；钙渣量从24.5%下降到8.5%，减少超过16%；产品具有优越的透光性和流动性，明显优于釜式法制备的产品。

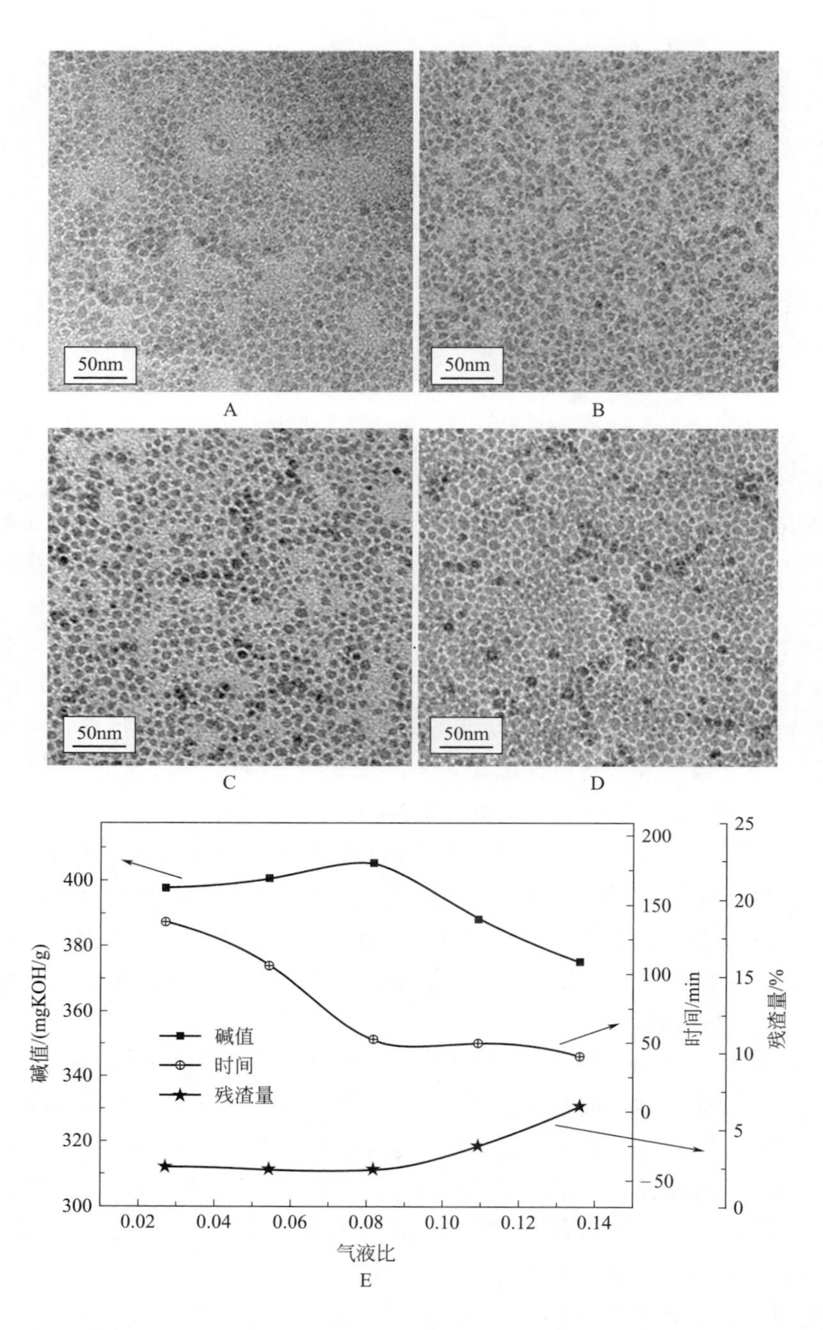

图 6-5 不同气液比下所得纳米分散体中纳米 $CaCO_3$颗粒的 TEM 照片（A 0.027；B 0.055；C 0.082；D 0.109），以及不同气液比对碱值、碳化时间和残渣量的影响（E）［超重力水平为76，液速为1100mL/min，气速为30mL/min（A），60mL/min（B），90mL/min（C），120mL/min（D）］

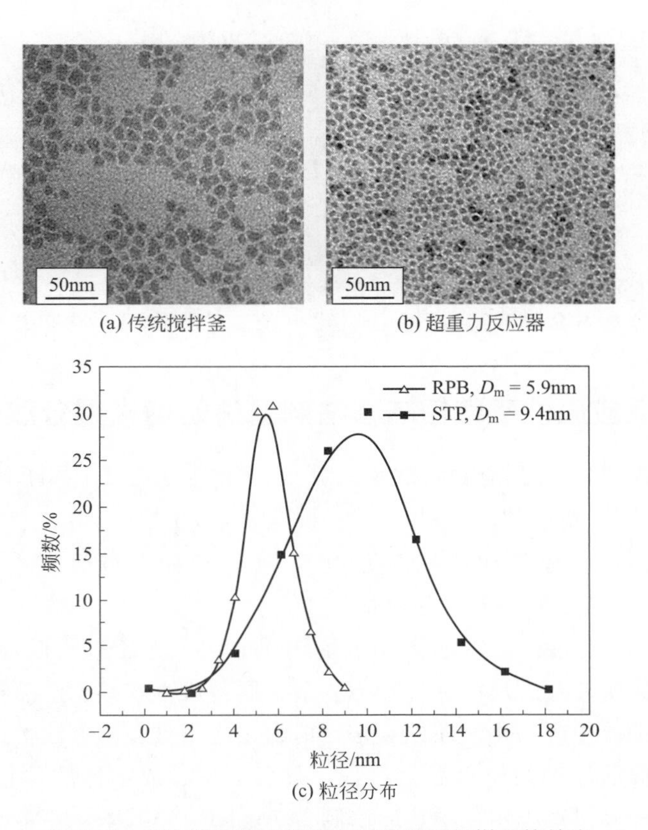

图 6-6 传统搅拌釜和超重力反应器所得样品的纳米 $CaCO_3$ 颗粒的 TEM 照片与粒径分布图

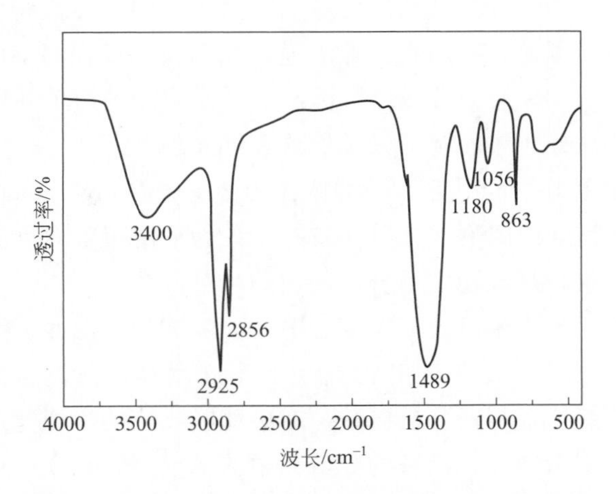

图 6-7 碱值为 401mgKOH/g 的产品的红外分析图

图 6-8 1000 吨/年的纳米碳酸钙的油相分散体工业生产线

6.1.3 超重力反应原位萃取相转移法制备透明纳米银分散体

银纳米颗粒（Ag-NPs）具有独特的与尺寸效应相关的表面等离子体共振效应、高导电性和导热性，目前已经被应用于催化[7~9]、抗菌[10]、喷墨打印[11~13]、表面增强拉曼散射[14,15]、信息存储[16]、成像和传感等方面[17~19]。因而合成具有小尺寸和单分散性的 Ag-NPs 分散体具有重要的科研和商业价值。

目前制备 Ag-NPs 分散体的方法主要包括热还原法、光还原法以及化学还原法[20~23]。光还原法和热还原法所涉及的反应过程较为复杂、制备成本较高、产品批次间稳定性差，因而不适于大规模的工业生产。化学还原法是目前为止应用最多的方法，这种方法仅涉及反应物、还原剂以及表面活性剂的简单混合过程，过程简单、成本低廉并且易于实现工业化放大。目前，已经有许多报道采用化学还原法制备 Ag-NPs 分散体，并将得到的分散体用于导电器件的制备。Ankireddy 等[13]在以油酸作为表面活性剂的条件下制备了 Ag-NPs 分散体，并以此为原料制备了薄膜电阻为 0.29Ω/cm 的导电银迹线。然而，大多数通过化学还原法得到的产品都因为反应体系内的反应物浓度的空间分布不均匀、过饱和度过低而造成颗粒粒径较大并且粒度分布较宽。因此，目前在工业上通过化学还原过程制备的产品多用于制备导电银胶而尚未用来制备 Ag-NPs 透明分散体。因此，开发出一种简单并可以控制反应体系分子混合状态的透明 Ag-NPs 分散体的制备方法最具有重大意义。

Ng 等[24]曾采用超重力技术制备了平均粒径为 25nm 的 Ag-NPs，美中不足的是，所制备的 Ag-NPs 存在一定程度的团聚，分散性较差。我们采用超重力反应原位萃取相转移法可以有效地避免颗粒的团聚，形成稳定单分散的银纳米分散体[25]。

（1）制备工艺条件对银纳米颗粒形貌及分散性能的影响　图 6-9 所示为不同转速下制备的 Ag-NPs 的紫外吸收光谱。随着 RPB 的转速的不断增加，所制备的分散体中的 Ag-NPs 的等离子体共振吸收峰的位置不断发生蓝移、对应的吸收峰的半峰宽逐渐变窄并且强度逐渐增强，表明随着转速的不断增加，制备的分散体中的 Ag-NPs 的颗粒粒径逐渐减小、粒度分布逐渐变窄、颗粒的数量逐渐增多。

图 6-10 所示为不同转速下制备的分散体中的 Ag-NPs 的 TEM 照片。从图中可以看出球形的 Ag-NPs 均匀分布在铜网表面，Ag-NPs 颗粒之间无团聚现象，这些 Ag-NPs 趋向于排列成具有一定形状的阵列。当转速较低时，制备的分散体中的 Ag-NPs 的粒径较大，且粒度

分布较宽；随着转速的不断增加，制备的分散体 Ag-NPs 的粒径逐渐减小；当转速达到 1500r/min 时，Ag-NPs 的尺寸达到 7nm 左右，基本呈单分散状态；转速进一步的提高，Ag-NPs 的粒径趋于稳定，不再减小。表明 1500r/min 下的超重力水平，已经可以满足生成单分散的 Ag-NPs 的分子混合均匀化条件。

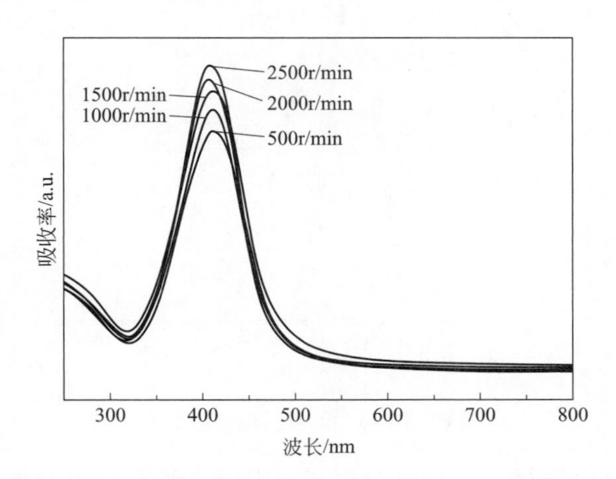

图 6-9　不同转速下制备的 Ag-NPs-R 的 UV-Vis 吸收光谱

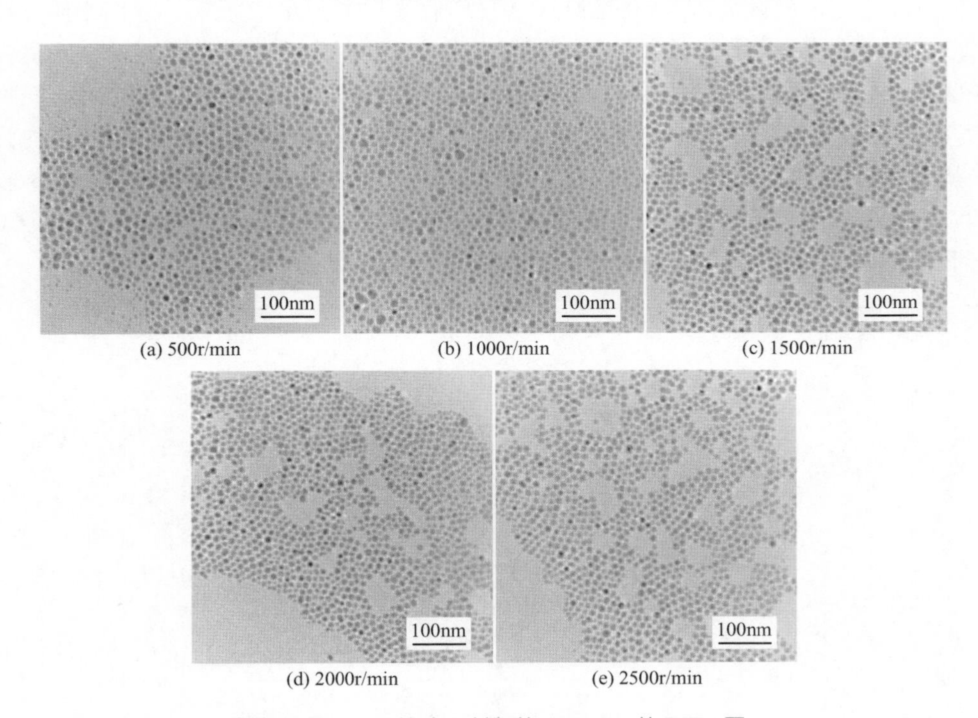

图 6-10　不同转速下制备的 Ag-NPs 的 TEM 图

图 6-11 所示为不同转速下制备的分散体中的 Ag-NPs 的粒度分布曲线。从图中可以直观地看出，低转速时（500r/min 和 1000r/min）时的 Ag-NPs 的粒度分布较宽且平均粒径较大，而当转速达到 1500r/min 或者更高时，所制备的分散体中 Ag-NPs 的粒度分布曲线基本重合，说明当 RPB 的转速达到 1500r/min 时便可以得到粒径小且粒度分布窄的 Ag-NPs，这

与前面的 UV-Vis 和 TEM 结果基本吻合。

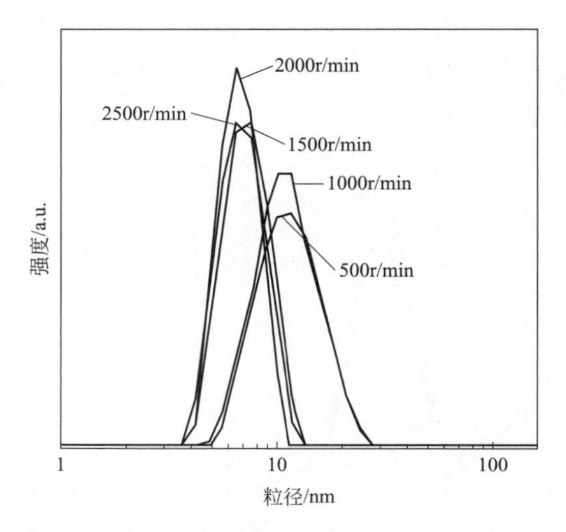

图 6-11 Ag-NPs 的粒度分布图

温度是影响化学反应进行的一个重要因素，因而在研究过程着重探讨了反应温度的影响。不同反应温度下制备的 Ag-NPs 的 UV-Vis 吸收光谱如图 6-12 所示。从图中明显可以看出，当反应温度达到 35℃时，对应的产物中的 Ag-NPs 的等离子体共振吸收峰的位置发生明显的红移且伴随着吸收峰的半峰宽的增大的现象，表明反应温度达到 35℃时，产物中的 Ag-NPs 的粒径较大且粒度分布较宽。当反应温度为 10℃时，对应的产物的吸收峰的强度明显低于其他温度点，这可能是因为反应温度较低时，反应速率较慢，生成的 Ag-NPs 较少的缘故。而在其他温度点下的 Ag-NPs 的等离子体共振吸收峰的峰位变化不大，可能是由于此种情况下温度对 Ag-NPs 的粒径影响不大的缘故。

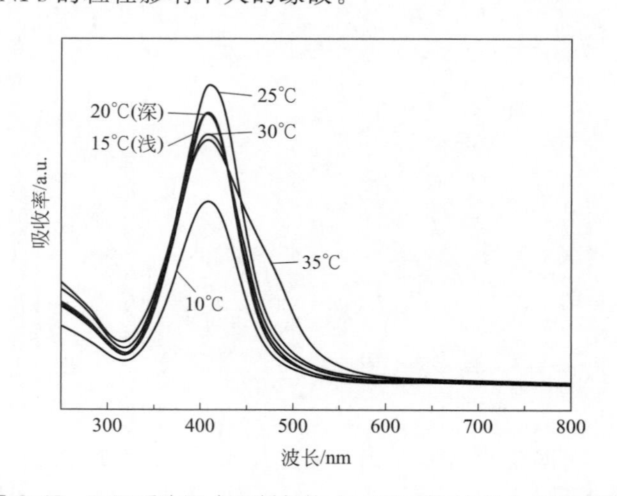

图 6-12 不同反应温度下制备的 Ag-NPs 的 UV-Vis 吸收光谱

不同反应温度下制备 Ag-NPs 的 TEM 图如图 6-13 所示。除了 10℃下的产物以外，在其他五个温度点下的产物均为球形颗粒，并且这些颗粒均匀分布在铜网表面。当反应温度为 10℃，反应的产物的形貌较不规则，并出现了团聚现象。这可能是由于，反应温度（10℃）

低于体系中油酸的熔点（13.4℃），此时，油酸在反应液中的溶解度较差，致使油酸不能有效地在反应过程中包覆在 Ag-NPs 的表面，从而控制 Ag-NPs 的形貌和粒径。随着反应温度的升高，产物中的颗粒的尺寸逐渐增大，但是当反应温度升高至 30℃及以上时，产物中的 Ag-NPs 的粒径分布开始变宽，这可能因为反应温度较高时，Ag-NPs 的生长速度过快造成的。

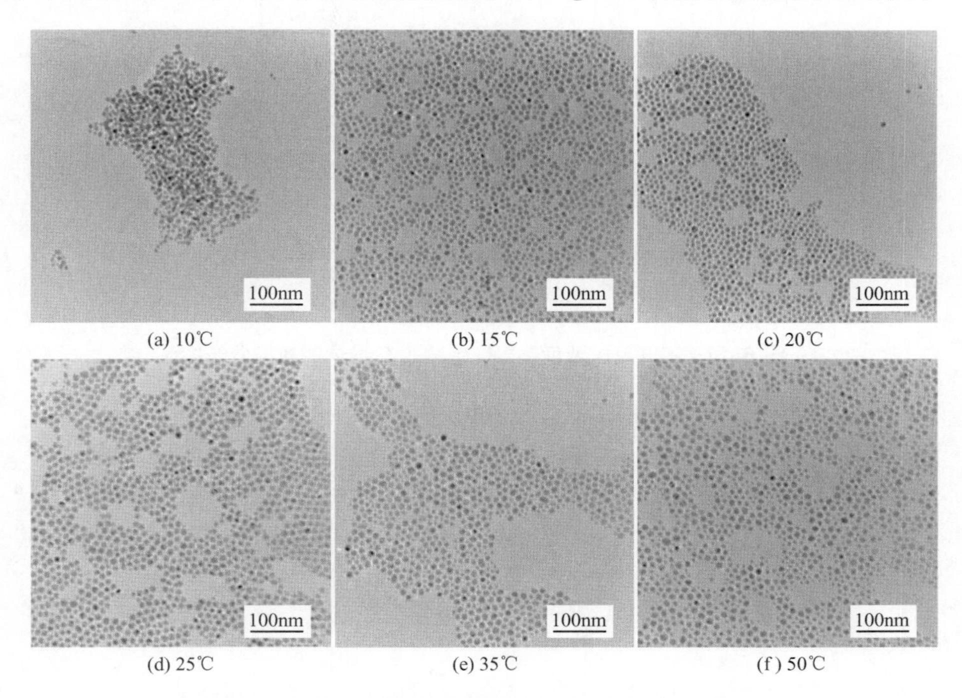

(a) 10℃　(b) 15℃　(c) 20℃
(d) 25℃　(e) 35℃　(f) 50℃

图 6-13　不同反应温度制备 Ag-NPs 分散体 TEM 图

从图 6-14 所示的不同反应温度下制备的 Ag-NPs 的粒度分布图中可以看出，随着反应温度的不断升高，相应的 Ag-NPs 的粒度分布经历了一个先变窄再变宽的过程，其中 25℃下的产物的粒度分布图最窄，表明此温度下的产物的粒度分布最均匀。在 10～25℃，随着反应温度的升高，对应的产物的粒度分布逐渐变窄，这可能是由于随着反应温度的升高，分散剂油酸在体系中的分散情况逐渐变好，进而能够均匀的包覆在不同反应温度下制备 Ag-NPs 的表面，实现对不同反应温度下制备 Ag-NPs 的粒径的有效控制。但是，当反应温度进一步的提高时，产物的粒度分布又逐渐变宽，这可能是因为，温度越高，体系中生成的 Ag-NPs 的表面银原子的活性越高，导致 Ag-NPs 的生长速度越快，极易生成尺寸较大的颗粒，导致产物的粒度分布较宽。根据图 6-15 所示的曲线，随着反应温度的升高，产物中 Ag-NPs 的平均粒径不断增大。

在化工生产中，反应时间的长短不仅影响着产品的质量，同时也与整个生产过程的运行能耗息息相关，因而在研究过程中着重的考察了反应时间的影响。从图 6-16 中可以看出，随着反应时间的延长，位于 420nm 左右的 Ag-NPs 的等离子体共振吸收峰的位置逐渐发生红移，表明延长反应时间可以导致所制备的分散体中的 Ag-NPs 的粒径增大。对比所有时间点下的 Ag-NPs 的 UV-Vis 曲线可知，当反应时间为 5min 时 Ag-NPs 的等离子体共振吸收峰最窄，说明此时制备的分散体中的 Ag-NPs 的粒度分布最窄。

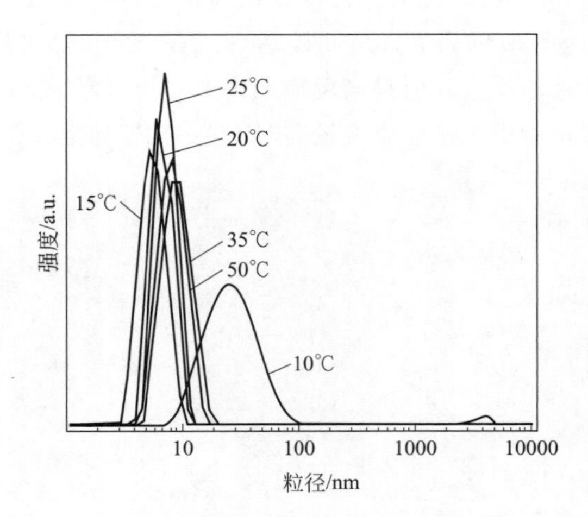

图 6-14 不同反应温度制备 Ag-NPs 分散体的粒度分布图

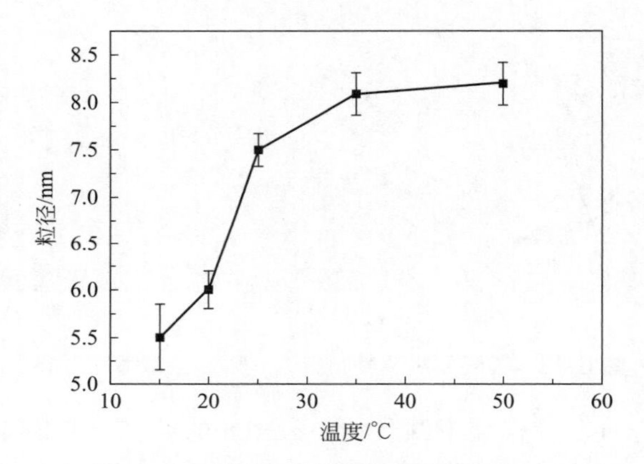

图 6-15 Ag-NPs 的平均粒径随反应温度的变化曲线

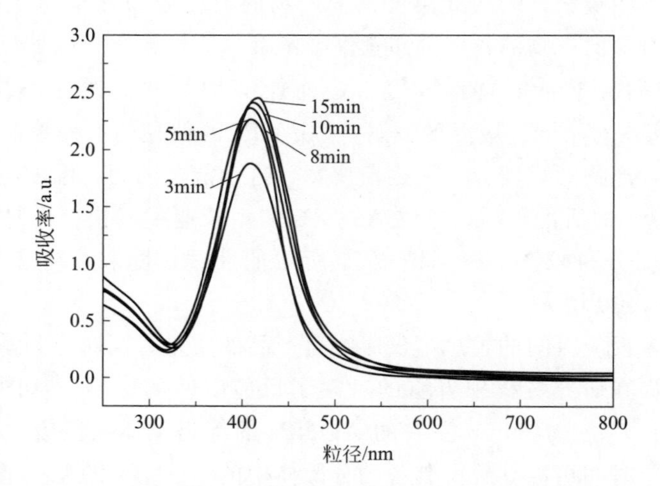

图 6-16 不同反应时间制备 Ag-NPs 的 UV-Vis 吸收光谱

从图 6-17 所示的不同反应时间下制备 Ag-NPs 的 TEM 图中可以看出，随着反应时间的延长，所制备的分散体中的 Ag-NPs 的粒径逐渐变大，并且粒度分布趋于变宽，其中反应时间为 5min 时的颗粒形貌最为规整，粒度大小最为均匀。以上结论在图 6-18 所示的粒度分布图中也得到了印证，从粒度分布结果上来看反应时间为 5min 时，产物中的 Ag-NPs 颗粒的粒度分布最窄。从粒度统计结果（图 6-19）来看，反应时间较短时，由于反应尚未-充分，产物中的 Ag-NPs 颗粒的平均粒径较小。

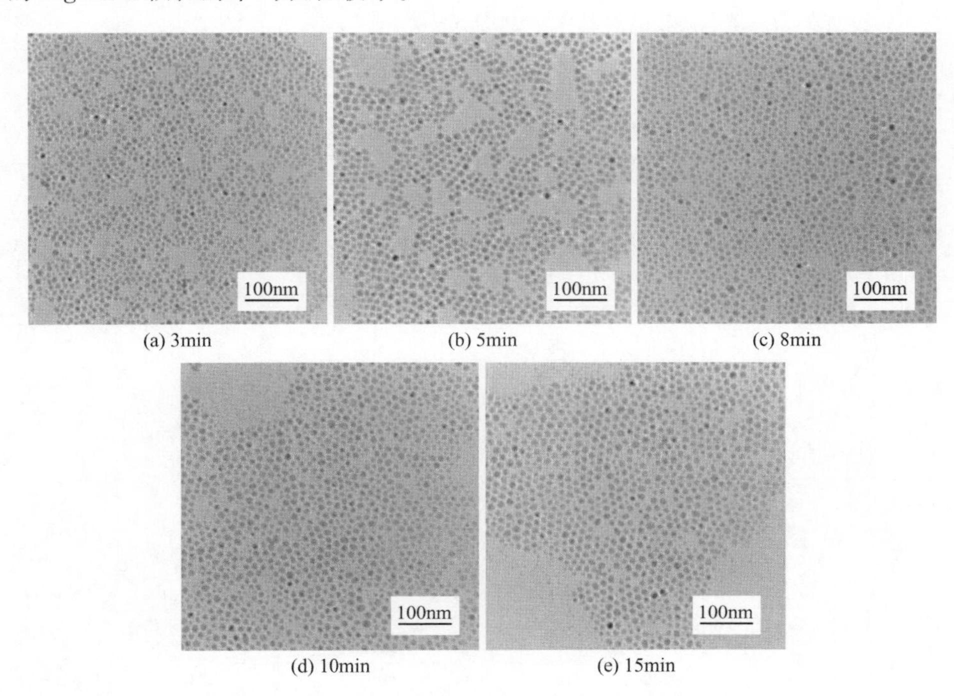

图 6-17　不同反应时间制备 Ag-NPs 分散体的 TEM 图

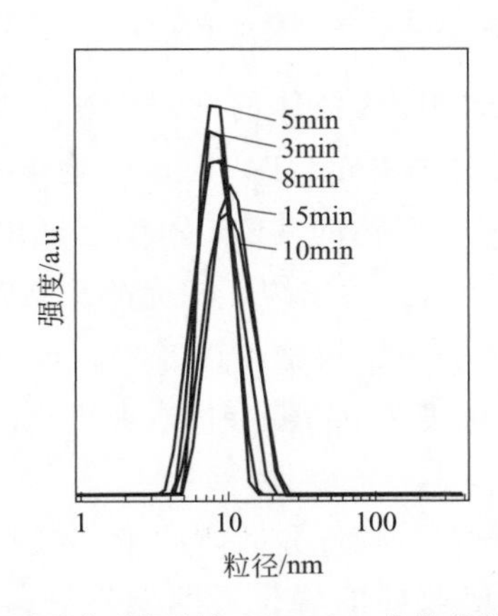

图 6-18　不同反应时间制备 Ag-NPs 分散体的粒度分布图

不同 Ag^{+} 浓度下制备的分散体的紫外-可见吸收光谱如图 6-20 所示。从图中可以看出，随着 Ag^{+} 浓度的不断升高，位于 420nm 左右的 Ag-NPs 的等离子体共振吸收峰的位置总体上向长波方向逐渐移动，且伴随着半峰宽逐渐变大，说明随着 Ag^{+} 浓度不断增大，对应的分散体中的 Ag-NPs 颗粒的尺寸逐渐增大，且 Ag-NPs 的粒度分布逐渐变宽。

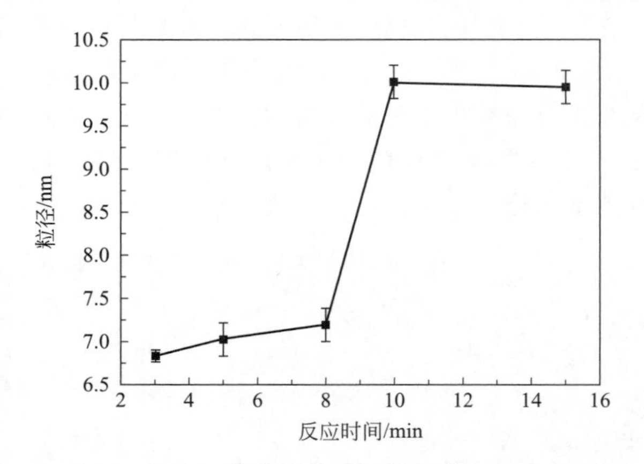

图 6-19 Ag-NPs 的平均粒径随反应时间的变化曲线

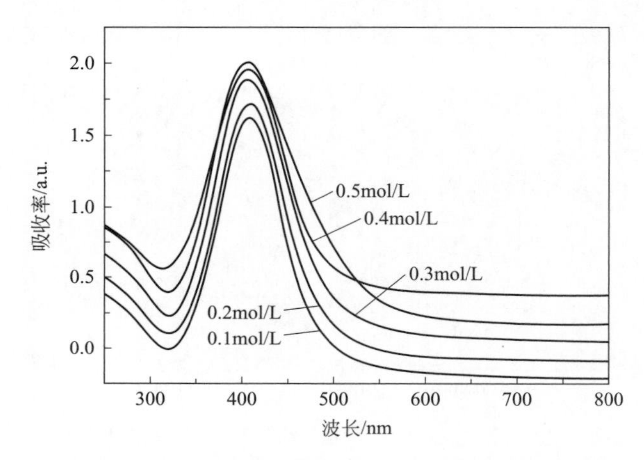

图 6-20 不同 Ag^{+} 浓度下所制备的 Ag-NPs 分散体的紫外吸收光谱

不同 Ag^{+} 浓度下制备的 Ag-NPs 分散体的 TEM 图如图 6-21 所示。在图中可以发现，当 Ag^{+} 浓度的较低（0.1mol/L 和 0.2mol/L）时，产物中的 Ag-NPs 较小，且尺寸均匀；当 Ag^{+} 浓度的浓度进一步升高时，产物的 TEM 图中逐渐出现少量的尺寸较大的颗粒；当 Ag^{+} 浓度的浓度为 0.5mol/L 时，产物中出现了较为严重的团聚现象，并伴随着大颗粒的出现。此外，从图 6-22 所示的粒度分布结果中可以看出，当 Ag^{+} 浓度为 0.1mol/L 时产物中的 Ag-NPs 的粒度分布最窄，当浓度为 0.3mol/L 或者更高时，产物中均有双峰出现，说明产物中有团聚发生。

图 6-23 所示为不同还原剂浓度下制备分散体的紫外吸收光谱，从图中可以看出随着还原剂浓度升高，Ag-NPs 的特征吸收峰的峰位逐渐发生红移。表明随着还原剂的浓度的增大，所制备的分散体中的 Ag-NPs 颗粒的粒径逐渐增大。此外，当还原剂浓度为 9mol/L 时，Ag-NPs 的特征吸收峰的半峰宽明显变大，表明此种情况下制备的分散体中的 Ag-NPs 颗粒的粒度分布较宽。

从图 6-24 所示的 TEM 图中也可以看出，随着还原剂的浓度的增大，图中的 Ag-NPs 的尺寸逐渐增大，并且当还原剂的浓度为 9mol/L 时，图中还出现了 Ag-NPs 团聚的现象。图 6-25中所示的 DLS 结果再次印证了 UV 和 TEM 的结果，当还原剂浓度为 3mol/L 和 9mol/L 出现了双峰，说明在这两种条件下，产物中的 Ag-NPs 的粒度分布较宽。造成这种现象的原因可能是，当还原剂的浓度较低时，对 Ag-NPs 的还原程度较低，导致还原不完全，颗粒较小；当还原剂浓度较高时，还原剂水合肼作为一种弱电解质起到了电解质的作用，导致分散体中发生 Ag-NPs 之间絮凝现象，最终导致分散体内的颗粒团聚。对比还原剂为 5mol/L 和 7mol/L 时的产物的 DLS 曲线可知，当还原剂浓度为 5mol/L 时产物中Ag-NPs 的粒度分布最窄。

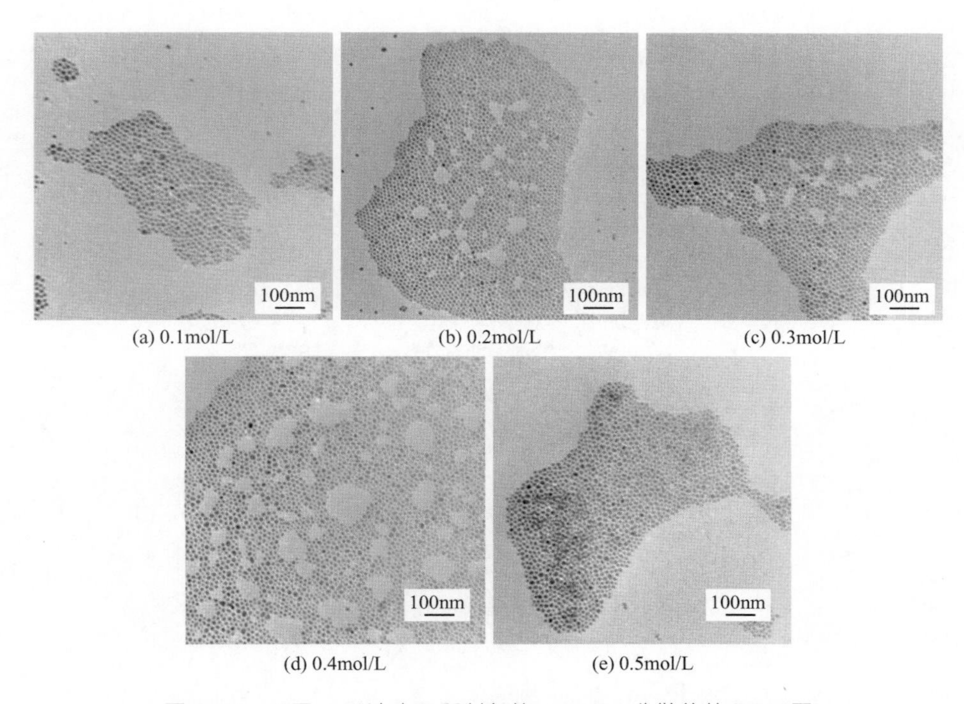

(a) 0.1mol/L (b) 0.2mol/L (c) 0.3mol/L

(d) 0.4mol/L (e) 0.5mol/L

图 6-21 不同 Ag^+ 浓度下所制备的 Ag-NPs 分散体的 TEM 图

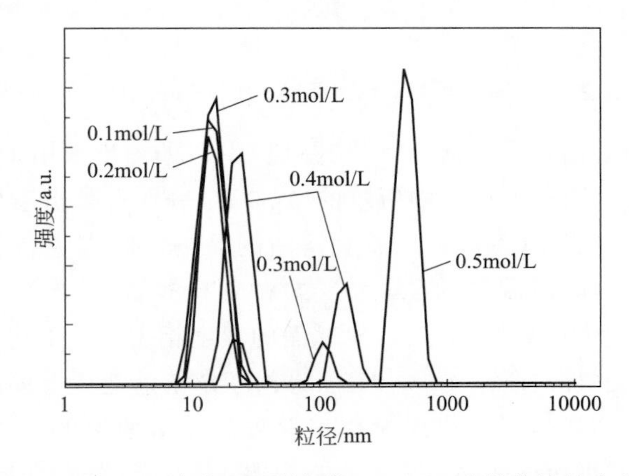

图 6-22 不同 Ag^+ 浓度下所制备的 Ag-NPs 分散体的粒度分布图

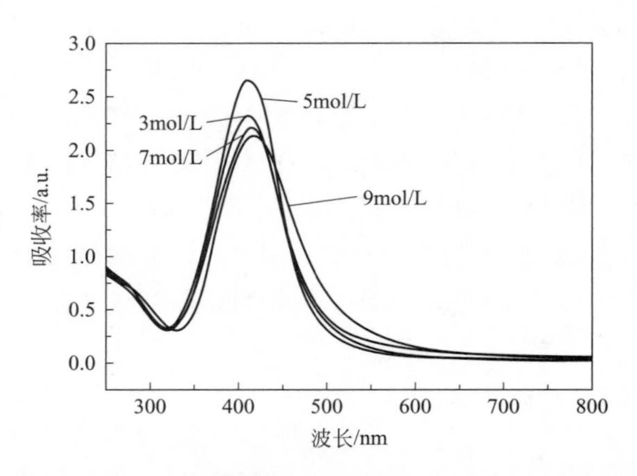

图 6-23 不同还原剂浓度下所制备的 Ag-NPs 分散体的紫外吸收光谱

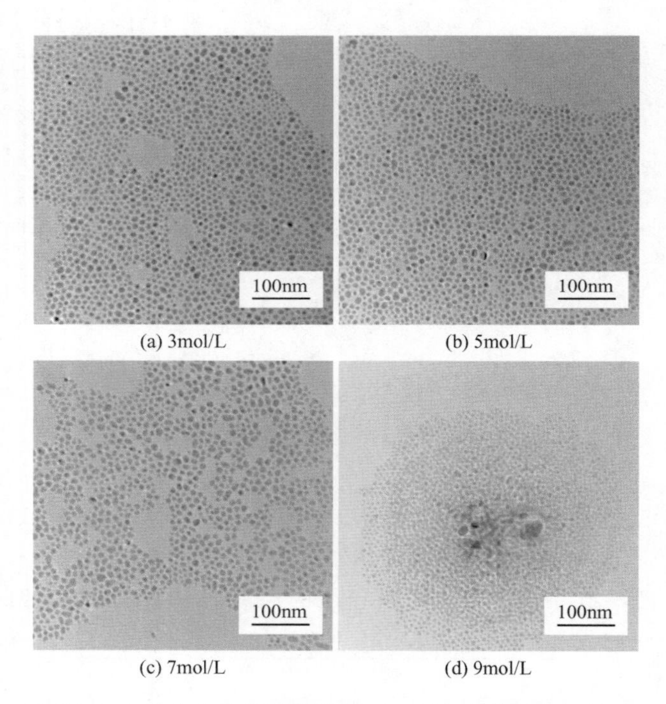

(a) 3mol/L (b) 5mol/L (c) 7mol/L (d) 9mol/L

图 6-24 不同还原剂下所制备的 Ag-NPs 分散体的 TEM 图

(2) 纳米银颗粒微观结构及性能　在研究过程中，进一步采用 HRTEM 和 SAED 表征了 Ag-NPs 的晶体结构。图 6-26(a) 中所示的 Ag-NPs 表面有晶格条纹出现，从进一步放大后图 6-26(b) 所示的 HRTEM 图中可以看到清晰的晶格，但这些晶格并不是彼此平行，或者与颗粒的边界平行，表明所制备的 Ag-NPs 颗粒具有多晶结构[26]；通过测量得到的晶格间距为 0.14nm，这与立方晶系银的 (111) 晶面的宽度相吻合；上述结果说明 Ag-NPs 具有很高的结晶度。从图 6-26(c) 所示的 Ag-NPs 的 SAED 衍射花样上可以看到清晰的同心衍射环结构，这些同心衍射环从内到外依次对应于立方晶系单质银的 (111)、(200)、(220)、(222) 和 (311) 晶面，再次说明 Ag-NPs 具有多晶结构。此外，从图 6-26(c) 上还可以发现，同心衍射环的宽度较宽，这可能是由于 Ag-NPs 粒径较小的缘故[27]。上述结果说明

RPB 法制备的 Ag-NPs 具有很高的结晶度，具有很完整的晶体结构。

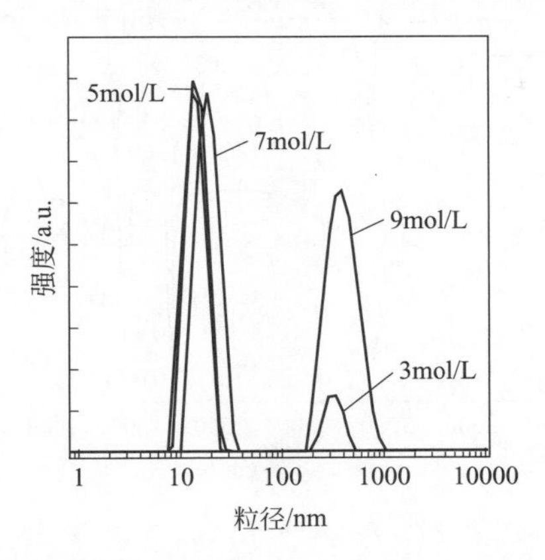

图 6-25　不同还原剂浓度下所制备的 Ag-NPs 分散体的粒度分布图

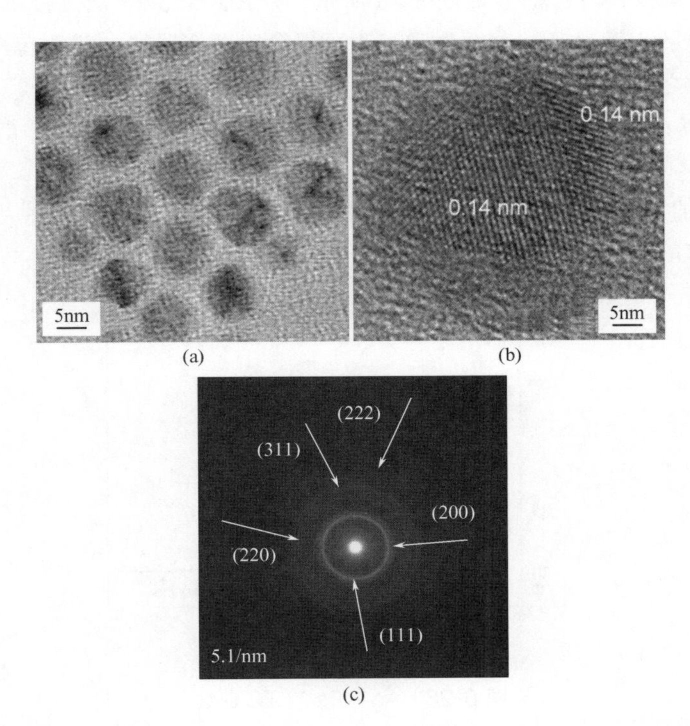

图 6-26　（a）、（b）分别为 Ag-NPs 的 HRTEM 图，（c）为 Ag-NPs 的 SAED 图

为了进一步确定 Ag-NPs 的表面基团结构，采用 FTIR 对其进行了表征。图 6-27 所示 RPB 法制备的 Ag-NPs 的 FTIR 光谱。在 $3008cm^{-1}$、$2925cm^{-1}$ 以及 $2825cm^{-1}$ 处的吸收峰是由＝CH 键的伸缩振动、—CH_2 的对称和非对称伸缩振动引起的，这些特征吸收峰在 Ag-NPs 表面的出现，说明油酸中的碳链结构已经包覆在 Ag-NPs 的表面。对于油酸中的—COOH而言，其特征吸收峰主要位于 $1710cm^{-1}$、$1461cm^{-1}$、$1417cm^{-1}$ 和 $1284cm^{-1}$ 处；而对于 Ag-NPs 表面的—COO^- 来说，其特征吸收峰则主要出现在 $1635cm^{-1}$、$1560cm^{-1}$、$1458cm^{-1}$ 和 $1257cm^{-1}$ 处。这些特征吸收峰的移动说明油酸和 Ag-NPs 之间存在着很强的相互作用力[28]。

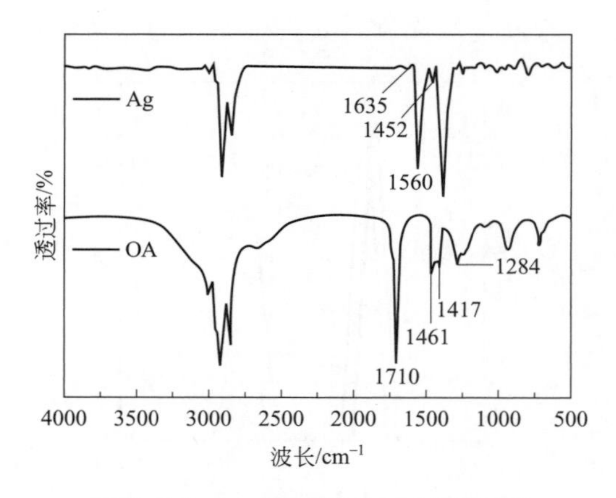

图 6-27 Ag-NPs 和 OA 的 FTIR 图

产物中的 Ag-NPs 的 TG 曲线如图 6-28 所示。从图中可以看出，Ag-NPs 在 30～500℃内经历了一个明显的失重过程。这个失重过程可以分为两个阶段，说明包覆在 Ag-NPs 表面的油酸与 Ag-NPs 之间存在两种不同的作用方式。第一个阶段为 30～350℃，这一阶段失重量约为 16(质量)%，与纯油酸的分解失重相吻合，说明本阶段分解的油酸为通过物理作用包覆在 Ag-NPs 表面的油酸。第二个阶段，从 350～500℃，失重量较小，约为 1.5(质量)%，这一阶段的油酸的分解温度高于纯油酸，这可能是由于 Ag-NPs 与油酸之间强化学作用力的存在造成的。

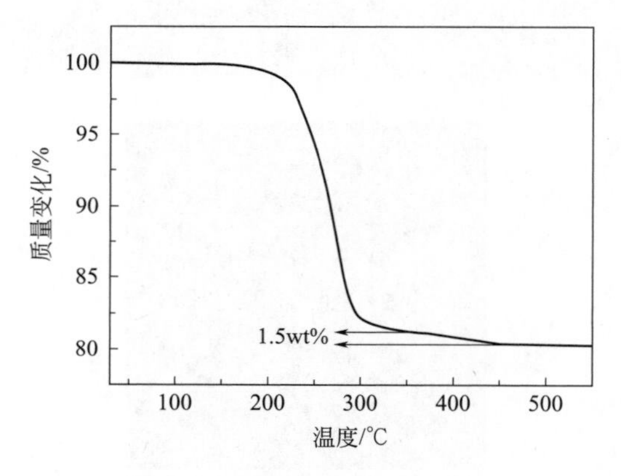

图 6-28 Ag-NPs 的 TG 曲线

(3) 与传统方法的比较　分别采用传统的釜式法（STR）和超重力法（RPB）制备银纳米颗粒分散体，为了方便书写，用釜式法制备的银纳米颗粒以下简写为 Ag-NPs-S，用超重力法制备银纳米颗粒简写为 Ag-NPs-R，二者分散体的紫外吸收光谱如图 6-29 所示。RPB 所制备的分散体中 Ag-NPs-R 的特征吸收峰位于 408nm，而 STR 所制备的分散体中的 Ag-NPs-S 特征峰位于 420nm 处；这一现象说明，Ag-NPs-R 的尺寸小于 Ag-NPs-S。同时，经过计算 Ag-NPs-R 和 Ag-NPs-S 特征峰的半峰宽分别为 75nm 和 125nm，说明 Ag-NPs-R 与 Ag-NPs-S 相比具有单分散性[29]。在图 6-30 所示的粒度分布图中可以明显看出 Ag-NPs-R 的粒度分布很窄，呈现出单分散特性；而 Ag-NPs-S 的粒度分布图出现双峰，呈现出明显的多分散状态。上述结果说明采用超重力法更易于得到具有单分散性的 Ag-NPs。

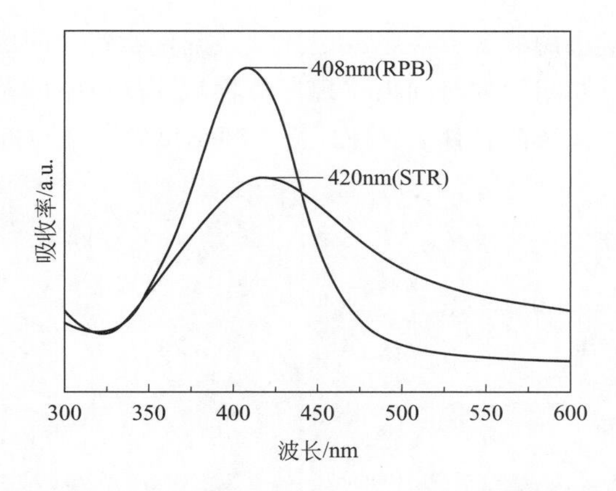

图 6-29　STR 和 RPB 所制备的 Ag-NPs 分散体的紫外吸收光谱

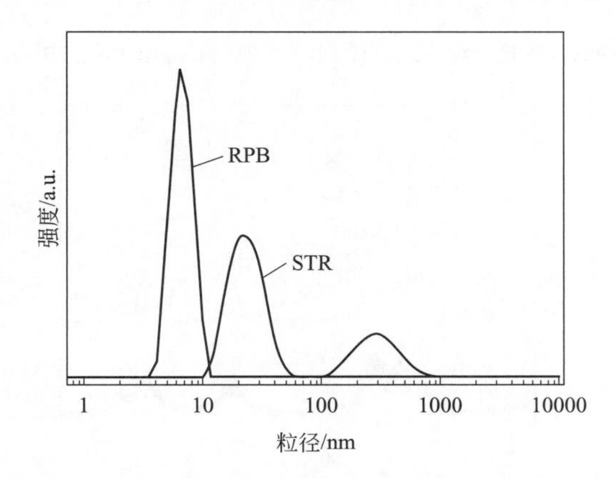

图 6-30　STR 和 RPB 所制备的 Ag-NPs 分散体的粒度分布图

从图 6-31(a) 所示的 Ag-NPs-R 的 TEM 图中可以看出，平均粒径约为 7nm 的球形颗粒均匀地分布在铜网上，并且颗粒之间趋向于排布成具有一定形状的阵列，颗粒的粒度分布均匀。而在图 6-31(b) 中的 Ag-NPs-S 的粒径明显大于 Ag-NPs-R，平均粒径约为 25nm，是 Ag-NPs-R 的 3.6 倍，并且 Ag-NPs-S 形貌不规则、粒度分布宽。这说明采用 RPB 法更易于得到粒径小、粒度分布窄的 Ag-NPs。

采用两种方法制备的分散体中的 Ag-NPs 的 XRD 表征结果如图 6-32 所示。从图中可以看出，两种方法制备的产物在 $2\theta=38.4°$、$44.6°$、$64.5°$、$77.5°$和 $81.5°$处均出现了衍射峰，这些衍射峰分别对应于立方晶系的纳米银的（111）、（200）、（220）、（311）和（222）晶面。XRD 结果与标准卡片 JCPDS NO. 04-0783 完全吻合，这说明这两种产物均具有很高的结晶度。在两种产物的 XRD 谱图中均没有发现其他物质的衍射峰，说明这两种产物均具有很高的纯度。此外，在 XRD 谱图中可以看出，Ag-NPs-R 的衍射峰比 Ag-NPs-S 的衍射峰宽，这也再次表明 Ag-NPs-R 的粒径较小。

根据上述的对比实验结果，可以看出在超重力条件下可以快速地制备出尺寸更小、形貌更加规整、粒度分布更窄的 Ag-NPs。造成这种结果的原因可能是，在 STR 反应器中，反应物的分子混合速度较慢，未能在短时间内实现反应物的均匀混合，造成反应物的浓度分布不均匀，导致 Ag-NPs 的不均匀成核和生长。而在超重力反应器中，所有的反应物料在超重力环境中被填料撕裂成微小的液滴、液膜或是液丝，致使物料之间的分子混合速率和传质速率被大大加快，进而可以在超短的时间内实现反应物料在反应空间范围内的浓度和过饱和度的均一化，满足颗粒均相成核的条件 $t_m < \tau$，最终到小尺寸、窄粒度分布的产物。

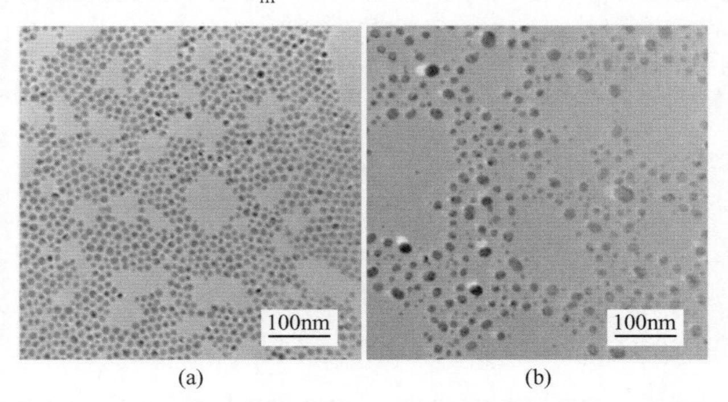

图 6-31 RPB（a）和 STR（b）所制备的 Ag-NPs 的 TEM 图

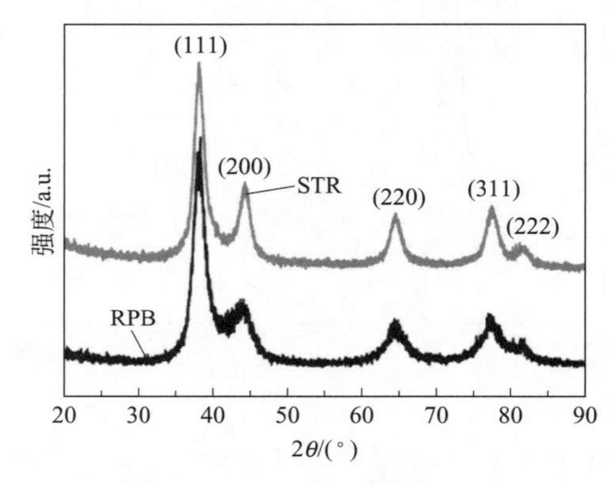

图 6-32 Ag-NPs-R 和 Ag-NPs-S 的 XRD 图

单质银在空气中的化学稳定性极差，极易在空气中被氧化成氧化银（Ag_2O）。Ag-NPs 由于纳米尺寸效应而具有极大的比表面积，极易发生团聚。所以 Ag-NPs 分散体的稳定性对 Ag-NPs 分散体的储存和应用具有极其重要的意义。因此，在本书中进一步的对所制备的 Ag-NPs 分散体的稳定性进行了讨论。

通过静置-沉淀法对 RPB 和 STR 所制备的分散体的稳定性进行了考察。从图 6-33(a) 中可以看出，静置两天后 STR 法所制备的分散体便由透明转变为浑浊，并且在小瓶的底部出现了一层沉淀物；而对于 RPB 所制备的分散体，静置 60 天后依然保持着原本的棕红色澄清透明状态。以上结果直观的说明 RPB 所制备的分散体的稳定性更好。在这两种分散体的 UV-Vis 吸收光谱［图 6-33(b)］中可以看出，STR 法所制备的分散体中 Ag-NPs-S 的特征吸收峰在静置两天后强度减弱并发生一定程度的蓝移，这是由于在静置过程中分散体中的尺寸较大的 Ag-NPs-S 在重力的作用下沉积到了小瓶底部，悬浮液中只存在尺寸较小的 Ag-NPs-S 造成的。以上结果说明，STR 法所制备的分散体的稳定性较差。而对于 RPB 所制备的分散体的 UV-Vis 吸收光谱［图 6-33(c)］而言，在静置 60 天后的 UV-Vis 吸收光谱与相应的新鲜分散体的光谱几乎重合，说明 RPB 所制备的分散体的稳定性较好。RPB 所制备的分散体静置前后的粒度分布结果［图 6-33(d)］也同时说明 RPB 所制备的分散体具有良好的稳定性。静置前后的 TEM 图［图 6-33(e)、(f)］更加直观的验证了上述分析结果的正确性。从图可以看出，无论是在静置前还是静置后，RPB 所制备的分散体中的 Ag-NPs-R 都呈现出良好的单分散特性，Ag-NPs-R 并未在静置过程中发生团聚。以上结果均表明，RPB 所制备的分散体具有良好的稳定性，这使其便于长期储存和进一步的应用。

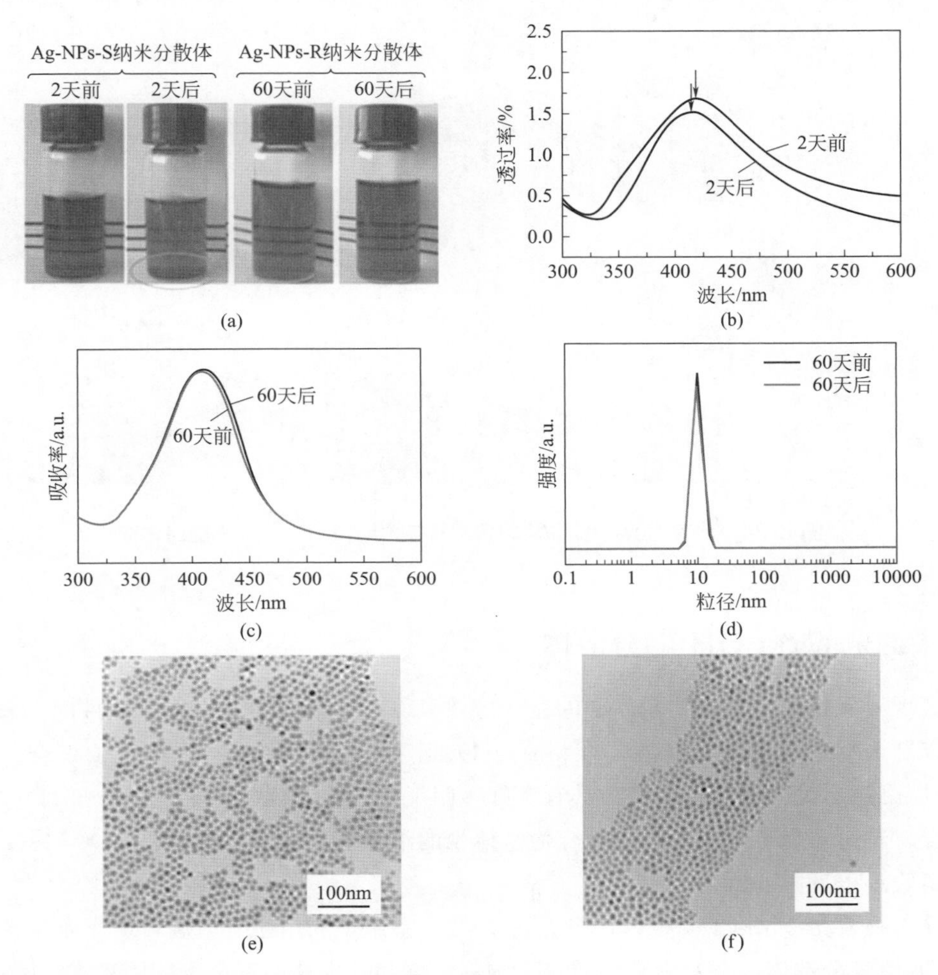

图 6-33　(a) STR 和 RPB 所制备的分散体的实物照片、(b) STR 所制备的分散体 2 天前后的紫外吸收光谱、(c) RPB 所制备的分散体 60 天前后的紫外吸收光谱、(d) RPB 所制备的分散体 60 天前后的粒度分布图、(e) 和 (f) 为 RPB 所制备的分散体 60 天前后的 TEM 图

6.2　超重力反应结晶/萃取相转移法制备纳米分散体

6.2.1　技术路线

反应结晶/萃取相转移法制备纳米分散体的过程分为两步：第一步是以极性较强的溶剂

为分散介质，在旋转填充床中快速生成纳米颗粒；第二步是将生成的纳米颗粒放入加有改性剂的液相中，颗粒经表面改性后直接萃取转相至油中，或离心洗涤后转相至液相介质中形成纳米分散体。在此工艺中，纳米颗粒制备和改性过程分开并相继进行，因而被称为二步法。图 6-34 是超重力反应结晶/萃取相转移技术制备纳米分散体的原理图。

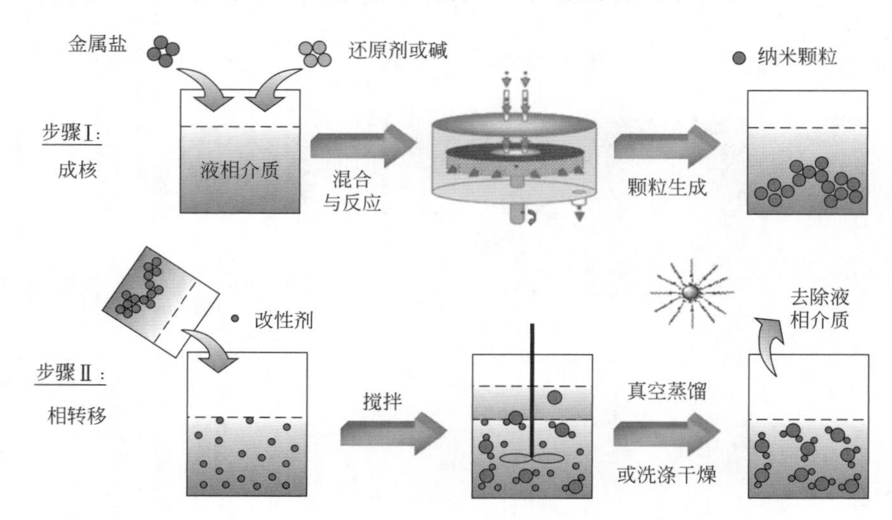

图 6-34 超重力反应结晶/萃取相转移技术制备纳米分散体的原理图

6.2.2 纳米 $Mg(OH)_2$分散体

为实现氢氧化镁在聚合物基体中的良好分散，以终端聚合物应用体系为目标，采用超重力技术创制出一系列不同液相介质的 $Mg(OH)_2$透明分散体[30]，并通过原位聚合、溶液共混和/或熔融挤出等方法制备了多种具有良好透明度、力学和阻燃性能的 $Mg(OH)_2$/聚合物纳米复合材料，实现了纳米颗粒在聚合物基体中的纳米级分散。超重力法制备 $Mg(OH)_2$分散体的实验流程见图 6-35。

在反应物料比［$MgCl_2$］∶［NaOH］为 1∶2、室温下利用超重力旋转填充床制备得到了 $Mg(OH)_2$纳米分散体，并对旋转床转速、物料浓度和进料速率三个影响因素进行了探索。

（1）制备工艺条件对 $Mg(OH)_2$纳米颗粒形貌及分散性能的影响　在氢氧化钠浓度为 0.6mol/L，液体进料速率为 400mL/min 等其他工艺参数不变的条件下，考察了转子转速对 $Mg(OH)_2$颗粒形貌的影响。各种转速条件下所制得乙醇相 $Mg(OH)_2$纳米分散体的 TEM 照片、颗粒粒度分布和平均粒径如图 6-36 和图 6-37 所示。

从图 6-36 的 TEM 照片可以看出，当转速为 400r/min 时，纳米 Mg（OH)$_2$颗粒为粒径约 60～120nm 的薄片，随着转速的不断提高，即超重力水平不断增加，颗粒的粒径逐渐减小，而且 $Mg(OH)_2$颗粒的平均粒径从 92nm 逐渐减小至 45nm，粒度分布也变窄。这是由于转速的增加，使进入超重力反应器内的液体物料粉碎得更为细小，在床内流速增加，缩短了液体微元之间混合均匀所需时间，使宏观反应速率增加，从而在更短的时间内生成大量的晶核，生成的颗粒也更小。与此同时，整个体系中过饱和度分布均匀，晶核生长时间变短，产物粒度分布也变窄。然而，当转速达到 2000r/min 后，所得 $Mg(OH)_2$ 粒径减小的趋势变得缓慢，这是因为填料对液态反应物的切割混合已经达到了极大程度，此时，再提高转速对 $Mg(OH)_2$ 颗粒粒径的影响不大。

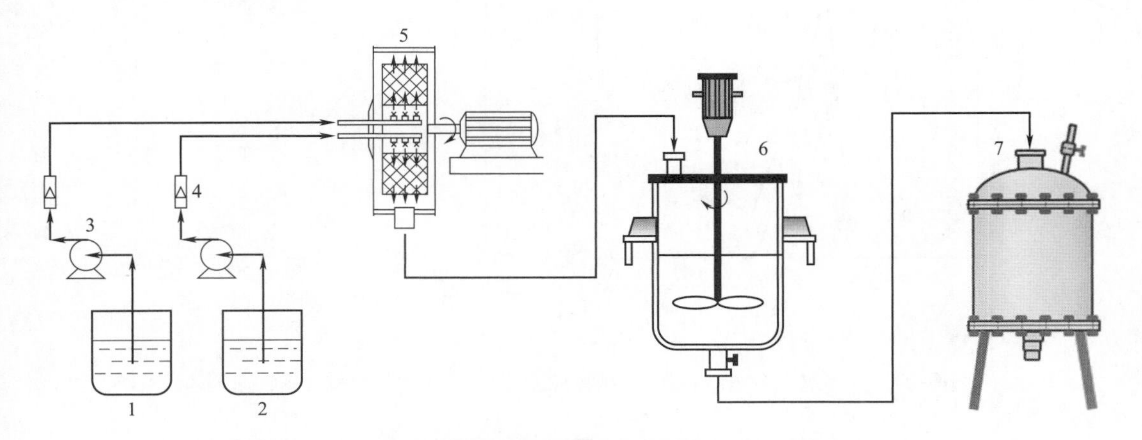

图 6-35　超重力法制备 $Mg(OH)_2$ 分散体流程图

1—$MgCl_2 \cdot 6H_2O$ 溶液储罐；2—NaOH 溶液储罐；3—蠕动泵；4—流量计；5—超重力床；6—改性罐；7—过滤器

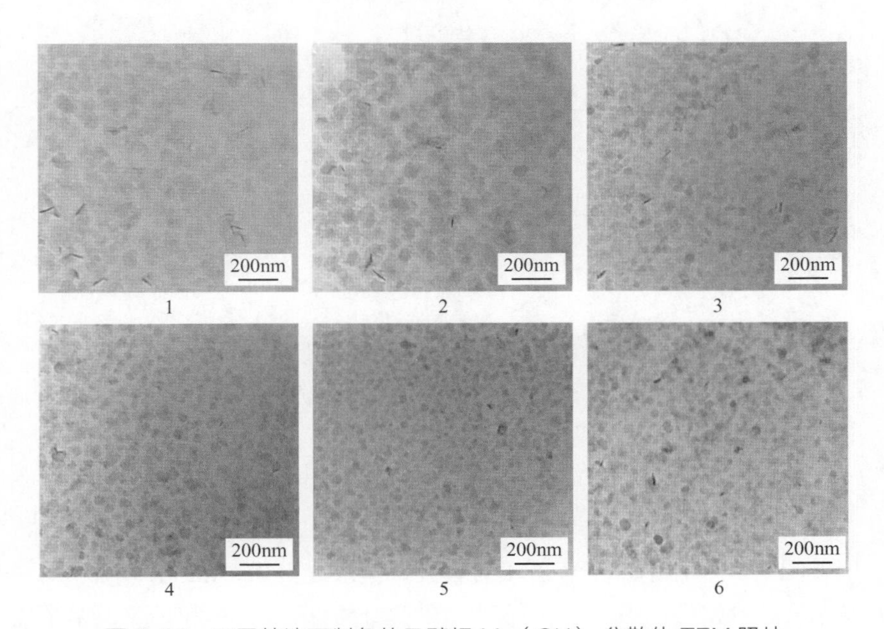

图 6-36　不同转速下制备的乙醇相 $Mg(OH)_2$ 分散体 TEM 照片

1—400r/min；2—800r/min；3—1200r/min；4—1600r/min；5—2000r/min；6—2400r/min

一般来说，反应物溶液浓度过低，体系的过饱和度小，不利于晶粒的成核和生长；浓度过高，生成的纳米粒子互相接触的概率也会提高，容易导致颗粒之间因碰撞而团聚生成更大的颗粒，因此，选择合适的原料浓度是十分有必要的。在液体进料速率为 400mL/min，转子转速为 2000r/min 等其他工艺参数不变的条件下，考察了氢氧化钠浓度对 $Mg(OH)_2$ 颗粒尺寸的影响。不同浓度条件下所制得乙醇相 $Mg(OH)_2$ 纳米分散体的 TEM 照片以及颗粒粒度分布和平均粒径如图 6-38 和图 6-39 所示。

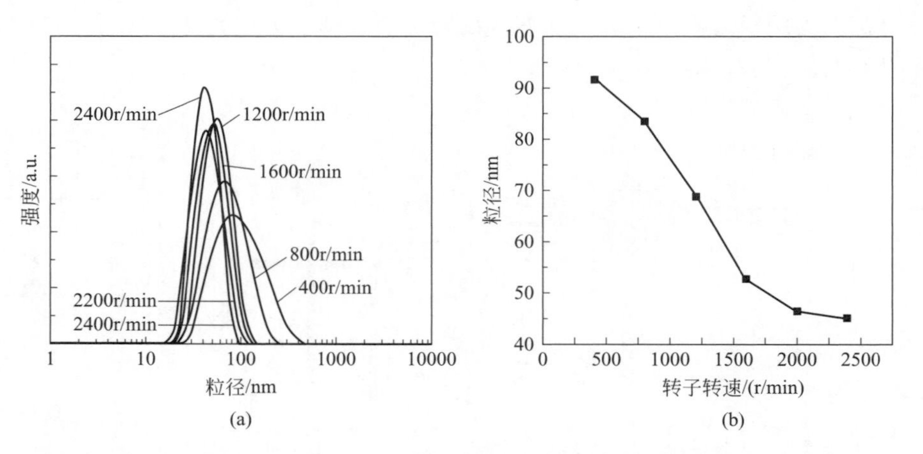

图 6-37 转子转速对 $Mg(OH)_2$颗粒粒度分布（a）和平均粒径（b）的影响

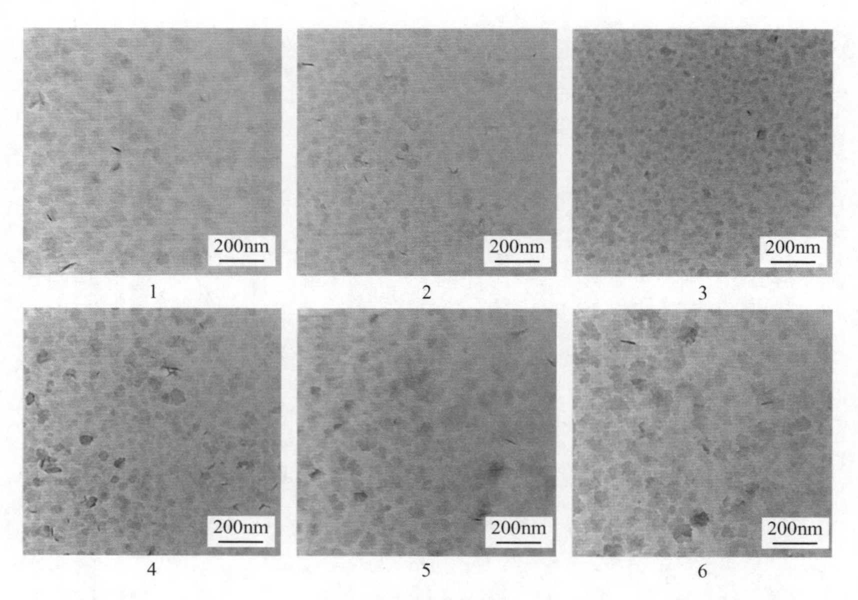

图 6-38 不同原料浓度制备的乙醇相 $Mg(OH)_2$分散体 TEM 照片

1—0.2mol/L；2—0.4mol/L；3—0.6mol/L；4—0.8mol/L；5—1.0mol/L；6—1.2mol/L

从图 6-38 的 TEM 照片中可以看出，当氢氧化钠浓度由 0.2mol/L 增加到 0.6mol/L 时，纳米 $Mg(OH)_2$颗粒的粒径逐渐减小，同时，在 DLS 测试中，颗粒的平均粒径也从 108nm 减小至 46nm，且粒度分布变窄，这是由整个体系过饱和度增加造成的。过饱和度是晶体成核和生长的主要驱动力，成核速率和生长速率都随着体系中过饱和度的增加而变大，而颗粒粒径的大小则是由成核率与生长速率的比值决定，比值越大，颗粒的粒径越小。对于同一个化学反应来说，成核速率的反应级数远大于其生长速率的反应级数。因此，物料浓度越高，溶液中 $Mg(OH)_2$的过饱和度越大，更有利于成核过程，在成核速率与生长速率都有所增加的同时，其比值越来越大，更容易得到细小的颗粒；反之，物料浓度越低，溶液中 $Mg(OH)_2$ 过饱和度越小，成核速率降低，由此获得的 $Mg(OH)_2$晶粒较大。然而，当氢氧化钠浓度由 0.6mol/L 增加到 1.2mol/L 时，纳米 $Mg(OH)_2$ 的颗粒粒径逐渐增大，平均粒径由 46nm 增大至 164nm，而且分布明显宽化。这是因为，当物料浓度提高到一定程度后，过饱和度过大，造成单位体积内的晶粒数过多，彼此之间碰撞的机会也随之增加，导致晶粒的团聚，从而使产品颗粒尺寸变大；而且即使当反应快结束时，整个体系内仍然保持一定的过饱和度，导致后期生成大量的颗粒，造成产品粒度分布不均匀。

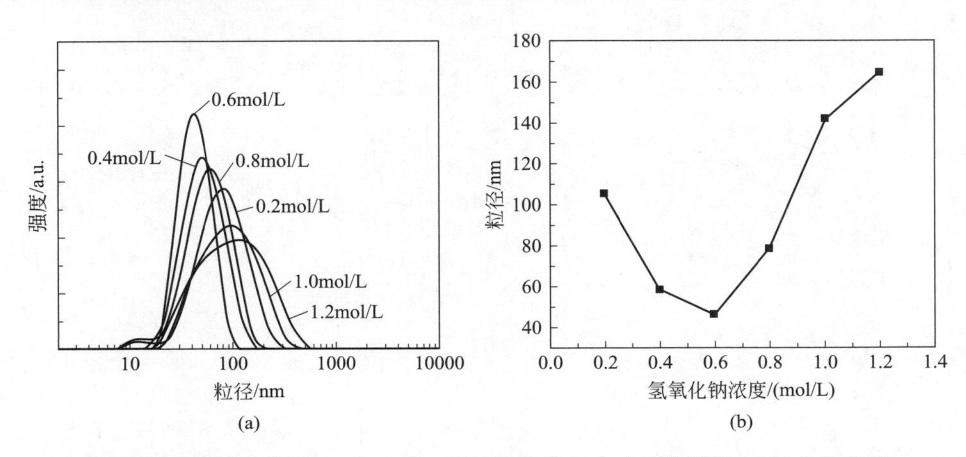

图 6-39　物料浓度对 $Mg(OH)_2$ 颗粒粒度分布（a）和平均粒径（b）的影响

进料速率过快使晶体成核速度加快，容易团聚；速率过慢，延长反应时间，引起纳米颗粒的再生长，造成粒度分布变宽。因此，实验时选择适当的进料速率可使粒径的分布相对变窄。在氢氧化钠浓度为 0.6mol/L，旋转床转速为 2000r/min 等其他工艺参数不变的条件下，考察了不同液体进料速率（100mL/min、200mL/min、400mL/min、600mL/min、800mL/min 和 1000mL/min）对 $Mg(OH)_2$ 颗粒尺寸的影响。不同液体进料速率条件下所制得乙醇相 $Mg(OH)_2$ 纳米分散体的 TEM 照片以及颗粒粒度分布和平均粒径如图 6-40 和图 6-41所示。

从图 6-40 的 TEM 照片中可以看出，随着旋转床进料速率的增加，$Mg(OH)_2$ 颗粒平均粒径呈现先减小后增加的趋势。在 DLS 测试中，当进料速率从 100mL/min 增加到400mL/min时，纳米 $Mg(OH)_2$ 的平均粒径从 66nm 减小至 46nm，且粒度分布变窄，这是因为进料速率的增加使旋转床内单位时间内的持液量有所增加，液液接触面积增大，更好地强化了传质效果，而且还会提高体系的过饱和度，使产物纳米 $Mg(OH)_2$ 的平均粒径随着进料速率的增加而减小。然而，当进料速率从 400mL/min 增加到 1000mL/min 时，TEM 照片中有明显的较大片状 $Mg(OH)_2$ 出现，颗粒的平均粒径从 46nm 增加到 220nm，并且粒度分布明显宽化。这是因为进料速率过快，造成会导致局部过饱和度过高，晶体成核速度加快，容易发生相互碰撞形成团聚，而且物料在超重力场中的停留时间相对较短，反应难以达到较好的分子混合。根据实验结果发现，当反应物进料速率为 400mL/min 时，物料在旋转床中能够进行较好的分子混合，从而所得的纳米 $Mg(OH)_2$ 颗粒平均粒径较小而且粒度分布较窄。

(2) 超重力法与传统搅拌法的对比　在反应温度为 25℃，氢氧化钠与氯化镁物料比为 2∶1，以及改性工艺都相同的条件下，传统搅拌法与超重力法制备的乙醇相 $Mg(OH)_2$ 纳米分散体的 TEM 照片如图 6-42 所示。

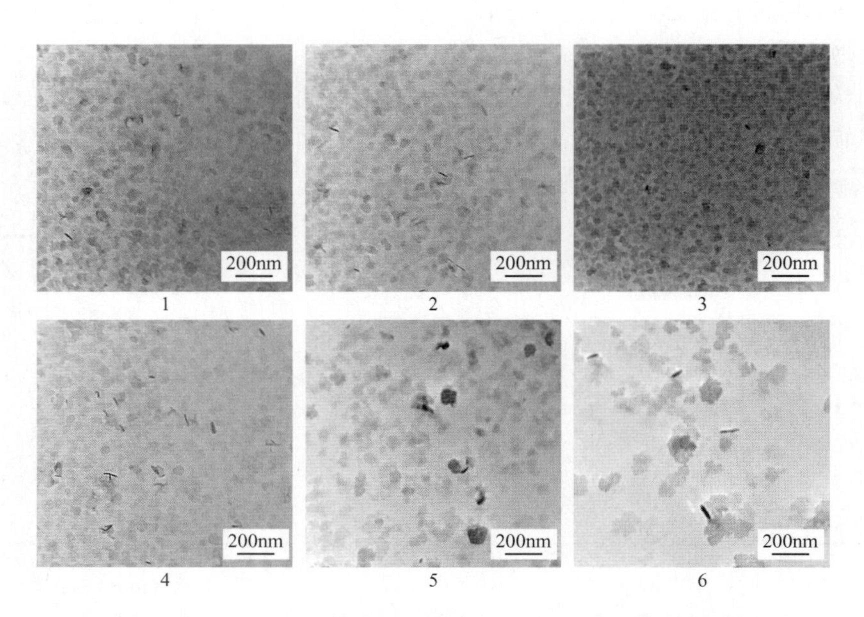

图 6-40 不同进料速率制备的乙醇相 $Mg(OH)_2$分散体 TEM 照片

1—100mL/min；2—200mL/min；3—400mL/min；4—600mL/min；5—800mL/min；6—1000mL/min

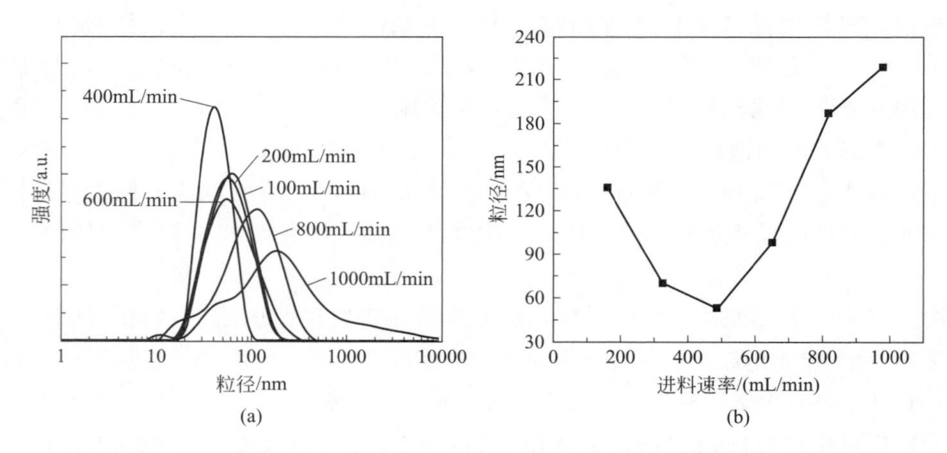

图 6-41 进料速率对 $Mg(OH)_2$颗粒粒度分布（a）和平均粒径（b）的影响

从图 6-42 可以看出，搅拌法制备的 $Mg(OH)_2$ 纳米颗粒，呈明显的片状结构，粒径约 60～100nm，而且局部有粒径较大的颗粒出现；超重力法制备的样品，分布更均匀，颗粒粒径较小，约 40～60nm，并且基本看不到粒径超过 100nm 的颗粒。此外，如图 6-43 所示，从粒度分布图中可以看出，与搅拌法相比，超重力法制备的 $Mg(OH)_2$ 颗粒粒度分布曲线峰值向较小粒径区移动，而且粒度分布更窄。以上结果表明旋转床能够显著改善反应的微观混合状态，从而利于制备粒度分布均匀的纳米颗粒。

图 6-44 为超重力法与搅拌法制得的固含量为 1(质量)%的乙醇相 $Mg(OH)_2$ 纳米分散体的紫外-可见透射光谱及实物照片。从透射光谱中可以看出，在可见光区域（400～800nm），超重力法制备的 $Mg(OH)_2$ 纳米分散体透射率较高。例如，在 500nm 处，超重力产品的透射

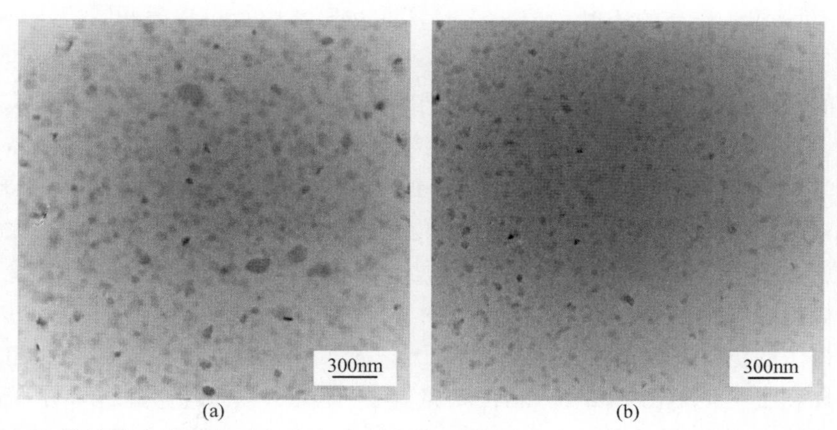

图 6-42　搅拌法（a）和超重力法（b）制备的乙醇相 $Mg(OH)_2$ 纳米分散体的 TEM 照片

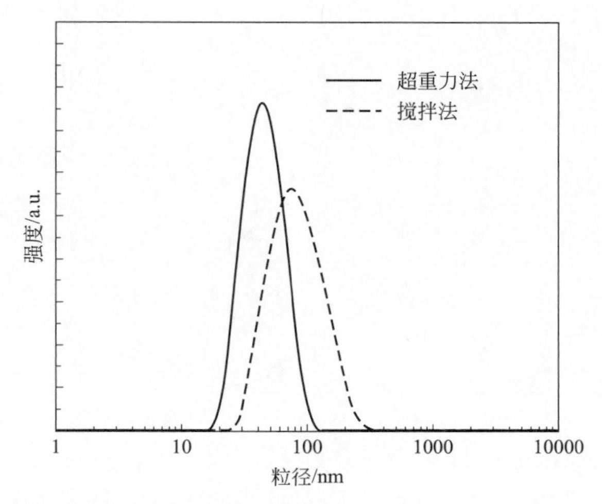

图 6-43　超重力法和搅拌法制备的纳米 $Mg(OH)_2$ 颗粒的粒度分布

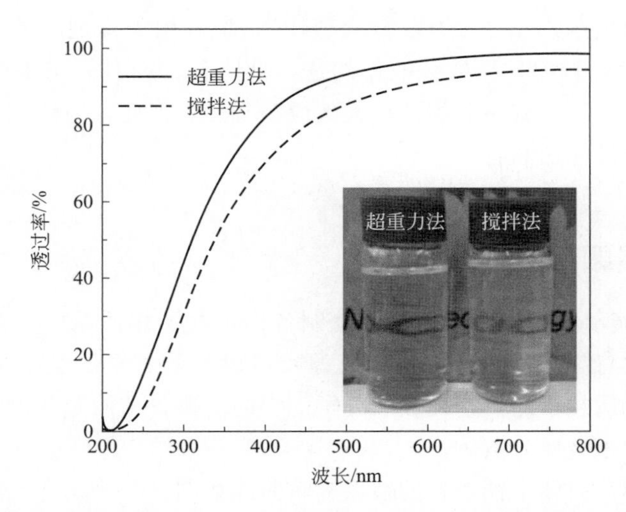

图 6-44　超重力法与搅拌法制备的 $Mg(OH)_2$ 分散体的紫外-可见透射光谱及实物照片

率为93%，而搅拌法产品的透射率为88%。从实物照片中也可以看出，在$Mg(OH)_2$含量相同的情况下，超重力法制备的$Mg(OH)_2$纳米分散体透明度较好。以上结果主要是由于超重力法制备的颗粒粒径更小且分布更均匀。同时，较小的粒径和较窄的粒度分布有利于制备高固含量的纳米分散体，以乙醇相$Mg(OH)_2$纳米分散体为例，利用搅拌法制备的分散体最高固含量约为8(质量)%，而用超重力法制备的纳米分散体最高固含量可达10(质量)%。

纳米颗粒的制备由实验室合成走向工业化生产的过程中往往会受到“放大效应”的影响。所谓“放大效应”，指的是在相同的操作方法下，由于各种因素和条件的变化，利用大型生产装置得到的结果往往与小型设备得出的实验结果由较大差异。为了进一步比较传统搅拌法与超重力法的优劣，我们在实验室规模上，分别利用20L搅拌反应釜和超重力旋转床进行了与常规烧瓶实验相比扩大100倍的宏量制备$Mg(OH)_2$纳米分散体，产品的TEM照片和实物照片如图6-45所示。

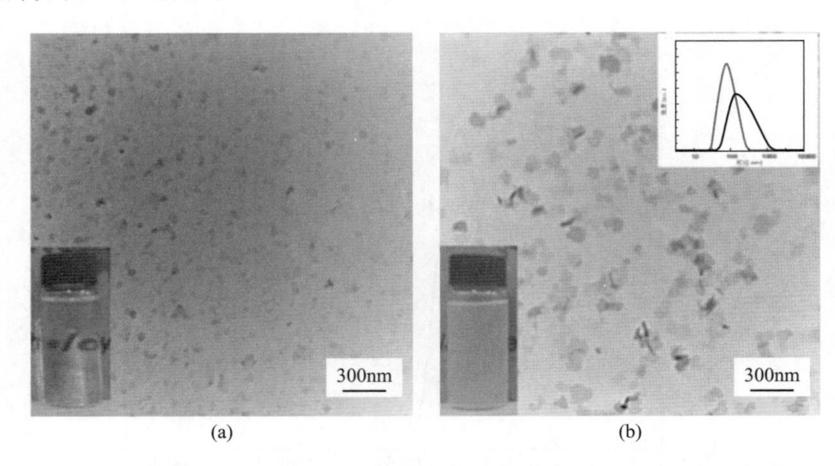

图6-45 超重力法（a）和搅拌法（b）宏量制备$Mg(OH)_2$纳米分散体的TEM照片以及实物照片

从图6-45可以看出，超重力法宏量制备的纳米$Mg(OH)_2$粒径约40～60nm，分散体具有良好的透明性，这是因为超重力旋转床具有物料停留时间短和强化微观混合与传质等特点，所以其适于连续生产，几乎没有“放大效应”；搅拌法宏量制备的纳米$Mg(OH)_2$粒径约100～200，且分散性较差，导致分散体的透明度降低，而且，与小试实验相比，颗粒粒径较大且粒度分布较宽，具有显著的“放大效应”现象。因此，与传统搅拌法相比，超重力技术更适用于纳米分散体的制备。

6.2.3 纳米金属颗粒分散体

我们采用超重力反应结晶/萃取相转移法制备出了在油相体系中分散的纳米铜、纳米银等分散体。这是首次将旋转填充床应用于还原反应过程制备金属类纳米颗粒及其液相分散体，以此适应纳米金属粒子的快速成核和分子混合的需要，从而制备出粒径小、粒度分布均匀、分散性良好的纳米金属分散体。

所得纳米铜油相分散体中铜颗粒的粒度分布曲线如图6-46所示。纳米铜的粒径分布窄，颗粒粒径在2～8nm，分散性良好，呈单分散状态。

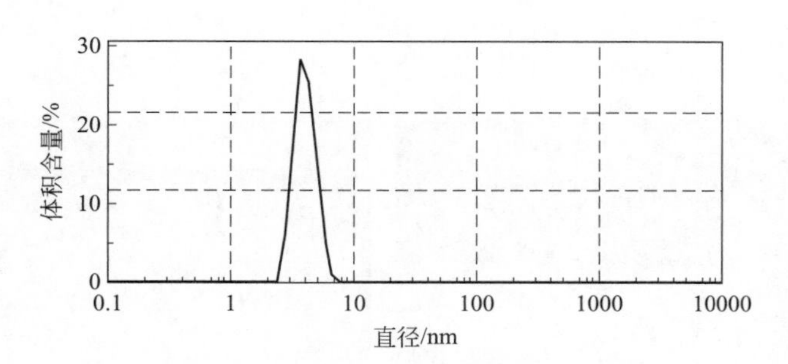

图 6-46　纳米铜油相分散体的粒度分布曲线

采用旋转填充床制备铜颗粒，可以提高其还原反应效率，反应时间不超过 1 分钟，具有显著的过程节能效果。目前，我们已与中国石油天然气股份有限公司合作，建成了一条 100t/a 的示范线，成功生产出了质量稳定、性能良好的油溶性纳米铜分散体，生产线照片如图 6-47 所示。

图 6-47　100t/a 的纳米铜油相分散体示范线

此外，由于对纳米铜表面的亲油性修饰，萃取剂把铜粒子从水相萃取到油相，同时对其进行表面修饰，使之在油相体系中具有良好的分散稳定性，生产过程中不需要干燥过程制备纳米铜干粉，避免了颗粒发生团聚和粉尘等环境问题，简化了工艺流程，具有产品质量稳定、收率高、节能和生产周期短等优点。

6.2.4　纳米金属氧化物颗粒分散体

我们与新加坡纳米材料科技公司合作，制备出了能在不同极性液相介质中稳定存在的单分散纳米金属氧化物分散体，如氧化锌、氧化铈、氧化钛、氧化硅、氧化锡、氧化铁等。制备出的分散体均具有高固含量［纳米颗粒的固含量高于（质量）30%～50%］和高透明性的特点，分散体的实物照片如图 6-48 所示。

从图 6-48 中可以看出，纳米颗粒固含量的增加不会对液相分散体的透明度造成明显的影响。当纳米颗粒的固含量达到 53(质量)%时，分散体仍具有良好的透明性。说明纳米颗粒在液相中分散性良好，团聚粒径小，不会因为颗粒团聚造成光的散射现象。此外，纳米颗粒液相分散体的稳定性良好，放置 1 年后，分散体仍为透明，无沉淀和分层现象。

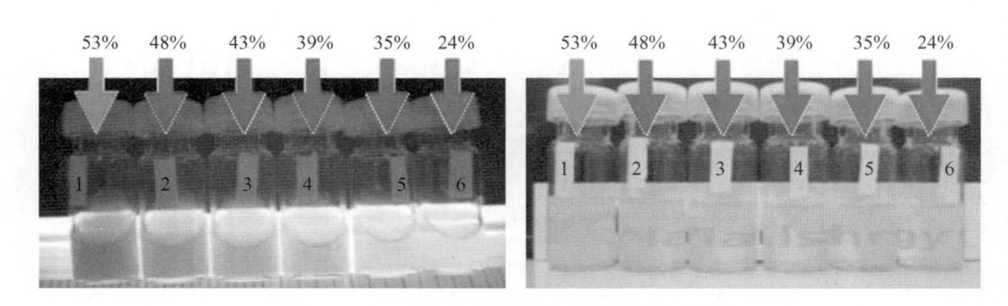

图 6-48 不同固含量的纳米分散体实物照片

图 6-49 为纳米 ZnO 颗粒在不同的液相体系中的分散体的实物照片。从极性较强的水相到非极性的环己烷相，均可以制备出透明度良好的纳米颗粒液相分散体。通过调变颗粒表面的改性剂种类和改性剂量，可以制备出与各种极性不同的有机介质相容性良好的纳米颗粒，从而可以根据聚合物单体与有机溶液的相容性好坏，选择出用于原位聚合法的纳米颗粒。

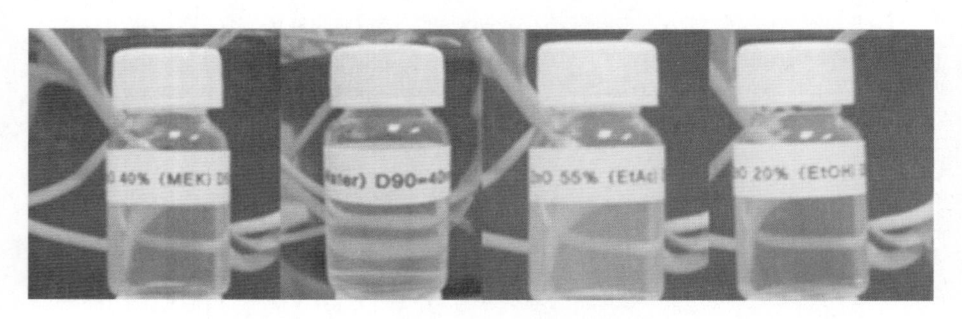

图 6-49 不同液相介质的纳米分散体实物照片

图 6-50 是 ZnO 纳米颗粒的 TEM 图片。从图中可以看出，ZnO 纳米颗粒的分散性非常好，呈现单分散状态，没有发生团聚。从（b）图中可以看出，单个颗粒表面的晶格条纹清晰可见，说明纳米颗粒的结晶度很好。单个 ZnO 纳米颗粒的粒径大概约为 4～6nm，这和 XRD 表征的结果类似。

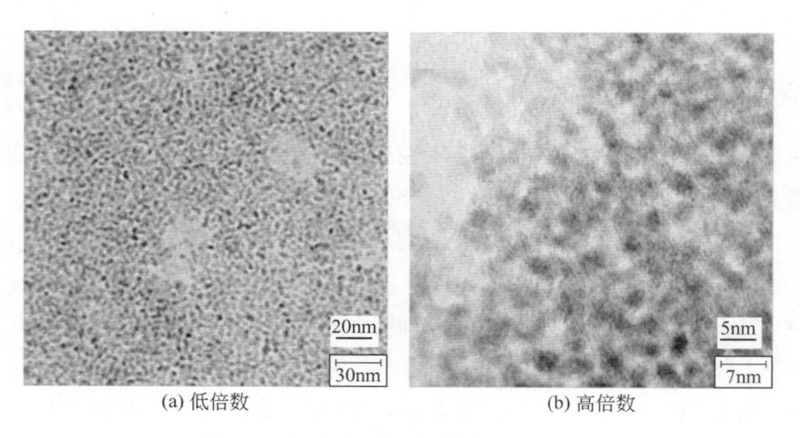

(a) 低倍数　　(b) 高倍数

图 6-50 ZnO 纳米颗粒的 TEM 图片

6.3 纳米分散体的应用及其有机无机复合材料

通过透明纳米分散体来制备有机无机纳米复合材料，纳米颗粒易在终端制品中保持纳米级分散状态，充分发挥纳米效应，故可用来制备功能性有机无机纳米复合材料及其器件制品。

由于纳米分散体是一种液相介质，因此，目前其主要应用于涂料、润滑油等液相体系中，也可以应用于有机单体的聚合过程，以及热固性树脂中来制备复合材料，还可以通过先制备纳米母料再添加到热塑性树脂中来制备纳米复合材料。纳米颗粒的添加可提高材料的热稳定性、力学性能等，还可以赋予材料新的特性，如光、电、磁等功能。

6.3.1 纳米分散体在玻璃用防晒隔热节能膜中的应用

我们与安徽池州市英派科技有限公司等紧密合作，采用无机纳米颗粒与有机树脂复合技术，研制出了一种建筑玻璃节能用高透明纳米复合高分子节能贴膜材料，并实现了规模化生产和工程示范应用。它是在高透明的聚酯膜上涂覆一层功能性的纳米粒子复合涂层，结构示意图如图6-51所示。将具有不同功能的纳米颗粒均匀地、纳米级地分散在有机涂料体系中，在安全保护高分子基膜上涂覆一层或几层纳米复合涂料，实现节能膜材料的紫外线和红外线阻隔作用。这种节能膜材料即保持了玻璃的高透明和高采光性又能阻隔热量传递，可降低建筑能耗10%以上，适用于我国冬季寒冷、夏季炎热气候条件下对建筑玻璃的节能改造工程。

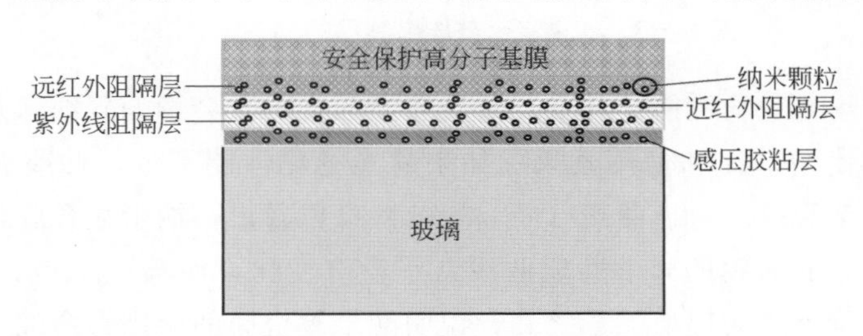

图6-51　节能膜材料的结构示意图

纳米复合膜产品的实物照片和TEM照片如图6-52所示。从图中可以看出，纳米粒子在复合膜中分散性很好，颗粒粒径小于30nm，没有发生明显的团聚现象，从而保证所制备的纳米复合膜在具有很高透明度的同时，具有良好的阻隔紫外线以及红外线的功能。

图6-53为纳米复合节能膜制品的光学性能的谱图，其中（a）曲线为未经紫外线辐照的纳米复合膜的光学性能，（b）曲线为经紫外线灯辐照1000小时后的光学性能曲线。纳米复合节能膜制品具有强的紫外线阻隔能力，可以完全阻隔波长为350nm以下的紫外线，保护人体或物品不受紫外线的伤害；还具有屏蔽红外线的能力，基本上能阻隔波长1350nm以上的红外线，这样，夏天可以防止室外的近红外线进入室内，降低空调的能耗，冬天可以防止室内的远红外线辐射到室外，在膜内形成温度墙，减少热导损失量，降低采暖的能耗；同时，该膜还具有高的可见光透过率，550nm处的可见光透过率达到了86%，可以节约室内

的采光用电。将该膜应用于建筑或汽车、交通玻璃上，可显著提高建筑和汽车等的节能效果。

图 6-52 纳米复合膜产品的实物照片和 TEM 照片

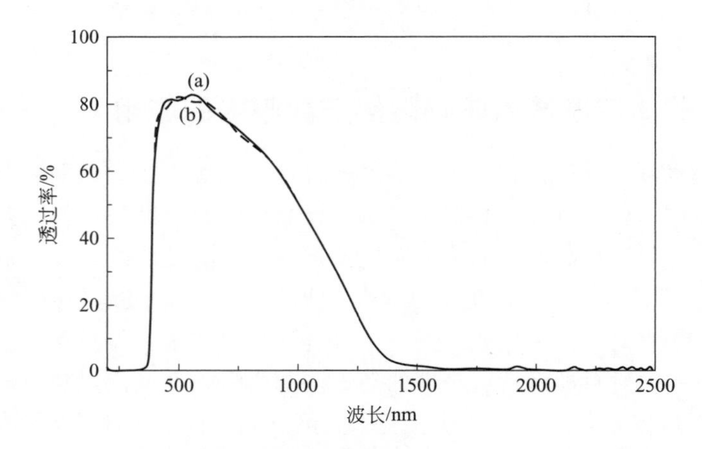

图 6-53 纳米复合节能膜制品的 UV-Vis 谱图

纳米复合膜的耐光老化性能是其重要的性能参数之一，会影响到纳米复合膜贴于玻璃表面上后贴膜玻璃的使用寿命和使用效果。如果耐光老化性能不佳，贴膜玻璃容易退色、变色、产生气泡、甚至脱落。对比曲线（a）和（b）可以看出，纳米复合膜材料的抗光老化性能非常好，辐照 1000h 后膜的光学性能曲线几乎没有变化，而辐射 1000h 的能量相当于 10 年左右的太阳光中紫外线的辐射能量之和，说明纳米复合膜的使用寿命在 10 年以上。

6.3.2 纳米分散体在光学材料中的应用

在光学材料方面，由于光学应用领域的不断发展，传统的光学材料已经不能满足人们对材料和器件微型化、多功能化、集成化等方面的要求，研究和制备高性能和功能性的新型光学材料受到了人们的广泛关注。通过将无机纳米颗粒可控、均匀地以纳米级状态分散于透明聚合物基体中，制成光学级高透明有机无机纳米复合材料，可在不影响甚至改善材料透明度的情况下提高复合材料的强度、硬度、热稳定性、热导率以及材料的紫外线阻隔、折射率等光学性能，可以广泛地应用于光学镜片、液晶显示器、光电封装、太阳能电池、光学数据存储等领域。

光学级纳米复合材料是对纳米颗粒在有机基体中分散度要求最高的材料，任何由于纳米颗粒团聚而造成的光的散射，都会降低材料的透明度。因此，如何使无机纳米粒子纳米级分散在透明聚合物基体中，并与聚合物基体体系不发生相分离，制备出光学级纳米复合材料，吸引了人们广泛的兴趣。我们[31~35]采用溶液共混法、本体聚合法等工艺创制出高透明纳米复合膜材料，研究了复合膜材料的光学性能、热稳定性等。

图 6-54 为采用原位聚合法制备的高透明高固含量的 ZnO/PBMA 纳米杂化膜材料的 TEM 照片，ZnO 纳米颗粒的固含量达到了 60(质量)%。杂化膜材料中 ZnO 纳米颗粒呈现单分散状态，颗粒二次分散粒径为 4～6nm。纳米颗粒的添加基本不影响杂化膜材料的透明度。

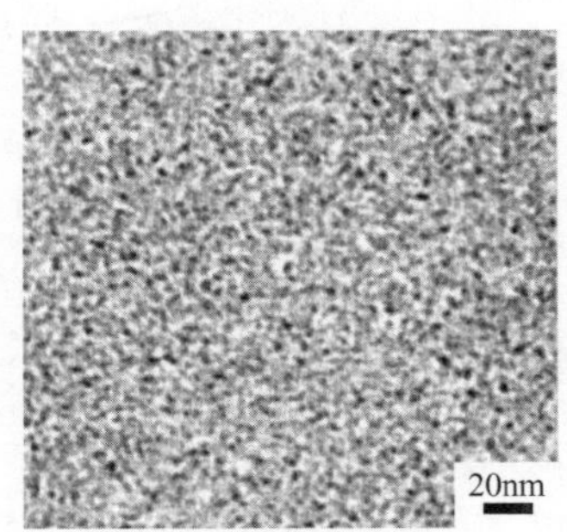

图 6-54　纳米杂化材料的 TEM 照片

图 6-55 是材料的紫外-可见光透过率曲线，其中，曲线 a 为没有添加纳米颗粒的膜材料，曲线 b 为添加了 5(质量)%ZnO 的膜材料，曲线 c 为添加了 60(质量)%ZnO 的膜材料。可以看出，纳米颗粒的添加量对材料的可见光透过率基本没有影响，但阻隔 100%紫外线的波段从 240nm 处提高到 360nm，说明纳米颗粒在基体中达到了高度的纳米级分散，在发挥阻隔紫外线功能的同时，对可见光无散射作用。曲线 d 为采用溶液共混法制备纳米复合膜材料，从图中可以看出，纳米颗粒的添加严重地影响了材料的可见光透过率，说明采用溶液共混法制备膜材料，颗粒在基体中分散非常不均匀。

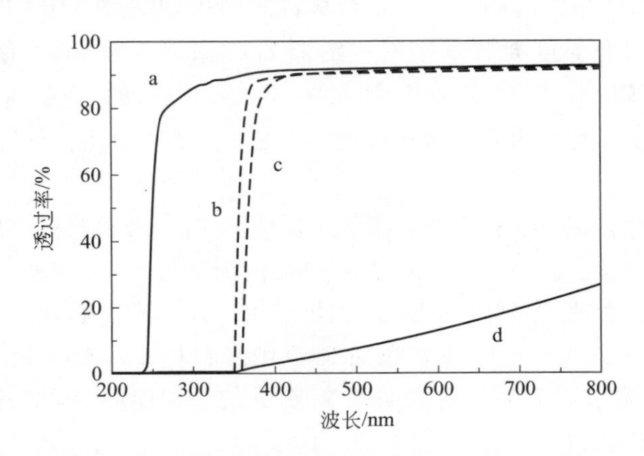

图 6-55　原位聚合制备的纳米杂化材料［颗粒添加量（质量）：a 0%；b 5%；c 60%］和采用溶液共混法制备的纳米复合材料［颗粒添加量（质量）：d 30%］的紫外可见光透过率曲线

此外，还研究了纳米颗粒的添加对复合材料的热稳定性的影响。不同纳米颗粒添加量下，ZnO/PBMA 纳米复合膜材料的热重曲线如图 6-56 所示。

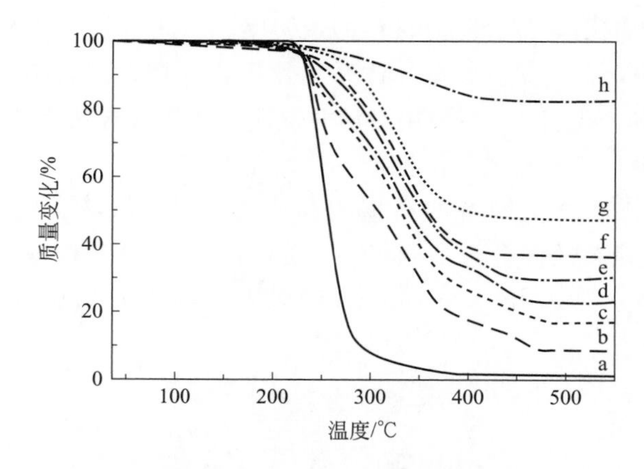

图 6-56 不同纳米颗粒固含量下 ZnO/PBMA 纳米复合膜的热重分析曲线

（质量）a—0%；b—10%；c—20%；d—30%；e—40%；f—50%；g—60%；h—纳米 ZnO

将图 6-56 中不同 ZnO 添加量下纳米复合材料的初始热分解温度和失重 30(质量)%时对应的数据进行汇总，结果如表 6-1 所示。

表 6-1 不同纳米颗粒固含量下 ZnO/PBMA 纳米复合膜的热分解温度

ZnO 的添加量(质量)/%	初始分散温度/℃	失重 30(质量)%时的温度/℃
0	214.7	247.7
10	217.1	259.5
30	224.6	299.8
60	239.7	332.6

随着纳米 ZnO 添加量的增加，纳米复合材料的初始热分解温度升高，热分解速率降低。与未添加纳米颗粒的材料比，当纳米 ZnO 的添加量为 60(质量)%时，初始热分解温度提高了近 25℃，失重 30(质量)%时对应的温度提高了近 85℃。

图 6-57 为不同纳米 ZnO 的添加量下复合材料的 DSC 曲线图。从图中可以看出，未添加纳米颗粒的材料的玻璃化温度大概为 32℃；纳米 ZnO 添加量为 30(质量)%时的玻璃化温度大概为 41℃，且峰型较小；纳米 ZnO 添加量为 60(质量)%的 DSC 曲线上没有明显的峰，说明在 200℃前样品没有发生明显的状态改变，造成这一现象的原因可能是其玻璃化温度接近其热分解温度。

图 6-58 为未添加纳米 ZnO 和添加量为 30(质量)%时复合材料的 TMA 曲线图。从图中可以看出，在玻璃化温度前，PBMA 的热膨胀系数为 325×10^{-6}/K，添加 ZnO 纳米颗粒后，ZnO/PBMA 的热膨胀系数降至 193×10^{-6}/K，下降了约 41%；在玻璃化温度后，PBMA 的热膨胀系数为 5378×10^{-6}/K，添加 ZnO 纳米颗粒后，ZnO/PBMA 的热膨胀系数降至 1373×10^{-6}/K，下降了约 74%。这表明纳米 ZnO 的添加能明显降低纯聚合物的热膨胀系数，提高其热尺寸稳定性。

6.3.3 纳米分散体在润滑体系中的应用

近年来，随着城际铁路和城市地铁的发展，铁路提速、汽车污染排放标准控制更加严格，对交通工具用润滑体系在高承载能力，抗氧化、老化能力及环境友好等方面有着更高的要求。新型长寿命、环境友好型润滑油脂的研究开发受到了国内外摩擦学家和润滑油脂品研发人员的广泛关注。其中，纳米材料作为润滑油添加剂的研究更成为国内外关注的焦点之一。

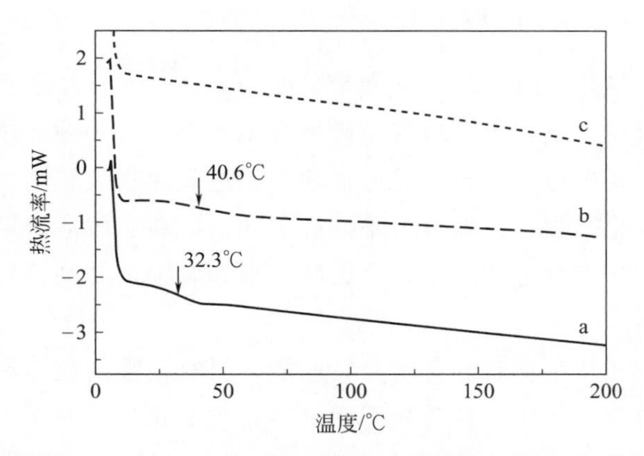

图 6-57　纳米 ZnO 的固含量对复合材料玻璃化温度的影响

（质量）a—0%；b—30%；c—60%

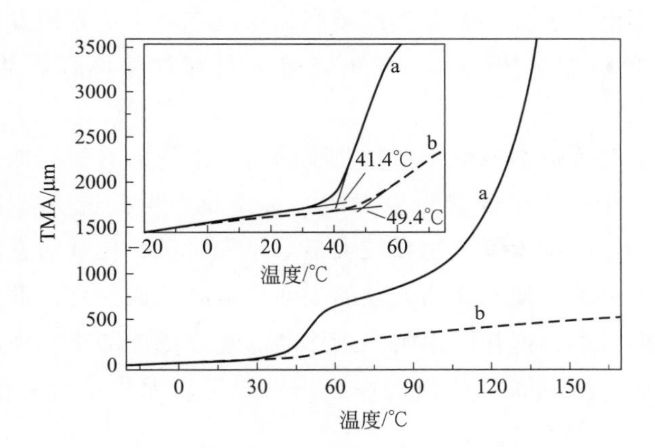

图 6-58　纳米复合材料的 TMA 曲线

ZnO 添加量（质量）：a—0%；b—30%

润滑油脂的老化进程直接影响其使用寿命，而老化进程与油脂的氧化密切相关。润滑油脂的氧化发生在基础油和稠化剂中，遵循自由基机理。烃氧化包括链引发、链增长、链分支和链终止 4 个阶段，其机理如下：

链引发：　$RH \xrightarrow[\text{光、催化剂}]{\text{高温}} R\cdot$（烃自由基）

链增长：　$R\cdot + O_2 \longrightarrow ROO\cdot$（烃过氧化物）

链分支：　$ROOH \longrightarrow RO\cdot + \cdot OH$（烷氧自由基和羟基）

$$RO\cdot + RH \longrightarrow ROH + R\cdot$$

$$\cdot OH + RH \longrightarrow H_2O + R\cdot$$

链终止：

$$\left.\begin{array}{l}R\cdot+R\cdot\\R\cdot+ROO\cdot\\ROO\cdot+ROO\cdot\\ROO\cdot+RO\cdot\\RO\cdot+R\cdot\end{array}\right\}\begin{array}{l}\text{长链烷烃}\\\text{醇}\\\text{醛}\\\text{酮}\\\text{酸}\end{array}$$

醇、醛、酮进一步氧化→酸→酯、交酯半交酯$\xrightarrow{\text{硫、氮化合物}}$大分子胶质→沥青质。

减缓润滑油脂的氧化，其基本原理就是破坏自由基链反应的循环过程和降低金属离子对烃氧化的催化作用，主要通过添加自由基捕捉剂、氢过氧化物分解剂、金属减活剂和腐蚀抑制剂来延缓或是抑制氧化进程。添加自由基捕捉剂的目的在于破坏链增长过程，氢过氧化物分解剂的作用是抑制链分支反应的发生，金属减活剂和腐蚀抑制剂主要是防止或减弱金属对润滑脂的催化氧化作用。

纳米材料具有不同于传统材料的各种独特性能，具有很强的化学活性，能起到自由基捕捉剂和氢过氧化物分解剂的作用，达到减缓润滑油脂被氧化的目的。纳米颗粒的尺寸结构特殊，具有低熔点和高化学活性，在摩擦力作用下会产生微滚动并在磨损表面形成沉积润滑膜，从而对磨损表面起到某种修复作用，且由于新鲜磨损表面和纳米颗粒的化学活性均较高，产生的沉积薄膜同磨损表面的结合强度较高，这也有利于更好地发挥纳米颗粒的减摩抗磨作用。此外，纳米颗粒在摩擦力作用下可以渗入材料晶格内部，从而起到强化材料的作用。

但是，用作润滑油脂添加剂的纳米颗粒必须满足润滑油的有关标准，必须以纳米级良好地分散于润滑油脂基体中，性能才能得以发挥，其外观表现在透明度上。在国外现有技术中，作为润滑油脂添加剂的纳米氧化物颗粒大多采用先机械、化学的方法加工或等离子蒸汽合成，然后经过表面后处理，使氧化物颗粒的表面变得亲油而使之分散于基础油中的方法生产。表面处理过程是通过高速搅拌、滚磨、胶体磨、超声或球磨来实现的，整个过程比较复杂，通常能耗较高，而且所制备的添加剂往往不够稳定，无法长时间稳定地分散于润滑油脂中。

我们与新加坡纳米材料科技公司采用超重力结合改性相转移技术，制备出长期稳定存在于基础油中的环境友好，不含有硫、磷元素等传统添加剂的氧化锌和氧化铈等纳米氧化物分散体。氧化锌和氧化铈分散体的实物照片及颗粒的 TEM 照片分别汇总于图 6-59 和图 6-60。

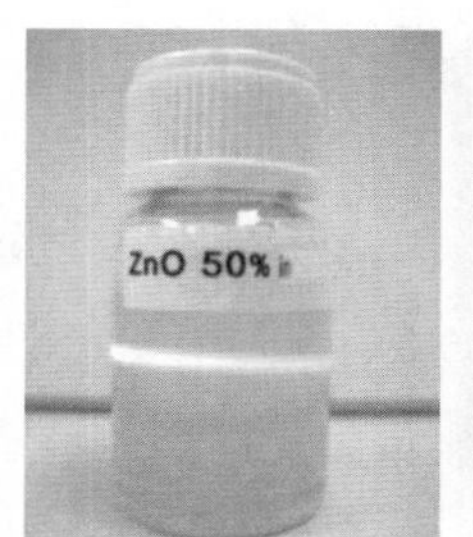

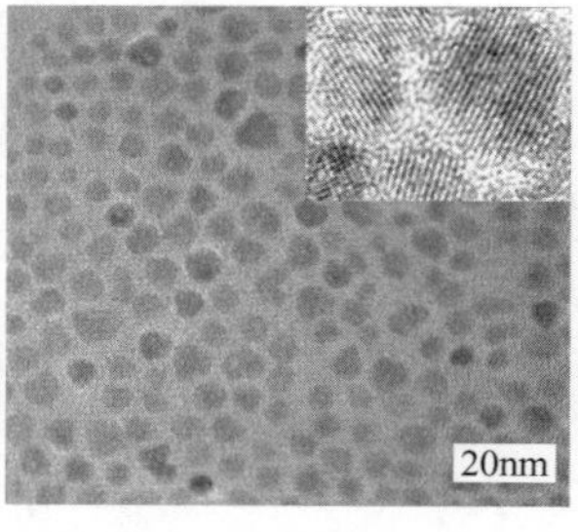

图 6-59 纳米氧化锌-基础油分散体

图 6-60 纳米氧化铈-基础油分散体

从图中可以看出，氧化锌纳米颗粒的粒径为 5～15nm，分散体的稳定性较好，至少可储存 5 个月，氧化铈纳米颗粒的粒径为 10～20nm，分散体的稳定性较好，可储存 1 年以上。

中石化润滑油天津分公司使用纳米氧化锌进行了初步实验，将其添加到铁路机车润滑脂产品中，探究了氧化锌对产品的机械安定性和抗氧化能力的影响，结果如表 6-2 所示。从表中可以看出，纳米氧化锌的添加对产品的机械安定性没有负面影响，但在抗氧化方面起到了很好的效果，可以明显降低润滑脂氧化速率；同时氧化安定性好，压力降由原来约 100kPa 降低到约 70kPa，轴承寿命延长 40～70h。纳米氧化锌的添加提高了润滑脂的抗氧化性能和寿命，纳米颗粒在基础油中良好的分散效果有利于良好特性的显现。

表 6-2　纳米氧化锌的添加对润滑脂产品性能的影响

样品编号		1	2	3
配方	纳米氧化锌分散体/%	1.5	—	—
	防腐剂/%	2.5	2.5	—
	固体纳米 ZnO/%	—	0.8	—
工作锥入度/0.1mm		274	283	281
延长工作锥入度		306	314	316
铜片腐蚀		合格	合格	合格
四球长磨/mm		0.4	0.4	—
氧化安定性/kPa		44	60	180/105

此外，还进行了纳米氧化铈的极压、抗磨实验：将纳米氧化铈和传统的极压剂 ZDDP、T321 分别按一定的比例添加到一种通用锂基润滑脂中并使其分散均匀，按照国标 GB-3142 采用磨损四球机测试润滑脂的极压性能和最大无卡咬负荷 PB（指在此负荷下摩擦表面间尚能保持完整）。实验结果见表 6-3。

表 6-3　氧化铈与常规极压、抗磨实验结果

样品	PB	长磨磨斑直径
空白样品	294N	0.77mm
3%纳米 CeO_2	667N	0.45mm
3%ZDDP+3%纳米 CeO_2	706N	0.48mm
3%ZDDP	618N	0.50mm
2%T321+3%纳米 CeO_2	784N	0.45mm

从表 6-3 中可以看出，纳米氧化铈的添加能提高润滑脂的极压性能，而且纳米氧化铈的极压和抗磨效果均优于 ZDDP。此外，纳米氧化铈与 ZDDP 配合使用，能进一步提高润滑脂极压、抗磨性能，与常规硫剂结合性能更优，PB 能达到 784N，长磨磨斑也小。另外需要指出，纳米氧化铈在达到 PB 值之前，磨斑小只有 0.32～0.34mm，对于一般硫、磷型抗磨、极压剂，随压力增加磨斑逐渐增加。可见，纳米氧化铈具有优良的极压、抗磨性。

除了上述应用以外，纳米分散体还可以制备具有阻燃功能和导电、导热功能的塑料基、橡胶基或涂料基的纳米复合材料，可以广泛应用于电子、柔性可穿戴电子器件、3D 打印制造、

有机无机杂化太阳能电池、医药、航天航空、建筑等领域。由于通过纳米分散体把纳米颗粒添加到有机基体中，纳米颗粒在基体中的分散性良好，在添加少量纳米颗粒的情况下，可以赋予材料新的功能且不会影响基体本身的性能。与纳米粉体材料相比，纳米分散体具备更好的分散性能，因此，它已经逐渐替代纳米粉体材料成为第二代新型纳米材料，并在有机无机复合材料体系中展现更广阔的应用前景。

参考文献

[1] Balazs A. C., Emrick T., Russell T. P. Nanoparticle polymer composites: Where two small worlds meet, Science, 2006, 314: 1107-1110.

[2] Mackay M. E., Tuteja A., Duxbury P. M., Hawker C. J., van Horn B., Guan Z. B., Chen G. H., Krishnan R. S. General strategies for nanoparticle dispersion, Science, 2006, 311: 1740-1743.

[3] Althues H., Henle J., Kaskel S. Functional inorganic nanofillers for transparent polymers, Chem. Soc. Rev. 2007, 36: 1454-1465.

[4] 曾晓飞，王洁欣，沈志刚，陈建峰．纳米颗粒透明分散体及其高性能有机无机复合材料．中国科学：化学，2013，43：629-640.

[5] Pu Y., Kang F., Zeng X. F., Chen J. F., Wang J. X., Synthesis of transparent oil dispersion of monodispersed calcium carbonate nanoparticles with high concentration, AIChE J. 2017, 63: 3663-3669.

[6] Kang F., Wang D., Pu Y., Zeng X. F., Wang J. X., Chen J. F., Efficient preparation of monodispersed $CaCO_3$ nanoparticles as overbased oil detergents in a rotating packed bed reactor, Powder Technol. 2018, 325: 405-411.

[7] Zhang J P, Chen P, Sun C H, Hu X J. Sonochemical synthesis of colloidal silver catalysts for reduction of complexing silver in DTR system [J]. Appl. Catal. A, 2004, 269: 49-54.

[8] Baruah B, Gabriel G J, Akbashev M J, Boother M E. Facile synthesis of silver nanoparticles stabilized by cationic polynorbornenes and their catalytic activity in 4-nitrophenol reduction [J]. Langmuir, 2013, 29: 4225-4234.

[9] Jiang Z J, Liu C Y, Sun L W. Catalytic properties of silver nanoparticles supported on silica spheres [J]. J. Phys. Chem. B, 2005, 109: 1730-1735.

[10] Agnihotri S, Mukherji S, Mukherji S. Size-controlled silver nanoparticles synthesized over the range 5-100 nm using the same protocol and their antibacterial efficacy [J]. RSC Adv., 2014, 4: 3974-3983.

[11] Xiu Z M, Zhang Q B, Puppala H, Colvin V L, Alvarez P J. Neligible particle-specific antibacterial activity of silver nanoparticles [J]. Nano Lett., 2012, 12: 4271-4275.

[12] Vaseem M, Lee K M, Hong A R, Hahn Y B. Inject printed fractal-connected electrodes with silver nanoparticle ink [J]. ACS Appl. Mater. Inter., 2012, 4: 3300-3307.

[13] Ankireddy K, Vunnam S, Kellar J, Cross W. Highly conductive short chain carboxylic acid encapsulated silver nanoparticle based inks for direct write technology applications [J]. J. Mater. Chem. C, 2013, 1: 572-579.

[14] Xu Z X, Hu G X. Simple and green synthesis of monodisperse silver nanoparticles and surface-enhanced Raman scattering activity [J]. RSC Adv., 2012, 2: 11404-11409.

[15] Xu B B，Wang L，Ma Z C，Zhang R，Chen Q D，Lv C，Han B，Xiao X Z，Zhang X L，Zhang Y L，Ueno K，Misaa H，Sun H B. Surface-plasmon-mediated programmable optical nanofabrication of an oriented silver nanoplate [J]. ACS Nano，2014，8：6682-6692.

[16] Cui Y，Phang I Y，Lee Y H，Ling X Y. Plasmonic silver nanowire structures for two-dimensional multiple-digit molecular data storage application [J]. ACS Photonics，2014，1：631-637.

[17] Jiang X C，Yu A B. Silver nanoparticles：a highly sensitive material toward inorganic anions [J]. Langmuir，2008，24：4300-4309.

[18] Martinsson E，Shahjamali M M，Enander K，Boey F，Xue C，Aili D，Liedberg B. Local refractive index sensing based on edge gold-coated silver nanoprisms [J]. J. Phys. Chem. C，2013，117：23148-23154.

[19] Martinsson E，Otte M A，Shahjamali M M，Sepulveda B，Aili D. Substrate effects on the refractive index sensitivity of silver nanoparticles [J]. J. Phys. Chem. C，2014，118：24680-24687.

[20] Yu H X，Zhang Q，Liu H Y，Dahl M，Joo J B，Li N，Wang L J，Yin Y D. Thermal synthesis of silver nanoplates revisited：a modified photochemical process [J].ACS Nano，2014，8：10252-10261.

[21] Zhang J，Langille M R，Mirkin C A. Synthesis of silver nanorods by low energy excitation of spherical Plasmon seeds [J]. Nano Lett.，2011，11：2495-2498.

[22] Park J Y，Kwon S G，Jun S W，Kim B H，Hyeon T. Large-scale synthesis of ultra-small-sized silver nanoparticles [J]. ChemPhysChem，2012，13：2540-2543.

[23] Chou K S，Ren C Y. Synthesis of nanosized silver particles by chemical reduction methods [J]. Mater. Chem. Phys.，2000，64：242-246.

[24] Ng C M，Chen P C，Manickam S. Green high-gravitational synthesis of silver nanoparticles using a rotating packed bed reactor（RPBR）[J]. Ind. Eng. Chem. Res.，2012，51，5375-5381.

[25] Han X. W.，Zeng X. F.，Zhang J.，Huan H. F.，Wang J. X.，Foster N. R.，Chen J. F.，Synthesis of transparent dispersion of monodispersed silver nanoparticles with excellent conductive performance using high-gravity technology，Chem. Eng. J. 2016，296：182-190.

[26] Li D，Hong B Y，Fang W J，Guo Y S，Lin R S. Preparation of well-dispersed silver nanoparticles for oil-based nanofluids [J]. Ind. Eng. Chem. Res.，2010，49：1697-1702.

[27] Lin X Z，Teng X W，Yang H. Direct synthesis of narrowly dispersed silver nanoparticles using a single-source precursor [J]. Langmuir，2003，19：10081-10085.

[28] Taglietti A，Fernandez Y A D，Amato E，Cucca L，Dacarro G，Grisoli P，Necchi V，Pallavicini P，Pasotti L，Patrini M. Antibacterial activity of glutathione-coated silver nanoparticles against gram positive and gram negative bacteria [J]. Langmuir，2012，28：8140-8148.

[29] Medina-Ramirez I，Bashir S，Luo Z P，Liu J L. Green synthesis and characterization of polymer-stabilized silver nanoparticles [J]. Colloids Surf. B，2009，377：261-268.

[30] 王淼. 氢氧化镁透明分散体及其聚合物基阻燃材料的制备和性能研究 [D]，北京：北京化工大学，2016.

[31] Zeng X. F.，Kong X. R.，Ge J. L.，Liu H. T.，Gao C.，Shen Z. G.，Chen J. F.，Effective solution mxing method to fabricate highly transparent and optical functional organic-inorganic nanocomposite film，Ind. Eng. Chem. Res. 2011，50：3253-3258.

[32] Liu H. T.，Zeng X. F.，Zhao H.，Chen J. F. Highly transparent and multifunctional polymer nanohybrid film with super-high ZnO content synthesized by a bulk polymerization method. Ind. Eng. Chem. Res. 2012，51：6753-6759.

[33] Liu H. T.，Zeng X. F.，Kong X. R.，Bian S. G.，Chen J. F. A simple two-step method to fabricate highly

transparent ITO/polymer nanocomposite films，App. Surf. Science，2012，258：8564-8569.
[34] 高翠，曾晓飞，陈建峰．多壁碳纳米管的表面改性及其在水性聚氨酯体系中的应用化学反应．工程与工艺，2012，28：244-250.
[35] 王陶冶，曾晓飞，陈建峰．高透明紫外阻隔聚碳酸酯/ZnO 纳米复合高分子膜的制备与表征．北京化工大学学报，2011，38：50-55.

第7章
超重力法制备纳米药物及工业应用

在药剂学中，纳米粒的尺寸界定在1～1000nm之间。药剂学中的纳米粒可以分成两类：纳米载体和纳米药物。纳米载体指溶解或分散有药物的各种纳米粒，如纳米脂质体、聚合物纳米囊、纳米球、聚合物胶束等。纳米药物则是指直接将原料药加工成的纳米粒[1,2]。

传统观念认为，药物的疗效仅与药物本身的属性有关。现代研究表明，药物的吸收除了受其自身性质影响外，在很大程度上还取决于药物颗粒尺寸、形貌、分散性以及表面状态等[2]。与常规药物制剂相比，纳米药物具有颗粒小、表面反应活性高、活性中心多、吸附能力强等优点。具体表现为以下几个方面：在保证药效的前提下，可减少用药量，减轻或消除毒副作用；也可在纳米颗粒上复合靶向材料等制成靶向药物，作为“生物导弹”增强药物的靶向性和定位能力，达到靶向输药至特定器官的目的；实现纳米药物的缓释，延长其在机体内的循环时间，从而减少给药次数，提高药效和安全度；对于超过40%的水溶性较差的口服药物，减小药物颗粒的尺寸，可以增加其比表面积，从而显著提高药物的溶出速率和生物利用度；对于吸入性药物而言，药物颗粒纳微化可大大增加药物的肺部沉积量，提高药效[3~7]。这些特异的性能都需要药物颗粒在一定的尺度范围内才能实现。因此，近年来纳米药物成为医药研究领域的新热点，全球许多国家都斥巨资进行研究。2005年纳米产品市场达到320亿美元，是2004年的两倍以上。Lux公司（Lux Research Inc.）预测，未来全球将有价值26万亿美元的产品采用纳米技术，其中，纳米药物有高达3800亿美元的市场份额。“十五”期间，我国利用“973”和“863”计划，部署了多个纳米医学和纳米药物的研究项目。

纳米药物制备的关键是控制粒子的大小和获得较窄且均匀的粒度分布，减少或消除粒子团聚现象，保证用药安全、有效和稳定。毫无疑问，生产条件、成本和产量等也是综合考虑的因素。目前，采用的药物纳微化制备技术可分为两大类：一类是通过机械的方法将大块固体粉碎至亚微米级或纳米级的“自上而下”技术（Top-down Technologies），如气流粉碎法[8]、介质研磨法[9]、高压均质法[10]等；另一类是将原子或分子态的物质凝聚成所需要的超细颗粒的“自下而上”技术（Bottom-up Technologies），如液相沉淀法[11]、超临界法[12]、喷雾干燥法[13]、喷雾-冷冻干燥法[14]等。机械粉碎法是目前药厂广泛使用的药物微粉化方法，但其存在能耗大、效率低、产品粒度分布宽等缺点。超临界流体技术是一种被广为研究的先进技术，可以制备出粒径分布较窄的药物纳米颗粒，但普遍都以实验室研究为主，设备投资大、产量普遍偏低，且较难实现工业化生产。而液相沉淀法是一种制备纳微结构药物颗粒的重要方法，其过程工艺简单，操作弹性大，设备投资小，目前在实验室研究和工业生产中均得到了广泛应用[11,15]。

本章将详细介绍近年来北京化工大学教育部超重力工程研究中心在药物构型的密度泛函计算，以及采用超重力液相沉淀技术制备纳微结构药物颗粒方面的学术研究及产业化成果。我们针对传统药物颗粒大、水溶性差、生物利用度低或不利于肺部给药等工业难题，基于旋转填充床反应器中分子混合、传递及结晶过程行为等的理论基础研究，揭示了纳微结构药物颗粒成核、生长和颗粒形成等相互作用规律和机制。我们的总体技术路线（图 7-1）是：针对不同药物体系的特性和需求，以旋转填充床为平台，提出超重力反溶剂沉淀（物理过程）、超重力反应结晶（反应过程）、超重力反应结晶与反溶剂沉淀耦合新工艺（反应过程），以及超重力连续乳化新工艺（物理过程）等，应用于制备不同纳微结构的药物颗粒；通过以点带面，成功制备出抗癌、抗生素、抗病毒、免疫抑制、抗哮喘、降血脂、抗帕金森症和营养类等几十种纳微化结构药物颗粒产品，形成了超重力法制备纳微药物颗粒的共性平台技术，创制出高性能低成本纳微结构药物颗粒的制备新工艺，构筑具有我国自主知识产权的超重力法制备纳微结构药物颗粒的核心技术平台。然后，通过对其颗粒性能进行相关的分析表征，揭示体现出此技术的独特优势，并建立制备工艺—性能间的构效关系，指导过程放大和工业化生产。最后，通过一系列的技术创新和工程化放大关键技术的突破，选择符合市场需求的合适的药物体系，率先使其成功实现产业化。

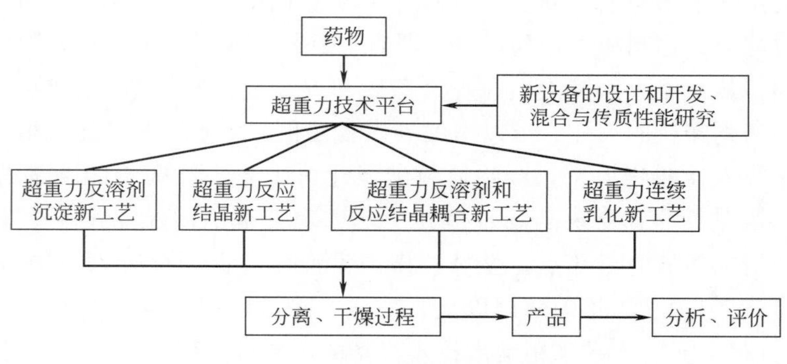

图 7-1 总体技术路线示意图

7.1 药物颗粒分子构型的量子化学理论研究

药物的疗效取决于药物本身的性质、纯度、剂量、生产工艺、给药途径、给药时机等因素。一些药物由于几何构型不同在药效及其他方面产生的差异已经逐步得到证实。同一药物的不同构型在外观、溶解度、熔点、溶出度、生物有效性等方面可能会有显著不同，从而影响药物的稳定性、生物利用度及疗效。药物多晶型现象是影响药品质量与临床疗效的重要因素之一，晶型对药效的影响是目前药学界关心的问题。目前，鉴别晶型主要是针对不同的晶型具有不同的理化特性及光谱学特征来进行的，如 XRD、FTIR、核磁共振等实验方法。近年来，利用计算机分子模拟和量子化学理论辅助预测药物多晶型也有较大的发展[16]。

我们利用密度泛函理论（Density Functional Theory），研究了抗前列腺癌药物比卡鲁胺和降血脂药物非诺贝特的构型。XRD 实验结果已证实比卡鲁胺有两种晶型，分别为 Form Ⅰ和 Form Ⅱ，而只有 Form Ⅰ具有药效[17]。通过计算，得到了两种稳定构型 A 和 B，其中 A 的几何构型参数与 XRD 结果得到的 Form Ⅰ吻合较好，B 的构型参数与 Form Ⅱ相吻合（如图 7-2 所示），且计算结果表明 A 相对于 B 更加稳定[18]。

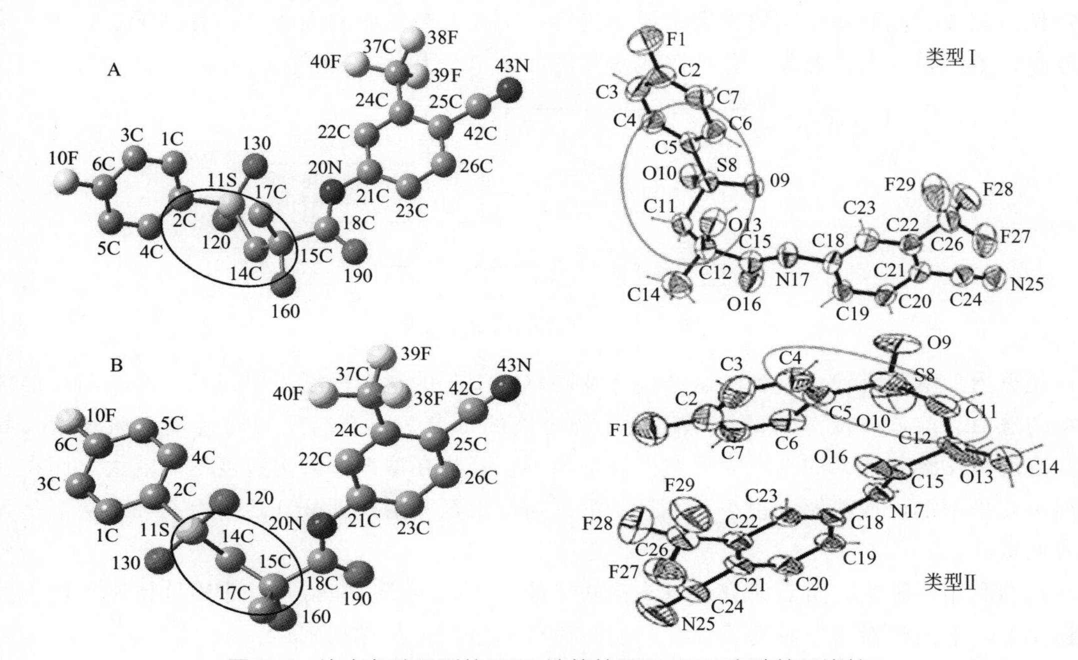

图 7-2　比卡鲁胺晶型的 DFT 计算结果和 XRD 实验结果比较

目前，对于非诺贝特只报道了一种晶型，而通过计算可以得到三种稳定构型 A、B 和 C（如图 7-3 所示），其中，A 能量最低，且其几何构型参数与 XRD 实验结果一致[19,20]。研究表明，可以用理论计算来预测药物的多晶型，以期更有效地指导药物纳微化工程和应用。

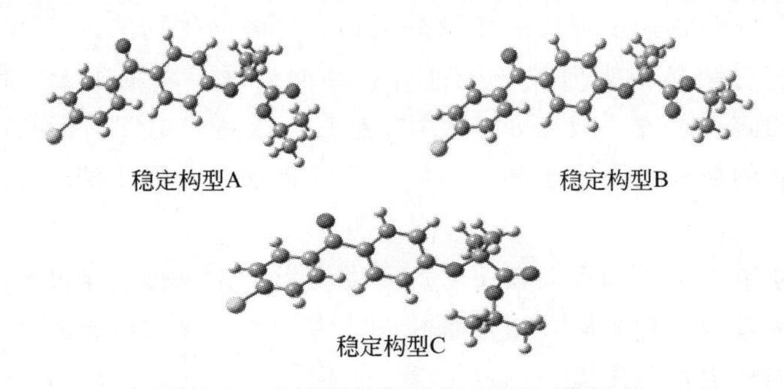

图 7-3　非诺贝特构型的 DFT 计算结果

7.2　超重力反溶剂沉淀技术

超重力反溶剂沉淀（HGAP）工艺是一个简单的物理过程，避免了化学反应的引入对产品纯度和物性的影响，非常适合于纳微药物颗粒的制备。其原理是：将药物溶于其易溶的溶剂中，以不能溶解药物的溶剂为反溶剂，且这两种溶剂互溶；将溶液与反溶剂迅速混合，由于去溶剂作用形成了过饱和度，药物颗粒瞬间沉淀出来。而由于旋转填充床能极大强化分子混合及传递过程，形成均一的环境和空间分布均匀的过饱和度，而过饱和度在纳微颗粒的形成过程中起决定性因素。因此，超重力反溶剂沉淀工艺将有助于生成粒径分布均匀的纳微药物颗粒。此外，此制备工艺通常在常温下进行，不存在热效应的问题，而且易于工业化，操作方便，生产弹性大。此新工艺的路线示意图如图 7-4 所示。

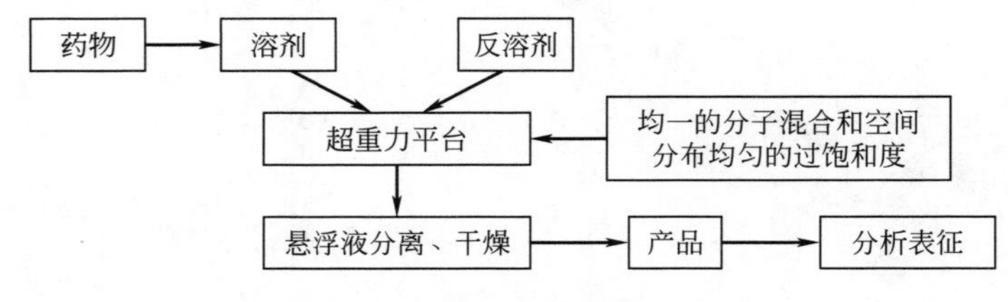

图 7-4 新工艺的路线示意图

超重力反溶剂沉淀法制备纳微结构药物颗粒新工艺的影响因素主要包括：溶剂与反溶剂体系的选取、溶剂与反溶剂的体积比，药物溶液的浓度，体系温度和旋转填充床转速。其中，溶剂与反溶剂体系的选取需要遵循以下原则：药物在溶剂中的溶解度尽可能大，而在反溶剂中几乎不溶，或溶解度很小，并且，溶剂与反溶剂互溶或部分互溶，溶剂和反溶剂是无毒或低毒的。

我们利用此工艺，重点研究了以头孢呋辛酯[21,22]、水飞蓟宾[23]、非诺贝特等为代表的药物体系，下面将对这三种药物体系的制备原理和过程进行详细阐述。

7.2.1 头孢呋辛酯

头孢呋辛酯是一类具有巨大市场需求的第二代头孢菌素类药物，其在水中的溶解度极小，生物利用度低，此药物无定形产品较结晶型具有更高的生物活性。因此，目前大部分厂家都采用喷干法工艺对结晶型头孢呋辛酯进行转晶型处理，以制备无定形头孢呋辛酯。然而，喷干工艺选取的溶剂温度一般在 80～110℃左右，过高的温度对药物的性质有一定的影响；此外，喷干产品的粒径较大，不利于溶解、吸收；而且，喷干法受工艺所限，生产操作弹性不易调节。

因此，我们将超重力反溶剂沉淀新工艺用于无定形纳米头孢呋辛酯的制备，通过减小头孢呋辛酯的粒度，将其做成纳米级，增加颗粒的比表面积，大幅改善其在水中的溶出度，进一步提高其口服制剂的生物利用度。

（1）超重力反溶剂沉淀法制备头孢呋辛酯工艺条件研究

① 溶剂与反溶剂的选取。溶剂与反溶剂的选取是实验的前提与基础，它直接关系到整个反应体系是否可以进行，是否有工业化的前景，以及得到的产品的质量如何。所以，在确定反溶剂沉淀最佳条件前，首先由实验确定合适的溶剂与反溶剂。

溶剂的选择原则是头孢呋辛酯在该溶剂的溶解度大，沸点低。反溶剂的选择原则是：

a. 头孢呋辛酯在该溶剂的溶解度要尽可能小，沸点也较低，目的是为了在后续操作中易于被去除，以满足药物有机溶剂残留量的标准；b. 溶剂与反溶剂互溶；c. 溶剂与反溶剂的混合体系容易用常规的精馏等方法进行分离。根据药典和文献描述的头孢呋辛酯的溶解性，丙酮、二氧六环、*N*,*N*-二甲基甲酰胺、甲醇、二甲基亚砜、二氯甲烷、氯仿、乙酸乙酯、甲酸、乙酸等可作为溶剂配制头孢呋辛酯溶液，而乙醚、异丙醚、正己烷、水等可作为反溶剂。按照溶剂与反溶剂需要互溶的原则，对以上各种溶剂分别组对，构成不同溶剂－反溶剂体系进行溶剂体系的筛选。

根据上述溶剂与反溶剂体系的选取原则，确定了丙酮-异丙醚和丙酮-水的溶剂-反溶剂体系。根据筛选出来的最优溶剂体系，我们考察了该体系下旋转填充床转速、溶剂与反溶剂体积比、溶液浓度和温度等因素对头孢呋辛酯粒度的影响，以确定最优的工艺条件。

② 旋转填充床转速的影响。图 7-5 为不同旋转填充床转速下所得头孢呋辛酯颗粒的 SEM 照片。从这些照片上可以看出，随着转速的提高，药物颗粒的粒径减小，粒度分布也趋于均匀。当转速从 300r/min 升至 1200r/min 时，头孢呋辛酯颗粒平均粒径从 800nm 减小到 340nm。这表明，转速的提高，促进了两相的分子混合，使整个体系达到均一的过饱和度，促使药物快速、均一的成核，最终得到粒径小、粒度分布均匀的颗粒。

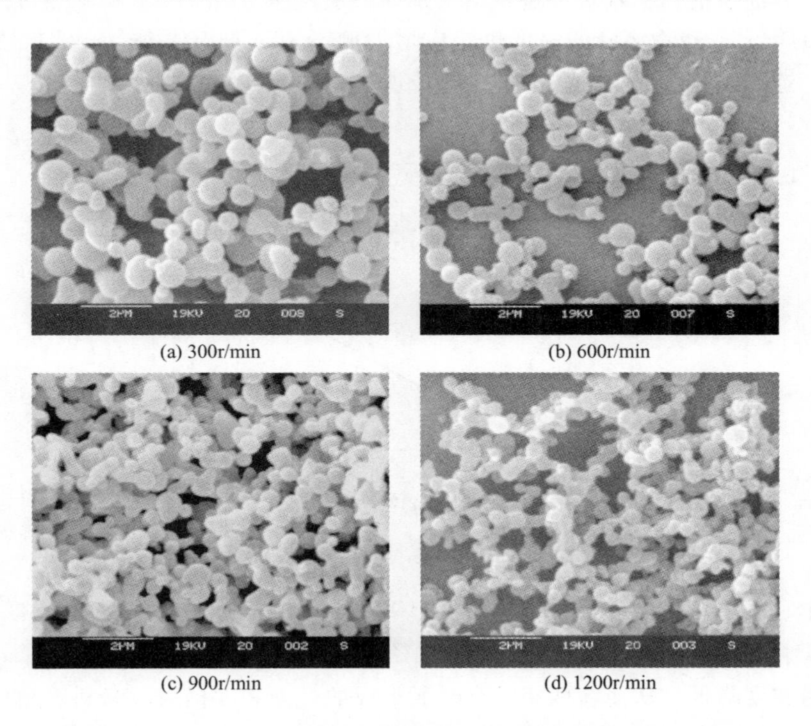

(a) 300r/min　(b) 600r/min
(c) 900r/min　(d) 1200r/min

图 7-5　旋转填充床不同转速下所得头孢呋辛酯颗粒的 SEM 照片

③ 溶剂/反溶剂体积比的影响。溶剂与反溶剂体积比（S/AS）直接影响药物沉淀时的过饱和度，因此，对颗粒粒径将会有显著影响。图 7-6 是溶剂与反溶剂体积比对药物颗粒粒径的影响。随着体积比的增加，药物颗粒粒径减小，当体积比进一步增大至 1∶20，过饱和度进一步增加，头孢呋辛酯颗粒粒径迅速减小到约 390nm，粒度分布趋于均匀。

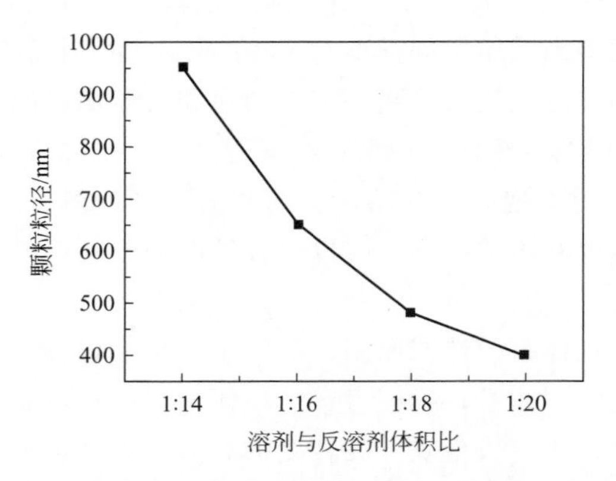

图 7-6 溶剂与反溶剂体积比对药物颗粒粒径的影响

④ 药物浓度的影响。图 7-7 是药物溶液浓度对药物颗粒粒径的影响。随着头孢呋辛酯浓度由 6%增大到 12%，所得药物颗粒粒径由 360nm 增加到 980nm。这可能是由于：a. 在两相混合时，由于去溶剂化作用，在两相扩散的界面上，迅速生成大量的药物颗粒。当药物浓度增大时，界面上的药物颗粒数量急剧增加，而引起颗粒粘连、团聚而生成较大的粒子；b. 随着浓度的增大，药物溶液的黏度也相应增大而不利于两相的混合，延长达到良好分子混合的时间，造成过饱和的不均匀，从而造成所得到的药物颗粒粒径不均匀。

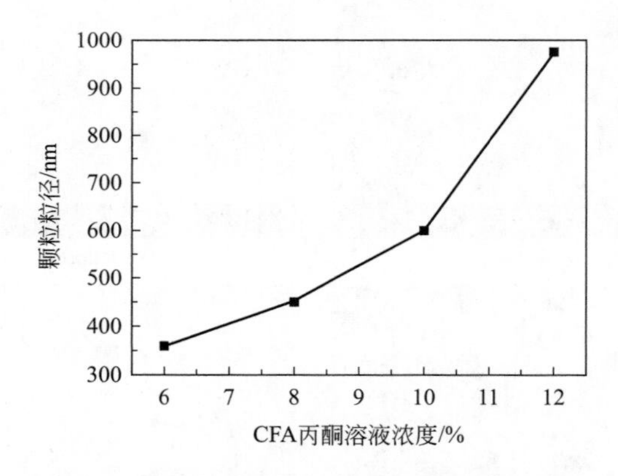

图 7-7 CFA 溶液浓度对药物颗粒粒径的影响

⑤ 沉淀体系温度的影响。图 7-8 是沉淀体系温度对药物颗粒粒径的影响。由图可知，当温度从 40℃降到 10℃时，所得颗粒平均粒径从 950nm 减小到 340nm 左右。当温度降低时，溶液的饱和度降低，从而在两相混合时所形成的过饱和度提高，有利于晶核的形成。同时，由于温度较低，抑制了晶核的生长，所以，温度较低时，所得颗粒较小且粒径分布较均匀。

（2）超重力反溶剂法制备头孢呋辛酯的产品性能表征　图 7-9 是所得纳米头孢呋辛酯颗粒与喷干法所得产品的 SEM 照片和粒径分布。所得纳米头孢呋辛酯颗粒为球形，平均粒径约 293nm，粒径分布较窄。而喷干法所得产品为空心球状，平均粒径在 15μm 左右，粒径从 5μm 到 40μm，分布较宽。

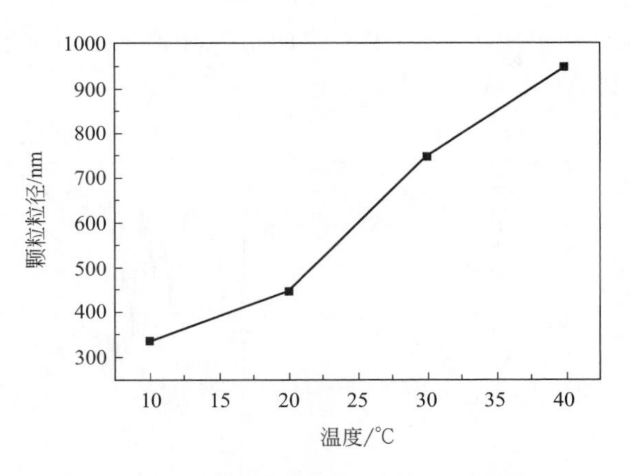

图 7-8　沉淀体系温度对药物颗粒粒径的影响

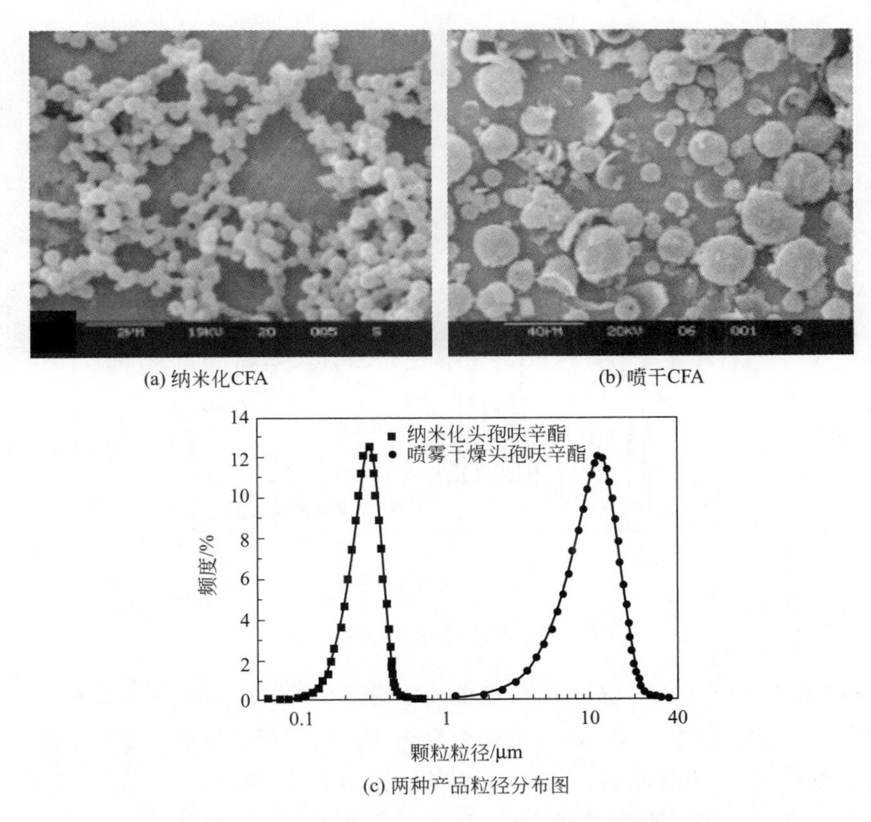

(a) 纳米化CFA　(b) 喷干CFA

(c) 两种产品粒径分布图

图 7-9　纳米化和喷干 CFA 的 SEM 照片和粒径分布

为了判断超重力反溶剂沉淀过程对 CFA 组成是否存在影响，实验对原料 CFA 和纳米化 CFA 进行了 FT-IR 分析，其谱图如图 7-10 所示。两者红外谱图完全相同，这表明 CFA 经 HGAP 方法纳米化前后，药物分子结构没有发生变化。

为了确定不同 CFA 样品的晶型，首先对原料药、市售喷干产品和纳米产品进行 XRD

分析，如图7-11所示。原料CFA的XRD谱图有尖锐的衍射峰，这表明原料CFA为结晶型；而喷干和纳米化CFA的XRD谱图中尖锐的衍射峰消失了，只有一个宽的、强度较低的峰，这表明喷干和HGAP方法所制备的CFA为无定形。

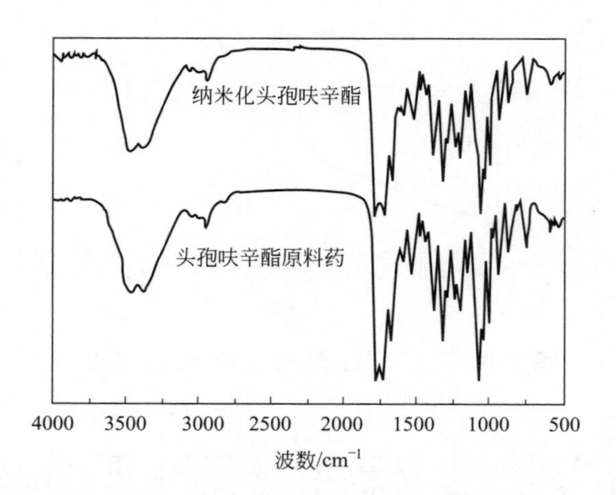

图7-10 不同CFA样品的FT-IR谱图

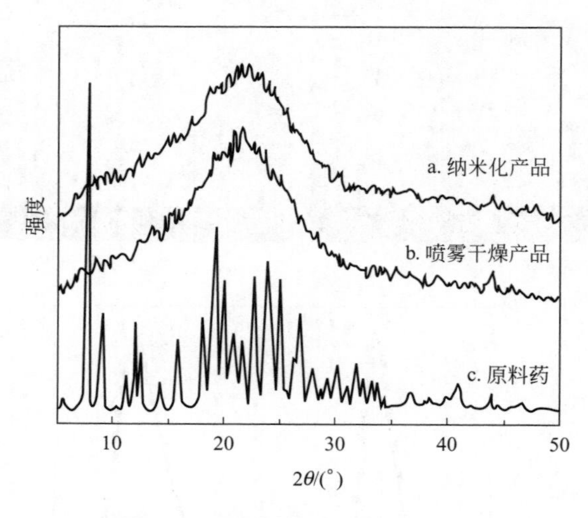

图7-11 不同CFA的XRD谱图

进一步对产品进行了DSC分析，其吸热曲线如图7-12所示。曲线a为原料CFA的吸热曲线，在此曲线中，分别在126℃和180℃有两个吸热峰，其相变焓分别为29J/g和42.5J/g。由此可以判断，原料CFA为多晶型；而喷干和纳米化CFA都在80℃左右有一较小的吸热峰，其相变焓为10.5J/g。这证明喷干和HGAP纳米化的CFA为无定形，其处于高能态，所以，其玻璃化温度较低，且相变焓也较低。

在反溶剂沉淀过程中，CFA的晶型改变，这主要是因为瞬间形成的过饱和度很高，处于高能态的不稳态，所以此系统会迅速产生沉淀而向低能态转变。而根据Ostwards的状态法则，即当由不稳态向稳定态转变时，如果有中间稳定状态存在，那么此系统并不是直接转变为稳定态，而是趋于向距离不稳态最近的亚稳态转变。由于CFA存在多晶型，所以当它的不稳态系统产生沉淀向低能态转变时，生成的是无定形沉淀，而非稳定态的结晶型。同样道理，用喷干法所得的 CFA 也是无定形。

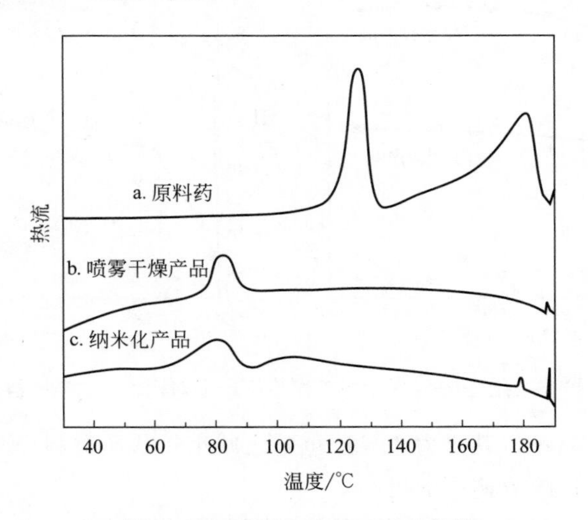

图 7-12　不同 CFA 的 DSC 曲线

进一步经高效液相色谱分析，由超重力法制备的纳米 CFA 的纯度可达到 99.5%，而原料 CFA 和喷干法所得的 CFA 纯度分别为 98.2%和 98.5%。由此可以看出，超重力反溶剂沉淀过程中，CFA 得到了进一步纯化，更有利于药效的提高。

为了研究纳米化后无定形 CFA 溶出性能的变化，实验还对纳米化 CFA、原料药和市售喷干产品分别做了溶出性能比较测试，如图 7-13 所示。与市售喷干产品的对比（左图）发现，在 45min 时，HGAP 纳米化 CFA 和市售喷干产品在缓冲溶液内的药物浓度分别为 23μg/mL 和 35μg/mL；而在 100min 时，药物浓度又分别为 25μg/mL 和 40μg/mL。在此以后，浓度趋于恒定，即基本到达饱和，溶出度提高 60%。由此可见，纳米无定形 CFA 颗粒的溶出速率和溶解度都明显提高，主要是因为颗粒减小，比表面积增加。与原料药对比（右图）发现，10 分钟内，纳米化产品的溶出速率较原料药提高了至少 100%，这除了颗粒粒径减小，还得益于纳米化后 CFA 从结晶型转变到了无定形。

通常，当颗粒粒径减小，其比表面积会增大。根据 Ostwald-Freundlich 方程和 Noyes-Whityney 方程：

$$\lg S = 2v\sigma / 2.303RT\rho r \tag{7-1}$$

式中，S 为饱和溶解度；σ 为表面张力；v 为摩尔体积；ρ 为固体密度；R 为气态常数；r 为颗粒半径；T 为开尔文温度。

$$\mathrm{d}m/\mathrm{d}t = (DA/h)(C_s - C) \tag{7-2}$$

式中，$\mathrm{d}m/\mathrm{d}t$ 为溶解速率；D 为扩散系数；A 为表面积；h 为扩散层厚度；C_s 为饱和溶解度；C 为溶液主体浓度。粒径减小可以增大提高颗粒的饱和溶解度，同时面积的增大可以提高溶解速率。此外，根据 Prandtl 方程：

$$h_H = k(L^{1/2}/V^{1/2}) \tag{7-3}$$

式中，h_H为水利边界层厚度；k 为常数；L 为在流体流动方向的长度；V 为相对于平面的流体速度。

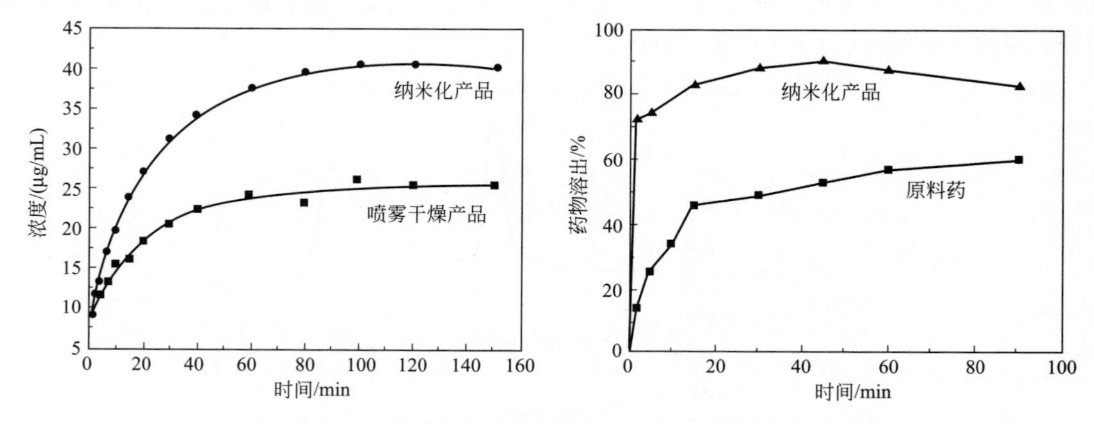

图 7-13 CFA 溶出曲线（左：与市售喷干产品对比；右：与原料药对比）

可知，当颗粒粒径减小，其水力边界层也随之减小，从而有利于药物由颗粒表面向溶液主体扩散，从而可以促进溶解速率的提高。

（3）超重力反溶剂法制备头孢呋辛酯的中试研究　在小试研究的基础上，我们在华北制药集团倍达有限公司进行了中试研究，完成了生产装置的安装、调试，建成了一套 40t/a 超重力法制备无定形纳米头孢呋辛酯的中试示范装置，实现了规模生产，具体生产工艺流程图如图 7-14。生产线安装于 GMP 车间内，整个工艺流程主要分为两个部分：头孢呋辛酯溶解、溶液过滤区，位于车间的实验大厅，头孢呋辛酯结晶、干燥区，位于车间内达到 GMP 规范的十万级洁净区内。

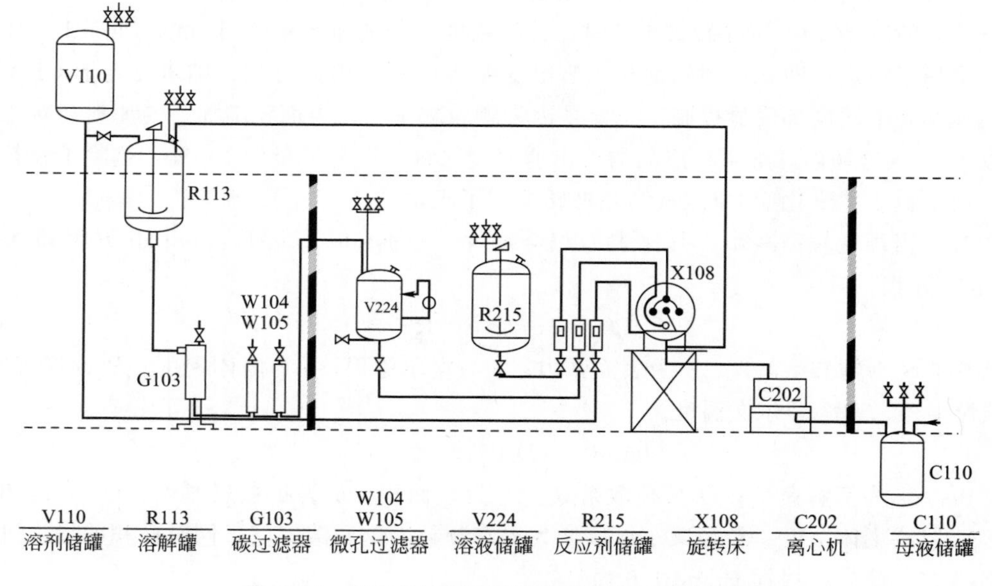

图 7-14 无定形纳米头孢呋辛酯生产工艺流程图

超重力反溶剂沉淀法的特点是设备体积小，结构紧凑。其生产头孢呋辛酯的工艺流程非常简单，设备占地面积小，操作简单，容易控制。通过生产，可以看出整个工艺流程设计合理，操作简单，并且可实现连续生产，生产工况照片如图 7-15 所示。超重力生产所得纳米无定形头孢呋辛酯产品完全符合中国药典标准。

图 7-15　生产工况照片

7.2.2　水飞蓟宾

水飞蓟宾（silybin，SLB）是疗效确切的肝损伤修复药物，临床上主要用于治疗急慢性肝炎、各种肝损伤、肝纤维化和早期肝硬化等疾病，但由于 SLB 难溶于水，普通口服制剂生物利用度较低而影响疗效。因此，我们进一步以保肝药水飞蓟宾为实验体系，进行了超重力反溶剂沉淀制备工艺的研究，考察了各因素的影响。

图 7-16　原料药（上左）和不同纳微结构产品的 SEM 照片

通过工艺参数的调控，可得到不同形貌和结构的SLB纳微颗粒，如图7-16所示。由图可知，所得产品呈现平均粒径为25nm的颗粒、3μm的微球，以及具有独特核壳结构的颗粒。重点对25nm的SLB纳米颗粒的制备过程进行研究。对沉淀浆料采取喷雾干燥的方式得到干粉，所得干粉可再分散在水中，即形成透明的水相再分散体，颗粒粒径与喷干前浆料粒径一致。

图7-17是SLB原料药、喷干产品、沉淀浆料中SLB纳米颗粒和喷干粉水再分散颗粒的SEM照片，浆料和水再分散液中颗粒粒径分布，以及样品实物照片。由图可知，水再分散液中颗粒粒径与喷干前浆料中的颗粒粒径一致，约为25nm，且水再分散液接近水的透明度。

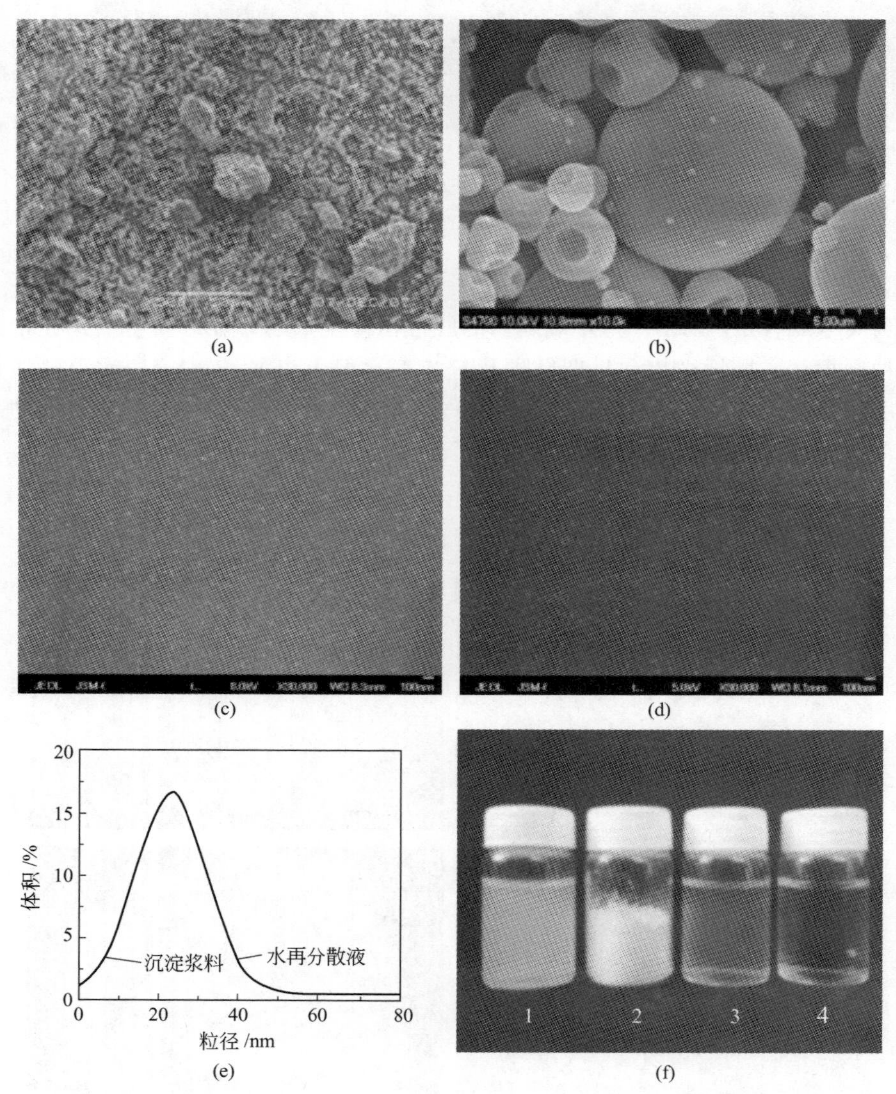

图7-17 SLB原料药（a）、喷干产品（b）、沉淀浆料中SLB纳米颗粒（c）和喷干粉水再分散颗粒（d）的SEM照片，以及浆料和水再分散液中颗粒粒径分布（e），样品实物照片（f）

1—沉淀浆料；2—喷干粉；3—水再分散液；4—水

图 7-18　SDS 含量的改变所得 SLB 沉淀浆料（下）和水再分散液（上）的实物照片对比和三个水再分散液样品的 SEM 照片

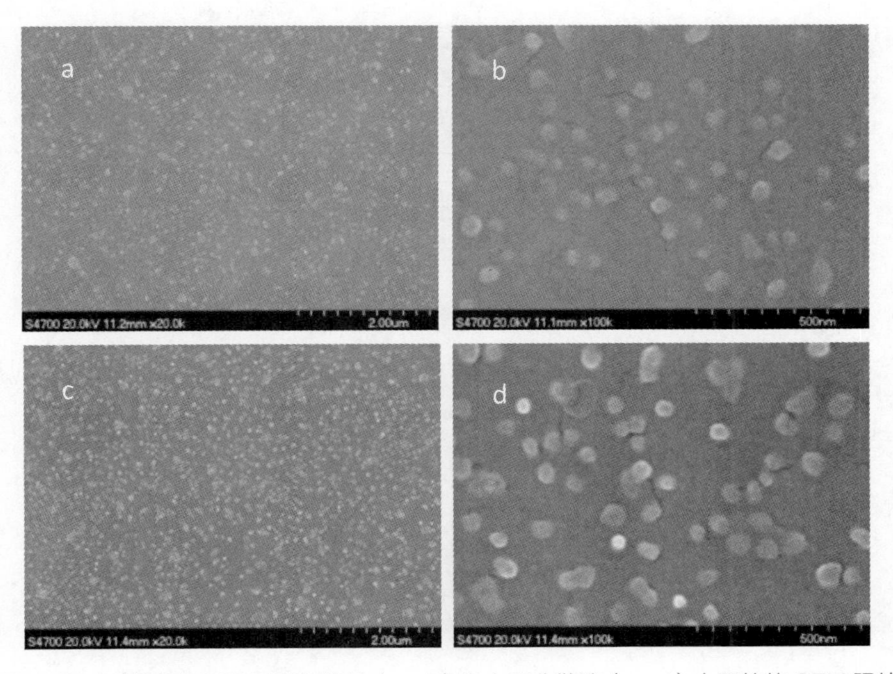

图 7-19　沉淀温度 50℃时所得浆料（a，b）和水再分散液（c，d）中颗粒的 SEM 照片

图 7-18 是表面活性剂 SDS 含量的改变所得 SLB 沉淀浆料（下）和水再分散液（上）的实物照片对比和三个水再分散液样品的 SEM 照片。由图可知，随着 SDS 含量从 0.01mg/mL 增加到 0.06mg/mL，无论是沉淀浆料还是水再分散液的透明度都逐渐提高，且三个水再分散液样品中 SLB 颗粒粒径基本不变，但分散性明显改善。图 7-19 是沉淀温度 50℃时所得浆料（上）和水再分散液（下）中颗粒的 SEM 照片。与图 7-17 对比发现，随着沉淀温度从室温增加到 50℃，颗粒粒径明显长大到 50nm，但水再分散液的颗粒尺寸仍然与浆料中的一致，且分散良好。

图 7-20 是 SLB 复合粉体、纳米分散液、球形微米颗粒、原料药及其物理混合粉的体外溶出曲线。由图可知，与原料药与微米颗粒相比，复合粉体和纳米分散液在溶出速率方面都有了极大的提高。复合粉体可在 10min 内溶出完全，其他粉体在 120min 内溶出都不完全。由于纳米分散液省去了载体溶解的时间，因而有更快的溶出速率，5min 内即可溶出完全。比较发现，SLB 纳米颗粒的溶出速率较原料药提高了至少 4 倍。图 7-21 是大鼠体外肝细胞的实验结果，结果表明：纳米水飞蓟宾对于乙醇对细胞产生的毒性有明显的抑制保护作用，而原料药没有这样的效果。因此，纳米化可明显提高保肝作用。

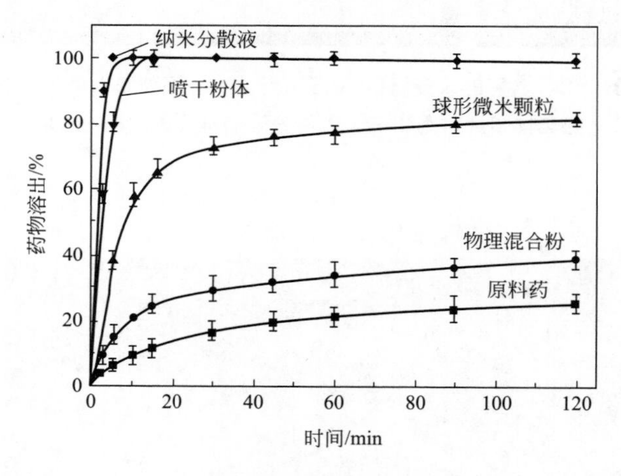

图 7-20 溶出速率曲线

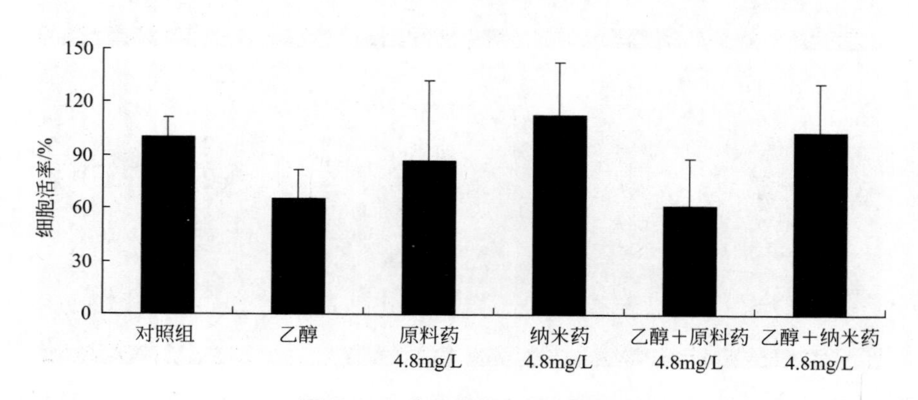

图 7-21 大鼠体外肝细胞实验

7.2.3　非诺贝特

非诺贝特是一种常用的贝特类降血脂药物，为第二代苯氧芳酸类药物。图 7-22 和图 7-23分别是其原料药和纳微化产品的扫描电镜照片和溶出速率曲线。由图可知，纳微化后，药物颗粒明显减小，平均粒径约为 100nm；纳微化产品的溶出速率较原料药至少提高了两倍。图 7-24 是所得非诺贝特纳米片与国外同期市售产品的溶出速率曲线比较。由图可

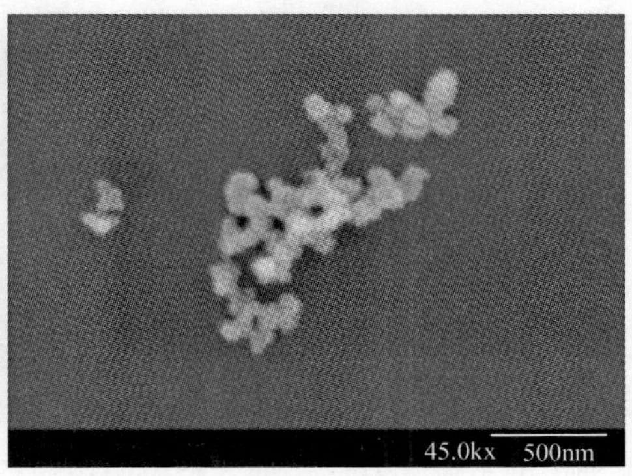

图 7-22　原料药和纳微化药物的扫描电镜照片

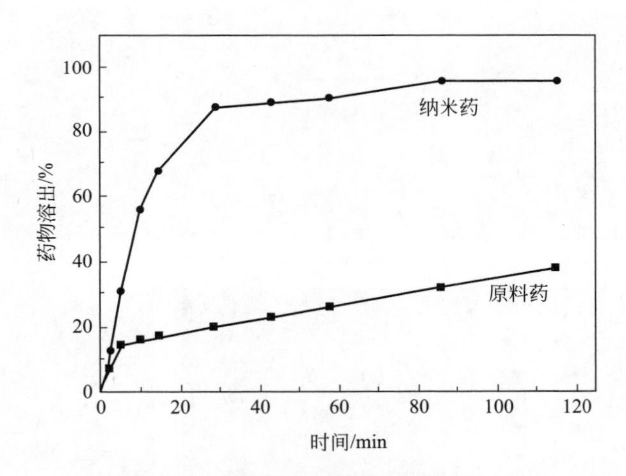

图 7-23　与原料药的溶出速率曲线对比

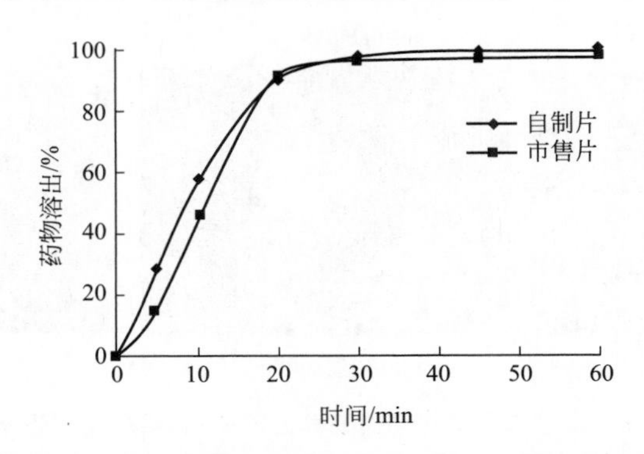

图 7-24　非诺贝特纳米颗粒与国外产品溶出速率曲线比较

知，其溶出速率与国外产品相同。进一步进行了中试放大研究，图 7-25 是 5t/a 超重力法制备非诺贝特纳微颗粒的中试示范线的生产工况图，产品质量优良。

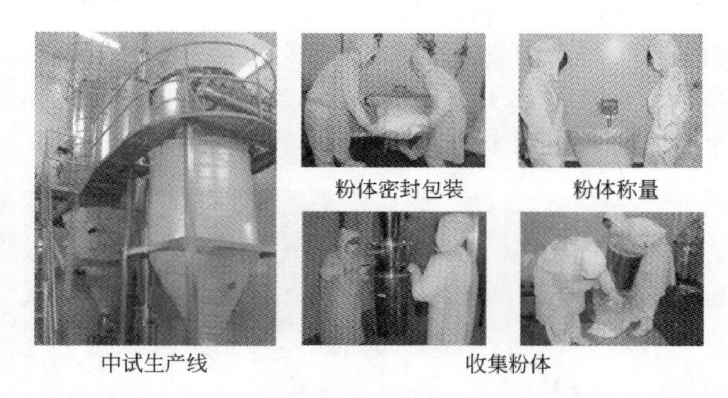

图 7-25 非诺贝特纳微颗粒中试示范线的生产工况图

此外，还利用超重力反溶剂沉淀法成功制备得到了丙酸倍氯米松、泼尼松龙、比卡鲁胺、依贝沙坦、达那唑、布地奈德、喜树碱和萘普生等 20 多种纳微结构药物颗粒[24~33]，均呈现出突出的纳微化效应。部分纳微结构药物颗粒的电镜照片如图 7-26 所示。

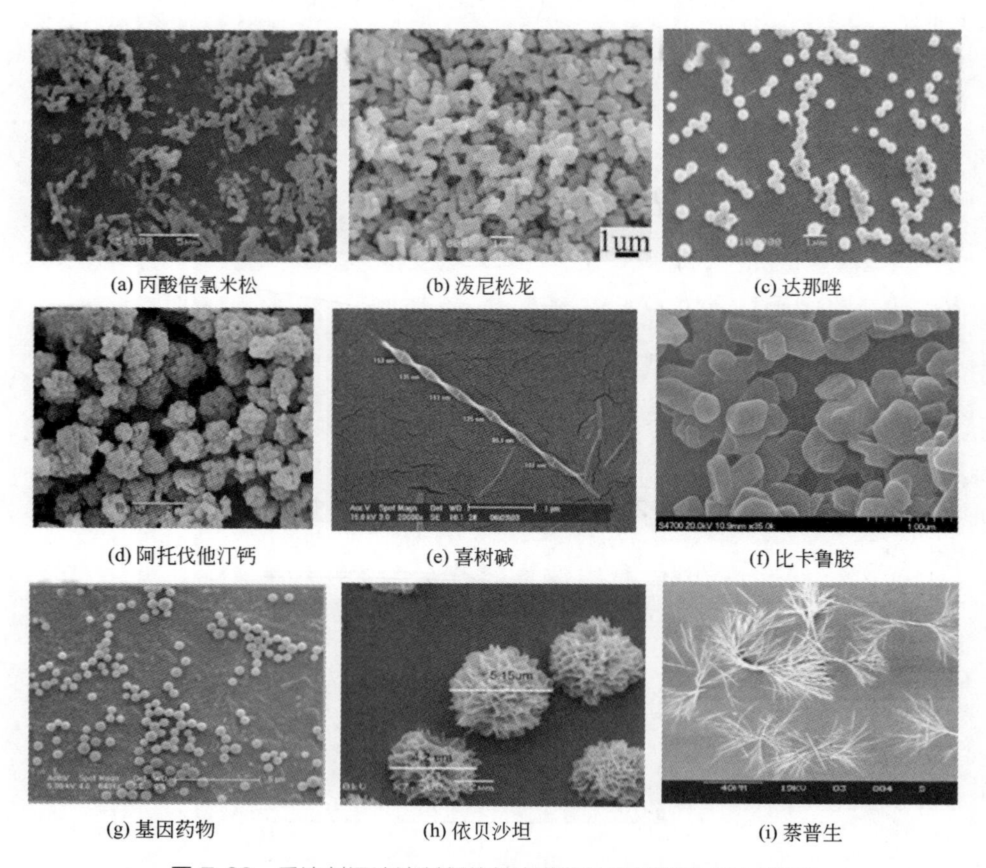

图 7-26 反溶剂沉淀法制得的其它药物纳微颗粒的 SEM 照片

7.3　超重力反应沉淀技术

超重力反应沉淀新工艺是一个化学过程，其优势在于充分利用了一些药物独特的分子结构，通过快速的酸碱中和化学反应，形成产物的高过饱和度，从而生成不溶的沉淀产物。此工艺能产生较超重力反溶剂沉淀工艺更高的过饱和度，可产生更小的粒子。它适用于满足三类反应体系的纳微药物颗粒的制备：用药物的水溶性盐与酸或碱溶液反应制备水难溶性药物；在有机溶剂反应介质中与酸或碱反应制备以盐形式存在的水溶性药物；药物先与酸（或碱）反应生成盐，然后生成的盐再与碱（或酸）反应结晶生成药物，此类药物通常不溶于水或大多数有机溶剂，但可以盐的形式溶于碱性（酸性药物）或酸性（碱性药物）溶液。此新工艺的影响因素主要包括：旋转填充床转速、反应物浓度和流速、反应温度等。此新工艺的简单示意图如图 7-27 所示。下文以硫酸沙丁胺醇[34,35]和阿奇霉素[36]为例介绍。

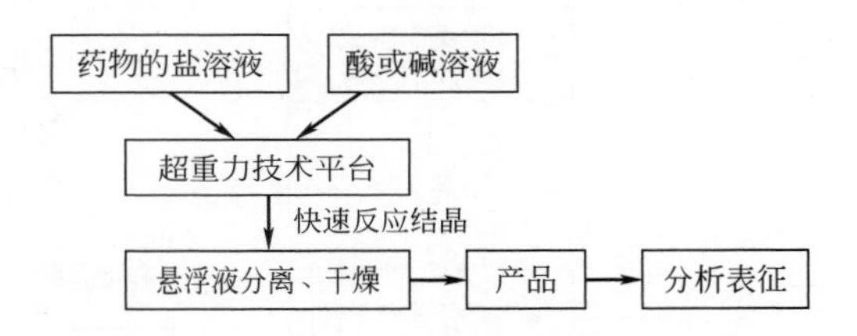

图 7-27　超重力反应沉淀新工艺示意图

7.3.1　硫酸沙丁胺醇

硫酸沙丁胺醇可广泛用于治疗喘息性支气管炎、支气管哮喘和肺气肿患者的支气管痉挛等呼吸道疾病，是临床上治疗哮喘的首选药物。吸入治疗是目前治疗哮喘病的最好方法，用药量小于其他途径用药量（仅是口服量的 1/20）。给药作用维持时间优于静脉注射给药，起效时间优于口服给药，是目前许多国家争相研究和开发的新剂型。颗粒大小是决定粉雾剂药物能否到达作用部位的关键因素，其纳微化是提高其生物利用度的关键所在。

目前，通过化学合成硫酸沙丁胺醇的方法都是在制备沙丁胺醇的基础上，通过控制反应体系的 pH 值，在室温下静置，从而得到硫酸沙丁胺醇晶体，但是该过程生成的硫酸沙丁胺醇均为大颗粒，其短轴大多在 10μm 以上，不适用于干粉吸入剂的制剂需要。近年来，国内外很多人都在从事药物硫酸沙丁胺醇超细化的研究，所采用的药物微粉化技术大都是在利用常规方法进行制备大颗粒硫酸沙丁胺醇晶体的基础上，再对其进行微粉化处理，如机械研磨，气流粉碎等。此外，还有利用超临界流体的重结晶过程，即以超临界 CO_2 为反溶剂的重结晶过程，该方法具有传统方法无法比拟的优点，因而备受关注。但其操作工艺较复杂且生产成本高，难以工业化生产。另一种方法是将硫酸沙丁胺醇的水溶液直接进行喷雾干燥，可以得到 50%小于 5μm 的球形颗粒，但是该产品为无定形，由于无定形颗粒较结晶型颗粒具有较高的能量，因而很不稳定，在存放过程中极易吸潮，发生自我转变过程而成为结晶型，从而造成了颗粒的聚结与长大，所以也不适宜于干粉吸入剂的制剂要求。可见，对制备纳微结构硫酸沙丁胺醇干粉用以干粉吸入剂的技术存在迫切需求。因此，我们将超重力反应沉淀新工艺用于纳微结构硫酸沙丁胺醇颗粒的制备，整个过程较现有技术更加简单，并有利于未来的工业化放大。

实验选用一定浓度的硫酸与沙丁胺醇异丙醇溶液反应，反应得到的硫酸沙丁胺醇在异丙醇中的溶解度很小，以沉淀的形式析出，所得固体经喷雾干燥后即为硫酸沙丁胺醇干粉。工艺流程如图 7-28 所示。

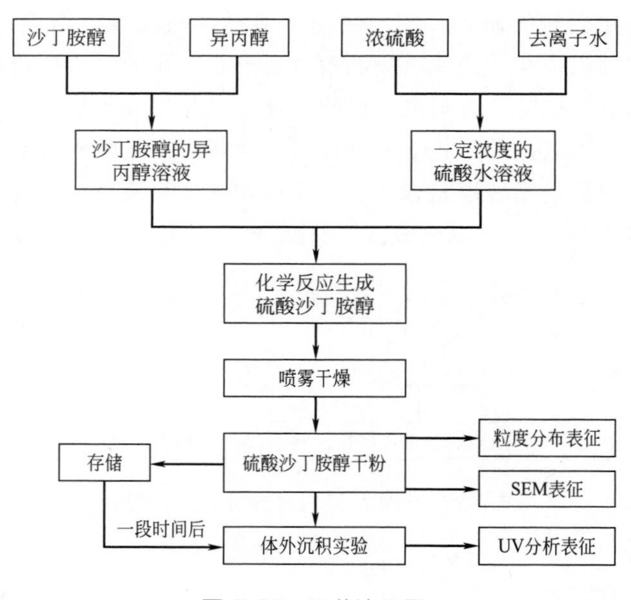

图 7-28 工艺流程图

(1) 硫酸沙丁胺醇制备工艺条件的影响：

① 反应介质的确定。实验采用反应沉淀法进行沙丁胺醇与硫酸的中和反应，反应式如图 7-29。液相反应介质的选择是形成产物过饱和度的关键，要求产物在此溶剂中具有恰当的溶解度，从而有效控制过饱和度的形成。

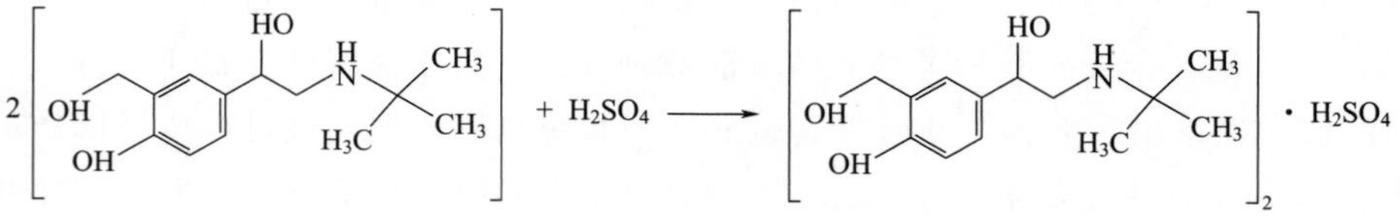

图 7-29 沙丁胺醇与硫酸的中和成盐反应

首先，根据沙丁胺醇和硫酸沙丁胺醇溶解性质的不同，即沙丁胺醇不溶于水，易溶于乙醇，略溶于乙醚；硫酸沙丁胺醇在水中易溶，在乙醇中极微溶解，在三氯甲烷或乙醚中几乎不溶。因此，考虑选取乙醇、乙醚等为可行的反应介质。其次，由于浓硫酸（18.4mol/L）不适宜直接进行实验，通常用水将其稀释至特定浓度后参加反应，需要考虑所选反应介质与硫酸水溶液的互溶性，因而选用乙醇和异丙醇进行研究。

沙丁胺醇在乙醇和异丙醇中的溶解度接近，25℃分别为 17.25mg/mL 和 15.62mg/mL。但是，硫酸沙丁胺醇在乙醇中的溶解度要高于在异丙醇中。因此，当将结晶温度、混合时间和高速分散均质机的转速分别设定为 20℃、2min 和 5000r/min，分别将 15mg/mL 的沙丁胺醇乙醇溶液与沙丁胺醇异丙醇溶液与硫酸进行反应时，异丙醇体系瞬间析出沉淀，而乙醇体系则存在诱导时间，反应体系在 10min 内缓慢析出沉淀。

图 7-30 是不同反应介质中所得硫酸沙丁胺醇颗粒的 SEM 照片。由图可知，乙醇和异丙醇体系所得到的硫酸沙丁胺醇产品均为棒状颗粒，乙醇体系产品尺寸明显大于异丙醇体系产品。因此，认为异丙醇较适合作为本实验的反应体系，进行后续实验研究。

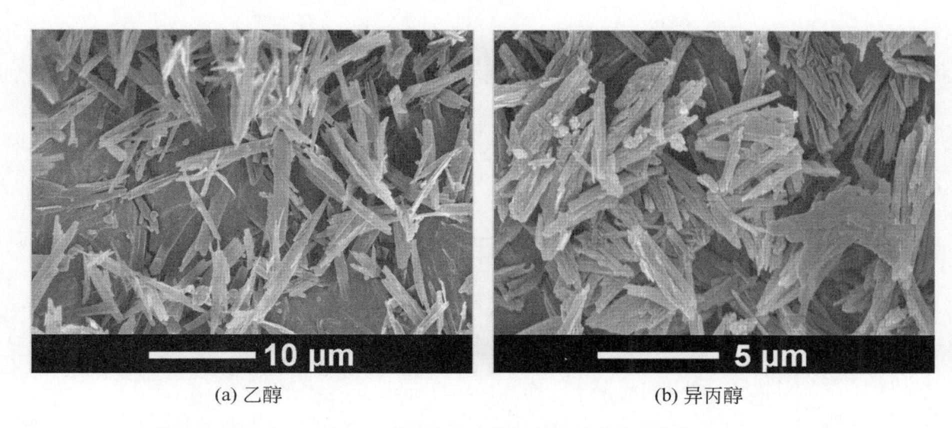

(a) 乙醇　　(b) 异丙醇

图 7-30　不同反应介质中所得硫酸沙丁胺醇颗粒的 SEM 照片

② 反应物浓度的影响。在 20℃时，持续混合 2min，分别将 15mg/mL 的沙丁胺醇异丙醇溶液与一系列浓度的硫酸进行反应。图 7-31 是硫酸沙丁胺醇收率随硫酸浓度的变化曲线。由图可知，随着硫酸浓度由 0.5mg/mL 增大到 5.0mg/mL，收率有所增大。原因是沙丁胺醇的物质量一定，根据反应 2∶1 的摩尔比，所需硫酸的物质量是一定的。硫酸的浓度越高，参加反应的硫酸水溶液体积越少，即在反应介质中引入的水也越少。由于产品硫酸沙丁胺醇在水中的饱和溶解度较大（250mg/mL），因此，反应介质中水越少越有利于提高硫酸沙丁胺醇的收率。

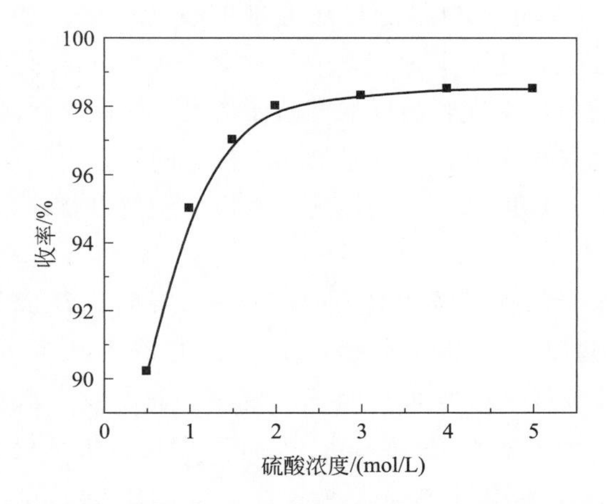

图 7-31　硫酸沙丁胺醇收率随硫酸浓度的变化曲线

反应介质中水越少越有利于在反应体系中形成较高的硫酸沙丁胺醇过饱和度。过饱和度是影响颗粒大小的决定因素之一，较高的过饱和度可以得到较小的粒子。图 7-32 是硫酸沙丁胺醇颗粒粒径随硫酸浓度的变化曲线。由图可知，随着硫酸浓度的增加所得到的硫酸沙丁胺醇的粒度也在迅速减小。当硫酸浓度高于 2.0mg/mL 后，颗粒即降至了 5μm 以下，且变化很小，因此，选择 2.0mg/mL 作为反应物硫酸的浓度。

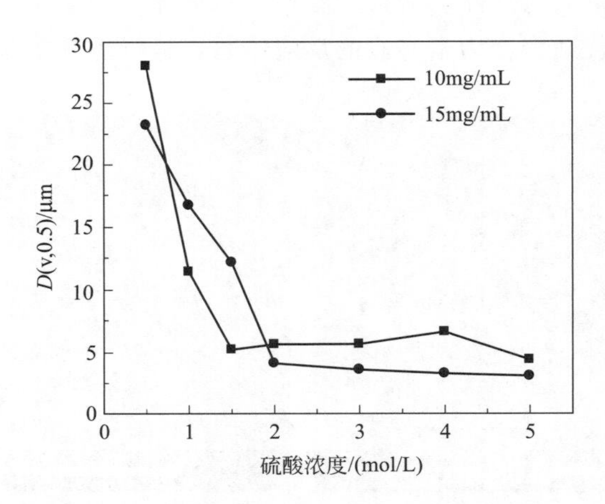

图 7-32 硫酸沙丁胺醇颗粒粒径随硫酸浓度的变化曲线

与此同时，高浓度的沙丁胺醇异丙醇溶液也有利于得到更小的颗粒。但是，当溶液浓度达到 15mg/mL 时，已经非常接近饱和溶液。异丙醇具有较高的挥发性，很容易自发析出晶体，从而使反应结晶过程为二次成核而非均相成核而导致产品粒径增大，粒度分布变宽。较低浓度下，粒度的增大并不非常显著，但溶液对温度、挥发性等因素的敏感性大大降低，配制而得的沙丁胺醇溶液稳定。因此，选取 10mg/mL 为反应物沙丁胺醇异丙醇溶液的浓度。

③ 反应温度的影响。将 10mg/mL 的沙丁胺醇异丙醇溶液 20mL 与 2.0mg/mL 的硫酸溶液 0.2mL 进行反应，持续混合 2min，分别考察不同反应温度所得硫酸沙丁胺醇产品的大小。图 7-33 是硫酸沙丁胺醇颗粒粒径随反应温度的变化曲线。如图所示，当温度升高到 35℃后，产品颗粒迅速变大，达到了 30.55μm。这充分说明了该反应体系对高温比较敏感。硫酸沙丁胺醇在水中的溶解度会随着温度的升高而增大，因此，在高温下反应后不能对硫酸沙丁胺醇产生一个较高的过饱和度，不利于均相成核。同时，由于晶体生长速率的反应级数会随着温度的升高而增大，温度越高，晶体生长越快，颗粒也就越大。因此，低温有利于得到粒度小的产品。

然而，由于 10mg/mL 的沙丁胺醇异丙醇溶液在 5℃时已经成为过饱和溶液，溶液中析出了晶体，需先进行过滤。因此，实际参加反应的沙丁胺醇异丙醇溶液浓度要小于 10mg/mL，5℃时所得硫酸沙丁胺醇浆料的浓度较小。硫酸沙丁胺醇产品的 $D(v,0.5)$ 在 5℃与 20℃时变化不大，分别为 4.99μm 和 5.66μm。因此，仍选择 20℃作为后续研究的反应温度。

④ 转速的影响。在 20℃时，将 10mg/mL 的沙丁胺醇异丙醇溶液 20mL 与 2.0mg/mL 的硫酸溶液 0.2mL 混合 2min，分别考察 1000r/min、3000r/min、5000r/min 和 8000r/min

转速时所得硫酸沙丁胺醇颗粒的大小。图7-34是硫酸沙丁胺醇颗粒粒径随搅拌转速的变化曲线。由图可知，当使用搅拌方式进行混合反应时，随着转速的增加，硫酸沙丁胺醇颗粒的D(v,0.5)由20.85μm急剧下降至3.10μm，这表明混合强度对产物粒径起着非常重要的作用。理论上，当分子混合时间小于晶体成核时间是形成分布均一的超细颗粒的关键条件。高速搅拌可以在体系内部形成均匀的空间浓度分布，从而加强了物质的分子混合。此外，在高速搅拌下，颗粒之间的团聚被一定程度的破坏，因此，高转速下所得产品颗粒较低转速下的产品颗粒在粒径减小的同时具有更好的分散性。

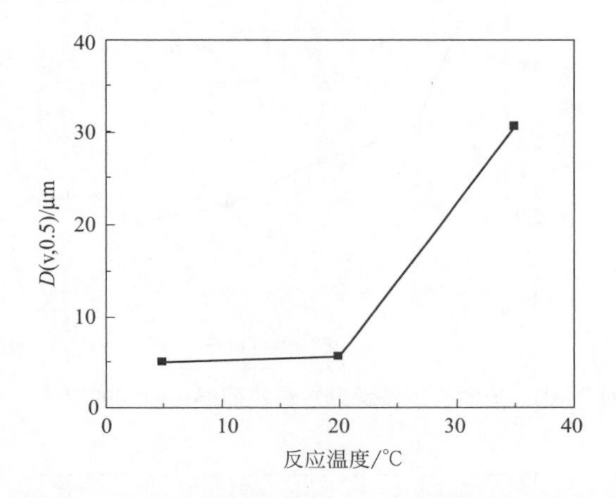

图7-33 硫酸沙丁胺醇颗粒粒径随反应温度的变化曲线

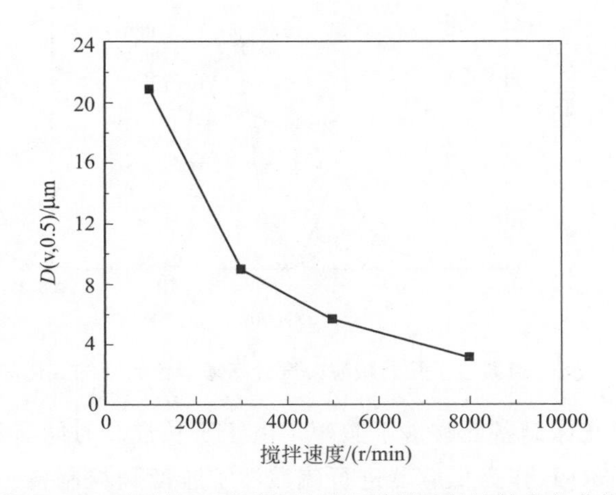

图7-34 硫酸沙丁胺醇颗粒粒径随搅拌转速的变化曲线

⑤ 混合时间的影响。20℃时，将10mg/mL的沙丁胺醇异丙醇溶液20mL与2.0mg/mL的硫酸溶液0.2mL，分别考察持续混合2min、5min、10min、15min和20min时，硫酸沙丁胺醇颗粒的大小随混合时间的变化关系。图7-35是硫酸沙丁胺醇颗粒粒径随混合时间的变化曲线。如图所示，随着混合时间的延长，产品颗粒有一个减小趋势，经过20min的持续搅拌，所得硫酸沙丁胺醇颗粒的D(v,0.5)由3.50μm降至了1.97μm。这可能是因为激光粒度分布仪测得的粒度分布曲线当混合时间超过5min后由单峰曲线变成了双峰曲线

（图 7-36），且随着混合时间的延长，小尺度处的峰面积越来越大，即小颗粒在整个体系中所占的体积百分比越来越多。但是，两个峰的位置基本没有随着时间发生位移。这说明该工艺所得硫酸沙丁胺醇具有一定的自发团聚性，高转速起着一定程度的分散作用。同时，由于得到的产品为针状颗粒，最长一维方向很容易在高速搅拌下被破坏，将长粒子切断。因此，延长混合时间有利于得到更小的产品粒子。

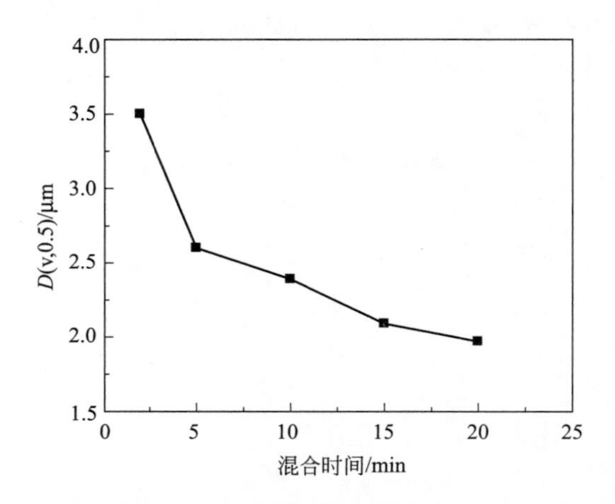

图 7-35 硫酸沙丁胺醇颗粒粒径随混合时间的变化曲线

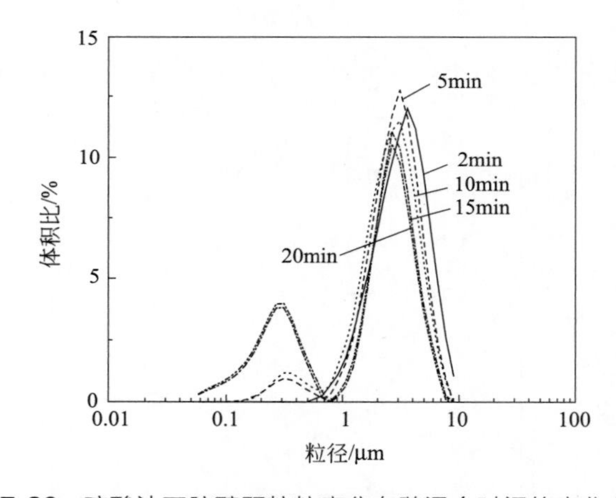

图 7-36 硫酸沙丁胺醇颗粒粒度分布随混合时间的变化曲线

（2）内循环旋转填充床制备硫酸沙丁胺醇　由于延长混合时间有利于得到更小的硫酸沙丁胺醇，我们以内循环 RPB 作为反应器进行硫酸沙丁胺醇颗粒制备。图 7-37 是所得硫酸沙丁胺醇颗粒粒度分布随混合时间的变化曲线。如图所示，与烧杯实验的结果相似，随着反应在 RPB 中的持续，产品颗粒有一个明显的减小趋势，粒度分布曲线当混合时间超过 5min 后由单峰曲线变成了双峰曲线，并且，随着混合时间的延长，小尺度处的峰面积越来越大。与图 7-36 有所不同的是，图 7-37 中大尺度处的峰位置随着混合时间的延长逐步向小尺度方法移动，15min 后两个峰相互重叠；20min 后，所得到的硫酸沙丁胺醇颗粒的 D(v,0.5) 为 0.98μm，较传统搅拌釜中所得到的 1.97μm 小了一倍。当混合时间达到 30min 时，D(v,0.5) 为 0.93μm，有所减小但变化不大，说明体系已经基本趋于稳定。从上述结果可以进一步证实，由于 RPB 中传质与分子混合均被极大的强化，因而有利于得到粒径小、粒度分布均匀的超细颗粒。

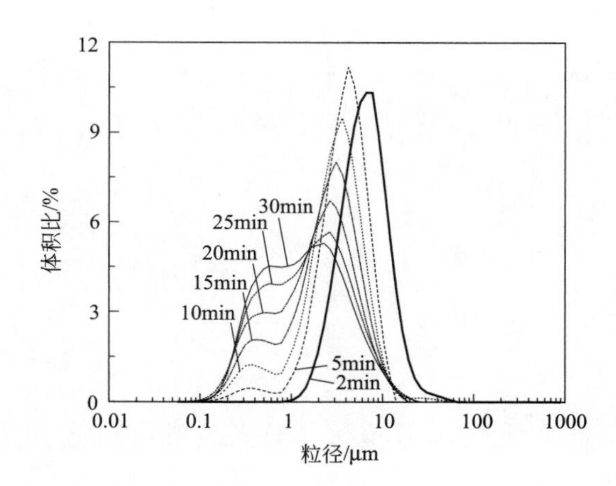

图 7-37　硫酸沙丁胺醇颗粒粒度分布随混合时间的变化曲线

（3）喷雾干燥制备多孔微球　图 7-38 是不同反应温度下所得硫酸沙丁胺醇经喷雾干燥后颗粒的 SEM 照片。由图可知，只有在 20℃下，所得硫酸沙丁胺醇一次粒子经过喷雾干燥形成了均一的多孔微球（PSA）。分析原因。

① 当反应温度为 35℃和 50℃时，一次粒子的粒径（d_P）随着温度的增高而变大。雾化后所得的液滴粒径（DD）为 5～30μm，当两者基本相同，甚至 d_P大于 DD 时将无法形成多孔微球，最终产品与一次粒子的形貌基本相同，仍然为长针状颗粒。

② 当反应温度为－5℃和 10℃时，虽然 d_P变小，达到了可以形成 PSA 的尺寸，但是由于低温使得沙丁胺醇在异丙醇中的溶解度大大降低，在同样 800mL 沙丁胺醇异丙醇溶液中实际参加反应的沙丁胺醇变少，即所得到的硫酸沙丁胺醇浆料的浓度变小。过小的浆料浓度将不利于多孔微球的形成，从而最终产品与一次粒子的形貌也基本相同。

③ 当反应温度为 20℃时，浆料中硫酸沙丁胺醇的 D(v,0.5) 为 0.98μm，所得 PSA 的 D(v,0.5) 为 2.10μm，比表面积为 (24.7±0.1)m^2/g，非常有利于在吸入剂中使用。

（4）硫酸沙丁胺醇多孔微球的理化性质表征　与硫酸沙丁胺醇对照品相比，本工艺所得硫酸沙丁胺醇多孔微球粒度显著减小，形貌上也完全不同（图 7-39）。然而，红外表征结果（图 7-40）显示，两者红外谱图基本一致，经红外软件分析，匹配度为 99.16%，这表明通过反应沉淀与喷雾干燥所得的产品仍为硫酸沙丁胺醇。同时，硫酸沙丁胺醇多孔微球 XRD 图谱（图 7-41）与对照品对比，虽然颗粒超细化后衍射峰普遍弱化、宽化，但主要衍射峰位置基本对应一致，这一结果表明，经过 RPB 与喷雾干燥过程所得到的硫酸沙丁胺醇多孔微球为结晶型产品。

（5）肺部沉积性能研究　干粉吸入剂（DPI）的体外评价主要是使用多层阶式液体撞击取样器（MSLI）（图 7-42），用来评价粉雾剂在呼吸道有效部位药物沉积量分布。MSLI 是一个五层的多层阶式撞击取样器，当药物颗粒随着气流经喉管（throat）进入 MSLI 后，在逐层绕行下降过程中，药物颗粒根据其自身空气动力学直径 D_{ae}的差异沉积在不同层的收集盘上，从上而下依次减小，从而测定出了 D_{ae}的分布。MSLI 的设计是在 60L/min 的气流速度下第 1、2、3、4 层可沉积颗粒的最小 D_{ae}分别为 13μm、6.8μm、3.1μm 和 1.7μm。第 5

层通常被称为“过滤层”，主要靠一张玻璃纤维滤纸截留 D_{ae}小于 1.7μm 的颗粒，避免其进入真空泵，对泵造成损坏。如图 7-42(a) 所示，1～4 层为透明可视的玻璃外壁，第五层则为不透明的不锈钢材质。

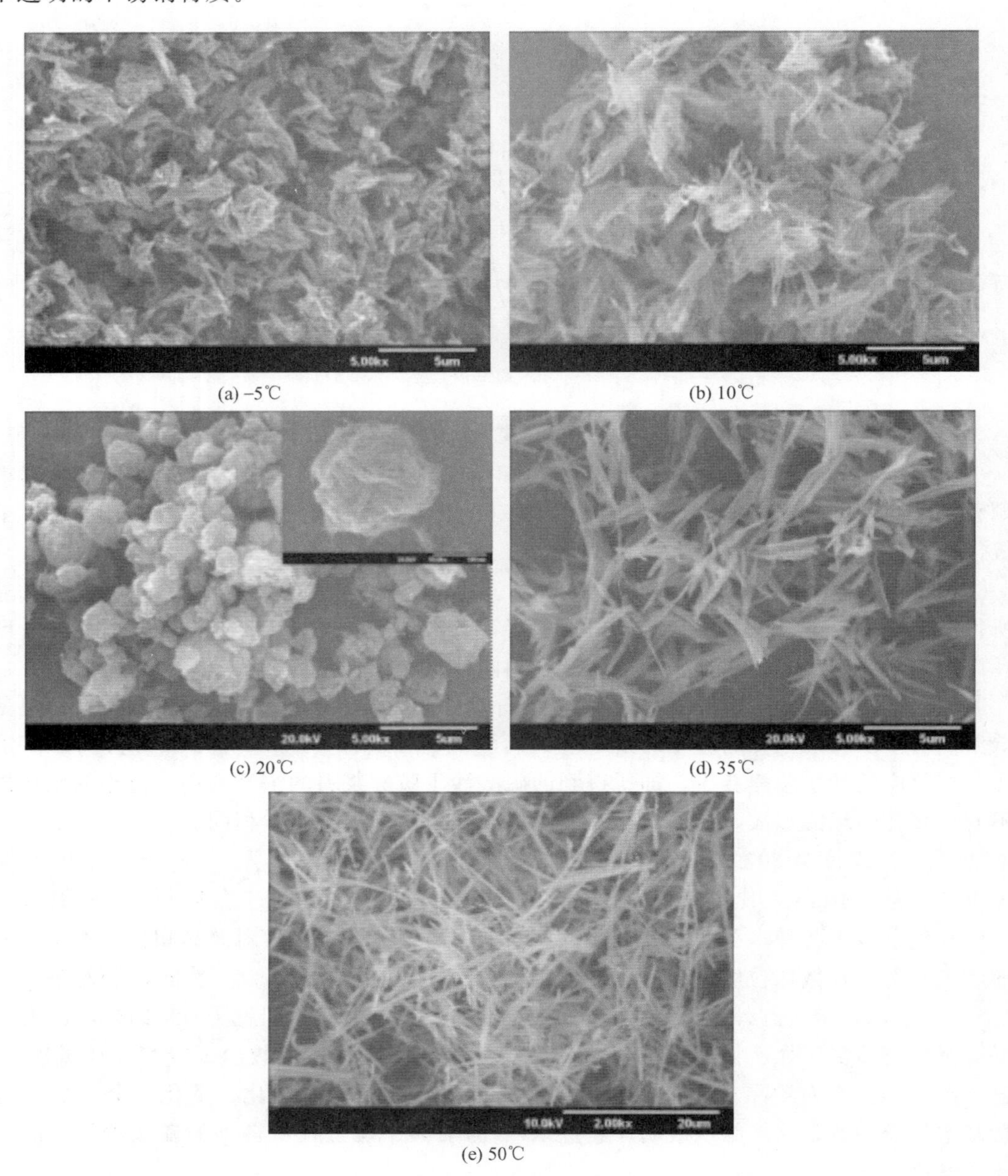

(a) −5℃　(b) 10℃　(c) 20℃　(d) 35℃　(e) 50℃

图 7-38 不同反应温度下所得硫酸沙丁胺醇经喷雾干燥后颗粒的 SEM 照片

由于只有 D_{ae}小于 5μm 的药物颗粒可被称之为“可吸入颗粒”，因此，用于体外评价一个吸入剂以及吸入器优劣的标准的主要参数有：(1) 吸入剂的喷出量（emitted dose，ED），即可喷出离开吸入器的药物质量；(2) 小颗粒分数（fine particle fraction，FPF），即 D_{ae}小于 5μm 的药物颗粒所占的比例。通常，FPF 数值又根据考察对象的不同具体分为 FPF_{total}（总体肺部沉积量）和 $FPF_{emitted}$（有效肺部沉积量）。对于 MSLI，两者分别被定义为：

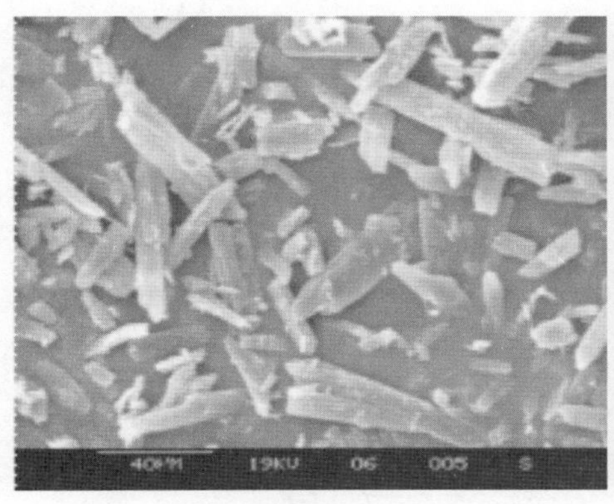

(a) 原料药

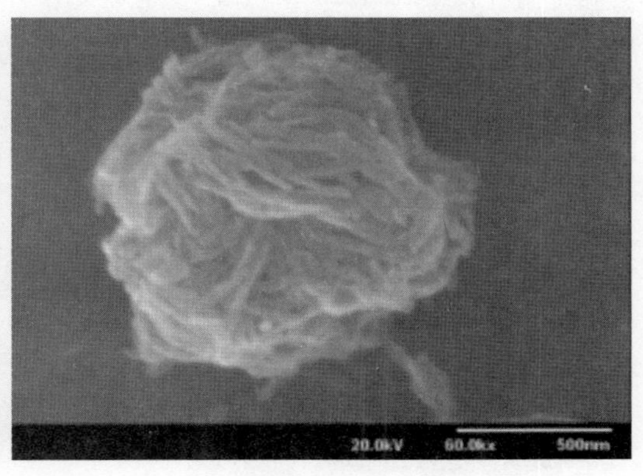

(b) 最优条件 PSA 产品

图 7-39　不同硫酸沙丁胺醇颗粒的 SEM 照片

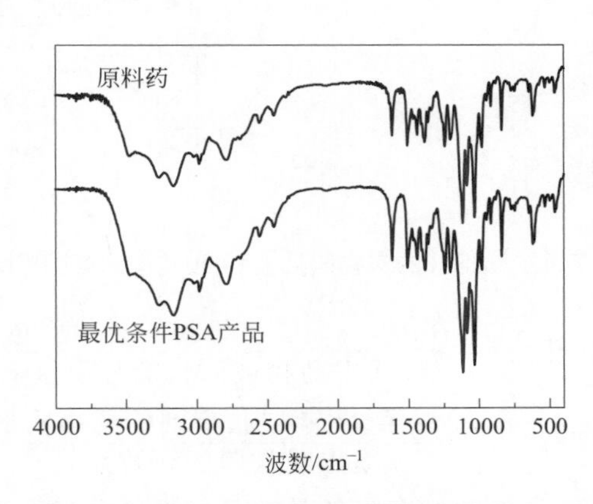

图 7-40　不同硫酸沙丁胺醇颗粒的 FT-IR 谱图对比

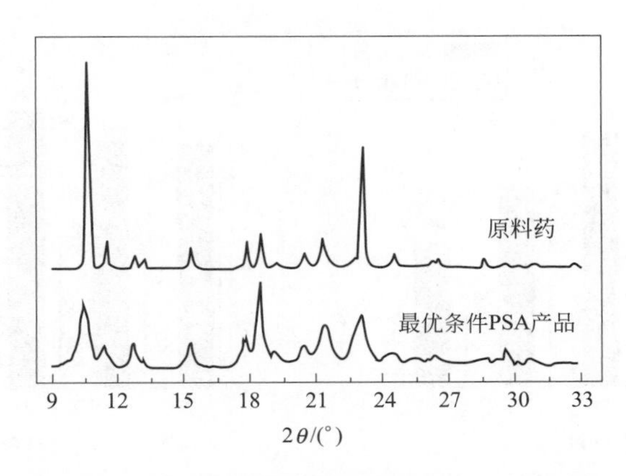

图 7-41　不同硫酸沙丁胺醇颗粒的 XRD 谱图对比

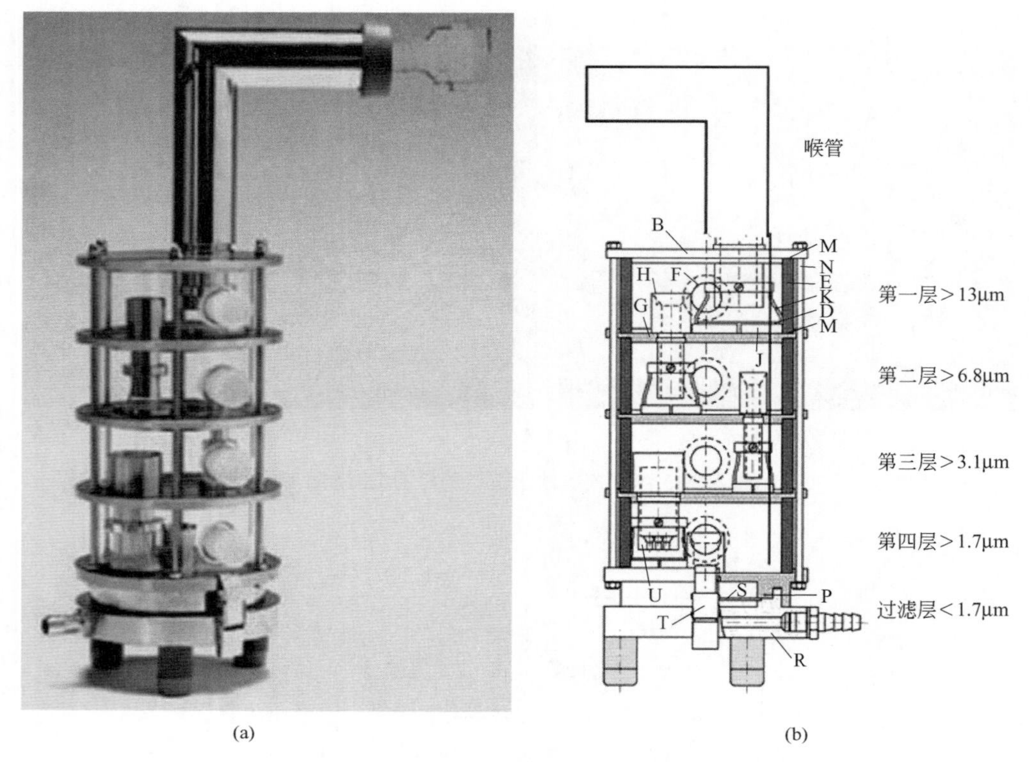

图 7-42 MSLI 的实物照片（a）和结构示意图（b）

$$FPF_{total}=\frac{\text{在第 3～5 层收集到的药物质量}}{\text{DPI 中药物被回收的总质量}} \tag{7-4}$$

$$FPF_{emitted}=\frac{\text{在第 3～5 层收集到的药物质量}}{\text{喷出吸入器的药物质量}} \tag{7-5}$$

喷出吸入器的药物质量＝药物被回收的总质量－胶囊与吸入器中残留的药物质量
（emitted dose）（recovery）（capsule and device retention）

（7-6）

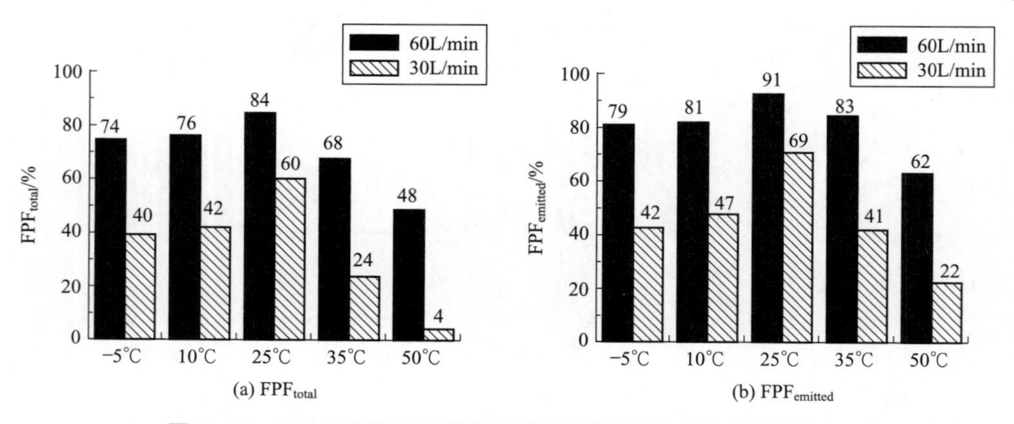

图 7-43 不同反应温度下所得硫酸沙丁胺醇颗粒的体外沉积结果

一般认为，只有当 DPI（干粉吸入器）中药物经计算所得的回收总质量为实际装填量的 100%±5%时才为有效测试。

对于肺部给药吸入性药物来说，颗粒的大小和形貌将直接决定其性能。研究发现，不同反应温度下制得的硫酸沙丁胺醇粉体具有不同的体外沉积性能，结果如图 7-43。当实验条件为 60L/min 时，其 FPF_{total} 和 $FPF_{emitted}$ 值分别达到了 84%和 91%，大大高于市售商品；当实验条件为 30L/min 时，其 FPF_{total} 和 $FPF_{emitted}$ 值也达到了 60%和 69%，仍高于普通产品，这表明，用此新工艺所得的硫酸沙丁胺醇产品具有十分优良的性能。

图 7-44 是不同的硫酸沙丁胺醇颗粒的 SEM 照片。图 7-45 是对应的不同的硫酸沙丁胺醇产品的体外沉积实验结果。比较研究发现，自制产品的 FPF 值要远远高于与之对比的三种市售商品，分别是市售硫酸沙丁胺醇原料药、市售喷雾干燥硫酸沙丁胺醇和市售微粉化硫酸沙丁胺醇的 4 倍、3. 36 倍和 2. 33 倍，这充分表明利用超重力反应沉淀新工艺制备的纳微结构硫酸沙丁胺醇较三种市售商品具有更适合于沉积的颗粒大小和形貌。更重要的是，红外和 XRD 表征表明，自制纳微结构产品与普通硫酸沙丁胺醇相比在结构和结晶性上均没有发生变化，这将保证药物性质没有改变。

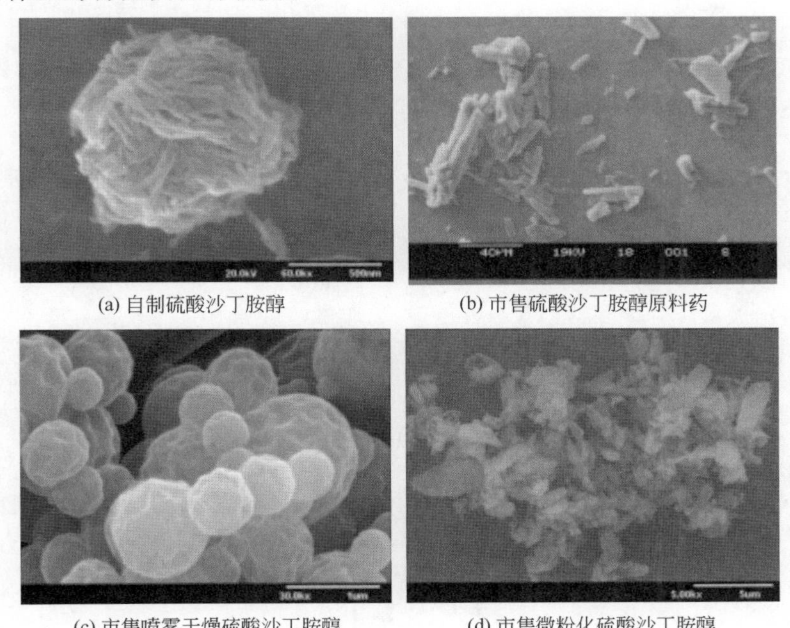

(a) 自制硫酸沙丁胺醇　(b) 市售硫酸沙丁胺醇原料药

(c) 市售喷雾干燥硫酸沙丁胺醇　(d) 市售微粉化硫酸沙丁胺醇

图 7-44 不同的硫酸沙丁胺醇颗粒的 SEM 照片

7.3.2 阿奇霉素（反应沉淀法）

阿奇霉素（AZI）是新一代大环内酯类抗生素药物，在临床应用上越来越受到重视。阿奇霉素分子有两个氨基，在酸中溶解生成盐酸阿奇霉素，利用阿奇霉素酸中溶解、水中析出特点，控制析晶制备阿奇霉素纳米混悬剂。因此，阿奇霉素纳微颗粒的制备既可以通过反溶剂沉淀法来获得，也可以采用反应结晶法获得。

反应结晶法制备阿奇霉素纳米颗粒的化学反应式如下所示。

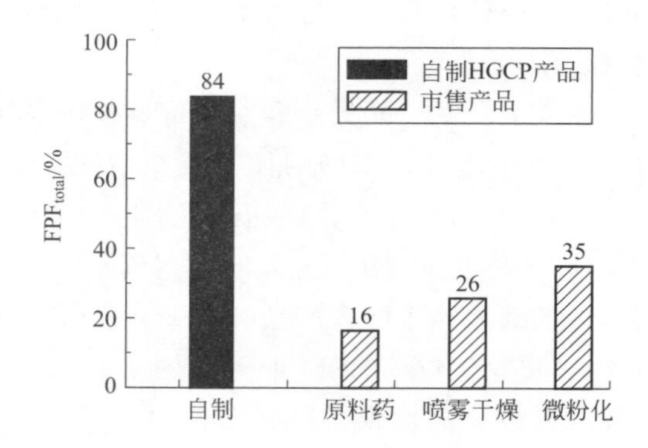

图 7-45 不同的硫酸沙丁胺醇产品的体外沉积实验结果

$$AZI + 2H^{+} \longrightarrow AZI \cdot 2H^{+}$$
$$AZI \cdot 2H^{+} + 2OH^{-} \longrightarrow AZI \downarrow + 2H_2O$$

图 7-46 是 AZI 原料药和反应结晶法所得纳微化药物的 SEM 照片和粒径分布图。由图可知，纳微化产品的平均粒径约为 180nm，而原料药是无规则的 100μm 以上的大颗粒。图 7-47是 AZI 原料药和纳微化药物溶出曲线图。当溶出 10min 时，AZI 纳米颗粒的溶出速率较原料药提高了 150%。

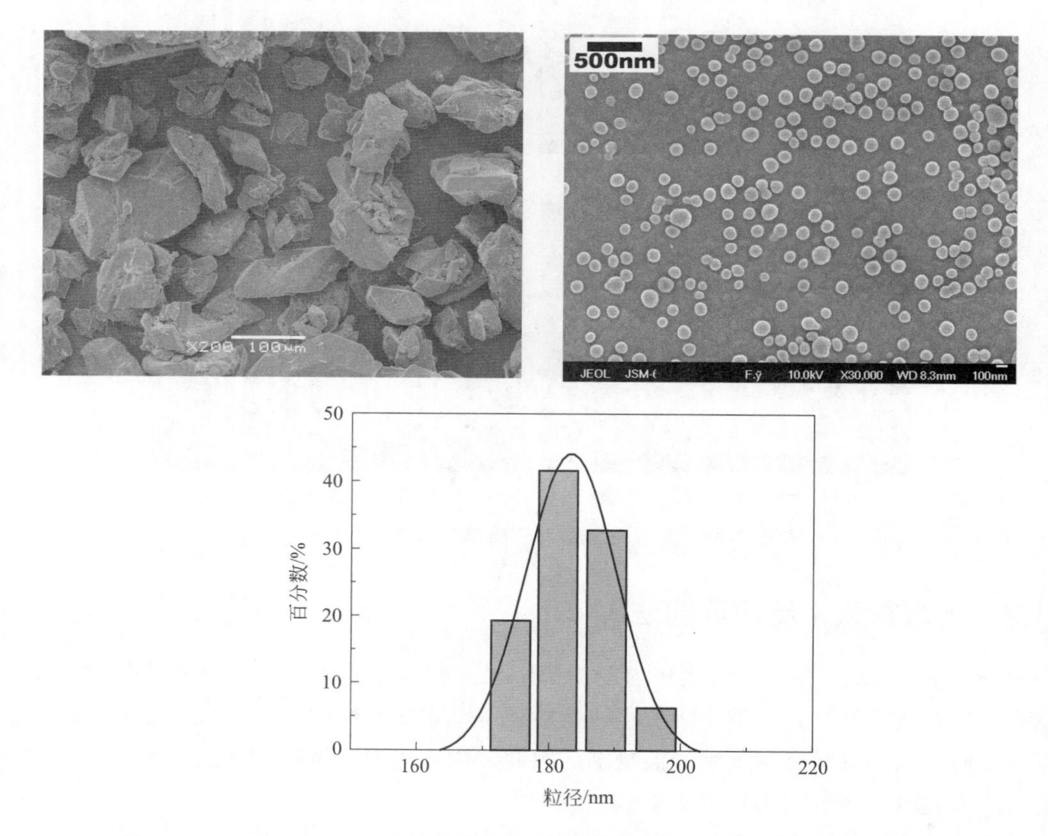

图 7-46 原料药和反应结晶法所得纳微化阿奇霉素的 SEM 照片和粒径分布图

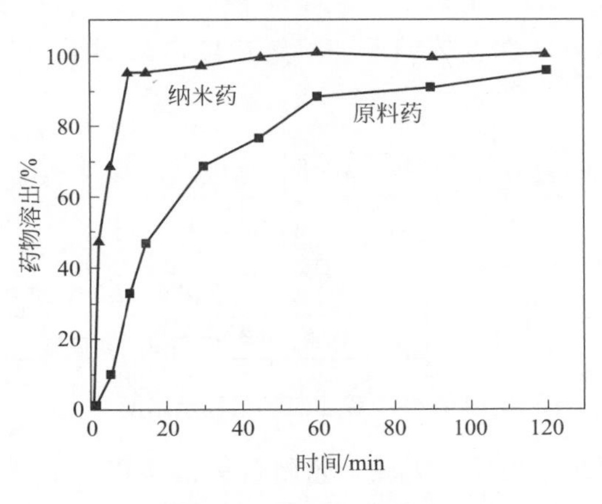

图 7-47　溶出速率曲线

此外，我们还利用超重力反应沉淀法成功制备了苯甲酸、吉非罗齐、环丙沙星、琥珀酸舒马普坦、萘普生等近 10 种纳微结构药物粉体颗粒[37~42]。部分反应沉淀法制得的药物颗粒的 SEM 照片如图 7-48 所示。

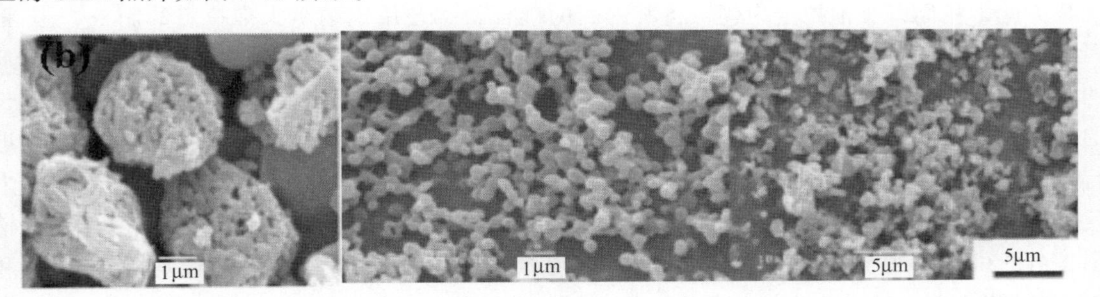

图 7-48　反应沉淀法制得药物的 SEM 照片

7.4　超重力反应与反溶剂沉淀耦合技术

超重力反应与反溶剂沉淀耦合新工艺是在超重力反应沉淀新工艺和反溶剂沉淀新工艺的基础上提出并创制的，它结合了两种工艺的优点，此工艺是为了满足一些同时具有酸和碱基团的两性药物的制备需要而设计的。这些药物通常不溶于大多数的有机溶剂和水，尽管可以通过反应结晶工艺的第三种方式来制备，但由于分子中同时有酸和碱基团，在与酸或碱反应后，其产物仍能与反应物中的碱或酸基团反应，这就导致制备过程中产物的过饱和度降低，大颗粒容易生成。为此，我们引入反溶剂。由于产物在反溶剂中几乎不溶，无法再与反应物继续反应，因而高的过饱和度就可以实现，小颗粒也比较容易得到。图 7-49 是耦合工艺过程的示意图。

头孢拉定是一种典型的两性药物，作为第一代头孢菌素，其在临床上适用于耐药金葡球菌感染，如肾盂肾炎、支气管炎、肺炎等。目前，头孢拉定晶体的生产工艺大多采用反应结晶法，即加入反应剂或调节 pH 值产生新物质，当其浓度超过其溶解度时就有晶体析出。反应结晶器多采用搅拌釜反应器，生产操作主要凭经验。产品普遍存在结晶收率偏低、粒径大、粒度分布宽以及晶体流动性差等问题，溶解速度慢限制了头孢拉定粉体在制剂方面的应用。

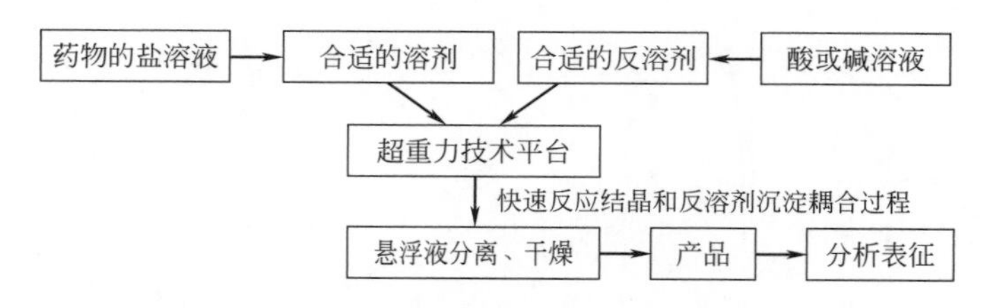

图 7-49 耦合工艺过程示意图

我们在最初单独利用超重力反应沉淀工艺制备头孢拉定时，晶体的继续生长很难抑制，无法得到超细级头孢拉定。而使用反溶剂沉淀工艺虽然能够得到超细级头孢拉定，但由于头孢拉定在水中溶解度比较小（约为 3%～4%），使用该溶剂体系时效率较低，溶剂消耗量很大，大大增加生产成本。此外，头孢拉定在很多有机溶剂中溶解度都很小。因此，很难找到其他合适的溶剂反溶剂体系对其进行重结晶。

为此，我们以头孢拉定为例，将所创制的耦合新工艺用于纳米头孢拉定的制备[43]。将丙酮与三乙胺混合代替三乙胺作为结晶液的沉淀剂，既克服了反溶剂法中很难找到合适溶剂的缺点，又克服了反应结晶法中溶剂成核速率小于其生长速率，并且很难抑制晶体继续生长的缺点，从而创制出一种制备纳米药物颗粒的新工艺。而且，该工艺可直接在工业侧线进行，只需要改变沉淀剂，就可以比较容易地实现工业放大。图 7-50 和图 7-51 分别是超重力反应与反溶剂沉淀耦合工艺制备得到的纳米头孢拉定粉体 SEM 照片、粒度分布和 XRD 谱图。由图可知，得到的纳米头孢拉定的平均粒度约为 300nm，粒度比较均匀。XRD 和 FTIR 结果表明，纳米头孢拉定与头孢拉定原料药结构一致，结晶度有所降低，这有利于提高药物的生物利用度。此外，新工艺创制的头孢拉定的比表面积为 11.8m^2/g，是原料药的 3 倍。

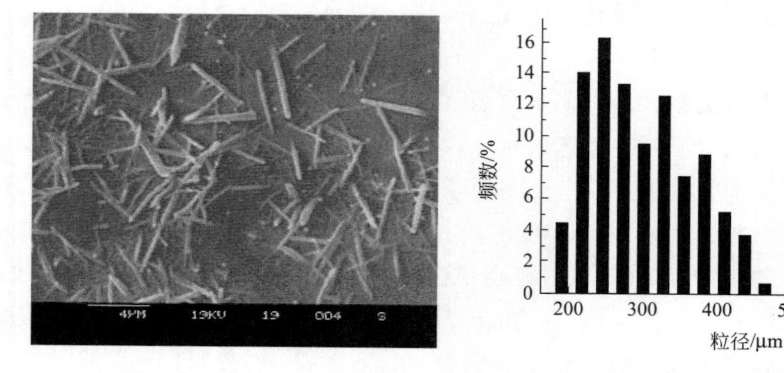

图 7-50 耦合新工艺制备得的纳米头孢拉定粉体 SEM 照片及粒度分布

进一步，我们还进行了模拟注射用头孢拉定制剂的评价研究，如图 7-52 所示。结果发现，纳米头孢拉定加精氨酸后的溶解时间明显减少，其在精氨酸用量减少到 0.18g 时仍能保证溶解时间在 1min（实际应用要求），而微米级头孢拉定在精氨酸用量为 0.25g（注射剂常

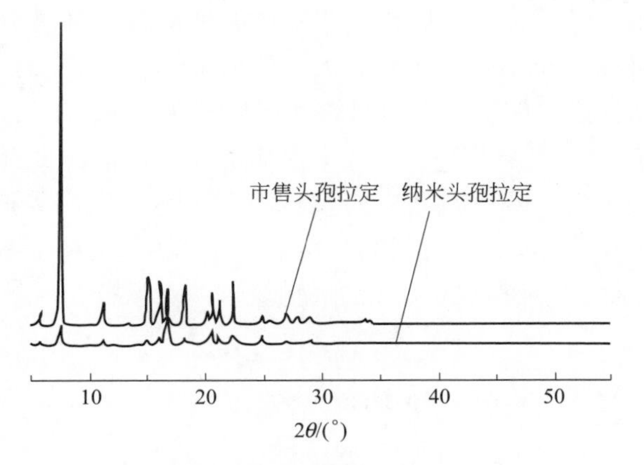

图 7-51 头孢拉定的 XRD 谱图

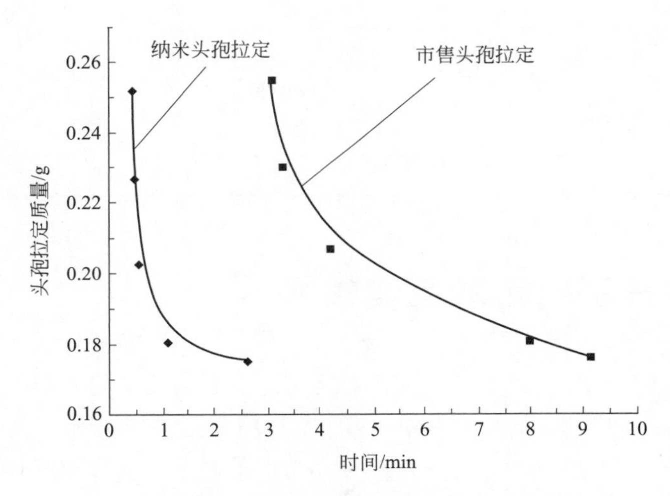

图 7-52 头孢拉定注射剂溶解时间曲线

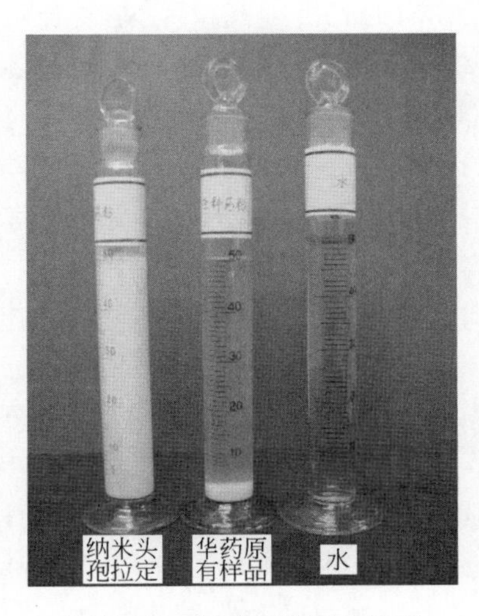

图 7-53 混悬剂的沉降结果

用）时仍不能满足要求，必须将用量加至 0.27g 才能满足溶解时间小于 1min，按此添加量计算，精氨酸的用量可减少 35.7%，这将大大节约成本。

进一步的混悬性研究则表明：加入相同的羟乙基纤维素，纳米头孢拉定干混悬剂的稳定性要远远优于华药现有的干混悬剂，其在 3h 后基本没有沉降，而此时，后者的干混悬剂 90%都已经沉降（如图 7-53）；而抑菌结果（表 7-1）显示：纳米头孢拉定的抑菌性能较原有产品显著改善，这都充分体现了头孢拉定在纳微化后性能的明显提升。利用此耦合新工艺，我们还成功制备得到了短径为 200nm 的头孢氨苄纳微颗粒。

表 7-1 抑菌试验结果

检测项目	纳微化头孢拉定	普通的头孢拉定
抑菌圈的直径/mm	20	18
	22	18
	20	20
	23	18
	21	19
	24	20
平均直径/mm	21.67	18.83

7.5 超重力分子自组装沉淀技术

分子自组装是超分子化学的重要研究内容之一。分子自组装是指分子与分子之间通过氢键、金属配位、π-π 作用、阳离子-π 作用、CH-π 作用、范德华力和溶剂化等非共价键弱相互作用力的协同作用自发形成的具有一定结构和功能的超分子有序聚集体的过程[44]。

分子自组装普遍存在于生物体系之中，是复杂的生物结构形成的基础。纳微结构分子自组装的研究是一个全新的正在开拓的研究领域。特别是复合而成的生物材料将会展现出目前已有的有机超分子材料所不具备的特殊性能。然而，它们的自组装规律、空间结构、电子结构及其物理化学性能，空间结构与性质和性能的关系规律，仍然需要深入研究与探讨。目前，超分子化学的学科体系正在形成，并与生命科学、信息科学、材料科学以及纳米科学组成新的学科群，推动着科学与技术的发展。多学科的交叉与碰撞产生的超分子科学必然会成为 21 世纪新思路、新概念与高技术的一个重要源头。

以下主要以阿奇霉素[45]和阿托伐他汀钙[46]为例进行介绍。

7.5.1 阿奇霉素（自组装技术）

（1）初始浓度对于结构的影响　图 7-54 是阿奇霉素初始浓度对于结构的影响。研究发现，初始浓度对于形成的纳微结构有很大影响。在较低的 AZI 初始浓度（0.0062mol/L）下，AZI 分子经由沉淀生长为了较为规整的片状矩形晶体，大小约为 40～50μm。值得注意的是，这些片状晶体在 7500 倍的扫描电镜下，可以观察到清晰的层状结构。因此，可以推

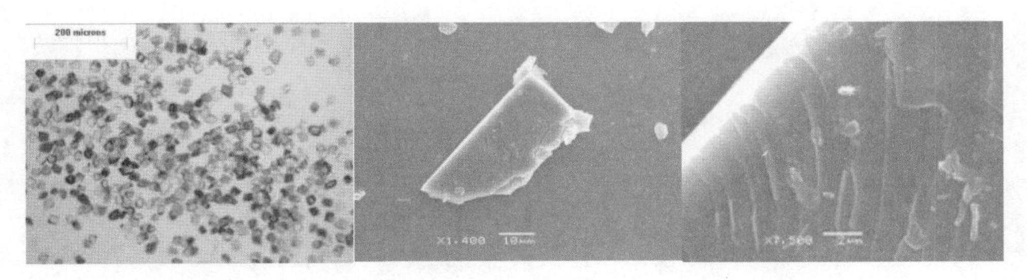

(a) C=0.0062mol/L

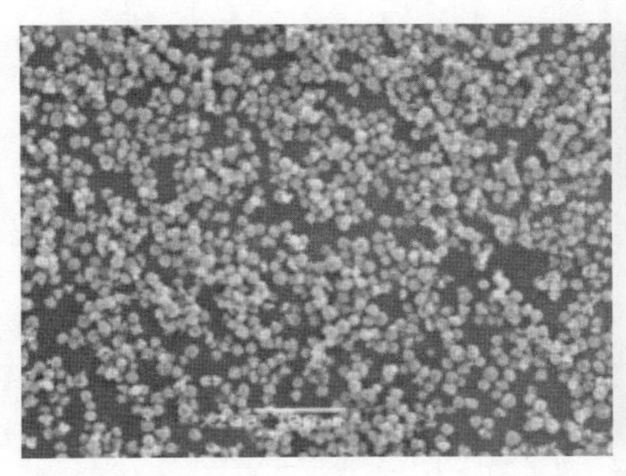

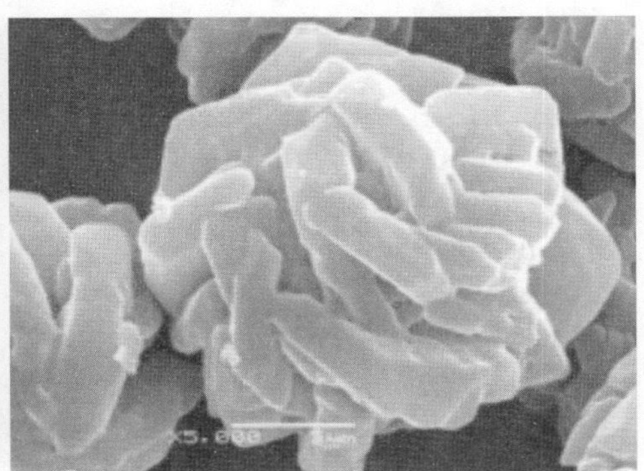

(b) C=0.0186mol/L

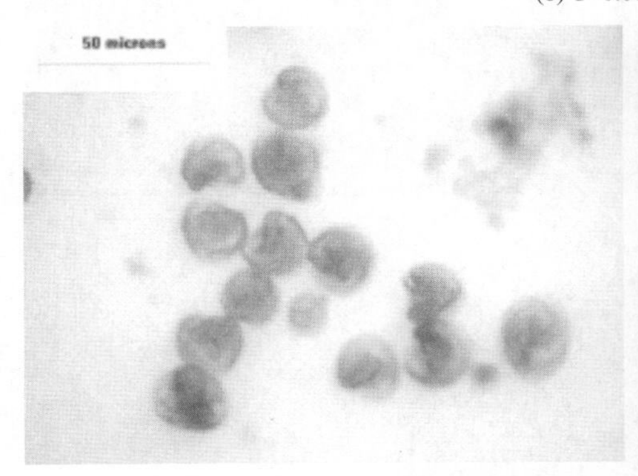

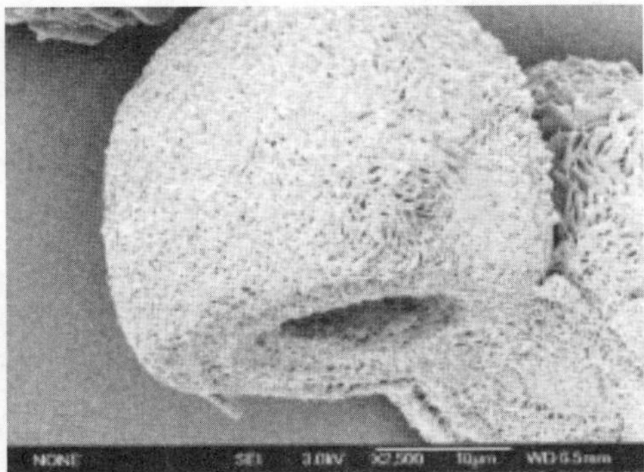

(c) C=0.031mol/L

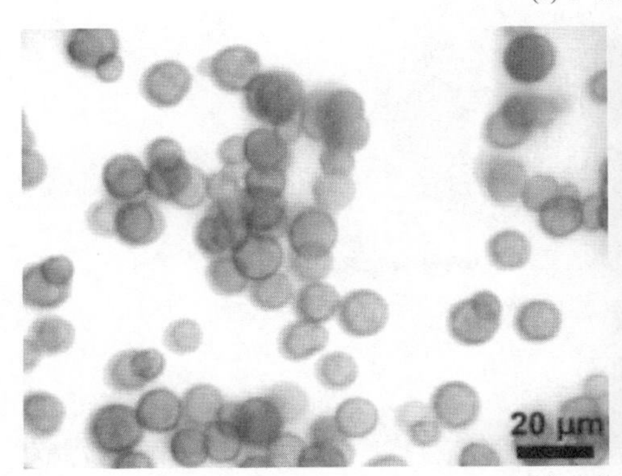

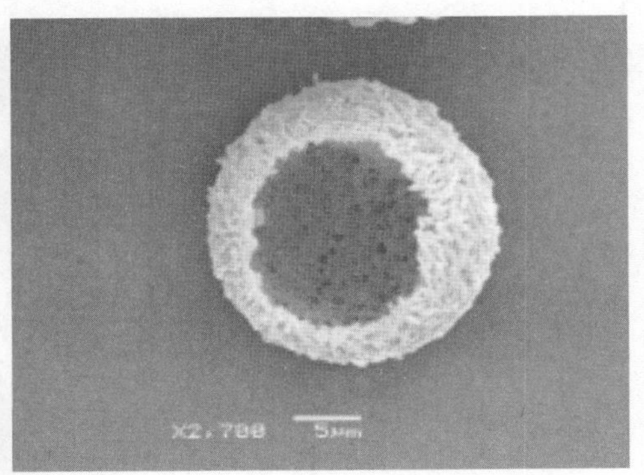

(d) C=0.062mol/L

图 7-54

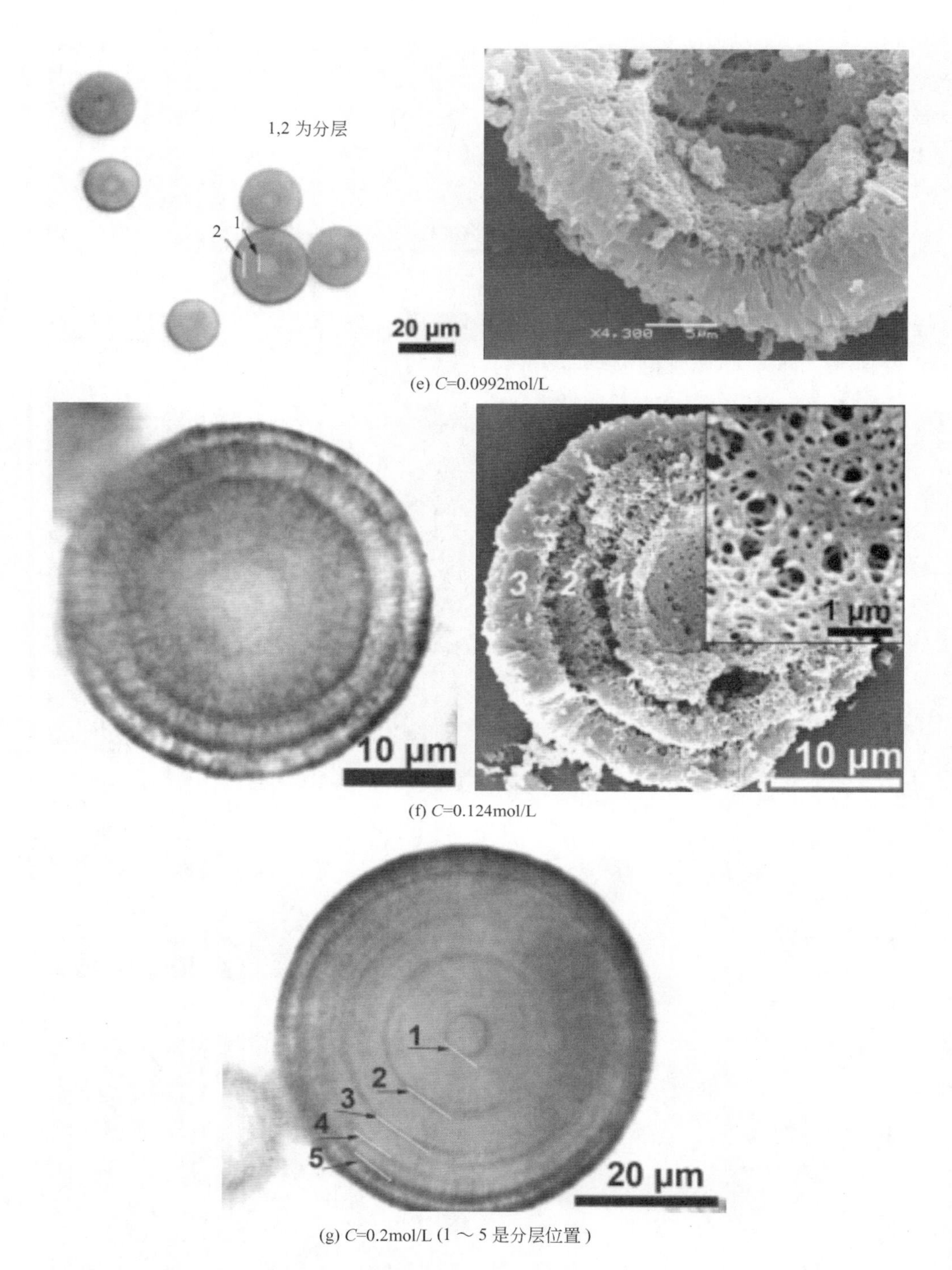

(e) C=0.0992mol/L

(f) C=0.124mol/L

(g) C=0.2mol/L (1 ～ 5 是分层位置)

图 7-54 阿奇霉素初始浓度对于结构的影响

测，这种晶体可能是由片状的单元体生长组装而成。当浓度上升至 0.0186mol/L 时，我们观测到形貌均一的花状的团簇体，每个二级结构为大约直径 10μm 的花状立体团簇体，由多片矩形晶片（4～5μm）所聚集而成，而且经超声分散后，此二级结构依然保持不变，由此可见，该结构稳定，为不可逆组装构建过程。当浓度继续升高到一定值，实验观测到了 AZI 的球状二级结构。当浓度为 0.031mol/L 时，电镜观测到了露出空心孔洞的多孔不完整球体，这些球体直径大约 10～20μm，呈现出像是由细条编制而成的“笼状”结构。仔细观察这种球体可以发现，这种不完整球体是一种天生的缺陷，而非制样过程中人为所致。再次进行重复性实验，我们将刚刚制得浆料立即进行显微镜观察，这样就避免了干粉制样过程中的人为破损，发现了均一的缺陷球体，即几乎每一个球体都是不完整的，充分证明了这是一种先天结构缺陷。当浓度上升至 0.062mol/L 时，这种普遍的缺陷性球体已经观察不到，取而代之的是完整的微球，通过对新鲜制得的浆料的光学显微镜观察，可以发现，微球的中心是较为透光的，结合之前观测到的缺陷空心微球，说明这些球体有可能都为空心结构。将这些微球的干粉破开后，进行扫描电镜观察，证明了这种空心结构。而且同样为“笼状”结构，整个微球之上布满孔隙。当溶液浓度上升到 0.0992mol/L 时，通过对新鲜浆料颗粒的光学显微镜观察，由于球壳的增厚，使球心和球壁明暗对比度上升，可以更清楚看到微球呈明显的空心特征，即中心有一个较周围亮的圆。而且壁厚较单层微球明显增加。同时，球壁呈现出不同的明暗变化，这启发我们该微球可能为多层结构。因此，将微球干粉人为破开后进行扫描电镜观察，发现该微球呈双层结构，内层为较为细密的孔隙结构，而外层则比较粗糙。当浓度上升至 0.124mol/L 时，通过光学显微镜观测到了类似三层空心结构的微球。当电镜观察破开的微球干粉时，三层空心结构显露无遗，类似于前两种结构，每层都布满孔隙。当浓度继续上升，我们还观察到了五层的空心结构。但是，由于浓度过高，其形貌并不容易控制。而三层以下，包括三层结构，有很好的重复性，应用价值较大。因此，我们将重点放在了三层空心多孔微球的制备以及机理研究。

(2) 多级孔结构微球形成过程的原位观察与机理探索　这些多层空心多孔微球是如何形成的呢？在整个实验过程中，混合是快速过程，而组装构建成微球的速度则相对较慢。在现有的反应器内难以进行实时观测，而只有进行原位实时观测，才能较好地搞清楚其机理，提出合理的假设。

实验首先将配制好的 AZI 溶液（0.124mol/L）用针筒注入细的毛细管中（注入端）；随后，将去离子水用针筒吸入到较粗的毛细管中（反应器）。将粗管小心的放置到专用的显微镜固定支架上。将细的毛细管与空气泵连接好，再将其插入粗管中。开动空气泵，以自动空气注射泵将 AZI 溶液注入粗管的反溶剂中（图 7-55）。在 20 倍物镜下，可以观察到，当溶液刚刚注入时，出现了无数的小黑点。随着时间的推移，这些小黑点互相碰撞，聚并为可见的小囊泡，这一过程并未停止，小囊泡继续碰撞聚并成为较大的囊泡，最终成为比较稳定的大囊泡，囊泡直径经测量为 19.2μm。进一步，我们锁定了一个大的囊泡，观察到在该囊泡形成后大约 40s，该微球出现了明显的第一层球壁，整个微球直径约为 23.5μm，壁厚大约 2.1μm，在 180s 之后，出现了明显的第二层球壁，第一层与第二层之间有明显的分界线，整个二层空心微球直径约 25.7μm，两层壁壳厚度约为 3.3μm。毛细管中所产生的多层空心微球的各个特征指标尺度，都与之前的浆料显微镜照片和扫描电镜照片所示特征相符，说明实时原位观测的结果是可信的，较好模拟了真实宏观反应器中的沉淀自组装过程。

我们综合所观察到的实验现象，提出了以分子自组装（molecular self-assembly）为基础的周期沉淀（periodic precipitation process）的构建微球的过程。

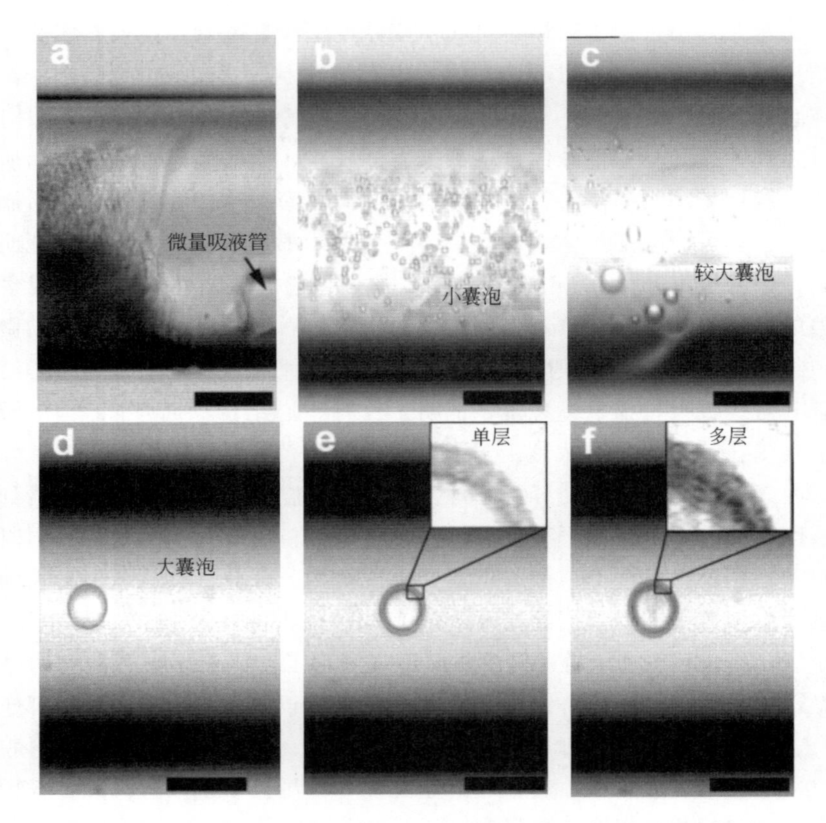

图 7-55 毛细管原位观察 AZI 微球组装过程［（a）喷入瞬间，（f）组装完成，（a）~（f）按时间顺序排列］

AZI 是大环内酯类抗生素药物，它的分子主要由两个糖苷基团和一个大环组成。其中，两个糖苷基亲水性较强，而大环则是典型的疏水基团。因此，当含有 AZI 分子的乙醇溶液被压缩空气驱动进入去离子水中时，虽然乙醇和水可以互溶，但是从分子混合角度来看，他们仍然有一个乙醇界面和水相界面相互接触并逐步扩散混合的过程，关于这一点，Hiby[47]和李希[48]等以清水为基本工作介质，以墨水为示踪流体。照明采用光纤传导的频闪光源，研究了同种溶液之间混合的状况。结果表明，即便是同类溶剂（例如单纯的水和水的混合），也是需要经历一个过程的。通常溶剂间是以片状或条状形式进行扩散和混合的。这就意味着，虽然乙醇和水是互溶的，但是在混合时，他们之间仍然是有界面存在的。

由于溶剂环境的突然改变，AZI 分子的亲水基团和疏水基团会在乙醇和水的界面自发定向排列[49~51]。因此，AZI 分子将会瞬间形成一片片微小的双分子层[49~53]，示意图如图 7-56。能量最小化将会驱使双分子层有变形成为小囊泡的趋势[49,50,53]。由图 7-56 可见，当小囊泡在较粗的毛细管中出现后，这些小囊泡不断的碰撞聚并为更大的囊泡[54~56]，示意图如图 7-57。在聚并为大囊泡的过程中，大囊泡中的 AZI 乙醇溶液不断富集[50,57,58]。而当囊泡达到一定大小时，就会变得比较稳定，从而开始第二阶段的沉淀过程。通常，一系列同心的环状或带状沉淀被认为是周期沉淀的结果[59~61]。这一现象可以在自然界看到很多例子，例如体内结石、珍珠、树的年轮和斑马状岩石[62~65]。各个尺度上都普遍存在着这种周期沉淀现象。因此，我们根据这种实验现象提出了在稳定的大囊泡形成后，周期沉淀过程构建了这种多层空心微孔 AZI 微球。

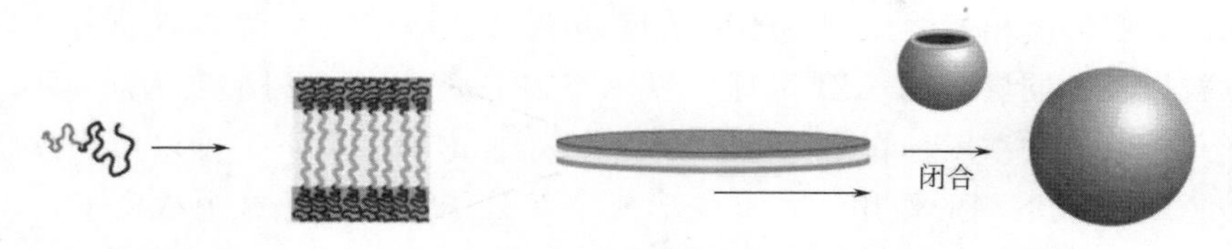

图 7-56 AZI 分子组装为双分子层继而关闭成为囊泡的示意图

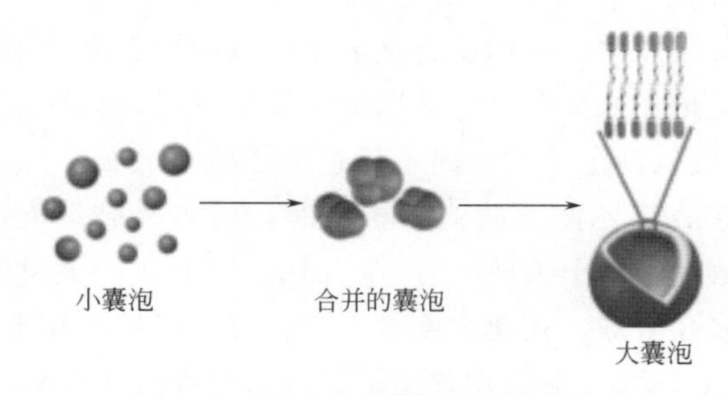

图 7-57 小囊泡合并为大囊泡示意图

以所制备的三层微球为例，当大囊泡形成后，囊泡内的 AZI 乙醇溶液的浓度远高于囊泡外的分子浓度。由于乙醇和水的互溶性，在囊泡内的 AZI 乙醇溶液将会延径向向囊泡外扩散，因此首先会在囊泡壁周围形成一层较高浓度的 AZI 分子层[58,66]，如图 7-58 的第一步所示。又由于 AZI 分子在有较高水的环境里，其溶解度是很低的，所以，当其浓度超过产生沉淀的临界浓度时，其成核、沉淀的“开关”就会被触发，从而在囊泡外层区域内产生一层沉淀[67,68]（图 7-58 第二步）。在这个沉淀过程中，产生了无数的自然孔隙，如图 7-58 所示。而这些球壳上的孔隙也为后续的 AZI 分子扩散通过提供了通道。由于沉淀过程是由扩散控制的，沉淀的产生是瞬间的，而扩散的过程相对慢。所以，当第一层沉淀产生后，沉淀层周围的溶液中的 AZI 分子就会被绝大多数的耗尽[48,59,69～73]。而后，由于微球内外的浓度差，微球内包裹的 AZI 溶液分子又会在浓度差的驱动下向外扩散（图 7-58 第三步）。当激发沉淀产生的浓度阈值再次被超过时，新的成核、沉淀过程的“开关”就会被触发，并在沉淀形成后关闭。从而形成一层新的球壳，也就是第二层球壳（图 7-58 第四步）。而当球心内 AZI 浓度仍然较高，则会继续重复前述扩散和沉淀过程，直至生成第三层球壳（图 7-58 第五、六步）。当第三层球壳形成后，由于沉淀的生成，扩散出的 AZI 分子又一次被耗尽。而此时，球心内的 AZI 浓度已经不足以推动形成新一层的沉淀，所以，最终形成了三层多孔微球。而球心内 AZI 分子的扩散则最终导致了空心结构的形成。从电镜和显微镜照片可以看出（图 7-54），在层与层之间的这种空隙，以及平行移动的壳层，都显示了与周期沉淀一致的特性[59,60,62]。

我们针对多层空心多孔微球的制备进行了实时原位观测，并研究了其控制机理。可以形成微球的原因是 AZI 药物的分子结构特点。正是这种带有不同疏水和亲水基团的药物分子，使其在乙醇水的混合液中可以形成双分子层，并在合适的浓度下关闭为微小的囊泡，小囊泡会自发运动碰撞聚并为较为稳定的大囊泡。在形成大囊泡后，就会自动进行周期沉淀过程，形成多层空心孔隙结构的微球。基于该机理，认为可控制备层数不同的微球是可能的。而其自组装行为形成双分子层、囊泡，以至于后来的周期沉淀过程，其首要驱动力为 AZI 分子的浓度。因此，我们提出并尝试利用不同浓度的 AZI 乙醇溶液来调节驱动力，以期得到不同形貌的颗粒以及不同层数的 AZI 微球。以 AZI 在乙醇中的饱和浓度为 100%，我们分别找到了如下几个关键的浓度：在 1%（0.0062mol/L）饱和浓度下，可以形成片状晶块，其原因可能是 AZI 在反溶剂的作用下，首先形成了双分子层，但是这个浓度下，使其难以闭合成为小球。进而以这些双分子层为结晶核，生长成为层状结构的片状晶体。当浓度在 3%（0.0186mol/L）饱和浓度时，出现了形貌大小均一的由片状晶体所组成的花状团聚体。在浓度达到 5%（0.031mol/L）时，我们认为该浓度可以推动囊泡的形成，并且小囊泡会自发碰撞聚并成为大囊泡。但是在该浓度之上，因为浓度的不同，会导致不同的微球的形成。在 5%浓度时，虽然可以形成较稳定的大囊泡，但是由于浓度较低，所以形成的大囊泡的壁较薄，较为脆弱，以至于在 AZI 乙醇溶液向外扩散时，极容易破坏囊泡壁，导致大量不完整的空心微球的形成。当浓度继续上升到 10%左右时，所形成的大囊泡的壁变得稳定，并可以形成完整的单层空心多孔微球。在此浓度之上，就可以根据周期沉淀原理构建出不同层数的微球。例如，在 15%（0.992mol/L）浓度下，可以制备出具有两层结构的空心多孔微球，而在 20%（0.124mol/L）浓度下，则可制备出具有三层结构的空心多孔微球。而随着浓度的继续上升，理论上可以制备出更多层数的微球，而且，我们也在更高的浓度下制备出了 5 层的空心多孔微球。但是，由于浓度过高，导致过程可控度降低，难以制备均一的多层结构的多孔空心微球。

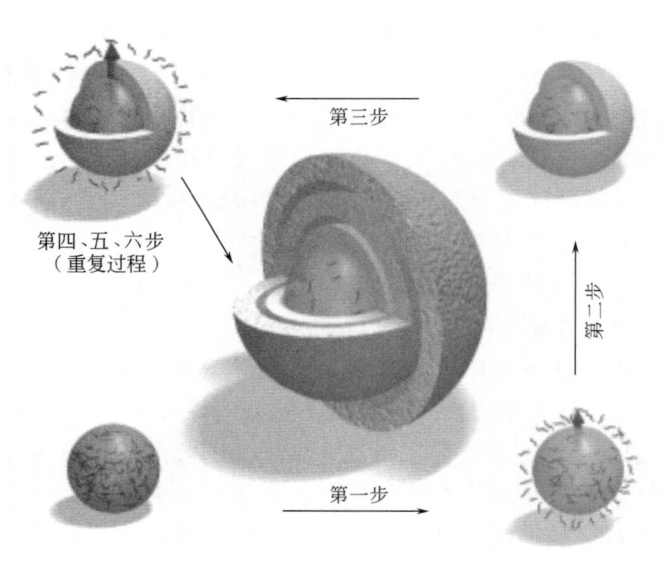

图 7-58 从大囊泡到三层空心微球的周期沉淀过程示意图

（3）多级孔结构微球颗粒结构特性　实验进一步考量了所制备的不同层数的多孔空心微球的一些形貌特征。图 7-59 显示了不同层数的 AZI 空心多孔微球的外径的粒度分布。单层的空心微球平均粒径在 10μm，双层的空心微球的平均直径在 18μm 左右，而三层的空心微球的平均直径大约在 24μm 左右。微球随层数的增加，其直径也随之增加，这种现象与我们所提出的周期沉淀的逐层推进理论相吻合。不同层数的微球的直径分布都呈正态分布。

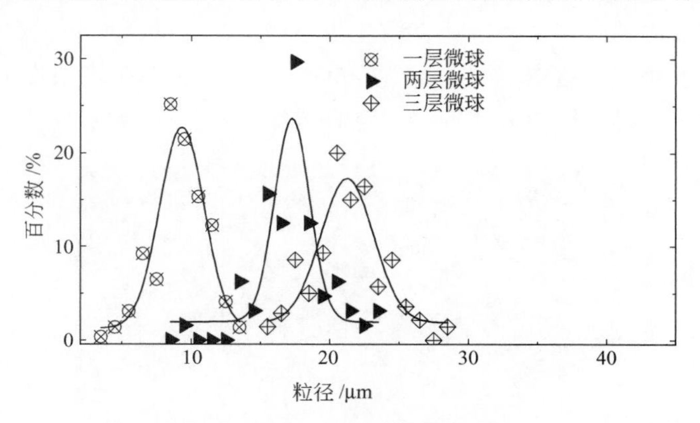

图 7-59　不同层数 AZI 微球粒径

同时，我们研究了三层空心多孔微球中每层球壳的形貌特点。多孔结构是非常重要的微观结构，尤其是对药物等功能材料。因此，在较优条件下制备的三层空心多孔微球中，我们对破开的微球的各层的孔径进行了测量。如图 7-60 所示，在第一层球壳上，其孔隙较小，孔径分布最窄。高达 25%的孔径都集中在 25nm 附近；在第二层球壳上，130nm 左右的孔径数量最为集中；在第三层球壳上，孔径分布较宽，出现了较为明显的双峰，表示孔径分别集中在 245nm 左右和 335nm 左右。

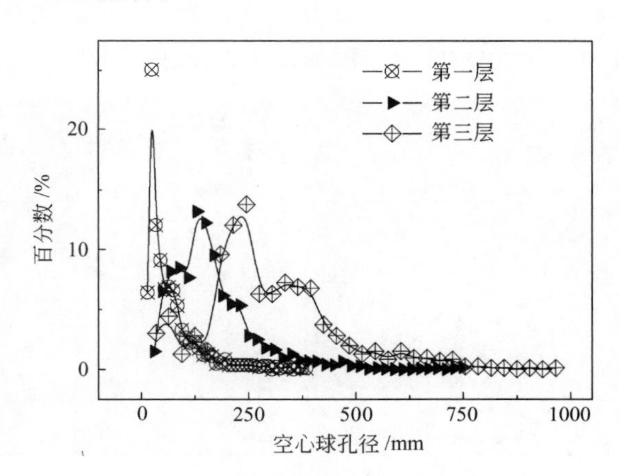

图 7-60　三层空心微球的各层孔径分布

(4) 自组装时间及搅拌强度对颗粒形貌的调控　图 7-61 是 AZI 溶液与反溶剂混合后立即取样 SEM 照片。由图可知，在可以形成 AZI 三层空心多孔微球的条件下，刚刚混合时就立刻吸取混合液，滴到玻璃片上，并用热风迅速干燥固定，则认为这时得到的样品可以近似地反映在这一时刻 AZI 颗粒在混合液中的形貌。将样品进行 SEM 扫描观察，发现 AZI 颗粒呈实心的小微球状，直径在 400nm 左右。而此结果也与我们在毛细管中进行原位实时观测时观察到的结果相吻合。根据前述研究表明，AZI 分子自组装为大囊泡到微球是需要一定时间的。

在同样条件的实验中，我们发现，在 AZI 分子自组装为较大囊泡后的过程中，如果加以十分剧烈的搅拌，则同样无法形成多层微球，这是由于囊泡壁并非固态，强烈的扰动和剪切力很自然的就可以将其破坏。而最适宜构建均一多层微球的条件是柔和的搅拌，对于普通的烧杯实验，可以选用磁力搅拌，转速设为100～600r/min。在该条件下，8min可以使自组装现象较好的完成，得到形貌完整的多层空心微球。

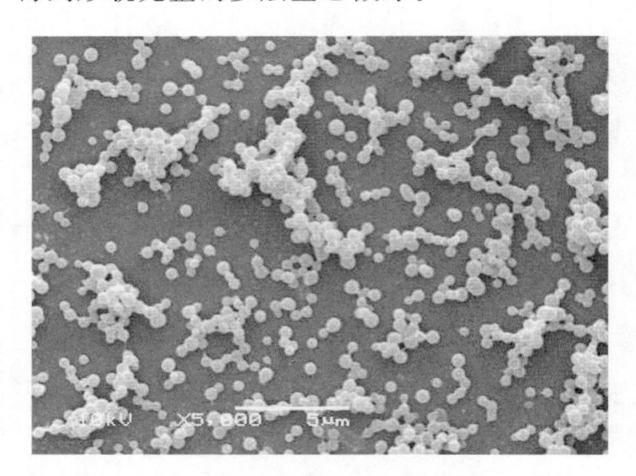

图7-61 AZI溶液与反溶剂混合后立即取样SEM照片

(5) 超重力法多级孔结构的阿奇霉素微球颗粒放大实验 实验进一步将旋转填充床用于阿奇霉素多层空心多孔微球的制备。通过控制不同的实验参数，调整旋转填充床参数在转速2850r/min，初始浓度0.124mol/L，溶液-反溶剂比例为1∶10，浆料静置时间为8min，制得同样的微球粉体，SEM照片和粒度分布图如图7-62和图7-63。

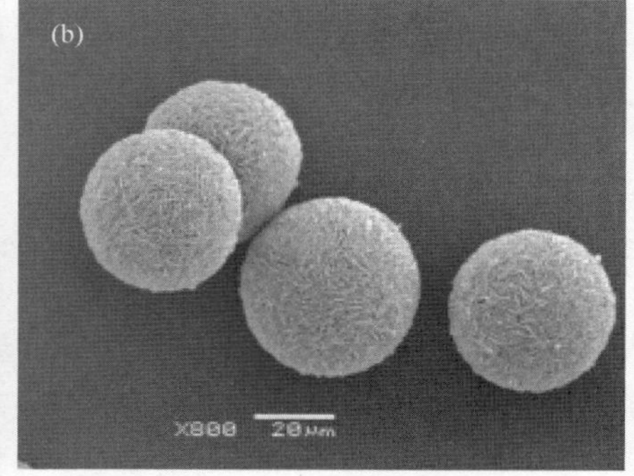

图7-62 (a)超重力反溶剂自组装法制备多层空心多孔微球；(b)局部放大

所得微球经过计算，理论收率达到99.42%，多层空心多孔微球比表面积为19.18m^2/g，均远高于原料药的0.59m^2/g，如图7-64所示。通过XRD（图7-65）和FTIR（图7-66）分析，其晶型和分子化学结构特征没有改变。

7.5.2 阿托伐他汀钙

阿托伐他汀钙（AC）是一种降血脂药物，可以竞争性的抑制胆固醇的生物合成。阿托伐他汀钙不溶于水（pH≤4），且药物的生物利用度较低。研究表明，纳米无定形阿托伐他汀钙可以有效地提高药物的溶出速率，并增加药物的生物利用度。

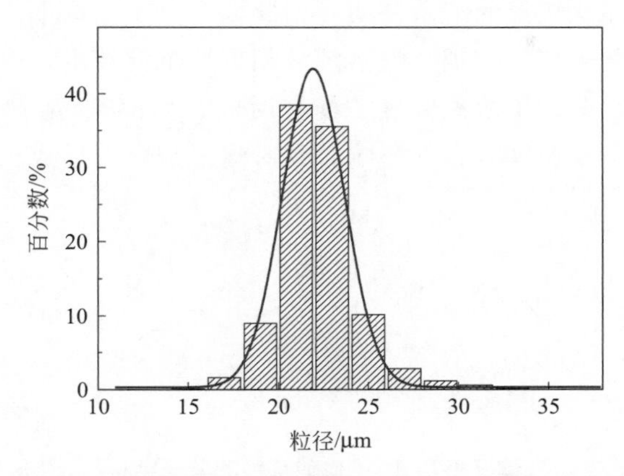

图 7-63　超重力反溶剂自组装法制备多层空心多孔微球粒度分布图

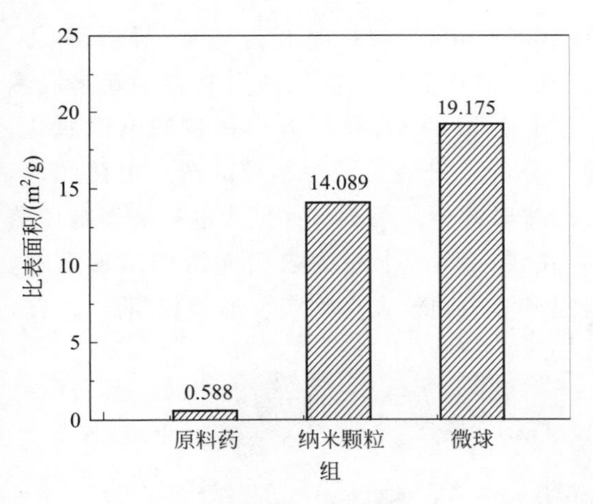

图 7-64　比表面积对比

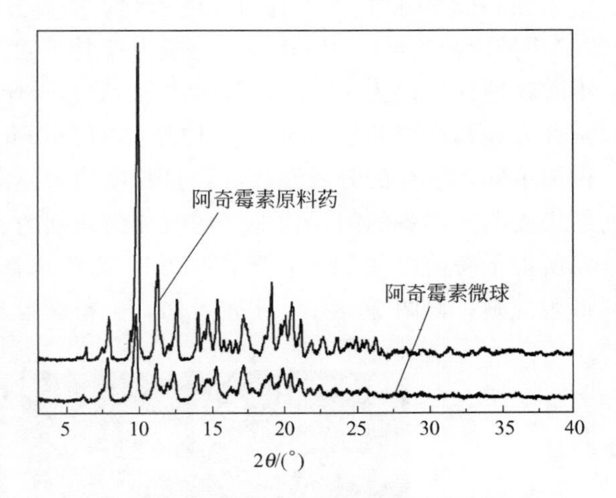

图 7-65　AZI 微球与原料晶型 XRD 图谱

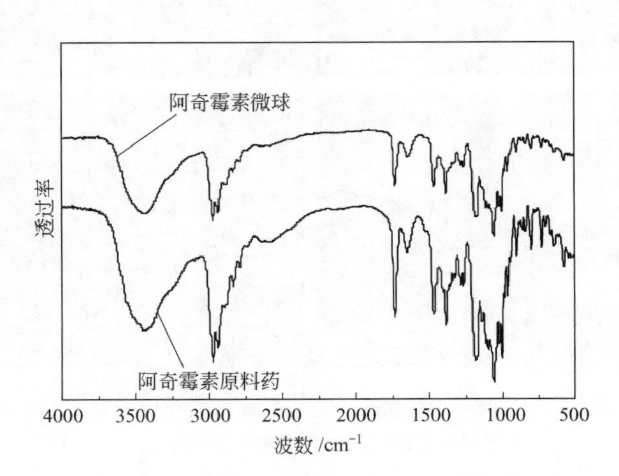

图 7-66　AZI 微球与原料晶型 FTIR 图谱

图 7-67 是阿托伐他汀钙的分子结构。根据其分子结构式可知，阿托伐他汀钙具有羧基片段的亲水基团和有机环状烷烃的疏水基团。因此，在分子结构上，阿托伐他汀钙具有自组装的可能性。实验采用分子自组装耦合反溶剂液相可控沉淀技术，以甲醇和异丙醇为阿托伐他汀钙的溶剂和反溶剂，考察了溶液浓度、搅拌时间、反溶剂/溶剂体积比、陈化温度、干燥方法对颗粒形貌、大小及粒度分布的影响，并对球形颗粒的形成机理进行了探讨。

图 7-67 阿托伐他汀钙的分子结构

图 7-68 为采用甲醇-异丙醇体系制备的单分散的阿托伐他汀钙球形颗粒，实验条件如下：AC 甲醇溶液浓度为 40mg/mL，磁力搅拌速度为 1000r/min，搅拌时间为 30s，异丙醇/AC 甲醇溶液体积比为 10，体系温度为 20℃，干燥方式为减压蒸发。沉淀体系制备的新鲜混悬液经激光粒度分析仪测定，平均粒径为 560nm。图 7-68(a) 为混悬液中颗粒的电镜照片，由图可知，颗粒的分散性较好，且粒度均匀。图 7-68(b) 是混悬液中颗粒的透射电镜照片，结果表明所制备的阿托伐他汀钙沉淀为规则的实心球形颗粒。图 7-68(c) 为混悬液经减压蒸发所得干粉的电镜照片，图 7-68(d) 为放大图，由图可知，干粉为表面光滑的球形颗粒，形貌规则；与图 7-68(a) 比较可知，干粉颗粒与混悬液中颗粒大小相当、形貌相同。

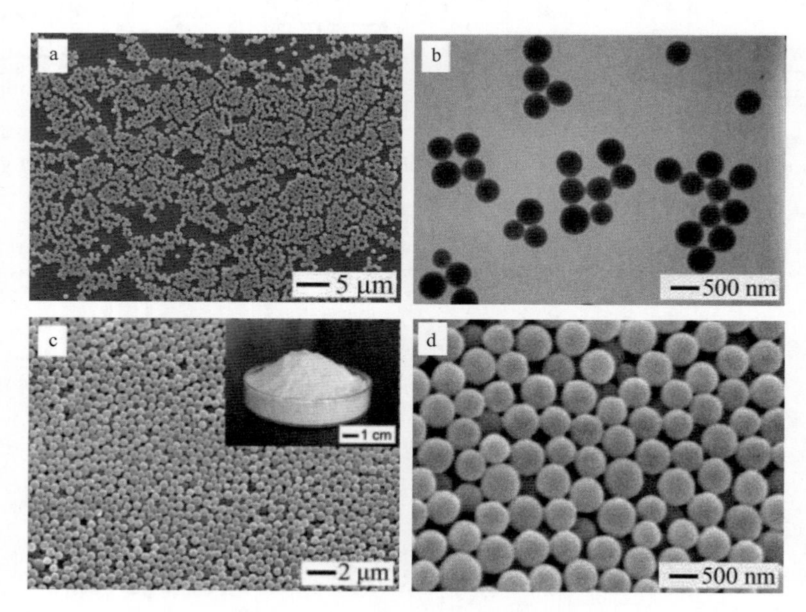

图 7-68 混悬液中阿托伐他汀钙微球的扫描电镜 (a)、透射电镜 (b) 及干粉的电镜照片 (c, d)

(1) 药物浓度的影响　溶液浓度是采用甲醇-异丙醇体系制备单分散阿托伐他汀钙微球

的重要影响因素。实验考察了AC甲醇溶液浓度分别为15mg/mL、20mg/mL、30mg/mL、40mg/mL、60mg/mL、80mg/mL、100mg/mL时对所得颗粒大小、形貌及分散性的影响，电镜照片如图7-69所示。由图可知，溶液浓度与阿托伐他汀钙颗粒的大小成反比关系。当溶液浓度为15mg/mL时，由于溶液浓度较低，体系所产生的过饱和度较低，所得颗粒粒度较大，此时，颗粒的平均粒径约为1000nm。随着溶液浓度的增大，体系的过饱和度逐渐增大，从而使成核速率和生长速率增大，其中成核速率增大得更快，因此粒子逐渐减小。当溶液浓度为20mg/mL时，球形颗粒的平均粒径为900nm；继续将溶液浓度由30mg/mL增加到40mg/mL时，球形颗粒的平均粒径由700nm减小到560nm。以上实验结果表明，溶液浓度控制在15～40mg/mL范围内时，所得到阿托伐他汀钙的球形颗粒均匀，且分散性较好，由此可推断，此浓度范围内颗粒的形成属于均相成核过程。当阿托伐他汀钙的甲醇溶液加入反溶剂异丙醇中时，甲醇溶液立即被分散到异丙醇溶液中，形成均匀的过饱和区域，因此得到单分散的球形颗粒。继续增加溶液浓度，得到的沉淀仍为球形颗粒，颗粒的平均粒径继续减小。溶液浓度为60mg/mL时，所得球形颗粒的平均粒径为240nm；溶液浓度为80mg/mL时，所得球形颗粒的平均粒径为190nm。但是，当溶液浓度为60mg/mL或80mg/mL时，颗粒分散性较差，粒度分布不均匀，这可能是由于在较高的浓度条件下，体系的过饱和度较高，这使得甲醇溶液还未完全均匀分散到反溶剂中就已有部分沉淀形成，导致了不均相成核，因此所得到的颗粒虽小但呈现多分散性的特点。

为了考察溶液浓度继续增大对颗粒形貌及粒径的影响，实验中将浓度继续增大到100mg/mL。从图7-69(g)中可以看到，此浓度条件下所得到的沉淀为无规则的形貌，且团聚现象严重。因此，选择浓度在15～40mg/mL范围内时可得到单分散的阿托伐他汀钙球形颗粒。

(2) 体积比的影响　反溶剂异丙醇与AC甲醇溶液的体积比关系到体系过饱和度的大小。实验考察了异丙醇与AC甲醇溶液体积比对所得颗粒大小、形貌以及分散性的影响。当异丙醇/AC甲醇溶液体积比分别为5、8、10、12、15、20、30和40时，颗粒的平均粒径与异丙醇/AC甲醇溶液体积比的关系如图7-70所示。从图中可以看出，不同异丙醇/AC甲醇溶液体积比条件下制得的阿托伐他汀钙颗粒粒径相差较大。当异丙醇/AC甲醇溶液体积比为5时，颗粒的平均粒径约为680nm，粒子较大，颗粒分布较宽。当异丙醇/AC甲醇溶液体积比增大到8时，颗粒的平均粒径减小为620nm，颗粒的分布宽度变窄。此后随着体积比的增加，颗粒的平均粒径迅速减小，当异丙醇/AC甲醇溶液体积比增大到15时，颗粒粒径减小至310nm。然而，继续增加体积比，颗粒的平均粒径虽继续减小，但减小趋势缓慢，而且颗粒的分布变宽。当异丙醇/AC甲醇溶液体积比由20增加到30时，颗粒的平均粒径由280nm缓慢减小到250nm，随后继续增加异丙醇/AC甲醇溶液的体积比至40，颗粒的大小变化不大，说明所得到颗粒粒径趋于稳定，但颗粒的分布反而变宽。

图7-71是不同溶剂反溶剂体积比下所得阿托伐他汀钙微球的电镜照片。由图可知，随着反溶剂/药物溶液体积比的增大，阿托伐他汀钙球形颗粒的粒径逐渐减小。反溶剂/药物溶液体积比的增大，会使体系的过饱和度增加，而高的过饱和度有利于小粒子的生成。当异丙醇/AC甲醇溶液体积比为5时，阿托伐他汀钙在溶剂反溶剂混合溶剂中的溶解度较大，体系形成的过饱和度较低，生成的粒子较大。随着二者体积比的增加，阿托伐他汀钙在混合溶

剂中的溶解度下降，过饱和度增大，生成的粒子的尺寸迅速降低。当异丙醇/AC 甲醇溶液体积比增加到一定程度（高于 30）后，阿托伐他汀钙在混合溶剂中的溶解度的减小程度会变小，导致过饱和度增大的趋势逐渐减缓。此外，当过饱和度增加到一定程度后，成核速率会增大至极限，达到此极限后，继续增大过饱和度则对成核速率影响不大，这两种因素造成颗粒减小的趋势变缓。图 7-71 也表明在过高或过低的体积比下颗粒分布不均匀，这可能是由于颗粒的成核速率不均匀造成的。

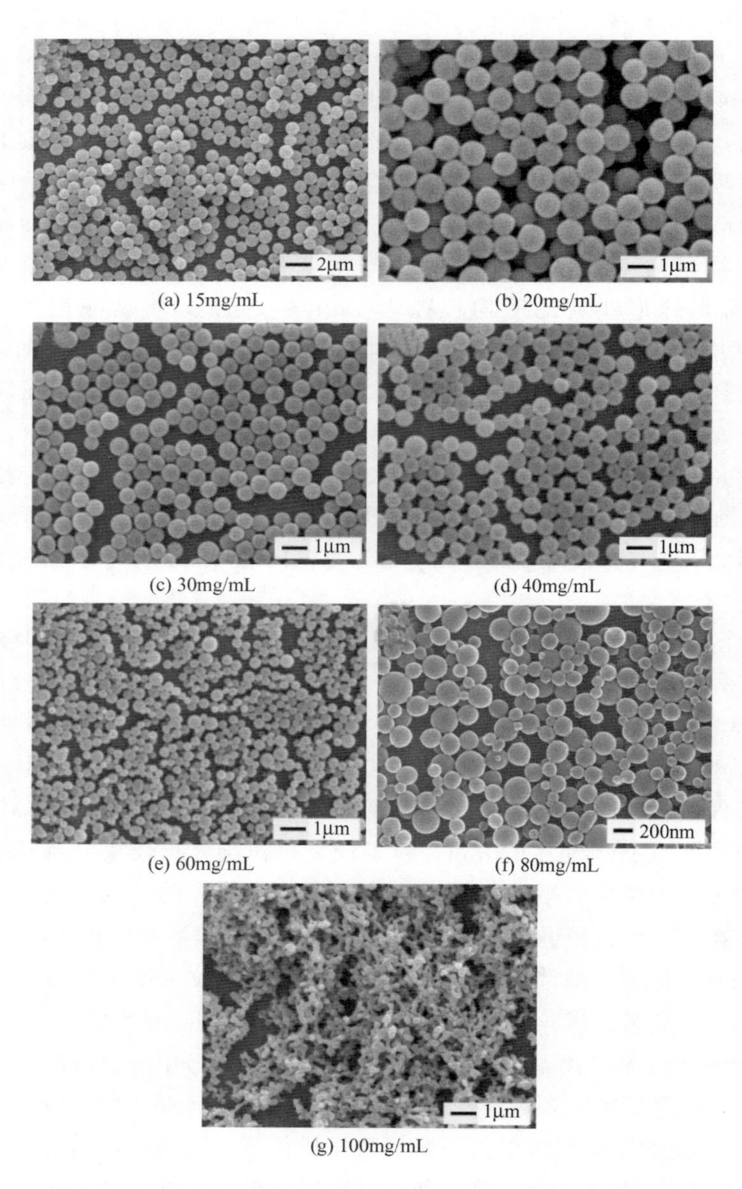

图 7-69 不同浓度条件所得阿托伐他汀钙颗粒的电镜照片

以上结果表明，异丙醇/AC 甲醇溶液体积比对阿托伐他汀钙球形颗粒的大小、分散性有较大影响，当体积比在 8～30 范围内时，可以得到单分散的阿托伐他汀钙球形颗粒。

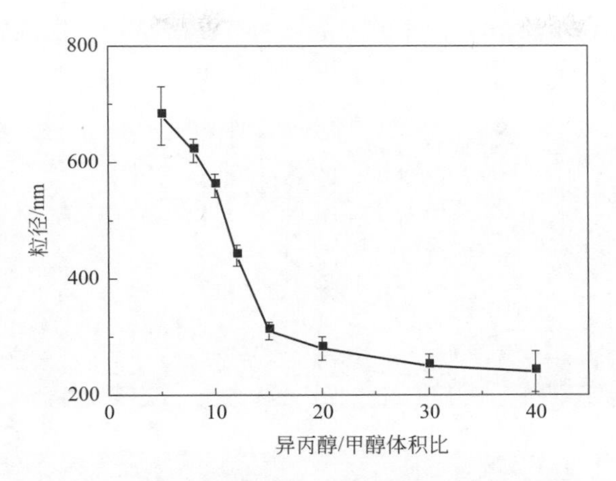

图 7-70　溶剂反溶剂体积比与颗粒粒径的关系

(3) 搅拌时间的影响　图 7-72 是搅拌时间对颗粒形貌和大小的影响。由图可知，随着搅拌时间的延长，粒子的大小变化不大。因此，可以推断形成的粒子非常稳定，不随搅拌时间的延长而明显变化。为了避免长时间的搅拌而造成的能耗，本实验选取搅拌时间为 30s。

(4) 陈化时间的影响　当体系温度为 20℃，AC 甲醇溶液浓度为 40mg/mL，异丙醇/AC 甲醇溶液体积比为 10，搅拌速度为 1000r/min，搅拌时间为 30s 时，将所得新鲜混悬液转移到沉降瓶中，在 4℃的恒温环境中陈化，考察陈化时间对颗粒形貌和大小的影响。新鲜混悬液中颗粒的电镜照片如图 7-69(d) 所示，沉淀为均匀的球形颗粒，平均粒径为 560nm。混悬液陈化 1 天后取样，颗粒的电镜照片如图 7-73(a) 所示，由图可知，颗粒与新鲜混悬液中颗粒的形貌和大小无明显变化；当混悬液陈化 7 天后，颗粒仍无明显变化 [图 7-73(b)]。由此可知，混悬液在较低的温度条件下时，颗粒稳定性较好，无明显的变形、团聚及长大现象。

(5) 干燥方式的影响　实验分别考察了 60℃鼓风干燥、120℃喷雾干燥、45℃旋转蒸发干燥和减压蒸发这四种干燥方式对粒子形貌和大小的影响，所得产品的电镜照片如图 7-74 所示。实验结果表明，不同干燥方式下得到的粉体的形貌及大小相差较大。混悬液经过滤得到滤饼，滤饼在 60℃的鼓风干燥箱内干燥得到干粉，由图 7-74(a) 可知，鼓风干燥所得干粉颗粒明显变形，因此，鼓风干燥不是理想的干燥方式。当喷雾干燥进口温度为 120℃，进料速度为 20mL/min 时，混悬液经喷雾干燥得到干粉，由图 7-74(b) 可知，干粉颗粒比混悬液中的颗粒 [图 7-69(d)] 明显增大，且凹陷变形，这是由于喷雾干燥过程中的造粒引起的。混悬液经 45℃旋转蒸发干燥所得到的颗粒团聚严重，且颗粒明显长大。较理想的干燥方式为减压蒸发干燥方式，将混悬液转移到冷冻干燥瓶中，在常温的环境中将装有混悬液的冻干瓶挂在冻干机上，混悬液中的甲醇及异丙醇溶液在较低的压力条件下不断从混悬液中蒸去，达到固液分离的目的，从而得到干粉。由图 7-74(d) 可知，干粉为表面光滑的球形颗粒，且粒度分布较窄。因此，选择减压蒸发为甲醇-异丙醇体系制备阿托伐他汀钙球形颗粒的较优干燥方式。

(6) 原位观察与机理研究　上述研究结果表明，采用甲醇-异丙醇体系可以得到单分散的阿托伐他汀钙球形颗粒。为了观察单分散球形颗粒的形成过程并探究颗粒的形成机理，我们在毛细管中进行了 AC 甲醇溶液和异丙醇溶液的沉淀实验，并用倒置显微镜对混合及沉淀过程进行了观察和跟踪[74]。

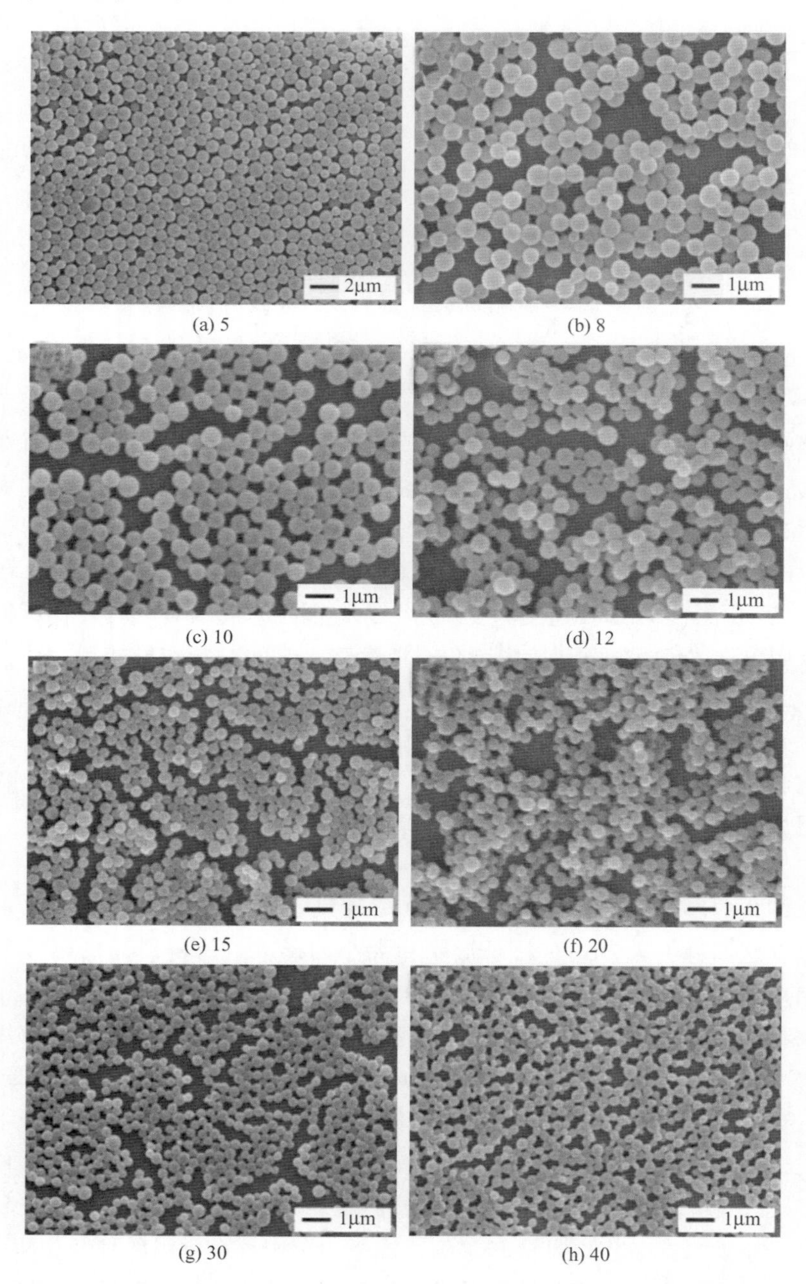

(a) 5　(b) 8　(c) 10　(d) 12　(e) 15　(f) 20　(g) 30　(h) 40

图 7-71 不同溶剂反溶剂体积比下所得阿托伐他汀钙微球的电镜照片

首先，将 AC 甲醇溶液用针筒吸入到细的毛细管中，将反溶剂异丙醇用针筒吸入到较粗的毛细管中（反应器）。然后，将粗毛细管小心的放置到专用的显微镜固定支架上。将细的毛细管与空气泵连接好，再将其插入粗毛细管中。开动空气泵，以自动空气注射泵将 AC 甲醇溶液注入粗毛细管的反溶剂异丙醇溶液中，显微镜观察溶液的混合及颗粒形成过程，不同时间下观察到的显微镜照片如图7-75所示。可以看出，当AC甲醇溶液注入含有异丙醇的外管中时，颗粒立即形成，这些颗粒快速分散到反溶剂中，并具有清晰的球形结构。随着时间的延长，20s后，这些颗粒悬浮在异丙醇溶液中，并保持着球形形貌[75]。实验较好地模拟了宏观条件下甲醇溶液中的阿托伐他汀钙药物分子扩散到反溶剂异丙醇溶液中时，药物分子沉淀析出的过程。当AC甲醇溶液加到反溶剂异丙醇中时，由于溶剂环境的突然改变，AC分子的亲水基团和疏水基团会在甲醇和和异丙醇溶剂的界面处定向排列并形成分子的团聚体[76]。因能量最小化原理，所得分子团聚体以球形形状存在[77]。由于去溶剂作用，药物分子沉淀析出并保持球形形状。

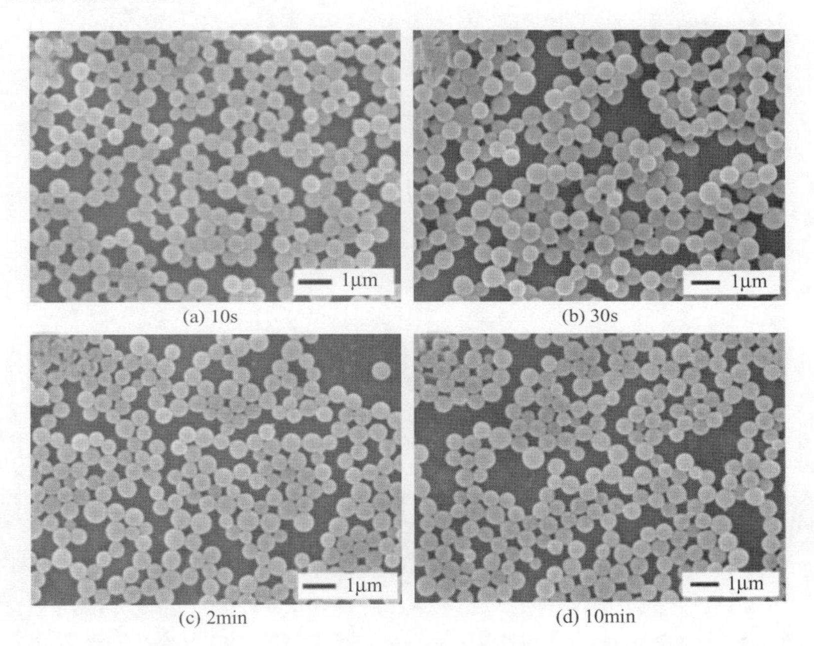

(a) 10s (b) 30s (c) 2min (d) 10min

图7-72 不同搅拌时间所得阿托伐他汀钙微球的电镜照片

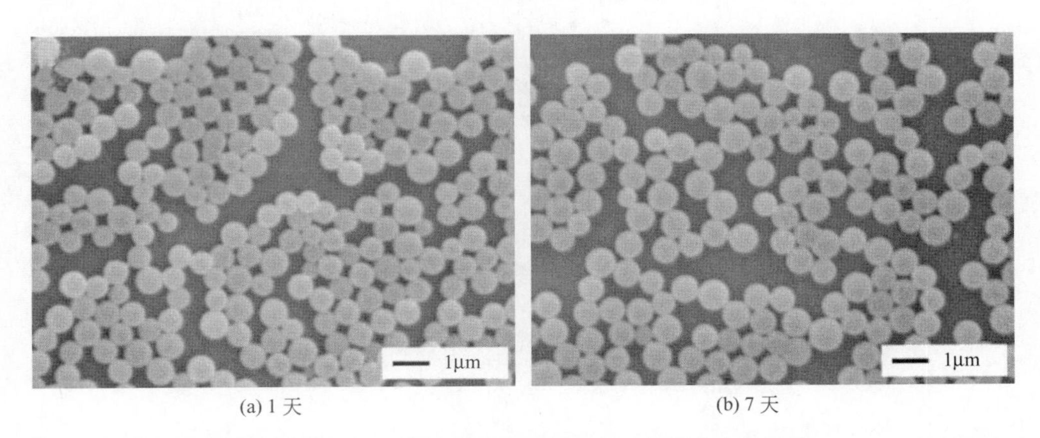

(a) 1天 (b) 7天

图7-73 4℃条件下陈化时间对颗粒形貌和大小的影响

（7）产品物化性质的表征　图7-76是市售阿托伐他汀钙原料药及微粉化产品的XRD谱图。由图可知，原料在5°～50°范围内有较强的衍射峰，分析可知原料为结晶型（Ⅰ）。所制备的阿托伐他汀钙微球在10°和20°位置有两个较宽的峰，可知所制备的阿托伐他汀钙微球为无定形。研究发现，无定形阿托伐他汀钙有利于促进药物的溶解速率及在体内的吸收，并提高药物的生物利用度。

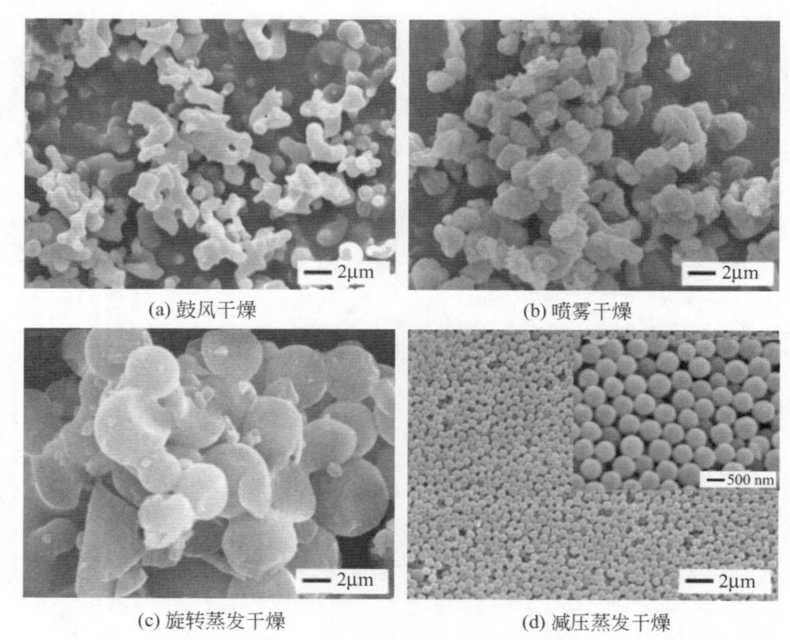

(a) 鼓风干燥 (b) 喷雾干燥 (c) 旋转蒸发干燥 (d) 减压蒸发干燥

图 7-74 不同干燥方式所得干粉电镜照片

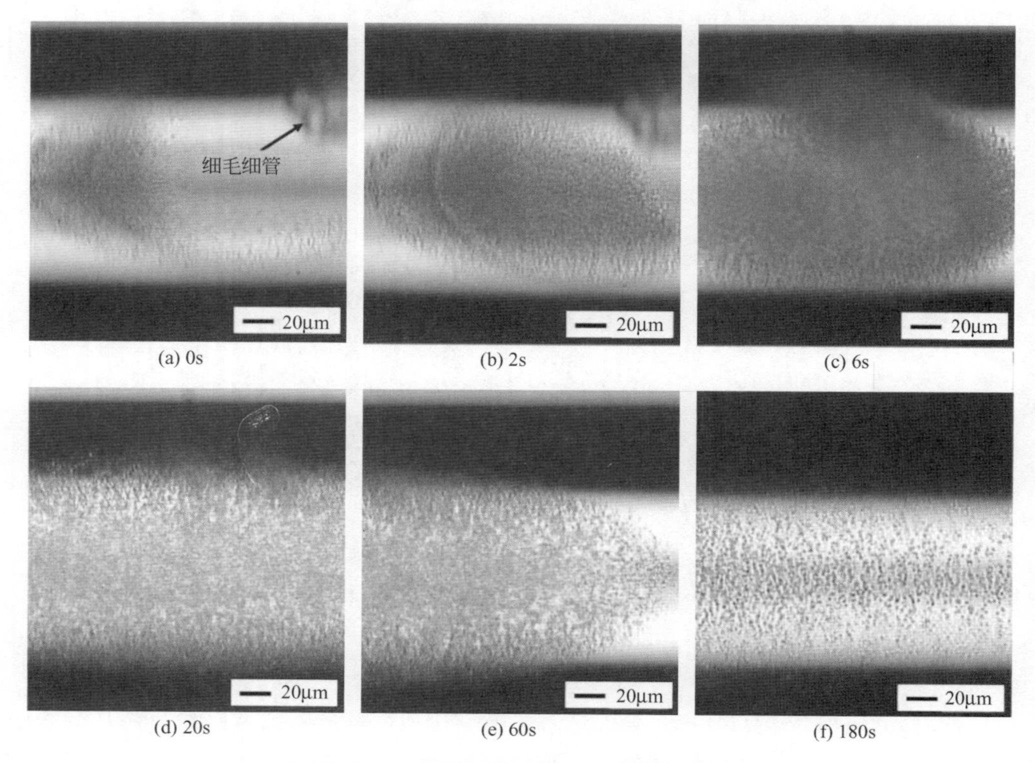

(a) 0s (b) 2s (c) 6s (d) 20s (e) 60s (f) 180s

图 7-75 毛细管原位观察 AC 微球组装过程

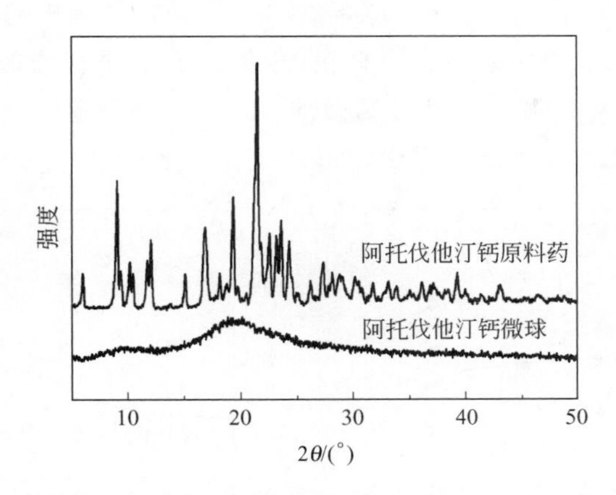

图 7-76　阿托伐他汀钙原料及所制备的微球的 XRD 谱图

图 7-77 是阿托伐他汀钙原料及单分散阿托伐他汀钙微球的红外光谱图。对比可知，原料及产物的红外谱图在 3700～3000cm^{-1}的范围内有差异。原料在 3670cm^{-1}（O-H 伸缩振动）处有吸收峰，而微粉化产物在此处没有吸收峰，原因可能是原料为结晶型，含有三个结晶水，而微粉化产品为无定形，原料在 3666cm^{-1}处的吸收峰可以推断为三水合物的作用[78]。再者，结晶型原料在 3364cm^{-1}（N-H 伸缩振动）、3261cm^{-1}（O-H 不对称伸缩振动）及 3056cm^{-1}（O-H 对称伸缩振动）处有吸收峰，而无定形产品在 3407cm^{-1}、3320cm^{-1}、3058cm^{-1}有较宽的吸收峰。原因是所得到的产品为无定形，晶型的不同导致了红外谱图的差异[78]。结晶型原料与无定形产品在 3700～3000cm^{-1}范围内的差异与文献报道一致[78]。

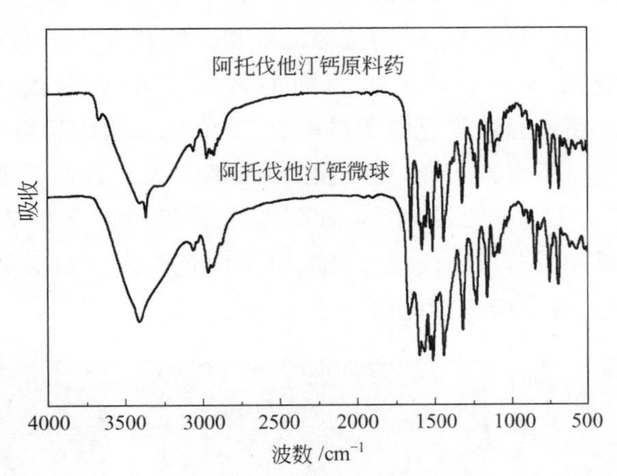

图 7-77　阿托伐他汀钙原料及所制备的微球的 IR 谱图

图 7-78(a) 为市售阿托伐他汀钙原料药及阿托伐他汀钙微球的 TG 谱图。由图可知，原料在 25～150℃温度范围内有明显失重，失重约为 4.4%。市售原料为结晶型（Ⅰ）并含有三个结晶水，原料在 25～150℃温度范围内的失重是由失去 3 个结晶水引起的，且失水量与理论水含量基本吻合。所制备的阿托伐他汀钙微球在 25～150℃温度范围内没有失重，表明无定形的阿托伐他汀钙微球产品不含结晶水。图 7-78(b) 为市售阿托伐他汀钙原料及阿托

伐他汀钙微球的 DSC 谱图。由图可知，原料在 50～130℃范围内有较宽的吸收峰，主要是由于原料吸热失去三个结晶水引起的。原料在 158℃时有一个较强的尖峰，表明该晶型的熔点为 158℃。然而，所制备的阿托伐他汀钙微球在 25～200℃范围内没有明显的吸热峰，同样证实了所制备的阿托伐他汀钙微球为无定形产品。

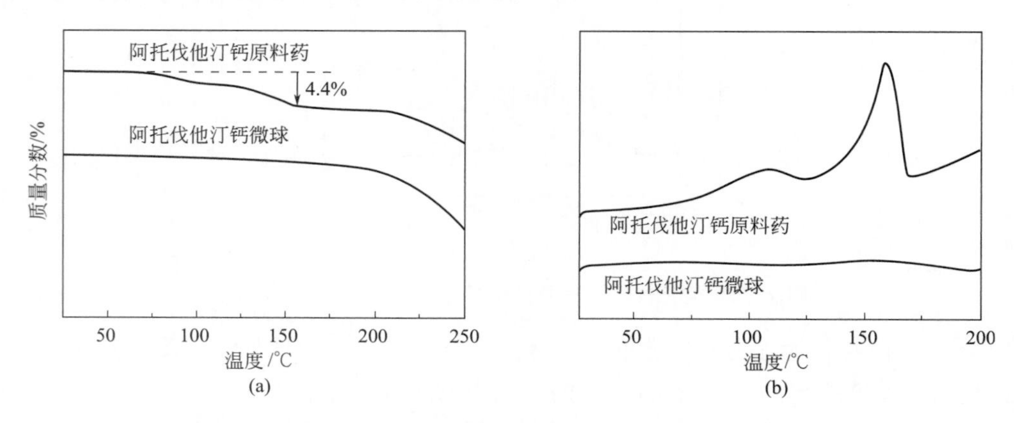

图 7-78 阿托伐他汀钙原料及微球的 TG（a）和 DSC（b）曲线

采用低温氮吸附 BET 法测定颗粒的比表面积，测试结果如下：市售阿托伐他汀钙原料的比表面积为 $4.8m^2/g$，而阿托伐他汀钙球形颗粒（平均粒径为 310nm）的比表面积为 $14.1m^2/g$，微粉化产品的比表面积比原料提高了近 3 倍。此外，通过分析检测，所制备的阿托伐他汀钙球形颗粒产品中，甲醇及异丙醇的残留量满足 FDA 对有机溶剂的残留标准要求。

干粉的稳定性是在高温和高湿两个极端条件下进行考察的，从稳定性实验结果来看，高温或高湿环境对于所制备的阿托伐他汀钙微球的形貌、颗粒大小影响不大，高温或高湿环境处理后的干粉颗粒表现出与处理前干粉相同的颗粒大小及形貌（图 7-79）。比表面积（BET）测试结果表明，经高温处理过的干粉的 BET 值较初始样品略有增大，而经高湿处理的干粉的 BET 值较初始样品略微下降，但变化幅度都不大。在质量变化方面，经高温处理过的干粉质量有所下降（失重约 2.22%），而经高湿处理过的干粉质量略有增加（增重约 2.28%）。在干粉的外观方面，阿托伐他汀钙原料为白色粉末，高湿处理过的干粉颜色仍为白色，而高温环境处理过的干粉略带黄色。

(a) 新鲜干粉　　(b) 高湿 10 天　　(c) 高温 10 天

图 7-79 高温高湿实验前后阿托伐他汀钙微球形貌对比

从 XRD 及 IR 谱图可知（图 7-80），两种极端条件处理过的干粉表现出与处理前相同的

XRD 和 IR，这说明处理前后阿托伐他汀钙微球的化学性质未发生改变，仍为无定形。稳定性实验考察的项目还有强光照射实验、加速实验、长期实验等，但由于实验条件所限，没有实施。

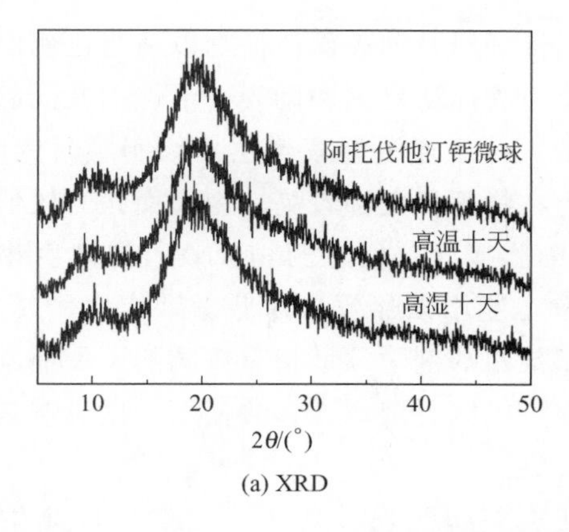

(a) XRD

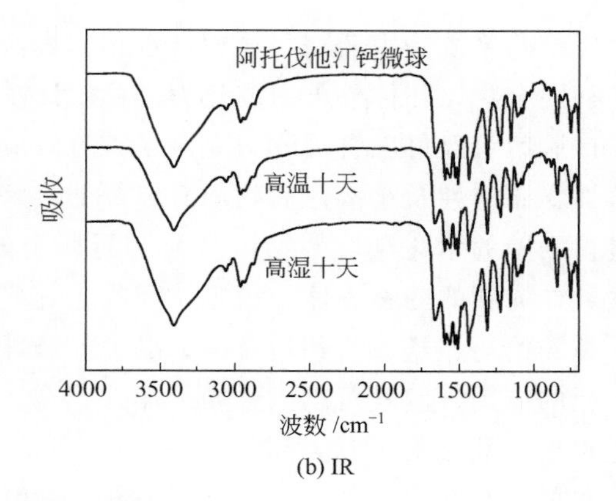

(b) IR

图 7-80　稳定性高温高湿实验结果

由以上的 SEM、BET、XRD、IR、重量和外观方面的考察，说明所制备的阿托伐他汀钙微球很稳定。

图 7-81 给出了阿托伐他汀钙原料及所制备的不同粒径微球的溶出曲线。在投样 10min 后，原料的溶出率为 45%，而阿托伐他汀钙微球（平均粒径为 310nm）的溶出率为 86%。可见，阿托伐他汀钙微球具有较高的溶出速率。这主要归于以下几点原因：所制备的微球是无定形的，而无定形药物普遍具有较高的溶出速率，药物由结晶型转化为无定形后，会以较高的能态存在，有利于药物的溶解；所制备的颗粒具有均匀的粒径，且颗粒尺寸较小，根据 Nernst-Noyes-Whitney 方程，颗粒微粉化后会增大固体药物与溶出介质的接触面积，阿托伐他汀钙球形颗粒（平均粒径为 310nm）的比表面积为 $14.1m^2/g$，远高于原料的比表面积 ($4.8m^2/g$)，从而使药物的溶解速率增加[57,58]。此外，不同粒径的阿托伐他汀钙微球的溶出速率结果表明，随着平均粒径的减小，颗粒的溶出速率有所增加。

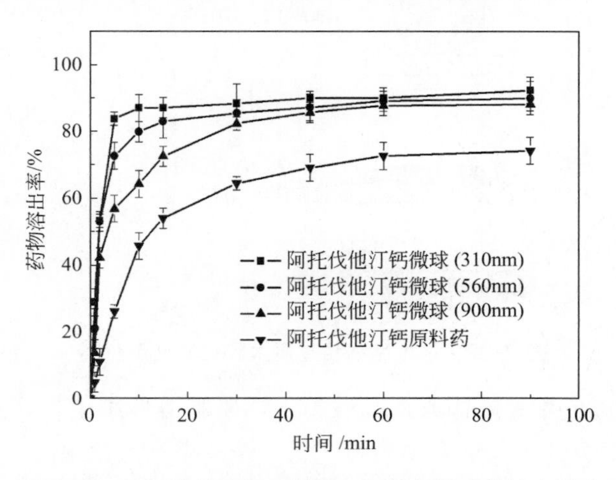

图 7-81　阿托伐他汀钙原料及不同粒径微球的溶出速率

7.6 超重力连续乳化技术

微乳给药系统是由药物、油相、水相、表面活性剂以及助表面活性剂以适当比例混合形成的一种混合物，在体外可形成热力学稳定体系，由表面活性剂和助表面活性剂共同起稳定作用；口服后可经淋巴管吸收，克服了首过效应及大分子通过胃肠道上皮细胞膜时的障碍；对水溶性、脂溶性及难溶性药物均有较好的溶解力，物理稳定性较高；因表面张力较低，故易透过胃肠壁的水化层，药物可直接和胃肠上皮细胞接触，促进药物吸收，提高生物利用度。微乳作为新的药物载体，稳定，吸收迅速完全，能增强疗效、降低毒副作用，其口服、注射、鼻腔给药、透皮给药均有很大潜力。微乳制剂在药剂学领域将有广阔的发展前景并将得到广泛的应用，它既可以以干燥后形式存在，也可以以乳液形式直接使用。微乳制剂产品的性能直接与乳化工艺有关。

传统的乳化工艺是在间歇式搅拌釜中利用高速剪切实现乳化生产，然而，此生产过程设备发热量大、不可控，活性物质变性、损耗严重，普遍存在产品批次间质量不稳定、设备效率低和能耗高，以及生产时间长、成本高等缺点。针对以上不足，我们提出了超重力连续乳化新工艺，即利用超重力环境产生的巨大的剪切力将液体撕裂成微米至纳米级的膜、丝和滴，产生巨大的和快速更新的相界面，使相间传质速率比传统的搅拌釜提高 1～3 个数量级，从而使乳液充分经过有效切割、分散，得到粒度小且分布均匀的高品质乳液。此新工艺的技术路线和原理示意图如图 7-82 所示。以下以纳微结构维生素 A 产品的制备为例进行介绍。

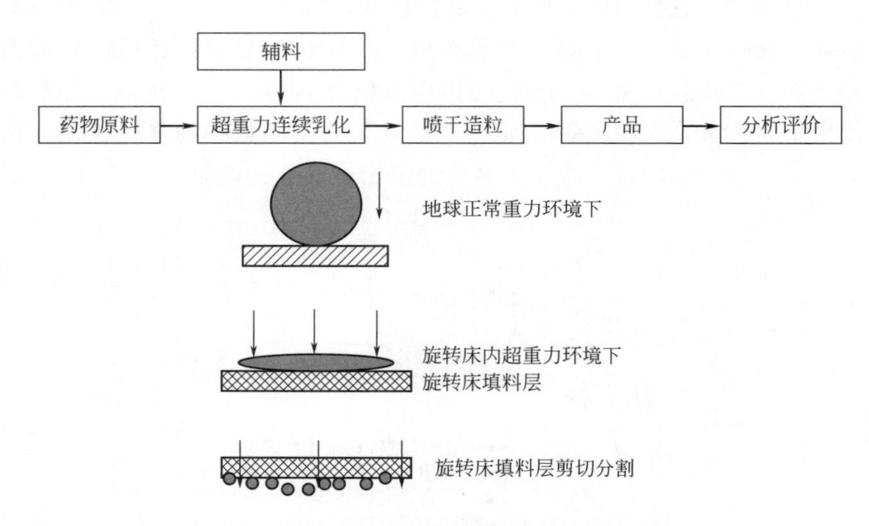

图 7-82 技术路线和超重力乳化原理示意图

维生素 A 是一种黄色片状晶体或结晶性粉末，属脂溶性维生素，不溶于水和甘油。它是一种对人体和动物都极其重要的必须微量元素，是一类广泛使用的营养型药物，维生素 A 缺乏是世界四大营养素缺乏病之一，历来为研究者所关注，维生素 A 也是一种在动物饲料中不可或缺的添加剂。我国是目前世界最大的维生素生产和出口国，由于我国维生素企业拥有技术及成本优势，使得国际跨国集团不断向我国进行产业转移。作为主要维生素产品之一的维生素 A 在全球维生素市场约占 17％的份额，而 2018 年我国维生素 A 的产能已占全球的 50％。维生素 A 在猪和肉鸡饲料中的添加占主导地位，我国是该类动物养殖和消费的大国，对维生素 A 需求量巨大。

维生素 A 通过乳化、喷雾、干燥、交联的方式生产，其产品质量主要取决于所制备乳液的品质，因此，乳化单元成为制备过程的核心。传统工艺采用间歇式搅拌釜进行乳化，在某一时间段内，只有一部分物料得到了有效剪切力的作用，而其他物料则由于流体的特性，跟随搅拌桨进行运动而没有受到有效的剪切作用，造成大量的能量浪费和设备效率的降低，而且由于是间歇式操作所以还存在以下问题：①长时间的高剪切力搅拌导致温度升高，局部热量不能很好地传递，乳化温度难以控制，进一步导致大量维生素 A 活性物质以及包覆物变性，造成产品质量不稳定，大量结晶会在储存过程中析出；②工作空间难以密封，无法进行有效的氮气保护，从而造成敏感物料的氧化和变性；③间歇操作造成批次间质量不稳定；④在每批次的后期物料黏度会急剧升高，较高黏度的物料造成喷干困难，产品的成品率及合格率下降。

维生素 A 纳微颗粒是一种由壳层材料包覆的，宏观颗粒尺寸在 500μm 左右，而其内部是纳米或微米级维生素 A 油滴的集合体。此新工艺的制备原理在于，去除大量无效功的消耗，使乳液 100％的经过有效切割、分散，以得到粒度小而且分布均匀的高品质乳液，最后对乳液进行喷干造粒，得到维生素 A 纳微颗粒产品。超重力连续乳化制备维生素 A 纳微颗粒新工艺能最大效率地利用能量，使原来要靠 130kW · h、30min 完成的过程，现在只需要 30s 的时间就可以完成，能耗也仅为 20kW · h 左右。从而大幅度降低能耗，这既有利于节能减排，又有利于提高竞争力。此外，研究发现，利用所创制的新工艺得到的乳液产品可以达到 $D_{50}<0.6\mu m$，而现有产品$>1.1\mu m$（图 7-83）。并且，由于该新工艺使乳化过程可以在密闭环境中完成，由于氮气保护的使用，喷干后产品质量提升。

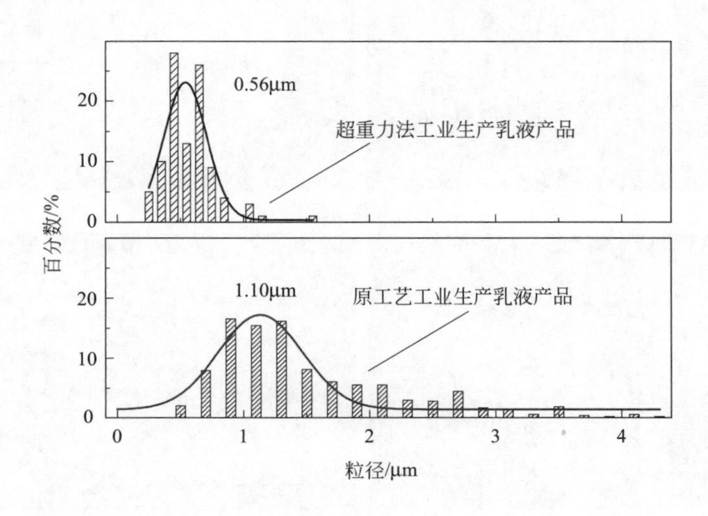

图 7-83　原工艺乳液与超重力工艺所得乳液粒度分布对比

我们与浙江新和成股份有限公司合作建成了一条 5000t/a 超重力连续乳化生产维生素 A

纳微颗粒产品的工业生产线。与传统工艺相比，乳化过程能耗节约 70%，物耗降低 7%，单位综合成本降低 2%，收率提高 2.25%，产品平均颗粒粒径小于 600nm，设备发热量可控，活性物质损耗大幅降低，产品品质优于现有装置，实现了连续稳定生产和节能降耗。图 7-84是传统乳化工艺生产的产品（左）与超重力连续乳化新工艺制得的产品（右）比较，发现超重力技术制备的产品品质更优，也优于国外同类产品。

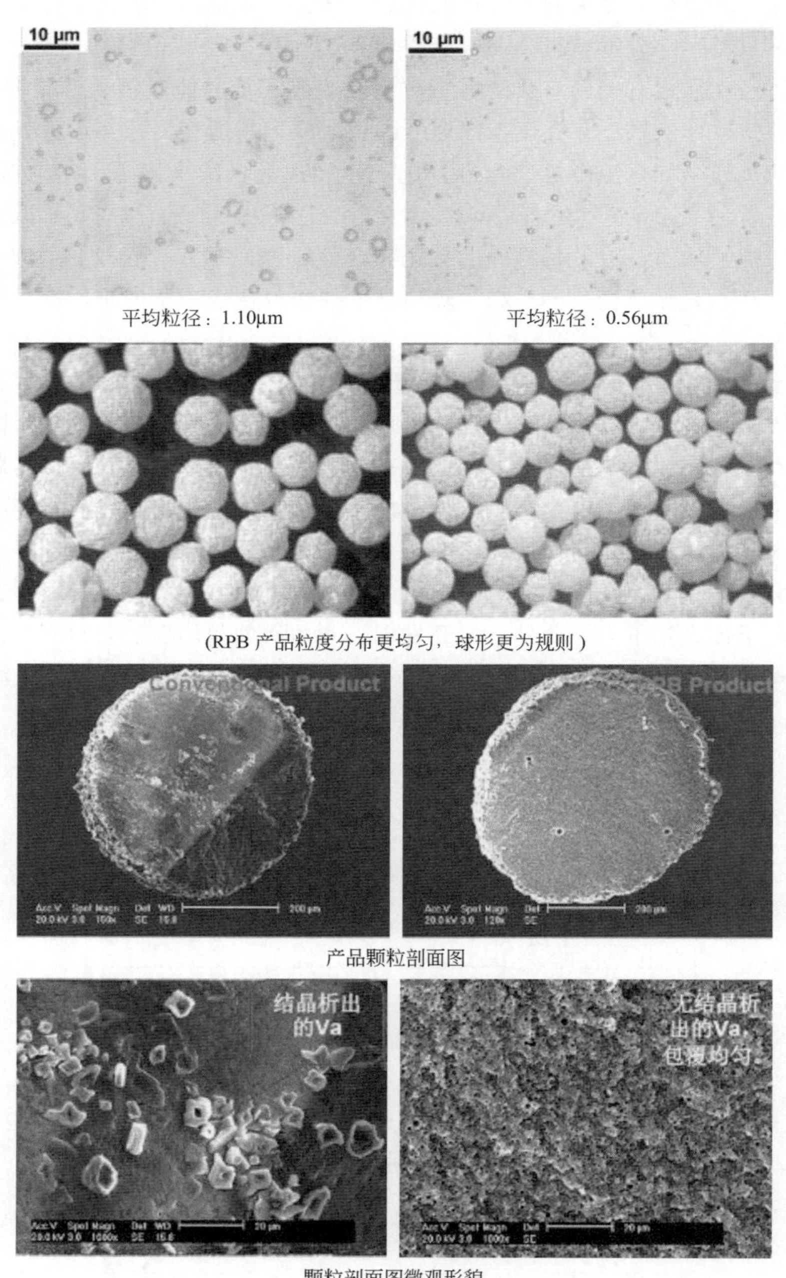

图 7-84 传统乳化工艺产品（左）与超重力连续乳化新工艺产品（右）的微观结构和形貌比较

上述各工艺的技术特点和应用体系归纳于表7-2。

表7-2 各工艺的技术特点和应用体系

新工艺类型	技术特点	应用
超重力反溶剂沉淀工艺	①物理过程，避免了化学反应的引入对产品纯度和物性的影响；②药物在溶剂中的溶解度尽可能的大，而在反溶剂中几乎不溶，或溶解度很小，且溶剂与反溶剂是无毒或低毒且互溶；③通常在常温下进行，不存在热效应问题，而且易于工业化，操作方便，生产弹性大	适用性最广。制备出了以25nm水飞蓟宾、293nm头孢呋辛酯、208nm伊曲康唑、100nm非诺贝特为代表的近30种药物纳微颗粒。建成了5t/a超重力法制备降血脂药非诺贝特纳微颗粒、40t/a头孢呋辛酯纳微颗粒中试示范装置
超重力反应沉淀工艺	①药物分子有独特分子结构，可通过快速的酸碱中和式化学反应，形成产物的高过饱和度，从而生成不溶的沉淀产物；②较反溶剂沉淀工艺具有更高的过饱和度，能产生更小粒子	制备出了以180nm阿奇霉素为代表的近10种药物纳微颗粒
超重力反应与反溶剂沉淀耦合工艺	①为了满足一些同时具有酸和碱基团的两性药物的制备需要而设计；②应用范围小	制备得到了300nm的头孢拉定、200nm的头孢氨苄等药物纳微颗粒
超重力分子自组装工艺	具有一些特殊的适合于分子自组装的分子结构	制备得到了多层多孔空心阿奇霉素微球和250nm的单分散阿托伐他汀钙微球
超重力连续乳化工艺	①密闭操作，避免氧化和变性；②无需高速剪切即可得到高品质乳液；③可实现节能降耗和连续化稳定生产	制备得到了平均粒径560nm的维生素A纳微颗粒产品；建成了一条5000t/a超重力连续乳化生产维生素A纳微颗粒产品的工业示范生产线，实现了连续稳定生产和节能降耗

综上所述，液相沉淀法制备纳微结构药物颗粒具有工艺简单，操作弹性大，设备投资小等优点。超重力技术是一种可以极大强化分子混合的工业化技术，将它应用于液相沉淀法制备纳微药物颗粒，可以使颗粒形成的驱动力—过饱和度高，混合达到分子级均匀化水平，从而制备出质量更优的纳微结构药物颗粒，而且，该技术适用性好，产能高、能耗低、纳米化效率高，无放大效应，为纳微结构药物产业化提供了崭新的技术平台。

参考文献

[1] Rabinow B. E. Nanosuspensions in drug delivery, Nat. Rev. Drug Discov. 2004, 3: 785-796.

[2] Kaur I. P., Bhandari R., Bhandari S., Kakkar V. Potential of solid lipid nanoparticles in brain targeting, J. Control. Release, 2008, 127: 97-100.

[3] Horn D., Rieger J. Organic nanoparticles in aqueous phase-theory, experiment, and use, Angew. Chem. Int. Ed. 2001, 40: 4330-4361.

[4] 平其能．纳米药物和纳米载药系统．中国新药杂志，2002，11：42-45.

[5] Bhattachar N. S.，Wesley A. J. Dissolution testing of a poorly soluble compound using the flow-through cell dissolution apparatus，Int. J. Pharm. 2002，236：135-143.

[6] 欧阳斌，刘科秋，苗百超．纳米技术导致药动学改变的应用．中国医药学杂志，2003，23：623-624.

[7] Khan M. A.，Shojaei A. H.，Karnachi A. A. Comparative evaluation of controlled-release solid oral dosage forms prepared with solid dispersions and coprecipitates，Pharm. Technol. 1999，5：58-74.

[8] Giry K，Péan J M，Giraud L，Marsas S，Rolland H，Wüthrich P. Drug/lactose co-micronization by jet milling to improve aerosolization properties of a powder for inhalation，Int. J. Pharm. 2006，321：162-166.

[9] Merisko-Liversidge E，Liversidge G G，Cooper E R. Nanosizing：a formulation approach for poorly-water-soluble compounds，Eur. J. Pharm. Sci. 2003，18：113-120.

[10] Müller R H，Jacobs C，Kayser O. Nanosuspensions as particulate drug formulation in therapy rationale for development and what we can expect for the future，Adv. Drug. Deliver. Rev. 2001，47：3-19.

[11] Li X. S.，Wang J. X.，Shen Z. G.，Zhang P. Y.，Chen J. F.，Jimmy Y. Preparation of uniform prednisolone microcrystals by a controlled microprecipitation method，Int. J. Pharm. 2007，342：26-32.

[12] Pathak P.，Meziani M. J.，Desai T.，Sun Y. P. Nanosizing drug particles in supercritical fluid processing，J. Am. Chem. Soc. 2004，126：10842-10843.

[13] Elversson J，Fureby A M，Alderborn G，Elofsson U. Droplet and particle size relationship and shell thickness of inhalable lactose particles during spray drying，J. Pharm. Sci. 2003，92：900-910.

[14] Hu J. H.，Rogers T. L.，Brown J.，Young T.，Johnston K. P.，Willianms III R. O. Improvement of dissolution rates of poorly water soluble APIs using novel spray freezing into liquid technology，Pharm. Res. 2002，19：1278-1284.

[15] Chen J. F.，Zhou M. Y.，Shao L.，Wang Y. H.，Jimmy Y.，Nora Y. K. C.，Chan H. K. Feasibility of preparing nanodrugs by high-gravity reactive precipitation，Int. J. Pharm. 2004，269：267-274.

[16] Payne R. S，Roberts R. J，Rowe R. C. Examples of successful crystal structure prediction：polymorphs of primidone and progesterone，Int. J. Pharm. 1999，177：231-245.

[17] Vega D. R.，Polla G.，Martinez A.，Mendioroz E.，Reinoso，M. Conformational polymorphism in bicalutamide，Int. J. Pharm. 2007，328：112-118.

[18] Le Y.，Ji H.，Chen J. F.，Shen Z.，Yun J.，Pu M. Nanosized bicalutamide and its molecular structure in solvents. Int. J. Pharm. 2009，370：175-180.

[19] Le Y.，Chen J. F.，Pu M. Electronic structure and UV spectrum of fenofibrate in solutions. Int. J. Pharm. 2008，358：214-18.

[20] Le Y.，Pu M.，Chen J. F. DFT study of configuration and vibrational spectroscopy of fenofibrate，Comput. Appl. Chem. 2008，25：1477-1481.

[21] Zhang J. Y.，Shen Z. G.，Zhong J.，Hu T. T.，Chen J. F.，Ma Z. Q. Preparation of amorphous cefuroxime axetil nanoparticles by controlled nanoprecipitation method without surfactants，Int. J. Pharm. 2006，323：153-160.

[22] Chen J. F.，Zhang J. Y.，Shen Z. G.，Zhong J.，Yun J. Preparation and characterization of amorphous cefuroxime axetil drug nanoparticles with novel technology：high-gravity antisolvent precipitation，Ind. Eng. Chem. Res. 2006，45：8723-8727.

[23] Wang J. X.，Zhang Z. B.，Le Y.，Zhao H.，Chen J. F. A novel strategy to produce highly stable and transparent aqueous ‘nanosolutions’ of water-insoluble drug molecules，Nanotechnology 2011，22：305101.

[24] Wang Z.，Chen J. F.，Le Y.，Shen Z. G.，Yun J. Preparation of ultrafine beclomethasone dipropionate drug powder by antisolvent precipitation，Ind. Eng. Chem. Res. 2007，46：4839-4845.

[25] Li X. S.，Wang J. X.，Shen Z. G.，Zhang P. Y.，Chen J. F.，Yun J. Preparation of uniform

prednisolone microcrystals by a controlled microprecipitation method，Int. J. Pharm. 2007，342：26-32.

[26] Li C.，Li C. X.，Le Y.，Chen J. F. Formation of bicalutamide nanodispersion for dissolution rate enhancement，Int. J. Pharm. 2011，404：257-263.

[27] Zhang Z. L.，Le Y.，Wang J. X.，Chen J. F. Preparation of stable micro-sized crystalline irbesartan particles for the enhancement of dissolution rate，Drug Dev. Ind. Pharm. 2011，37：1357-1364.

[28] Le Y.，Chen J. F.，Pu M. Electronic structure and UV spectrum of fenofibrate in solutions，Int. J. Pharm. 2008，358：214-218.

[29] Hu T. T.，Zhao H.，Jiang L. C.，Le Y.，Chen J. F.，Yun J. Engineering pharmaceutical fine particles of budesonide for dry powder inhalation（DPI），Ind. Eng. Chem. Res. 2008，47：9623-9627.

[30] Zhang H. X.，Wang J. X.，Zhang Z. B.，Shen Z. G.，Chen J. F.，Yun J. Micronization of atorvastatin calcium by antisolvent precipitation process，Int. J. Pharm. 2009，374：106-113.

[31] Zhao H.，Wang J. X.，Zhang H. X.，Shen Z. G.，Yun J.，Chen J. F. Facile preparation of hydrophobic pharmaceutical danazol nanoparticles by high-gravity anti-solvent precipitation（HGAP）method，Chin. J. Chem. Eng. 2009，17：318-323.

[32] Zhang Z. B.，Shen Z. G.，Wang J. X.，Zhao H.，Chen J. F.，Yun J. Nanonization of megestrol acetate by liquid precipitation，Ind. Eng. Chem. Res. 2009，48：8493-8499.

[33] 宋湘玲，王洁欣，陈建峰，沈志刚，Jimmy Yun. 反溶剂重结晶法制备超细萘普生超细微粒．化学反应工程与工艺，2007，23：212-216.

[34] Hu T. T.，Chiou H.，Chan H. K.，Chen J. F.，Yun J. Preparation of inhalable salbutamol sulphate using reactive high gravity controlled precipitation，J. Pharm. Sci. 2008，97：932-937.

[35] Chiou H.，Li L.，Hu T. T.，Chan H. K.，Chen J. F.，Yun J. Production of a high-performance salbutamol sulfate for inhalation by high-gravity antisolvent precipitation，Int. J. Pharm. 2007，331：93-98.

[36] Hou C. D.，Wang J. X.，Le Y.，Zou H. K.，Zhao H. Preparation of azithromycin nanosuspensions by reactive precipitation method，Drug Dev. Ind. Pharm. 2012，38：848-854.

[37] Chen J. F.，Zhou M. Y.，Shao L.，Wang Y. H.，Yun J.，Nora Y. K. C.，Chan H. K. Feasibility of preparing nanodrugs by high-gravity reactive precipitation，Int. J. Pharm. 2004，269：267-274.

[38] Huang Q. P.，Wang J. X.，Chen G. Z.，Chen J. F.，Yun J. Micronization of gemfibrozil by reactive precipitation process，Int. J. Pharm. 2008，360：58-64.

[39] Zhao H.，Le Y.，Liu H. Y.，Hu T. T.，Shen Z. G.，Yun J.，Chen J. F. Preparation of microsized spherical aggregates of ultrafine ciprofloxacin particles for dry powder inhalation（DPI），Powder Technol. 2009，194：81-86.

[40] Yang Z. Y.，Le Y.，Hu T. T.，Shen Z. G.，Chen J. F.，Yun J. Production of ultrafine sumatriptan succinate particles for pulmonary delivery，Pharm. Res. 2008，25：2012-2018.

[41] 杨芳，沈志刚，陈建峰．反应结晶法制备微粉化萘普生的研究．北京化工大学学报，2006，33：15-18.

[42] 刘浩英，胡婷婷，乐园，陈建峰．反应结晶法制备超细环丙沙星颗粒．北京化工大学学报，2008，35：19-22.

[43] Zhong J.，Shen Z. G.，Yang Y.，Chen J. F. Preparation and characterization of uniform nanosized cephradine by combination of reactive precipitation and liquid anti-solvent precipitation under high gravity environment，Int. J. Pharm. 2005，301：286-293.

[44] 刘珍．基于主客体包结络合作用的无机纳米粒子和/或大分子自组装的研究［D］．上海：复旦大学，2008.

[45] Zhao H.，Chen J. F.，Zhao Y.，Jiang L.，Sun J. W.，Yun J. Hierarchical assembly of multi-layered hollow microspheres from amphiphilic pharmaceutical molecules，Adv. Mater. 2008，20：3682-3686.

[46] Zhang H. X.，Zhao H.，Wang J. X.，Chen J. F.，Lu Y. F.，Yun J. Facile preparation of monodisperse pharmaceutical colloidal spheres of atorvastation calcium via self-assembly，Small 2009，5：1846-1849.

[47] Hiby J. W. in Proc. 6th Eur. Conf. on mixing. 1988. Pavia，Italy.

[48] 李希．微观混合问题的理论与实验研究［D］，杭州：浙江大学，1992.

[49] Antonietti，M.，Forster S. Vesicles and liposomes：a self-assembly principle beyond lipids. Adv. Mater. 2003，15：1323-1333.

[50] Discher，D. E.，Eisenberg A. Polymer vesicles，Science，2002，297：967-973.

[51] Lutzi，J. F. Solution self-assembly of tailor-made macromolecular building blocks prepared by controlled radical polymerization techniques，Polymer Int. 2006. 55：979-993.

[52] Discher B. M.，Won Y. Y.，Ege D. S.，Lee J. C. M.，Bates F. S.，Discher D. E.，Hammer D. A. Polymersomes：tough vesicles made from diblock copolymers，Science 1999，284：1143-1146.

[53] Seo S. H.，Chang J. Y.，Tew G. N. Self-assembled vesicles from an amphiphilic ortho-phenylene ethynylene macrocycle，Angew. Chem. Int. Ed. 2006，45：7526-7530.

[54] Kumar N. S. S.，Varghese S.，Narayan G.，Das S. Hierarchical self-assembly of donor-acceptor-substituted butadiene amphiphiles into photoresponsive vesicles and gels，Angew. Chem. Int. Ed. 2006，45：6317-6321.

[55] Toyota T.，Takakura K.，Kose J.，Sugawara T. Hierarchical dynamics in the morphological evolution from micelles to giant vesicles induced by hydrolysis of an amphiphile，ChemPhysChem，2006，7：1425-1427.

[56] Mai Y.，Zhou Y.，Yan D. Real-time hierarchical self-assembly of large compound vesicles from an amphiphilic hyperbranched multiarm copolymer，Small 2007，3：1170-1173.

[57] Battaglia G.，Ryan A. J. Pathways of polymeric vesicle formation，J. Phys. Chem. B 2006. 110：10272-10279.

[58] Brinker C. J.，Lu Y. F.，Sellinger A.，Fan H. Y. Evaporation-induced self-assembly：nanostructures made easy，Adv. Mater. 1999，11：579-585.

[59] Ernest S. H. Liesegang rings and periodic precipitation，J. Soc. Chem. Ind. 1928，47：710-712.

[60] Smoukov S. K.，Bitner A.，Campbell C. J.，Kandere-Grzybowska K.，Grzybowski B. A. Nano- and microscopic surface wrinkles of linearly increasing heights prepared by periodicprecipitation，J. Am. Chem. Soc. 2005，127：17803-17807.

[61] Mueller K. F. Periodic interfacial precipitation in polymer films，Science 1984. 225：1021-1027.

[62] Morse H. W. Periodic precipitation in ordinary aqueous solutions，J. Phys. Chem. 1930，34：1554-1577.

[63] Boudreau，A. E.，Love C.，Prendergast M. D. Halogen geochemistry of the great dyke，Zimbabwe，Contributions to mineralogy and petrology，1995，122：289-300.

[64] Xie D. T.，Wu J. G.，Xu G. X. Qi O. Y.，Soloway R. D.，Hu T. D. Three-dimensional periodic and fractal precipitation in metal ion-deoxycholate system：a model for gallstone formation，J. Phys. Chem. B 1999，103：8602-8605.

[65] Krug H. J.，Brandstädter H.，Jacob K. H. Morphological instabilities in pattern formation by precipitation and crystallization processes，Int. J. Earth Sci. 1995，85：19-28.

[66] Lu Y. F.，Yang Y.，Sellinger A.，Lu M.，Huang J.，Fan H.，Haddad R.，Lopez G.，Burns A. R.，Sasaki D. Y.，Shelnutt J.，Brinker C. J. Self-assembly of mesoscopically ordered chromatic polydiacetylene/silica nanocomposites，Nature，2001. 410：913-917.

[67] Dirksen J. A.，Ring T. A. Fundamentals of crystallization：kinetic rffects on particle size distributions and morphology，Chem. Eng. Sci. 1991，46：2389-2427.

[68] Chacron M.，Heureux I. L. A new model of periodic precipitation incorporating nucleation，growth and ripening，Phys. Lett. A 1999. 263：70-77.

[69] 丁绪淮，谈遒．工业结晶．北京：化学工业出版社，1985.

[70] 陈建峰．混合反应过程的理论与实验研究［D］．杭州：浙江大学，1992.

[71] Foster，A. W. The effect of chlorine on periodic precipitation，J. Phys. Chem. 1919，23：645-655.

[72] Vaidyan V. K.，Ittyachan M. A.，Pillai K. M. On the theory of periodic precipitation，J. Crystal Growth 1981，54：239-242.

[73] Henisch H. K. “Growth waves” in periodic precipitation，J. Crystal Growth 1988，87：571-572.
[74] Bowden N.，Terfort A.，Carbeck J.，Whitesides G. M. Self-assembly of mesoscale objects into ordered two-dimensional arrays，Science 1997，276：233-235.
[75] Jeone U.，Wang Y.，Ibisate M.，Xia Y. Some new developments in the synthesis，functionalization，and utilization of monodisperse colloidal spheres，Adv. Funct. Mater. 2005，15：1907-1921.
[76] Yan D. Y.，Zhou Y. F.，Hou J. Supramolecular self-assembly of macroscopic tubes，Science，2004，303：65-67.
[77] Antonietti M，Förster S. Vesicles and liposomes：A self-assembly principle beyond lipids，Adv. Mater. 2003，15：1323-1333.
[78] Kim J. S.，Kim M. S.，Park H. J.，Jin S. J.，Lee S.，Hwang S. J. Physicochemical properties and oral bioavailability of amorphous atorvastatin hemi-calcium using spray-drying and SAS process，Int. J. Pharm. 2008，359：211-219.

第 4 篇 超重力过程强化技术及工业应用

第8章
超重力反应过程强化技术及工业应用

按化学反应本征时间（t_R）与分子混合均匀特征时间（t_M）相对大小，工业反应可分为两大类型：当$t_M < t_R$时，为第Ⅰ类反应（慢反应）；当$t_M > t_R$，为第Ⅱ类反应（快反应），如图8-1(a）所示。在常规反应器中，对第Ⅱ类反应，当反应器放大时，分子混合变差，导致选择性和收率下降，产生放大效应，如图8-1(b）所示。

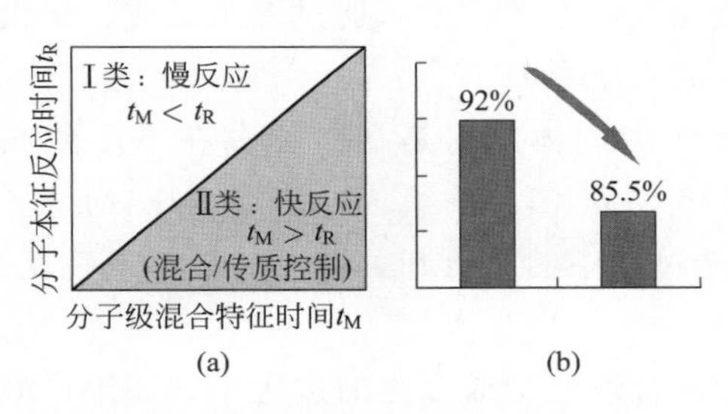

图8-1 工业过程两类反应及放大效应问题

工业过程中涉及的众多复杂反应过程，如缩合、磺化、聚合、氧化、卤化、烷基化等，均为第Ⅱ类反应。该类反应过程具有如下共同特征：受分子混合限制的液相反应，或/和传递限制的多相复杂反应体系。为解决此类反应过程的放大效应问题，陈建峰等提出通过强化在毫秒至秒量级内实现分子级混合均匀的新思想，创建了基于超重力强化混合/传递过程使之与反应相匹配的新方法，发明了超重力反应过程强化新工艺及其平台新技术，成功应用于缩合、磺化、贝克曼重排等多种工业过程，取得了显著的节能、减排和高品质化的效果，现介绍如下。

8.1 超重力缩合反应强化技术及应用

二苯甲烷二异氰酸酯（MDI）是聚氨酯工业中最重要的原料之一，它是由苯胺与甲醛缩合制得多亚甲基多苯基多胺，再经光气化及一系列的后处理和分离过程制备而来。由MDI制成的聚氨酯制品，由于具有高抗撕裂强度、耐低温柔韧性、耐磨、耐油和耐臭氧等优异的物理化学性能，被广泛用于航空航天、建筑、舰船、冷藏等众多领域，主要用作硬质泡沫，软质泡沫、弹性体耐磨材料、密封材料、纤维、皮革、胶黏剂和涂料等[1,2]。

据统计，2016年国内MDI的年总产能约为315万吨，其中烟台万华60万吨，宁波万华120万吨，上海科思创50万吨，上海联恒（上海巴斯夫&上海亨斯迈）37万吨，重庆巴斯夫40万吨，浙江瑞安8万吨。2016年8月，亨斯迈在上海投资7.5亿美元扩大MDI产能，计划增产24万吨[3]。

随着构建节约型社会的深入，具有优异保温节能的性能的聚氨酯有更广阔的发展空间，中国的MDI市场需求量仍将保持高速增长。鉴于MDI巨大的市场潜力和高额的生产利润，几大跨国公司均斥巨资加强MDI制造技术的开发，并且在世界各地通过收购、兼并、控股等手段建立大规模的跨国公司，垄断世界MDI市场。目前，世界上仅美国、德国、日本和中国等少数几个国家和公司拥有MDI的生产制造技术。

MDI的制备方法主要有光气法和非光气法两种。光气法是国内外工业上生产MDI的核心方法，MDI的光气法生产是以苯胺与甲醛在酸性情况下进行缩合反应，先得到二苯基甲烷二胺及多亚甲基多苯基多胺（简称多胺，DAM），再经光气化后制得MDI。该法的缺点是使用剧毒的光气，具有安全隐患。非光气法安全隐患较小、收率高，但由于各种原因至今尚未实现工业化。国际上MDI生产技术的研究，一方面着眼于非光气法生产技术的开发，另一方面是不断发展和完善光气法生产技术，通过系统集成、新设备和新工艺的开发来提高产品的收率和提高生产过程的安全性。

DAM是MDI制造过程的中间体，它是在盐酸存在下由苯胺与甲醛缩合反应产生的。由于DAM的组成决定了最终产品MDI的组成，所以，DAM的合成是MDI制造过程的关键技术之一，也是MDI制造过程中的难点和关键点，多年来一直是世界各大MDI制造商研究和开发的重点。

甲醛和苯胺按一定比例混合反应生成多胺的过程中，如果甲醛和苯胺不能在短时间内实现分子级混合，则容易发生局部甲醛过量，导致副产物和网状高聚物的产生，严重影响多胺质量；同时反应物系黏度高，物料之间的混合效果很差，极易出现局部过热问题，导致副产物增加，质量波动，严重时会出现管路堵塞，被迫停车。此外，缩合反应过程中生成的杂质还会在MDI生产的下一步工序（光气化工序）中继续与光气反应生成其他难溶解的杂质，导致最终产品劣化，甚至会堵塞管道而出现爆炸或光气泄露等严重安全问题。因此，解决缩合过程中的分子混合问题，是解决MDI生产瓶颈、极大地避免MDI生产过程中的安全隐患和产品质量波动等系列问题的关键。

8.1.1 超重力缩合新工艺

鉴于MDI缩合反应是一个典型的受分子混合控制的复杂反应，北京化工大学与烟台/宁波万华聚氨酯有限公司合作，提出了旋转填充床反应器强化缩合反应的新思想，替代原文丘里射流混合反应器工艺，以最大限度地抑制副产物杂质的生成，从本质上防止管路的堵塞。由此，研究发明了超重力缩合反应强化新工艺（已获美国、日本和中国发明专利授权：US7893301B2、特许第4789910号、ZL200710090419.0），研制了1000t/a中试反应器，并进行了工业侧线试验，结果表明，采用新工艺后缩合反应进程加快近1倍、主要杂质含量下降了70%。

8.1.2　超重力缩合反应强化技术的工业应用

在国家“863”计划资助下，北京化工大学与烟台/宁波万华聚氨酯有限公司合作，进行了超重力缩合工艺的工程化技术研发。根据缩合反应的特点，对反应过程中“三传一反”规律进行了研究，进行了超重力缩合反应器的开发、结构设计与研制，并开展了工艺条件研究及过程模拟优化。在此基础上，完成了工程放大规律研究，并在工业装置上获得成功应用。工业运行结果表明，与原反应器工艺相比，其缩合反应进程加快 100%，三条生产线改造后的总产能从原 64 万吨/年提升到 100 万吨/年，产品杂质含量下降约 30%，产品质量超越跨国公司质量水平；经与新型光气化反应等技术系统集成优化后，单位产品能耗降低 30%。使我国 MDI 大规模生产技术水平步入国际领先行列，助力万华公司使其 MDI 产能跃至世界第 2 位、国内市场占有率跃居并稳居第 1 位。超重力技术应用于 MDI 工业化生产线见图 8-2。

图 8-2　超重力技术应用于 MDI 工业化生产线

8.2　超重力反应分离耦合强化技术生产次氯酸

次氯酸生产过程以氯气和氢氧化钠为原料，其反应如式(8-1) 和式(8-2) 所示。

$$Cl_2 + NaOH = HOCl + NaCl \tag{8-1}$$

$$HOCl + NaOH = NaClO + H_2O \tag{8-2}$$

氯气与氢氧化钠水溶液接触发生反应生成次氯酸和氯化钠。但是，生成的次氯酸如果停留在氢氧化钠水溶液中将进一步与氢氧化钠发生反应生成次氯酸钠和水，从而降低目标产物次氯酸的产率。为了提高次氯酸的产率，就必须在次氯酸生成的同时使其尽快脱离氢氧化钠溶液。体系具有如此的特殊性，在一般传质设备中很难做到。

美国陶氏化学（Dow Chemical）公司通过与北京化工大学合作，于 2001 年成功地将超重力技术应用于次氯酸的工业生产过程。在超重力反应器中，氯气和氢氧化钠水溶液在转子填料中逆流接触并发生反应，生成次氯酸和氯化钠，在适当的操作温度下，生成的次氯酸迅速被过量的氯气解吸，随氯气离开超重力反应器，而生成的氯化钠则留在水中作为液相出料。通过充分利用超重力反应器良好的传质与极短的停留时间特性实现了次氯酸生产过程中的反应与分离耦合过程强化。

采用超重力技术替代传统的塔器后，次氯酸产率从原 80%提高到 95%以上，氯气循环量减少 50%，且氢氧化钠消耗降低，操作费用节省 30%。另外，氯气、氢氧化钠、次氯酸和氯化钠都有相当强的腐蚀性，因此，次氯酸的生产过程中必须使用钛材设备。采用超重力技术，用高 3m、直径 3m 的超重力反应器替代原来高 30 多米、直径 6m 的钛材反应塔，节省了大量昂贵的耐腐蚀的钛材，设备投资节省 70%以上[4]。

该工业生产装置如图 8-3 所示。陶氏化学公司建立了含有 4 台超重力反应器（三开一备）、单台处理能力 50t/h 的超重力反应分离耦合法制备次氯酸的工业生产线。这一技术的成功开发，为超重力反应器的应用提供了一个极好的工业化范例。

图 8-3 超重力法生产次氯酸装置

8.3 超重力催化反应强化技术

由于世界范围内石油资源日益成为稀缺资源，在此背景下，费托合成受到关注。费托合成是 CHx 单体表面催化聚合过程，产物主要是链长度范围很宽的直链脂肪烃，产物分布遵循 Anderson-Schultz-Flory（ASF）分布[5,6]。费托合成最大的挑战在于选择性的生成特定产物，特别是低碳烯烃。因此，可选择性生成某个范围内烃类的新型费托合成催化剂和工艺路线的发展获得了广泛关注[7,8]。

目前，已报道的关于调控 ASF 分布向低碳组分移动的研究，主要集中在促进费托合成产物二次反应的发生，如异构化、低聚反应等，包括在费托合成催化剂中添加沸石[9]、利用分子筛作为载体[10]、改变催化剂表面酸性[11]、构建分子筛胶囊型核壳结构催化剂[12]等。尽管和传统的 Fe 或 Co 系催化剂相比，新型催化剂的产物选择性明显改变，但是活性和稳定性却受到了影响，这可能是由于新型催化剂促进了酸性中心上的积炭以及金属载体间的相互作用，从而降低了 Fe 或 Co 的还原度，抑制了费托合成的反应速率，促进了 CH_4 的生成。

质量传递也是影响费托合成催化剂活性和反应选择性的一个重要因素[13]。尽管费托合成过程为气固相反应，但反应过程中催化剂孔道中会出现有液相产物。一般来说，流体在液相中的扩散速率要比在气相中慢 4～5 个数量级，反应速率由于受到液相中的扩散限制而明显变慢[14]。有研究表明，在费托合成中应用结构型催化剂[15]或者超临界流体[9]可以明显提高传质速率，从而使产物分布变得更窄。鉴于旋转填充床反应器能够有效强化传质和传热效率，陈建峰等[16,17]提出将旋转填充床用作催化反应器以强化费托合成反应。反应器的结构示意图如图 8-4 所示，合成气通过上部入口进入反应器，接触催化剂填料，催化剂在电机的带动下做旋转运动，生成的产物高速离开反应环境，通过出口进入冷阱。

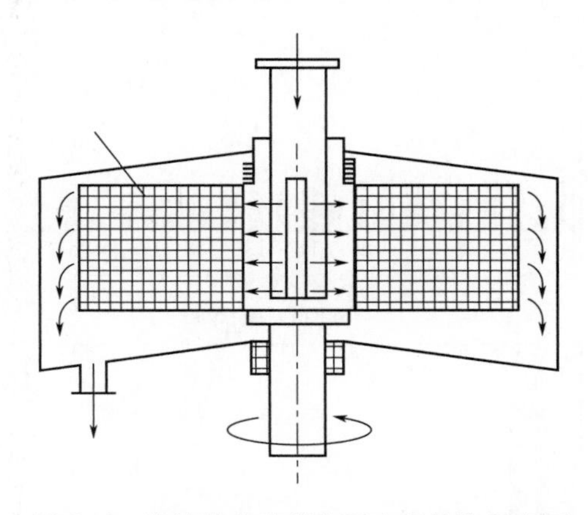

图 8-4　旋转填充床催化反应器结构示意图

刘意[18]采用 Co/SiO_2 催化剂，在旋转填充床反应器和固定床反应器中分别进行了一系列费托合成反应，催化剂装量均为 1.0g，其中 RPB 中的催化剂固定安装在转子上。反应前，催化剂先在 673K 下用 H_2 还原 10h。反应后的气相通过日本岛津公司的 GC-2014C 型气相色谱仪进行在线分析，使用固定相 PQ 柱分离 C_1～C_5 的烃类产物，SE-30 柱分离 C_6～C_{20}的烃类组分。尾气中的 H_2、CO、CH_4、CO_2 等的含量由日本岛津公司的 GC-2014C 型气相色谱仪在线分析得到，固定相为活性炭柱。产物选择性计算全部采用 c%（摩尔分数），原料气中含有 3%的 Ar 作为内标。

超重力强度的大小用超重力水平（G）来衡量，计算公式如下：

$$G=\frac{\omega^2 r}{g}=\frac{N^2\pi^2 r}{900g} \tag{8-3}$$

其中，N 为转速，r/min；r 为转子平均半径，m；g 为常规重力加速度 9.8m/s^2。具体反应条件如下：P(total)＝1.0MPa，CO/H_2＝1/2，GHSV＝2500h^{-1}，T＝513K；RPB 中的超重力水平分别为 G＝5(RPB 1)和 G＝30(RPB 2)。作为对比，采用相同的反应条件和催化剂，在固定床反应器中评价催化剂的催化性能，考察旋转填充床对费托合成产物分布的调控作用。

图 8-5 显示了不同费托合成反应的产物分布。图 8-5(a) 为传统固定床反应器的典型产物分布。CH_4 的选择性为 16.1%，而 C_2H_6 的选择性则非常低，C_2H_4 的选择性也只有

0.45%。按照链增长机理[19,20]，低碳烯烃会继续反应生成其他烃类，另外，反应生成的 C_2H_4 或者其他 α-烯烃通常会在 Co 金属活性位上发生再吸附，作为反应的中间产物继续反应生成其他烃类[21]，从而导致固定床反应器中极低的 C_2H_4 选择性。

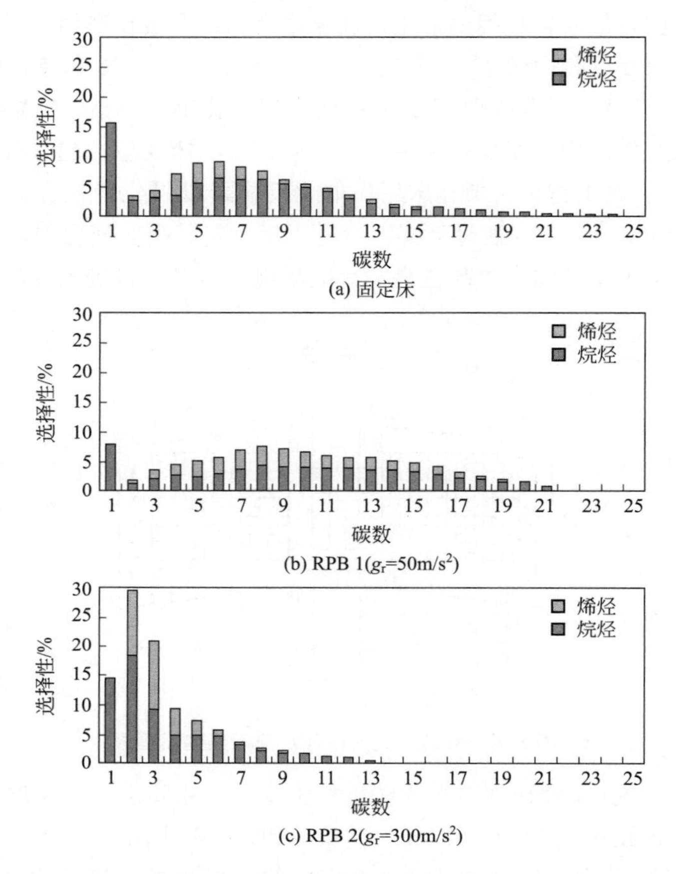

图 8-5 不同反应器内的费托合成反应产物分布

而对于 RPB 中进行的费托合成反应，当超重力水平相对较低时，反应的主要产物是柴油馏分，如图 8-5(b) 所示。其中，C_{10}～C_{20}的选择性达到 47.5%，约为传统固定床反应器的 2 倍，如表 8-1 所示。一般来说，费托合成反应生成的液相产物由于毛细管力的作用而停留在催化剂表面，并继续发生链增长反应逐渐形成高分子蜡。据文献报道[15]，独居石费托催化剂在固定床气相费托合成反应中，由于液相产物容易从催化剂的直通道中迅速流出，抑制了蜡的产生，获得了较高的 C_5～C_{18}选择性。同样的道理，在 RPB 费托合成反应中，由于传质强化的影响，反应生成的液相产物会加速从催化剂孔道和床层中流出，抑制了蜡的生成，从而生成更多的 C_{10}～C_{20}烃类。另一方面，从化学反应的基本原理出发，当一种产物从反应系统中迅速移出时，反应会朝着生成这种产物的方向进行。因此，在 RPB 费托合成反应中获得的 C_{10}～C_{20}选择性比传统固定床要高出 2 倍。

更令人惊讶的是，当 RPB 的超重力水平达到 30 时，产物分布不仅仅是偏离 ASF 分布，C_{14+}的重组分产物完全消失。此外，C_2～C_4 的烃类变成了主要产物，甲烷的选择性比固定床稍低，如图 8-5(c) 所示。同时，C_2～C_4 烯烃的选择性达到了 27.5%，是固定床的 5 倍多，整个 C_2～C_4 的选择性高达60.1%，如表8-1所示。

表 8-1 不同反应器内的费托合成反应性能

反应器	CO转化率③/%	$CO_2$③选择性/%	CH_4选择性/%	C_2～C_4选择性/%		C_{10}～C_{20}选择性/%	α⑥
				O④	P⑤		
固定床	46.3	2.30	16.1	5.21	9.89	25.8	0.83
RPB 1①	43.6	2.10	8.34	4.01	5.88	47.5	0.91
RPB 2②	44.2	1.95	14.2	27.5	32.6	4.99	0.69

①$G=5$；②$G=30$；③from TCD；④Olefin；⑤Paraffin；⑥Chain growth probability.

反应条件：$P=1.0$MPa；$T=513$K；GHSV$=2500h^{-1}$；选择性采用 c%（摩尔分数）。

一般来说，催化剂颗粒内反应物浓度的降低通常伴随着 H_2/CO 的提高。这就是为什么在质量传递受到严重限制时，CO的消耗速率仍然能保持稳定的原因。在RPB中，传质速率比传统固定床中快约100倍[18]，由于CO比 H_2 对扩散限制更为敏感，可以认为在催化剂颗粒内增加的反应物浓度会导致 H_2/CO 的降低，使得在RPB费托反应中CO转化率略微下降。在催化剂孔道内，H_2/CO 的降低和CO转化率的下降会更有利于生成低碳组分。同时，在RPB内，传质速率的提高会使反应生成的低碳组分更快从催化剂孔道和催化剂床层中流出，反应会朝着生成更多的低碳组分的方向进行。

另一方面，在费托合成中，选择性比CO转化率对颗粒内的传质限制更为敏感。Eglesia等[13]在等温固定床费托合成中用 Co/SiO_2 催化剂研究了颗粒内部传质对合成气消耗速率和选择性的影响。研究发现，CH_4 的选择性随着催化剂颗粒大小的变化而变化，催化剂颗粒最大时 CH_4 选择性也最大。随着催化剂颗粒的增大，α-己烯/己烷的数值在降低。这说明产物快速的传质速率抑制了 α-烯烃的二次反应，促进了 α-烯烃的生成，降低了 CH_4 的选择性。在RPB内的费托合成反应中，由于提高了传质效率，加速了低碳烯烃的生成。

此外，Hunger等[22]在固定床反应器和MAS NMR旋转反应器中比较了SAPO-34催化剂上甲醇制烯烃（MTO）反应的性能，研究结果发现，在温度为625K下，MAS NMR旋转反应器中丙烯和乙烯的产量比固定床反应器要高2倍多。这说明旋转填充床反应器可以有效提高低碳烃类产物如丙烯和乙烯的扩散速率，这就使得费托合成反应朝着生成更多低碳烃类的方向进行。在RPB反应器中获得了很高的低碳组分的选择性，至于 C_2 产物的选择性高于 C_3 产物的选择性则可能是由于二次反应受到抑制和传质影响的结果。

图8-6和图8-7是不同反应器中反应后催化剂的TG-DSC分析结果。可以看到，在423K以下的质量损失是由于水的移除，473K以上的损失则是由于积碳和费托合成重质产物的燃烧。从分析结果可以看出，在传统固定床反应器中，反应后的催化剂积碳和费托合成重质产物残留严重，高达30%；而在RPB1中反应后的催化剂，与固定床相比，热重损失由30%降到了13%，从DSC曲线上看到放热温度也从633K降到613K。而在RPB2中反应后的催化剂，热重损失从30%降到了7%，DSC曲线上放热温度也从633K降到563K。这个结果与图8-5中产物分布的结果是一致的，说明积碳以及生成重质产物的反应明显受到限制，导致反应后的催化剂中积碳和重质产物大为减少。

综上所述，由于反应物和产物的传质速率增强并可调控，显著地改变了费托合成的产物分布。在RPB反应器内，传质速率的提高会使反应生成的低碳组分更快地从催化剂孔道和催化剂床层中流出，反应朝着生成更多的低碳组分的方向进行。另外，产物快速的传质速率抑制了α-烯烃的二次反应，促进了α-烯烃的生成，降低了CH_4的选择性。通过选择最佳的超重力水平，费托合成的主要产物可以选择性的生成，这也为通过调节传质速率来调控费托合成产物分布开启了大门。同时，避免低效的甲醇合成和甲醇制烯烃（MTO）过程，使直接高效的通过合成气一步生成低碳烯烃过程变得可行。有理由相信，由合成气制取低碳烯烃的新方法由于节省设备投资和能源消耗，将会获得工业界的广泛关注。

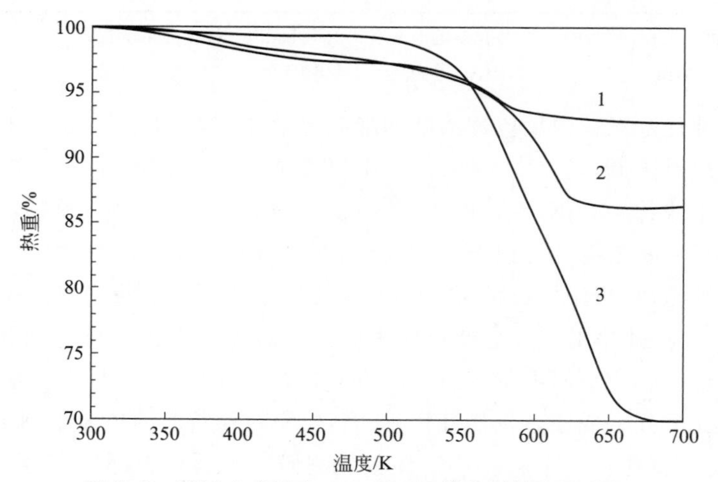

图 8-6 费托合成反应 10h 后不同催化剂的热重分析

1—RPB 2（$g_r=300m/s^2$）；2—RPB 1（$g_r=50m/s^2$）；3—固定床

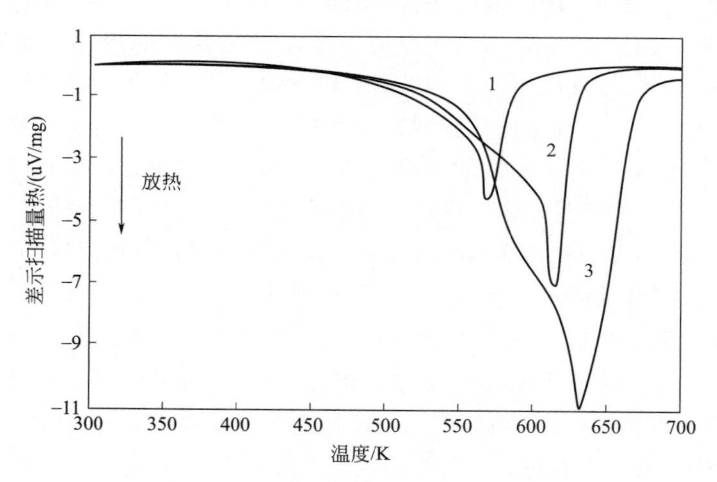

图 8-7 费托合成反应 10h 后不同催化剂的 DSC 分析

1—RPB 2（$g_r=300m/s^2$）；2—RPB 1（$g_r=50m/s^2$）；3—固定床

8.4 超重力电化学反应强化技术

自 1799 年伏特发明第一个化学电池以来，电化学已经历了两个多世纪的发展，如今，电化学技术已经在国民经济与工业中占有不可或缺的地位，应用于各个领域。电化学技术包括电化学反应技术与电化学分析技术，其中，电化学反应技术因具有环境友好、便于控制等特点，已被广泛应用于水和废水处理[23,24]、有机无机材料制备[25～27]、电催化与燃料电池[28,29]和生物分析[30～32]等各个领域。然而，在电化学反应过程中会产生气体，会导致电解液和电解槽的阻抗增大，过电位和电极电势分布不均匀，电极活性降低，传质过程受阻，这使得电化学反应过程用电量增大，电流效率降低，能耗增高。因此，开发一种强化电化学反应中的传质过程，消除气体对反应过程影响，降低能耗的技术尤为重要[33]。

8.4.1　超重力电化学反应技术的原理与装置

由于超重力技术具有强化传质的特点，将其引入到电化学反应中可极大地促进电极之间离子的迁移，增大表面物质的扩散速率，减小扩散层的厚度，降低电极表面气泡对电极反应的影响，从而提高电化学反应速度，改善产物性能。超重力技术在电化学方面的初步应用主要集中在电解水、氯碱工业和电沉积领域等[34～48]。

超重力电化学反应中实现超重力的方法是利用旋转产生的离心力模拟实现超重力环境，通过改变转速来改变超重力水平。实验装置如图 8-8 所示，将圆柱形电解槽置于装置中，在电解槽的对面放置同重量的物品来维持超重力装置的动平衡，通过连接电解槽到恒电位仪（电化学工作站）来进行电化学实验。

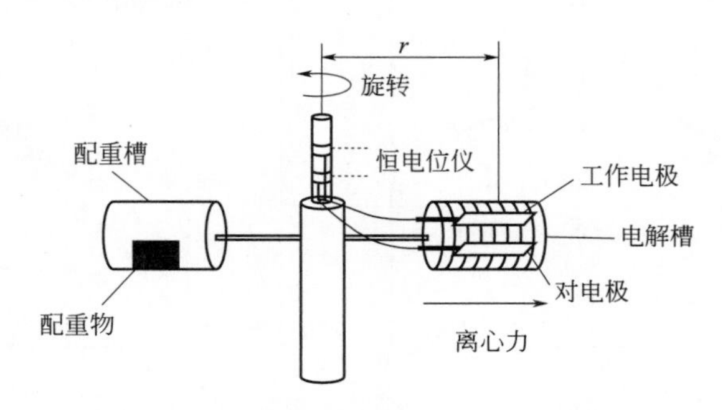

图 8-8　超重力电化学反应装置示意图

8.4.2　超重力环境中离子液体电沉积铝技术

铝是国民经济建设、战略性新兴产业和国防科技工业不可缺少的基础原材料。目前，工业生产铝的方法是高温（1000℃左右）熔融电解铝，这种生产方式能耗高，在电解铝生产过程中，电力成本占到了 40%左右，且环境污染严重。因此，对于我国的铝业发展来讲，寻找绿色、低能耗的电解铝的途径显得至关重要。但是，铝是一种活泼金属，在金属活动性顺序表中排在氢元素之前，因此，不能在水溶液中电沉积得到。近年来，离子液体电沉积铝成为研究热点。离子液体电沉积铝的能耗较低，沉积温度一般在 100℃以下，表现出了优良的性质，具有广阔的发展前景[49～51]。但是，离子液体由于本身的黏度较大，使得离子的迁移速度较低，电沉积铝时的电流效率较低，成为离子液体电沉积铝应用于工业化的难题。怎样解决离子液体内部的传质问题成为摆在研究者面前亟待解决的科学问题。

超重力技术能够强化液体内部的分子混合，减小反应的过电位，减小扩散层厚度，优化沉积层质量。近年来，北京化工大学教育部超重力工程研究中心对于超重力技术应用于离子液体电沉积铝以及超重力环境中的电沉积铝的电化学机制进行了相关研究[52~56]。通过对$AlCl_3$-BmimCl（BmimCl：氯化 1-丁基-3-甲基咪唑）、$AlCl_3$-EmimBr（EmimBr：溴化 1-乙基-3-甲基咪唑）、$AlCl_3$-Et_3NHCl（Et_3NHCl：盐酸三乙胺）等离子液体体系中进行电沉积铝的研究表明，超重力环境中，铝的沉积速率和效率均得到了提高，且得到的铝表面更加平整、光滑、致密。另外，对超重力环境中 $2AlCl_3$-BmimCl（$AlCl_3$与 BmimCl 摩尔比为2∶1）离子液体电沉积铝过程进行了电化学的探究，揭示了超重力环境对电沉积铝的影响机制，为更好地控制超重力条件下离子液体电沉积铝过程奠定了良好的基础。

（1）电沉积铝过程循环伏安行为　对于 $2AlCl_3$-BmimCl 离子液体电沉积铝过程的不同扫描速度下的循环伏安曲线（图 8-9）研究表明，地球重力场和超重力环境中，铝的还原峰电位（E_{pc}）负移，氧化峰电位（E_{pa}）正移，氧化还原峰电位差（ΔE_p）增大，电极可逆性降低；另外，扫描速度增大使得氧化还原峰电流增大。将还原峰电流密度与扫描速度的平方根作线性分析，发现二者线性相关，表明在地球重力场和超重力环境中，$2AlCl_3$-BmimCl 电解液中铝电极上发生的 Al^{3+}/Al 的氧化还原反应均为扩散控制的过程[57]。

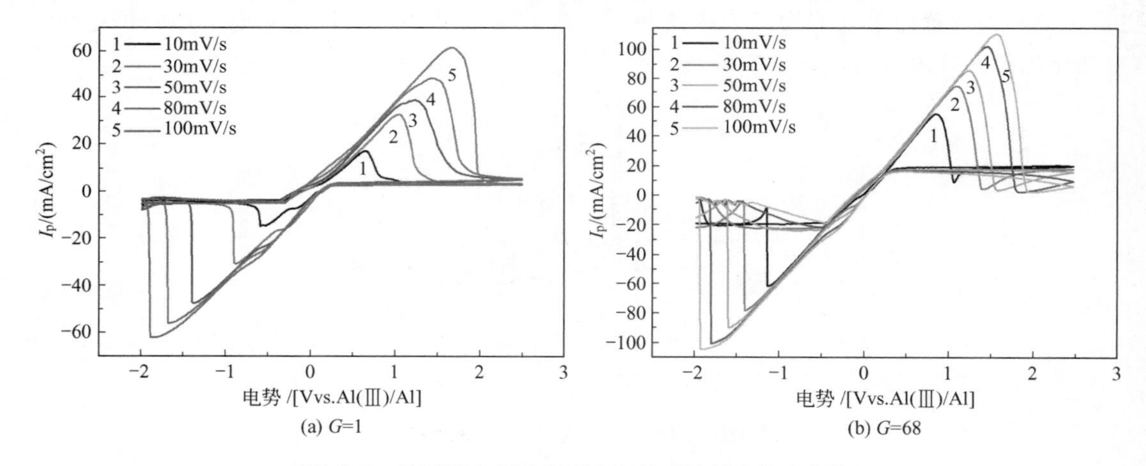

图 8-9　地球重力场和超重力环境中的循环伏安曲线

对于扩散控制的电沉积过程，可以使用循环伏安法测定 Al^{3+} 在体系中的扩散系数。由图 8-10 的循环伏安曲线可以看出，随着扫描速度的增大，氧化还原峰电位差增大，说明电极反应的可逆性降低。上述过程的 ΔE_p 均大于 59/3mV，而且有明显的氧化还原过程的电流峰，说明该过程既非可逆过程又不是不可逆过程，可以将其称为“准可逆过程”。对于准可逆过程，峰电流密度与扫描速度 v 有如下关系[58]：

$$I_p = 2.99 \times 10^4 n^{3/2} C_0 D^{1/2} v^{1/2} \tag{8-4}$$

其中，n 为反应传递电子数，取为 3；D 为扩散系数，cm^2/s；C_0 为浓度，18.08×10^{-3} mol/cm^3；v 为扫描速度，mV/s。采用线性拟合得出 $G=1$ 时，斜率为 7.00；$G=68$ 时，斜率为 7.01。由斜率可以计算出 $G=1$ 时，扩散系数为 $6.21\times10^{-6}cm^2/s$，大于 BmimCl 离子液体的自扩散系数，原因是 $AlCl_3$的加入降低了体系黏度，使得离子扩散加快，因而扩散系数增大。$G=68$ 时，扩散系数为 $6.23\times10^{-6}\text{cm}^2/\text{s}$，与地球重力场基本一致，说明超重力环境对铝电沉积过程 Al^{3+} 扩散系数几乎没有影响，这是因为扩散系数属于热力学参数，不受超重力影响。电解质溶液中存在三种类型的传质过程，分别为扩散、电迁移和对流。与扩散的影响相比，电迁移的影响可以忽略不计。因此，可认为超重力环境是通过强化电解液中的对流过程而强化传质过程，从而强化了铝的电沉积过程。

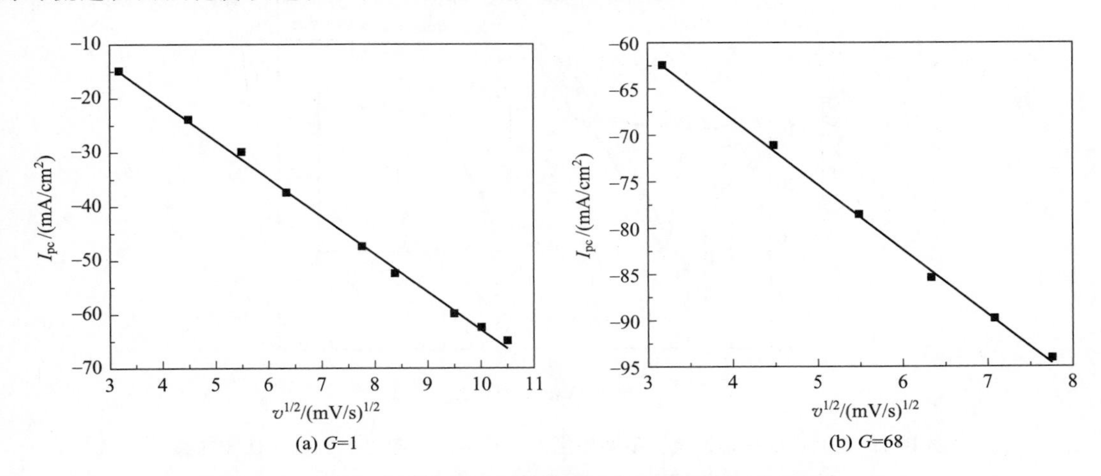

图 8-10　不同超重力水平下，铝电极上还原峰电流与扫描速度的关系

图 8-11 显示了扫描速度 20mV/s，不同超重力水平 G 下的循环伏安曲线。可以看出，在还原反应阶段，相同电势下，电流密度随超重力水平的增大而增大，说明超重力环境加快了铝的沉积速度。这是由于超重力环境强化了溶液的传质过程，使电解液中的 Al^{3+} 离子快速迁移到电极表面，从而加快了其还原反应速度。在氧化反应阶段，可以看到反应的氧化峰电势随着超重力水平的增大而正移，说明氧化反应的极化增大，这可能是因为在超重力环境下，还原反应生成了更多的铝，从而增大了电阻极化。氧化峰值电流密度随着超重力水平的增大而增大。插图中可以看出，在 G 小于 150 时，随着 G 的增大，峰电流先是迅速增大然后增速变小，但当 G 大于 150 以后，峰电流不再有明显增大。原因可能是随着 G 的进一步增大，离子液体内部混合剧烈，离子迁移到电极表面的过程受到了抑制，两者作用相抵，从而峰电流不再继续增大。

（2）电沉积铝过程成核研究　在不同超重力水平下，$2AlCl_3$-BmimCl 离子液体电沉积铝过程的计时电流曲线（图 8-12）表明，随着超重力水平的增加，电沉积铝过程的极限电流密度增大。极限电流密度与传质有关，极限电流密度越大，表明传质越快。

为了探究 $AlCl_3$-BmimCl 离子液体电沉积铝的成核原理，进行相关数据处理后得到的电流与时间的关系曲线如图 8-13 所示。根据 Scharifker 理论，地球重力场和超重力环境中，$2AlCl_3$-BmimCl 离子液体的电沉积铝的电结晶过程均为瞬间成核过程。根据 Scharifker-Hills 模型，可计算电沉积铝过程的晶核密度 N_0：

$$N_0=0.065\left(\frac{1}{8\pi C_0 V_m}\right)^{\frac{1}{2}}\left(\frac{nFC_0}{j_{\max}t_{\max}}\right)^2 \tag{8-5}$$

式中，N_0 为晶核密度，即晶核的活性点的密度；C_0 为离子的本体浓度；V_m 表示分子体积；n 为电子转移数；F 为法拉第常数（96485C/mol）；j_{max} 为最大电流密度（A/cm^2）；t_{max} 为达到最大电流密度的时间，s[59]。

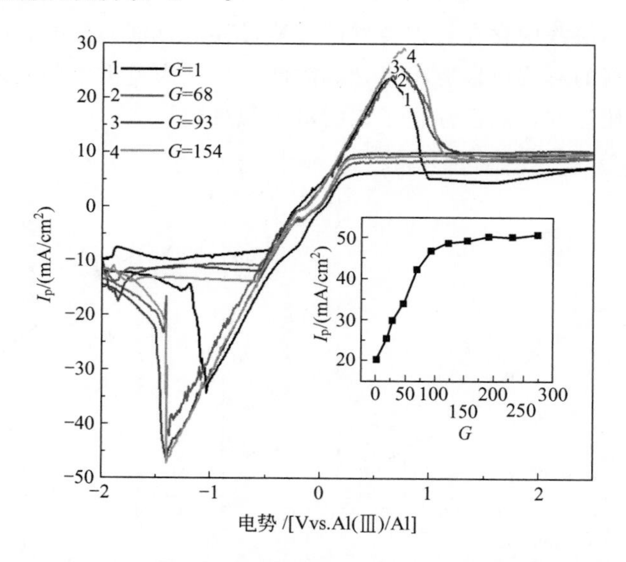

图 8-11 20mV/s 扫描速度，不同超重力水平下，Al 电极上的循环伏安曲线

（插图为还原峰电流随扫描速度变化曲线）

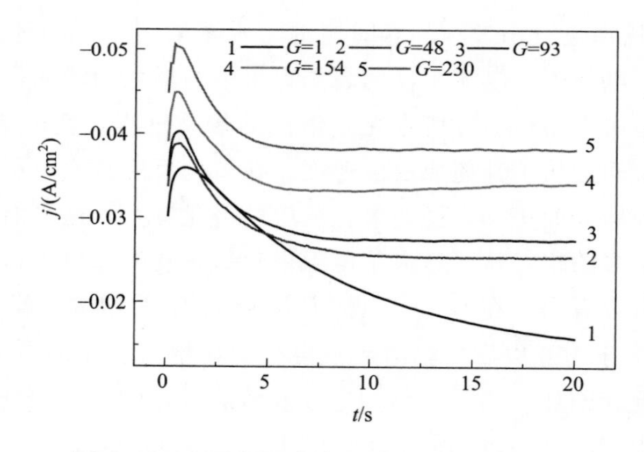

图 8-12 不同超重力水平下的计时电流曲线

经过计算，不同强度超重力环境中，电沉积铝过程的晶核密度列于表 8-2 中。从表中可以看出，随着超重力水平的增大，电沉积金属铝的晶核密度增大，晶核密度从地球重力场下的 $8.02\times10^8cm^{-2}$ 增大到 $20.34\times10^8cm^{-2}$（$G=230$），说明超重力环境中晶体的成核速度加快，电沉积反应的反应速率增大，晶体生长更加均匀。

表 8-2 不同超重力强度下电沉积铝的电结晶的晶核密度

G	1	48	93	154	230
$N_0/(10^8\times cm^{-2})$	8.02	11.32	14.32	16.62	20.34

（3）超重力环境对电沉积铝过程槽电压的影响　电沉积铝过程中的电能消耗与槽电压成

正比，槽电压减小，能耗降低。$2AlCl_3$-BmimCl 离子液体电沉积铝过程的槽电压（图 8-14）[55]随着超重力水平的增大而减小。在超重力环境下，电极片表面和溶液内部的分子混合加强，反应离子之间的传递速率加快，浓差极化造成的过电位也得到了降低。另一方面，超重力的引入使得离子的迁移速率增大，电解液导电性得到改善，降低了阴阳电极之间的电阻，从而降低电压降。

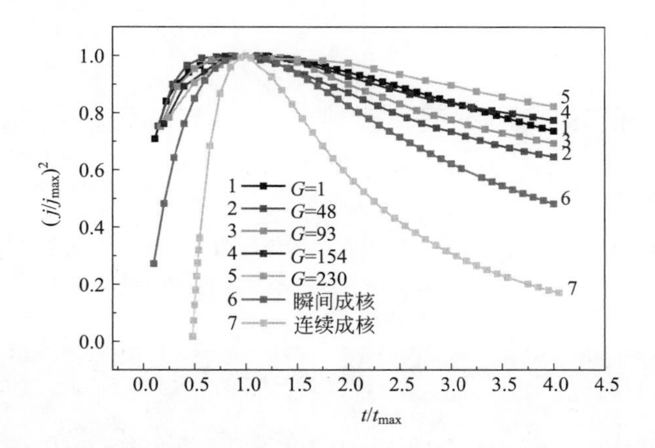

图 8-13　不同超重力环境中电沉积铝的 $(j/j_{max})^2$-(t/t_{max}) 曲线

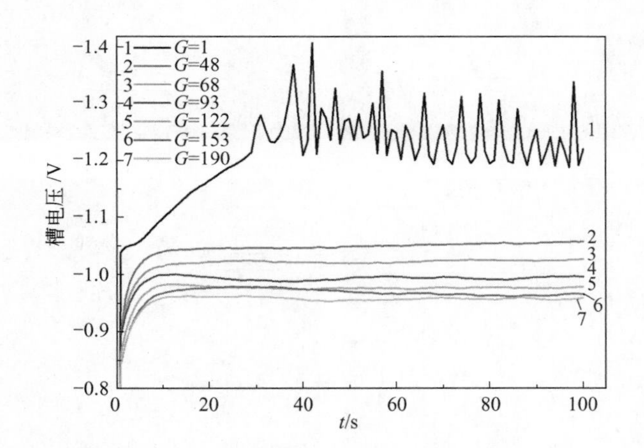

图 8-14　不同超重力水平下的槽电压变化曲线

（4）超重力环境对电沉积铝反应电流效率的影响　电沉积铝过程中电能消耗与电流效率成反比，电流效率增大，能耗降低。图 8-15(a) 显示了电流密度 $25mA/cm^2$，电沉积 60min 时电流效率与超重力水平 G 的关系曲线。可以看出随着 G 的增大，电流效率先迅速增大，之后增幅变小最后基本不变。因为随着超重力强度的增大，电解槽电压变小，阴极过电位随着超重力水平的增大而减小，从而减少了副反应的发生，电流效率增大。另一方面，G 增大，电解液内部对流增大，电导率增大，离子迁移加快，扩散层厚度变小，降低能耗，提高了电流效率。从图 8-15(b) 可以看出地球重力场条件下最佳电磁搅拌（搅拌速度为 500r/m）时，电流效率约 65%。和地球重力场时的最佳电流效率相比，超重力环境下电流效率约 92%（G=190），可提高达 40%[55]。

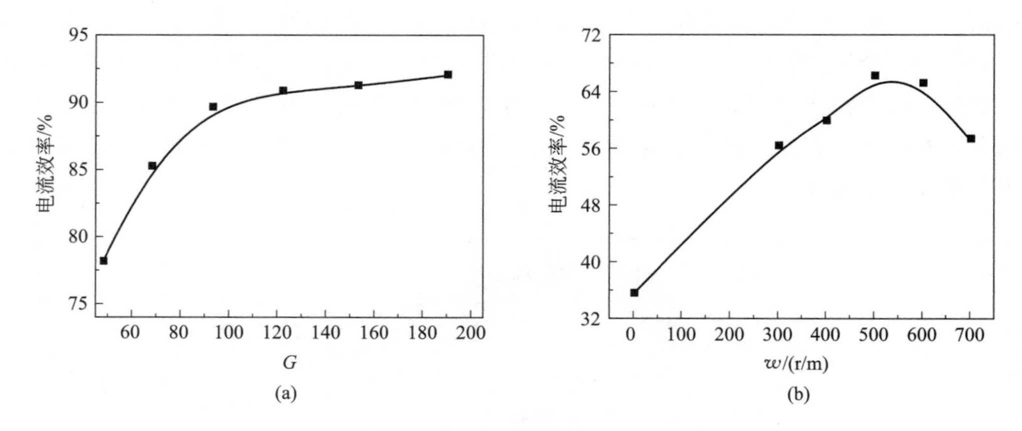

图 8-15 （a）超重力环境中电流效率与超重力水平G的关系曲线；（b）地球重力环境中电流效率与搅拌速度的关系曲线

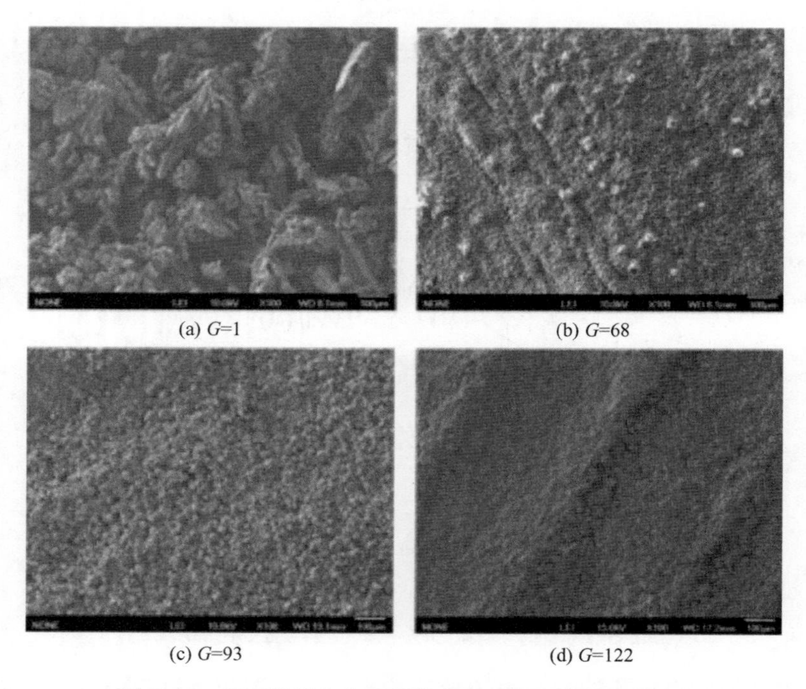

图 8-16 不同超重力水平所得电沉积铝层的 SEM 图片

（5）超重力环境对电沉积铝层表面形貌的影响　电沉积铝的实际应用对于产品的形貌和结构也有一定的要求，平整致密的镀层能够提高产品的防腐性能和韧性。图 8-16 为不同超重力强度下得到的铝沉积层的扫描电镜（SEM）图片。

相比于地球重力场，超重力环境下电沉积铝层表面平整、晶粒均匀、致密、缺陷少、附着性更好，且避免了地球重力条件下枝晶的产生。在超重力环境中，电极表面电解液被分为无数个微小的对流单元[60]，从而抑制枝晶的生长，使得沉积物由原来的枝晶状态变为致密的晶粒，甚至整体形成片状，沉积层的质量得到提高。根据电结晶理论，晶粒大小与晶核形成速率和晶粒生长速率有关，当晶核形成速率较大时，易形成细小晶粒，超重力环境下晶核形成速率增大[60]，因而较地球重力场下电沉积得到镀层晶粒更加细小，即超重力环境能够细化晶粒，图 8-16 的结果也证明了这一点。

图 8-17 为电沉积铝后的电极片实物照片，电极片下端银白色物质即为所得铝层。超重力环境中得到的铝层附着性良好，必须采用机械力才能将铝层剥落，这意味着在超重力环境下，沉积的颗粒更容易紧密地集结在一起，以形成更致密的沉积层。

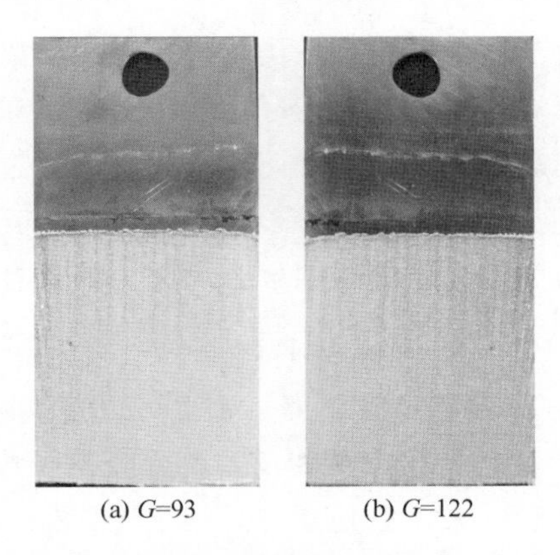

(a) G=93　　(b) G=122

图 8-17　超重力环境所得铝层的电极照片

（6）超重力环境对电沉积铝层晶体结构的影响　$2AlCl_3$-BmimCl 离子液体电沉积铝的沉积层晶体结构分析发现（图 8-18），超重力环境中得到的沉积层衍射峰均表现为（111）面的优势取向，随着 G 的增大，（200）面衍射峰强度迅速减小，（220）面、（311）面和（222）面衍射峰强度变化相对较小，（111）面优势增强。原因是（111）面较易在低的过电位下形成，而随着过电位的升高，（200）面增强[61]；随着 G 的增大，阴极过电位降低，因而电沉积得到镀层（111）面优势增强。

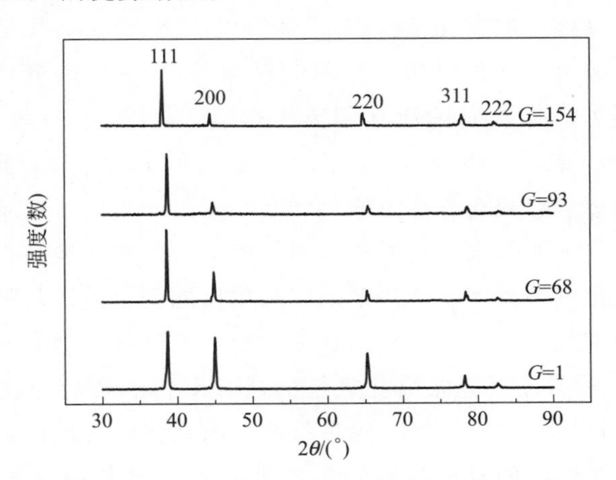

图 8-18　不同超重力水平下电沉积产物的 XRD 谱图

超重力技术作为一种强化分子混合的新型技术，为强化电沉积金属的反应提供了新的思路和途径。随着超重力技术对于电沉积反应的相关作用机制研究的深入，以及电沉积条件研究的不断完善，超重力技术在电化学领域的应用也会越来越广泛。然而，多数的研究仍然处于实验室阶段，体系的研究还不完善，对于超重力技术强化反应的机制研究也较为薄弱。但可以预见，超重力技术强化电化学反应的新工艺将在未来的化工冶金领域中发挥重要作用。

8.5 超重力聚合反应强化技术

聚合反应是合成三大高分子材料的重要一类反应，其中阳离子聚合和自由基聚合属于快反应，其产品结构（分子量分布）必然受到分子混合状态的严重影响，为此，陈建峰等[62]提出超重力强化聚合反应的新思想，并重点就阳离子聚合反应过程展开研究探索，阐明超重力强化效应和规律。

阳离子聚合是指活性中心为阳离子的连锁聚合反应。其聚合反应通式可表示如下：

$$A^{\oplus}B^{\ominus}+M \longrightarrow AM^{\oplus}B^{\ominus}\cdots\xrightarrow{M}-M_n- \tag{8-6}$$

其中，$A^{\oplus}$表示阳离子活性中心，可以是碳阳离子，也可以是氧鎓离子、锍离子或铵离子等。$B^{\ominus}$是紧靠中心离子的引发剂碎片，所带电荷相反，称作反离子或抗衡离子[63]。

阳离子聚合从1789年发现以来，已历时200多年。1839年，Dcville首次用Friedercrafts试剂使苯乙烯聚合，这是最早的典型烯烃化合物阳离子聚合。从20世纪开始，阳离子聚合进入了定性研究阶段[64,65]。1933年，Hunter将异丁烯在BF_3的作用下进行阳离子聚合[66]。1934年，Whitmore率先提出了烯烃阳离子聚合机理的概念，并采用此机理解释了异丁烯在强酸催化下的聚合反应[67]。1937年，Sparks和Thomas用少量异戊二烯与异丁烯进行共聚，成功合成出可硫化的丁基橡胶，并于1943年正式进行工业生产[68]。1946年，Polauyi实验室发现了共引发剂（BF_3或$TiCl_4$），提出了“无共引发剂不能聚合”这一独创性的引发观念；Plesch等发现只有在微量H_2O存在下才能使异丁烯聚合。他们把BF_3或$TiCl_4$称为催化剂，H_2O称为助催化剂[69,70]。1970年，Kennedy发现聚合过程中可以控制引发及终止的，具有整齐链结构的嵌段、接枝共聚物等[71]。1982年，日本的Higachimura和Sawamoto首次实现了乙烯基醚的活性阳离子聚合[72]，随后不久，美国的Kennedy和Faust[73~76]也获得了异丁烯的活性聚合，为阳离子聚合的大分子设计提供了理论基础。

阳离子聚合往往采取溶液聚合方法及原料和产物多级冷凝的低温聚合工艺。由于聚合只限于使用高纯有机溶剂，不能用水等物质作介质，因而生产成本较高。但阳离子聚合体系具有动力学链不终止、催化剂种类多、选择范围广和单体的聚合活性可随催化剂和溶剂变化等特点，从高分子合成的角度来看，可变化因素多，是一种具有有潜力的聚合方法[65,77]。

丁基橡胶（IIR）和聚异丁烯是最具代表性的通过阳离子聚合合成的聚合物。丁基橡胶具有优异的气密性、耐热性、耐氧化性、耐臭氧性、耐老化性及抗撕裂性，是制造汽车轮胎内胎的理想原材料。丁基橡胶的合成过程是一个典型的液-液相阳离子聚合反应，其聚合综合活化能为负值，反应通常在极低温度下（约－100℃）进行，反应快且放热量大，若极短时间内催化剂与单体不能实现快速均匀分子混合，则反应器不同位置的单体与催化剂的比例将出现很大差别，产品分子量分布变宽，严重影响产品品质。此外，随着聚合反应的进行，体系的黏度也将迅速增大，因此，如何在较高黏度状态下实现对聚合反应器内混合状态和传质、传热过程的有效调控，成了调控丁基橡胶产品质量的关键所在。

目前，世界上丁基橡胶的生产工艺主要有淤浆法和溶液法两种。工业化的溶液法聚合工艺仅俄罗斯采用[78]，淤浆法是目前被广泛采用的丁基橡胶生产方法。1943 年，美国首先采用淤浆法进行丁基橡胶的工业化生产。该方法采用三氯化铝引发体系，氯甲烷为稀释剂，在强烈搅拌下，于－100℃左右进行异丁烯与异戊二烯共聚合，聚合速度极快，得到不溶于稀释剂的聚合产物——丁基橡胶，使聚合体系呈现淤浆状态。采用淤浆法制备丁基橡胶不仅能大大减少导出聚合热时的阻力，还能适应快速聚合的特点，使反应迅速达到所需的平衡和终止，确保聚合物具有较为理想的分子量和分子量分布。

工业生产中使用淤浆法制备丁基橡胶的工艺流程如图 8-19 所示[79]。首先将单体配制后溶于氯甲烷中，并通过冷却器冷却至指定温度，然后进入聚合釜下部，同时加入溶于氯甲烷的 $AlCl_3$ 催化剂，利用釜底部的推进式搅拌器使物料混合均匀。聚合釜内有列管，管内走物料，管间用液态乙烯冷却。聚合一定时间后，将所得胶液在闪蒸塔内通入蒸汽和热水（约 70℃）使胶液萃发，并回收大部分单体和氯甲烷，下部的水和胶粒混合物经过振动筛过滤和洗涤，再经挤压脱水机脱去大部分水后送至干燥箱干燥，经称重、包装即得成品丁基橡胶。

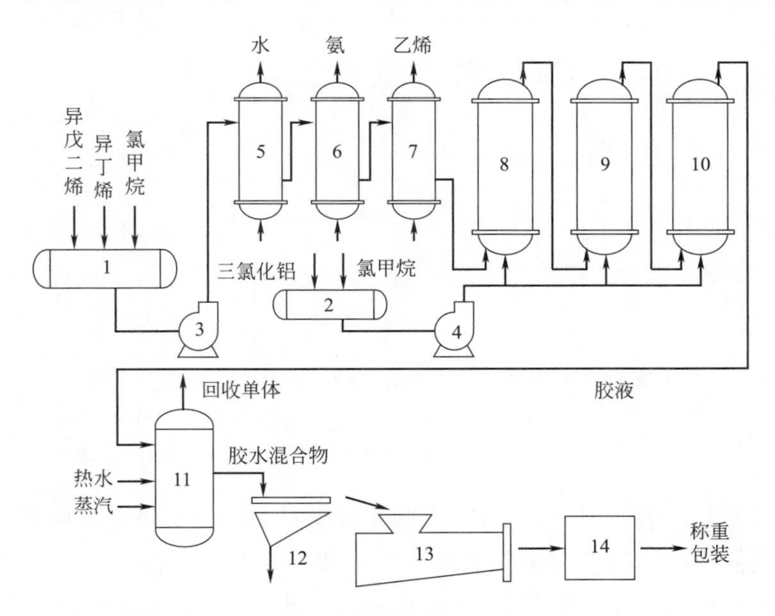

图 8-19　低温法生产丁基橡胶工艺流程示意图

1,2—配制槽；3,4—泵；5～7—冷却塔；8～10—聚合釜；11—闪蒸塔；
12—振动筛；13—挤压脱水机；14—干燥箱

不过，淤浆法工艺对聚合反应器结构的要求极高，目前多采用轴流式强制循环列管式反应器或多层多向搅拌内冷列管式反应器，使催化剂和单体迅速混合，瞬间聚合，而且温度分布要均匀[80～83]。然而，这种反应器技术主要被国际公司所垄断，并且这些列管式反应器存在物料停留时间较长（30～60min）、能耗高等缺点。

结合丁基橡胶聚合反应工艺过程的特点，陈建峰等[62]提出了将旋转填充床反应器应用于丁基橡胶的阳离子聚合反应过程强化的学术思路，利用旋转填充床反应器极大强化分子混合及物料在设备内停留时间短的优势，一方面能够极大地缩小反应器尺寸与重量，较大幅度地降低生产过程能耗；同时，针对阳离子聚合工艺特点设计填充床反应器，能够对产品的质量进行控制，实现高效节能、产品质量可控的目的。

8.5.1 超重力聚合强化技术在丁基橡胶合成中的应用

图 8-20 为工艺流程图。聚合反应的整个操作过程都是在氮气气氛保护下进行。采用高纯氮气对设备进行吹扫，以除去设备中的空气和水，并用精馏后的二氯甲烷进行清洗，直至出口溶剂的水含量达到实验要求；低温下，将异丁烯、异戊二烯单体与精馏后的二氯甲烷按一定比例配成一定体积的混合溶液，在氮气的保护下加入储罐 3 中，制冷至设定温度；再以同样的方法将催化剂（$AlCl_3$）与精馏后的二氯甲烷按一定比例配成一定体积的混合溶液，加入储罐 4 中，制冷至设定温度；开启旋转填充床，并用制冷剂将旋转填充床预冷至反应温度，再将单体与催化剂溶液按一定比例同时打入旋转填充床中进行聚合反应[84]。

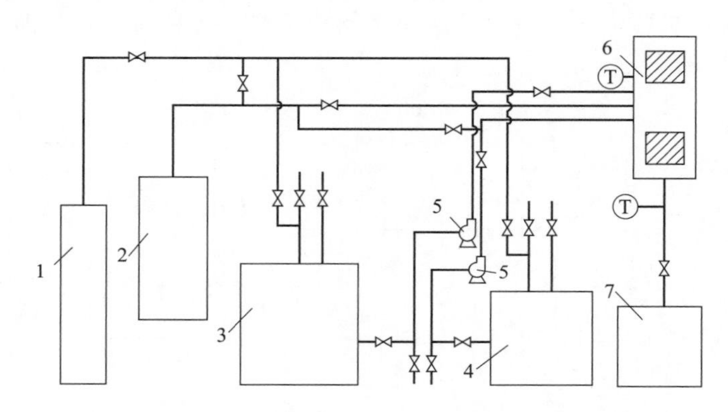

图 8-20 超重力聚合反应合成丁基橡胶工艺流程图

1—氮气钢瓶；2—制冷剂储罐；3—异丁烯，异戊二烯和二氯甲烷储罐；4—三氯化铝和二氯甲烷储罐；5—计量泵；6—超重力反应器；7—丁基橡胶产物罐

（1）聚合温度的影响　图 8-21 显示了聚合温度对 IIR 分子量的影响规律。由图可见，随着聚合温度的降低，产物分子量几乎呈线性增加，从 193K 时的 8.9×10^4 g/mol 增长至 173K 时的 2.89×10^5 g/mol。由于在 Lewis 酸共引发的 IB-IP 阳离子聚合过程中，聚合总活化能为负值[85,86]，聚合速率随聚合温度的降低而加快，温度越低聚合速率越快。同时，在聚合过程中，活性中心的形成与稳定是通过络合反应来调节的，降低温度有利于络合反应，促进活性中心的生成，而升高温度则可能使活性中心失活[78]。因此，降低温度有利于得到高分子量的聚合产物。这也与传统工艺中分子量随聚合温度的降低而升高的趋势相同[84]。

图 8-22 为聚合反应中聚合温度分别为 193K、183K 和 173K 时，聚合产物 IIR 的 GPC 谱图和分子量分布指数。从图中可以看出，在不同聚合温度下，聚合产物 IIR 的 GPC 谱图的峰形几乎一致，超重力反应器中聚合温度对 IIR 分子量分布影响较小（$M_w/M_n=1.99\sim2.24$）。而在传统反应器中，聚合温度对产物分子量分布影响比较明显（$M_w/M_n=2.5\sim3.1$）。

以上研究结果表明，采用超重力法制备 IIR 时，可在保持产物分子量分布均匀度不变的情况下，通过调控聚合温度的方法来调节产物分子量的大小，这为丁基橡胶产品的柔性生产提供了技术上的保障。

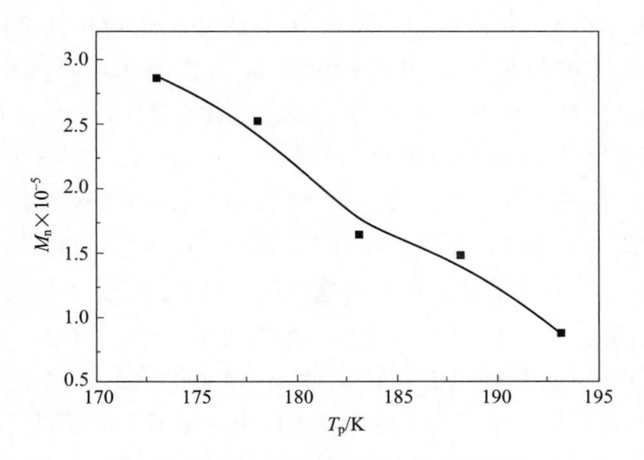

图 8-21　聚合温度对 IIR 数均分子量的影响

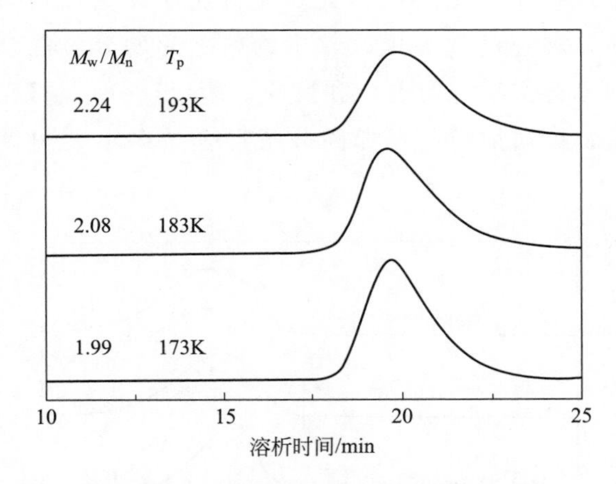

图 8-22　不同聚合温度下 IIR 的 GPC 谱图

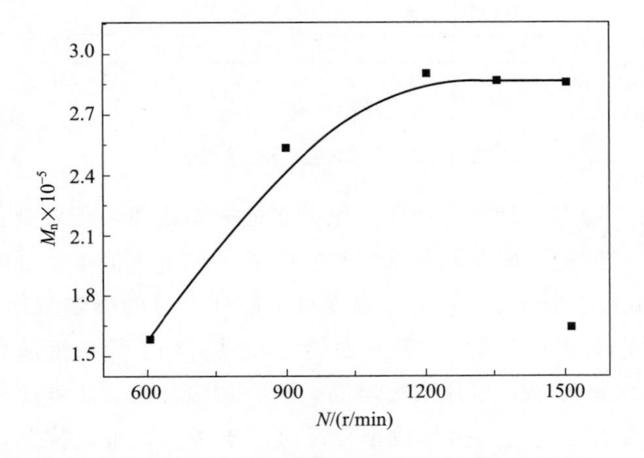

图 8-23　旋转床转速对 IIR 数均分子量的影响

（2）转速的影响　图 8-23 显示了旋转填充床转速对聚合产物 IIR 分子量的影响规律。从图中可见，在较低的转速下，聚合产物 IIR 的分子量随着转速的升高而迅速增加，当转速由 600r/min 提高到 1200r/min，产物 IIR 的分子量也迅速地由 1.58×10^5g/mol 增加至 2.89×10^5g/mol；但继续增加转速对产物分子量变化不大，转速由 1200r/min 提高到 1500r/min，产物 IIR 的分子量由 2.89×10^5g/mol 变化至 2.86×10^5g/mol，几乎没有变化。

图 8-24 为聚合过程中转速分别为 600r/min、900r/min、1200r/min 和 1500r/min 时，聚合产物 IIR 的 GPC 谱图和分子量分布指数（M_w/M_n）。由图可见，在实验条件下，聚合产物 IIR 的 GPC 谱图均为单峰，但当转速低于 1200r/min 时，随着转速的降低，GPC 谱图的峰形逐渐变得不对称，峰形的拖尾现象越趋明显，相对较低分子量的聚合物逐渐增多，分子量分布逐步变宽（$M_w/M_n=1.99\sim2.72$）；而当转速高于 1200r/min 时，GPC 谱图的峰形非常相似，分子量分布指数也相近（$M_w/M_n=1.93\sim1.99$）。产生这种变化的原因是由于旋转填充床转速的不同极大地影响了液体在填料内分子混合的效果。转速增加，填料的线速度相应增加，进入填料的物料与填料之间的相对速度也增加。填料对液体的剪切破碎作用加强，液体被分割成一个个更小的微元，使得反应在更加均匀的环境下进行，所以分子量分布较窄。同时，转速的提高也改善了物料之间的分子混合均匀程度，从而使得单体和催化剂在填料内迅速实现均匀混合和反应，所以，分子量随着转速的增加而变大。但当转速达到一定值后，再增加转速对提高分子混合效果不太明显，因而对分子量和分子量分布影响不大。

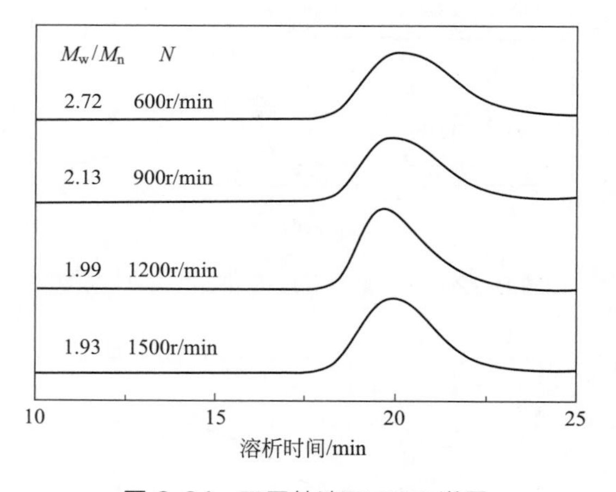

图 8-24　不同转速下 GPC 谱图

综合转速对聚合产物 IIR 分子量和分子量分布的影响规律，若要制备出分子量高、分子量分布窄的 IIR 就必须控制转速在较高水平（本实验条件下不低于 1200r/min）。

（3）异丁烯单体浓度的影响　异丁烯浓度对 IIR 分子量的影响规律见表 8-3，从表中可以发现，IIR 的分子量随异丁烯浓度的升高而增大，但当异丁烯浓度超过一定值后，其浓度变化对 IIR 的分子量没有影响。单体浓度增高，聚合速度加快。工业上一般采用的单体浓度为 30%～35%（体积），浓度过高会导致聚合反应过于激烈，难以控制，而浓度过低，不但降低设备生产能力，而且造成单体转化率不易稳定。

表 8-3　异丁烯浓度对 IIR 分子量的影响

序号	[IB]/(mol/L)	$M_n \times 10^{-5}$	M_w/M_n
1	1.82	1.58	2.74
2	2.7	2.89	1.99
3	3.05	2.86	2.56

(4) 异戊二烯单体浓度的影响　异戊二烯浓度对 IIR 分子量及不饱和度的影响规律见表 8-4。可以看出，IIR 的分子量随着异戊二烯浓度的升高而降低。丁基橡胶的不饱和度可以借助单体中异戊二烯的用量加以调节。但异戊二烯是一种强的链转移剂，其用量显著影响丁基橡胶的数均分子量。

表 8-4　异戊二烯浓度对 IIR 分子量及不饱和度的影响

序号	[IP]/(mol/L)	$M_n \times 10^{-5}$	M_w/M_n	IP/%
1	0.05	2.89	1.99	1.56
2	0.06	2.61	2.07	1.71

(5) 单体与催化剂流量比的影响　单体与催化剂流量比对 IIR 分子量的影响规律见表 8-5。从表中可以发现，IIR 的分子量随单体与催化剂流量比的增大而增大，但当流量比大于 10∶1 后，增大流量比对 IIR 的分子量及分子量分布没有太大的影响。

表 8-5　单体与催化剂流量比对 IIR 分子量的影响

序号	流量比	$M_n \times 10^{-5}$	M_w/M_n
1	6∶1	1.75	2.62
2	8∶1	2.26	2.37
3	10∶1	2.89	1.99
4	13∶1	2.87	2.01

表 8-6 中分别列出了采用旋转填充床反应器和传统工艺制备丁基橡胶的各工艺技术参数。从表中可以明显地看出，和传统工艺相比，采用超重力旋转填充床反应器制备丁基橡胶时，在异丁烯和异戊二烯的浓度配比相近的情况下，不仅可得到分子量和分子量分布均略优于传统工艺的 IIR 产品，而且还具有以下诸多优点：

表 8-6　丁基橡胶聚合的主要工艺技术参数比较

工艺技术参数	传统工艺	超重力技术
聚合温度/K	173～177	173～193
反应器内操作压力/kPa	240～380	常压
物料在反应器内停留时间/s	1800～3600	<1
聚合反应器操作周期/h	24～60	2～3
反应器生产能力/[kg/(m³·h)]	≈200	>20000
产物数均分子量/$\times 10^5$	≥1.5	1～3
产物分子量分布指数	2.5～3.1	2～2.7

① 聚合温度的范围从 173～177K 扩大至 173～193K，能够在不影响分子量分布的情况下制备各个分子量级别的 IIR 产品；

② 降低了反应器的操作压力，在常压下便能正常运转；

③ 使物料在反应器内的停留时间从 30～60min 缩短至小于 1s；

④ 在产能相近的情况下，大大缩小了反应器体积；

⑤ 反应器的生产效率提高了 2～3 个数量级。

8.5.2 超重力聚合反应的模型化

在实验研究的基础上，根据旋转填充床内液体流动情况，将描述旋转填充床内液体分子混合情况的聚并－分散模型应用于丁基橡胶聚合过程中，进一步将聚合反应的反应动力学特点与旋转填充床反应器的分子混合相结合，并根据引用文献和实验拟合，对模型中参数进行了估算。得出碰撞概率（P）与转速（N）以及单体流速（U_1）之间关系式：

当 $N \leqslant 1200\text{r/min}$ $$P=4.6\times10^{-7}N^{1.63}U_1^{1.325} \tag{8-7}$$

当 $N \geqslant 1200\text{r/min}$ $$P=5.03\times10^{-2}U_1^{1.325} \tag{8-8}$$

在聚并-分散模型基础上，建立了丁基橡胶聚合动力学的链节模型和拟定常态模型。结合实验数据，通过计算、实验拟合以及引用文献结果等方法确定了模型中的各个参数值。在链节模型中得出链增长速率常数（k_p）与聚合温度（T_p）之间的关系式：

$$\ln k_{p,M1}=2866/T_p^{-4.76} \tag{8-9}$$

在拟定常态模型中得出链增长速率常数（k_p）与聚合温度（T_p）之间的关系式：

$$\ln k_p=1971/T_p+1.27 \tag{8-10}$$

图 8-25 和图 8-26 分别为链节模型和拟常态模型的实验值和模拟值的数均分子量的斜方图。从图 8-25 可以看出，链节模型的误差在±10%的范围内。从图 8-26 可以看出，拟常态模型的误差在±12%的范围内。两种动力学模型均显示了在模拟不同条件下数均分子量的变化时具有相对的准确性[84,87]。

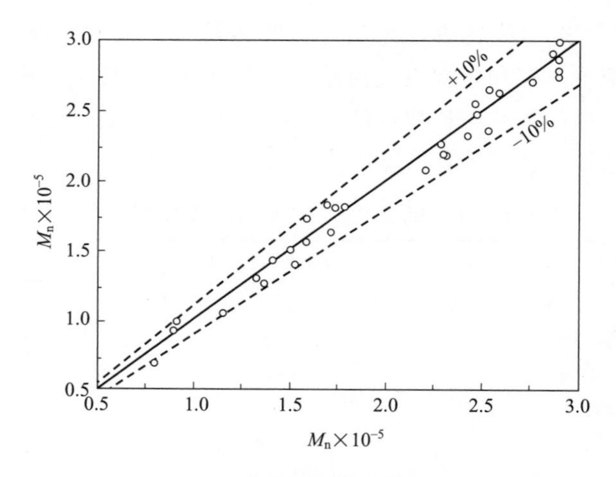

图 8-25 链节模型的误差分析图

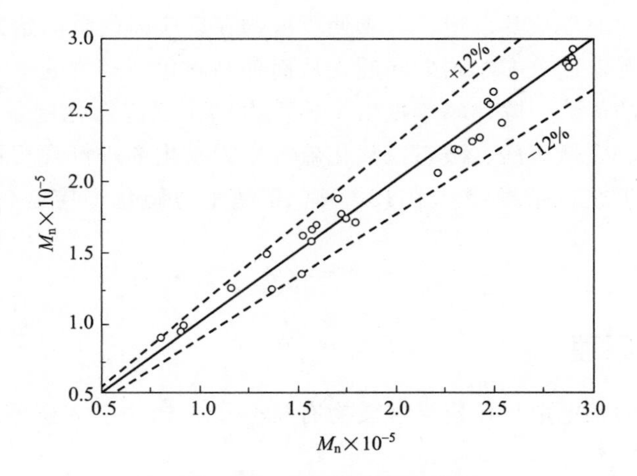

图 8-26　拟常态模型的误差分析图

8.6　超重力磺化反应强化技术

石油磺酸盐作为油田化学驱油用阴离子表面活性剂的一种，因其生产成本低、与油藏配伍性好、界面活性高等特点，在诸多驱油助剂中占有重要地位。石油磺酸盐的组成复杂，包括有效活性物、未磺化油、无机盐等。由于产品的组成与其性能关系密切，为指导合成与生产，需要对石油磺酸盐组分进行分离分析。用于石油磺酸盐组分分析的方法较多，传统的有重量法，现在又出现了快速分析法及渗析法等。石油磺酸盐活性物含量分析方法中比较常用的是单相滴定法和两相滴定法。随着仪器分析手段技术水平的提高，又出现了紫外光谱法、选择性电极法、红外光谱法和高效液相色谱法等。如表 8-7 所示，为某公司驱油用石油磺酸盐产品的技术指标。

表 8-7　石油磺酸盐产品的技术指标

项目	指标
外观	棕褐色黏稠液体
pH 值	7～9
活性物含量(质量)/%	≥35
未磺化油含量(质量)/%	≤25
挥发份含量(质量)/%	≤34
无机盐含量(质量)/%	≤6
油水界面张力[0.4(质量)%产品浓度]/(mN/m)	5×10^{-2}

石油磺酸盐一般经由石油馏分与磺化剂发生磺化反应而制得。已有的磺化反应器主要包括搅拌釜式、降膜式、喷射式三种[88～102]。由于上述传统反应器固有的特征，如停留时间长、传质/混合效率低等，导致总体反应效率不高，现有石油磺酸盐产品中的有效物质即活性物含量并不高，产品质量和生产效率还有待进一步提升。

由于磺化反应是快速强放热反应，必须使反应物在反应器内瞬间达到均匀混合，才能避免反应器内物料浓度和温度分布不均匀问题，从而抑制磺化副产物的产生。鉴于旋转填充床在强化分子混合方面的优势，陈建峰等提出了超重力磺化反应强化制备石油磺酸盐新技术，开发了气态三氧化硫、发烟硫酸、液态三氧化硫等作为磺化剂进行气相及液相磺化合成石油磺酸盐的过程强化新工艺，指导建立了1000吨/年超重力磺化反应制备石油磺酸盐工业示范线。

8.6.1 磺化反应原理

磺化反应为典型的亲电取代反应，本质为有机分子结构中引入磺酸基（-SO_3H），其反应历程如图8-27所示。

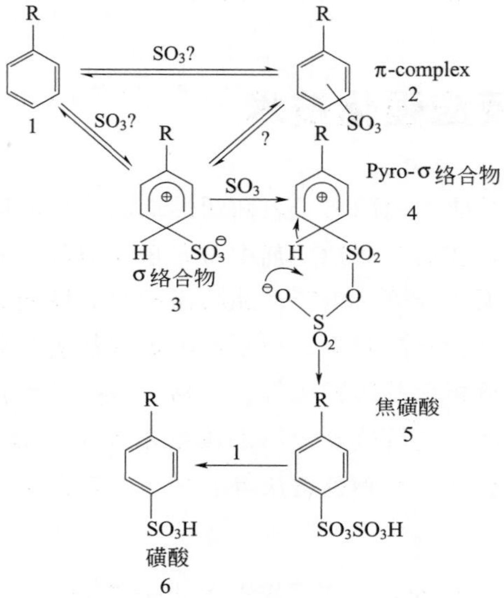

图8-27 芳烃磺化反应机理[103]

在磺化过程中，形成σ络合物通常是控制反应速率的步骤。由于σ络合物脱去质子对总反应速率无影响，因而不存在氢动力学同位素效应，即$k_H/k_D \approx 1$。然而，当脱质子阶段受到空间位阻影响时，则有明显的动力学同位素效应，这时，脱质子阶段成为速率控制步骤。空间位阻对于磺化的定位作用十分敏感。实验证明，当可能生成的产物能量值彼此相差不大时，则表示空间效应的影响较小，此时磺酸基的进入位置由电子效应来决定。在大部分磺化反应中，产物组成均符合这一规律，即当能量值相近时，电子效应将对定位起主要作用。

在动力学方面，对SO_3和芳烃（1）来说，形成σ络合物（3）的过程均属于一级反应。对芳烃来说，π-complex（2）与SO_3反应生成Pyro-σ络合物（4）的过程属于一级反应；而对SO_3来说，却属于二级反应。与Pyro-σ络合物（4）形成焦磺酸（5）的过程相比，焦磺酸（5）与芳烃（1）反应生成芳基磺酸（6）的过程通常被认为是慢反应，对芳烃来说属于一级反应，对SO_3来说属于二级反应。绝大多数磺化动力学研究表明，芳基磺酸（6）不是主要的反应产物。由分子模拟（对直链烷基苯 LAB 分子轨道能量的计算）得出的磺化反应能量随反应进程的变化如图 8-28 所示。

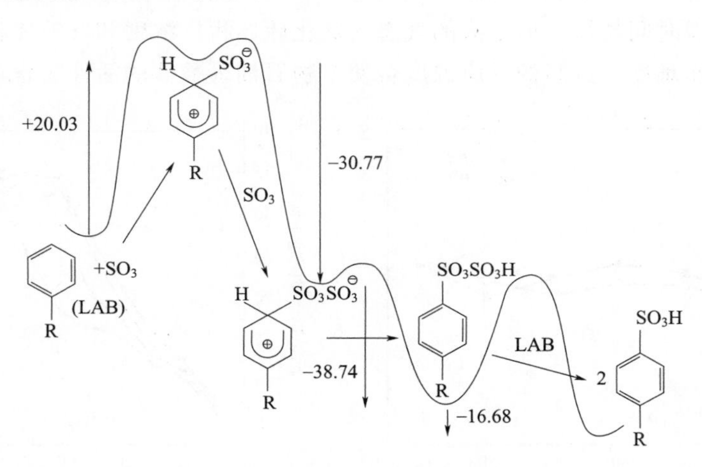

图 8-28 芳烃磺化反应历程的焓变[104]

8.6.2 超重力磺化反应强化新工艺

(1) 超重力气相磺化反应强化工艺 传统的气相磺化通常采用膜式磺化反应器合成工艺，其实质混合气中的 SO_3 和原料发生快速气液反应。由于反应是瞬间完成，则在相界面上 SO_3 浓度为零，整个反应过程受气膜中 SO_3 扩散控制。采用超重力气相磺化工艺，有望强化气液传质过程，进而实现磺化反应过程强化。以气态三氧化硫为磺化剂的超重力气相磺化反应装置如图 8-29 所示。

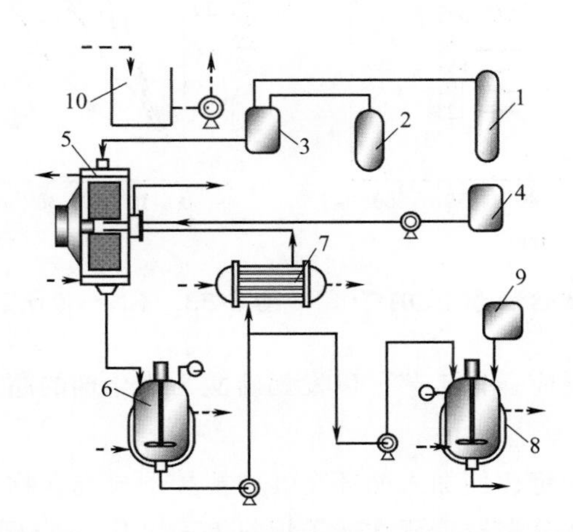

图 8-29 以气态三氧化硫为磺化剂的超重力气相磺化反应装置

1—氮气钢瓶；2—气态三氧化硫发生器；3—气体混合器；4—原料油储罐；5—旋转填充床；6—循环管；7—换热器；8—中和搅拌罐；9—氨水储罐；10—循环冷却系统

图 8-30～图 8-35 可以看出，在反应温度、气态三氧化硫体积比浓度、气液体积流量比三种因素影响下，石油磺酸盐的活性物含量随着反应时间的延长呈现先升后降的变化趋势；

当以上反应条件或操作方式改变时，产物石油磺酸盐的活性物含量达到最高值时的时间点也在改变。总的来说，反应温度、气态三氧化硫体积比浓度和气液体积流量比越大，活性物含量达到最高值所需时间越短。但过大的气态三氧化硫体积比浓度和气液体积流量比会降低操作弹性，增加操作难度，过高的反应温度会使产物石油磺酸盐的活性物含量最高值下降。

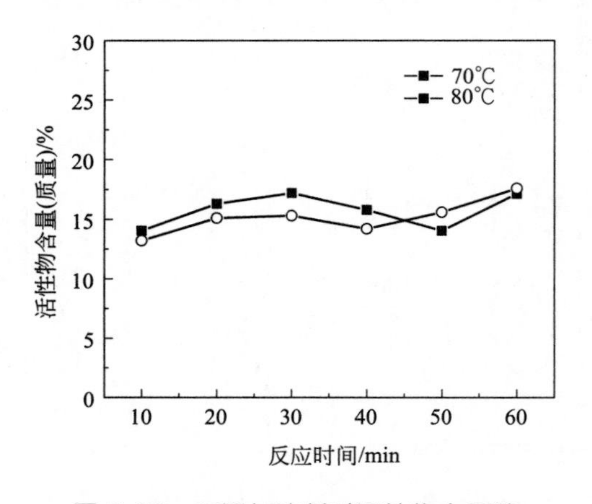

图 8-30 不添加溶剂时活性物含量随时间的变化趋势

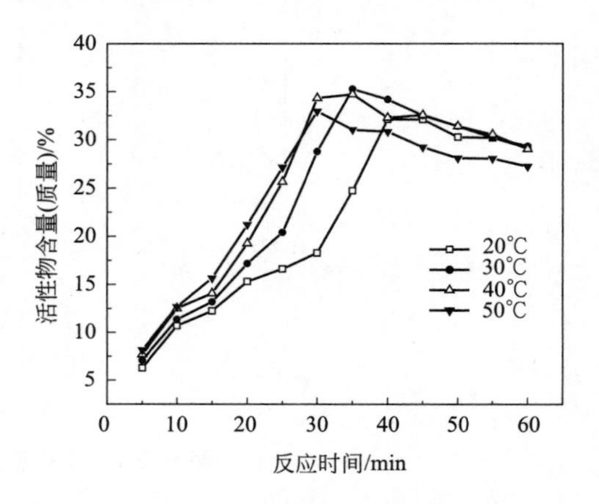

图 8-31 不同温度下活性物含量随时间的变化趋势

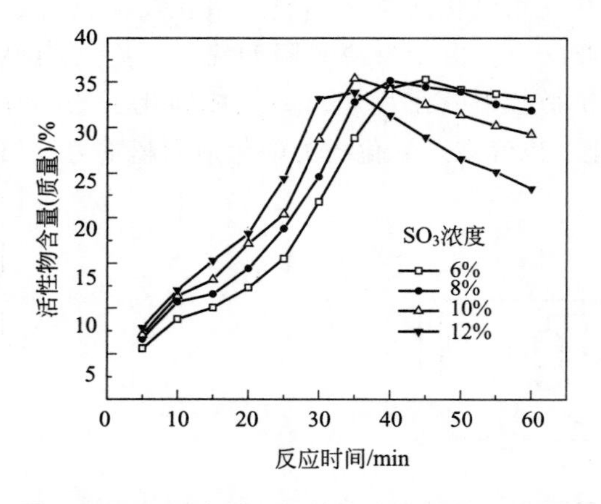

图 8-32 不同气浓下活性物含量随时间的变化

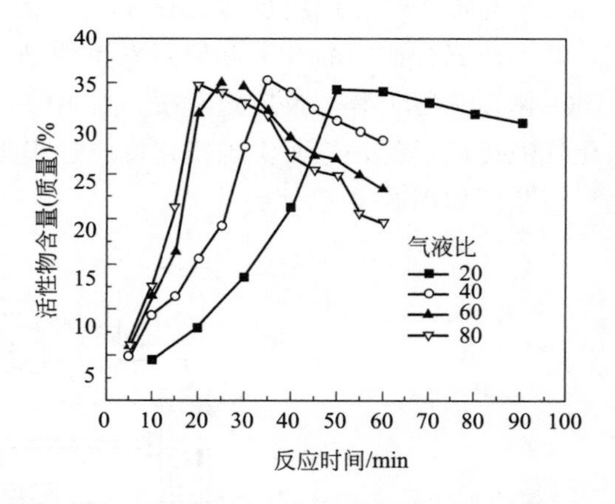

图 8-33 不同气液比下活性物含量随时间的变化

（2）超重力液相磺化反应强化工艺　以发烟硫酸为磺化剂的超重力液相磺化反应装置如图 8-36 所示。

将溶剂和馏分油按照一定比例加入循环罐 3 中搅拌形成混合物，进一步将该混合物泵入旋转填充床 2 内并通过液体分布器喷洒在转子填料表面（从 A 点到 C 点），使该混合物在旋转填充床 2 和循环罐 3 之间作循环；将一定量的磺化剂按照一定流速通过液体分布器泵入旋转填充床 2 内（从 B 点到 C 点），磺化反应由此发生。反应物料的温度可以通过循环冷却系统 6 和换热器 4 来控制。到预定的时间后，将反应生成的包含有石油磺酸的物料从循环罐 3 泵入分离罐 5 中，经沉降分离出酸渣；分离上层液后，取出进行老化、中和等后续处理，最终生成石油磺酸盐粗产品，中和所用试剂为 25(质量)%的氨水。

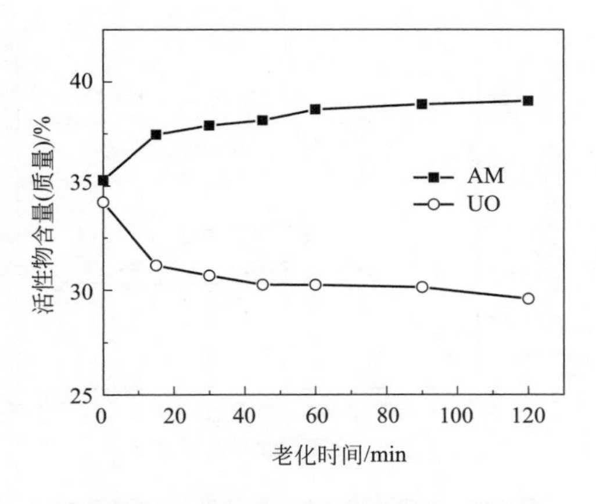

图 8-34　老化时间对活性物（AM）与未磺化油（UO）含量的影响

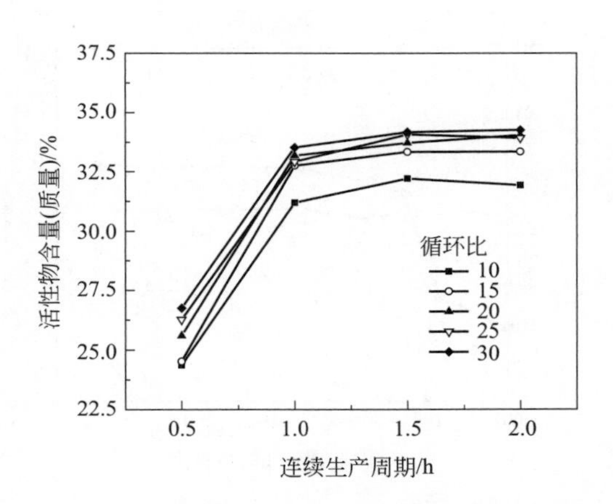

图 8-35　循环比对活性物含量的影响

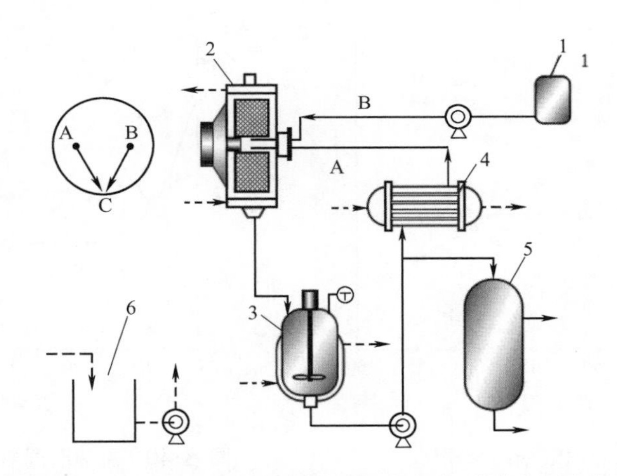

图 8-36　以发烟硫酸为磺化剂的超重力液-液磺化反应装置

1—液态磺化剂储罐；2—旋转填充床；3—循环罐；4—换热器；5—分离罐；6—循环冷却系统

由图 8-37 可以看出，以黏度较高的馏分油为原料时，溶剂在超重力磺化过程中起重要作用。合适的溶剂加入量对石油磺酸盐的活性物含量提升作用明显［从 10(质量)%～33(质量)%］，活性物含量的提高也间接证明了快速强放热磺化反应体系内物料均匀分布的重要性。图 8-38～图 8-40 给出了磺化剂/馏分油的质量比、反应温度、反应时间对石油磺酸盐的活性物含量及未磺化油含量的影响规律。石油磺酸盐的活性物含量都是呈现先升后降的变化趋势，且在最优值处达到最大值。相应地，石油磺酸盐中未磺化油含量在最优值处达到最小值。

旋转床转速、老化时间对石油磺酸盐的活性物和未磺化油含量的影响不大（图 8-41、图 8-42）。对于工业生产来说，从节能降耗的角度考虑，可以采用较低的转速和较短的老化时间以节约成本。

由图 8-43 可知，随着石油磺酸酸值的增加，中和后的石油磺酸盐的活性物含量也相应提高，且基本呈线性增长。

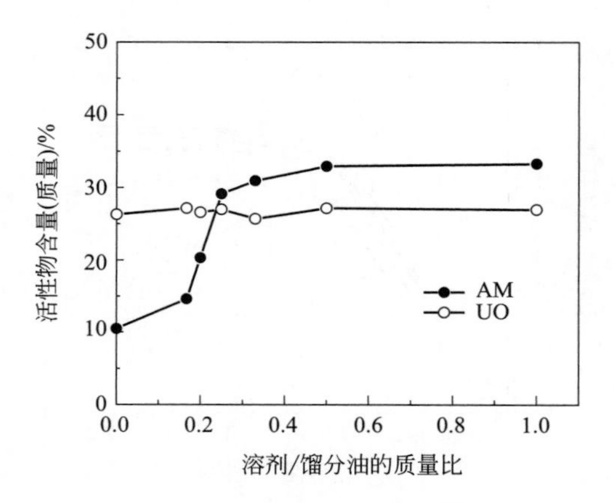

图 8-37 溶剂/馏分油的质量比对活性物与未磺化油含量的影响

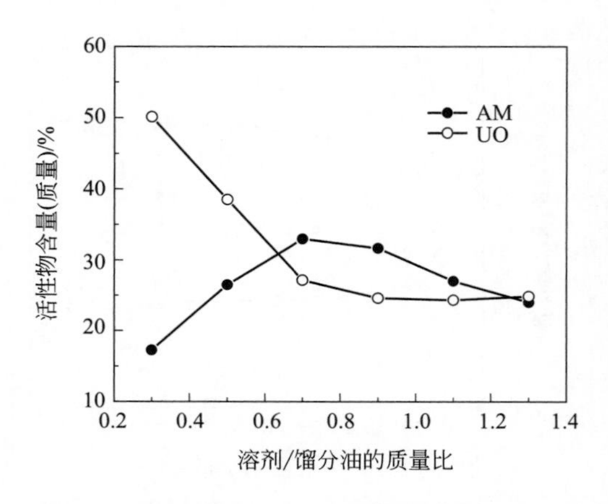

图 8-38 磺化剂/馏分油的质量比对活性物与未磺化油含量的影响

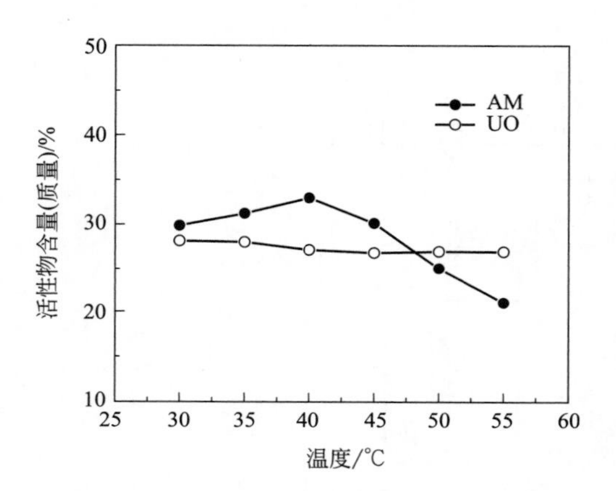

图 8-39 温度对活性物与未磺化油含量的影响

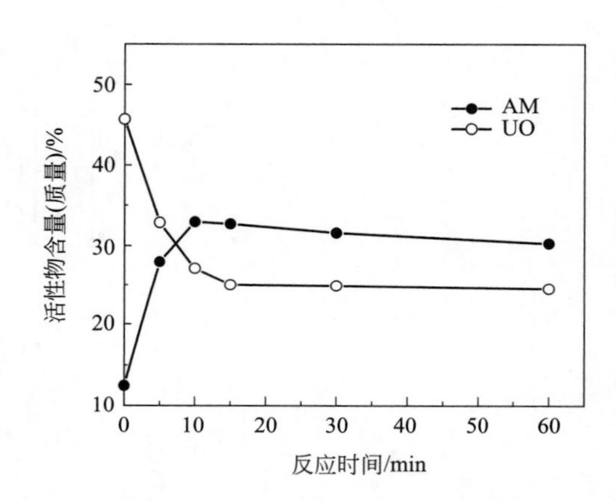

图 8-40 反应时间对活性物与未磺化油含量的影响

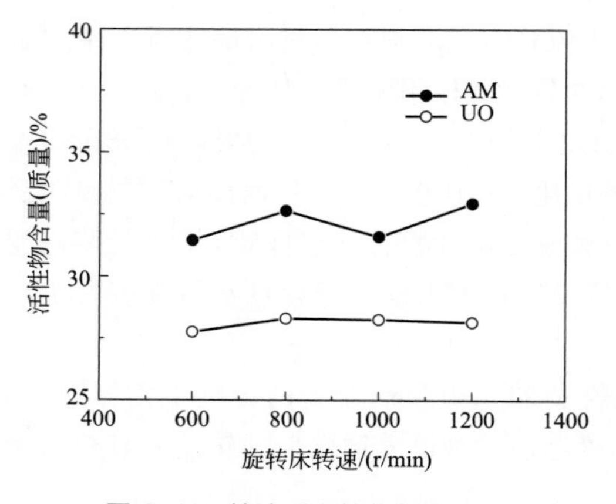

图 8-41 转速对活性物与未磺化油含量的影响

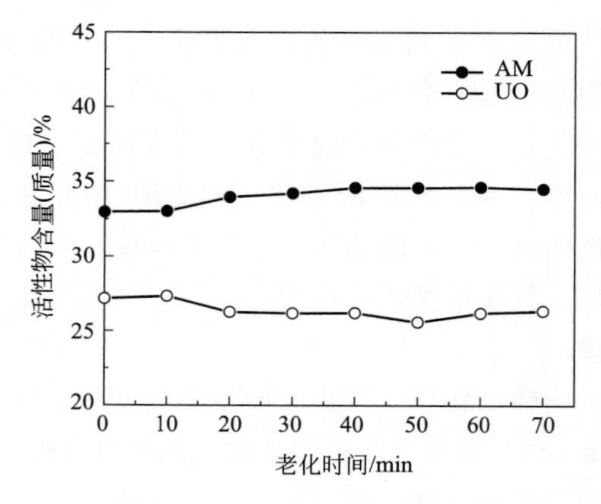

图 8-42 老化时间对活性物与未磺化油含量的影响

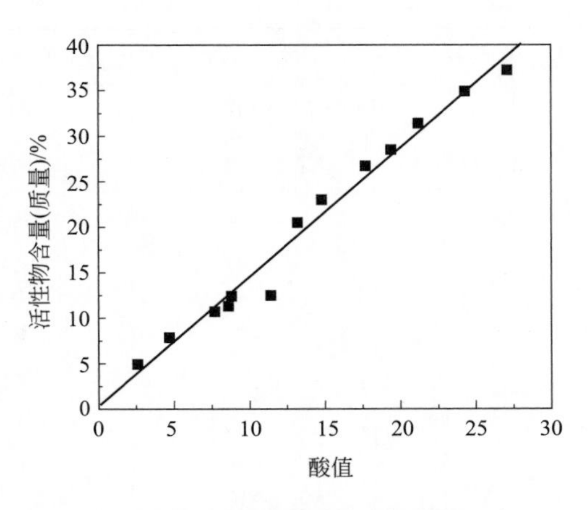

图 8-43　酸值对活性物含量的影响

通过拟合计算，给出了（适用于胜利油田驱油用石油磺酸盐表面活性剂的合成）酸值与活性物含量的关联式：

$$活性物含量(质量)\%=0.34+1.41\times酸值 \tag{8-11}$$

表 8-8 给出了在同样的最优反应条件下，分别由釜式（烧瓶）磺化反应器和超重力磺化反应器所制备的石油磺酸盐表面活性剂的性能比较。

表 8-8　不同反应器对比

指标	烧瓶 1	烧瓶 2	旋转填充床
磺化剂液滴尺寸	0.05mL	0.02mL	10^1～10^2μm
活性物含量(质量)/%	23.2	29.5	32.9
未磺化油含量(质量)/%	25.9	25.4	27.6
酸渣含量(质量)/%	19.1	13.9	8.2

通过比较发现，在活性物、未磺化油、酸渣含量等方面，超重力液液磺化反应制备的石油磺酸盐均有优势。这表明液-液分子混合的强化非常有利于磺化反应。

以液态三氧化硫为磺化剂的超重力液-液磺化反应装置与以发烟硫酸为磺化剂的超重力液-液磺化装置类似。与以发烟硫酸和液态三氧化硫为磺化剂的老化阶段相比，采用气态三氧化硫为磺化剂时，相同的老化时间内，产物老化工艺对石油磺酸盐活性物含量的提升更明显。石油磺酸盐的活性物含量随循环比增加而增加，当反应时间大于 1h 时，趋于稳定。

表 8-9 给出了使用相同的原料油和不同的磺化剂，在各自最优反应条件和操作参数下，分别由工业规模釜式磺化反应器（胜利油田源润化工有限公司）和超重力磺化反应器所制备的驱油用石油磺酸盐表面活性剂的性能比较。在各自最优反应条件和操作参数下，以气态三氧化硫为磺化剂合成出的石油磺酸盐活性物含量高于以发烟硫酸为磺化剂制备出的产品，但低于以液态三氧化硫为磺化剂制备出的产品。

表 8-9 旋转填充床反应器与釜式磺化反应器性能比较

指标	气态 SO_3	发烟硫酸	液态 SO_3	液态 SO_3
反应器	RPB	RPB	RPB	STR
操作类型	液液连续	液液半连续	液液连续	液液半连续
活性物含量(质量)/%	35.3	32.9	45.3	30.2
未磺化油含量(质量)/%	34.2	27.6	23.5	39.8
无机盐含量(质量)/%	5.5	8.2	6.2	5.0
挥发组分(质量)/%	25.0	25.0	25.0	25.0
酸渣(质量)/%	0	6.3	0	0
表面张力/(mN/m)	5.7×10^{-3}	5.5×10^{-3}	4.5×10^{-3}	6.0×10^{-3}
平均停留时间	35min	10min	15min	6h
单位能耗	1.1	0.95	0.8	1

通过比较发现，超重力磺化反应制备的驱油用石油磺酸盐表面活性剂，在活性物、未磺化油、无机盐、界面张力和单位产量能耗等方面，均较现有工业规模釜式磺化产品有优势。

8.6.3 超重力液相磺化反应强化制备石油磺酸盐的工业示范

基于试验研究，北京化工大学教育部超重力工程研究中心与胜利油田源润化工有限公司共同建设了产能为1000t/a的超重力液相磺化反应强化制备石油磺酸盐的工业示范线，并于2009年4月成功完成了生产线的开车和工业试验，工业产品性能优异。图8-44和图8-45分别为工业示范线用循环搅拌釜和超重力磺化反应器。超重力磺化反应制备石油磺酸盐的工业示范线运行稳定，产品质量优异。说明以液态三氧化硫为磺化剂的超重力液相磺化法的适应性好，装置放大后的产品性能依然良好，充分表明了超重力技术的优越性。

图 8-44 工业示范线用循环搅拌釜

图 8-45 工业示范线用超重力磺化反应器

8.7 超重力高级氧化过程强化技术

随着我国工业水平不断发展进步，工业化所带来的“三废”问题也日渐突出，特别是难以生物降解的有机废水成了困扰社会的重大问题。在石化、印染、制药等化工行业，工业废水的成分复杂、可生化性差、并且大多具有生物毒性。如何对其进行快速有效的处理是目前水处理领域亟须破解的难题之一。高级氧化技术（AOP）具有氧化彻底、氧化速度快、选择性低的特点，它被应用于多种工业废水的处理当中。臭氧高级氧化技术是一种快速处理难降解有机废水的方法，其氧化速度快、无二次污染、氧化较为彻底。臭氧高级氧化技术主要包括过渡金属离子均相催化臭氧化、金属及其氧化物非均相催化臭氧化、O_3/H_2O_2、O_3/UV 等。但该类方法常常存在 O_3 的吸收速度慢、利用率不高等缺点。因此，邵磊等提出了超重力高级氧化过程强化新技术（HAOP），该技术利用超重力技术高度强化传质和混合的特点，来解决臭氧高级氧化工艺中的气液传质问题，可以大幅增加臭氧高级氧化工艺中臭氧的吸收和氧化效率、减少氧化剂的用量，为有机废水处理提供了一种可行的技术。

8.7.1 HAOP 处理有机废水的工艺

HAOP 处理有机废水的典型工艺如图 8-46 所示。

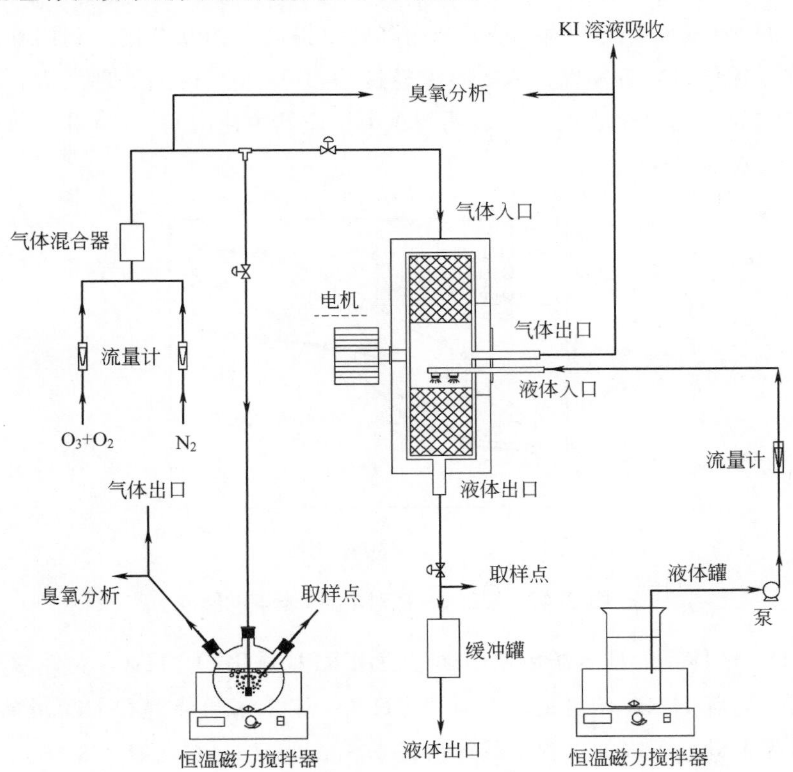

图 8-46　HAOP 处理有机废水工艺流程图

臭氧通过以氧气为气源的臭氧发生器放电产生，含臭氧气体通过超重力反应器气体进口通入。有机废水通过超重力反应器液体进口通入，臭氧气体与有机废水在超重力反应器中逆流接触，臭氧被有机废水吸收并与污染物发生反应使其降解。反应后的气体与处理后的废水分别通过超重力反应器的气体出口与液体出口离开。出口气体经 KI 溶液吸收后排放，液体样品在液体出口处取样分析。

如果该工艺中添加 Fe(Ⅱ)、H_2O_2 或 Fenton 等促进污染物降解的物质，它们则需要预先添加进废水中进行预混，然后再通入超重力反应器中与臭氧反应。

8.7.2 HAOP 处理苯酚废水

曾泽泉[105]采用 O_3/Fe(Ⅱ)、O_3/H_2O_2 和 O_3/Fenton 等 HAOP 对模拟苯酚废水进行了处理，苯酚降解率可达 98.6%，BOD_5/COD 值由 0.2 增加至 0.58，取得了良好的效果。

（1）O_3/Fe(Ⅱ) 体系处理苯酚废水　在酸性条件下，添加 Fe(Ⅱ) 能够提高 O_3 对苯酚的氧化效率，O_3/Fe(Ⅱ) 体系的苯酚降解率要比 O_3 体系显著提高，如图 8-47 所示。O_3/Fe(Ⅱ)体系中的苯酚降解率先随着 Fe(Ⅱ) 浓度或温度的增加而增加，当 Fe(Ⅱ) 浓度或温度过高时，苯酚降解率有下降的趋势，研究确定较为合适的 Fe(Ⅱ) 浓度为 0.4mmol/L，温度为 25℃。超重力反应器转速的增加能够增加 O_3/Fe(Ⅱ) 体系与 O_3 体系中的苯酚降解率，当所提供的超重力环境从 2*g*（*g* 为地球重力加速度）增加至 175*g* 时，O_3 和 O_3/Fe(Ⅱ) 体系的传质系数提高了约 1 倍，苯酚降解率提高了约 0.7 倍。利用响应面法对操作条件的影响进行优化研究后发现，苯酚溶液经过 O_3/Fe(Ⅱ) 体系处理之后，可生化性大幅提升，从处理前的 0.2 增加至 0.56，表明超重力反应器中使用 O_3/Fe(Ⅱ) 体系是一种处理酸性酚类废水的有效方法。

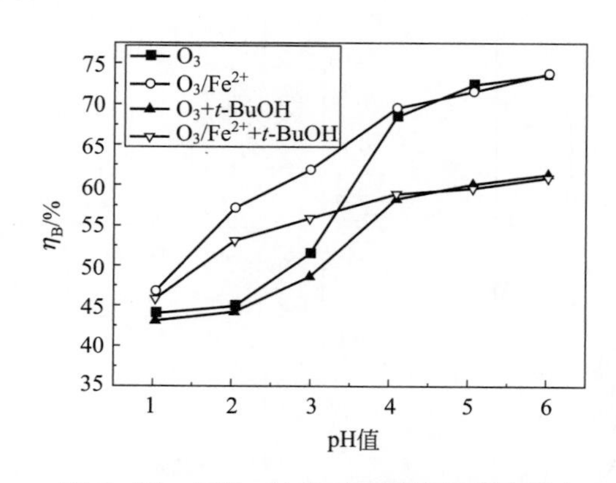

图 8-47　初始 pH 值对苯酚降解率的影响

（2）O_3/H_2O_2 体系处理苯酚废水　通过使用 RPB 强化 O_3/H_2O_2 体系氧化降解苯酚废水的研究发现，随着 H_2O_2 浓度的增加，O_3/H_2O_2 体系苯酚降解和 COD 降解的表观反应速率常数均有先上升后下降的过程，其峰值在 0.8mmol/L 左右，如图 8-48 所示。苯酚废水的处理效果随着 pH、O_3浓度、温度和超重力反应器转速的增加而改善。并且发现在本研究条件下，单纯的气体吹脱对于苯酚的脱除没有明显的贡献。基于经验二次模型的预测，确定较为适宜的操作条件为：H_2O_2 浓度为 1.3mmol/L，初始 pH 值为 9，O_3浓度为 60mg/L，反应温度为 25℃，转速为 1000r/min。

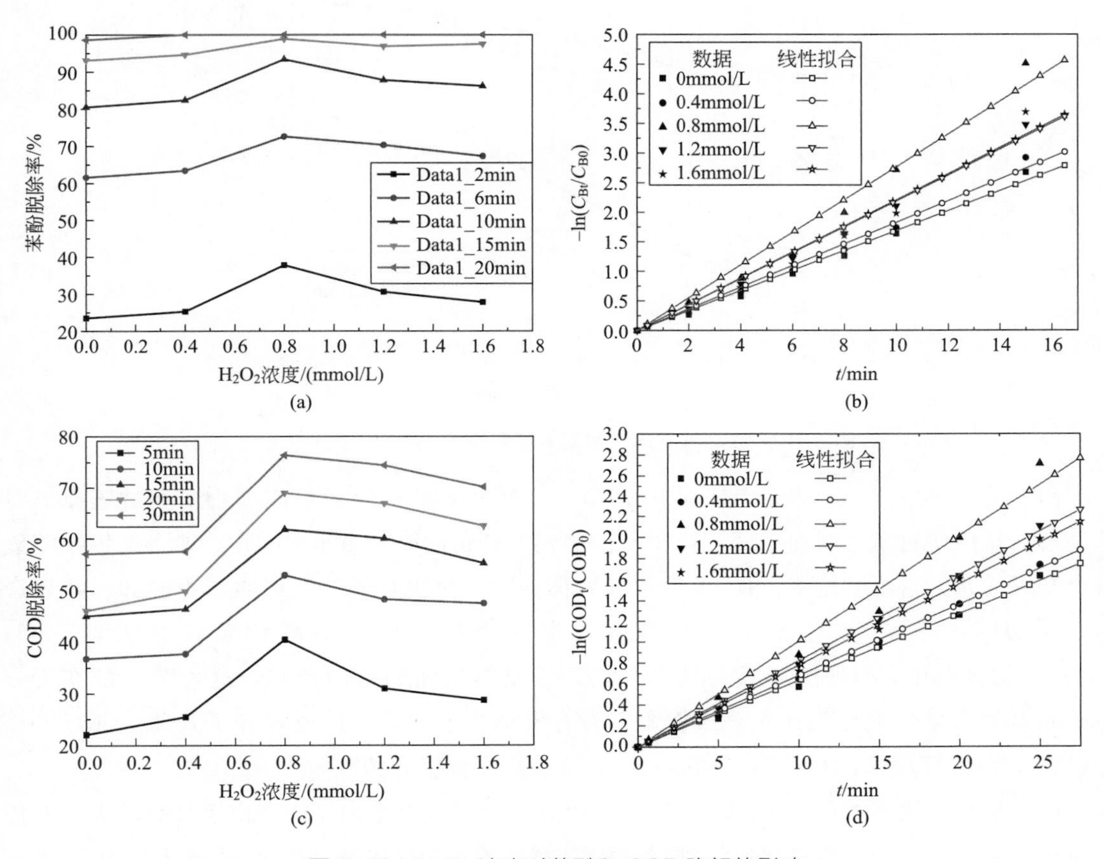

图 8-48　H_2O_2 浓度对苯酚和 COD 降解的影响

（3）O_3/Fenton 体系处理苯酚废水　通过超重力强化 O_3/Fenton 体系处理苯酚废水的研究发现，当超重力反应器从 300r/min 增加至 1500r/min 时（超重力水平从 8g 增加至 200g），O_3体系和 O_3/Fenton 体系的苯酚降解率分别从 47%和 68.7%增加至 76.1%和 87.9%，表明超重力技术可以显著强化苯酚废水的处理效果，且 O_3/Fenton 体系的苯酚降解率比 O_3体系提高 20%以上，如图 8-49 所示。

研究结果表明，H_2O_2 浓度、O_3 浓度、RPB 转速的增加有利于苯酚的降解，但在 Fe(Ⅱ)浓度 0.2mmol/L 左右、反应温度在 25℃左右时，O_3/Fenton 体系的苯酚降解率存在峰值。基于较优实验条件下的结果显示，经过 O_3/Fenton 体系处理的苯酚溶液的 BOD_5/COD 值由 0.2 增加至 0.58，大大高于生化处理所需的 0.3，可生化性大幅提高。

（4）HAOP 处理苯酚废水机理分析　通过比较 O_3、O_3/Fe(Ⅱ)、O_3/H_2O_2 以及 O_3/Fenton 四种氧化体系的羟基自由基与 O_3浓度的比值（Rct 值）以及苯酚降解机理发现，催化剂加入可提高 O_3产生自由基的效率。当臭氧浓度相同时，高级氧化工艺（O_3/H_2O_2 和 O_3/Fenton）

的羟基自由基浓度明显高于O_3体系，尤其是O_3/Fenton体系的羟基自由基浓度是O_3体系的约80倍。所以，高级氧化体系可以提高氧化速率和降低选择性。

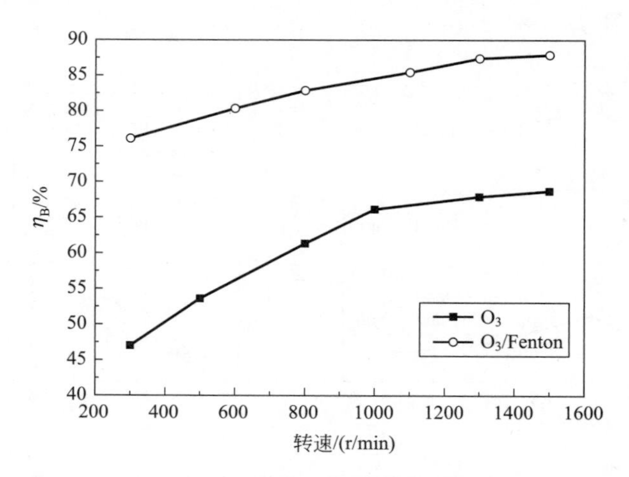

图 8-49 旋转填充床转速对苯酚降解率的影响（pH=4）

当pH=2时，在O_3体系中添加Fe(Ⅱ)，使部分苯酚降解的中间产物苯醌被还原成对苯二酚，从而使对苯二酚在中间产物中所占比例上升；同时，由于Fe(Ⅱ)加入使体系苯氧自由基等活跃的自由基增多，使O_3/Fe(Ⅱ)体系中产生少量邻苯二甲酸二甲酯和一些聚合物。当pH=7时，O_3体系中苯酚降解的中间产物浓度相对酸性条件有明显下降；O_3/Fenton体系中，除了少量残留苯酚外，几乎没有检测到中间产物，这表明苯酚在O_3/Fenton体系降解相对更为彻底，产物大多为有机小分子酸等，这也解释了苯酚溶液经O_3/Fenton体系处理后，BOD_5/COD值相对O_3体系有大幅提升的现象。

计算臭氧氧化苯酚反应的Hatta数（八田数）发现，超重力反应器由于具有较大气液传质面积，有利于苯酚的臭氧化反应进行。RPB系统的苯酚降解率、COD降解率以及BOD_5/COD比搅拌釜系统分别高出58%、10%和23%，表明RPB系统针对快速反应有着明显的强化作用。

8.7.3 HAOP处理印染废水

李鑫[106]采用超重力均相催化臭氧化方法处理酸性红模拟染料废水，考察了影响脱色率的几个主要因素，得出了适宜的操作条件。

（1）O_3体系处理酸性红B废水　采用O_3体系单独处理酸性红B废水发现，超重力水平对脱色率有显著影响，脱色率随着转速的增加而显著提高（图8-50），且脱色率随着pH的升高而增加。这是由于在碱性条件下，O_3分子在溶液中分解生成具有更强氧化性的羟基自由基，与酸性红B的偶氮基发色基团发生反应，使其发生结构转变或断裂，从而达到快速脱色的效果。

（2）O_3/Fe(Ⅱ)体系处理解酸性红B废水　比较O_3/Fe(Ⅱ)体系与O_3体系处理酸性

红B的效果可以发现Fe(Ⅱ)对臭氧化过程具有显著的促进作用(图8-51)。在O_3/Fe(Ⅱ)体系中，随着转速从300r/min增加至1500r/min，脱色率从68.9%增加至98.1%。这是因为，随着转速的提高，进入转子的酸性红B废水在填料的作用下，被撕裂成极小的液滴和液膜，其分散和湍动程度得以强化，从而形成了巨大的、急剧更新的气液界面，大大提高了气液传质系数，使O_3的吸收效率显著提高，因此加强了酸性红B废水的处理效果。

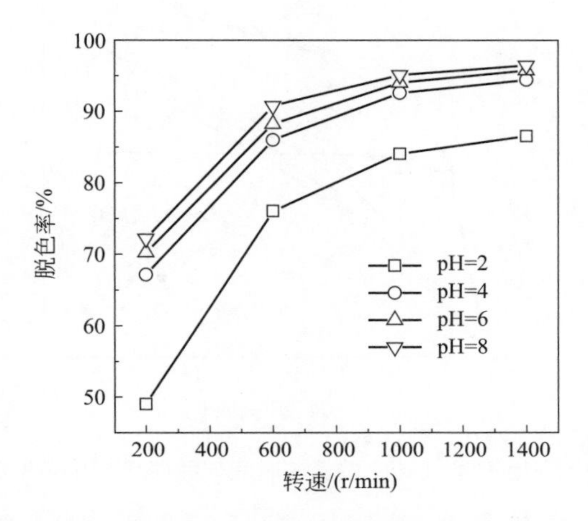

图8-50 旋转床转速对酸性红B脱色率的影响(一)

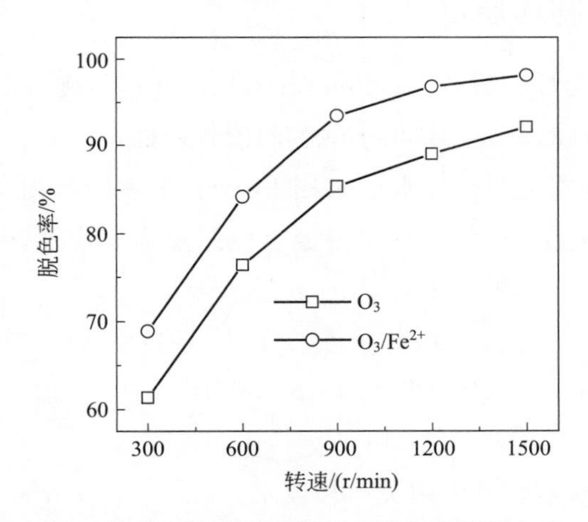

图8-51 旋转床转速对酸性红B脱色率的影响(二)

研究结果表明，在温度为25℃(常温下)，旋转床转速为800r/min，pH=2，Fe(Ⅱ)浓度为0.5mmol/L，气体流量为120L/h(O_3浓度为64mg/L)，液体流量为20L/h时，酸性红B的脱色率可达到97%以上。

(3) 不同HAOP处理酸性红B废水的比较　不同HAOP对酸性红B废水的处理效果对比如图8-52所示。

Fenton体系反应速率较快，在2min时，脱色率已达到约50%，但随着时间增加，Fe^{2+}的消耗也随之增加，羟基自由基数量减少，脱色率没有进一步的提高；O_3/H_2O_2和O_3/Fe(Ⅱ)对于O_3单独氧化有一定的促进作用；O_3/Fenton体系与O_3单独氧化比较，

O_3/Fenton极大地提高了脱色率，准一级反应速率常数也从 0.071 增加到 0.138，而且在 2min 之后，O_3/Fenton 体系比 Fenton 体系的脱色率显著提高。这是因为 O_3、Fe^{2+}、H_2O_2 三者耦合能极大提高羟基自由基的生成速率，从而提高酸性红 B 的降解速率。

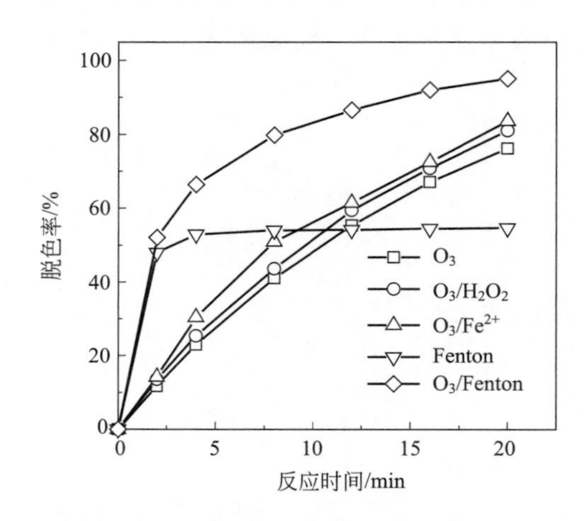

图 8-52 采用不同 HAOP 的反应时间与酸性红 B 脱色率的关系

8.7.4 HAOP 处理制药废水

李墨[107]进行了超重力反应器中 O_3/Fenton 氧化法处理阿莫西林废水的研究，考察了不同工艺条件对 COD 去除率的影响，得出了适宜的操作条件。

（1）Fenton 体系处理阿莫西林废水　采用 Fenton 单独降解阿莫西林废水，结果表明，COD 去除率随着 $FeSO_4 \cdot 7H_2O$ 的投加量、温度、超重力反应器转速和 pH 的增加先上升后下降，存在一个最优点，如图 8-53 所示。

在阿莫西林浓度为 100mg/L，液体流量 30L/h，温度 26℃，转速：800r/min，H_2O_2 的投加量为 1mmol/L，Fe(Ⅱ) 投加量为 0.4mmol/L，pH=3 时，Fenton 体系 COD 去除率可达 45.66%。

（2）O_3和 Fenton 分步氧化处理阿莫西林废水　在 O_3、Fenton 分步氧化处理阿莫西林废水的研究中，分别考察了 O_3+Fenton 工艺（O_3处理后再用 Fenton 处理）与 Fenton+O_3 工艺（Fenton 处理后再用 O_3处理）中不同因素对阿莫西林废水降解的影响规律。研究表明，上述分步氧化工艺对于阿莫西林的降解效率要明显高于 Fenton 单独工艺。在考察范围内，COD 去除率随着 $FeSO_4 \cdot 7H_2O$ 的投加量、温度、超重力反应器转速和 pH 的增加先上升后下降，在实验范围内存在一个最优点，如图 8-54 所示。

在 Fe(Ⅱ) 浓度为 0.4mmol/L，温度 25℃，旋转床转速为 800r/min，液体流量为 20L/h，气体流量为 30L/h，pH=3 时，O_3+Fenton 和 Fenton+O_3工艺中阿莫西林废水的 COD 去除率分别达到 43.89%与 57.94%，BOD_5/COD（B/C）值分别达到 0.31 与 0.40 以上，适宜于生化处理。

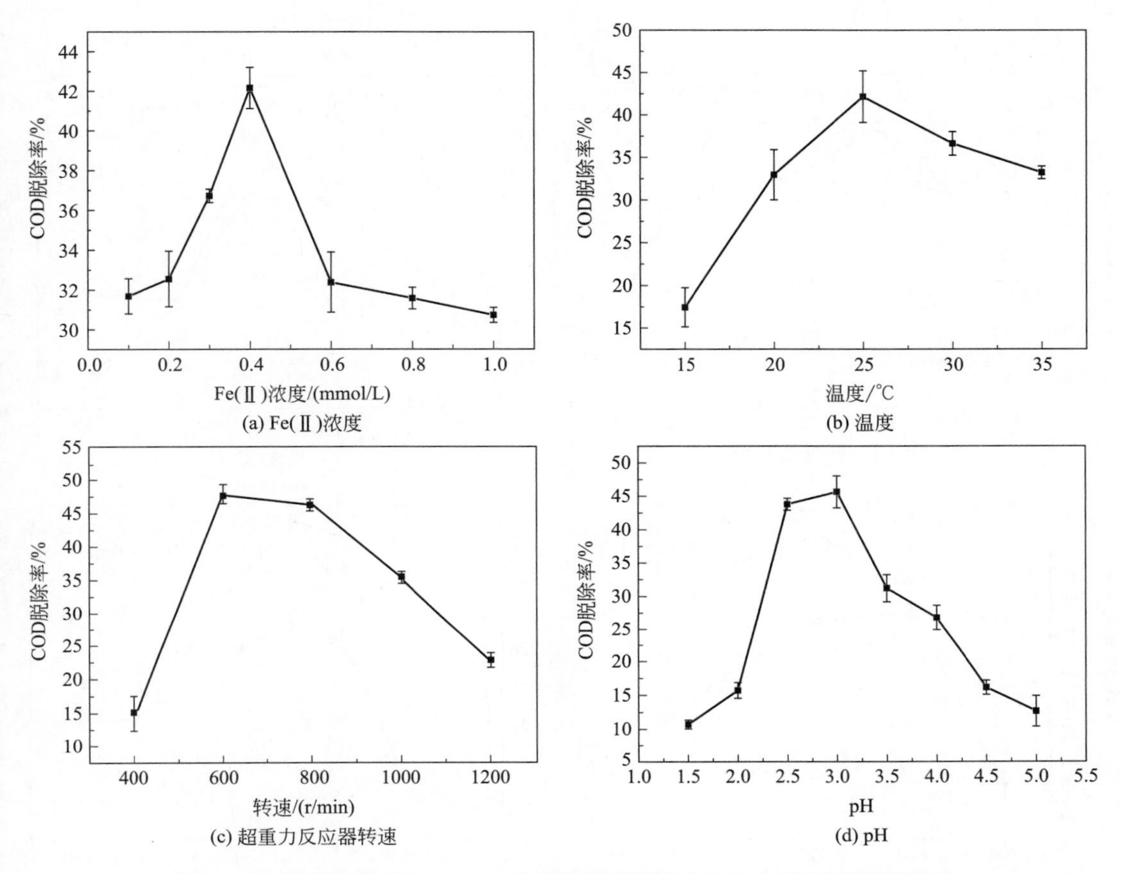

图 8-53　不同因素对 Fenton 工艺处理阿莫西林废水中 COD 去除率的影响

(3) O_3/Fenton 耦合处理阿莫西林废水　O_3/Fenton 耦合工艺是同时采用 O_3 和 Fenton 试剂处理。研究表明，与其他几个工艺的规律一样，在考察范围内，COD 去除率随着 $FeSO_4 \cdot 7H_2O$ 的投加量、温度、超重力反应器转速和 pH 的增加先上升后下降，在实验范围内存在一个最优点。O_3/Fenton 耦合工艺降解阿莫西林废水的效果明显优于 Fenton 单独工艺。在 Fe(Ⅱ) 浓度为 0.4mmol/L，温度 25℃，旋转床转速为 800r/min，液体流量为 20L/h，气体流量为 30L/h，pH=3 时，阿莫西林废水的 COD 去除率可达到 57%，B/C 值达到 0.38 以上，适宜于生化处理。

(4) 超重力反应器与搅拌釜式反应器处理阿莫西林废水效果的比较　分别在超重力反应器与搅拌釜式反应器（STR）中采用高级氧化工艺降解阿莫西林废水，研究结果表明：阿莫西林废水经上述四个体系在 STR 中处理后 COD 去除率分别为 21%、25.9%、22.8%和 32.7%。超重力反应器处理后的 COD 去除率分别比搅拌釜反应器高 1.2 倍、0.7 倍、1.5 倍和 0.7 倍 [图 8-55(a)]；STR 中四个体系处理后，B/C 的值分别为 0.06、0.3、0.10 和 0.21。超重力反应器处理后的 B/C 值分别比搅拌釜反应器高 1.5 倍、1.4 倍、2 倍和 0.8 倍 [图 8-55(b)]。表明由于超重力反应器特殊的结构和原理，能显著增强阿莫西林废水的处理效果。

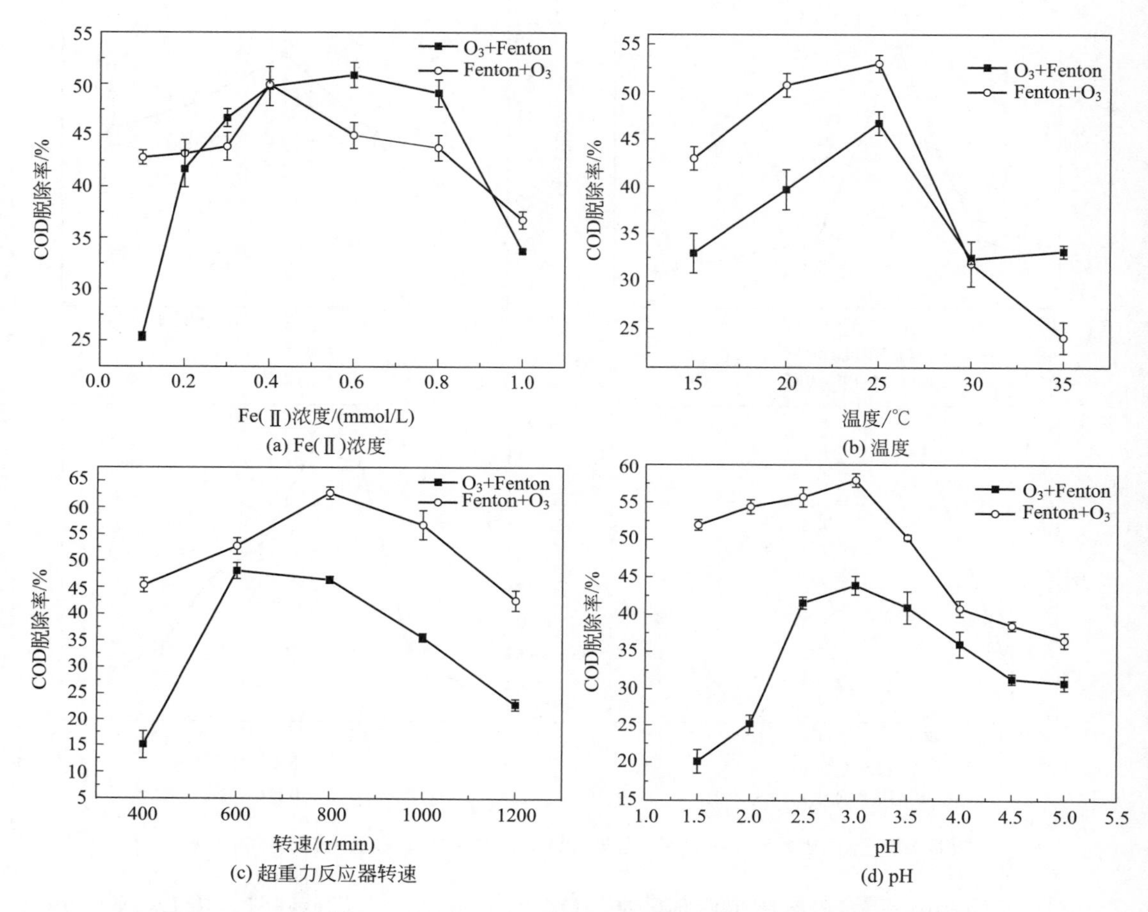

图 8-54 不同因素对 O_3和 Fenton 工艺处理阿莫西林废水中 COD 去除率的影响

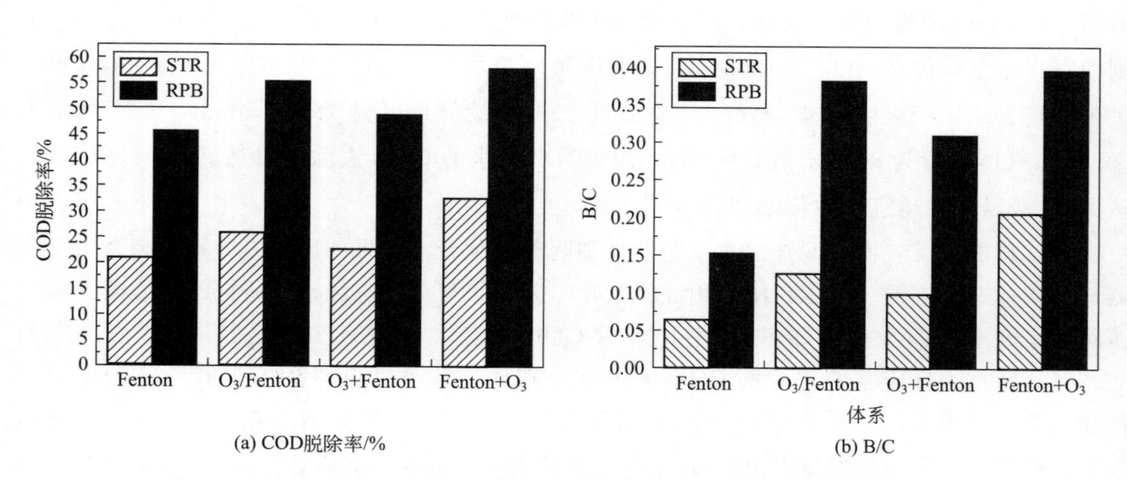

图 8-55 超重力反应器和 STR 处理阿莫西林废水效果的比较

8.7.5 HAOP 处理聚丙烯酰胺废水

田力剑[108]进行了超重力环境下用高级氧化法处理聚丙烯酰胺废水的研究，考察了 PAM 降解率（η_B）和 COD 去除率的影响因素，得出了适宜的操作条件。

（1）O_3体系处理聚丙烯酰胺废水　在超重力反应器中采用 O_3处理模拟聚丙烯酰胺（PAM）废水的结果如图 8-56 所示。可以发现 PAM 降解率（η_B）和 COD 去除率（η）在 pH 值为 6 时达到峰值［图 8-56(a)］；随着 O_3浓度的增加，η_B和 η 也随之增加，但当 O_3浓度超过 30～40mg/L 时，η_B和 η 趋于稳定［图 8-56(b)］；当超重力反应器转速为 800r/min时，对 PAM 废水具有较好的效果［图 8-56(c)］；随着水温上升，η_B和 η 迅速降低［图 8-56(d)］。

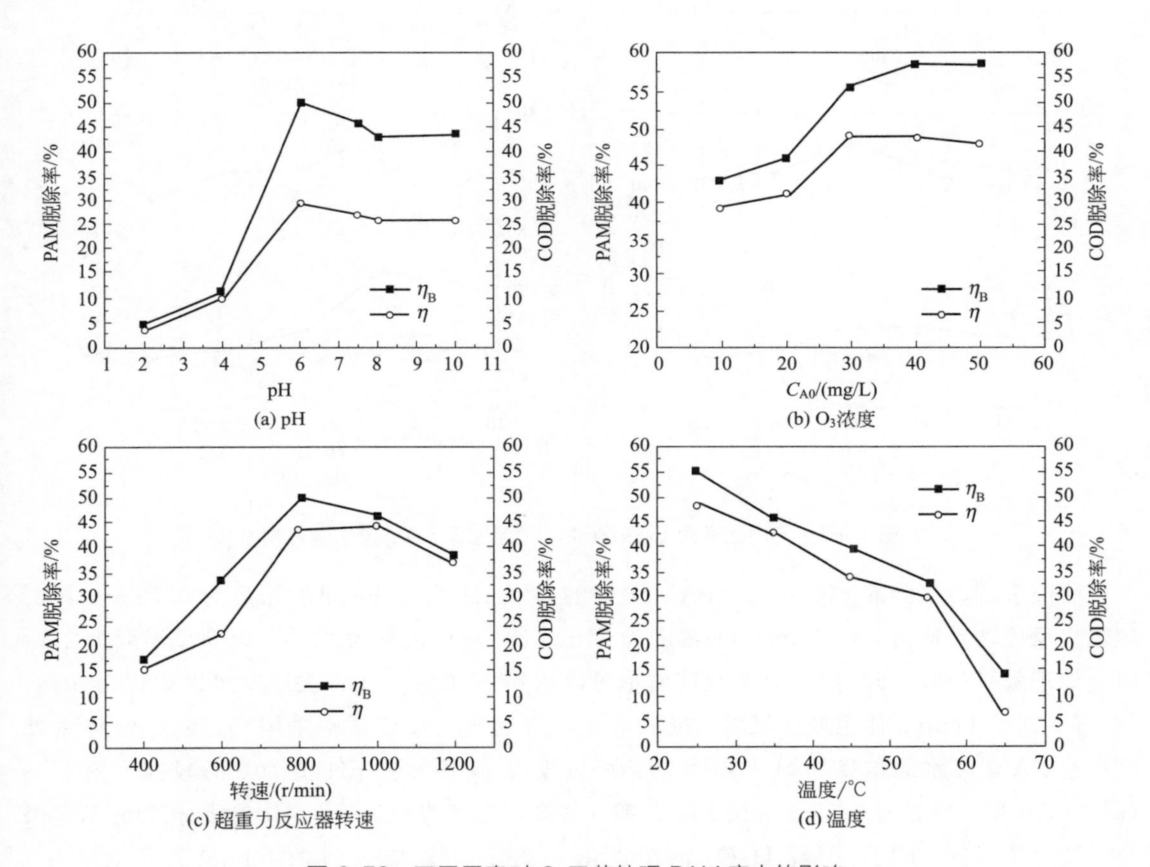

图 8-56　不同因素对 O_3工艺处理 PAM 废水的影响

研究表明，在溶液 pH＝6，O_3浓度为 40mg/L，超重力反应器转速为 800r/min，反应温度为 25℃时，处理效果最好，此时 PAM 氧化降解率可以达到 55.5％，COD 去除率可以达到 48.7％。

（2）O_3/Fe(Ⅱ) 体系处理聚丙烯酰胺废水　在超重力反应器中采用 O_3/Fe(Ⅱ) 体系处理模拟 PAM 废水的结果如图 8-57 所示。可以发现 η_B和 η 在 pH 值为 4～6 时较高［图 8-57(a)］；Fe(Ⅱ) 浓度为 0.75mmol/L 时 η_B和 η 较高［图 8-57(b)］；当超重力反应器转速为 800r/min 时，对 PAM 废水具有较好的效果［图 8-57(c)］；温度为 25℃时 η_B 和 η 较高［图 8-57(d)］。

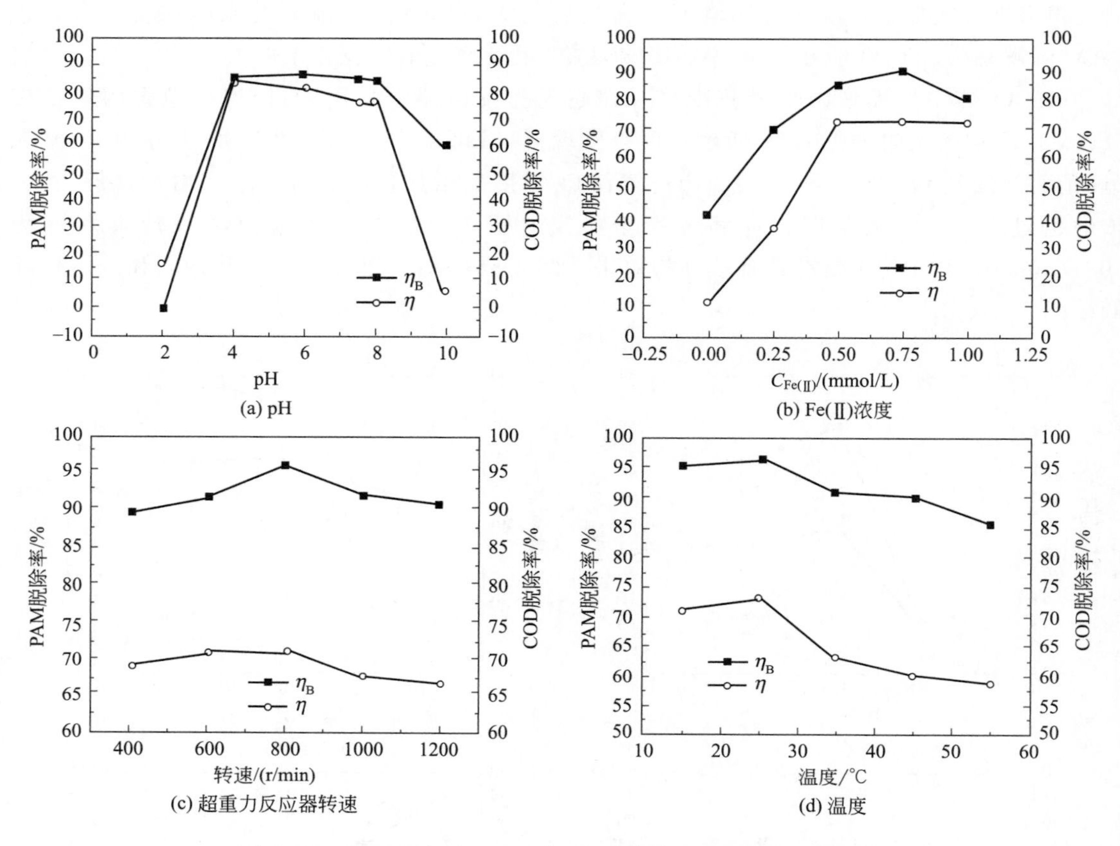

图 8-57 不同因素对 O_3/Fe（Ⅱ）工艺处理 PAM 废水的影响

研究表明，当溶液 pH＝7.5（PAM 溶液的初始 pH 值），Fe(Ⅱ）浓度为 0.75mmol/L，超重力反应器转速为 800r/min，O_3 浓度为 40mg/L，液体流量为 30L/h 以及反温度为 25℃时，处理效果最好，此时 PAM 氧化降解率可以达到 95.8%，COD 去除率可以达到 73.0%。

(3) O_3/Fenton 体系处理聚丙烯酰胺废水　在超重力反应器中采用 O_3/Fenton 体系处理模拟 PAM 废水的结果如图 8-58 所示。可以发现 η_B 和 η 在 pH 值为 4 时较高［图 8-58(a)］；Fe(Ⅱ）浓度为 0.25mmol/L 时 η_B 和 η 较高，继续增加 Fe(Ⅱ）浓度则 η_B 和 η 基本保持不变［图 8-58(b)］；随着 H_2O_2 的浓度由 0.2mmol/L 增大到 1.0mmol/L 的过程中，PAM 氧化降解率保持在很高的水平，变化不大，而 COD 去除率先增大后趋于稳定，并在 H_2O_2 浓度为 0.8mmol/L 的时候达到最优值［图 8-58(c)］；当超重力反应器转速为 800r/min时，对 PAM 废水具有较好的效果［图 8-58(d)］。

O_3/Fenton 体系采用下述条件对模拟 PAM 废水取得了较好的处理效果：当溶液 pH＝4，Fe(Ⅱ）浓度为 0.25mmol/L，H_2O_2 浓度为 0.8mmol/L，O_3 浓度为 40mg/L，反应温度为 25℃以及超重力反应器转速为 800r/min 时的处理效果最好，此时的 PAM 氧化降解率可以达到 96.8%，COD 去除率可以达到 89.9%。

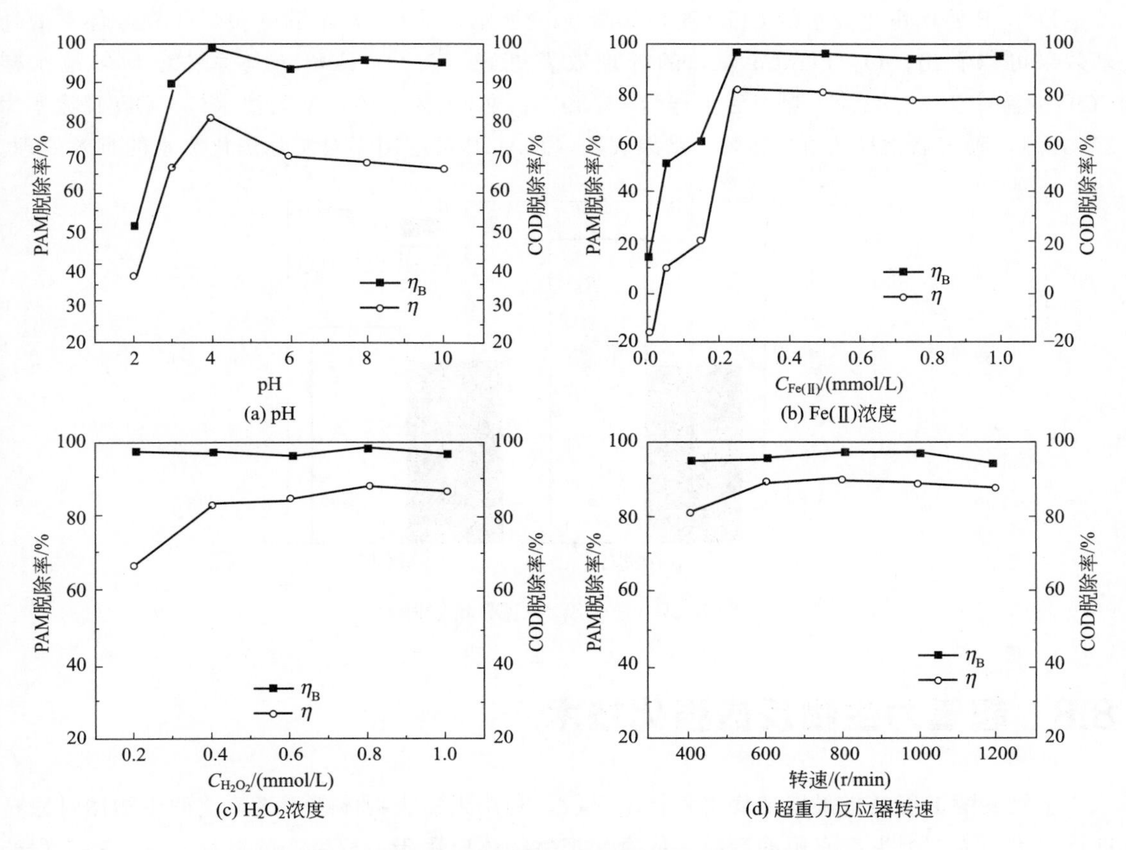

图 8-58　不同因素对 O_3/Fenton 工艺处理 PAM 废水的影响

8.7.6　HAOP 处理焦化废水

魏清[109]进行了 RPB 强化臭氧高级氧化技术处理模拟焦化废水的研究，采用 HAOP 对某煤化工有限责任公司生产过程中的焦化废水进行了处理，该公司主要以生产冶金焦炭为主，其废水的工艺流程见图 8-59 所示。

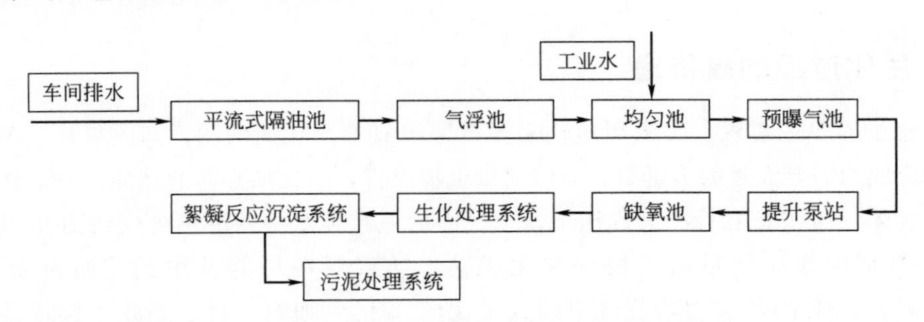

图 8-59　某煤化工有限责任公司焦化废水处理工艺流程图

依据该焦化废水处理过程的实际情况，选取了均匀池和曝气后两处的水样进行处理。实验条件为：臭氧初始浓度为 30mg/L，温度为 25℃，超重力反应器转速为 1000r/min，气体流量为 5L/min，液体流量为 20L/h，$C_{Fe^{2+}}=0.4$mmol/L，$C_{H_2O_2}=6.5$mmol/L。

HAOP处理焦化废水的COD变化如图8-60所示。比较O_3体系与O_3/Fenton体系的处理效果可以看出，O_3/Fenton体系的处理效果更好。在O_3/Fenton体系中，均匀池水样COD脱除率为62.32%，曝气后水样为44.39%；在O_3体系中，均匀池水样COD脱除率为36.36%，曝气后水样为37.38%。结果表明，HAOP可应用于对实际焦化废水的有效处理。

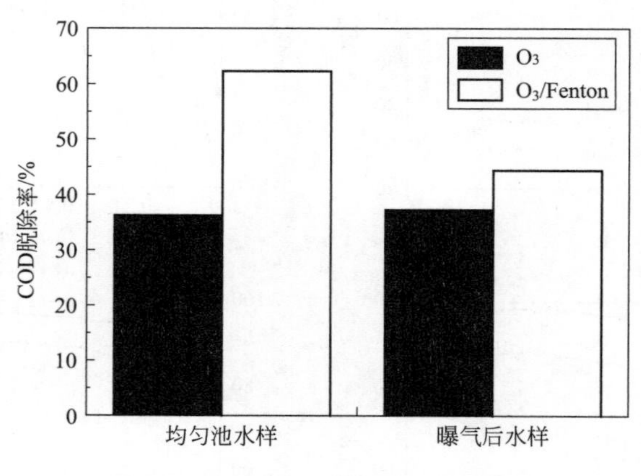

图8-60 焦化废水COD的脱除率

8.8 超重力生物反应强化技术

生物发酵工程是指采用现代工程技术手段，利用天然生物体或人工改造的生物体对原料进行加工，为人类生产有用的产品，或直接把生物体应用于工程生产的过程，是生物工程产业化的基础和重要环节。在发酵生产过程中，发酵设备的研制始终是重要内容之一。根据微生物的需氧特性，在生产上设计了厌氧发酵罐和好氧发酵罐。厌氧发酵过程不需供氧，其发酵罐的类型结构相对简单，但工业生产上厌氧菌的应用较好氧菌少。好氧发酵过程微生物需要消耗大量氧气，提高发酵罐单位体积的供氧速率和供氧能力，强化传质和提高反应速率一直是发酵工程技术领域急需解决的技术难题[110,111]。

8.8.1 生化过程的氧传递

(1) 细胞对氧的需求　需氧微生物需要有溶解氧参与代谢活动，基质氧化、菌体生长和产物代谢合成均需要大量的溶解氧，对需氧微生物而言，氧犹如必需的基质之一。然而，氧是一种难溶气体，在25℃和标准大气压下，空气中的氧在纯水中的溶解度仅约为0.26mol/m^3。微生物培养基中含有大量的有机物和无机盐，导致氧在培养基中的溶解度更低，约为0.2mol/m^3。1mL的微生物培养液中约有1亿～10亿个细胞，对于如此生长旺盛的培养系统来说，需氧量非常大。若不及时供氧，培养液中的溶解氧在几秒到几十秒的时间内就会耗尽。为了保证生物反应正常进行，必须在生物反应器中不断地通入空气。生物反应器的供氧能力是反映其性能的一个重要指标。

氧是构成细胞本身及其代谢产物的组分之一，也是生物氧化中电子传递过程末端的电子受体。生物氧化也称为细胞呼吸，通过生物氧化可以产生大量能量，这些能量以形成 ATP（高能磷酸键）的方式贮存，部分以能量的形式放出。氧不能被微生物菌体单独使用，只能在培养过程中随能源底物的利用而消耗。各种需氧微生物所含的氧化酶，如过氧化氢酶、细胞色素氧化酶、黄素脱氢酶等的种类和数量不同，在不同条件下，不同微生物的需氧量也不同。

微生物细胞利用氧的速率常用比耗氧速率或呼吸强度 Q_{O_2}（mol O_2/kg・s）来表示，也就是单位质量的细胞（干重）在单位时间内所消耗氧的量。此外，也可用摄氧率，即单位体积培养液在时间内消耗的氧 r（mol O_2/m^3・s）表示。呼吸强度与摄氧率有以下关系：

$$r = Q_{O_2} X \tag{8-12}$$

式中，X 是培养液中细胞的浓度（干重）。

微生物呼吸强度的大小受多种因素影响，其中，发酵液中溶解氧浓度对呼吸强度的影响多用与米氏方程类似的方程来描述。

虽然氧在培养液中的溶解度很低，但在培养过程中不需要使溶解氧浓度达到或接近饱和值，而只要超过某一临界溶氧浓度即可。临界溶氧浓度是指当培养基中不存在其他限制细胞生长的基质时，不影响需氧微生物细胞生长繁殖的最低溶解氧浓度。表 8-10 中列出了一些微生物细胞的临界氧浓度，它们一般在 0.003～0.05mol/m^3之间，大概是空气中的氧在培养液中浓度的 1%～20%。在培养过程中，没有必要使溶解氧浓度维持在接近平衡浓度，只要溶解氧浓度高于临界值，细胞的呼吸就不会受到抑制。

表 8-10　一些微生物的临界溶解氧浓度 C_{cr}

微生物	温度/℃	C_{cr}/(mol/m^3)
大肠杆菌	37.8	0.0082
大肠杆菌	15	0.0031
发光细菌	24	0.010
维涅兰德固氮菌	30	0.018～0.049
脱氮假单胞菌	30	0.009
酵母	34.8	0.0046
酵母	20	0.0037
产黄青霉菌	30	0.009
产黄青霉菌	24	0.0022
米曲霉	30	0.002

微生物的呼吸强度与溶氧浓度的关系如图 8-61 所示。若培养液的溶氧浓度高于临界溶氧浓度，细胞的比耗氧速率保持不变，细胞内呼吸体系的酶是被氧气完全饱和的，酶反应是限速步骤；若溶解氧浓度低于临界值，细胞的比耗氧速率就会明显下降，此时，呼吸酶类的氧气需求不饱和，溶氧是细胞生长的限制性因子，这时细胞处于半厌氧状态，代谢活动受到影响。

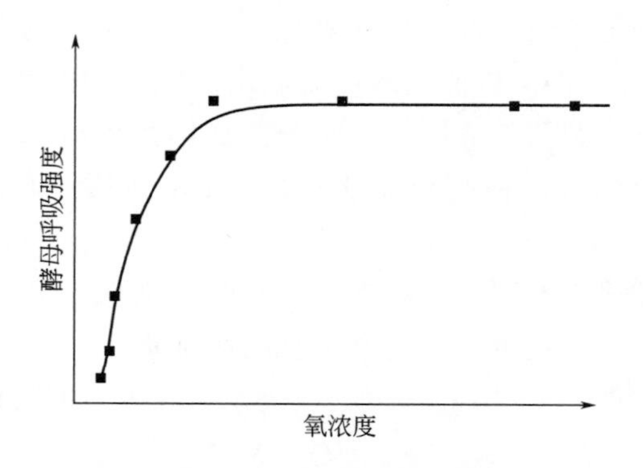

图 8-61 酵母的呼吸强度与溶氧浓度的关系

为避免发酵处于限氧条件，需要考察发酵产物的临界溶氧浓度。采用溶氧电极跟踪测定培养液溶解氧浓度随时间下降情况，可得到类似于图 8-62 的曲线。当溶氧浓度数值高于临界溶解氧浓度时，微生物的呼吸强度 Q_{O_2} 随时间变化直线下降，此时，Q_{O_2} 与溶氧浓度之间没有关系，Q_{O_2} 是定值；当溶解氧数值小于临界溶解氧浓度时，Q_{O_2} 是溶氧浓度的函数，函数关系是二次曲线。临界溶氧浓度一般有个大致的范围。

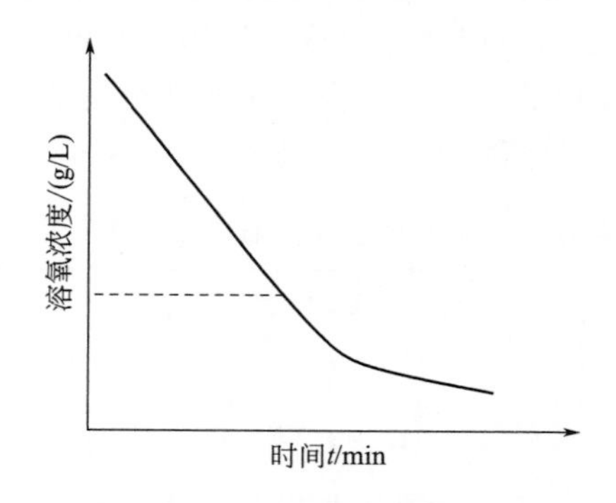

图 8-62 临界溶氧浓度的测定

许多工业规模的培养过程，目的都是生产细胞的代谢产物，而溶解氧水平越高并不一定有利于产物的合成。产物合成的最佳需氧量可能与细胞生长的最佳需氧量相同，也可能高于或低于细胞生长的最佳需氧量。用费氏丙酸杆菌生产维生素 B_{12} 时，在发酵初期氧抑制 B 因子的生成，但有利于向维生素的转化。用黑曲霉由单宁生产没食子酸时，过量通气有利于菌体生长，但不利于没食子酸的生产。用黄色短杆菌生产氨基酸时，提高溶氧浓度有利于脯氨酸、古氨酸、谷胱氨酸、缬氨酸和苯丙氨酸的生产（图 8-63）。生产这三种氨基酸的最佳溶氧浓度分别为临界氧浓度的 85％、60％和 55％。由图 8-63 所示的氨基酸合成途径看，经过三羧基循环生产的有谷氨酸和天冬氨酸类氨基酸，而苯丙氨酸、缬氨酸和亮氨酸则由酵解途径合成。增加溶氧浓度有利于通过三羧酸循环生成的氨基酸生产，而降低了经酵解途径合成的氨基酸生产。次级代谢产物的合成也有类似情况。例如，头孢菌素和卷须霉素产生菌的临界氧浓度分别是饱和氧浓度的 0～7％和 13％～27％，而不影响两种抗生素生产的最低氧浓度则分别是 10％～20％和 8％。因此，在头孢菌素生产中应使溶解氧浓度高于临界氧浓度，而卷须霉素的生产阶段溶氧浓度则可低于临界氧浓度[112]。

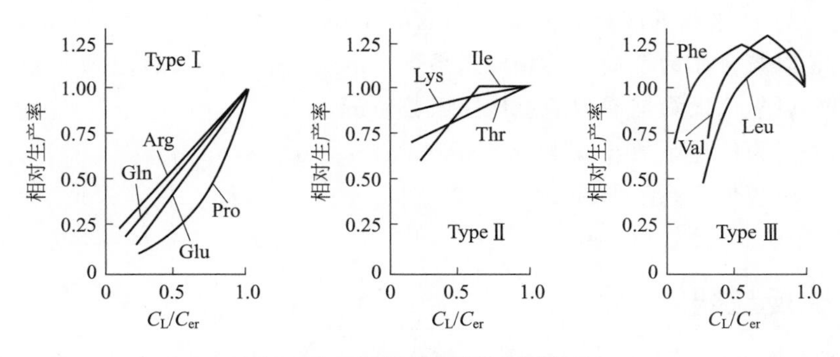

图 8-63　氨基酸合成的影响因素

(2) 发酵过程中的氧传递　由于绝大多数的生化反应都是好氧反应过程，因而评价不同类型生化反应器的一个重要标准就是其传质效果的好坏。体积传质系数 K_La 是表征一个反应器传质性能的重要参数，同时也是反应器设计和放大的一项主要依据。

对于好氧生化反应而言，物质的传递对象主要包括碳源、氮源和氧等等，其中，氧的传递最为关键，此外，氧还直接参与很多的生化反应过程。一般说来，在生化反应中，反应过程中需要的氧存在于气相，细胞作为固相存在于发酵液中。在气液固三相体系中，氧要经过下面一系列的步骤才能参加细胞中的反应[113]：

① 由气泡中的气相主体通过气膜向气液界面扩散；

② 通过气液界表面；

③ 通过与气泡相邻的液膜向液相主体扩散；

④ 通过与菌体相邻的静止的液膜；

⑤ 到达固液界面；

⑥ 在菌体内（呈絮凝物状态）扩散；

⑦ 通过细胞壁；

⑧ 在细胞内参与反应。

传递过程可分为供氧和耗氧两个阶段，供氧阶段包括从气体通过气膜、气液界面、液膜及液相中的扩散。耗氧阶段包括从液相主体通过液膜、细胞膜以及细胞内的扩散。

氧分子从气相传递到液相主体的过程需要克服一系列的阻力，这些阻力主要集中在气膜和液膜中。根据气体吸收的双膜理论，当气液传递过程处于定常态时，通过液膜和气膜的传递速率相等，即：

$$n_{O_2}=\frac{p-p_i}{1/k_g}=\frac{p-p^*}{1/K_G}=\frac{C_i-C_L}{1/k_l}=\frac{C^*-C_i}{1/K_L} \tag{8-13}$$

式中　n_{O_2}——氧的传递通量，mol/(m³·s)；

p——气体主体氧分压，Pa；

p_i——气液界面氧分压，Pa；

C_i——气液界面氧浓度，mol/m³；

C_L——液相主体氧浓度，mol/m³；

p^*——C_L平衡的气相氧分压，Pa；

C^*——与 P 平衡的液相氧浓度，mol/m^3；

K_G——以氧分压为推动力的总传递系数，$mol/(m^2 \cdot s \cdot Pa)$；

K_L——以氧浓度为推动力的总传递系数，m/s；

k_g——气膜传递系数，$mol/(m^2 \cdot s \cdot Pa)$；

k_l——液膜传递系数，m/s。

8.8.2 生化反应器

生物反应器是利用生物催化剂进行化学反应的设备，按照所使用的生物催化剂又可分为酶反应器和细胞生物反应器。如果生物反应器中的反应是由酶催化的，这种反应器就是酶反应器。酶反应器中的生物反应比较简单，使用的酶可以是酶溶液，也可以是固定化酶。有时，为了简便和经济，也可以将某种细胞固定化，直接利用固定化细胞中的某种酶来催化特定的反应，而不必把酶从细胞中分离出来。与酶反应器不同，细胞生物反应器中的生物反应极为复杂。与一般的化学反应器相似，在生物反应器中要求能维持一定的温度、pH、反应物（营养物质，包括溶解氧）浓度。具有良好的传质、传热和混合性能，以提供合适的环境条件，确保生物反应的顺利进行。与一般的化学反应器不同的是，细胞生物反应器在运行中要杜绝外界各种微生物的进入，避免杂菌污染。

由于好氧微生物的呼吸、基质的氧化所需要的氧是液相中溶解的氧，因此，在好氧发酵过程中，氧的气液传质十分重要，在发酵过程中需要将空气不断通入发酵液中，以供微生物所消耗的氧。溶氧不足会严重影响微生物的呼吸代谢。要维持正常呼吸代谢必须迅速补充培养液中的溶解氧，因此，氧溶解速度成为好氧发酵过程的限制因素。一个良好的好氧发酵罐除了应具备结构、操作等方面的优点外，主要还应具有空气中的氧利用率高、能耗低、单位容积生产能力大等特点。要提高发酵罐的生产能力、氧利用率、降低能耗都必须依靠提高溶氧速率来实现。目前，我国普遍采用的标准式机械搅拌通风发酵罐是采用加大通风量、加强搅拌的方法以达到提高溶氧系数 K_La 的目的。其氧利用率低、能耗高，且随着高产菌株的不断使用，传统发酵罐已难以满足对溶氧速率愈来愈高的要求。因此，开发研究高溶氧速率、低能耗的新型发酵罐很有必要。

（1）传统生化反应器　由于绝大多数的工业微生物发酵过程都是好氧反应过程，因此，传统的生化发酵罐通常都是采用通气和搅拌来增加氧在发酵液中的溶解程度，以满足微生物生长的需要。

传统的生化反应器根据操作方式可分为：间歇操作；连续操作；半连续操作。

根据能量输入的方式，可将生化反应器分为以下 3 类。

① 内部机械搅拌型发酵罐，这类发酵罐在工业生产中最常被采用。

② 外部液体特环式发酵罐，此类发酵罐利用外部循环泵来搅拌发酵液，但由于这种方式增加了发酵液通种的长度，因而易造成染菌。所以，这种类型的发酵罐目前还处于实验阶段，对于要求不高的发酵过程可以考虑采用。

③ 空气喷射提升式发酵罐，这种类型的发酵罐目前主要应用于深井曝气污水处理以及味精发酵过程等。

根据发酵罐的结构类型不同可以分为6种：槽型生化反应器；管式生化反应器；固定床式生化反应器；流化床式生化反应器；多段塔式生化反应器；膜式生化反应器。

目前，已开发了很多种好氧发酵器，主要有塔式（填料塔、板式塔、鼓泡塔等）和釜式设备。发酵罐是微生物细胞反应器，也是一种最重要的生物反应器。20世纪40年代初，解决了纯种培养好氧微生物发酶罐的设计问题，使青霉素生产工业化，带动了微生物发酵工业的发展。现在工业上使用的发酶罐通常为10～200m^3，大的发酵罐容积达几千立方米。

鼓泡式发酵罐不设置机械搅拌装置，利用通入培养液的空气泡上升带动液体运动，产生混合效果。这种发酵罐结构简单，造价较低，动力消耗少，操作成本低，而且噪声也小。由于发酵罐很高，要在室外安装，而且，压缩空气应有较高压力以克服罐内液体的静压力。鼓泡式发酵罐较适于培养液黏度低、固含量少、需氧量较低的发酵过程。

气升式发酵罐与鼓泡式发酵罐相似，也不设置机械搅拌装置，但在罐外设液体循环管或垂直隔板。通入空气的一侧，液体因密度下降而上升，不通气的一侧因液体密度较大而下降，由此形成发酵罐内液体环流。工业上最为广泛应用的还是机械搅拌发酵罐。尽管它的制造比较麻烦，运行的能耗较高，但对需氧量较大、培养液黏度大且呈非牛顿流动特性的发酵过程更为适用。

尚有其他一些类型的发酵反应器处于研究阶段，如环流式和射流式发酵反应器等。

由于现代工业生产规模的不断扩大，这些设备一般都具有体积大、投资维护费用高、能耗大等特点。对于塔式设备，由于在重力场下操作受到泛点低、单位体积内接触面积小的限制，过程强化长期未能得到突破性进展，而且，它的应用范围也受到处理体系的限制。如对于非牛顿流体，由于其不同于牛顿流体的流变性，两者流动特性有很大的差别，这一类型的流体和气相间传质难以在普通塔中进行，一般依靠通气搅拌釜进行，在这种情况下，气相在搅拌釜中分散效果也不好，难以以微小气泡形式进入液相，发酵中产生的气体又难从液相中逸出，造成气液传质系数低，对于黏滞性大的液体，情况更为严重。环流反应器是近年来出现的一种新型反应器，其混合与停留时间分布良好。姜信真[114]对停留时间分布的研究表明：在循环倍率大于20时，基本上属于全混流型。但由于它只能通过改变气速来调节，操作弹性小，且氧传递仅发生于升液筒中，若罐高于20m，在降液区中有可能出现氧匮乏现象。此外，它受到物系的限制，对于黏度大的发酵液，气体以大气泡通过液层，溶氧系数低。长期以来，人们对这些设备不断改进，力求提高传质效率，降低能耗，虽然有所发展，但真正的突破将取决于新技术的采用。

（2）内循环超重力生化反应器　由于生物发酵是气液固三相反应，属于慢反应过程。反应器必须有足够的液相体积，才能使固相的菌体细胞在液相中生长。此外，对好氧性发酵，气-液相接触充分，保证足够的供氧量，才能有利于菌体的生长。这要求反应器具有良好的混合性能、较大的气液相界面和液相传质系数，利于氧的传递。循环反应器内存在强烈循环，对液相反应物的混合、扩散、传热和传质均很有效，同时，循环反应器内物料都经过混合区，减少了死区，有利于提高混合效率。采用内循环，可以减少培养液与外界接触的机会，避免引起杂菌污染。超重力反应器具有传质系数大，尤其对于非牛顿流体（大多数发酵液），有较均匀的剪切速率，可降低表观黏度，强化氧的传递。内循环超重力生化反应器结构如图 8-64 所示。该内循环超重力发酵釜主要有以下部分构成：转子、填料、螺旋轴、导流筒、气体分布器及壳体等[115～117]。

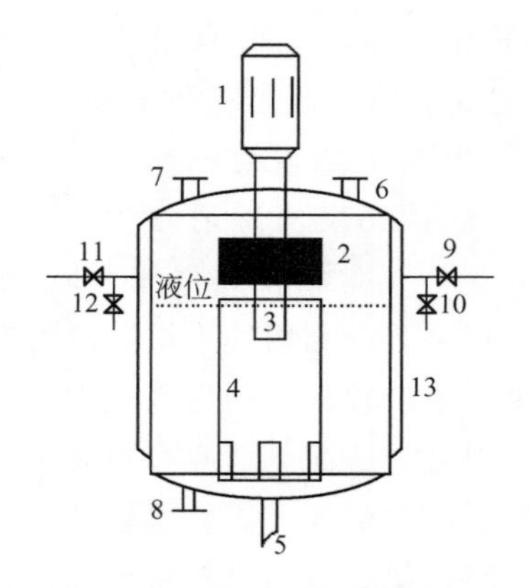

图 8-64 内循环超重力生化反应器结构图

1—电机；2—转子；3—螺旋轴；4—导流筒；5—进气口；6—进料口；7—气体出口；8—出料口；9—蒸汽入口；10—恒温水出口；11—蒸汽出口；12—恒温水入口；13—夹套

（3）内循环超重力生化反应器传质性能　实验流程如图 8-65 所示，液体由进料口进入反应釜中，气体经空气压缩机、稳压管、气体转子流量计和过滤器后进入发酵釜，与液体并流接触传质，进行循环。出口气体放空。溶氧电极从釜体下部插入，测量体系中的溶解氧浓度。

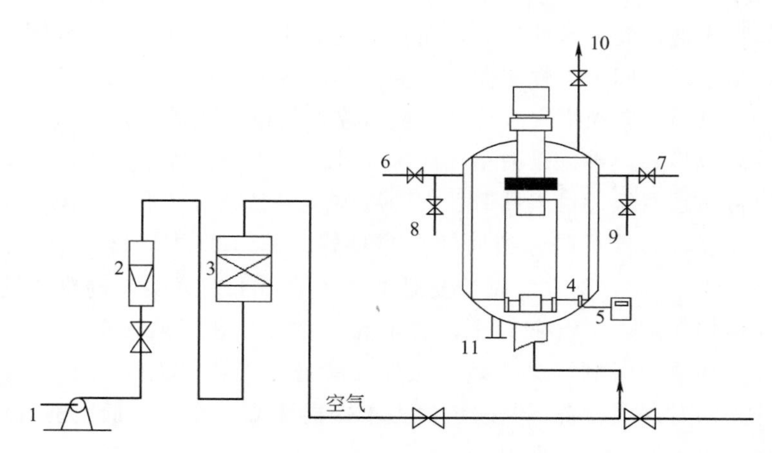

图 8-65 实验流程图

1—空气压缩机；2—气体转子流量计；3—空气过滤器；4—溶氧电极；5—溶氧仪；6—蒸汽入口；7—蒸汽出口；8—恒温水出口；9—恒温水入口；10—气体出口；11—出料口

实验以空气一水体系、黄原胶体系为研究对象，研究了气量、转速、黄原胶溶液的浓度以及表面张力对体积传质系数的影响。需要控制和调节的参数有：气量、转速、液体温度和黄原胶溶液浓度；需要测量的参数有：循环液量和液相氧浓度。

① 循环液量。实验采用近似于流量计法的方法来测量循环液速。具体方法是：如图 8-66，在导流筒与壳体之间的降液区的液位之上安装一个受液盘，测量一定时间内所收集的液量，

从而得到循环液速。该方法测得的是升液区的循环液速。

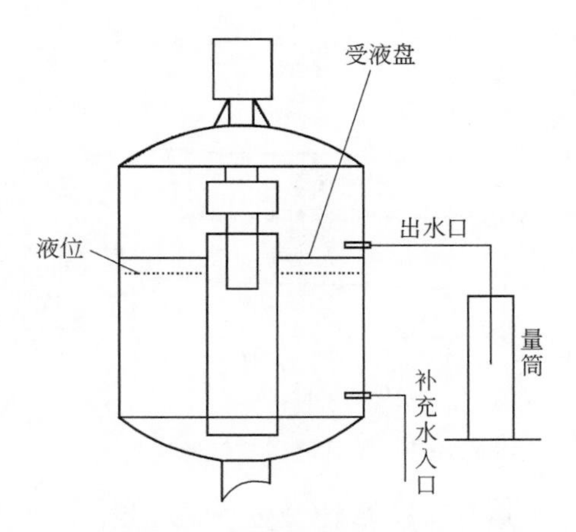

图 8-66 循环液量测定的装置

该反应器中液体循环的推动力来自两个方面：一是螺旋轴的提升作用，二是升液区的气含率。其中，螺旋轴的提升作用是主要的，转速越高，螺旋轴的提升作用越大，液体循环的推动力越大。而气含率对循环液量的影响是两方面的：一方面，升液区的气含率越大，导流筒内外液体的密度差越大，液体循环的推动力越大；另一方面，气含率增大的同时，螺旋轴提升的气液混合物液体含量下降，这就导致循环量降低。气速对循环量的影响与此类似。

转速和气速对循环量的影响如图 8-67 和图 8-68 所示。随着转速的提高，循环液量明显增加。当转速一定时，随着气速的增加，循环液量略有上升。

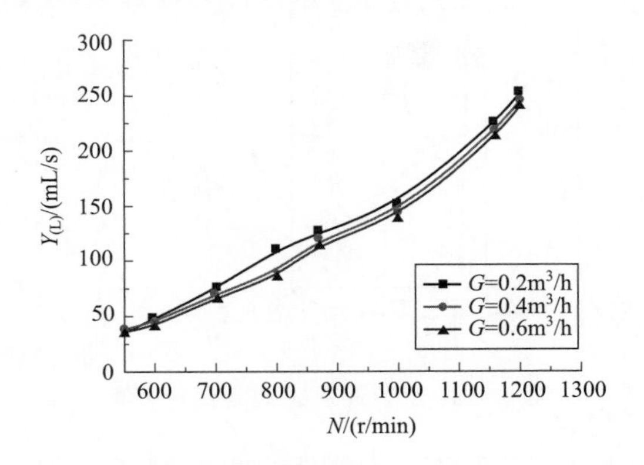

图 8-67 循环液量与转速的关系

② 传质系数 K_La。液相传质系数 K_La 根据动态法测定。但用氧电极测定液相中不断变化的溶解氧时，由于氧从液相主体经过电极外侧的滞流液膜、电极的高分子渗透膜及电极内电解质层到达阴极表面被还原的过程中，遇到一系列的扩散阻力，造成电极输出信号的滞后，给实验结果带来误差。用矩分析法（moment analysis）估计参数 K_La，使计算工作大为简化。

基本假定：内循环超重力反应器为一个完全混合的反应器；液相中溶氧浓度在短时间内不变，可视为"准稳态过程"；相界面上传质组分气液相平衡浓度遵从亨利定律。

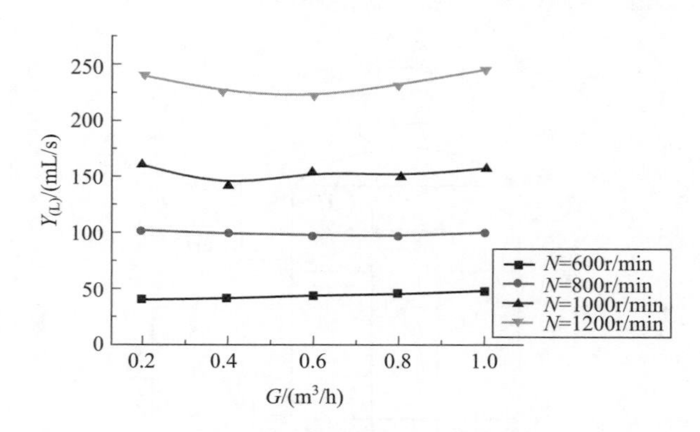

图 8-68 循环液量与气速的关系

用动态法测定 $K_L a$，并用矩分析法估计参数 $K_L a$。图 8-69 为 $K_L a$ 测量装置示意图。氧电极从釜盖上插入釜内，并固定在釜盖上。在氧电极下部安装硬聚氯乙烯套管，该套管通过一铁丝做成的操纵杆支撑在釜壁上，并可通过操纵杆来移动该套管。在套管下部连接乳胶管，乳胶管穿过釜壁连在氮气瓶上。实验中，当移动操纵杆使电极装入套管中时，电极便与釜内液体相隔离，并可通过乳胶管向套管中通入氮气，使套管内液体处于无氧状态，而当移动操纵杆使电极离开套管时，电极便与釜内液体相接触。

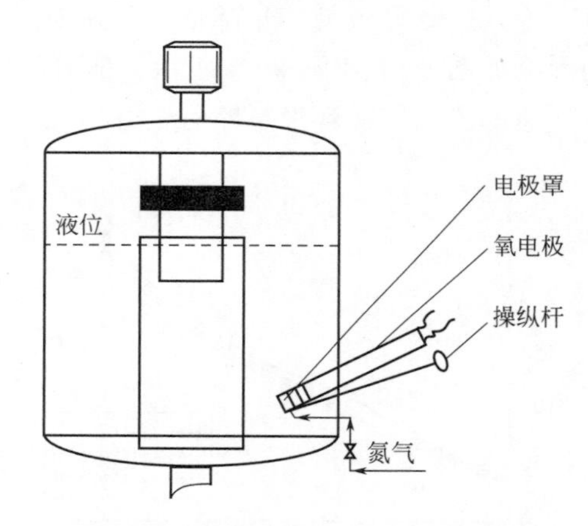

图 8-69 氧传递系数 $K_L a$ 测定装置

以一定转速搅拌罐内液体，并通入一定流量的 28℃空气，使罐内液体被空气饱和。将电极装入套管中，并向套管内通入氮气，这时，电极电流下降。当电极输出为零时，移动操纵杆使套管离开电极，使电极瞬间插入被空气饱和的液体中，并开始计时。由记录得到的测氧系统 B 对阶跃信号的响应曲线，按下式计算测氧系统的归一化变化函数：

$$\gamma_B(t)=\frac{R_B(t)-R_B(0)}{R_B(\infty)-R_B(0)} \tag{8-14}$$

用氮气赶去釜内液相的溶解氧，在原来的搅拌转速下，瞬间向罐内通入原来流量的空气，并开始计时（$t=0$），记录由吸收系统 A 与测氧系统 B 组成的总系统 C 对阶跃信号的响应曲线，按下式计算系统 C 的归一化变化函数：

$$\gamma_C(t)=\frac{R_C(t)-R_C(0)}{R_C(\infty)-R_C(0)} \tag{8-15}$$

将 $\gamma_B(t)$ 和 $\gamma_C(t)$ 对时间 t 作图，则两条曲线所包围的面积等于吸收系统 A 的传递函数 $C_A(S)$ 的脉冲响应函数的一阶矩 α_{1a}。

在实验条件下，对气液吸收系统有：

$$\frac{dC_L}{dt}=K_1a(C_L^0-C_L) \tag{8-16}$$

$$V_L\frac{dC_L}{dt}=Q(C_G^0C_G) \tag{8-17}$$

式中 Q——气体流量，L/s；

V_L——发酵罐液体体积，L；

C_G^0——发酵罐进口氧浓度，mol/L；

C_G——发酵罐出口气相氧浓度，mol/L。

根据 Henry 定律：

$$C_L^*=\frac{p}{H_e}=\frac{C_GRT}{H_e} \tag{8-18}$$

$$C_L^0=\frac{p^0}{H_e}=\frac{C_G^0RT}{H_e} \tag{8-19}$$

式中 C_L^*——与发酵罐中气相平衡的液相氧浓度，mol/L；

C_L^0——与发酵罐中进口气体平衡的液相氧浓度，mol/L。

合并式(8-16)～式(8-19)，可得：

$$\frac{dc_L}{dt}=\beta(C_L^0-C_L) \tag{8-20}$$

$$\beta=\frac{K_aa}{1+k_La\dfrac{V_LRT}{QH_e}} \tag{8-21}$$

吸收系统 A 的归一化变化函数为：

$$\gamma_A(t)=\frac{C_L(t)-C_L(0)}{C_L(\infty)-C_L(0)} \tag{8-22}$$

因此，式(8-20) 可以化为

$$\frac{d\gamma_A(t)}{dt}=\beta[1-\gamma_A(t)] \tag{8-23}$$

作 Laplace 变换，整理可得

$$\gamma_A^s=\frac{\beta}{S(S+\beta)} \tag{8-24}$$

系统 A 对于阶跃信号的传递函数为

$$G_A(S)=S\gamma_A^s=\frac{\beta}{S+\beta} \tag{8-25}$$

则

$$\alpha_{1A}=-\frac{dG_A(S)}{dS}\Big|_{s=0}=\frac{1}{\beta}=\frac{1}{K_La}+\frac{V_L}{Q}\times\frac{RT}{H_e} \tag{8-26}$$

其中，α_{1A}为图 8-70 中 $\gamma_c(t)$ 两曲线所包围的面积。

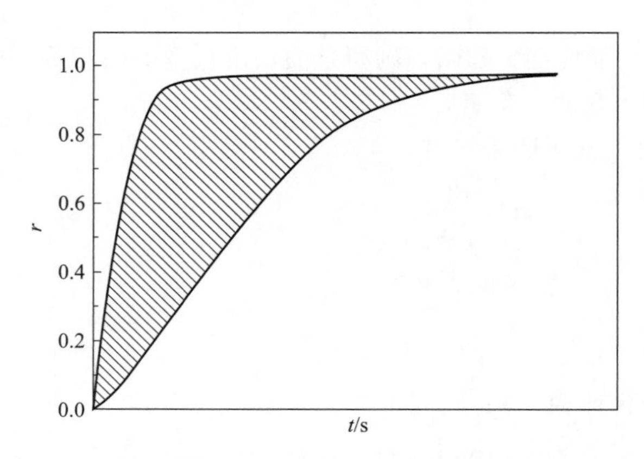

图 8-70 归一化求 K_La 曲线图

对图 8-70 中的面积进行辛普森积分，用计算机求解，就可求出体积传质系数。为了验证上述假设的可靠性，分别在降液区的上部和下部测定总体积传质系数，得到的传质系数 K_La 变化规律一致，如表 8-11。

表 8-11 不同条件下的 K_La 值

$G=0.8m^3/h$				
N/(r/min)	600	800	1200	1500
K_La(top)	30.52	31.84	34.75	36.77
K_La(bottom)	29.32	32.52	33.15	35.64

③ 超重力生化反应器的传质特性。由图 8-71 和图 8-72 可见，在黄原胶水溶液体系中，转速对 K_La 的影响与纯水中转速对 K_La 的影响是相似的。

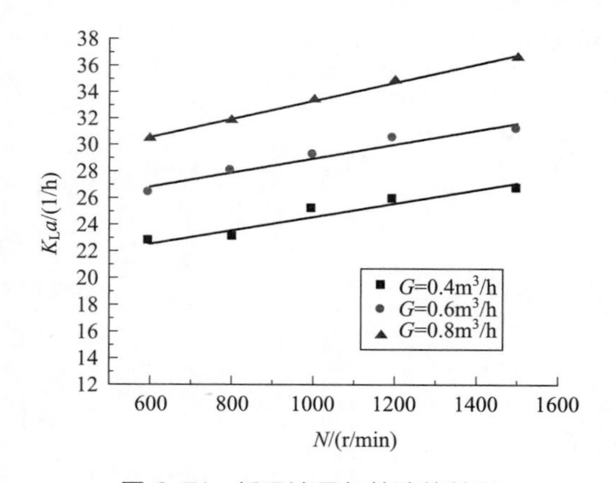

图 8-71 循环液量与转速的关系

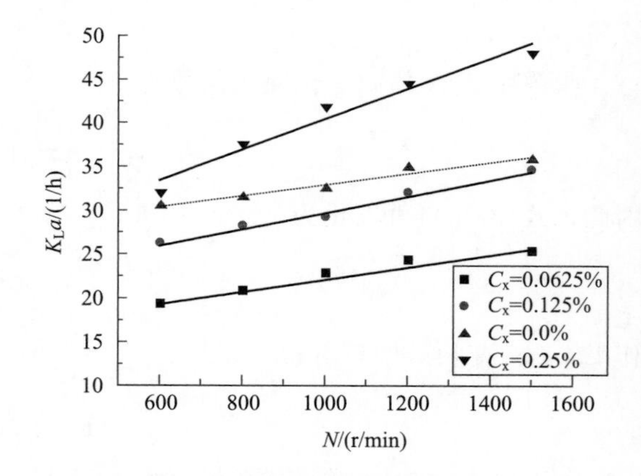

图 8-72 转速对黄原胶水溶液 K_La 的影响

实验得到黄原胶溶液的表观黏度关联式：

$$\mu=K(1.6\times10^5)^{n-1}\omega^{0.723(n-1)}G^{0.560(n-1)}\left(\frac{3n+1}{4n}\right)^{n-1} \tag{8-27}$$

由于式(8-27) 中 $n<1$，气量和转速增加，都会使表观黏度下降。这说明表观黏度的大小，不仅受流体物性的影响，而且还依赖于其流动的状态。当气量和转速增加，填料表面流动的液体受到的剪切程度增加，即剪切速率变大，对于拟塑性流体，其表观黏度下降。

黄原胶溶液浓度对表观黏度的影响见图 8-73。从图中可以看出，随黄原胶溶液浓度的增加，溶液表观黏度先迅速增大后又迅速下降。当浓度为 0.0625%时，表观黏度达到最大值，而当浓度大于 0.25%后，表观黏度随浓度的变化不明显。这是因为 μ 同时受到稠度系数 K 和流变指数 n 的双重影响，这在前面已经讨论过了。此外，存在一个范围，在该范围的操作条件和黄原胶浓度下，黄原胶溶液的表观黏度小平纯水的表观黏度。在实验条件下，由表观黏度的关联式可知：黄原胶溶液的表观黏度范围为 $(0.267\sim2.45)\times10^{-3}$ Pa・s。而相同温度下，水的黏度为 0.84×10^{-3} Pa・s。可见，在旋转填充床中，由于黄原胶溶液的表观黏度受浓度、气量及转速的影响，其分布在一个相当大的范围，且存在比水黏度小的情况。

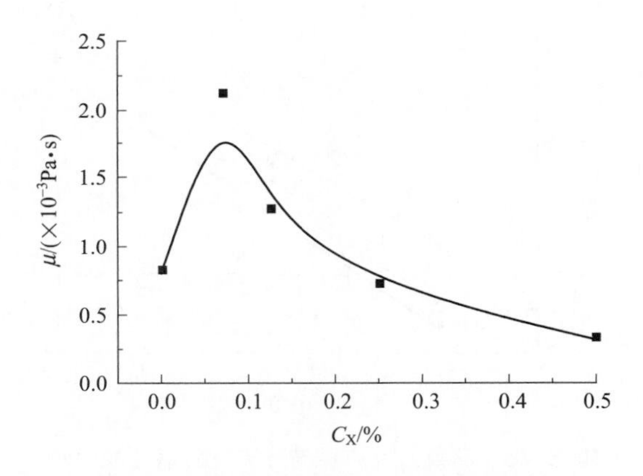

图 8-73　黄原胶溶液浓度对表观黏度的影响

表观黏度即黄原胶浓度对体积传质系数的影响见图 8-74 和图 8-75。

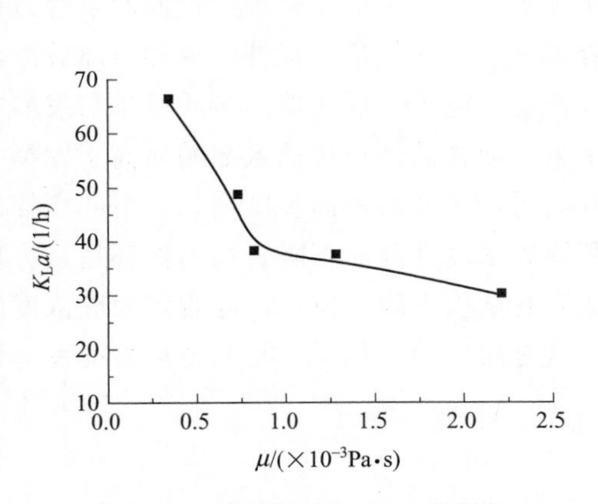

图 8-74　表观黏度对 K_La 的影响

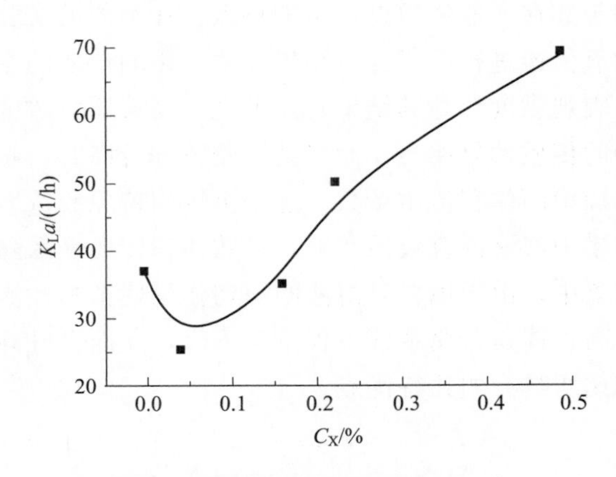

图 8-75　黄原胶浓度对 K_La 影响

由图 8-74 和图 8-75 可见，表观黏度增加，传质减弱。它们之间的关系从经验关联式可得到：

$$K_{1}a \propto \mu^{-0.560} \tag{8-28}$$

根据传质经验关联式，有：

$$K_{L}a \propto \sigma^{-0.381} \tag{8-29}$$

因而黄原胶浓度增大，不仅从表观黏度方面影响传质，而且降低了溶液的表面张力，促进了传质。

④ 超重力生化反应器与其他反应器传质性能的比较。微生物发酵工业中常用的设备有搅拌釜、鼓泡塔、环流反应器等。由于体积传质系数的测定方法有很多，采用的方法不同，所测得的结果差异也很大。内环流反应器为近年来常用的效果比较好的一种生物反应器。在实验条件类似的情况下，姜信真等对内环流反应器（$D_{v}/D=0.26$）用动态法进行了空气一水体系中氧传递的研究，利用氧电极测定水中溶解氧的变化，计算出体积传质系数。将他们的结果与本文的内循环超重力反应器的实验结果进行对比，结果如图 8-76。

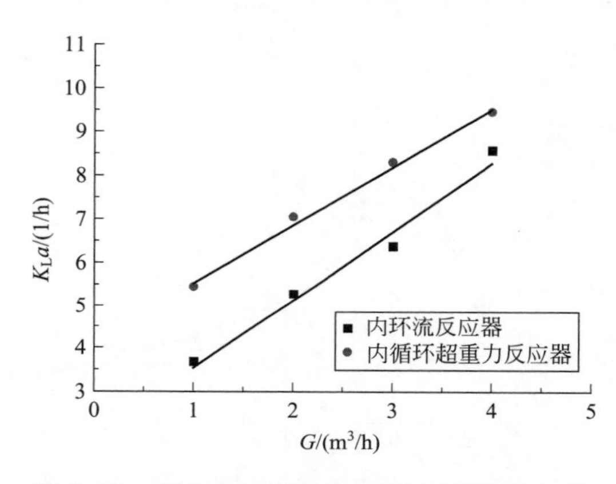

图 8-76 超重力反应器与环流反应器性能比较

从图 8-76 中可以看出，在相同的实验条件下，内循环超重力反应器的总体积传质系数要高于环流反应器中的总体积传质系数。拟塑性流体在内循环超重力反应釜中的传质具有不同于其在一般传质设备中的特点。在类似的实验条件下，郑之明对发酵罐中黄原胶发酵过程的氧传递进行了研究。结果表明，影响传质的主要因素包括通气量、搅拌转速和黄原胶溶液的表观黏度。与其结果对比发现：当黄原胶浓度较低时，超重力反应器的传质效果与发酵罐中的传质效果相当。而当黄原胶浓度较高时，超重力反应器的体积传质系数明显高于发搅拌酵罐中的体积传质系数。这是由于当黄原胶浓度升高时，液体的表面黏度增大，引起搅拌发酵罐中气液混合效果变差，导致体积传质系数随黄原胶浓度升高而下降。在内循环超重力反应釜中，由于填料对溶液的剪切作用使拟塑性流体表观浓度下降，所以，随着黄原胶浓度的升高，体积传质系数不仅不会下降，反而会升高。这是超重力生化反应与其他类型的发酵器相比所具有的独特优点。

8.8.3 超重力生物发酵工艺

翟艳霞和彭锋进行了内循环超重力反应器传质性能及发酵等方面的研究工作，并取得良好效果[115~117]。

8.8.3.1　超氧化物歧化酶（SOD）发酵

（1）SOD 的用途与制备　SOD 即超氧化歧化酶（Superoxide Dismutase），是生物细胞内产生的一类特殊的酶，它在国际酶表中的位置为 Ec. 1. 1。SOD 广泛存在于生物界中，从低等微生物到高等动、植物细胞中都含有 SOD。SOD 是一种重要的氧自由基清除剂，是生物体防御氧化损伤的一种十分重要的酶，可以治疗氧中毒，防治老年性白内障，防治糖尿病，治疗多种皮肤病，如银屑病、皮炎、湿疹和瘙痒病、皮肤老化等，治疗心血管疾病，尤其对关节炎和类风湿关节炎有明显疗效，可用于临床治疗。SOD 在化妆品、牙膏等日化工业方面有广泛的应用前景。

国外已有数家公司，如 Sigma，国内也有厂家批量生产 SOD 试剂，如中国科学院上海生化所东风试剂厂、天津血液研究所、长沙生化制药厂。到目前，国内生产 SOD 的单位越来越多，大约有 30 余家。

SOD 的分布相当广泛，凡是需氧的原核生物和真核生物体内都含有 SOD。目前，已从细菌、真菌、原生动物、藻类、昆虫、植物（如茶叶、大豆、小麦和小白菜等）以及动物（肝脏、血液、包括人）等中分离出 SOD。不同生物材料 SOD 含量差别很大，即使同一生物，不同组织中的 SOD 含量也各不相同。以前认为厌氧微生物中不含 SOD，现在发现多种厌氧细菌也含有 SOD，如从脱硫弧菌及色素菌中分离到 SOD。国内目前主要从牲畜血液中提取 SOD。

20 世纪 70 年代，美国 Bannister 首次利用牛血为原料生产 SOD。到目前为止，国际上主要用牛血生产 SOD。由于牛血来源有限，人们研究利用人血和其他动物血液和肝脏生产 SOD。20 世纪 70 年代，日本学者 Sawada 等和美国学者 Beachamp 等研究了菠菜和麦胚等的 SOD。1986 年，日本 Hagiwara 利用稻叶生产 SOD。同时，一些学者研究利用微生物制备 SOD，如美国 Weiser 研究了酿酒酵母生产 SOD。此外，各国学者还相继研究了大肠杆菌、链球菌、螺旋藻等多种微生物的 SOD。1980 年，日本 Takeda 化学工业公司利用沙雷铁氏菌属菌株生产 Mn-SOD；1990 年，日本 Idemitsu 石油化工有限公司使用螺旋藻生产 SOD，两者含量都较低；1987 年，苏联 Lengd 化学制药工业公司用深红酵母生产 SOD，产量较低；1988 年德国报道利用酵母提取 Cu/Zn-SOD，由于 SOD 含量不高，工业生产难以实现。

中国科学院微生物所张博润等[118]利用单倍体分离、诱变和群体杂交等手段，培育出一株 SOD 高产菌株（编号 ADF-48），还对此株高产工程菌的培养优化条件进行了研究，在优化条件下，细胞生物量为 5. 15g/100mL 培养基，SOD 活性为 2070U/g 菌体。

（2）影响发酵过程的主要因素

① 菌体生长过程。图 8-77 为在初始糖浓度为 8%的菌体生长过程曲线。图中分别给出了发酵液中菌体浓度、葡萄糖浓度及蔗糖浓度随发酵时间的变化。蔗糖浓度一直在下降，而葡萄糖浓度则先上升，发酵时间为 13h 时达到最大值，然后又下降，这是因为发酵液是用蔗糖作糖分的，酵母在利用糖分时，先将蔗糖转化为葡萄糖，然后进行同化作用。在发酵初期，蔗糖浓度较高，酵母的生命力旺盛，在对数生长期时新陈代谢速度最快，对糖分的需求

量大，因而对蔗糖的分解速度快。这时，蔗糖分解速度大于葡萄糖吸收速度，因而葡萄糖浓度升高。在对数生长后期，由于蔗糖浓度较低，蔗糖分解速度小于葡萄糖消耗速度，因而葡萄糖浓度开始下降，在到达稳定期以后，由于酵母生命活动变缓，酵母的生长达到平衡，因而葡萄糖及蔗糖浓度都趋于稳定。

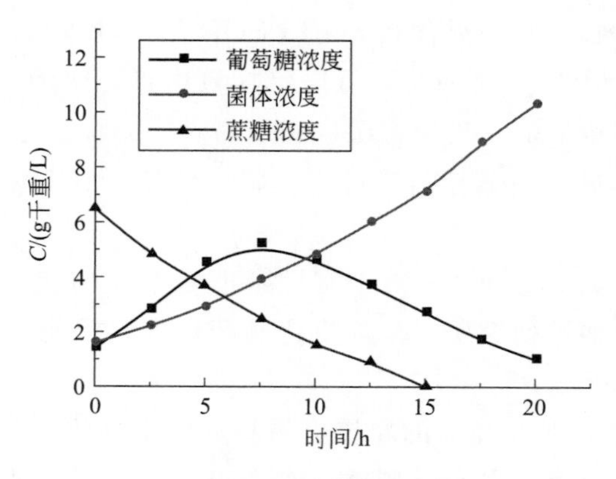

图 8-77 菌体生长曲线

由生物量-t 曲线可以明显地看到微生物的生长分为迟滞期、对数生长期和稳定期三个阶段，在对数生长期，其生长速率最快。图中迟滞期小于 2h，整个生长周期为 20h，发酵液中酵母的最大湿重为 66g/L，干重为 12.12g/L，超过气升式反应器中得到的 51g/L 的优化结果。

② 转速。将初始糖浓度定为 8%，通气量定为 $0.8m^3/h$，发酵终点定为 20h，分别采用 700r/min 和 900r/min 的转速，进行发酵实验，得到菌体生长曲线如图 8-78 所示。从图中可以看到，当转速为 700r/min 时，得到的菌体生长曲线要比转速为 900r/min 时的菌体生长曲线好，发酵终点得到的菌体浓度明显高于转速为 900r/min 时的菌体浓度。而转速 900r/min 时得到的菌体生长曲线，在发酵后期出现了菌体浓度下降的现象。取发酵液用显微镜镜检，发现 900r/min 时，酵母细胞破裂严重，而 700r/min 时酵母细胞有轻微破裂。这也解释了为什么 900r/min 时，在发酵终点会出现菌体浓度下降，这是因为在发酵后期，菌体基本停止生长，大量酵母细胞被打破自溶，因而菌体浓度下降。

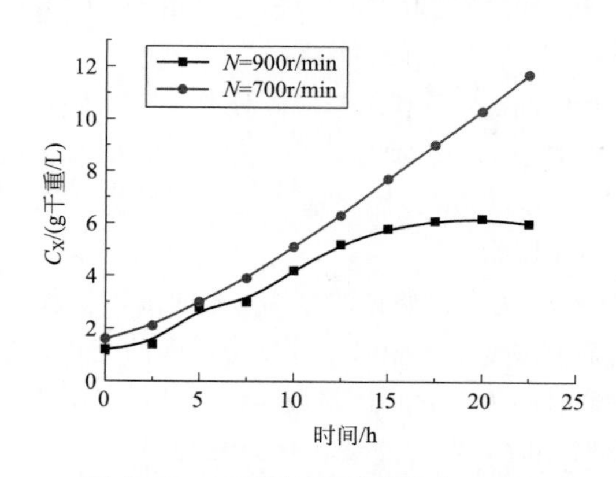

图 8-78 不同转速下的菌体生长曲线

③ 初始糖浓度。图 8-79 为糖浓度是 6%和 8%时的菌体生长曲线。由图可以看出，初始糖浓度为 8%时的菌体生长曲线明显高于初始糖浓度为 6%时的菌体生长曲线，初始糖浓度的增加对菌体生长期前期基本无影响，但菌体生长后期的菌体生长速率明显加快。为了更清楚地说明这一现象，图 8-80 给出了初始糖浓度分别为 6%和 8%时的比生长速率随时间的变化情况。由图可以明显地看出，初始糖浓度分别为 6%和 8%时菌体生长前期的比生长速率相差不多，而到菌体生长后期，由于前者的比生长速率明显小于后者的比生长速率，并且前者的比生长速率下降速率较快。这是因为在菌体生长前期，残糖浓度仍较高，而在后期，残糖浓度较低，限制了酵母的快速生长。由此可见，增大初始糖浓度能显著地提高菌体生长期终止时的菌体浓度。

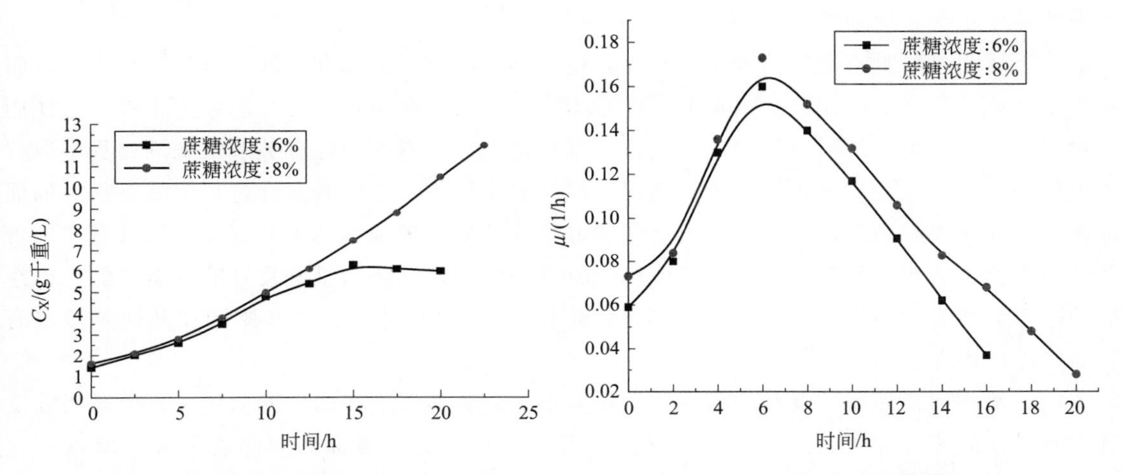

图 8-79 初始糖浓度对菌体生长的影响

图 8-80 比生长速率随时间的变化曲线

(3) 旋转床发酵过程的特点

① 在内循环超重力发酵釜中，操作条件对体系传质过程的影响很大，提高转速和通气量能提高总体积传质系数 K_La。在所研究的实验范围内，通气量对传质的影响较大，转速对传质的影响较小。黄原胶溶液的流变特性对传质影响显著，它使得各因素间的关联作用增强。

② 旋转填充床中黄原胶溶液的传质过程具有独特性。当黄原胶浓度较低时，溶液表观黏度较大，总体积传质系数 K_La 小于纯水体系的 K_La；随着浓度增加，表观黏度增大，总体积传质系数 K_La 减小；当黄原胶浓度超过一定值后，浓度增加，表观黏度反而下降，总体积传质系数 K_La 增大，当黄原胶浓度大于 0.25%时，其总体积传质系数 K_La 大于纯水的 K_La。这表明旋转填充床可明显强化拟塑性流体的传质过程。

③ 在旋转床中进行 SOD 高产酵母的发酵实验。在转速为 700r/min，通气量为 0.8m^3/h 的操作条件下，得到菌体生物量为 66g/L，表明内循环超重力发酵釜可作为一种新型高传质效率发的发酵设备用于微生物发酵过程。

8.8.3.2 透明质酸发酵

(1) 透明质酸的性质与用途　透明质酸是糖胺聚糖中最简单的一种。糖胺聚糖具有黏稠性，过去一直称之为黏多糖。糖胺聚糖按其空间结构组成的不同可分为五类：软骨素和硫酸软骨素、硫酸皮肤素、硫酸角质素、肝素和硫酸乙酰肝素和透明质酸。

透明质酸的分子量通常在 10^4～13.0×10^6 之间。分子量为 4×10^6 的分子，链长约为 100μm。由于直链轴上单糖之间氢键的作用，透明质酸分子在空间呈现刚性螺旋柱型，其半径为 20μm，柱内侧有大量羟基而产生强亲水性，使得溶液中透明质酸亲和的水分约为其本身重量的 1000 倍。这些水在螺旋柱内固定不动，不易流失，所以，透明质酸有很强的吸水性。除了具有很强的吸水性之外，透明质酸溶液还有着独特的流体力学性质。其水溶液是一种非牛顿型流体，有良好的黏弹性和应变性。这些性质的强弱主要是取决于透明质酸本身分子量的大小和溶液浓度与酸度的高低。一般来说，随着溶液浓度和透明质酸分子量的增加，溶液的黏度也会相应地增加。

由于透明质酸具有良好的亲水性和黏弹性，使其在临床医疗和诊断以及化妆品生产方面得到了越来越广泛的应用。在眼科的黏性手术中，透明质酸是理想的、迄今为止唯一可使用的材料。并且，由于透明质酸的独特流体力学特性，使得它在治疗骨关节疾病的过程中取得了很好的疗效，减轻了患者的痛苦。透明质酸在组织再生、重塑和愈合过程中具有很好的促进作用，在恶性肿瘤的诊断过程中，透明质酸是反映肝内皮细胞功能和肝硬化的具有实用价值的新指标。透明质酸除了在上述临床医学方面的应用外，还由于其良好的保湿性能，已经被国际上公认为“仿生化妆品”和“第四代化妆品”。除此之外，透明质酸在其他领域也有相当广泛的用途。

链球菌的生长环境温度对细菌的生长影响很大，具体表现在两个方面：一方面是当温度升高时，反应速度加快，这与一般化学反应是一样的；另一方面，随温度升高，酶逐步变性，酶反应的最适温度就是这两种过程平衡的结果。在低于最适温度时，前一种效应为主，在高于最适温度时，则后一种效应为主，因而酶活性迅速丧失，反应速度很快下降。具体表现为菌体易于衰老，发酵周期缩短，产量变小，质量也比较差。除了对整个发酵过程速率的直接影响外，温度的高低还影响发酵液的物理性质，从而间接影响菌体的生物合成，甚至改变生物合成的方向。

（2）发酵动力学　菌种从牛鼻黏膜中采集的兽疫链球菌作为出菌，经诱变筛选而得。

培养基配方包括：蛋白胨、酵母浸粉、Na_2HPO_4、$NaHCO_3$、$MgSO_4\cdot7H_2O$ 和蔗糖等。自然 pH 或控制 pH。发酵设备与图 8-64 相同。实验结果：测定了发酵过程中糖浓度、菌体浊度和发酵液黏度随时间的变化，具体实验结果如图 8-81～图 8-83 所示。从上述 3 个图可以看出，链球菌的生长基本可以分为 3 个阶段，第一阶段是从反应开始至 15h，第二阶段是 15～30h，第三阶段是从 30h 至反应结束。下面针对各个阶段具体进行分析。

当发酵过程处于第一阶段时，发酵液中无论是糖浓度、菌体浊度还是溶液黏度基本上都不发生变化。这一过程表明，菌体此时正处于生长过程中的延迟期，即菌体从一个环境接种到一个新环境，表现为对环境的适应过程。

在第二阶段，由于菌体对新的环境已经完全适应，并且，发酵液中含有大量的营养物质，非常适合细菌的生长，这一阶段发酵液中的菌体浊度呈指数上升，蔗糖由于转化为葡萄糖供细菌生长所需而大量消耗，蔗糖含量迅速减少。在这个阶段，链球菌主要是自身繁殖，还没有将发酵液中的营养物质合成生产透明质酸，因而发酵液的黏度并不增加。

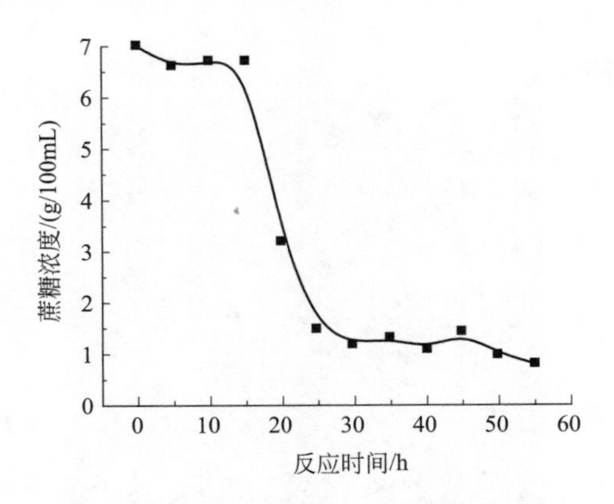

图 8-81　蔗糖浓度随反应时间变化曲线

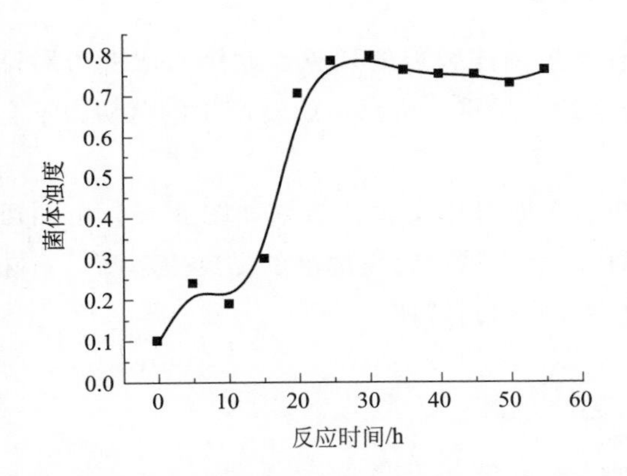

图 8-82　菌体浊度随反应时间变化曲线

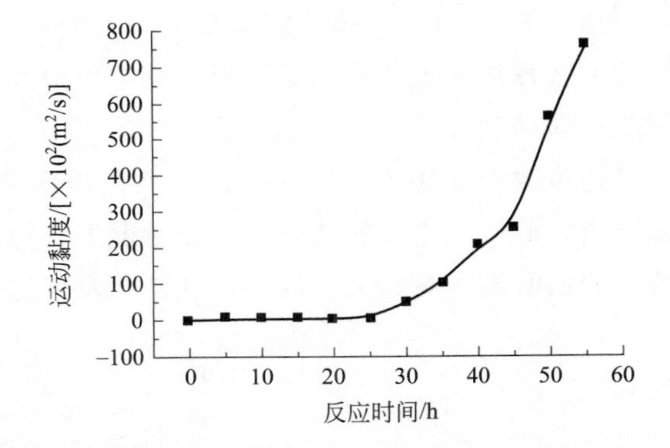

图 8-83　发酵液运动黏度随反应时间变化曲线

在第三阶段，此时菌体的数量已经达到最大值，开始合成透明质酸，表现为发酵液的黏度迅速增加，这个过程对蔗糖的消耗量很小，所以，蔗糖含量基本保持不变，新生菌体和死亡菌体的数目大致保持平衡，菌体浊度也基本保持不变。

第三阶段结束后，发酵液中的营养物质基本被耗尽，并且由于菌体的生长代谢产生的有害物质含量也达到最大，此时菌体开始大量死亡，透明质酸的浓度基本保持不变，整个发酵过程结束。

从菌体生长的实验结果来看，在本实验操作条件下，链球菌的生长是属于典型的分批培养的细胞生长动力学模型。第一阶段属于延迟期，第二阶段属于指数生长期，第三阶段为静止期，此时菌体浓度达到最大。

（3）发酵过程影响因素分析

① 旋转床转速对发酵过程的影响。从前面的传质研究知道，旋转填充床转速越大则总体积传质系数就越大，特别是对于透明质酸发酵液这种黏度极大的非牛顿流体来说，通过加大转速来提高总体积传质系数显得更为重要。但是，当转速增大时，由于旋转填充床的高速旋转是否会对菌体造成破坏是需要关注的问题。通过实验可知，对于链球菌的发酵过程来

说，即使转速升高至 1500r/min，也不会对菌体本身造成明显的破坏作用。发酵液中菌体的显微照片如图 8-84 所示。

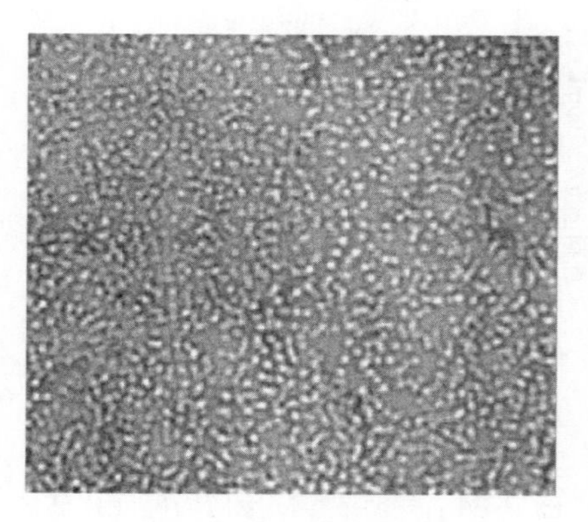

图 8-84 菌体的显微照片

由图 8-84 可见，菌体细胞都是完整的，没有发生菌体破裂的现象。此结果表明，对球状菌或链球菌来说，在超重力反应器中发酵是安全的，超重力机高速旋转产生的剪切力不会引起菌体破裂。

通过改变旋转填充床的转速，其他操作条件不变做对比实验，结果如图 8-85。由图可以看出，旋转填充床转速越大，则黏度上升得越快，反应结束时发酵液的黏度也越高，意味着透明质酸的含量越大。因此，在工业发酵过程中可使用高转速。

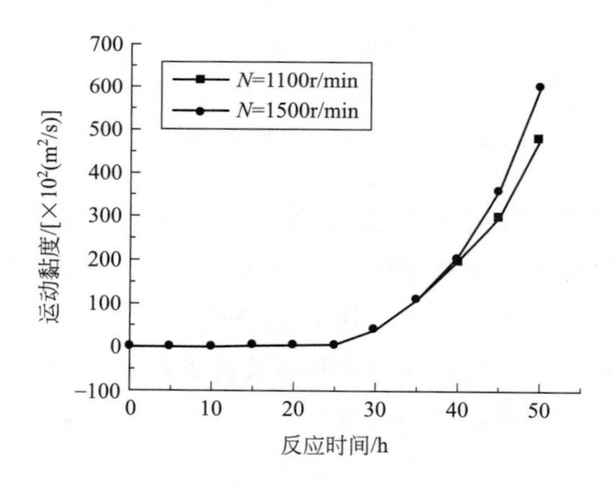

图 8-85 黏度随反应时间变化曲线

② pH 值对发酵过程的影响。链球菌发酵生产透明质酸的过程中会产生乳酸，其会抑制链球菌的繁殖和透明质酸的产生。所以，在实验的过程中调节发酵体系的 pH 值，使其保持在一个相对稳定的范围内，这将对菌体的生长以及透明质酸的合成非常有利。另外，调节 pH 值可以使发酵液黏度在发酵的中后期维持高黏度保持不下降。通过实验观察发现，pH 值自然时，pH 随时间而持续下降，且 pH 自然的发酵液所得透明质酸为团状物，调节 pH 的发酵液，所得透明质酸沉淀物的形态比较分散。调节 pH 有利于透明质酸的生成，还有一种可能是抑制了分解透明质酸酶的活性，使得所得透明质酸的产量和质量都有所提高，如

图 8-86和图 8-87 所示。

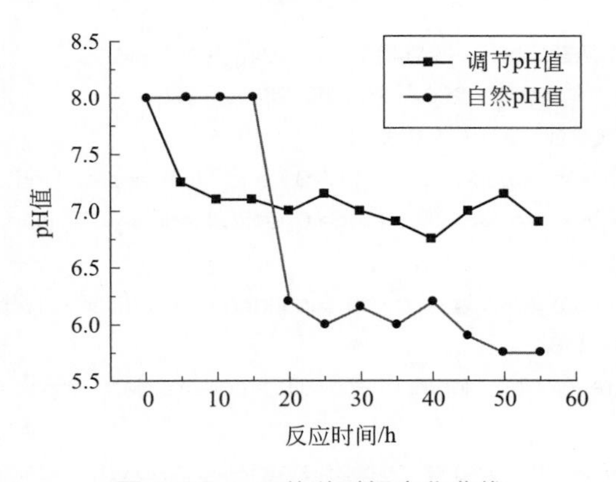

图 8-86　pH 值随时间变化曲线

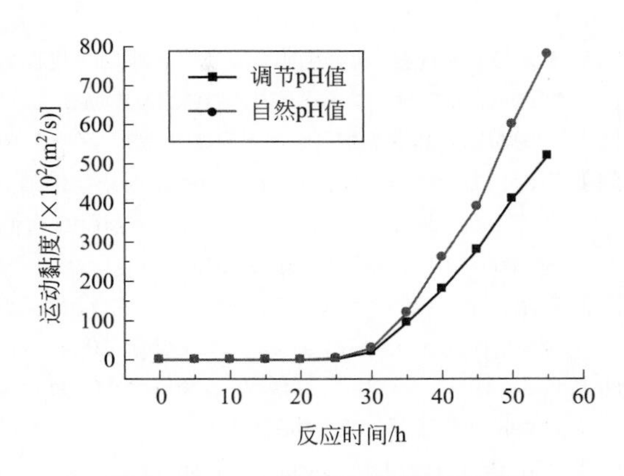

图 8-87　pH 值对发酵过程的影响

③ 通气量对发酵的影响。发酵所采用的菌种为从牛鼻黏膜中分离纯化并经过诱变而得到的链球菌，关于此菌种是否好氧，不同文献说法不一。不同气量的对比实验所得结果如图 8-88 所示。由图可知，链球菌的发酵属于典型的好氧菌发酵，气量较大时，最终发酵液的黏度也较高，发酵液黏度上升较快。从对最终产品的分析来看，气量较大时透明质酸的产量和质量都较小气量时高。

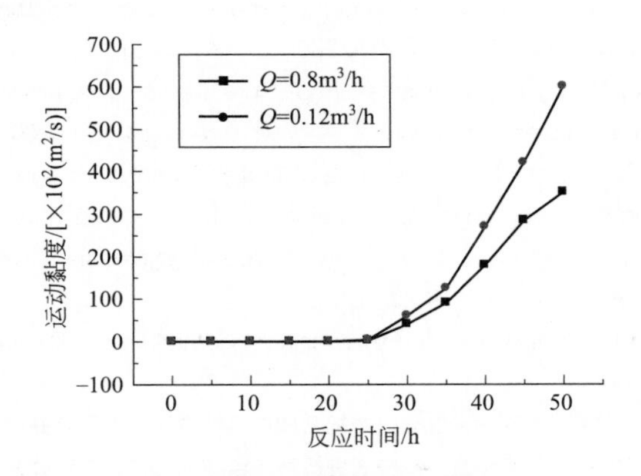

图 8-88　通气量对发酵的影响

④ 初始糖浓度对发酵的影响。不同糖浓度（6%和 8%）的对比实验显示，初始糖浓度对发酵的影响不大，当糖浓度较高时，发酵结束时的发酵液黏度要高，但所得的透明质酸的产品质量基本相同。并且，当初始糖浓度不同时，发酵的周期基本保持不变。

经过对各个操作条件的研究，可以确定发酵生产透明质酸的最佳操作条件为：转速 1500r/min，温度 33℃，初始蔗糖浓度 6%，气量 $1.2m^3/h$，发酵液 pH 值控制在 6.8～7.2 范围内，发酵周期 50h 左右。最终透明质酸产量 6.5～7.2g/L，而同样条件下的搅拌釜其透明质酸产量只能达到 4～5g/L。

上述实践表明，超重力强化技术对多相快速反应体系均表现出优异的强化效果，适合于受分子混合限制或相间传质限制的工业反应过程的强化和反应器革新改造，一方面可提升产品品质，另一方面可降低过程能耗，呈现出令人振奋的广阔的工业应用前景。

参考文献

[1] 李洪波，郝爱友，马德强．多胺光气化制 MDI 过程中化学问题的探讨．聚氨酯工业，2004，19：41-44.

[2] 郑志花，曹端林，李永祥．MDI 的合成及市场概况．华北工学院学报，2004，25：285-288.

[3] 中国 MDI 产能大发展，全球贸易要“洗牌”了吗？ 环球聚氨酯，2016，(10)：18.

[4] Trent D., Tirtowidjojo D. Commercial operation of a rotating packed bed (RPB) and other applications of RPB technology. 4th International Conference on Process Intensification for the Chemical Industry. Brugge, Belgium -10-12 September 2001.

[5] Zhang Y., Jacobs G., Sparks D. E. CO and CO_2, hydrogenation study on supported cobalt Fischer-Tropsch synthesis catalysts, Catal. Today, 2002, 71: 411-418.

[6] Davis B. H. Fischer-Tropsch synthesis: Overview of reactor development and future potentialities, Topics in Catalysis, 2005, 32: 143-168.

[7] Liu W., Hu J., Wang Y. Fischer-Tropsch synthesis on ceramic monolith-structured catalysts, Catal. Today, 2009, 140: 142-148.

[8] Xiao C. X., Cai Z. P., Wang T. Aqueous-phase Fischer-Tropsch synthesis with a ruthenium nanocluster catalyst, Angew. Chem. 2008, 47: 746-749.

[9] Li X., Liu X., Liu Z. W. Supercritical phase process for direct synthesis of middle iso-paraffins from modified Fischer-Tropsch reaction, Catal. Today, 2005, 106: 154-160.

[10] Ohtsuka Y., Takahashi Y., Noguchi M. Novel utilization of mesoporous molecular sieves as supports of cobalt catalysts in Fischer-Tropsch synthesis, Catal. Today, 2004, 89: 419-429.

[11] Bi Y., Dalai A. K. Selective production of C4 hydrocarbons from syngas using Fe-Co/ZrO_2 and SO_4^{2-}/ZrO_2 catalysts, Can. J. Chem. Eng. 2003, 81: 230-242.

[12] Bao J, He J, Zhang Y, Yoneyama Y, Tsubaki N. A Core/shell catalyst produces a spatially confined effect and shape selectivity in a consecutive reaction, Angew. Chem. Int. Ed. 2008, 47: 353-356.

[13] Iglesia E., Reyes S. C., Madon R. J. Selectivitycontrol and catalyst design in the Fischer-Tropsch synthesis: Sites, pellets, and reactors, Advances in Catalysis, 1993, 39: 221-302.

[14] Hilmen A. M., Bergene E., Lindvåg O. A. Fischer-Tropsch synthesis on monolithic catalysts of different materials, Catal. Today, 2001, 69: 227-232.

[15] Liu W., Hu J., Wang Y. Fischer-Tropsch synthesis on ceramic monolith-structured catalysts, Catal. Today, 2009, 140: 142-148.

[16] 陈建峰，张燚，刘意，初广文．一种选择性调控费托合成产品的方法，专利公开号 CN102559234A.

[17] 陈建峰，张燚，刘意，初广文．利用超重力反应器进行费托合成的方法，专利公开号 WO/2012/083636.

[18] 刘意．调控费托合成产物分布高效合成低碳烯烃的研究 [D]．北京：北京化工大学，2015.

[19] LiuZ. P., Hu P. A density functional theory study on the active center of Fe-only hydrogenase: characterization and electronic structure of the redox states, J. Am. Chem. Soci. 2002, 124: 5175-82.

[20] Cheng J., Hu P., Ellis P. A DFT study of the chain growth probability in Fischer-Tropsch synthesis, J. Catal. 2008, 257: 221-228.

[21] Schulz H. Spatial constraints and frustrated reactions in Fischer-Tropsch synthesis, Catalysis Today, 2003, 84: 67-70.

[22] Hunger M., Seiler M., Buchholz A. In situ MAS NMR spectroscopic investigation of the conversion of methanol to olefins on silicoaluminophosphates SAPO-34 and SAPO-18 under continuous flow conditions, Catal. Lett. 2001, 74: 61-68.

[23] 王翠，史佩红，杨春林．电化学氧化法在废水处理中的应用．河北工业科技，2004，21：49-53.

[24] 曹希，宋晓梅．电化学水处理技术综述．化工管理，2013，(14)：65-65.

[25] 马淳安，褚有群，童少平．对氨基苯酚的绿色电化学合成及其工业化．化工学报，2004，55：1971-1975.

[26] 杜继红，奚正平，李晴宇．电化学还原 TiO_2 制备金属钛及反应过程的研究．稀有金属材料与工程，2006，35: 1045-1049.
[27] 张卫国，尚云鹏，刘丽娜．电化学法制备 Ni-W-P 纳米线阵列电极及其催化析氢性能．物理化学学报，2011，27: 900-904.
[28] 邓小聪，田向东，温飞鹏．Au@Pt 纳米粒子催化 O_2 还原反应的电化学研究．高等学校化学学报，2012，33: 336-340.
[29] 晏晓晖，刁鹏，项民．形貌可控的钯纳米粒子的电化学制备及电催化性质．高等学校化学学报，2011，32: 2650-2656.
[30] 付志锋，魏伟，李翠芳，王振兴．电化学发光免疫传感技术在生物药物分析中的研究进展．中国科学：化学，2011: 20-31.
[31] 刘珂珂，刘清，黄海平，褚艳红．基于聚（3，4-乙烯二氧噻吩）/天青 I 复合物薄膜和纳米金修饰的电流型甲胎蛋白免疫传感器的研究．分析化学，2014，42: 192-196.
[32] 李关超，鲍丹丹，马淳安．邻溴苯甲酸电化学脱溴反应的原位红外光谱研究．高等学校化学学报，2011，32: 129-33.
[33] 高璟，刘有智，常凌飞．超重力技术在电化学反应过程中的应用进展．化学工程，2011，39: 12-15.
[34] Sato M., Aogaki R. Gravity effect on copper corrosion, Mater. Sci. Forum, 1998, 289-292: 459-464.
[35] Cheng H., Scott K., Ramshaw C. Chlorine evolution in a centrifugal field, J. Appl. Electrochem. 2002, 32: 831-838.
[36] Cheng H., Scott K. An empirical model approach to gas evolution reactions in a centrifugal field, J. Electroanal. Chem. 2003, 544: 75-85.
[37] 王明涌，邢海青，王志，郭占成．超重力强化氯碱电解反应．物理化学学报，2008，24: 520-526.
[38] Atobe M., Hitose S., Nonaka T. Chemistry in centrifugal fields: Part 1. Electrooxidative polymerization of aniline, Electrochem. Commun. 1999, 1: 278-281.
[39] Eftekhari A. Improving Cu metallization of Si by electrodeposition under centrifugal fields, Microelectron. Eng. 2003, 69: 17-25.
[40] Morisue, M., Fukunaka, Y., Kusaka, E., Ishii, R., Kuribayashi, K. Effect of gravitational strength on nucleation phenomena of electrodeposited copper onto a TiN substrate, J. Electroanal. Chem. 2003, 559: 155-163.
[41] Murotani A., Fuchigami T., Atobe M. Electrochemical deposition of Ni/SiC under centrifugal fields, Electrochemistry, 2012, 76: 824-826.
[42] Tong H., Kong L. B., Wang C. M. Electroless deposition of Ag onto p-Si (100) surface under the condition of the centrifugal fields, Thin Solid Films, 2006, 496: 360-363.
[43] Mandin, P., Cense, J. M., Georges, B., Favre, V., Pauporté, T., Fukunaka, Y. Prediction of the electrodeposition process behavior with the gravity or acceleration value at continuous and discrete scale, Electrochim. Acta, 2007, 53: 233-244.
[44] 王明涌，王志，郭占成．超重力场强化铅电沉积的规律与机理．物理化学学报，2009，25: 883-889.
[45] 王明涌，王志，刘婷．超重力场电沉积镍箔及其机械性能．过程工程学报，2009，9: 568-573.
[46] Liu, T., Guo, Z., Wang, Z., Wang, M. Structure and mechanical properties of iron foil electrodeposited in super gravity field, Surf. Coat. Technol. 2010, 204: 3135-3140.
[47] Li, N., Liu, Z. Y., Zhou, G. P., Liu, X. H., Wang, G. D. Effect of phosphorus on the microstructure and mechanical properties of strip cast carbon steel, Int. J. Minerals, Metallurgy, and Materials, 2010, 17: 417-422.
[48] Wang, M., Wang, Z., Guo, Z., Li, Z. The enhanced electrocatalytic activity and stability of NiW films electrodeposited under super gravity field for hydrogen evolution reaction, Int. J. Hydrogen Energ. 11, 36: 3305-3312.

[49] 狄超群，张鹏远，徐联宾，陈建峰．磁力搅拌下离子液体 $AlCl_3/Et_3NHCl$ 恒电流法电沉积铝．化工进展，2011，(10)：2151-2157.

[50] 赵海，徐联宾，陈建峰，张鹏远．离子液体 [EMIM] Br-$AlCl_3$中恒电流沉积铝．中国有色金属学报，2012，(9)：2682-2691.

[51] 尹小梅，徐联宾，单南南，崔节振，陈建峰．TMPAC-$AlCl_3$离子液体中恒电流电沉积铝．化工学报，2013，64：1022-1029.

[52] 唐广涛．超重力环境下 $AlCl_3$-BMIC 离子液体电解铝的研究 [D]．北京：北京化工大学，2010.

[53] 狄超群．超重力环境下 $AlCl_3$-Et_3NHCl 离子液体电解铝的研究 [D]．北京：北京化工大学，2011.

[54] 赵海．超重力环境下 $AlCl_3$-EMIMBr 离子液体电沉积铝的研究 [D]．北京：北京化工大学，2012.

[55] 尹小梅．超重力环境下电沉积铝的基础研究 [D]．北京：北京化工大学，2012.

[56] 单南南．超重力技术强化离子液体电沉积铝的研究 [D]．北京：北京化工大学，2013.

[57] 尹小梅，徐联宾，陈建峰．超重力场下 $AlCl_3$-BMIC 离子液体电沉积铝的电化学．中国有色金属学报，2013，(8)：2316-2322.

[58] 米常焕，夏熙，张校刚．酸性介质中 Mn（Ⅲ）/Mn（Ⅱ）在铂电极上的氧化还原特性．应用化学，2003，20：183-185.

[59] Grujicic D.，Pesic B. Electrodeposition of copper：the nucleation mechanisms，Electrochim. Acta，2002，47：2901-2912.

[60] 刘婷，郭占成，王志，王明涌．超重力条件下电沉积金属镍的结构与性能．中国有色金属学报，2008，18：1858-1863.

[61] Pangarov N. A. Preferred orientations in electro-deposited metals，J. Electroanal. Chem. 1965，9：70-85.

[62] 陈建峰，高花，吴一弦，邹海魁，初广文，张雷．一种丁基橡胶的制备方法，ZL200710110412. 0.

[63] 潘祖仁．高分子化学．北京：化学工业出版社，2002. 122-132.

[64] 应圣康．离子型聚合．北京：化学工业出版社，1988，305-356.

[65] 武冠英，吴一弦．控制阳离子聚合及其应用．北京：化学工业出版社，2005. 1-418.

[66] Hunter W. H.，Yohe R. V. The polymerization of some unsaturated hydrocarbons：the catalytic action of aluminum chloride，J. Am. Chem. Soc. 1933，55：1248-1252.

[67] Whitmore F. C. Mechanism of the polymerization of olefins by acid catalysts，Ind. Eng. Chem. 1934，26：94-95.

[68] Thomas，R. M.，Sparks，W. J.，Frolich，P. K.，Otto，M.，& Muellercunradi，M. Preparation and structure of high molecular weight polybutenes，J. Am. Chem. Soc. 1940，62：276-280.

[69] Evans A. G.，Polanyi M.，Holden D. Friedel-crafts catalysts and polymerization，Nature，1946，157：102-102.

[70] Evans A. G.，Meadous G. W.，Polanyi M. Friedel-crafts catalysts and polymerization，Nature，1946，158：94-95.

[71] Kennedy J. P. Quaternary carbons by the alkylation of tertiary halides with aluminum alkyls：a model for initiation and termination in cationic polymerization，J. Org. Chem. 1970，35：532-536.

[72] Josph P.，Jagur G. Preparation of functionalized polymers using living and controlled polymerizations，React. Func. Polym. 2001，(49)：41-54.

[73] Kennedy J. P.，Smith R. A. Preparation of highly reactive polyisobulenesJ. Polym. Sci. Polym. Chem. 1980，18：1523-1528.

[74] Kennedy J. P.，Kurian J. Living carbocationic polymerization of p-halosryenes（Ⅲ）：Synthesis and characterization of novel thermo-plastic elastomers of isobutylene and p-chlorostryene，Polym. Sci. Polym. Chem. Ed. 1990，28：3725-3731.

[75] Kaszas G，Pukas J. E.，Kennedy J. P. Carbocationic copolymerization in the presence of electron pair donors：2 Copolymerization of isoprene or 2，4-dimethyl-1，3-pentadiene with $TiCl_4$-based initiating systems

yielding in situelectron pair donors（I）J. Macromol. 1992，25：1775-1779.
[76] Sunny J.，Kennedy J. P. Synthesis and characterization of novel octa-arm star-block thermoplastic elastomers consisting of poly（P-chlorostyrene-b-isobutylene）arms radiating from a calyxarenecore，Polymer Bull. 1998，41：167-172.
[77] Kennedy J. P. Carbocationic polymerization. New York：John Wiley & Sons，Inc.，1982，469-485.
[78] 刘大华．合成橡胶工业手册．北京：化学工业出版社，1991. 511-543.
[79] 阮桂海．丁基橡胶应用工艺．北京：化学工业出版社，1980. 1-13.
[80] Shahriary I.，Mills T. G. Process for fabrication of ohmic contacts in compound semiconductor，P. DE4426765. 1984-1-24.
[81] Bruzzone M.，Gordini S. New process for butyl rubber productionP. WO：21214，1993-4-13.
[82] Mcdonald M. F.，Lawrence D. J.，Williams D. A. Polymerization reactor P. WO3075. 1993-2-18.
[83] Ford W. W.，Thiel F. D. Low-temperature polymerization process，P. US2455665. 1945-2-24.
[84] 高花．超重力法制备丁基橡胶新工艺及其模型化研究［D］．北京：北京化工大学，2009.
[85] 潘祖仁．高分子化学．北京：化学工业出版社，2002. 122-132.
[86] Carr A. G.，Dawson D. M.，Bochmann M. Zirconocenes as initiators for carbocationic isobutene homo-and copolymerizations，Macromolecules，1998，31：2035-2040.
[87] Chen J. f.，Gao H.，Zou H. K.，Chu G. W.，Zhang L.，Shao L.，Xiang Y.，Wu Y. X. Cationic polymerization in rotating packed bed reactor：experimental and modeling，AIChE J. 2010，56：1053-1062.
[88] 杨振宇，陈广宇．国内外复合驱技术研究现状及发展方向．大庆石油地质与开发，2004，23：94-96.
[89] George J Stosur. EOR：Past，Present and What the Next 25 Years May BringC. SPE 84864.
[90] 沈平平，俞稼镛．大幅度提高原油采收率的基础研究．北京：石油工业出版社，2001.
[91] 林冠发，吕生华．三次采油用表面活性剂的合成和应用．咸阳师范学院学报，2003，18：24-29.
[92] 韩冬，沈平平．表面活性剂驱油原理及应用．北京：石油工业出版社，2001.
[93] 李庆莹，李之平，谢天英．表面活性剂驱油体系［P］．ZL86107891.
[94] Kalpakci B.，Jeans Y. Surfactant combinations and enhanced oil recovery method employing same：US4811788［P］．1989.
[95] 杨振宇，周浩，姜江，王颖，彭树锴，王明宏．大庆油田复合驱用表面活性剂的性能及发展方向．精细化工，2005，22（s1）：22-23.
[96] 张成方．气液反应和反应器．北京：化学工业出版社，1985.
[97] 陈相辉．膜式磺化合成石油磺酸盐工艺研究［D］．北京：中国石油大学，2004.
[98] 姚斌．从热力学角度分析化学反应．扬州职业大学学报，1998，（2）：36-40.
[99] 岳晓云．石油磺酸盐组成表征与界面性质的研究［D］．北京：中国石油勘探开发研究院，2005.
[100] 彭朴等．石油磺酸盐的连续式制备方法．中国专利，02125840. 6. 2004.
[101] 孟明扬，马瑛，谭立哲，杨文东，磺化新工艺与设备．精细与专用化学品，2004，12：8-10.
[102] Jack D. S. Continuous process for highly overbased petroleum sulfonates using a series of stirred tank reactors：US4541939［P］．1985.
[103] Schroeder D. E.，Plummer M. A.，Zimmerman C. C. Sulfonation of crude oils with gaseous SO_3，to produce petroleum sulfonates：US 4614623 A［P］．1986.
[104] 张迪．超重力反应器内驱油用石油磺酸盐表面活性剂的合成研究［D］．北京：北京化工大学，2010.
[105] 曾泽泉．超重力强化臭氧高级氧化技术处理模拟苯酚废水的研究［D］．北京：北京化工大学，2013.
[106] 李鑫．超重力均相催化臭氧化处理酸性红 B 模拟染料废水的研究［D］．北京：北京化工大学，2011.
[107] 李墨．RPB 中 O_3/Fenton 氧化法处理阿莫西林废水的研究［D］．北京：北京化工大学，2013.
[108] 田力剑．超重力环境下用高级氧化法处理聚丙烯酰胺废水的研究［D］．北京：北京化工大学，2016.
[109] 魏清．RPB 强化臭氧高级氧化技术处理模拟焦化废水的研究［D］．北京：北京化工大学，2015.
[110] 中华人民共和国人事部编．公务员科技知识读本．北京：科学普及出版社，1997.

[111] 俞俊棠，顾其丰，叶勤．生物化学工程，北京：化学工业出版社，1991.
[112] 刘晓兰．生化工程．北京：清华大学出版社，2010.
[113] 任凌波，章思规，任晓蕾．生物化工产品生产工艺技术及应用．北京：化学工业出版社，2001.
[114] 姜信真．内环流反应器的实验研究，化工机械，1984，4：25-31.
[115] 翟燕霞．内循环超重力反应器传质性能及发酵研究［D］．北京：北京化工大学，1998.
[116] 彭锋．内循环超重力反应器传质、发酵性能及放大研究［D］．北京：北京化工大学，2000.
[117] 桑晋．内循环超重力反应器的逆流传质性能及发酵研究［D］．北京：北京化工大学，1999.
[118] 张博润，田宇清，黄英，谭华荣．酵母超氧物歧化酶高产菌的选育，微生物学报，1994，34（4）：279-284.

第 9 章 超重力分离过程强化技术及工业应用

分离技术通过利用混合物中各组分的物理或化学性质的差异，实现原料精制、产品提纯、尾气净化等目的。分离技术已广泛用于海洋工程、石油化工、能源开采、生物制药等关乎国计民生的重要领域。由于原料、产品和对分离操作要求的多种多样，分离技术的发展呈现多样性。按是否含反应，分离过程可分为纯物理分离过程、伴随反应的分离过程、反应分离耦合过程等。由于分离过程设备数量众多、规模庞大，工业装置中分离设备的投资及其操作费用占很高的比例，对装置的技术经济指标影响较大。在现代工业的规模大型化、环保严苛化、产品精纯化的发展趋势下，研发高效率、低能耗的分离过程强化技术具有重要意义。

超重力分离强化技术是利用旋转产生的离心力模拟超重力环境来强化传递过程的新技术，可大幅度提高各类分离过程效率，显著缩小装置体积。经过系统的工艺与装备技术创新，北京化工大学教育部超重力工程中心在国际上率先成功实现了超重力分离强化技术在油田注水脱氧、尾气或过程气脱硫（包括二氧化硫和硫化氢）等过程的工业应用，取得了显著的节能减排效果。

9.1 超重力水脱氧技术

水脱氧技术广泛用于工业生产和人民生活当中。水是生命之源，没有水，生命将不存在，但是，水中所含的氧，在许多情况下却是有害的。例如，在锅炉用水中，如果含氧量过高，将发生氧腐蚀，缩短炉管寿命，进而产生相应的安全问题。在食品工业中，饮料用水中含氧，将影响饮料的品质，使口感变差，缩短产品的保存期。油田在采出石油的同时，需要向地层注水，以保持地层压力，增加石油采出率。对注入的水也有含氧量要求，含氧过高，会缩短注水管道的使用寿命，并会带来好氧性微生物在地层下繁殖，堵塞油路等一系列不良影响。因此，在许多行业中，有必要在用水之前进行脱氧处理，使水中的氧含量达到指标要求。

在通常情况下，水总是暴露在空气当中。空气中的氧会有一部分溶解于水中，水中溶解的氧随着环境温度、压力的变化而不同。由于氧在水中的溶解度比较小，属于难溶气体，因此，在相当大的范围内服从亨利定律，即水中的溶氧量与气相中的氧分压呈正比。

$$P = HC \tag{9-1}$$

式中 P——水面上方的氧分压；

H——亨利系数；

C——水中的溶氧量。

由表9-1中的数据可以看出，在通常条件下，水中的氧含量一般在6～14mg/L。

表9-1 氧在水中的亨利系数及在大气环境下的氧含量

温度/℃	$H/10^{-4}$标准大气压	溶氧量(气相21%氧)/(mg/L)
0	2.55	14.6
5	2.91	12.8
10	3.27	11.4
15	3.64	10.3
20	4.01	9.31
25	4.38	8.52
30	4.75	7.86
35	5.07	7.36
40	5.35	6.98
45	5.63	6.63
50	5.88	6.35
60	6.29	5.93
70	6.63	5.63
80	6.87	5.43
90	6.99	5.34
100	7.01	5.33

注：亨利系数引自Perry's handbook；1大气压=0.1MPa，下同。

9.1.1 水脱氧技术概论及应用

由于脱氧水的用途不同，脱氧指标不同，因而脱氧的方法也多种多样。其目的都是将氧从水中分离除去。从化学工程角度看，水和氧有相当大的沸点差，分离起来不是一件难事。但是，涉及脱氧的成本，可供选择的技术就很有限了。

脱氧的方法最常见的有沸腾法、真空法和化学法。沸腾法是锅炉水脱氧采用的最常见方法（图9-1）。一般工业锅炉供水系统中都安装有除氧器，在除氧器中，来水被蒸气加热至沸腾。在一部分水沸腾蒸发的同时，水中的溶解氧也被沸腾的水蒸气带走。随着温度的升高，水中的平衡氧浓度逐渐下降。化学工程知识告诉我们，如果将水加热到沸腾，同时又不与空气接触，水中溶氧的平衡浓度为零。此时，氧的脱除率将完全受到传递现象的控制。通过这种方法，在常压下，水中的氧含量可以降至20μg/L以下。这种方法的优点是氧去除率较高，但仍然不能满足高中压锅炉的脱氧要求。另外，如果脱氧水不在高温下使用，脱氧成本就会很高。

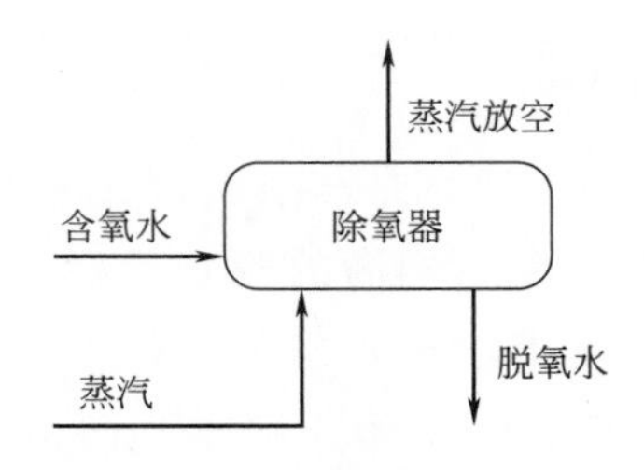

图 9-1　沸腾法脱氧

真空法广泛应用于油田注水脱氧（图 9-2）。由于油田注水的量相当大，视生产规模的大小一般为每小时几十吨到上千吨。如此大的处理量，如果采用沸腾法，其能耗将无法接受。这就迫切需要一种能够在常温下脱氧的技术，真空法就是这样一种能够在常温下脱除水中溶解氧的方法。真空法利用在真空条件下，气相中氧分压大大下降的原理，使水中的溶氧在真空条件下解吸出来。由于氧在水中的溶解符合亨利定律，与气相中的氧分压平衡的溶解氧将与气相氧分压按同样的比例下降。如果气相中的氧分压降低到原来的 10%，那么，水中溶解氧的平衡浓度也相应地降到原值的 10%。以 15℃为例，在一个大气压下，水中含氧的平衡浓度大约在 10mg/L，如果大气压力降低到 0.1 标准大气压（绝压），水中含氧的平衡浓度就会降低到约 1mg/L。当然，如果压力继续下降，在常温下水也会沸腾，这就达到了真空法操作的极限。无论是沸腾法还是真空法，都是利用降低氧平衡分压的方法除氧，因此，同属物理法。

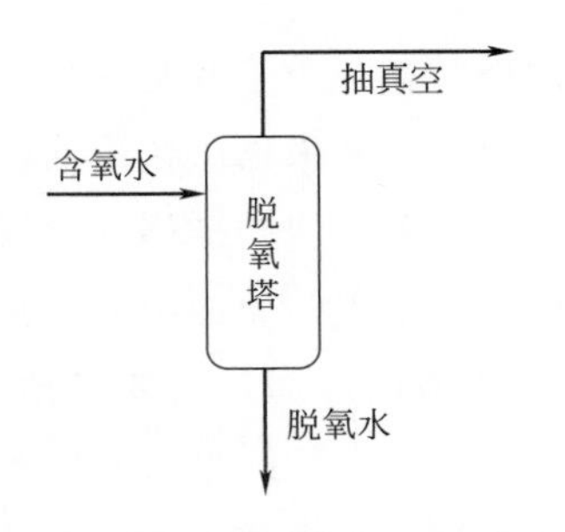

图 9-2　真空法除氧

除物理法之外，在除氧要求比较高的场合或在极为特殊的环境之中，化学方法也得到广泛的应用。物理方法由于平衡分压的限制，不易达到高的脱除率，或者说，如果要求高的脱除率要付出很大代价。而此时，化学法就显出它的优越性。化学法，采用向水中加入化学药剂的方法，让药剂与水中的溶解氧结合生成新的化合物，来达到去除水中含氧的目的。加入药剂的种类，视脱氧水的用途而定，以不影响水的使用为目的。通常锅炉用水除氧采用加入亚硫酸盐等还原剂的方法，在亚硫酸盐被水氧氧化成硫酸盐的同时，水中氧浓度得到降低。当然，如果对水中的离子含量有较高要求，加入化学药剂就不是好办法了。

以上介绍的 3 种方法各有其优缺点。在大多数情况下，物理法与化方法配合使用往往能够达到比较满意的结果。首先利用物理的方法，去除大部分的水溶氧，然后再添加一些药剂，使氧含量进一步下降。如果从一开始就直接添加药剂，大量添加药剂会增加脱氧的成本。

9.1.2 超重力水脱氧技术原理

根据费克扩散定律，质量传递的速率是和浓度梯度呈正比的。由表 9-1 可知，水中含氧量都是处在百万分之几数量级，要达到高的脱氧指标，在最后阶段，含氧量更低至十亿分之几数量级。在这样的低浓度下，传质速率将是极为缓慢的。要想在短时间内迅速脱除水中溶氧，就要设法大幅度提高氧的传递速率，使液相主体的氧迅速达到气液界面而进入气相。

在恒定的温度下，提高氧传递速率的方法有两个：一是减薄液膜厚度，缩短扩散距离；二是增加液体的湍动强度，使气液界面不断更新，使液相主体与液相表面快速交换，进而使水中溶氧到快速达气液界面。

超重力水脱氧技术利用旋转的转子将水破碎成细小的液滴、液膜或液线，其尺度在几十微米数量级，较传统填料塔中液体微元尺寸降低了约 1 个数量级。另外，在旋转的转子中，液体在离心力的作用下流动，使得液体可以克服表面张力的作用，以极高的速度、极小的尺度，在高比表面的填料中运动。填料弯曲的孔道促使液体表面迅速更新，大大增加了液体的湍动。由此，超重力水脱氧的传质速率较传统填料塔中提高 1～3 个数量级。

9.1.3 超重力油田注水脱氧技术及工业化应用[1]

把超重力技术应用于水脱氧过程的第一个工业实例就是油田注水脱氧。

在原油生产中，原油通过油井源源不断采出。在采油前期，由于地层压力大，原油可以自行从油井中喷出，称为一次采油。随着时间的推移，地层压力逐渐下降，就需要将原油从井下抽出。随着时间的进一步推移，所采出的原油中含水量逐渐增加，在一些老油田，采出物中的含水量已经达到 90%。为保持地层压力，需要向地下注水，依靠注入的水将原油置换出来，称为二次采油。注水包括采出水和新鲜水。采出水在采出后，如果其不与空气接触是不含氧的，因此无需脱氧，只需进行过滤净化，去除水中的悬浮物就可以直接注入地下。除采出水外，由于已经将采出物中的原油分离出来了，那就需要至少补充与采出的原油量相当的新鲜水。对这一部分水，需要进行脱氧处理。两部分水的比例，随采出水量不同而异。在采油初期，新鲜水居多，到了后期，采出水居多。

油田注入新鲜水，为防止地下管道腐蚀和地层中微生物滋生堵塞石油流通空隙，所注水必须脱氧。为此，国家制定了注水脱氧的标准，要求达到水中含氧量小于 50μg/L。

传统的油田注水脱氧方法是采用真空法，水在真空条件下流动通过填料塔，水中的氧在传质过程中被喷射式真空泵抽走（图 9-3）。水首先被泵入两个置于 20m 高基座之上串联的两个 10m 高的填料塔内，同时，每个塔用两个水喷射泵抽真空。水进口氧含量为 6～14mg/L（取决于环境温度），第一塔的出口氧含量为 500～800μg/L，第二塔的出口氧含量为 50μg/L。而另一种是只用一个真空塔，同时在一塔出口水中加入化学药剂以达到氧含量的要求，这就大大提高了操作费用。

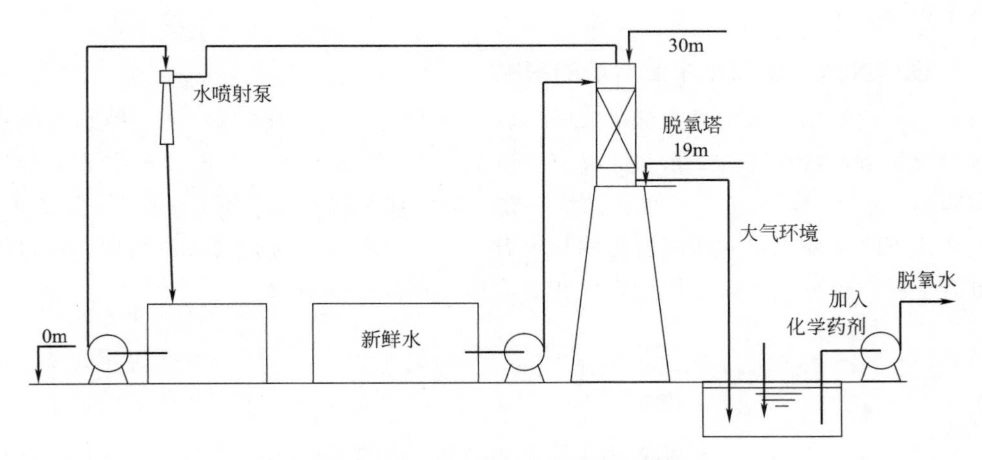

图 9-3　油田注水真空脱氧流程示意图

作为国家科委“八五”攻关项目和自然科学基金项目，1993 年，北京化工大学超重力工程技术研究中心为胜利油田研制了一台 50t/h 的超重力脱氧机，用于天然气对水进行氧解吸，出口氧含量全部达到低于 50μg/L 的注水要求（最低低于 20μg/L）。

50t/h 超重力法油田注水脱氧实验流程如图 9-4 所示。水来自净化供水泵，经调节阀、过滤器、流量计后，进入旋转填充床中心管。天然气（0.07MPa）经调节阀、过滤器、流量计后进入旋转填充床，气液逆流传质后，气体从中央套管流出，经气水分离器后进入低压（0.04MPa）天然气管网。水从旋转填充床下缸流入水槽，经泵送到注水站注入地下。

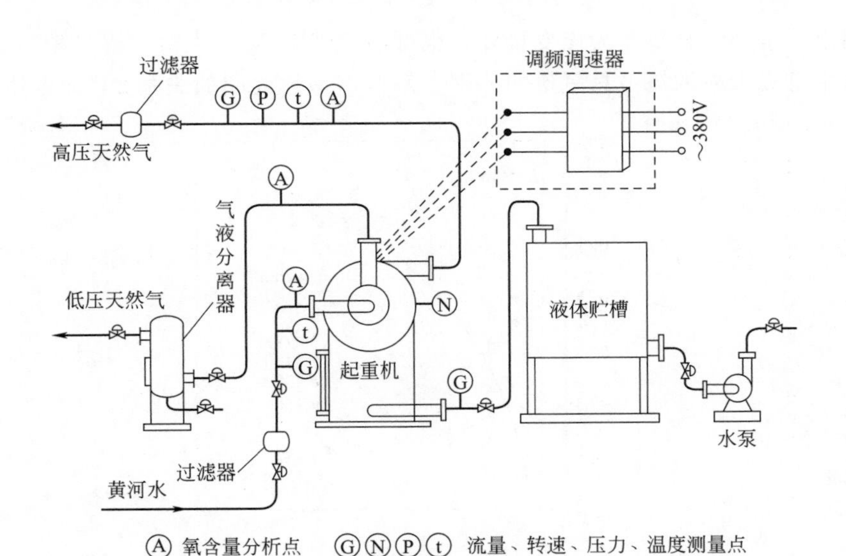

图 9-4　超重力法油田注水脱氧实验流程

伴随石油从地层下采出的天然气完全不含氧。利用天然气对水中溶解的氧进行吹脱，可以节省抽真空所需的高额费用和脱氧塔的建设投资，从而使基建和操作费用大大下降。使用过的天然气可以回到天然气管网继续作为燃料使用，超重力设备中几个 kPa 的压降对使用几乎毫无影响。

9.1.3.1 操作参数对出口水中氧含量的影响

（1）气液比对出口水中氧含量的影响　在操作参数中气液比 G/L 是最敏感的因素，在进口水中含氧量保持在 5～6mg/L 时，以气液比 G/L 为横坐标，以出口水中氧含量为纵坐标，实验结果示于图 9-5 中。可见该曲线存在一个最佳区域 $G/L=1.5\sim2.5$。当 $G/L<1.5$ 时，气液比下降将使出口水中氧含量明显上升。当 $G/L>2.5$ 时，气液比增大，出口水中氧含量虽有下降，但变化不大。因此，操作点应选择在最佳区域内。

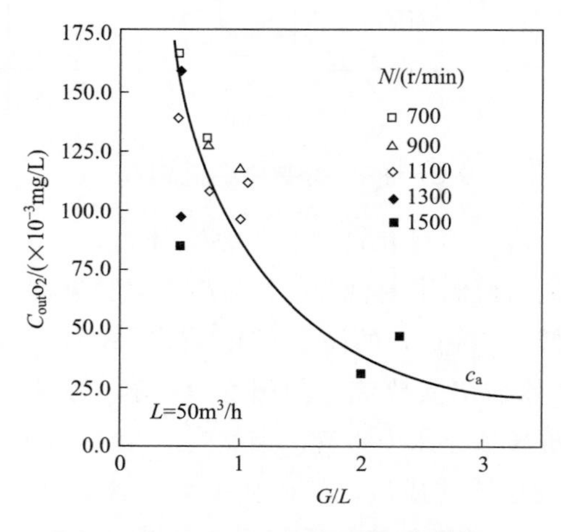

图 9-5　气液比对出口水中氧含量的影响

除了用出口水中氧含量作为应变量外，也可用解吸率 X 来表示。解吸率 X 是指通过超重力机后水中解吸出来的氧占总氧量的分率。X 与气液比之间的关系如图 9-6 所示。

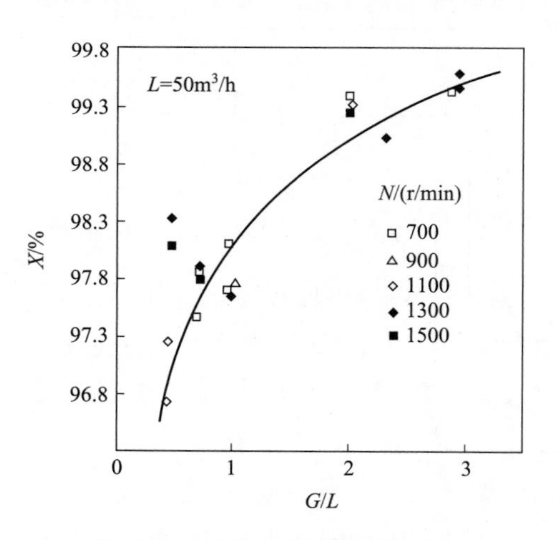

图 9-6　气液比对解吸率的影响

（2）处理液量对出口水中氧含量的影响　在气液比不变的条件下，出口水氧含量将随处理液量 L 的增加而上升，如图 9-7 所示。对于小的气液比，如 $G/L=0.5$，影响更为显著。

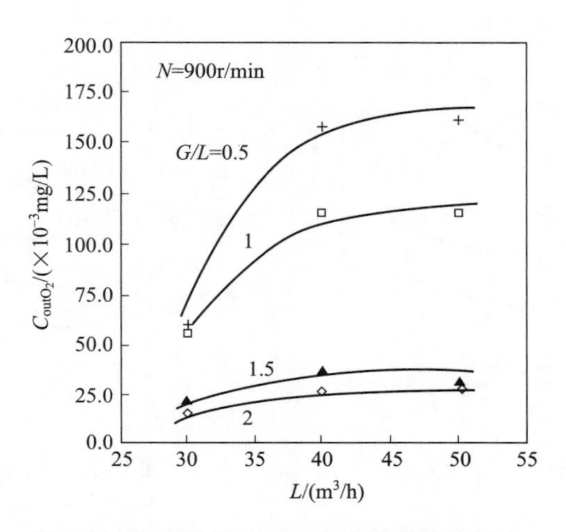

图 9-7 处理液量对出口水中氧含量的影响

(3) 转速对出口水中氧含量的影响 旋转床的转速对出口水中氧含量的影响见图 9-8。实验的转速范围 700～1500r/min，对出口水中氧含量的影响不显著。在低的气液比下，如 $G/L=1$，转速增加时，出口水中氧含量呈下降趋势。在较高的气液比下（$G/L>2$），出口水中氧含量基本不受转速影响。因此，转速选 960r/min 使超重力机可由电动机直接驱动。

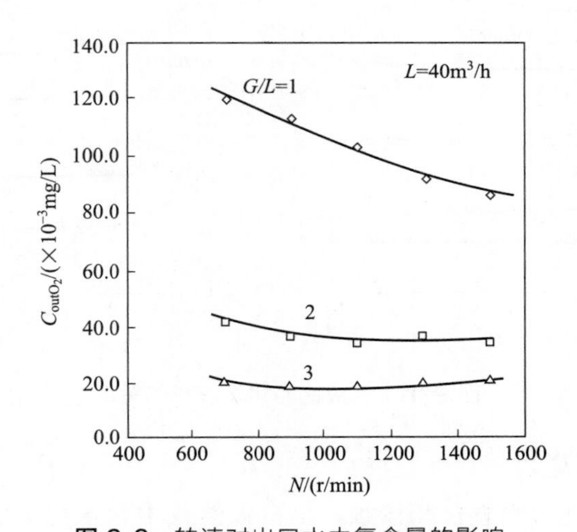

图 9-8 转速对出口水中氧含量的影响

9.1.3.2 气体通过超重力机的压降

气体通过超重力机的压降是超重力机的一项重要指标。当液量为 $30m^3/h$ 时，气体压降随气量变化的规律见图 9-9；当气量为 $150m^3/h$ 时，气体压降随液量的变化规律见图 9-10。从图中可以看出，气体通过超重力机的压降将随气体流量、液体流量以及转速的增大而增加。但其数值较低。

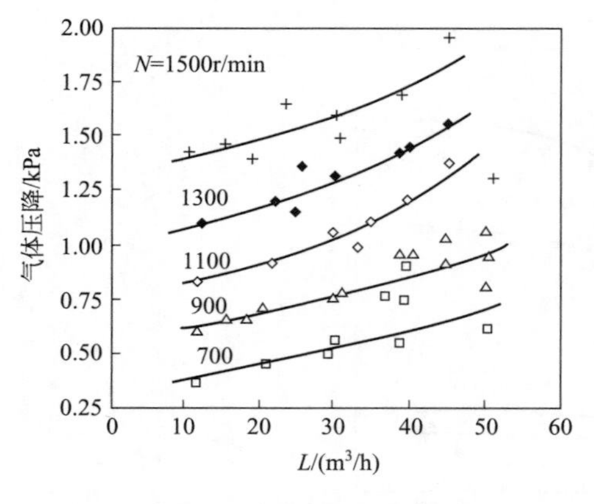

图 9-9 气体压降与气量的关系

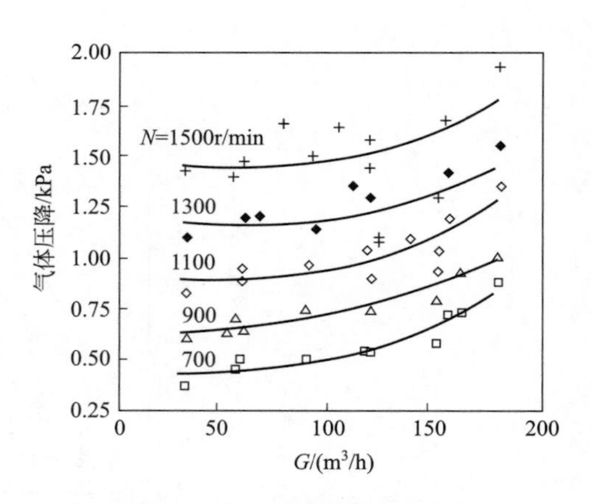

图 9-10 气体压降与液量的关系

9.1.3.3 超重力机的功率消耗

以 G/L 为横坐标，功率消耗 N 为纵坐标，以转速、液体流量为变量，实验结果示于图 9-11 中。从图中可以看出，功率消耗随转速增加而增加，随液量增加而增加，随气量的增加略有降低。当转速为 900r/min，$L=50\text{m}^3/\text{h}$，$G=90\text{m}^3/\text{h}$ 时，功率消耗约为 20kW。

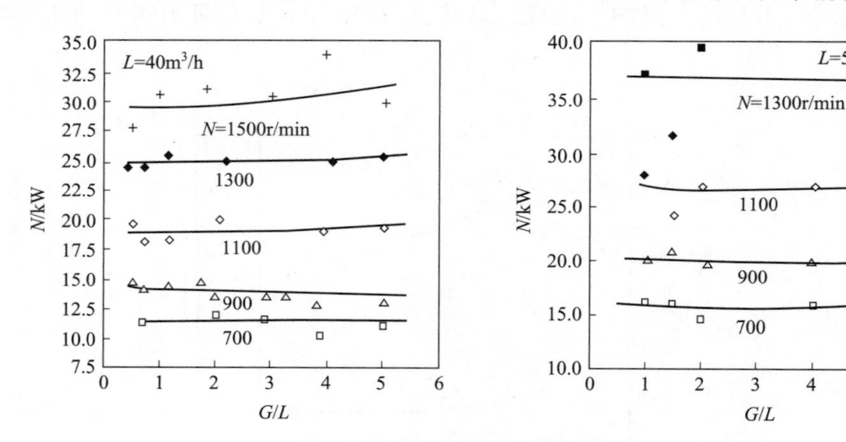

图 9-11 气液比与功率消耗的关系

9.1.3.4 出口气体中的水分

在超重力机中天然气与水直接相接触，出口天然气中含水可分为游离水和饱和水蒸气。气体中游离水量的测定，采用每 100m^3 气体通过系统时在气液分离器排液处测定水量。实验曾多次测定，在排液处未放出水来，说明气体通过系统时夹带的游离水极少。

在 30℃下，天然气中的饱和水蒸气压为 4.25kPa，在操作时系统压力为 0.14MPa（绝压），此天然气中饱和水量为 30.8mg/L。在室外温度低于 30℃时，气体管道中可能有水析出。

9.1.3.5 出口水中天然气含量

本系统在正常的操作条件下，水中不夹带游离气体（气泡），但含有溶解的天然气。水中溶解的天然气最大量是天然气在水中饱和溶解度。因实验时无法连续测定水中天然气含量，所以采用亨利定律计算。

假设天然气是 100%甲烷，在 0℃时（指可能的最低温度），其亨利系数 $H_A=2.24\times10^4$ 大气压，当操作压力为 1.4 大气压（绝压），计算出水中溶解的饱和甲烷含量为 55.6mg/L。可以忽略不计。

9.1.3.6 出口气体中氧含量

实验测定，当液体流量为 $50m^3/h$，气体流量为 $90m^3/h$（$G/L=1.8$），进口水中含氧 5mg/L，转速为 1000r/min 时，采用气相测氧仪测得出口气体中含氧为 $1500mL/m^3$，即 0.15%。

当水中含氧 5mg/L 时，若全部解吸，则 $50m^3$ 水放出 250g 氧气，换算成体积为 $0.1387m^3$。则超重力机出口天然气中氧含量为 0.154%。

计算值与实测值相近，若不精确计数时，气体中含氧量可由计算而得。从安全角度看，天然气出口氧浓度为 0.154%，远远低于 5%的爆炸下限，因此是安全的。

实验结果表明，利用超重力技术进行油田注水脱氧较现有的真空脱氧技术无论在脱氧指标上还是在动力消耗上都有较大的优越性。现在，超重力除氧技术已经在一定范围内得到了推广。300t/h 的工业示范装置超重力脱氧机已经通过了部级鉴定，两台 250t/h 的工业装置也在胜利油田海上石油平台上投入了生产（图 9-12）。

图 9-12　安装在海上石油平台的超重力脱氧机

9.1.4 超重力锅炉水脱氧技术[2]

锅炉给水中溶解氧，会引起炉管和系统的氧腐蚀，所以，必须控制给水中的含氧量低于规定值，锅炉压力越高，所允许的规定值越低。对于高压蒸汽锅炉，压力为 3.8～5.8MPa 时，给水氧含量应≤15μg/L，压力大于 5.9MPa 时，给水氧含量应≤7μg/L（GB 12145—2016）。

锅炉水脱氧，一般采用热力除氧，即沸腾法。将蒸汽通入沸腾的水中，依靠水的沸腾蒸发，将水中的氧带走。热力法除氧器的除氧效果取决于除氧器结构和运行工况。运行工况应保证水被加热至沸腾状态，进入除氧器的水量要稳定，从除氧头解析出来的氧和蒸汽及其他气体能通畅地排出。为达到国家标准，锅炉使用单位采用了许多方法提高脱氧指标。通常采用的是提高脱氧温度和添加化学药剂的方法。经过提高温度和加入化学药剂，脱氧指标大多在 10～20μg/L 左右。

超重力法锅炉水脱氧，与油田注水脱氧同样原理，使用不含氧气体对水中含氧进行吹脱，而在锅炉附近最方便可用的就是蒸汽。蒸汽中几乎不含氧，对应的水中平衡氧含量可视为零，超重力技术的强化传质的优点可以得到充分的发挥。试验结果表明，超重力法可以使用 0.03～0.2MPa（表压）的蒸汽，在 103～133℃时，就可以将水中的含氧量减少至 7μg/L 以下，而且不需要添加任何化学药剂，其优点是显而易见的。超重力脱氧的温度较低，可以使用工业锅炉的乏汽，使运行成本大大下降；同时，操作稳定，对水量的波动有较强的适应性，即操作弹性大，处理量可在 50%～100%范围内任意调节；设备的体积小，占地面积小。与热力法相比，超重力法可以在较低的温度压力下达到很好的脱氧指标。

锅炉水脱氧超重力机结构如图 9-13 所示，它由环状的旋转填料和机壳等构件组成。水由中心喷入，在离心力作用下，向外甩出。气体由外缘引入，在压力梯度作用下，沿径向向内流动，与水逆流接触。床内气液逆向接触时，泛点速率将是重力场下的数十倍至上百倍。在旋转床中水在高分散、强湍流以及界面急速更新的情况下，气液以很大的相对速度在弯曲孔道作逆向接触。使水中的氧迅速进入气相，而趋于平衡。

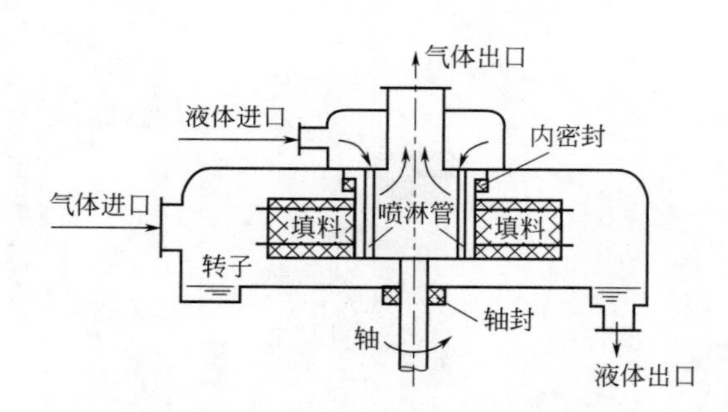

图 9-13 锅炉水脱氧超重机结构示意图

超重力锅炉水脱氧工业侧线流程图如图 9-14 所示。给水由车间主管道分流出，与高温回水混合进入超重力脱氧系统。水温可由回水量调节至 20～80℃，含氧量为 1.86～7.68mg/L，经流量调节阀、流量计计量后，进入超重力机中心的布液管，喷入旋转的填料层中。水蒸气经调节阀，流量计计量后，进入超重力机外腔，在旋转填料层内，气-水逆向接触进行传质、传热后，未冷凝蒸汽和水的脱吸氧一起，从中央出气口流出放空。脱氧水从超重力机下部流入缓冲罐，经自动液位控制阀门控制液位，排入储水槽中。同时用两台溶氧监测仪 7258-D 在线测定超重力机的进、出口水氧含量。经自控系统调节，超重力机在处理水量保持 10t/h 的条件下，连续运转了 400h，达到了出口水含氧量小于 7μg/L 的指标。

10t/h 锅炉水脱氧工业侧线装置如图 9-15 所示。

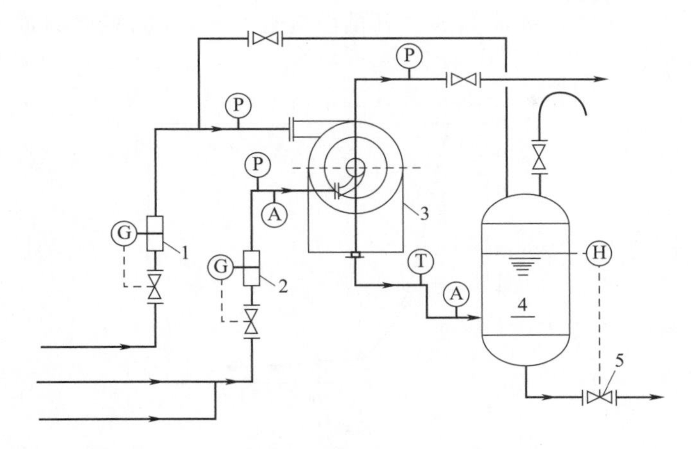

图 9-14　10t/h 超重力锅炉给水脱氧工业侧线流程图

1—蒸汽流量计；2—水流量计；3—超重机；4—水箱；5—液位控制阀

图 9-15　10t/h 锅炉水脱氧工业侧线装置

（后面背景为热力法除氧装置）

影响超重力机脱氧效果的因素如下。

（1）旋转填料层厚度对脱氧指标影响　运转试验测定了填料厚度分别为 25mm、50mm、75mm、100mm、125mm、150mm 时，对出口含氧量的影响，实验结果如图 9-16 所示。其他操作条件为：处理水量 10t/h，进口水温 21～26℃，进口水含氧量 7.56～7.88mg/L，转速 N=750r/min，系统压力 0.05MPa，出口水温 110℃。

结果表明，随着填料厚度增加，即填料传质单元高度增加，出口水含氧量不断减少。当填料厚度大于 100mm 时，能满足出口水含氧量≤7μg/L 的要求，这时再增加填料厚度对降低出口水含氧量的作用并不明显，这说明填料层内气、液间传质已接近平衡。另一方面，由于出口水含氧量小于 7μg/L，如此低的含氧量已接近 7258-D 测氧仪测量最低限 5μg/L，所以测量值变化不明显。

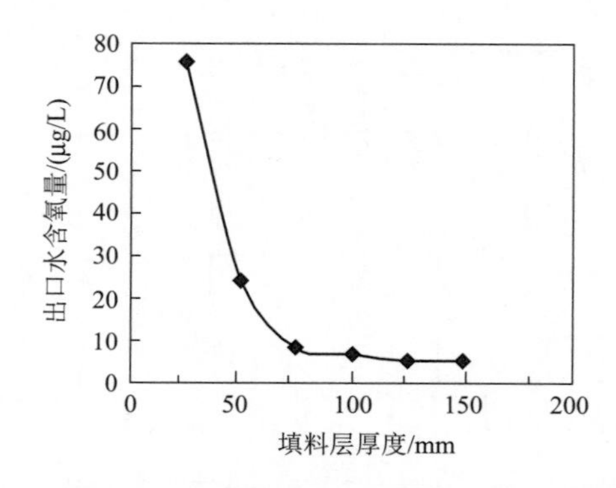

图 9-16 旋转填料层厚度对脱氧指标影响

（2）操作压力对出口水温和含氧量的影响　转子填料厚度为 100mm，$N=750$r/min 时，通过调节进汽量改变系统压力，测定试验出口水温和氧含量，实验结果见表 9-2。

表 9-2 系统压力对出口水温度和含氧量的影响

系统压力(表压)/MPa	出口水温/℃	饱和水温/℃	出口水含氧量/(μg/L)
0.04	108	108.7	6.8
0.06	111	112.7	6.4
0.08	115	116.3	6.8
0.10	119	119.6	6.7
0.12	121	122.5	6.3
0.15	127	126.8	6.3
0.20	132	132.9	5.8

由表 9-2 可知，出口水温与系统压力有关，略低于该压力下的饱和水温，这说明超重力机的传热是非常高效的。同时可以看出，系统压力的升高，即出口水温的升高，对出口水的含氧量影响不显著，这与传统的热力法除氧是不同的。这说明锅炉水脱氧过程受传质速率所控制，传统热力法脱氧，希望升高温度，加大传质推动力来提高速率，由于体积传质系数低，效果不明显。因此出口水中含氧量不能达到国标。而超重力机主要提高体积传质系数，极大地提高了传质速率。此时提高温度对传质速率影响不显著。因此，在 100℃以上的水中，含氧量受水温的影响并不显著。

（3）进口水温变化对操作的影响　本次实验进口水温在 20～80℃范围内变化。结果表明，为达到指定系统压力，进水温度越低，蒸汽耗量越大。实验现象表明进水温度低比较高温度的震动和噪声要略微大一些，但不影响超重力机的正常运转。

（4）气液比　超重力机锅炉水脱氧的排放气体积或质量（质量比，不包含水升温的蒸汽消耗）与处理水量的比值，称为气液比。超重力机的气液比操作范围可以很宽，如油田注水脱氧天然气与水的体积比为 3～5。但是用蒸汽脱氧时，水的温度升至 100℃以上，对除氧非常有利，这时超重力机操作的气液比要小一些。超重力机的气液比与含氧量实验结果表明：

超重力机锅炉水脱氧操作气液比1.5左右（体积比），水含氧量可低于7μg/L，脱氧所排放蒸汽量与水的质量比0.003～0.004，达到了蒸汽与水的质量比不大于0.0045的工业技术指标要求。

9.2　超重力技术在废水处理中的应用

由于超重力技术可以大大提高传质效率，缩小设备尺寸，因此，在一些受传质控制的废水处理工艺中，超重力技术的应用就可以产生良好的使用效果。

9.2.1　超重力技术在尿素水解工艺中的应用

在尿素合成工艺过程中，存在较大量的工艺解析废水，就30万吨/年合成氨厂而言，其尿素车间的尿素工艺解析废水量约为50t/h。由于工艺解析废水中含有氨约50mg/L，尿素约100mg/L（甚至更高），无法将其有效利用，因此，一些合成氨厂将其直接排放。这不仅造成了水资源的浪费，而且随废水排放的氨和尿素又污染了环境。

国内外大型合成氨厂对尿素解析废水一般采用深度水解和解吸相结合的方法进行处理，即通过高温高压（350℃，3.8MPa）的深度水解塔将废水中的尿素分解为氨和二氧化碳，再通过解吸塔将氨和二氧化碳脱除。经过深度水解后的废水中的尿素含量可以达到5mg/L以下，不仅满足废水排放的环保指标，甚至可以将其作为锅炉用水加以回收利用。

国内外采用的尿素工艺废水处理技术主要有斯塔米卡邦（Stamicabon）、斯纳姆普罗盖蒂（Snampro-gatti）、UTI法、TEC闭路循环法和生化法（由于生化法中所用的尿素酶的来源有限等原因，此方法尚无工业应用）。

以上技术中，除生化法外，其他几种技术虽然工艺路线有所不同，但均采用350℃左右的高温，在传统的塔设备或卧式水解器中进行水解。由于操作温度的升高导致设备的操作压力也随之提高，因此，维持高温高压就需要更高压力的蒸汽，同时对设备的结构及材质也提出了更高的要求。而单纯考虑以提高温度的方法来提高尿素水解率的做法不够全面，考虑到尿素水解反应是一个可逆反应过程，如果能够将尿素水解产生的氨和二氧化碳及时解吸出来，则将有利于尿素水解率的提高。但是，由于现有尿素废水技术及设备的传质效果均较差，因此，将一种高效传质设备引进尿素水解工艺必将对尿素水解过程产生较大的影响，如尿素水解率提高、操作温度降低、操作压力减小、所用蒸汽品位降低等。

基于以上原因，北京化工大学教育部超重力工程研究中心将超重力技术用于尿素废水处理工艺的研究与开发。

超重力技术作为近年来国际上竞相开发的一种新的高效传质技术，其效率较传统塔设备高1～2个数量级。虽然超重力技术的应用不会改变反应动力学参数，但对有传质影响的反应却能产生较大的影响。

北京化工大学教育部超重力工程研究中心与中国天然气总公司下属某大型合成氨企业合作，开发建立了一套处理水量为5t/h的超重力尿素水解工业侧线，试验结果表明，超重力尿素水解设备可以在 220～230℃，2.4～2.6MPa 条件下，将尿素解析废水中尿素含量由 100mg/L 左右降至 5mg/L 以下，可以满足中压锅炉用水的要求，不仅具有环境效益，而且还有经济效益和社会效益。

9.2.2 超重力技术在碳氨废水处理中的应用

在国内某些中小型合成氨厂的铜洗车间，存在含氨量 20000～30000mg/L 的废水，虽然废水的量不是很大（一般在 2～5t/h），但由于其浓度相对较高，对全厂总排水含氨量的达标（环保要求低于 100mg/L）影响特别大，因此，必须加以有效的控制。

有些合成氨厂曾经采用膜分离技术设法将废水中的氨分离出来，但是，因为废水中还溶解有一部分二氧化碳，因此，极易在膜上形成碳酸氢氨结晶而将膜完全覆盖，从而导致膜分离设备无法正常操作。

也有合成氨厂设法采用热空气吹脱法将其中的氨吹出，但是，由于所用空气量大、吹脱效果差以及氨吹到空气中排放不符合环保要求等原因，不得不放弃此方法。为此，根据多年来的研究基础和工程经验，我们采用超重力汽提技术及设备，成功地将废水的氨含量由 20000～30000mg/L 降至 100mg/L 以下，在满足环保要求的同时，得到 15%～20%的浓氨水可再利用，解决了困扰企业的一个难题。

9.3 超重力技术在气体处理中的应用

我国的工业污染在环境污染中约占 70%，其中，废水、废气又是最主要的污染源。进行工业污染的治理，需要有一系列行之有效的治理技术。

作为一项过程强化技术，超重力技术在环保工业中也有其广阔的应用前景。经过十几年来国内外科技工作者的共同努力，超重力技术在环境工业中已经有了实际应用。超重力技术在废气净化治理，如二氧化硫的脱除、硫化氢分离、除尘等方面也已有重要研究成果及较大工业规模应用实例。

9.3.1 超重力脱硫（SO_2）技术

9.3.1.1 背景

SO_2 是造成大气污染的最主要污染物之一，也是酸雨形成的最主要因素。酸雨使得森林枯萎，土壤和地表水酸化，植被破坏，粮食、蔬菜和水果减产，金属和大量建筑被腐蚀。金属腐蚀直接威胁着工业设施、生活设施和交通设施的安全，使得这些设施要么提前报废，要么需要用昂贵的涂敷材料进行保护，加速了有限自然资源的耗损。据估计，工业发达国家每年由于金属腐蚀而带来的直接损失约占全国国民经济总产值的 2%～4%。由于金属腐蚀造成的年损失远远大于水灾、风灾、火灾、地震造成损失的总和。有关研究结果表明，我国因 SO_2 排放造成经济损失每年达数千亿元。为了更好降低 SO_2 的排放，适应经济迅速发展的需求，开发更高效的 SO_2 污染控制技术和设备，成为实现两控区控制目标的关键因素[3]。

大气中的 SO_2 有天然形成的，还有人类在生产过程中排放到大气的。天然形成的主要包括：火山爆发释放出的 SO_2、细菌分解含硫有机物产生的 SO_2，以及大陆架和沼泽中的 H_2S 被氧化生成的 SO_2。人类很难控制天然形成的 SO_2，在大气中，这部分约占 SO_2 总量的 1/3。人为排放到大气中的 SO_2 主要来自含硫物质的燃烧和冶炼及硫酸和硫黄的生产等过程[4]。我国的能源结构以燃煤为主，且原煤中含有大量的硫，煤的直接燃烧排放的 SO_2 约占我国 SO_2 总排放量的 90%。因此，研究和应用脱硫技术对于我国控制 SO_2 污染具有重要意义。

9.3.1.2　脱硫方法

目前，世界各国开发、研究和使用的脱硫技术已达 200 多种[5,6]，按脱硫过程与燃烧的结合点不同可分为：燃烧前脱硫（如洗煤技术，微生物脱硫技术）、燃烧中脱硫（如炉内喷钙技术）和燃烧后脱硫三大类，燃烧后脱硫又称烟气脱硫。

燃烧前脱硫又分为物理法脱硫和微生物法脱硫。物理法脱硫通过洗煤、煤气化、煤液化以及电磁、机械等物理过程，对煤进行燃烧前的处理，物理法脱硫主要是脱除煤中的无机硫部分，可以在一定程度上降低煤在燃烧后 SO_2 的排放量；微生物脱硫技术目前仍在开发阶段，还无法实现大批量的连续作业。现阶段燃烧前脱硫主要采用的是洗煤技术。洗煤技术的特点是费用低、脱硫的同时除尘，它还可以降低运输成本，提高热能利用率等[7]。

燃烧中脱硫是指当煤在炉内燃烧的同时，将脱硫剂白云石（主要成分 $MgCO_3$）或石灰石（主要成分 $CaCO_3$）喷入炉内，$MgCO_3$ 和 $CaCO_3$ 在炉内较高温度下分别煅烧分解为 MgO 和 CaO，然后再与 SO_2、SO_3 反应，生成亚硫酸盐和硫酸盐。这些副产物以灰渣的形式排出炉外，以达到固硫脱硫的目的。燃烧中脱硫技术主要包括：工业型煤固硫技术和循环流化床锅炉燃烧技术。燃烧中脱硫工艺大多设备简单，占地面积小，比较适合老厂改造，但是脱硫率较低。

燃烧后脱硫技术（烟气脱硫技术）主要通过干法、半干法和湿法脱硫，其中湿法烟气脱硫技术因其具有脱硫效率高、反应速度快、运行可靠性高等优点，而在市场上得到广泛运用。湿法脱硫技术的发展方向包括：一方面是新型高效吸收剂的开发和吸收剂的复配优化，另一方面是新型高效脱硫设备的开发与脱硫设备的优化。目前，湿法脱硫所用的设备大多为塔器设备，包括喷淋塔、填料塔和筛板塔等，研究的重点主要在塔器的改造和工艺完善方面。研究表明，通过塔板改造、新型高效填料等的应用，能较大幅度地提高脱硫效率，降低运行成本。而高效设备的应用和开发对于降低脱硫过程的运行成本具有重要意义。

9.3.1.3　超重力脱硫新工艺

北京化工大学教育部超重力工程研究中心分别以亚硫酸钠、亚硫酸铵（氨水）、柠檬酸钠等为吸收剂，进行了超重力脱硫新工艺的研发，为超重力脱硫工艺在不同领域的应用奠定了良好的基础。

（1）以亚硫酸钠为吸收剂　以亚硫酸钠为吸收剂，采用并流操作方式，进行了超重力脱硫[8,9]。考察了钠离子浓度、吸收液 pH 值、转速、气液比、SO_2 进口浓度等操作条件对脱除率的影响；并推导了体积传质系数（K_Ga）的表达式，研究了各工艺参数对 K_Ga 的影响。

图 9-17～图 9-25 分别给出了钠离子浓度、吸收液 pH 值、转速、气液比、SO_2 进口浓度等操作条件对脱除率和体积传质系数 K_Ga 的影响。

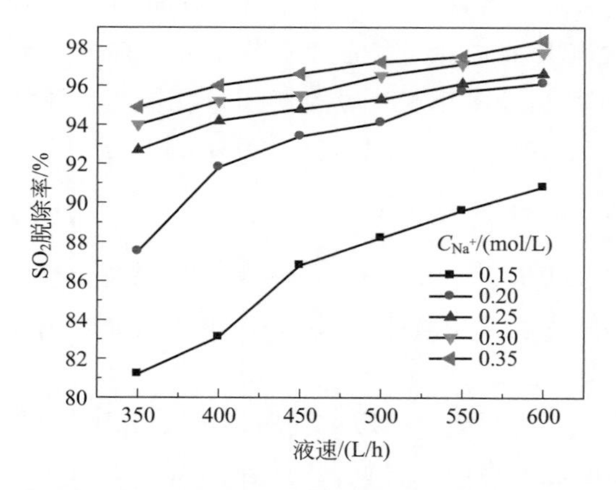

图 9-17 钠离子浓度对脱除率的影响（Na_2SO_3）

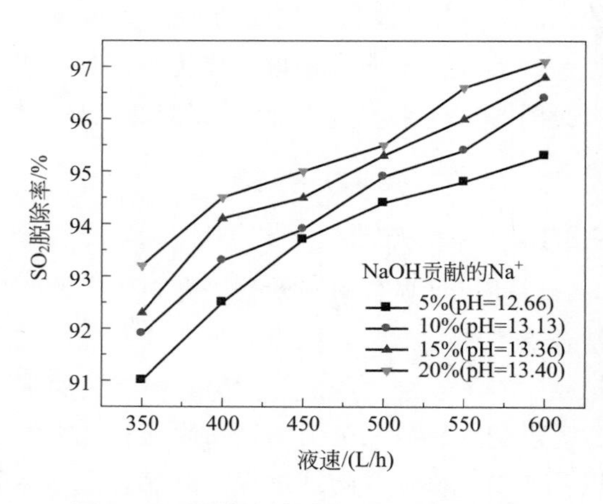

图 9-18 吸收液的酸度对脱除率的影响

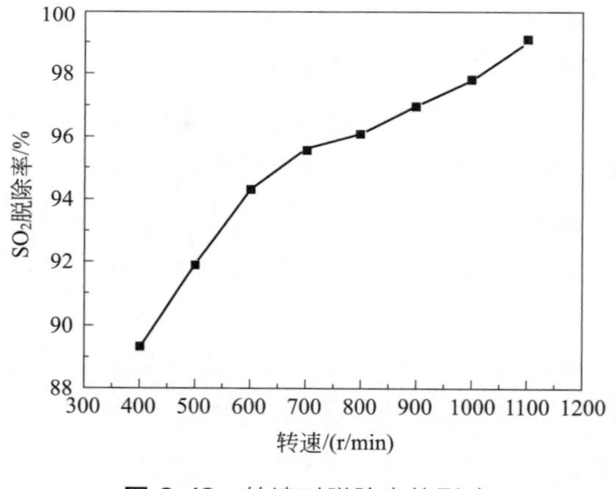

图 9-19 转速对脱除率的影响

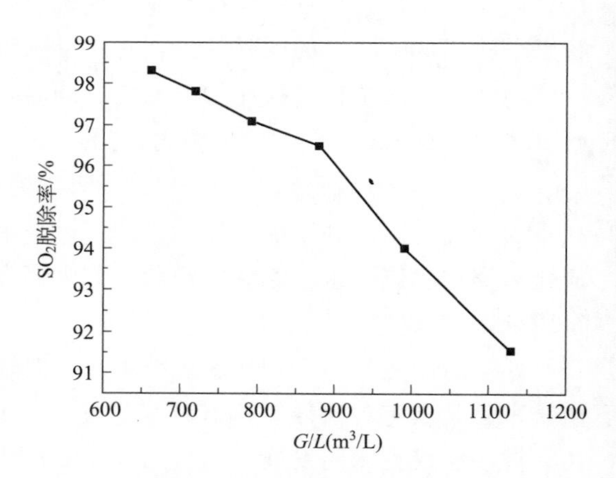

图 9-20 气液比对脱除率的影响

研究结果表明：

① 脱除率随着钠离子浓度、RPB 转速升高而增大；钠离子浓度上升增大了吸收液的脱硫容量，转速上升会加剧气液湍动程度，减小传质阻力。

② 脱除率随着溶液的 pH 值的升高而提高；在实际应用时，可适当增大吸收剂 pH 值，来达到更好的脱除效果。

③ 脱除率随着气液比、SO_2 进口浓度的增加而减小；在气量一定的情况下，气液比增大，单位体积吸收液的负荷变大，气相在通过填料层时速度变小，减弱了湍动，使传质阻力变大；SO_2 进口浓度增加会使液相中的 SO_2 浓度升高，增大液相传质阻力。

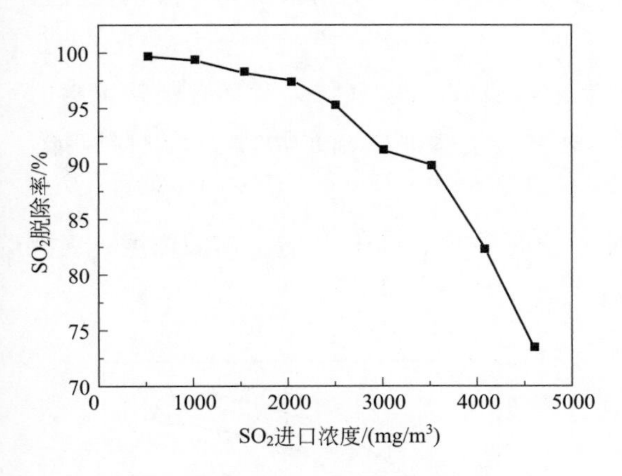

图 9-21　SO_2 进口浓度的影响

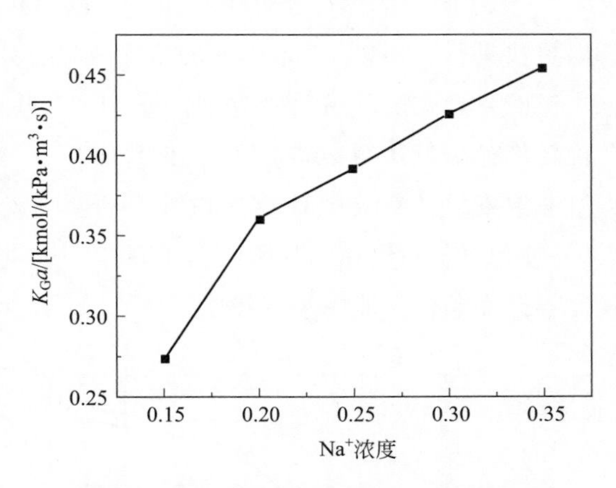

图 9-22　钠离子浓度对 K_Ga 的影响

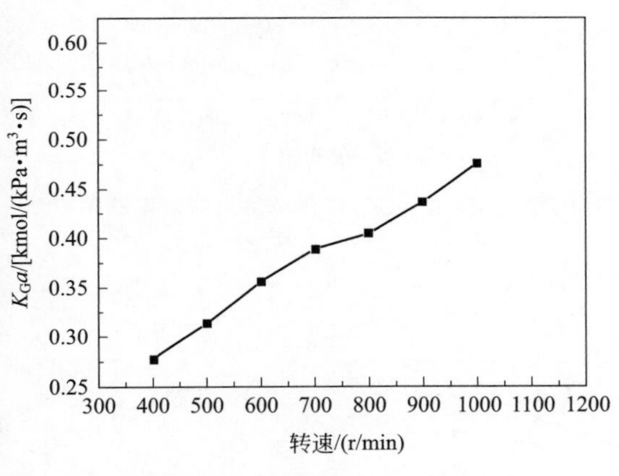

图 9-23　转速对 K_Ga 的影响

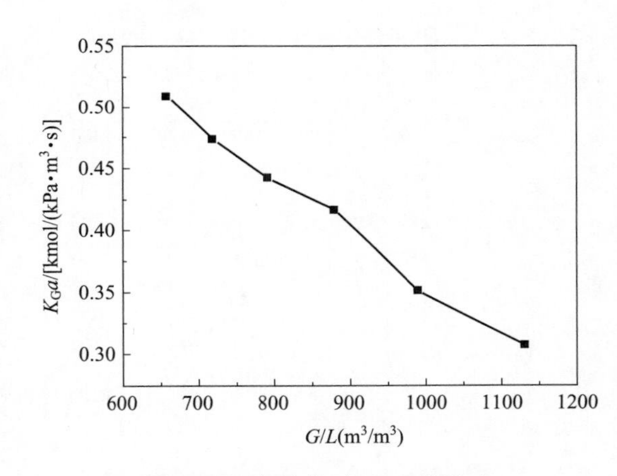

图 9-24　气液比对 K_Ga 的影响

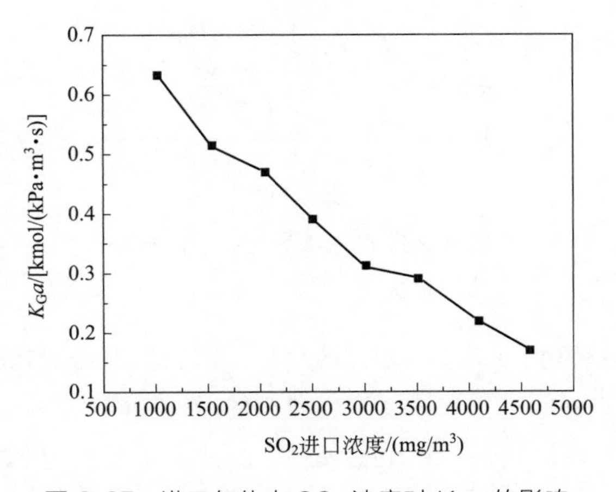

图 9-25　进口气体中 SO_2 浓度对 K_Ga 的影响

④ 在同样的操作条件下，由于 Na_2CO_3溶液的 pH 值比 Na_2SO_3溶液的高，脱硫反应可以更快进行，所以，Na_2CO_3的脱除效果更好。

（2）以亚硫酸铵为吸收剂　采用（$(NH_4)_2SO_3$）溶液吸收 SO_2 气体，对具有规整填料的旋转填充床氨法脱硫进行了初步研究[10]。考察了转速、气体进口 SO_2 浓度、$(NH_4)_2SO_3$溶液浓度以及气液比对 SO_2 脱除率的影响规律。

图 9-26～图 9-28 分别给出了转速、进口气体中 SO_2 浓度、$(NH_4)_2SO_3$溶液浓度、气液比等操作条件对脱除率的影响。

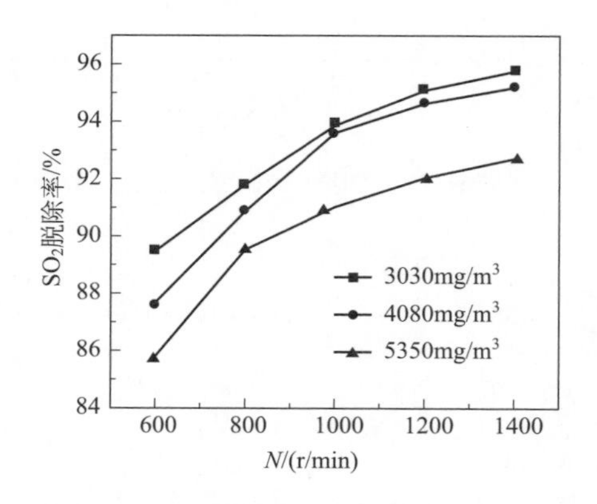

图 9-26　转速及进口气体中 SO_2 浓度对脱除率的影响

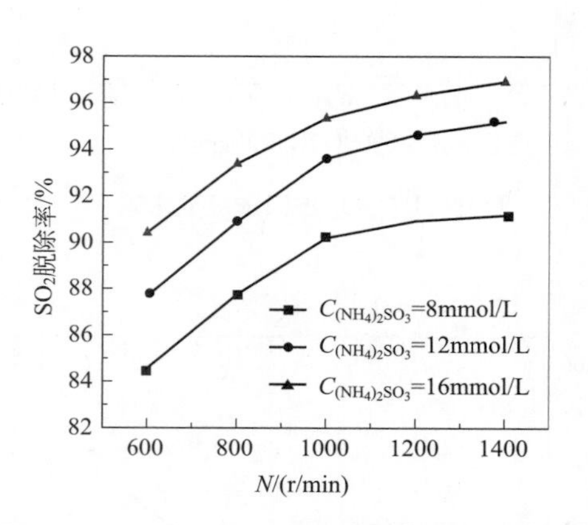

图 9-27　$(NH_4)_2SO_3$摩尔浓度对脱除率的影响

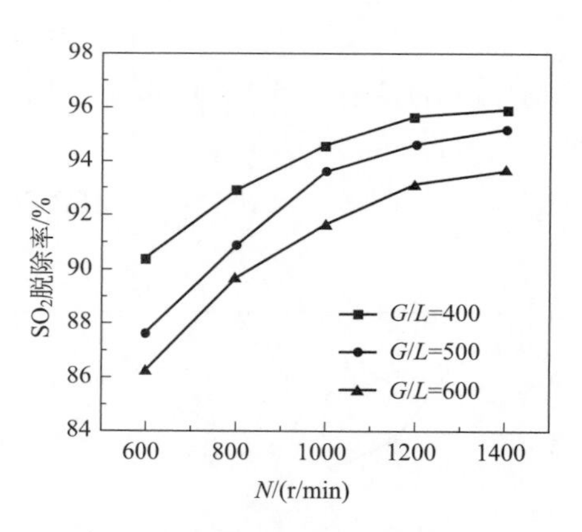

图 9-28　气液比对脱除率的影响

研究结果表明：

① SO_2 脱除率随着转速、$(NH_4)_2SO_3$的增加而增大，但增加趋势变缓。

② SO_2 脱除率随着 SO_2 进气口浓度和气液比的增大而降低。

③ 当进口气体中 SO_2 浓度为 $3030mg/m^3$、$4080mg/m^3$时，出口 SO_2 浓度可以达到硫酸行业新 SO_2 排放标准（小于 $400mg/m^3$）；而当气体进口的 SO_2 浓度为 $5350mg/m^3$时，当转速达到 1400r/min 后，出口 SO_2 浓度也可以降低到 $400mg/m^3$以下。

④ 以柠檬酸钠溶液为吸收剂　以柠檬酸/柠檬酸钠缓冲溶液为吸收液，进行了烟气脱硫的实验研究[11,12]。考察转速、吸收液的 pH 值、柠檬酸钠浓度、温度、液气比和进口烟气 SO_2 浓度对脱硫率的影响。图 9-29～图 9-34 分别给出了转速、吸收液 pH 值、柠檬酸钠浓度、吸收液温度、进口气体中 SO_2 浓度、液气比等操作条件对脱硫率的影响。

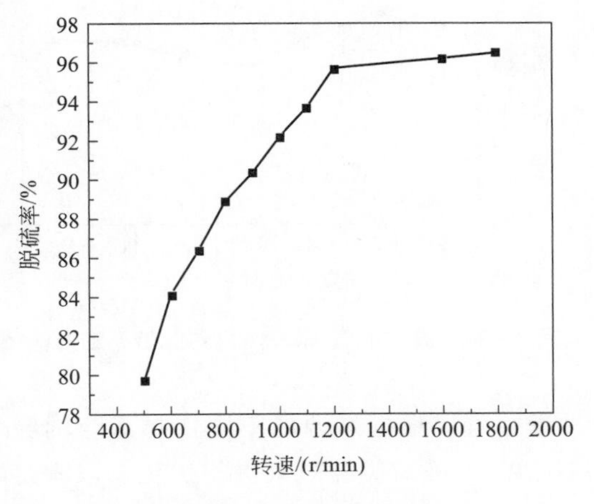

图 9-29　转速对脱硫率的影响

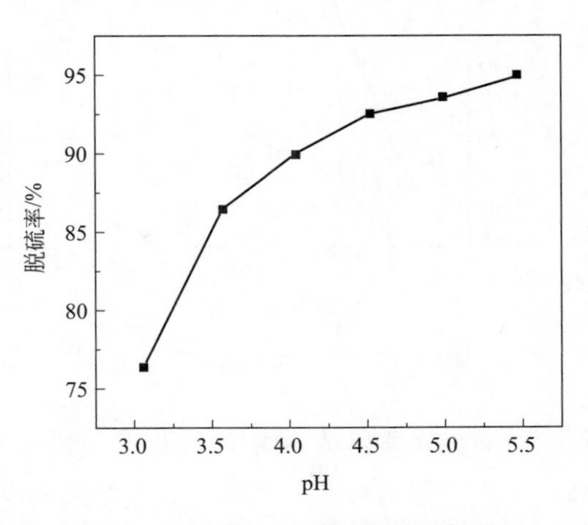

图 9-30　吸收液的 pH 值对脱硫率的影响

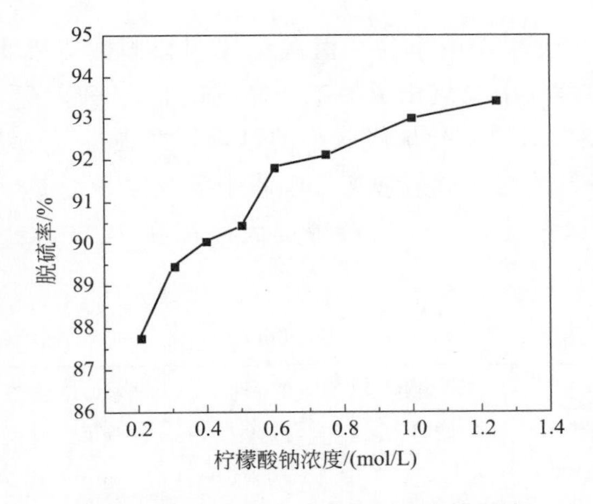

图 9-31　柠檬酸钠浓度对脱硫率的影响

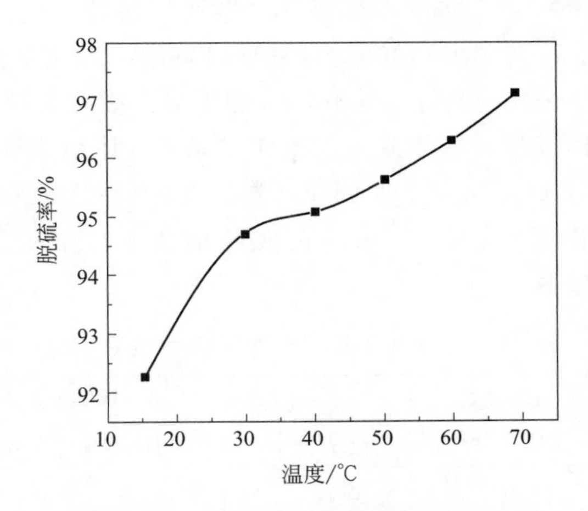

图 9-32　吸收液温度对脱硫率的影响

研究结果表明：

① 旋转填充床转速越大，操作时的液气比越大，则脱硫率越高，但增加趋势变缓；在实验研究范围内，吸收液的初始 pH 值越大，柠檬酸钠浓度越大，温度越高，则脱硫效果越好；此工艺对不同的模拟烟气浓度适应性良好，脱硫率基本保持不变。

② 旋转填充床中，柠檬酸钠法处理低浓度 SO_2 烟气（体积分数约为 0.4%）的适宜工艺条件为：转速 1200～1400r/min，液气比 8～12L/m^3，吸收液初始 pH 值 4.5～5.0，柠檬酸钠浓度 0.6mol/L。

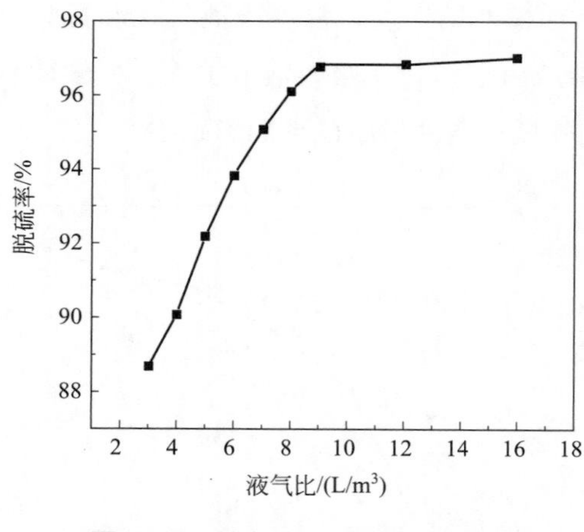

图 9-33　液气比对脱硫率的影响

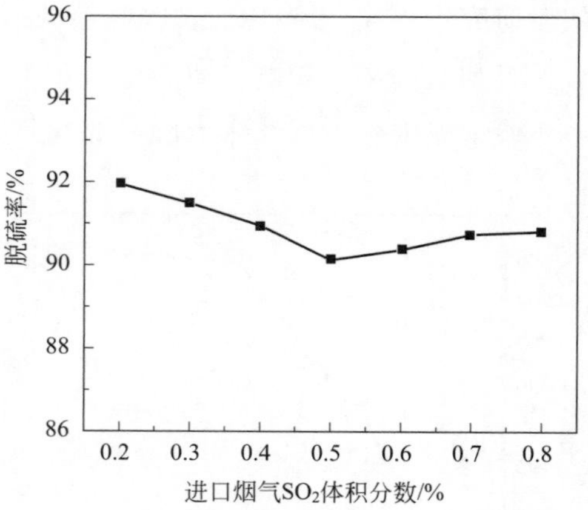

图 9-34　进口烟气 SO_2 浓度对脱硫率的影响

以碱性物质吸收 SO_2 的过程是一快速反应过程，可以根据气源的不同选择适合的吸收剂，并通过调节转速、气液比、吸收液浓度和 pH 值等参数对脱硫效果进行优化，以满足不同行业的需求。

9.3.1.4　超重力脱硫技术的中试试验

在国家"863"计划项目资助下，北京化工大学在山东新华医药集团淄博制酸有限责任公司进行了 $3000m^3/h$ 超重力法吸收硫酸厂尾气中二氧化硫的工业侧线试验，考察了气体流量、液体流量、气体组成、液体组成等条件对二氧化硫吸收率的影响，并进行了连续运转 500h 的工业侧线试验。表 9-3 给出了采用低浓度亚硫酸铵溶液吸收中等浓度 SO_2 的实验结果，可知，SO_2 的脱除率基本都在 93% 以上，SO_2 的出口浓度大体都在 $700mg/m^3$ 以下。

表 9-3　低浓度亚硫酸铵溶液吸收中等浓度二氧化硫（$8570\sim18000mg/m^3$）

尾气流量/(m^3/h)	气液比/(m^3/m^3)	进口液体浓度/(g/L)		二氧化硫浓度/(mg/m^3)		吸收率/%
		$(NH_4)_2SO_3$	NH_4HSO_3	进口	出口	
2600	430：1	89.6	169.3	12856	543	95.8
	538：1	91.3	171.8	11142	486	95.6
	717：1	95.4	163.3	11142	428	96.1
	997：1	101.3	158.9	10956	343	96.9
	359：1	97.7	166.3	13714	329	97.6
	429：1	103.0	159.4	8570	303	96.5
	540：1	108.6	184.23	9427	428	95.45
	739：1	101.0	195.7	9427	557	94.1
	1007：1	99.71	204.2	9713	557	94.3

续表

尾气流量/(m^3/h)	气液比/(m^3/m^3)	进口液体浓度/(g/L)		二氧化硫浓度/(mg/m^3)		吸收率/%
		$(NH_4)_2SO_3$	NH_4HSO_3	进口	出口	
2600	448∶1	103.8	194.06	17856	431	97.6
	557∶1	103.7	201.53	13770	645	95.3
	663∶1	108.9	199.04	17056	400	97.6
	869∶1	115.37	191.58	14913	426	97.1
	1112∶1	115.4	189.09	13770	417	97.0
3000	1108∶1	114.8	189.59	13285	523	96.1
	922∶1	116	188.59	14342	603	95.8
	609∶1	111.3	194.06	13770	483	96.5
	429∶1	84.3	200.28	14980	580	96.1

表9-4给出了低浓度亚硫酸铵溶液吸收中等浓度SO_2（5700～7430mg/m^3）的实验结果，可以看到，在此SO_2浓度范围内，在气液比500～1000的情况下，尾气中的二氧化硫浓度可降低到200mg/m^3以下，且在较大范围内稳定操作。但是，由于该实验所用超重力设备为改造设备，结构不尽合理，所以设备压降较大，达到2000～3000Pa。

表9-4 低浓度亚硫酸铵溶液吸收中等浓度二氧化硫（5700～7430mg/m^3）

尾气流量/(m^3/h)	气液比/(m^3/m^3)	进口液体浓度/(g/L)		二氧化硫浓度/(mg/m^3)		吸收率/%
		$(NH_4)_2SO_3$	NH_4HSO_3	进口	出口	
2800	507∶1	147.99	141.07	7285	117.1	98.4
	609∶1	155.86	134.35	6970	105.7	98.5
	761∶1	168.06	136.84	6655	114.3	98.3
	1017∶1	173.88	134.35	6000	165.7	97.2
	1213∶1	147.71	136.84	6000	77.1	98.7
	508∶1	172.13	135.35	6400	154.3	97.6
	610∶1	176.76	141.82	6455	82.8	98.7
	764∶1	168.01	149.28	6400	68.6	98.9
	1056∶1	176.54	146.79	6350	54.3	99.1
	1609∶1	144.96	172.92	6200	60.0	99.0

9.3.1.5 超重力脱硫技术的工业化应用

基于基础研究和工艺研究，结合工业生产要求，我们设计开发了工业规模超重力脱硫设备，并在浙江巨化股份有限公司硫酸尾气脱硫工程中实现了工业化应用。如图9-35所示，为20万吨/年和15万吨/年硫铁矿制酸尾气超重力脱硫装置照片。

通过工业运行，获得了进出口气体压力、SO_2含量，进出口液体中$(NH_4)_2SO_3$，以及NH_4HSO_3的含量和超重力设备电流情况以及超重力设备的长周期运行情况基础数据。

图 9-35 硫铁矿制酸尾气超重力脱硫装置照片

表 9-5 和表 9-6 展示了部分连续工业运行数据，主要分析如下。

表 9-5 超重力脱硫设备运行考核数据表

尾气流量/(m^3/h)	循环液浓度/(g/L)	碱度	气相 SO_2 浓度/(mg/m^3)		吸收率/%
			进口	出口	
102000	162.4	9.9	4004	194	95.15
103000	147.3	11.9	6006	74	98.77
97500	118.3	7.2	6578	194	97.05
108000	120.6	13.0	5148	89	98.27
101000	133.4	8.9	5720	117	97.95
101000	155.2	5.22	4438	215	95.14
100800	125.3	11.2	2288	77	96.63
99000	112.1	9.0	5148	429	91.67
96600	111.6	7.5	3861	315	91.84
102100	118.3	7.2	1087	129	88.13
99100	112.1	9.0	572	164	71.33
95500	162.4	9.9	512	149	70.90

表 9-6 超重力设备压降、出口氨含量和硫酸酸雾测量数据表

压降/kPa	出口氨含量/(mg/m^3)	硫酸酸雾/(mg/m^3)
0.6	26.3	20.4
0.6	14.9	17
0.67	24.7	8.5
0.63	22.5	21.2
0.57	14.1	18.6
0.58	27.9	31.9
0.65	23.2	26.9

续表

压降/kPa	出口氨含量/(mg/m^3)	硫酸酸雾/(mg/m^3)
0.6	18.5	17.8
0.57	16.2	10.7
0.64	23.6	11.5
0.52	22	17.5
0.61	11.7	14.8

① 在吸收效率方面，使用超重力设备，其吸收率大大高于泡沫塔＋复喷复挡流程，在入口 SO_2 浓度为 5000～6000mg/m^{3}的情况下，处理后尾气中的 SO_2 可降低到 200mg/m^{3}以下，吸收率达到 97%左右；

② 空间需求方面，超重力脱硫设备的体积与重量远低于塔器设备（约为塔器设备的 1/5），可以大大减少尾气处理装置的空间需求；

③ 在吸收剂的选择上，要因地制宜，吸收的副产品要适合资源的循环利用，如氨法吸收，副产品为亚硫酸铵或 SO_2、硫酸铵等，SO_2 可生产液体 SO_2，也可返回系统，硫酸铵可作为磷酸萃取添加剂，或生产复合肥原料。钠法、镁法等吸收剂选择上，一定要重视吸收后产品“化废为宝”，不能单纯以废治废，应以“化”和“链”来延伸产业链，实现三废的资源化利用。

综上所述，采用超重力氨法吸收新技术对硫酸尾气脱硫装置进行改造，完全可以达到新标准要求。当地环境监测中心站的检测结果表明：处理后的尾气中 SO_2 浓度小于 200mg/m^3，远低于国家新排放标准（400mg/m^3）。与传统填料塔技术相比，新技术具有脱硫效率高、设备小、运行成本低等优点。据我们所知，上述超重力脱硫新技术首次在国际上实现了工业化运行，具有良好的经济效益和社会效益，推广应用前景广阔，不仅可用于硫酸工业的尾气处理，而且可用于冶炼工业尾气及热电锅炉烟气的二氧化硫深度脱除和资源化利用，如应用于上海宝钢化工公司的气体净化处理（图 9-36），尾气二氧化硫含量小于 10mg/m^3。目前，已成功推广应用 20 多台/套，最大单台气体处理能力达 20 万立方米/小时。

图 9-36　用于宝钢公司的超重力脱硫装置照片

9.3.2 超重力脱硫化氢新工艺及工业应用

9.3.2.1 概述

硫化氢（H_2S）是一种具有高度刺激性的气体，有强烈的臭鸡蛋气味。它是一种急性剧毒气体，吸入少量高浓度 H_2S 可于短时间内致命。低浓度的 H_2S 对眼、呼吸系统及中枢神经都有影响。甲醇生产、合成氨、天然气开采、石油炼制、焦炉煤气生产等工业过程中，常伴有相当数量的 H_2S 产生。在生产过程中，这些 H_2S 的存在，会使催化剂中毒失活、腐蚀管道、影响产品的质量和污染环境。天然气以及各工业气体的脱硫，无论从运输储备、生产安全来看，还是对回收利用、节能减排而言，都是一个极为重要的化工过程[13~15]。

脱硫方法可分为干法和湿法两大类。干法脱硫效率虽然较高，但脱硫剂生命周期短且一般不能再生，适用于低含硫气处理，在目前工业上应用较少。湿法脱硫按溶液的吸收和再生方法又分为化学吸收法和氧化还原法两类。湿法脱硫处理量大，可以连续操作，适用于 H_2S 含量高、气体处理量大的场合。湿法脱硫中又以醇胺法脱硫的化学吸收法最为广泛，采用各种有机醇胺类溶剂脱硫脱碳工艺（简称胺法工艺）属再生型工艺，即将吸收后的 H_2S 经再生系统，重新解析出 H_2S，吸收液再回收，循环使用。胺法工艺可以处理不同浓度的酸气，可同时脱硫、脱碳，也可以选择性脱除 H_2S 和有机硫。由于高选择性脱除 H_2S 和有机硫具有低循环量、低操作费用、可富集酸气浓度等特点，胺法工艺在所有的脱硫脱碳工艺中具有很强的竞争性[16]。氧化还原法在进行脱硫时，由碱性吸收液吸收硫化氢，生成硫氢化物，在催化剂的作用下氧化成硫黄。催化剂可用空气氧化再生，循环使用。吸收液常使用碳酸钠、氨水等，而采用的催化剂包括铁氰化物、氧化铁、对苯二酚、氢氧化铁、硫代砷酸的碱金属盐类、蒽醌二磺酸盐、苦味酸等[17]。液相氧化还原脱硫法具有以下优点：①脱硫效率高，净化气的含硫量可以降低到 10×10^{-6}；②H_2S 一步转化为元素硫，工艺简单，设备要求低；③操作弹性较大，原料气含硫量要求不严格，可在常温常压下操作，能耗较低；④催化剂可再生循环使用，操作成本较低[18]。

无论是醇胺法还是氧化还原法，吸收液与硫化氢的反应均为瞬间反应，而目前广泛使用的脱硫设备多为填料塔等。由于塔器设备的传质效率相对较低，反应速率与传质速率不匹配，导致脱硫设备体积庞大，使其应用受到限制，尤其是在海上平台及一些脱硫设备体积受限的场合。

为此，我们将旋转填充床用于气体中 H_2S 的脱除，采用不同吸收剂，开展了超重力脱 H_2S 的工艺研究，并进行了工业化应用，取得了显著成效。

9.3.2.2 超重力脱硫化氢工艺

采用空气和 H_2S 混合气模拟含 H_2S 焦炉煤气，利用旋转填充床为吸收设备，以碳酸钠溶液为吸收液，“888”为催化剂，进行了脱 H_2S 的实验研究[19]。重点考察了碳酸钠浓度、液气比、进口气体 H_2S 浓度、转子转速、温度等工艺参数对脱硫率和体积传质系数的影响。研究结果表明，旋转填充床中脱硫率和气相体积传质系数 K_Ga 随碳酸钠浓度、液气比和转子转速的增大先增大后趋于稳定，随进口 H_2S 浓度的增大而降低，而反应温度的影响则较小。在较佳的工艺条件下，H_2S 脱除率可达 98%以上。

以 N_2 和 H_2S 的混合气来模拟含硫天然气，采用旋转填充床为吸收设备，以二乙醇胺(DEA) 和 *N*-甲基二乙醇胺（MDEA）为吸收剂，考察了液体流量、气体流量、进口气体中 H_2S 含量、反应温度、超重力反应器转子转速等工艺参数对 H_2S 脱除率的影响[20,21]。结果表明，在工艺条件相当的情况下，DEA 的脱硫效果略优于 MDEA，在较佳工艺条件下，DEA 的脱硫率可以达到 99.9%以上。但是，当处理的气体中含有 CO_2 时，DEA 几乎没有选择性，而以 MDEA 为吸收剂时，采用超重力反应器则展现出良好的脱硫选择性，展现了超重力反应器在选择性脱除硫化氢方面的显著优势。

以络合铁为脱硫剂，在旋转填充床中进行了石油伴生气脱 H_2S 的中试实验研究，考察了气体流量、原料气中 H_2S 浓度、脱硫液流量、转子转速等工艺参数对 H_2S 脱除率和气相传质系数的影响[22]。实验结果表明，H_2S 脱除率和气相传质系数均随脱硫液流量的增大而增加，随旋转填充床转速的增大先增加后降低，随原料气中 H_2S 浓度的增大而降低。在很宽的实验范围内，硫化氢的脱除率均可稳定在 99.80%以上。

用 N_2 和 H_2S 的混合气模拟含硫天然气，以铁基脱硫剂为脱硫液，采用超重力旋转填充床进行了脱除 H_2S 的集约化实验研究[23]。考察了原料气 H_2S 浓度、含硫原料气流量、脱硫液流量、温度及 RPB 转子转速对 H_2S 脱除率的影响。实验结果表明，在较优工艺条件下，H_2S 脱除率稳定在 99.98%以上，脱硫后净化气 H_2S 含量小于 $2mg/m^3$。另外，舍弃再生用 RPB，采用直接向脱硫富液储槽鼓空气的方法，脱硫剂氧化再生良好，脱硫效果保持不变，且可长时间稳定运行。因此，铁基脱硫剂超重力法脱硫工艺简单、效率高、设备体积小，可实现海洋油气平台天然气或石油伴生气脱硫的集约化，工业化应用前景广阔。

9.3.2.3 超重力脱硫化氢工艺的工业化应用

(1) 超重力胺法脱硫化氢 *N*-甲基二乙醇胺（MDEA）是一种优良的酸性气体吸收剂，兼有物理溶剂和化学溶剂性能，易于再生，热稳定性好，广泛用于处理工业中含 H_2S 和 CO_2 的酸性气体。国内外对 MDEA 吸收酸性气体进行了很多的研究工作，并已经实现了工业化，取得了良好的效果。然而，现有脱硫过程通常采用塔式脱硫设备，CO_2 和 H_2S 同属酸性物质，很多脱硫过程在脱除 H_2S 的同时也脱除了 CO_2，这不仅影响脱硫过程的正常进行，还极大地加重了吸收液再生系统的能量负荷。因此，各炼化企业在进行脱硫处理的过程中，希望吸收液对硫化氢的选择性越高越好。由于 CO_2 与 MDEA 的反应属于依赖于时间的慢反应，因此，在反应器的选择上，最好能够要求设备具有较短的气液接触时间，以避免所不期望的依赖于时间的反应（MDEA-CO_2）的发生。因此，将具有较短停留时间和较小填料体积的旋转填充床用于工业气体的选择性脱硫就成为一种必然的选择。

胺法脱硫过程主要包括以下两个反应：

$$R_2NCH_3 + H_2S \rightleftharpoons R_2NCH_3H^+ + HS^- \text{（主反应，瞬间）}$$

$$R_2NCH_3 + CO_2 + H_2O \rightleftharpoons R_2NCH_3H^+ + HCO_3^- \text{（副反应，快）}$$

利用 MDEA 和两种酸性气体的本征反应速率差异，以及超重力反应器高效传质和短停留时间的优势，我们团队与中石化公司合作，成功将超重力 MDEA 法脱 H_2S 技术用于炼厂干气脱硫中，建成了11t/h气体处理能力的工业脱硫装置（图9-37）。运行结果表明，在硫化氢进口浓度为1%～1.5%情况下，处理后气体中H_2S的含量小于20mg/m³，且CO_2的共吸收率从79.9%降低至8.9%，较传统塔中的下降了近90%，实现了H_2S的高选择性脱除[24,25]。

图9-37 超重力胺法脱硫化氢现场照片

基于上述研究基础，通过与中石油寰球工程公司合作，将超重力胺法脱硫化氢工艺成功应用于炼厂减顶气脱硫过程强化（图9-38），在进口硫化氢浓度约为：212500mg/m³情况下，经两级超重力脱硫后，出口气体中硫化氢浓度<20mg/m³，脱硫过程不用加压，节省了能耗。也通过与中石油宁夏炼化分公司合作，将超重力胺法脱硫化氢工艺成功应用于克劳斯尾气脱硫过程强化（图9-39），进口浓度5000～20000mg/m³，出口硫化氢含量降至10～50mg/m³，较原塔器脱硫工艺出口浓度600mg/m³相比，降低了一个数量级。

图9-38 炼厂减顶气超重力脱硫装置

（2）超重力络合铁法脱硫化氢　络合铁脱硫技术是一种以铁为催化剂的湿式氧化还原脱除硫化物的方法，它的特点是吸收剂无毒，可将H_2S转变成元素S，且H_2S的脱除率达99%以上。络合铁脱硫技术适用于H_2S浓度较低或H_2S浓度较高但气体流量不大的场合。在硫产量<20t/d时，该工艺的设备投资和操作费用具有明显优势。更重要的是，该工艺在

脱除硫化物过程中几乎不受气源中 CO_2 含量的影响而能达到非常高的净化度。

图 9-39　炼厂克劳斯尾气超重力脱硫装置

络合铁法采用碱液吸收 H_2S 气体，生成 HS^- 离子，通过 Fe^{3+} 的氧化性将其氧化成硫黄，再用空气将富液进行氧化再生。脱除过程的化学反应为：

$$H_2S + Na_2CO_3 \longrightarrow NaHCO_3 + NaHS$$

$$HS^- + 2Fe^{3+}L \longrightarrow 2Fe^{2+}L + 1/8S_8 + H^+ \quad (L\ 为络合剂)$$

再生过程的化学反应为：

$$2Fe^{2+}L + 1/2O_2 + H_2O \longrightarrow 2Fe^{3+}L + 2HO^-$$

我们与中海油等合作，在小试研究和工业放大规律研究基础上，成功将超重力络合铁法脱硫技术用于海洋平台天然气脱硫化氢工业过程（如图 9-40），在进口天然气含硫量 5000×10^{-6} 的情况下，处理后天然气中 H_2S 含量可降至 3×10^{-6} 以下，效果显著。

图 9-40　海洋平台天然气超重力脱硫化氢工业装置

超重力脱硫设备与传统塔相比，体积仅为 1/10。由于在海洋工程中，空间资源极其昂贵，因此，超重力脱硫技术具有明显的竞争优势，应用前景广阔。

9.3.3　超重力法捕集 CO_2 技术

9.3.3.1　背景

CO_2 是主要的温室气体，对温室效应的贡献率达到 60%。温室效应会造成气候变暖、两极冰川融化、海平面上升，以及极端天气的发生，严重影响人类的生存与发展。近 100 年来，空气中 CO_2 的浓度增加了约 25%，而随着工业的进一步迅速发展和大量森林植被的减少，势必造成大气中 CO_2 含量的进一步增加。大气中 CO_2 含量每增加一倍，全球平均气温将上升 1.5～4.5℃，而两极地区的气温升幅要比平均值高 3 倍左右。因此，气温升高不可避免使极地冰层部分融化，引起海平面上升。海平面升高 1m，直接受影响的土地约 $5\times10^6 km^2$，受影响的耕地约占世界耕地总量的 1/3。大部分沿海平原将发生盐渍化或沼泽化，不适于粮食生产。同时，对江河中下游地带也将造成灾害。当海水入侵后，会造成江水水位抬高，泥沙淤积加速，洪水威胁加剧，使江河下游的环境急剧恶化。全球气温升高还会引起和加剧传染病的流行。随着世界各国对地球温室效应问题的关注，CO_2 的排放也越来越引起全世界的高度重视。20 世纪 90 年代以来，各国的 CO_2 排放量增长趋势缓慢，部分国家的 CO_2 排放量还呈现下降趋势，但 CO_2 排放的总量仍然维持在较高的水平。

气体 CO_2 以及干冰在食品、农业、轻工、机械加工、化工等行业有着广泛的应用。作为惰性气体，CO_2 可应用于灭火领域以及在焊接工艺中作为绝缘剂[26]；作为萃取剂，CO_2 可应用于食用油和香料的抽提、茶叶和咖啡豆中咖啡因的提取[27,28]，以及在食品、医药、环保等行业上用于分离、提纯、高纯度药品的精制和监测分析等[29]；作为冷却剂，CO_2 可应用于原子反应堆的冷却、食品的保鲜、金属的冷处理和低温粉碎、低温手术等领域；作为清洗剂，可应用于半导体晶片上光刻胶的清除和光学零件、电子器件、精密机械零件等的清洗；作为气体肥料，CO_2 可提高光合作用的效率，加速农产品的成熟；CO_2 还可作为原料，合成无机化合物以及尿素、醇、有机酸、酯、胺等有机化合物[30]。此外，CO_2 还可应用于三次采油、人工降雨、发泡、生产碳酸饮料等诸多方面。

9.3.3.2 脱碳技术发展趋势

美国环境保护局（EPA）充分比较了化学吸收法、膜分离法和变压吸附法，结论是：化学吸收法是回收二氧化碳成本最低的方法。但是，传统的化学吸收法也存在着如下问题：吸收剂的再生能耗大；吸收剂在循环过程中对 CO_2 吸收效率不高；吸收剂运行中的损失大；吸收剂溶液对系统的腐蚀等。所有这些问题将会造成投资和操作成本偏高。因此，如要使化学吸收法在 CO_2 吸收过程中得到广泛使用，就必须要解决上述几个关键问题，这可以通过开发新吸收剂、新处理装置和改进现有脱除工艺来解决。

目前，国内外的一些研究机构大多把研究的重点放在开发新型高效的吸收剂或者开发新型的填料上，很少有人认识到传统塔器设备的局限性，如在正常的重力场情况下传质效率低、处理量受到液泛、雾沫夹带等流体现象的影响等等。正是基于这一点，我们提出了将超重力技术应用于分离 CO_2 的流程中，取代传统的塔器设备的新思想，并展开了实验和中试研究。

9.3.3.3 超重力脱二氧化碳工艺

分别以 MEA、碳酸钾溶液、MDEA、离子液体为吸收剂，进行了超重力脱二氧化碳新工艺的研究。以本菲尔溶液为吸收液，在旋转床内进行了脱除 CO_2 的实验研究，并在此基础之上建立了描述旋转填充床内气液传质的模型[31]。该模型适用于采用本菲尔溶液在旋转填充床内较高超重力水平下脱除二氧化碳的过程。模拟计算的出口气体中 CO_2 浓度在各操作条件下（液体流量、进气量、转速、温度）和实验值较吻合良好（如图 9-41 所示）。同时，模型计算出总传质系数沿填料径向的变化曲线（如图 9-42 所示），该曲线能较好地解释旋转填充床内的端效应。该模型的建立为新型结构超重力旋转填充床的设计提供了理论指导。

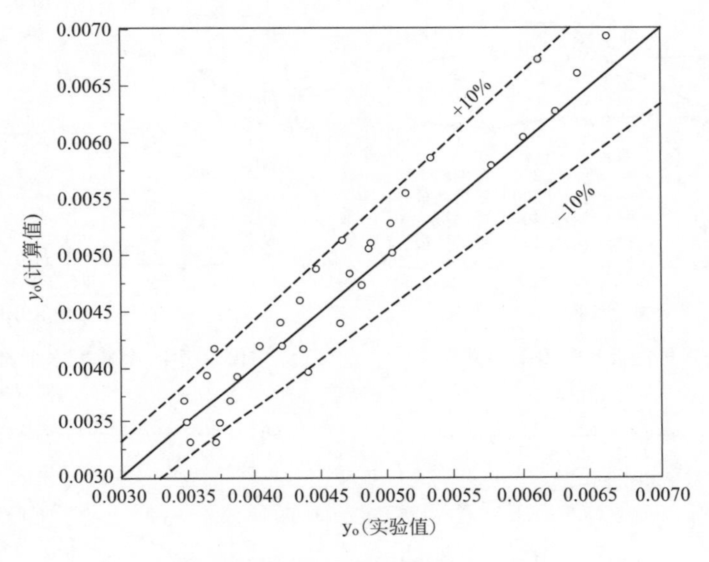

图 9-41　y_o 计算值和实验值的对比

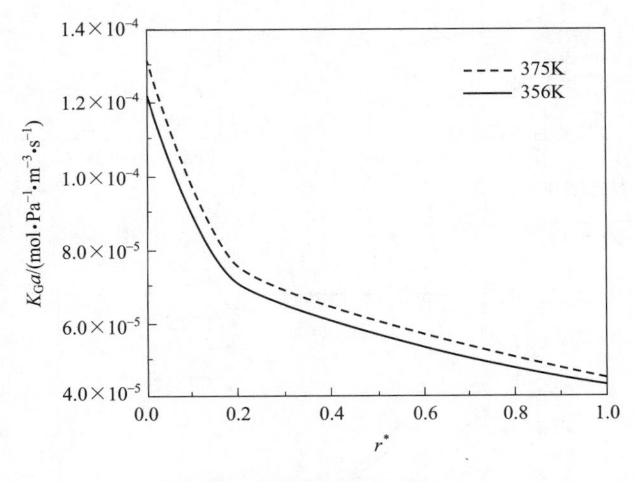

图 9-42　温度对 K_Ga 的影响

用 N_2 和 CO_2 的混合气体模拟变换气，采用苯菲尔溶液为吸收液进行了超重力法脱除 CO_2 的实验研究。考察了反应温度、系统压力、超重力水平、气液比对反应器出口 CO_2 含量的影响[32]。实验结果表明：随着温度的升高和超重力水平的增强，反应器出口 CO_2 含量先降后升；随着压力的升高，反应器出口 CO_2 含量逐渐降低；液体流量一定时，随着气液比的增大，反应器出口 CO_2 含量逐渐升高。

采用新型结构超重力反应器中用有机胺溶液吸收混合气中CO_2，考察了静态环形挡板、转子转速、吸收液温度、浓度、系统压力等因素对CO_2吸收率的影响[33,34]（图9-43～图9-47)。研究结果表明，在实验范围内：

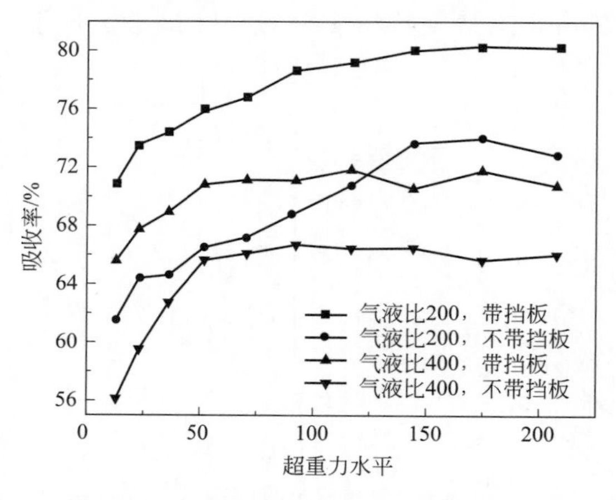

图 9-43 静态环形挡板对吸收率的影响

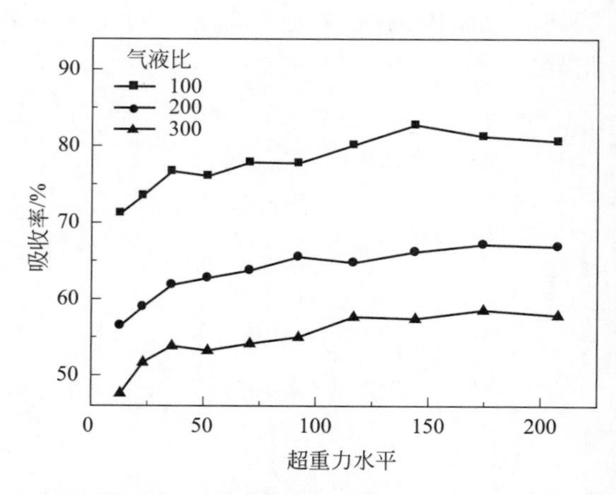

图 9-44 超重力水平对吸收率的影响

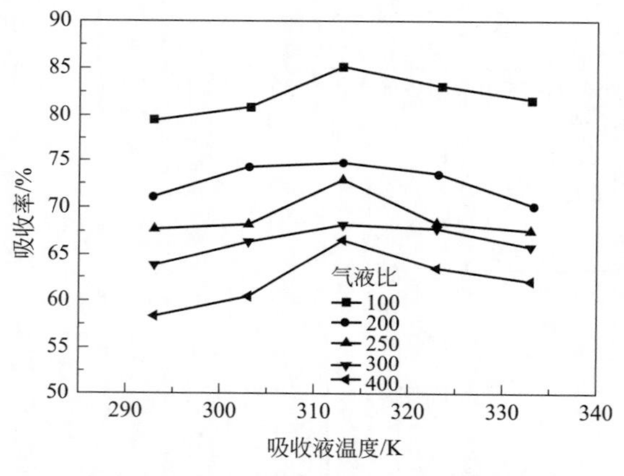

图 9-45 吸收液温度对吸收率的影响

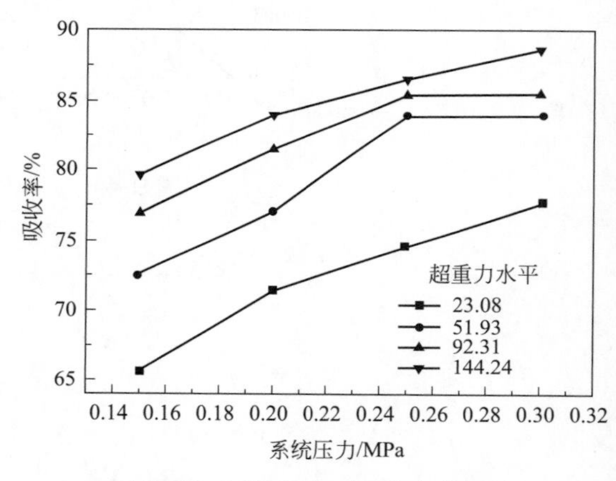

图 9-46 系统压力对吸收率的影响

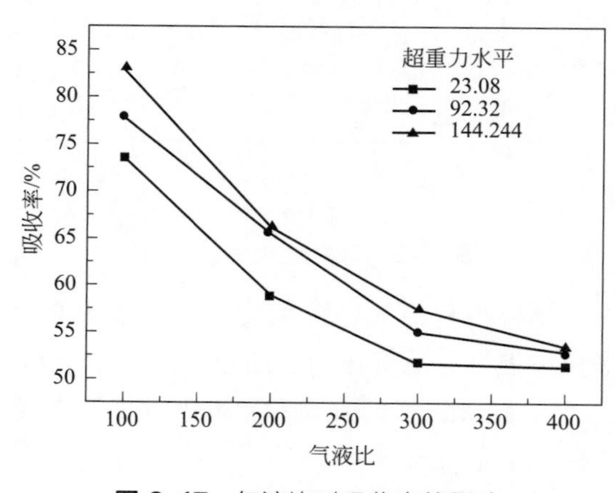

图 9-47 气液比对吸收率的影响

① 在操作条件相同的情况下，旋转填充床内的静态环形挡板（新型结构）的加入使得 CO_2 的吸收率较常规旋转填充床提高了 10%左右，而且其加入并不改变吸收率随超重力水平的变化规律；

② CO_2 的吸收率随着超重力水平的增加，先上升后趋于稳定；

③ CO_2 的吸收率随着吸收液温度的升高先上升后下降，在 40℃左右达到最高；

④ CO_2 的吸收率随着压力的升高逐渐增大；

⑤ 液体流量一定时，随着气液比的增大，CO_2 的吸收率逐渐降低。

以功能化离子液体［Choline］［Pro］化学吸收 CO_2 过程为研究对象，考察了不同操作条件下，CO_2 在离子液体中的脱除率和负载量。结果表明，在较优操作条件下，CO_2 在离子液体中的化学吸收可以在极短时间内（约 0.2s）达到 0.2mol CO_2/mol IL。使用体积分数为 10%的混合气时，吸收剂的负载量可以达到 25kg CO_2/m^3 IL 以上，脱除率保持在 90%；使用体积分数为 20%的混合气时，吸收剂的负载量可以达到 40kg CO_2/m^3 IL 以上。进一步基于 Higbie 渗透理论，建立了超重力环境下伴有可逆反应的气液传质模型。该模型可以很好地预测不同操作条件下 CO_2 在超重力旋转填充床中的脱除率，如图 9-48 所示，预测结果与实验结果吻合良好[35,36]。

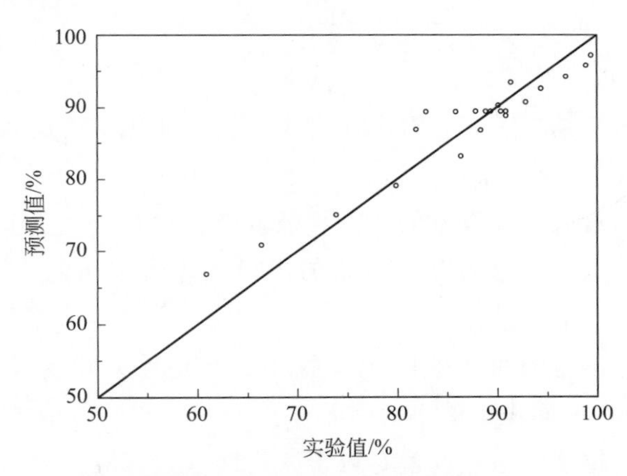

图 9-48　模型预测与实验结果对比

9.3.3.4　超重力法捕集 CO_2 技术的工业示范应用

基于上述实验研究基础，我们联合中国石油化工股份有限公司胜利油田分公司等单位，共同承担了国家科技支撑重点项目“超重力法二氧化碳捕集纯化技术及应用示范”，以二氧化碳减排和资源化利用为目标，开发了烟气、过程气二氧化碳超重力法捕集纯化工业化技术，通过“三位一体”的超重力反应器放大方法，完成工业装置的设计放大，建成了电厂烟气二氧化碳超重力捕集纯化的小型工业示范装置（如图 9-49）。

9.3.4　超重力除尘技术

9.3.4.1　超重力除尘技术的特点

北京化工大学教育部超重力工程研究中心研究了含尘量、尘样、粒径，转速、气液比等因素除尘过程的影响规律，发现作为一种湿法除尘技术及设备，超重力除尘技术及设备明显优于现有传统除尘技术及设备。

图 9-49 电厂烟气二氧化碳捕集纯化的超重力小型工业示范装置（2万 m^3/h）

其优势主要表现在以下几个方面。

① 除尘效率高：研究结果表明，对电厂燃煤飞灰的捕集率高达 99.9%，对 3μm 以上粒子的捕集率高达 100%。

② 切割粒径小：超重力除尘设备的切割粒径范围在 0.02～0.3μm。

③ 出口气体含尘量低：超重力除尘设备的出口气体含尘量低于 $100mg/m^3$，完全符合国家标准要求。

④ 设备体积小：不论与何种工业除尘装置相比，超重力除尘设备的体积都要小得多，相应地，其设备投资及占地面积也就小得多。

⑤ 设备适应性好：超重力除尘设备对粒子的物性（如有机、无机、亲水、憎水等）、浓度变化、粒子的粒度分布范围大小均有良好的适应性。

⑥ 设备操作弹性大：超重力除尘设备对处理气量的变化不敏感，对在设计气量 50%～120%范围内的变化均能良好适应，可以保证正常操作。这是一般湿式除尘设备所无法比拟的。

⑦ 压降小：超重力除尘设备的压降一般均在 200～300mmH_2O($1mmH_2O$=9.80665Pa)，比文丘里洗涤器、湿式填料除尘塔的压降（500～1000mmH_2O)，低得多，也低于一般冲击式洗涤设备的压降。

⑧ 气液比小：超重力除尘设备的气液比一般在 800～1000，配套液体循环及处理设备将比一般湿式除尘要小，设备投资及操作费用将减少。

⑨ 操作维修方便：作为低速（300～500r/min 左右）转动设备而言，其操作维修与一般工业泵及离心机相当。

超重力除尘设备与传统除尘设备的比较见表 9-7。

表 9-7 超重力除尘设备与传统除尘设备的比较

项目	平均压降/Pa	分离效率/%	切割粒径/μm
高效旋风分离器	1200	84.2	2～5
喷淋填料塔	360	94.5	1～2
静电除尘器	250	99	—
湿式电除尘器	150	99	0.01～0.2
高压文式洗涤器	8000	99.9	0.1～0.2
旋转喷淋洗涤器	1500	98	0.5～1.0
冲击式洗涤器	2000	88	—
布袋过滤器	800	99	0.1～0.3
超重力除尘设备	250	99.9	0.02～0.3

9.3.4.2 超重力除尘机制

用于除尘的旋转床的结构示意图如图 9-50 所示。由于存在较高的初速，含尘气体进入旋转填充床后开始在Ⅰ区内做旋转流动。其中的尘粒由于与气体的密度不同，其离心加速度高于气体的离心加速度，从而在径向上与气体产生相对运动而逐渐摆脱气体向旋转填充床外壳的内壁上移动，这一点与旋风分离器很相似。另外，由于内壁为喷淋液体所润湿，含尘粒子接触到内壁后即被捕获，不会产生返混。然而，因为气相主体流动是从旋转填充床的外缘指向中心的，旋转填充床内部从内壁到中心存在一个压力梯度。这种气相的主体流动弱化了这种离心作用。

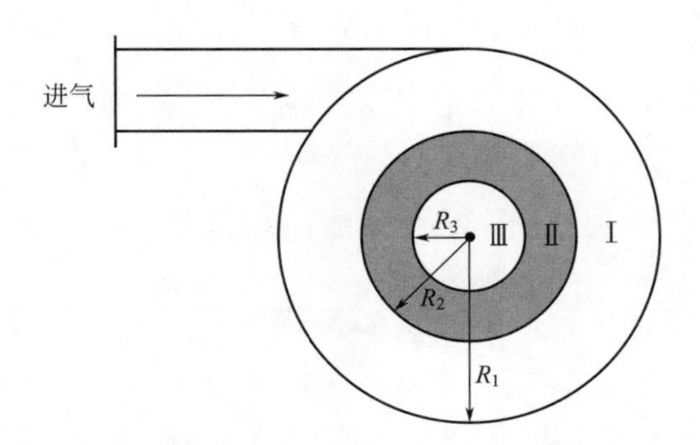

图 9-50 旋转填充床粒子捕集机制示意图

液体由填料带动以极高的离心加速度向外运动，被填料丝网破碎成极细的液滴，以高速由转子外缘抛出，克服气体曳力达到旋转填充床内壁，从而在Ⅰ区形成一个雾化区，该液滴群对粒子同样有重要的捕获作用。该液滴群对尘粒的捕获作用与液滴群同气流的相对速度和液滴直径有关。转速越高，液滴的径向速度越高，动能越大，液滴冲击到旋转填充床外壳内壁引起的反弹及造成内壁上液膜的飞溅作用加强，使得外层空腔区内的液滴数量明显增加，粒子被捕集的可能性也增大。高转速还使得从填料层抛出的液滴的破碎率增高（这是因为施加的能量越高，液体的分散程度越高的缘故），液体的比表面积增大，与粉尘的碰撞机会增多，捕集效率也会增大。

在填料层Ⅱ区内的粒子捕集情况要复杂得多，它主要包括粒子与填料层表面的惯性碰撞，以及粒子随气流在多孔通道中运动而与填料层中的液膜、液滴的碰撞、拦截以及横向扫掠作用等。然而，到目前为止，人们对于旋转填充床填料层内的液膜和液滴的形成和分布还没有一个完善的理论或经验公式与模型。

在Ⅲ区内，虽然气流也呈环流，但由于其内径很小，环流引起的离心作用很小，加之经过上述几个捕集过程后，大颗粒的粉尘几乎被全部捕集下来，离心作用对于小颗粒的捕集作用又很小，因此，在Ⅲ区内的粒子捕集作用可以忽略不计。

9.3.4.3 超重力除尘效果及影响因素

（1）液气比的影响　液气比对分级效率的影响非常显著。由图 9-51～图 9-53 可见，随着液气比的上升，不论对于尼龙丝网或金属丝网，分级效率都会明显上升。这也是一般湿式洗涤器的基本特点。液气比上升对分级效率的影响主要基于以下原因。

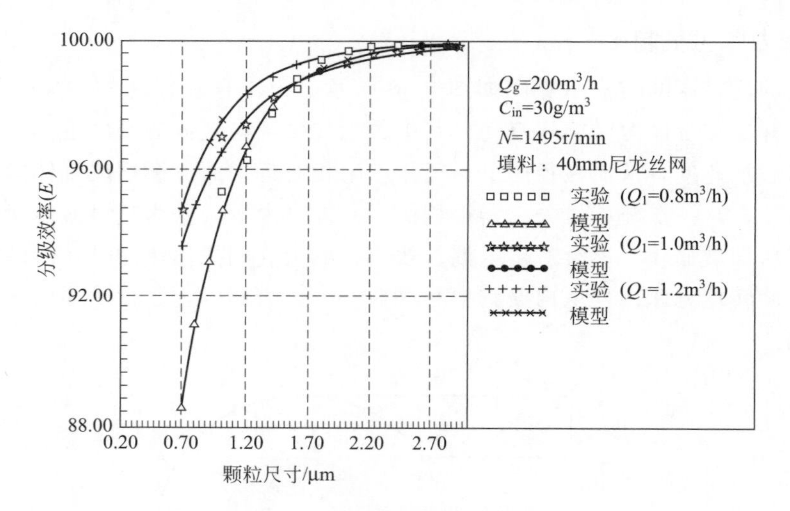

图 9-51　分级效率随液量的关系（一）

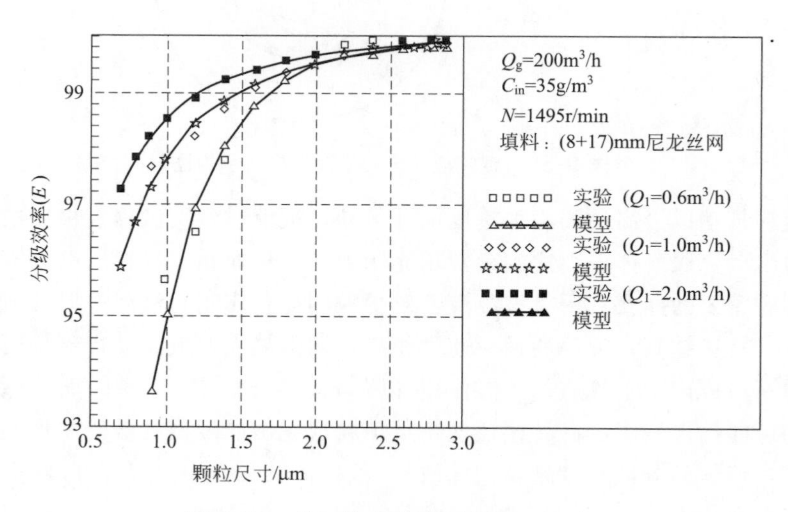

图 9-52　分级效率随液量的关系（二）

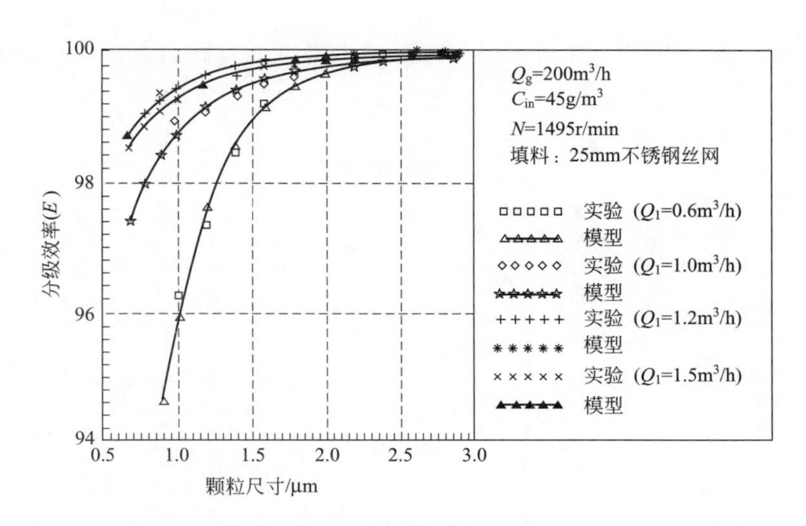

图 9-53　分级效率随液量的关系（三）

① 液体在填料层中的捕集作用。喷入的液体在离心力作用下沿填料层运动时，被填料阻挡、破碎成细小的液滴。在旋转填充床填料内层部分，液体的形状与分布比较复杂。随着液体进一步向填料外层运动，由于水的表面张力和吸附作用，相对运动的水中有一部分形成液膜，这是除了液滴外，填料层中捕集粉尘的又一重要形式。液膜的几何形状和数量取决于喷水流量、转子的转速和填料的结构。概括而言，填料层中存在的大量液滴、液膜是粉尘捕集的主要部分。粒子在润湿填料中液滴和液膜上的沉积方式主要有惯性沉降、直接截留和扩散沉降三种形式。

在其他条件不变的情况下，随着喷液量的增加，填料的持液量增加，形成的液膜和液滴数量相应增多。填料层内的大量液滴形成了液滴群，这些液滴之间具有一定的间距，于是可看作是许多个孤立捕集体的串联作用。如果单个液滴的捕集效率为 η_0，则经过 n 个液滴后，总捕集效率为：

$$\eta=1-(1-\eta_0)^n \tag{9-2}$$

如果 n 足够大，η 又相对较小，则可以近似写成：

$$\eta=1-\exp(-n\eta_0) \tag{9-3}$$

即随着单位体积内的液滴生成量的增加，η 不断地增加。相反，如果喷液量不足，则填料层内单位体积内液膜和液滴的数量减少，填料层内气液接触界面减少。由于粉尘的捕集总是发生在气液接触的界面上，界面积的减少无疑会使捕集效率下降。

② 液体在外层空腔区的捕集作用。在外层空腔区主要有两种捕集机制，一种是离心分离作用，另外一种是由填料甩出的液滴群以及液滴在旋转填充床外壳内壁上的反弹，与器壁上液体冲击、飞溅出的液滴的捕集作用。在离心分离作用中，还兼有润湿的器壁形成的液膜的捕集作用。

在气量不变的情况下，当液气比增加时，进入外层空腔区的液体量增多，而在稳定的条件下，旋转填充床外层空腔区单位体积内液滴的形成速率与喷液量成正比关系。因此，单位体积内的液滴越多，则必然导致液滴与气流中的尘粒的碰撞机会增多，从而提高了除尘效率。

（2）转速的影响　图 9-54 和图 9-55 显示，随着转速的提高，旋转床的除尘效率在逐步升高。其原因基于以下几个方面。

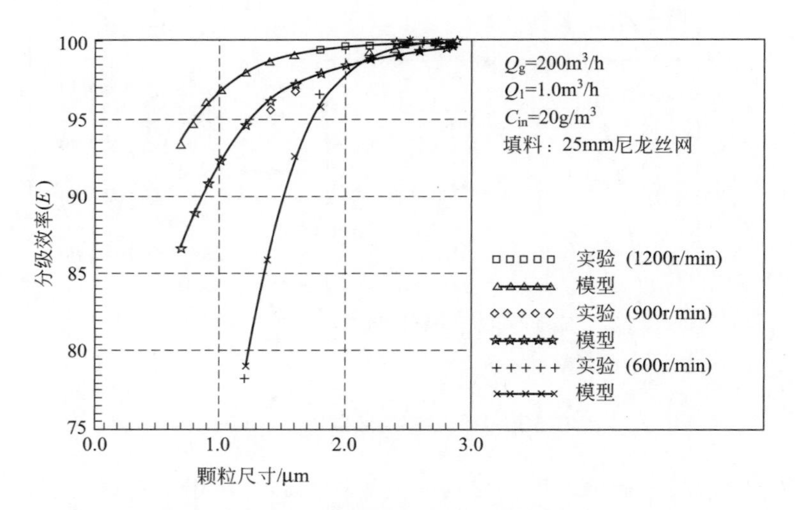

图 9-54　分级效率随转速的变化关系（一）

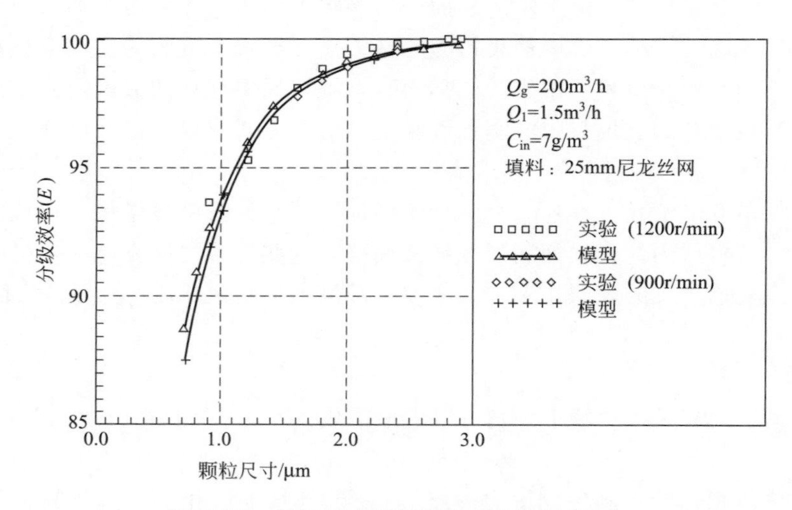

图 9-55　分级效率随转速的变化关系（二）

通过对填料层内液体的运动的研究发现[37]，液体由分布器喷出后，一部分被填料阻挡而被带动以与填料几乎相同的速度做旋转运动，另一部分则穿过这层填料进入下一个填料层。在下一个填料层中，同样一部分被阻挡，一部分穿出。经过几层填料后，填料层内某点的液体与该处填料的速度几乎相等，那么从填料层外缘抛出的液滴速度与该点的速度也几乎相等。转速增加以后，由填料层抛出的液滴的速度增加，液滴冲击到旋转床内壁的动能增加，引起液滴自身的反弹以及使内壁上液膜的飞溅作用加强，使得空腔区的液滴数量增多，有利于粉尘的捕集。

在填料层中，液体经离心力加速后，与填料碰撞、冲击粉碎成细小的液滴，这种液滴的微细化作用是旋转层床除尘的主要机制。由于液滴对颗粒的捕集以惯性碰撞为主，液滴的直径越小，围绕液滴流动的颗粒的加速度越大，捕集效率越高。转子的转速增加以后，液滴由于受到的冲击作用增强而被分散得更细小。液滴直径的减少还意味着液体体积相同时，液滴的总数增加，因此，对粉尘的捕集效率相应提高。

从郭锴的研究获知，在其他条件不变时，液膜厚度随转速的增加而下降（图 9-56）。因为液膜的除尘机制是利用表面的直接截留和惯性碰撞。随着液膜厚度的下降，含尘气体与液膜的气液接触界面越来越大，含尘气体在多孔通道中曲折流动，气液接触界面增大，则尘粒接触液体表面的机会越多，越易被捕集。

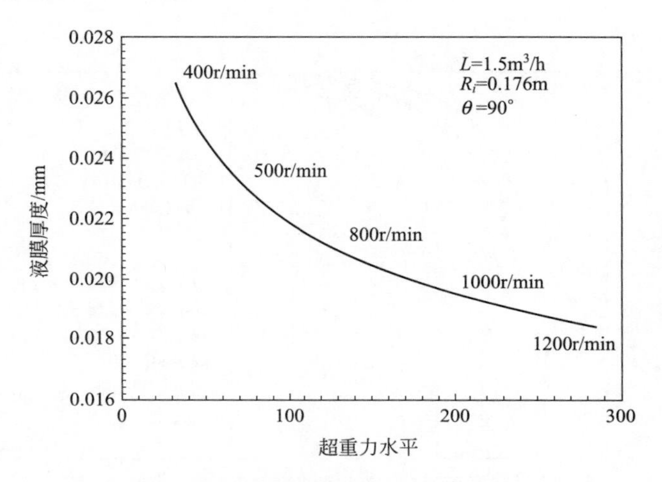

图 9-56 液膜厚度随转速的变化关系

（3）填料的影响

① 填料层厚度对捕集效率的影响。粉尘分级效率随着填料层厚度的变化情形示于图 9-57 和图 9-58。

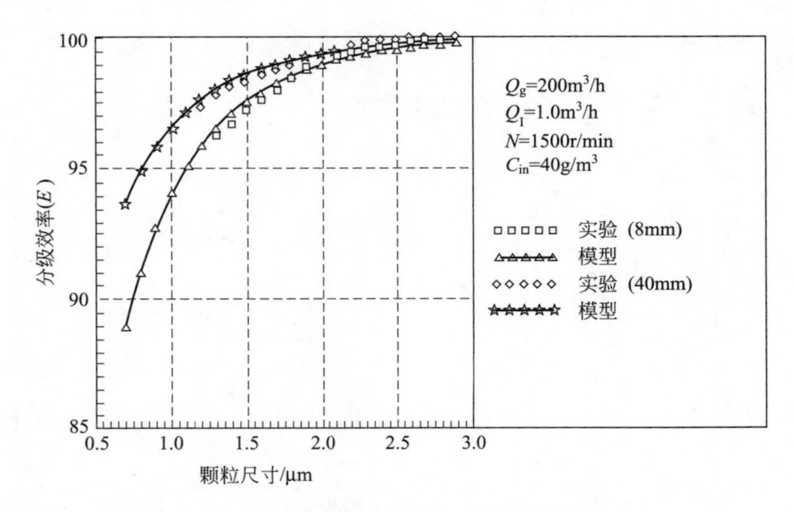

图 9-57 分级效率随填料层厚度的变化关系（一）

图中结果表明，随着填料层厚度的增加，除尘效率是逐步增加的。旋转填充床内填料层内除了大量的液滴和液膜作为捕集介质外，填料丝网本身也能捕集含尘气流中的尘粒。填料中形成了大量弯曲的通道，含尘气流必须经过这些细小的通道才能到达转子中心。气流在通道中流动，由于惯性碰撞和直接拦截的作用，尘粒就会黏附在填料细丝的表面而捕集下来。在液滴和液膜的冲刷作用下，尘粒不断被带走。填料厚度增加以后，在含尘气流的流通过程中，接触的填料丝网的数量增加有利于捕集。另外，填料厚度增加后，其中的气体流通通道的长度增加，尘粒在填料中的停留时间变长，捕集效率也会提高。填料层厚度的增加也会使填料内液体的停留时间加长，因为单个液滴只能捕集它扫掠过的含尘气流中的尘粒。在其他条件不变的情况下，停留时间加长意味着单位时间内液滴扫掠的含尘气体的体积增加，从而有利于捕集。

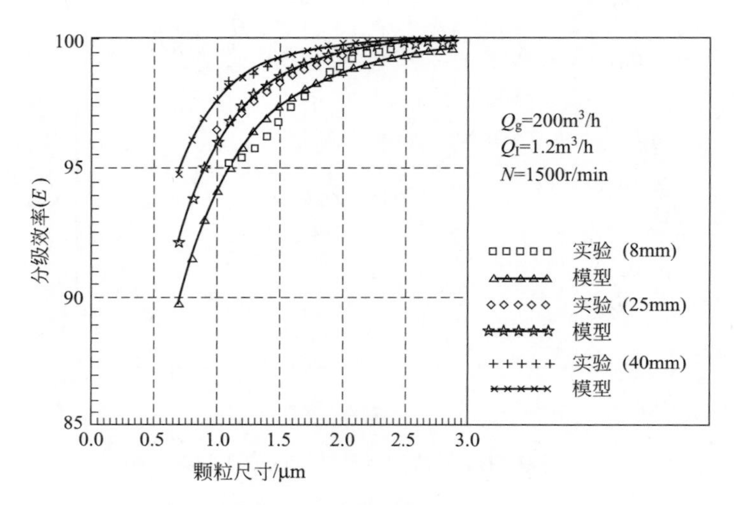

图 9-58 分级效率随填料层厚度的变化关系（二）

② 尼龙丝网与金属丝网的比较。张海峰[38]比较了25mm厚的金属丝网和25mm厚的尼龙丝网的除尘效果，尼龙丝网的空隙率大约是88%，而金属丝网的空隙率在97%左右。结果表明，金属丝网填料在分级效率上明显优于尼龙丝网填料（图 9-59）。

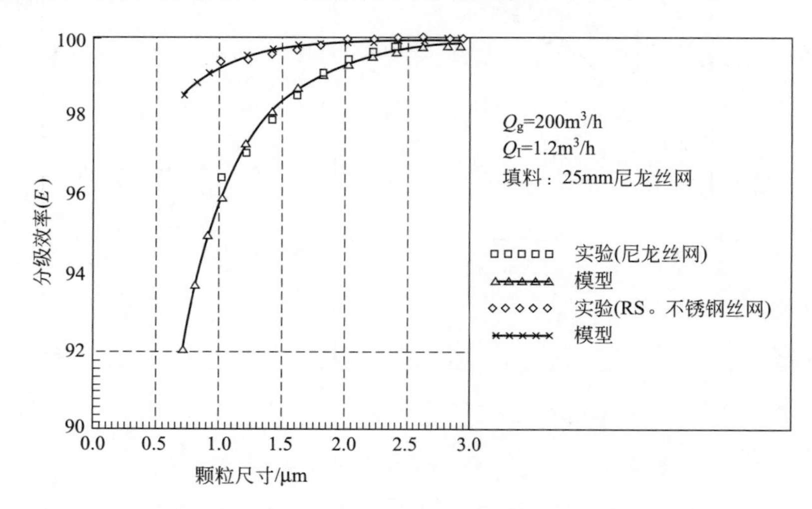

图 9-59 分级效率在尼龙丝网和 RS 丝网上的变化关系

有以下两个原因。

a. 金属的润湿性好。金属-水的界面张力大于尼龙-水的界面张力，因而尼龙对水的润湿作用不如金属好。液体在金属上的分散性更好，有利于形成极薄的液膜和极细小的液滴，因而有利于对粉尘的捕集。

b. 填料层中液体的捕集作用比填料本身重要得多。实验测定，金属丝与尼龙丝的直径基本相同，而金属丝网的空隙率要大得多。由填料的捕集效率看，尼龙丝网填料的捕集效率比金属填料要好。实测的尼龙丝网的孔径在 0.7mm，而金属丝网的孔径在 3～5mm。可以看出，相对于粉尘粒子而言，填料的孔径是相当巨大的。尤其在外层空腔区中，由于离心分离作用和大量液滴群的捕集左右，直径较大的粉尘颗粒都被脱除了。进入填料层的尘粒中，细小粒子占绝大多数，粒子的平均直径在十几至几十个微米。更为重要的捕集作用来源于填料层中液体由于高速冲击、破碎形成的大量细小的液滴以及细长的液线。金属填料的空隙率较大，在单位填料空间液滴的数量也较多，因此使捕集效率上升。

③ 填料层位置的影响。基于旋转填充床中填料层内外层对除尘贡献可能存在的差异，进一步进行了如下设计，在填料框内层装有 8mm 的尼龙丝网，在外层装有 17mm 的尼龙丝网，整个填料框半径为 60mm，中间有一个厚度为 35mm 的空隙区（图 9-60）。

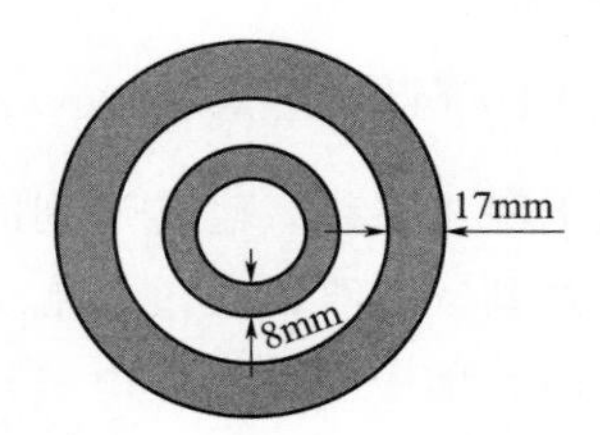

图 9-60　填料层装填示意图

研究结果表明，上述填料排布方式对除尘效率有明显的促进作用（图 9-61）。在填料层中，填料丝网和分散的液滴除了在径向上对尘粒存在捕集作用外，在切向上也存在扫掠作用。含尘气流进入填料层后，由于填料丝网的阻挡作用，气流会在丝网的带动下产生一个切向的环流，即在切向方向上，填料层和液滴与尘粒的相对速度减小，因而扫掠作用降低，不利于粉尘的捕集。含尘气流沿填料层的外径向中心运动的过程中，液滴和填料与气流的相对速度逐渐趋于一致，更不利于粉尘的捕集。上述 8mm＋17mm 的排布方式中，气流经过 17mm 的填料层之后，进入一个空腔区。这时，含尘气流随填料的切向环流减弱。当再次进入下一个 8mm 的填料区时，填料层表面与含尘气体的相对速度再次加大，从而有利于粉尘的捕集。

综上所述，超重力除尘效率达到了 99％以上，可达到工业除尘装置的气体排放标准。旋转填充床的粒子捕集效率与液气比、转子的转速及填料的性质有关。旋转填充床作为湿式除尘系统，必然存在一个污水处理的问题，所以，在保证除尘效率的基础上，应尽量减小液气比。我们发现，旋转填充床填料的选择对除尘效率有一定的影响，通过进一步实验选用价格低、耐腐蚀、除尘效果好的填料对于旋转填充床的工业应用也是十分必要的。

旋转填充床可以看成是旋风洗涤器与湿式纤维层除尘器的串联组合，因而在除尘效率上比传统的旋风洗涤器和填料塔要高。由于高速旋转的作用，旋转填充床的液泛点明显高于填料塔、板式塔，也高于常用的湿式洗涤设备，因而处理气量更大，更能适应气液参数的波动所可能带来的操作上的不稳定性。目前，工业装置中的处理气量要求在每小时几万立方米，如果使用填料塔或纤维除尘器，设备的体积就必须非常庞大。对于填料塔，液体的耗用量会非常大，从而导致动力消耗和污水处理的负担加重。

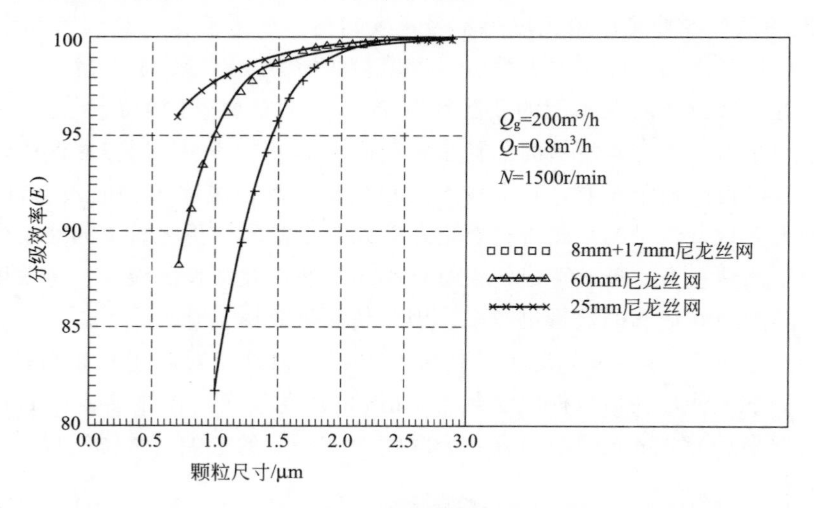

图 9-61 内层 8mm＋外层 17mm 尼龙丝网与 60mm，25mm 尼龙丝网的对比

对于使用纤维层作为捕集介质的除尘系统，经常遇到的困难是纤维层堵塞和操作后期积尘过多的情况下，压降过大，甚至达到气体难以通过的地步。旋转填充床较好地解决了上述两个问题。在旋转填充床中，液体由转子中间喷入，由填料的高速旋转提供巨大的离心力后以高速通过填料层，对填料层起到了冲刷作用，使积尘被纤维或液膜捕集后能够迅速地脱离有效分离区域。使粉尘能够始终保持与更新的液膜和纤维表面进行接触，提高了捕集效率。研究发现，即使在 $100g/m^3$ 的进口含尘浓度下，旋转填充床也完全不会因为粉尘堆积过多而堵塞，从而避免了普通纤维层除尘器机械振打或反吹流程的麻烦。

在上述实验研究基础上，针对企业自备燃煤锅炉尾气净化问题，我们开发了超重力脱硫、脱硝、除尘一体化技术，通过与燕京啤酒集团合作，实现了超重力燃煤锅炉尾气一体化净化技术的工业应用（如图 9-62）。在吸收液 pH＞7 的情况下，进入超重力净化装置的尾气中 SO_2 约 400×10^{-6}，NO_x 约 400×10^{-6}，尘含量约 $1000mg/m^3$（标准）。净化处理后，SO_2 含量＜10×10^{-6}，NO_x 含量＜140×10^{-6}，尘含量＜$30mg/m^3$（标准），达到排放要求。

9.3.5 超重力法分离 NH_3/CO_2 工艺及技术

在三聚氰胺工业和氮肥工业等生产过程中，往往涉及氨（NH_3）和二氧化碳（CO_2）尾气的分离和回收再利用问题。如果 NH_3 中混有 CO_2，由于在冷凝过程中 NH_3 会和 CO_2 形成氨基甲酸氨（NH_2COONH_4，简称甲胺），其结晶将堵塞管道并妨碍 NH_3 的冷凝。另外，随着人们环保意识的增强，把 NH_3 和 CO_2 直接排入大气中的作法必将受到限制。因此 NH_3 和 CO_2 尾气的分离和回收再利用是一个不能忽视的问题。传统的去除 NH_3 中 CO_2 的方法有三种：一是利用 NH_3 和 CO_2 在水中溶解度的差异（NH_3 的溶解度是 CO_2 的 600 多倍），采

用水吸收 NH_3后达到分离的目的；二是采用稀甲胺溶液将绝大部分 CO_2 吸收，再以冷凝 NH_3回流的办法加以精馏，实现 NH_3的再利用；三是采用浓碱液吸收 CO_2。以上三种方法都是采用传统的塔器设备，设备庞大，占地多，同时工艺流程较复杂，因此投资费用巨大。而且分离后的 NH_3中 CO_2 的质量分数高于 1×10^{-4}，很难获得高纯 NH_3。

图 9-62　锅炉尾气超重力一体化净化装置

采用超重力反应器替代传统的吸收装置可以强化微观混合与传质，从而提高了 CO_2 的吸收速率，使工业尾气 NH_3和 CO_2 分离后，NH_3中所含 CO_2 质量分数小于 1×10^{-4}，完全可以达到工业分离要求。此外，此新工艺为连续性工艺，同时副产超细纺锤形碳酸钙产品，可以广泛应用于造纸行业。

9.3.5.1　NH_3/CO_2 分离及副产碳酸钙的方法

采用一定量 CaO 于搅拌釜中，按一定配比加入一定温度的水若干，搅拌均匀，再用标准检验筛过滤除渣，得到 $Ca(OH)_2$ 原料液。然后，在密闭容器中将过量 $Ca(OH)_2$ 和 NH_4Cl 混合反应，其反应式为：

$$Ca(OH)_2+2NH_4Cl \longrightarrow CaCl_2+2NH_3\cdot H_2O$$

过滤，测定滤液中 Ca^{2+}，$NH_3\cdot H_2O$ 的浓度，用水将滤液配制成所需浓度。控制一定的温度、pH 值，模拟工业尾气组成的 NH_3与 CO_2 混合气中的 CO_2 与上述配制的已知浓度的 $CaCl_2$ 与 $NH_3\cdot H_2O$ 在超重力反应器中进行碳化反应，这是连续法制备碳酸钙的最关键的环节。其反应式为：

$$CaCl_2+2NH_3\cdot H_2O+CO_2 \longrightarrow CaCO_3+2NH_4Cl+H_2O$$

在碳化反应过程达到稳定态后，取一定的碳化后的产物浆液快速过滤，滤饼经洗涤后，作颗粒形貌结构分析用。从超重力反应器液体出口出来的产物浆液经快速过滤（在密闭容器中过滤）后，滤饼经洗涤后即为浆料 $CaCO_3$ 产品，滤液经加热釜加热到一定温度（80～90℃）后，蒸出 NH_3，和从气体出口出来的 NH_3一起即为高纯 NH_3，其中用气袋采集一部分 NH_3，以备检测。从加热釜出来的液体重新添加过量 Ca（$OH)_2$，补加一定量 NH_4Cl 后继续依次进行以上两个反应。

将制得 $CaCO_3$ 产品在 120℃条件下烘干，采用 XRD 分析（荷兰 Philip MPD 型 X 射线衍射仪，管压 40kV，管流 40mA，扫描速度 4 度/min）以确定碳酸钙晶型和定性确定 $CaCO_3$ 的纯度。

9.3.5.2 分离效果及产品性能

（1）Ca^{2+} 浓度对分离效果及碳酸钙形态与粒度的影响　保持反应温度为 30℃，NH_3 与 CO_2 摩尔比为 2∶1，气液体积比为 1.67，超重力反应器的转速为 1400r/min，pH 值控制在 9～10。改变 Ca^{2+} 浓度，得到分离后 NH_3 中 CO_2 的质量分数与 Ca^{2+} 浓度的关系如图 9-63 所示。

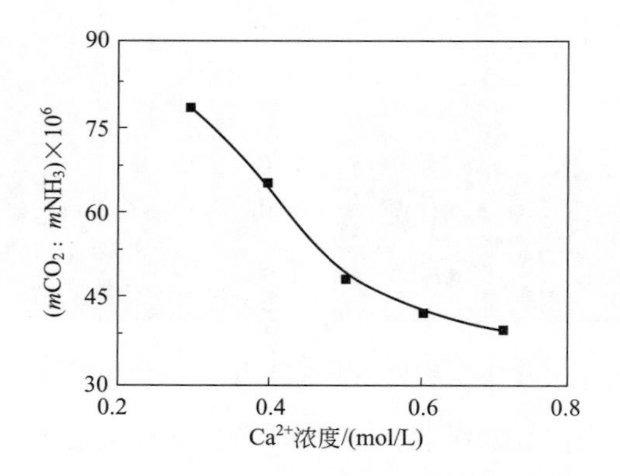

图 9-63　Ca^{2+} 浓度与分离效果的关系

在研究范围内，Ca^{2+} 浓度越高，分离效果越好，这是因为 Ca^{2+} 浓度的增加加快了 CO_2 的反应速率，使得分离后 NH_3 中 CO_2 的含量降低，但是并非越大越好，当 Ca^{2+} 浓度增大到一定程度以后，它对 CO_2 吸收速率的影响已不再是主要影响时，它对分离效果的影响就不再明显。

得到的碳酸钙粒度（长轴）与 Ca^{2+} 浓度的关系如图 9-64 所示。

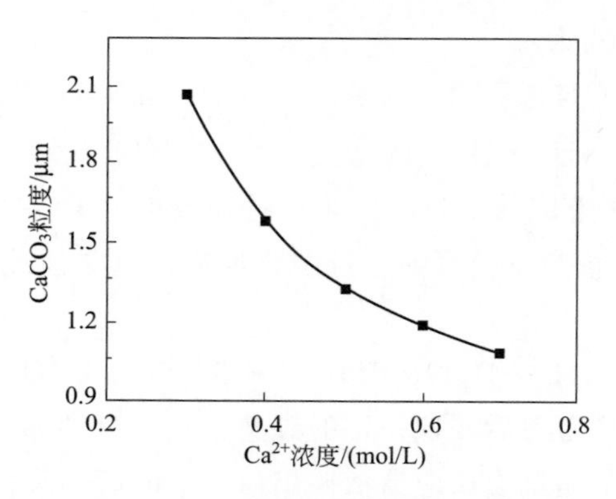

图 9-64　Ca^{2+} 浓度与碳酸钙粒度的关系

Ca^{2+} 浓度增加，使碳酸钙的成核速率加快，碳酸钙瞬间过饱和度增加，碳酸钙粒子粒径变小[39]。从图 9-62 可以看出 Ca^{2+} 的合适浓度为 0.5～0.8mol/L。同时，Ca^{2+} 浓度的变化也在一定程度上影响碳酸钙粒子的粒度分布。

（2）反应温度对分离效果及碳酸钙形态与粒度的影响　化学动力学的理论证明，温度是影响化学反应速度的重要因素，一方面温度高则反应速度快而结晶颗粒粗；温度低则反应慢而产品结晶颗粒细。另一方面因为溶液中 Ca^{2+} 浓度随温度的增加而降低，再加上反应物有气相组分的存在，温度高则阻碍反应向生成物方向进行。因此在所考察的操作条件中，温度是最关键的因素之一。它不仅影响分离效果、碳酸钙的粒度，而且影响到碳酸钙的形态。从实验结果看，当温度高于 50℃时，碳酸钙的形态已经不再是纺锤形，而且当温度高于 50℃时，分离效果很难达到分离要求。因此，温度的选择是达到分离要求和保证碳酸钙形态和粒度的主要因素。

（3）超重力水平对分离效果及碳酸钙形态与粒度的影响　控制反应温度为 30℃，NH_3 与 CO_2 摩尔比为 2∶1，气液体积比为 1.67，Ca^{2+} 浓度为 0.5mol/L，pH 值控制在 9～10。改变超重力水平（转速），得到分离后 NH_3 中 CO_2 的质量分数与超重力水平（转速）的关系如图 9-65 所示，而超重力水平与碳酸钙粒度的关系如图 9-66 所示。

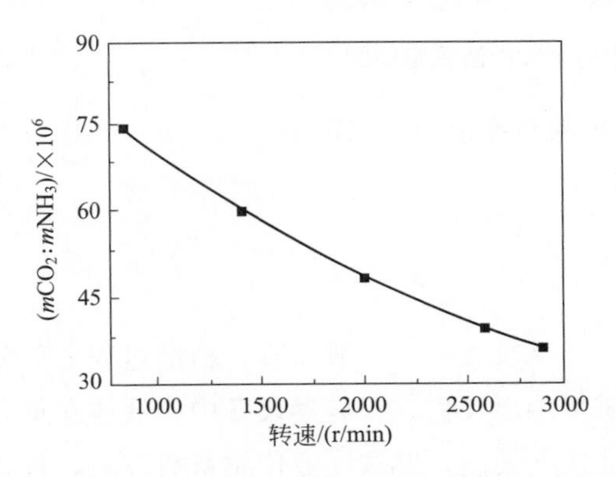

图 9-65　超重力水平与分离效果的关系

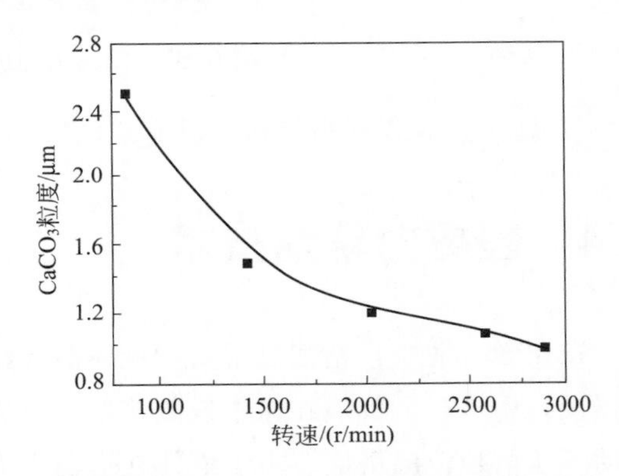

图 9-66　超重力水平与碳酸钙粒度的关系

重力水平的增加使得碳化反应速率加快，更有利于 CO_2 的吸收，从而有利于 NH_3 和 CO_2 的分离。在给定的实验条件下，超重力水平的变化不仅仅影响碳酸钙粒子的粒度，同时还影响到碳酸钙粒子的长径比。这是由于过程控制为传质控制，随着超重力水平的增加，越来越强化气、液、固三相之间的微观混合，加快了相间传递，提高了宏观反应速率，使超重力反应器中碳酸钙的过饱和度大大提高，使碳酸钙的成核主要表现为初级均相成核形式[40]。所以随着转速的增加，粒子越来越小，粒子形态越来越单一，但是随着转速的增加，加大了粒子之间的碰撞，同时旋转床中的填料对粒子的剪切应力也加大，导致粒子的长径比变小。因此综合分离要求和待制备的碳酸钙产品所需粒径、长径比和粒度分布，应选择合适的超重力水平。

（4）TEM 和 XRD 分析　经此方法得到碳酸钙产品为长径 1～2μm，短径 500～600nm，粒径分布较窄的纺锤形超细碳酸钙。此外，经 XRD 分析，此碳酸钙为方解石晶型，其晶体结构与常重力场中的合成产物相同。图 9-67 为碳酸钙颗粒透射电镜照片。

9.3.5.3　超重力法分离 NH_3/CO_2 技术的优点

① 和传统的分离方法相比　采用超重力反应结晶法分离 NH_3 中 CO_2，分离后的 NH_3 中

CO_2 质量分数低于 1×10^{-4}，很好地达到了分离要求。在实验考察的范围内，工艺操作条件改变对选择性吸收 NH_3 和 CO_2 中的 CO_2、且分离出 NH_3 的分离效果都能满足分离要求，说明工艺操作弹性较大，有利于工业化稳定生产。

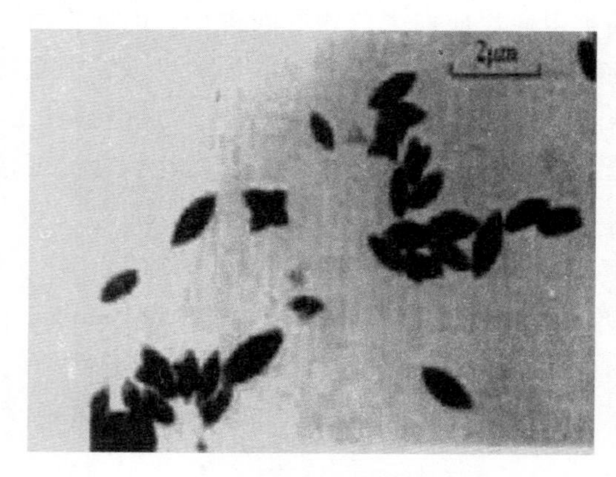

图 9-67 制备出的纺锤形超细碳酸钙电镜图

② 新工艺获得在造纸行业具有广泛应用市场的纺锤形超细碳酸钙。

9.4 超重力精馏技术

在化学工业中，精馏是重要的液体混合物分离手段之一。一般而言，精馏过程大部分在塔器设备中进行，气液在塔中逆流接触，完成质量传递过程。在塔器设备中，液体在重力的驱动下从塔顶流向塔底。由于液体在塔器内流动速度缓慢，导致气液传质系数较低，且容易液泛。此外，塔器设备还存在体积庞大、设备投资大、气液传质达到稳定的时间较长等不足。因此，在原料浓度波动大、处理量小、要求开停车容易且稳定时间短等场合的精馏过程，塔器设备很难满足工要求。

旋转填充床作为传质强化的典型设备，具有开停车容易、设备体积小、气液传质稳定时间短等优点，因此，将其应用于精馏过程倍受研究者的青睐。通过多年的基础和应用研究，超重力精馏技术已经取得了一些不错的基础研究成果，也发展了一些成功的工业化项目，但由于超重力精馏设备结构的特殊性，超重力精馏设备的处理能力一般规模较小。

1983 年，英国 ICI 公司最早尝试了超重力精馏技术的应用[41,42]，针对乙醇/异丙醇和苯/环己烷体系，采用两台 RPB 串联，进行了长达几千个小时的连续精馏操作。1996 年，美国 University of Texas 的研究人员利用旋转填充床进行了环己烷和正庚烷的分离，传质单元高度在 30～50mm[43]。1989 年，浙江大学的陈文炳等以乙醇/水体系，进行过超重力全回流精馏实验，得到其传质单元高度约为 40mm 左右[44]。随后，国内外的科研人员陆续采用不同的液体混合物作为工作体系，采用全回流、连续精馏等操作方式，进行超重力精馏技术的实验研究[45～49]。

鉴于精馏过程的特点，如果要实现连续精馏操作，采用传统结构的 RPB 则需要两台串联，工艺流程与操作比较烦琐，在设备投资等方面不具备竞争优势。浙江工业大学分离工程研究所开发了折流式超重力旋转床（RZB），可以实现单台连续精馏，并已成功应用于精细化工等中小规模处理量的连续精馏过程[50,51]。但由于其床内无填料，传质能力有待提高。北京化工大学教育部超重力工程研究中心在总结了传统 RPB 和 RZB 优缺点的基础上，成功开发出一种新型多级逆流式超重力旋转床（MSCC-RPB）。它将旋转填料床与折流旋转床的结构优势巧妙的结合，采用动静结合的设计理念，气液逆流的接触方式，并在旋转床中填装填料，既保证了高效传质又能有效减小床层压降，在转子静盘上可安装中间进料管，实现单台旋转床的精馏，更加适合连续精馏过程强化[52,53]。

9.4.1 基本结构与原理

北京化工大学开发的精馏用超重力设备为多级逆流式超重力旋转床，其主要由外腔、转动轴和多级分层填料转子组成，图 9-68 所示为二级逆流式超重力旋转床的结构。

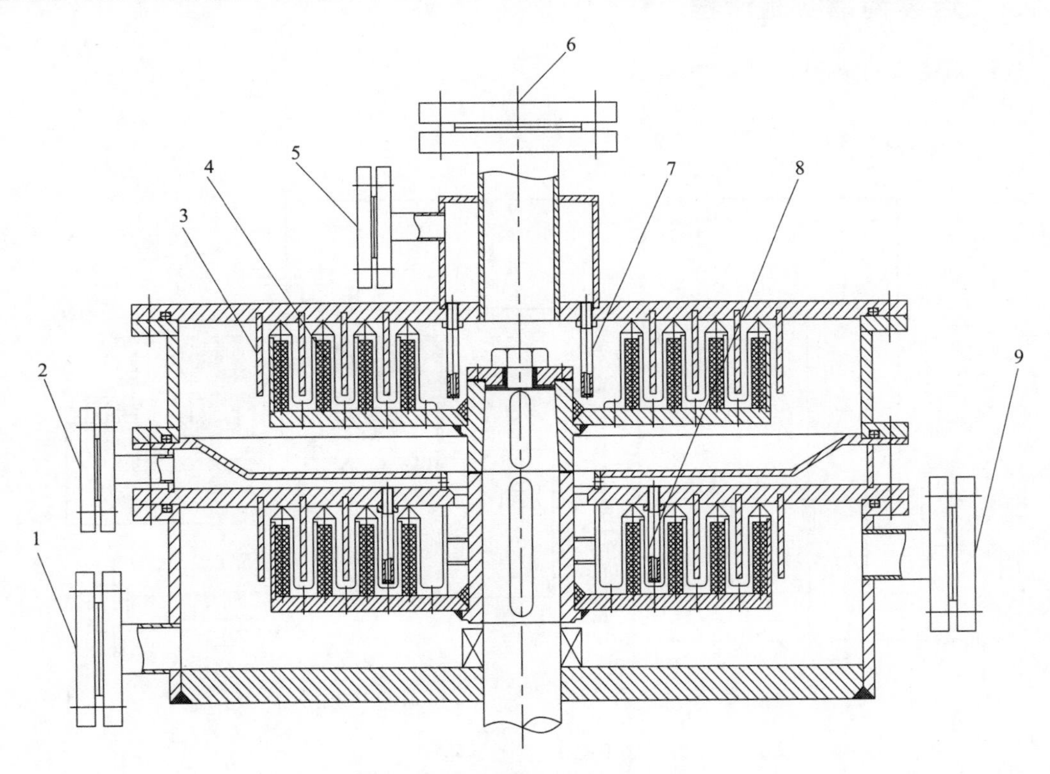

图 9-68　二级逆流式超重力旋转床结构图

1—液体出口；2—中间进料口；3—开孔静盘；4—填料环动盘；5—回流液进口；
6—气体出口；7—回流液液体分布器；8—中间进料液体分布器；9—气体进口

旋转床壳体中心有一贯通各壳体段的转轴，转轴上可串联安装两个以上的转子。壳体沿轴向依次由上壳体段、加料段、下壳体段构成，其中，加料段是由在上、下壳体段之间固定的两块隔板和内侧环面构成的相对独立的空间。各转子动盘上沿径向间隔设置有一组同心且直径各异的动填料环，动填料环壁为开孔结构，动填料环中装有填料，各动填料环之间的环形间隙内有固定于壳体静盘上的静环，静环为环壁开孔结构。下层转子最内层动填料环内缘设有旋转布液器，上层转子最内层动填料环内缘设有回流液喷头，上壳体段上盖开有回流液进口和气相出口，壳体的加料段开有进料口，加料段下隔板上设有原料液分布器喷头，下壳体侧面设有釜液出口和气相进口。转子是旋转床的核心组成部分，由静盘和动盘组成，动盘与轴连接并随轴一起转动；静盘与壳体相固定，可以方便地安装液体进料口和分布器，并可根据设计的要求改变不同的位置；同时动静两盘嵌套在一起互不影响，并为气液提供接触、传质的场所和逆流流动通道。动盘动填料环中装有填料，填料拆卸非常方便，并可根据不同的操作要求装填不同种类和性质的填料，也可在动填料环中装填催化剂作为反应器使用。

9.4.2　连续精馏实验流程

连续精馏实验流程如图 9-69 所示。

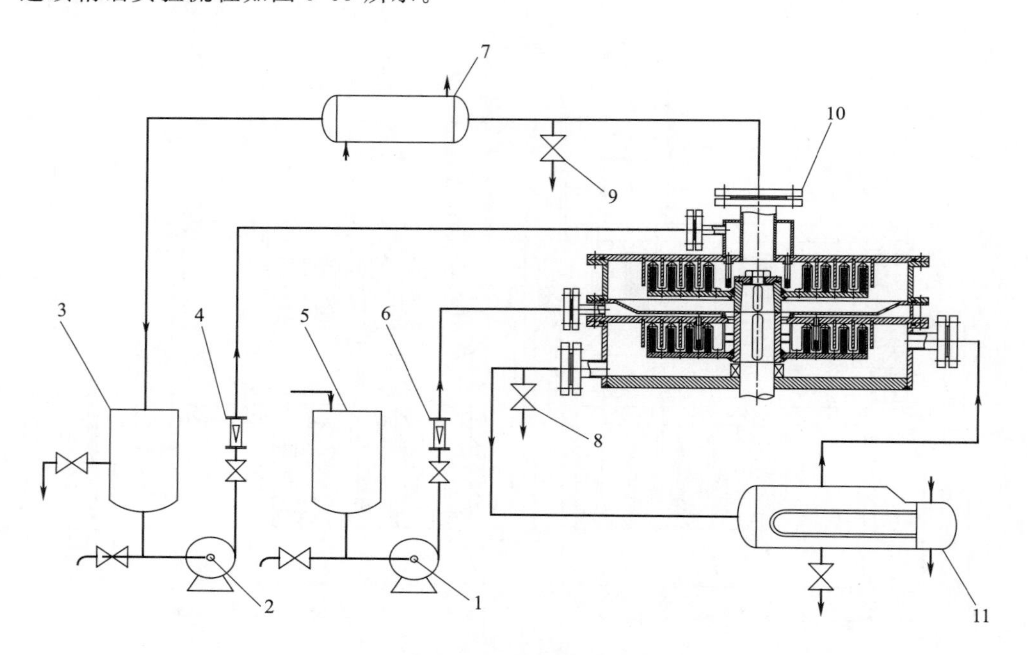

图 9-69　实验流程图

1,2—泵；3—顶部产品储罐；4—回流转子流量计；5—进料罐；6—进料转子流量计；7—冷凝器；8—底部取样口；9—顶部取样口；10—二级逆流式超重力旋转床；11—再沸器

原料在进料泵的作用下，经转子流量计计量后进入旋转床，由下层静板上的液体分布器喷射到转子上，在离心力的作用下由转子内侧向外侧甩出，经液体出口流入再沸器。再沸器中的一部分液体经转子流量计计量后作为产品采出，其余液体经加热产生蒸气并进入旋转床

下层。蒸气在压力作用下由转子外侧向内侧流动，并由转子中心的气体通道进入上层转子，再由上层转子外侧向内侧流动，并由气体出口进入冷凝器。蒸气经冷凝后，部分作为回流液由旋转床上层转子中心的分布器回流到上层转子，其余作为产品采出。样品从旋转床顶部和底部的出口收集，以避免冷凝器和再沸器对分离能力的影响。

9.4.3 连续精馏操作条件对分离效率的影响

9.4.3.1 填料对分离效率的影响

填料为气液传质提供巨大的传质面积，在气液传质中起到的重要作用，首先对比研究了在安装填料和不安装填料的情况时旋转床的分离效果。图 9-70 为以甲醇-水混合溶液作为分离体系，不同操作条件下，有无填料时旋转床的理论塔板数 N_T 随转子转速变化的曲线。

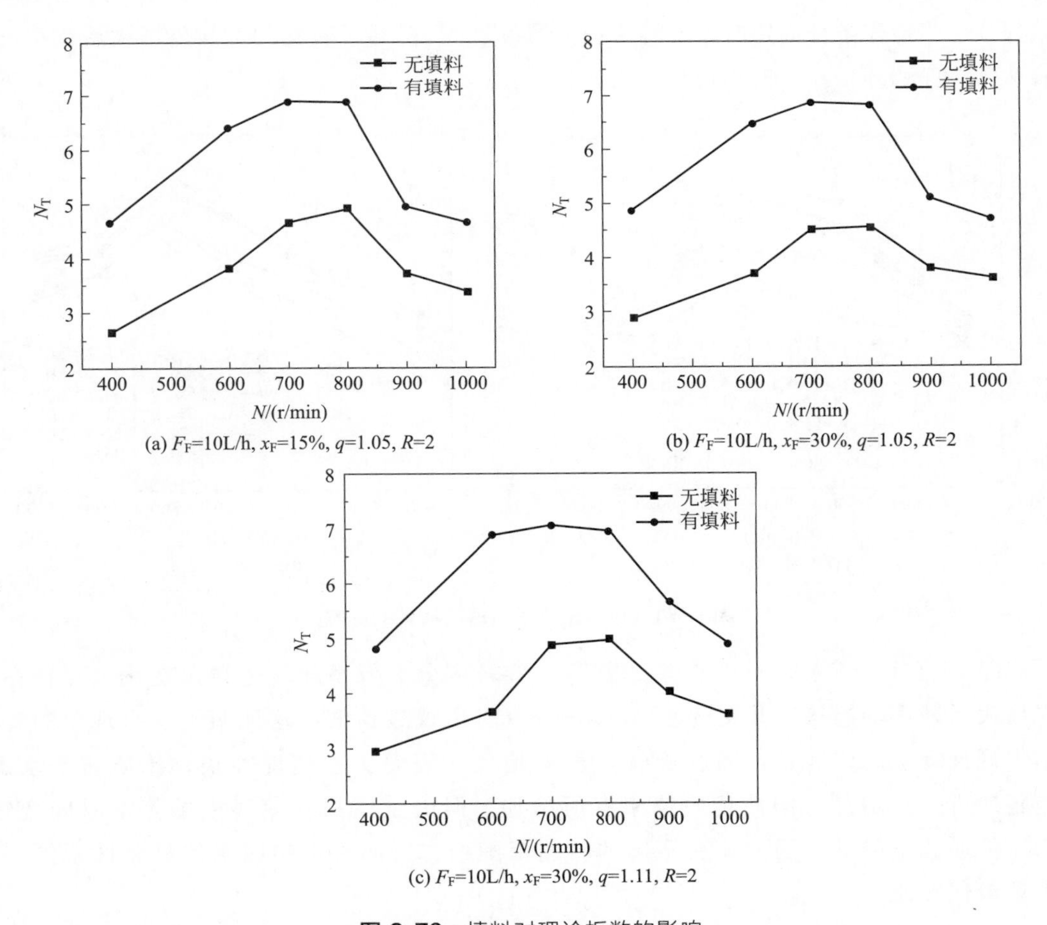

图 9-70　填料对理论板数的影响

研究结果表明，无论在何种操作条件下，填料能有效提高设备的分离效率。这是因为填料能够提供巨大的气液传质面积，而且在液相流动时能够不断切割液体，使液膜更薄、液滴更小，加速表面更新速度，提高传质的效率。由图 9-70 的数据可知，填料对旋转床分离效率的提高幅度平均约为 50%，但是在不同转子转速时影响程度（提高幅度）不同。在低转速下提高幅度较大，并随转速的提高而逐渐减小。这可能是因为填料主要以增加气液接触面积、提高气液接触机会的方式对传质效率的提高做出贡献。但是，气液接触面积和接触机会并不随转子转速的增大而显著增加，相反，随着转子转速的增加，液相在填料中的停留时间逐渐变短，气液接触传质的时间变短，填料对传质的贡献也会相应减小，对设备分离效率的提高幅度也会相应较小。但是，无论在何种转速下，填料都能为分离效率的提升做出可观的贡献，非常有必要保留填料以提升设备的分离效率。

9.4.3.2　转速对分离效率的影响

图 9-71 为分别以甲醇-水、乙醇-水混合溶液作为分离体系，进料流量 F_F＝10L/h，在不同操作条件下转子转速对旋转床分离效率的影响，即旋转床理论塔板数 N_T 随转子转速变化的曲线。如图 9-71(a) 所示，对甲醇-水体系，在不同的操作条件下旋转床的分离效率存在差异。但当操作条件固定时，旋转床理论塔板数 N_T 随转子转速的增加先增大后减小，并在转速为 700～800r/min 时出现最佳值。

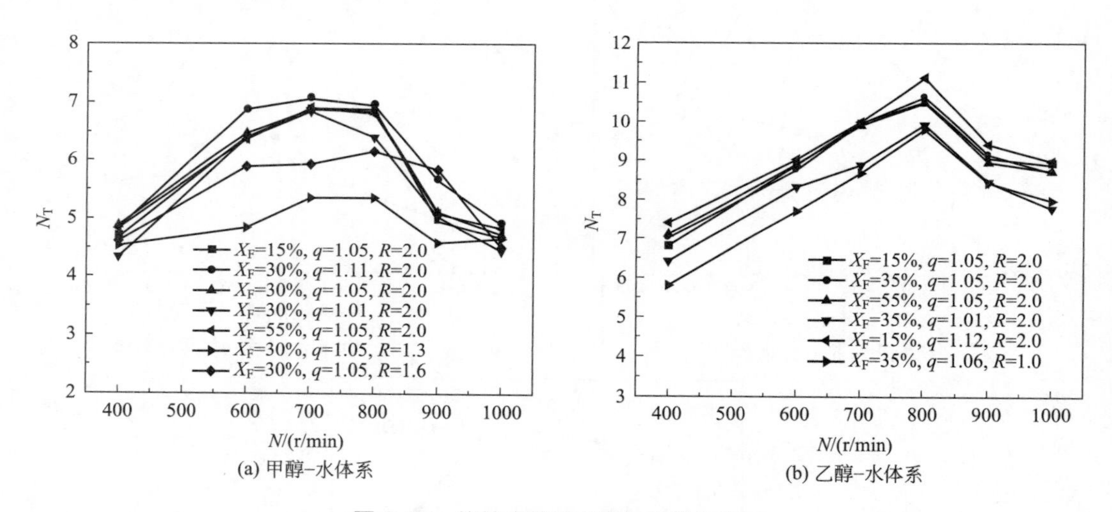

图 9-71　旋转床转速对理论板数的影响

如图 9-71(b) 所示，对于乙醇-水体系，旋转床分离效率随转子转速变化也存在在一个先增大后减小的趋势，并在转速为 800r/min 时出现最佳值，这证明了这一现象的普遍性。出现该现象的原因是：随着旋转速度的增大，表面更新速度加快，传质速率增加。但当转速进一步增加，即使传质速率有所增加，但由于液相在填料中的停留时间变短，使物质传递总量降低。因此，在不同的转速范围内，这两种影响因素的显著性不同，导致出现最佳转速。

9.4.3.3　进料浓度对分离效率的影响

图 9-72 为分别以甲醇-水、乙醇-水混合溶液作为分离体系，进料流量 F_F＝10L/h，进

料热状况 $q=1.05$，回流比 $R=2$，不同的进料摩尔浓度 x_F 时，旋转床的理论塔板数 N_T 随转子转速变化的曲线。由图可知，无论是何种分离体系，在转速固定的条件下，理论塔板数 N_T 随进料浓度 x_F 的变化很小，也就是说该旋转床的分离效率基本不受进料浓度 x_F 变化的影响，这与传统的塔器精馏设备极为相似。这主要是因为进料浓度 x_F 的变化并不能改变旋转床内气液相流量和相对速度。气液流量和相对速度的变化能够明显改变液膜厚度、湍动程度及表面更新速率，它的改变才是导致传质效率发生改变的关键因素。

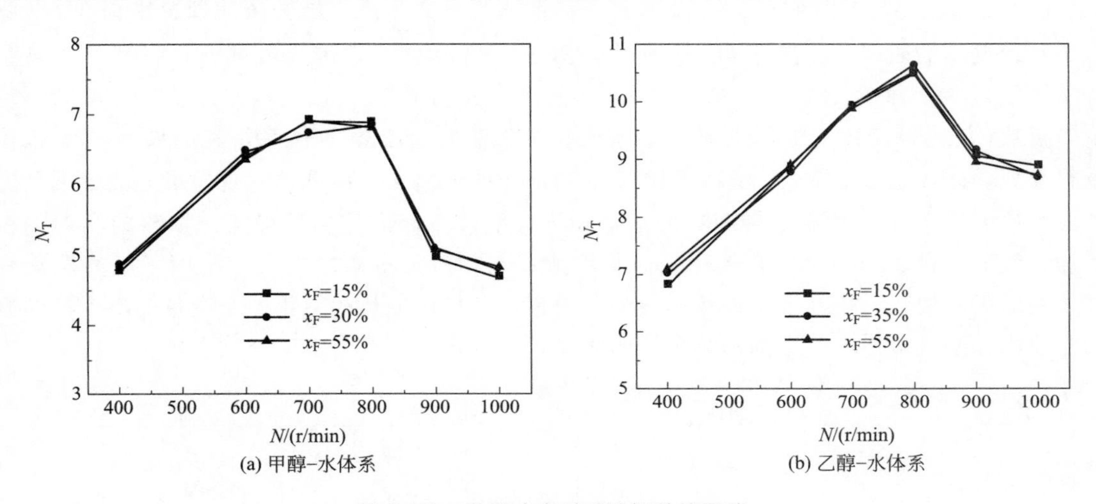

图 9-72 进料浓度对理论板数的影响

9.4.3.4 进料热状况对分离效率的影响

图 9-73 是分别以甲醇-水、乙醇-水混合溶液作为分离体系，进料流量 $F_F=10\text{L/h}$，进料摩尔浓度 $x_F=30\%$，回流比 $R=2$，不同进料热状况 q 时，旋转床的理论塔板数 N_T 随转子转速变化的曲线。

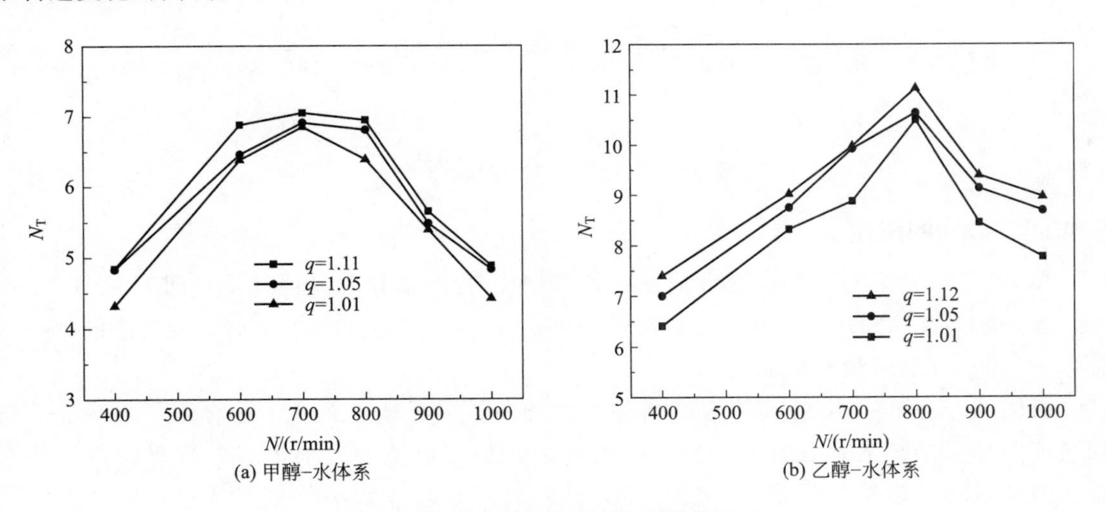

图 9-73 进料热状况对理论板数的影响

由图 9-73 可知，无论是何种分离体系，在转速不变的情况下，理论塔板数 N_T 随进料热

状况 q 的增加而增大，即冷液进料时旋转床的分离效率较高。其可能的原因为 q 的变化能够改变气液两相在提馏段的流量。在一定范围内气液流量的增加能够增加气液湍动程度和接触机会，加快气液两相速相对度，提高表面更新速度，从而提高传质效率。然而，由于 q 值的变化很小，且仅作用于提馏段，所以这种提高是比较有限的。

9.4.3.5 回流比对分离效率的影响

图 9-74 是分别以甲醇-水、乙醇-水混合溶液作为分离体系，旋转床的理论塔板数 N_T 随转子转速变化的曲线。如图 9-74(a) 所示，对于甲醇-水体系，进料流量 $F_F=10L/h$，进料摩尔浓度 $x_F=30\%$，进料热状况 $q=1.05$，回流比 R 分别等于 1.0、1.3、1.6、2.0 时，理论塔板数 N_T 随回流比 R 的增加而明显增大。对于辅助的乙醇-水体系，其结果与甲醇-水体系相类似，即理论塔板数 N_T 随回流比 R 的增加而明显增大。出现这一现象可能的原因是随着回流比 R 的增大，液相在填料内的流量增大，液体分布的均匀性提高，填料的润湿面积增加，气液接触面积增大，有效比表面积增大；气相流量也随之增大，增加了气相湍动程度，表面更新加快，提高了气液传质效果。由于这种气液流量的变化遍布设备的整个精馏段和提馏段，所以对传质效率的影响更为明显。

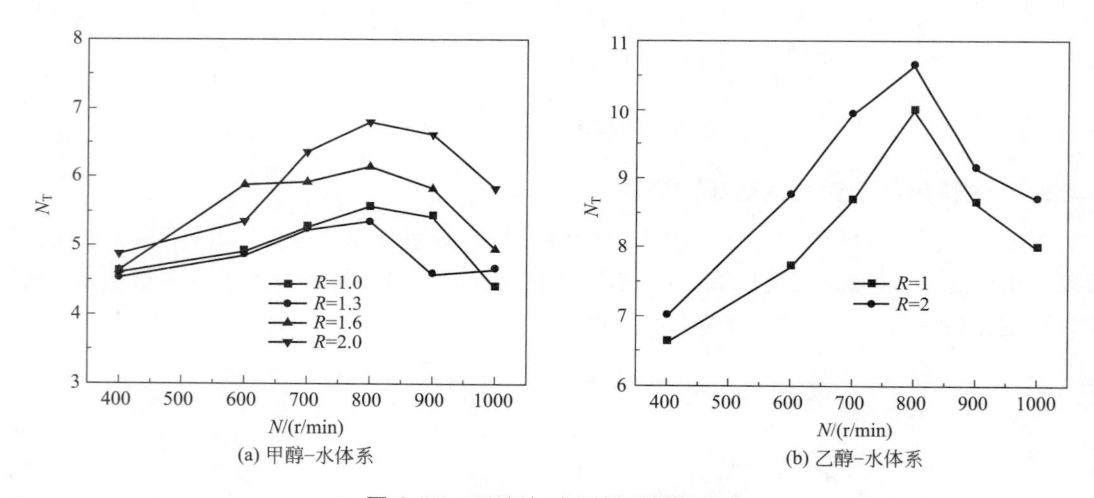

图 9-74 回流比对理论板数的影响

9.4.3.6 体系的影响

图 9-75 是分别以甲醇-水混合溶液和乙醇-水混合溶液作为分离体系，进料流量 $F_F=10L/h$，进料摩尔浓度 $x_F=15\%$，进料热状况 $q=1.05$，回流比 $R=2$ 时，旋转床的理论塔板数 N_T 随转子转速变化的曲线。

由图 9-75 可知，旋转床对乙醇-水体系的分离效率明显高于甲醇-水体系。出现以上现象可能与体系的扩散系数有关。虽然使用分级式精馏设备的数学描述方法对设备的精馏分离效率进行了表征，但是在旋转床中，并不真正存在一级的气液平衡级。而且，气液在旋转床内的停留时间比较短，所以设备中的传质速率成为限制分离效率的主要因素，而传质速率又与被传递组分在气相及液相中的扩散系数有关，不同的扩散系数导致了不同的分离效率。

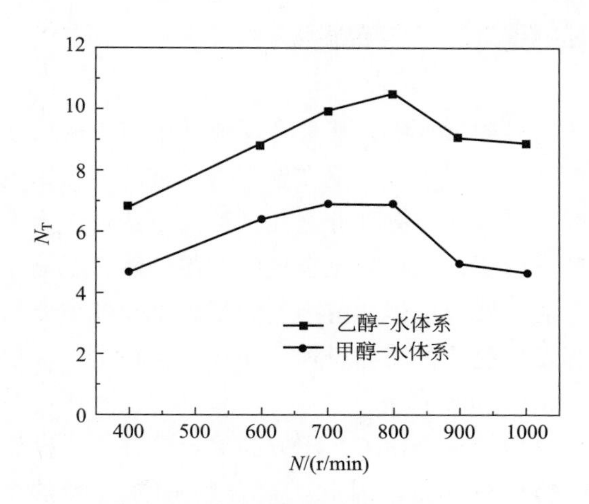

图 9-75　分离体系对理论板数的影响

9.4.3.7　与其他超重力精馏设备的比较

为了方便与其他超重力精馏设备的分离效率进行比较，以当量理论板高度为对比标准，计算方法如下：

$$HETP=\frac{n[(d_2-d_1)/2]}{N_T} \tag{9-4}$$

式中，n 为旋转床转子级数，本研究中 $n=2$，d_2 为转子外径；d_1为转子内径。

为了更准确地对多级逆流式超重力旋转床与其他超重力设备进行比较，在此选用乙醇-水体系的数据进行比较。利用上述数据，通过式(9-4) 计算可知，新型多级逆流超重力旋转床的当量理论塔板高度为 19.5～31.4mm，在本实验研究范围内的最佳转速为 700～800r/min。表 9-8 对传统旋转填料床、折流旋转床、多级逆流式旋转床三种超重力精馏设备的精馏性能进行了比较（以乙醇-水为分离体系）。由表 9-8 可知，与折流旋转床相比传质效率提高了近一倍，且最佳转速降低，更加节能。与传统旋转填料床相比，最佳转速基本不变，传质效率虽略有降低，但成功实现了在单台设备上安装多层转子和单台超重力设备实现连续精馏操作，减少了相当一部分的设备投资，简化了操作流程，使精馏过程更为简单、安全、稳定。此外，根据设备的结构特性，RZB 中液相在转子中以“S”型方式流动，并在此过程中与气相进行逆流和错流接触，气相压降会明显提高。与此相比，MSCC-RPB 采用了传统 RPB 的气液直线型逆流接触方式，与 RZB 相比阻力更小，停留时间更短，更适合于热敏物质的精馏提纯。

表 9-8　各种超重力精馏设备比较

研究者	设备名称	实现连续精馏所需设备台数/台	单台设备转子个数/个	当量理论塔板高度/mm	最佳转速/(r/min)
栗秀萍等	RPB	2	1	7.35～23.58	700～800
计建炳等	RZB	1	2	40～50	1000
北京化工大学教育部超重力工程中心	MSCC-RPB	1	2	19.5～31.4	700～800

9.5 超重力脱挥技术

在单体聚合成高分子物质的过程中，从聚合反应器中出来的大多数聚合物都含有低的相对分子质量的组分，如单体、溶剂、水及反应副产物，被统称为挥发分，是聚合物中不应含有的组分。这些挥发分的含量最低只有百分之几，最高可达数十个百分点。这些单体或低聚物通常对于聚合物的品质有影响，或是对聚合物的应用性能有影响。从聚合物本体中脱除挥发分可以提高聚合物的性能、回收单体和溶剂、满足健康和环境要求、去除异味和提高聚合度。其脱除过程则称为挥发分脱除，简称脱挥，而在聚合物生产过程中，此过程即称作聚合物脱挥。

聚合物脱挥的重要性仅次于聚合物工艺配方和混合搅拌单元操作，脱挥过程的能耗占整个聚合物制备过程中的 60%～70%，因此，聚合物脱挥过程的节能是一个重要的研究课题[54]。

然而，在聚合物脱挥过程中，聚合物溶液或熔体通常属于高黏流体，甚至是超高黏流体，因此，聚合物溶液在脱挥器内流动时，薄膜厚度、流动性及传质阻力都将受到巨大的限制。研究表明，传统脱挥设备的传质效率除与物料本身物性有关外，还与两相间接触面积、流动状况及相对速度有关，而这些因素均受重力加速度 g 的限制。前人在研究过程中得到传质系数与重力加速度的关系为 $K_L \propto g^{1/3}$ 或 $K_L \propto g^{1/6}$[55～57]。传统的脱挥设备在重力场下操作，由于重力加速度 g 是一个不可改变的有限值，传质强化受到限制，最终导致传统设备体积庞大，空间利用率低，设备投资及运行费用大。这就对脱挥设备提出了特殊的要求，即能够在高黏度操作时仍保持较高的分离效率。旋转填充床作为超重力技术的核心装置，为高粘体系脱挥提供了一种解决上述问题的有效新途径。

9.5.1 超重力脱挥技术特点

美国 Case Western Reserve University 的郝靖国利用旋转填充床在真空下操作，脱除聚苯乙烯熔融体中的苯乙烯单体，实验取得了成功[58]。实验中使用的聚苯乙烯相对分子质量为 3.2×10^5，其黏度为 300Pa・s，属于高黏流体。旋转填充床以 2500r/min 的速度在 250℃下操作，由真空泵将操作压力控制在 133～1333Pa。聚合物中含乙苯 320×10^{-6}，苯乙烯单体 900×10^{-6}。经旋转填充床处理后，乙苯含量下降到 5×10^{-6} 以下，苯乙烯单体含量下降到 22×10^{-6}，达到了食品级的要求。该技术据说当年已在美国陶氏化学实现了工业化应用，但一直在保密之中。

相对于常规工业脱挥器，旋转填充床具有如下优势：

① 在脱挥过程中，高黏聚合物溶液在离心力作用下通过填料，停留时间短，减少了温度对聚合物热稳定性的影响，因此，可提高聚合物的处理温度，增强挥发分的脱除效果；

② 旋转填充床的填料对高黏聚合物的剪切作用，使得液相被分割成液膜，增大了物料在填料单位体积内的传质面积，提高了表面更新速率，强化了高黏聚合物的脱挥过程；

③ 相对于常规工业脱挥器，旋转填充床结构紧凑，极大地缩小了设备尺寸与重量。

因此，旋转填充床是一种高效、低能耗、投资少、结构简单的可用于高黏聚合物溶液脱挥的理想设备。

9.5.2 超重力脱挥传质模型

到目前为止，已有许多学者对旋转填充床强化传质的机理做过研究。由于在模拟超重力环境下，液体在巨大剪切力的作用下被拉伸成膜、丝或滴，因此，学者们研究旋转填充床内的传质过程时，通常将填料内流体的流动形式简化为液滴或液膜流动。结合脱挥体系的高黏性以及前人的研究成果，假设旋转填充床填料主体内液体的主要流动方式为液膜。因此，对液膜流动行为及扩散传质行为，以及旋转填充床内总体传递现象的研究具有十分重要意义。

为建立超重力脱挥传质模型，首先以糖浆为高黏度载体，丙酮为挥发分，在薄膜模拟脱挥器中进行薄膜气液传质实验。系统考察了不同操作条件下薄膜的气液传质性能（以挥发分脱除率 E 表征），如薄膜尺寸、体系黏度、挥发分起始浓度、脱挥温度、真空度等，并结合实验数据，从经典渗透理论和质量守恒定律出发，建立薄膜式脱挥器中脱挥传质模型，并在该模型的基础上，进行适当的假设，最终建立了旋转填充床内脱挥传质模型[59]。

9.5.2.1 薄膜式脱挥器脱挥传质模型的建立

如图 9-76 所示，薄膜模拟脱挥器产生的薄膜可以视为一个截面为 $h\times\delta_f$，长为 l 的长方体，薄膜流动方向与地球重力方向一致。

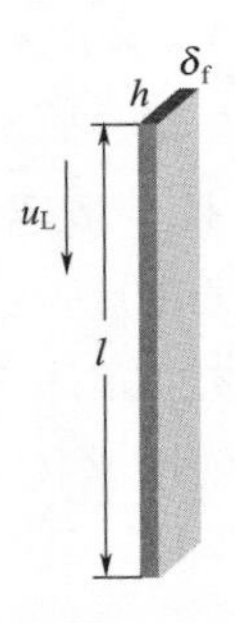

图 9-76 薄膜结构示意图

由于薄膜截面的长宽比范围为 16.7～50，因此，在建立薄膜气液相传质模型时，忽略两个面积为 $\delta_f\times l$ 的气液相界面对传质的作用，整个传质过程中，所有挥发分传质通量均通过其他两个气液相界面传递。基于渗透模型和质量守恒关系，可得到扩散传质后流体内丙酮含量计算公式：

$$C_A=C_0-\frac{2}{\delta_f}\times\frac{A}{A_f}\sqrt{\frac{Dt_f}{\pi}}(C_0-C_e) \tag{9-5}$$

因此，丙酮脱除率可由下式表示：

$$E=\frac{C_0-C_A}{C_0} \tag{9-6}$$

由式(9-5) 可知，为建立液膜扩散传质模型，还需解决气-液相传质面积、丙酮在实验体系内的扩散系数以及气-液相平衡浓度等参数问题。

（1）模型参数

① 气液相传质面积。由于在实验过程中发现气液相界面在丙酮传递过程中起到非常重要的作用，甚至是主导作用。因此，在进行气液扩散传质理论研究时，忽略液膜表面面积的扩散传质，假设丙酮传递过程只发生于气泡表面的气液相界面，且气泡内气相压力与薄膜模拟脱挥器内气相压力保持一致。气泡总表面积可关联为气泡平均半径与单位面积气泡密度的方程：

$$A=A_B=\rho_B A_f 4\pi R_B^2 \tag{9-7}$$

气泡平均半径可由下列公式计算：

$$P_B V_B=nRT \tag{9-8}$$

$$V_B=\frac{4\pi R_B^3}{3} \tag{9-9}$$

$$n=(C_0-C_A)V_L \tag{9-10}$$

$$V_L=h\delta_f l \tag{9-11}$$

式(9-7) 单位面积气泡密度可参考 Stewart[60] 等人对橡胶内气泡的均相成核理论研究结果，假设气泡数目与气相压力变化基本呈线性关系。

$$\rho_B=a(P_0-P) \tag{9-12}$$

② 挥发分在高黏度流体中的扩散系数。高黏体系薄膜在气液相传质实验过程中，挥发分在高黏体系中的扩散系数只与体系黏度和温度相关，其关联式如下式所示：

$$D=BT^{\alpha}\mu^{\beta} \tag{9-13}$$

③ 高黏体系中挥发分的气液相平衡浓度。研究的工作体系是由糖类、水和丙酮所组成的牛顿型高黏体系。由于糖类的沸点很高且扩散速率很慢，我们认为糖类在整个脱挥实验过程中只是起到增加体系黏度的作用，对丙酮的气液传质过程不产生影响。因此，假设高黏体系的平衡状态类似丙酮-水二元体系，由该二元体系获得的平衡浓度替代实验体系内丙酮的平衡浓度。通过采用 Aspen Plus 软件对丙酮-水体系内丙酮平衡浓度进行模拟计算。模拟所得结果为：

$$C_0-C_e\approx C_0 \tag{9-14}$$

（2）实验验证　根据薄膜气液相传质的实验数据，对上述传质模型进行拟合计算，得到：

$$a=1.128\times10^{-3} \tag{9-15}$$

$$D=6.9\times10^{-16}T^{3.292}\mu^{-1.242} \tag{9-16}$$

关联式的决定系数平方值（R^2）为 0.98。利用传质模型对不同膜厚度和膜暴露时间下的实验值，以及不同真空度和起始浓度下的实验值进行计算，并与实验值进行对比，结果如图 9-77 和图 9-78 所示。可以看出，丙酮脱除率的实验值与计算值趋势吻合度较好。

利用该传质模型对高黏体系气液传质实验其他条件下的结果进行了预测（如图 9-79），丙酮脱除率的预测值与实验值的相对误差范围为±15%。利用上述传质模型，结合实验数据，可以计算出丙酮在高黏体系（即糖浆水溶液）中的扩散系数，其数量级为 $10^{-10}\,m^2/s$。

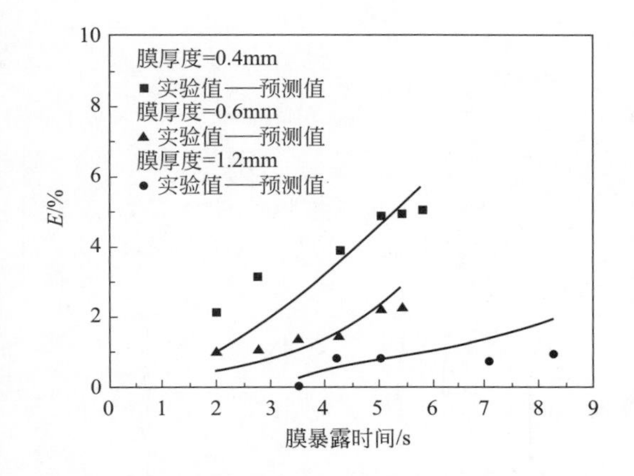

图 9-77　不同薄膜厚度和膜暴露时间下实验值与预测值的比较

注：丙酮起始浓度＝1.24（质量）%，黏度＝104Pa·s

温度＝285.15K，真空度＝0.099MPa

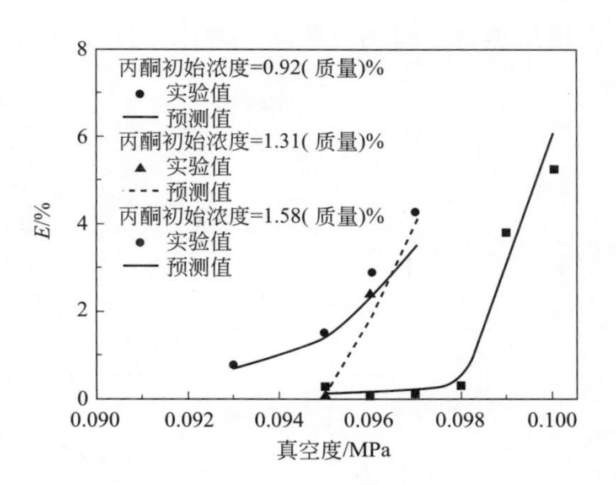

图 9-78　不同真空度和起始浓度下实验值与预测值的比较

注：黏度＝104Pa·s，温度＝285.15K

薄膜厚度＝0.4mm，扩散时间＝5s

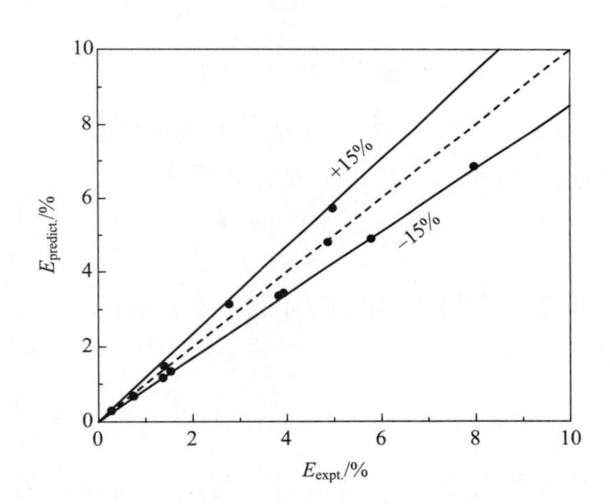

图 9-79　丙酮脱除率的实验值与预测值比较

9.5.2.2　旋转填充床脱挥传质模型的建立

在建立旋转填充床脱挥传质模型之前，必须先对填料以及旋转填充床内流体流动进行合理的简化和假设。由于旋转填充床和薄膜模拟脱挥器内的脱挥实验所用高黏体系均为糖浆-丙酮体系，因此，传质模型内与高黏体系物性相关的表达式和参数保持一致。然而，在脱挥过程中，高黏体系薄膜在旋转填充床丝网填料内快速流动，无法直接测量薄膜的尺寸。因此，采用前人研究获得的经验公式计算薄膜的长度和厚度。

（1）液膜在填料丝网内的飞行速度及轨迹　由于高速旋转填料丝网提供给液膜的周向速度远远大于其提供的法向速度，假定液膜被第Ⅰ层填料丝所捕获，且完成绕丝流动过程后，重新黏附在一起的液膜立即以第Ⅰ层填料丝所具有的周向速度，并沿该层填料丝的切线方向流向第Ⅰ+1层填料丝，液膜的运动轨迹如图9-80所示。由假设可得到液膜飞行速度U_i以及在两层填料之间飞行距离 l_i 的计算公式为：

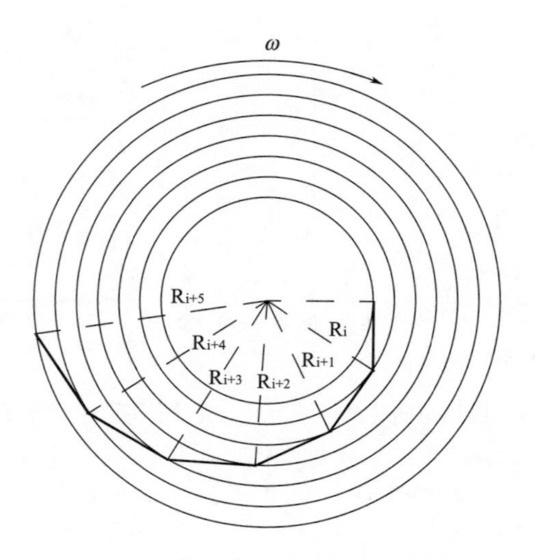

图 9-80 填料层内液膜飞行轨迹示意图

$$U_i=[R_1+(i-1)\times d]\times\omega \tag{9-17}$$

$$l_i=\sqrt{(R_1+id)^2-[R_1+(i-1)\times d]^2} \tag{9-18}$$

式中，d 为两层填料丝间的距离，可由下式计算得到：

$$d=\frac{R_2-R_1}{N_P-1} \tag{9-19}$$

则在此过程中的飞行时间，即膜暴露时间可由下式表示：

$$t_{f,i}=\frac{l_i}{U_i} \tag{9-20}$$

（2）模型参数

① 液膜厚度。流体从液体分布器中喷出后，与填料内端区的丝网接触，形成液膜。随着填料半径的增大，填料丝网提供给液膜的周向速度越来越大，液膜厚度也随之越来越小。Munjal[61]等人基于对旋转圆盘和叶片上液膜厚度进行分析研究来估计液膜厚度，其结果为：

$$\delta_{f,i}=\left[3\left(\frac{Q}{2\pi r_i}\right)\frac{\nu_L}{r_i\omega^2}\right]^{1/3} \tag{9-21}$$

$$\nu_L=\frac{\mu}{\rho} \tag{9-22}$$

为了减少计算量，忽略液膜在填料内的厚度变化，假设流体以厚度一致，并且宽度与填料轴向距离一致的液膜形式存在，直至流出填料。因此，用填料的几何平均半径 r 代替式（9-21）中的半径 r_i 计算液膜厚度：

$$r=\sqrt{\frac{R_1^2+R_2^2}{2}} \tag{9-23}$$

$$\delta_{\mathrm{f}}=\left[3\left(\frac{Q}{2\pi r}\right)\frac{\nu_{\mathrm{L}}}{r\omega^{2}}\right]^{1/3} \tag{9-24}$$

② 液膜长度及膜暴露时间。假设流体以厚度和宽度均一的液膜形式存在，直至流出填料，并且由图 9-82 可知，相同填料内不同操作下液膜的流动轨迹一致。因此，可将流体在填料中流动的液膜作为一条类似于图 9-78 所示的液膜处理。液膜的厚度由公式(9-24) 计算，其宽度与填料轴向宽度一致，长度为各填料空间内液膜长度的总和，由下式表示：

$$l=\sum_{i=1}^{N_{\mathrm{P}}-1} l_{i} \tag{9-25}$$

膜暴露时间为各填料空间内液膜的膜暴露时间之和［如公式(9-26) 所示]：

$$t_{\mathrm{f}}=\sum_{i=1}^{N_{\mathrm{P}}-1} t_{\mathrm{f},i}=\sum_{i=1}^{N_{\mathrm{P}}-1} \frac{l_{i}}{U_{i}} \tag{9-26}$$

由此计算得到，在实验范围内，液膜在填料空间内的停留时间范围为 0.1～1s。

(3) 实验结果与模型计算值比较　将旋转填充床内液膜尺寸代入传质模型，结合旋转填充床内高黏体系脱挥的实验数据进行模拟计算。由于旋转填充床填料内高黏体系比薄膜式脱挥器更容易起泡，因此，在模拟计算过程中，传质模型的气泡密度方程常数 a 取 7.253×10^{-3}。

基于传质模型，将旋转填充床脱挥的实验值与模型计算值进行了比较，结果如图 9-81～图 9-84 所示。由图可以看出，各单因素实验值与计算值的变化趋势均保持一致，相对误差范围为±30%。其中，进料体积流量估算方法的误差导致了丙酮脱除率的实验值要高于计算值。由真空度对丙酮脱除率的影响趋势对比，进一步说明了由真空度引起的水分气化起泡和水分损失对丙酮脱除率的影响，并验证了对高黏体系脱挥的实验研究中提出的关于真空度对薄膜扩散传质效率的影响分析。

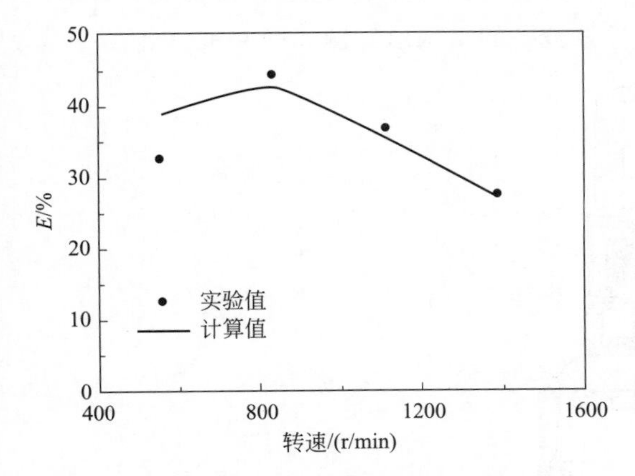

图 9-81　不同转速时丙酮脱除率的实验值与计算值的比较

注：丙酮起始浓度=0.66 (质量)%，
真空度=0.099MPa
温度=285.15K，黏度=70Pa·s，
进料量=100mL/min

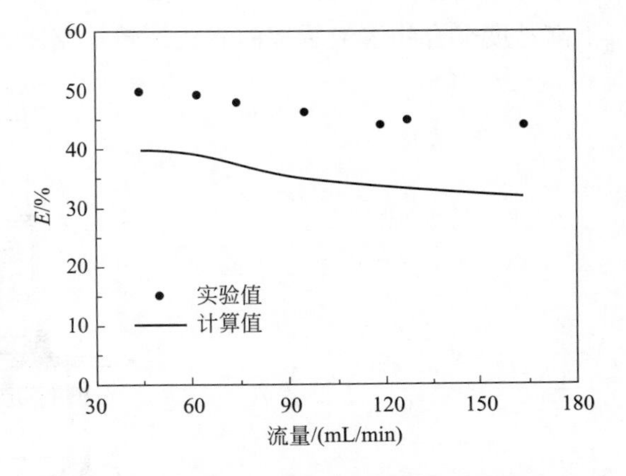

图 9-82　不同进料流量时丙酮脱除率的实验值与计算值的比较

注：丙酮起始浓度=0.81 (质量)%，
RPB 转速=1112r/min
温度=285.15K，黏度=100Pa·s，
真空度=0.099MPa

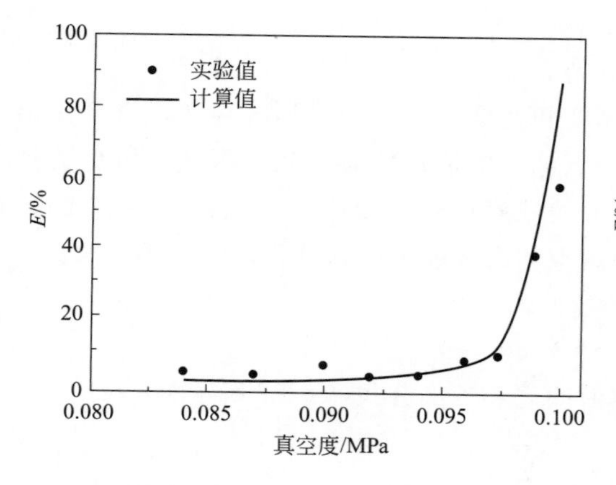

图 9-83 不同真空度时丙酮脱除率实验值与计算值的比较

注：丙酮起始浓度=0.71（质量）%，进料量=59mL/min
温度=285.15K，黏度=70Pa·s，RPB 转速=834r/min

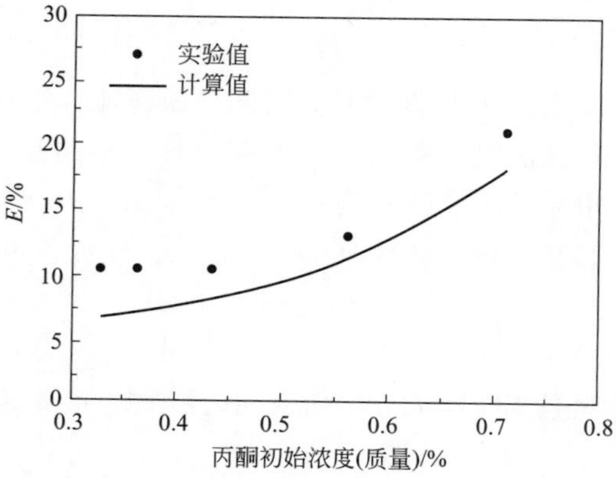

图 9-84 不同起始浓度时丙酮脱除率实验值与计算值的比较

注：进料量=63mL/min，RPB 转速=834r/min
温度=285.15K，黏度=70Pa·s，真空度=0.098MPa

9.5.3 超重力脱挥技术的工业应用

由于超重力技术在脱挥过程中的独特优势，目前已将该技术成功应用于聚酯和聚丙烯腈基碳纤维等体系的脱挥过程。例如，根据聚丙烯腈基碳纤维脱挥工艺过程，设计了一种适用于高黏度聚合物溶液脱挥的立式旋转填充床[62]，该设备的结构示意图如图 9-85 所示。

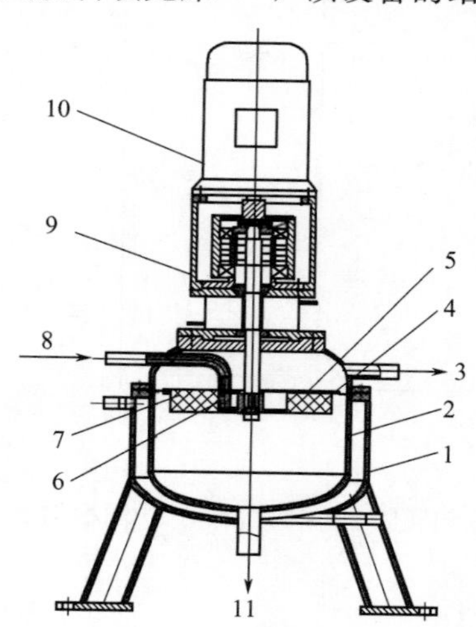

图 9-85 高黏体系脱挥旋转填充床结构示意图

1—外壳体；2—内壳体；3—出气口；4—填料；5—转子压盖；6—液体分布器；7—转子；8—进料口；9—磁力驱动系统；10—电机；11—出料口

该旋转填充床脱挥装置可以保证高黏度聚合物溶液能够在填料内均匀分布，防止溶液漏出，并采用真空脱挥的方式避免高压解吸气体的通入以及脱挥后解吸气体的分离过程。同时，旋转填充床的转子压盖进行开孔设计，如图 9-86 所示。挥发分的蒸气通过压盖上的开孔沿转子轴向流动，使挥发分蒸气极易被脱除，强化了脱挥过程。

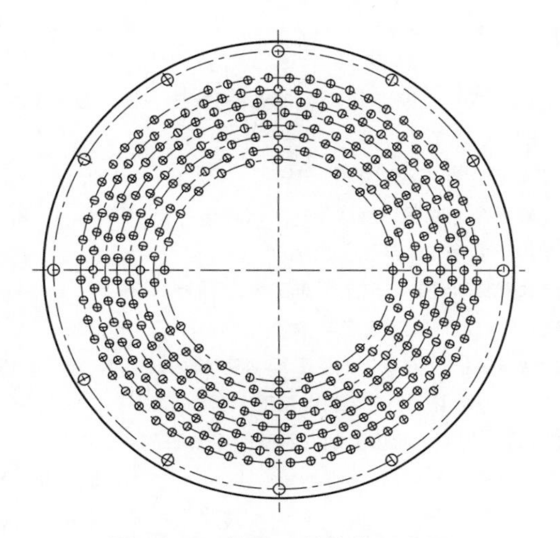

图 9-86　转子压盖结构示意图

研究了不同真空度、丙烯腈初始含量、脱挥级数对丙烯腈脱除效率的影响，实验结果如表 9-9 所示。由表可知，丙烯腈聚合原液经一级脱挥后，聚合原液内丙烯腈含量已降低至 0.19(质量)%，满足纺丝过程对纺丝液的基本要求 [<0.3(质量)%]，且对比分子量、分子量分布和黏度可以发现，这些指标没有明显变化。经二级脱挥后，聚合物分子量变化率小于 10%，分子量分布变化率小于 2.5%，黏度变化率小于 9%，丙烯腈含量降至 0.04(质量)%，达到残留单体含量小于 0.1(质量)%的工业最佳指标要求。

表 9-9　丙烯腈聚合原液脱挥结果

项目	聚合原液初始状态	一级脱挥	二级脱挥
丙烯腈含量(质量)%	0.5	0.19	0.04
脱除率/%	—	62	92
重均分子量	2.35×10^5	2.33×10^5	2.14×10^5
数均分子量	1.8×10^5	1.8×10^5	1.6×10^5
分子量分布	1.314	1.312	1.346
黏度①/Pa·s	44	43.5	40

① 黏度的测试条件为剪切速率 $100s^{-1}$，温度 60℃。

目前，旋转填充床脱挥技术已成功应用于某特种纤维有限公司某型号碳纤维的千吨级首条国产化工业生产线中，使碳纤维力学拉伸强度提高了 5.5%，离散指数下降 0.4 个百分点，洗液中单体含量从原来的 200×10^{-6} 下降至 14×10^{-6}，取得了工业化应用的成功，由此成功突破了碳纤维连续稳定生产和质量保证的工业难题。

综上所述，超重力分离强化技术已在气体净化、环保、精馏、水处理、高黏聚合物体系脱挥等工业过程中得到应用，呈现出明显的节能减排成效。随着技术不断进步，它的应用将会越来越广。

参考文献

[1] 周绪美，郭锴，王玉红，冯元鼎，郑冲，单永年，张希俭，周秋柱．超重力场技术用于油田注水脱氧的工业研究．石油化工，1994，23：807-812.

[2] 周本省．工业水处理技术．北京：化学工业出版社，1997.

[3] 解振华．控制酸雨和二氧化硫污染　改善环境质量．中国环保产业，1998，2：22-23.

[4] 童志权．工业废气净化与利用．北京：化学工业出版社，2001.

[5] 王华，祝社民．烟气脱硫技术研究新进展．电站系统工程，2006，22：5-7.

[6] 胡少华，齐美富．锅炉烟气脱硫进展．能源研究与信息，2003，19：95-100.

[7] 赵玲．二氧化硫污染治理现状及其研究进展．长春工程学院学报，2001，2：16-19.

[8] 王俊．超重力烟气脱硫工艺研究［D］．北京：北京化工大学，2009.

[9] 王俊，邹海魁，初广文，陈建峰，刘冲．超重力烟气脱硫的实验研究．高校化学工程学报，2011，25：168-171.

[10] 赵志强．规整填料旋转填充床压降特性及传质性能研究［D］．北京：北京化工大学，2014.

[11] 刘昭．柠檬酸钠法烟气脱硫工艺的研究［D］．北京：北京化工大学，2013.

[12] 刘昭，邹海魁，初广文，李崇，向阳，王伟，冯姣，陈建峰．旋转填充床中柠檬酸钠法烟气脱硫的实验研究．北京化工大学学报（自然科学版），2014，41：34-38.

[13] Mamta T., Tamama A.. Evaluation of chemicals to control the generation of malodorous hydrogen sulfide in waste water, Water Res. 1994, 28: 2545-2552.

[14] 宁艳，王纯园，吴威．气相色谱法测定焦炉煤气中硫化氢．化工技术与开发，2004，33：33-34.

[15] Elsayed Y., Seredych M., Dallas A., Bandosz T. J. Desulfurization of air at high and low H_2S concentrations, Chem. Eng. J. 2009, 155: 594-602.

[16] 陆建刚，王连军．胺法脱硫技术进展．气体净化，2005，5：1-6.

[17] 曹会博．超重力旋转床脱除伴生气中的硫化氢的实验研究［D］．北京：北京化工大学，2011.

[18] 张剑锋．液相氧化还原法脱硫工艺的现状与发展．石油与天然气化工，1992，21：142-149.

[19] 丁子豪．超重力法脱除焦炉煤气中硫化氢的实验研究［D］．北京：北京化工大学，2014.

[20] 李华．超重力吸收法脱除硫化氢的实验研究［D］．北京：北京化工大学，2010.

[21] 李华，钱智，姚远，郭锴．*N*-甲基二乙醇胺/二乙醇胺在超重机中脱除 H_2S 的实验研究．北京化工大学学报（自然科学版），2010，37：21-24.

[22] 曹会博，李振虎，郝国均，钱智，王文宾，郭锴．超重力络合铁法脱除石油伴生气中 H_2S 的中试研究．石油化工，2009，38：971-975.

[23] 梁作中，王伟，韩翔龙，刘杰，陈建峰，初广文，邹海魁，赵宏．铁基脱硫剂超重力法脱除硫化氢．化工进展，2015，34：2065-2069.

[24] 邹海魁，初广文，赵宏，向阳，陈建峰．面向环境应用的超重力反应器强化技术：从理论到工业化．中国科学：化学，2014，44（9）：1413-1422.

[25] 邹海魁，初广文，向阳，罗勇，孙宝昌，陈建峰．超重力反应强化技术最新进展．化工学报，2015，66：2805-2809.

[26] 刘涛．超临界 CO_2 制冷循环的应用与研究，制冷与空调，2007，21：39-41.

[27] 周如金，顾立军，李德豪．超临界二氧化碳在环境保护中的应用．化工环保，2003，23：270-273.

[28] 原华山，银建中，丁信伟．超临界 CO_2 萃取大豆油的实验研究．化学工业与工程技术，2003，23：3-5.

[29] Pyo D. Separation of vitamins by supercritical fluid chromatography with water-modified carbon dioxide as the

mobile phase, J. Biochem. Biochem. 2000, 43: 113-123.
[30] 姜斌，王大为，冯炜，杜尚臣．二氧化碳和甲醇直接合成碳酸二甲酯的技术．化工进展，2003，22: 43-45.
[31] 易飞．超重力技术脱除二氧化碳的实验和模拟研究 [D]．北京：北京化工大学，2008.
[32] 郭锴，李幸辉，邹海魁，初广文，杨春基，陈建峰．超重力法脱除变换气中的 CO_2．化工进展，2008，27: 1070-1073.
[33] 谢冠伦．新型结构旋转床吸收混合气中二氧化碳的研究 [D]．北京：北京化工大学，2010.
[34] 谢冠伦，邹海魁，初广文，张富明，陈建峰，佘政军．新型结构旋转床吸收混合气中 CO_2 的实验研究．高校化学工程学报，2011，25: 199-204.
[35] 张亮亮．超重力旋转填充床强化湿法脱碳和脱硝过程研究 [D]．北京：北京化工大学，2012.
[36] Zhang L. L., Wang J. X., Xiang Y., Zeng X. F., Chen J. F., Absorption of carbon dioxide with ionic liquid in novel rotating packed bed contactor: mass transfer study, Ind. Eng. Chem. Res. 2011, 50: 6957-6964.
[37] 郭锴．超重机转子填料内液体流动的观测与研究 [D]．北京：北京化工大学，1996.
[38] 张海峰．旋转床除尘技术的研究 [D]．北京：北京化工大学，1996.
[39] 沈志刚．超重力反应器中合成超细碳酸钙的过程与形态控制研究 [D]．北京:北京化工大学, 1999.
[40] 王玉红等．旋转填充床新型反应器中合成纳米 $CaCO_3$ 过程特性研究．化学反应工程与工艺，1997（6）: 141-146.
[41] Short H. New mass-transfer find is a matter of gravity, Chem. Eng. 1983, 21: 23-29.
[42] Ramshaw C., Mallinson R. H. Higee distillation-an example of process intensification, Chem. Eng. 1983, 90: 13-14.
[43] Kelleher T., Fair J. R. Distillation studies in a high-gravity contactor, Ind. Eng. Chem. Res. 1996, 35: 4646-4655.
[44] 陈文炳，金光海，刘传富．新型离心传质设备的研究．化工学报，1989，5: 635-639.
[45] Lin C. C., Ho T. J., Liu W. T. Distillation in a rotating packed bed, J. Chem. Eng. Jpn. 2002, 35: 1298-1304.
[46] Reddy K. J., Gupta A., Rao D. P., Rama O. P. Process intensification in a HIGEE with split packing, Ind. Eng. Chem. Res. 2006, 45: 4270-4277.
[47] Li X P, Liu Y Z, Li Z Q, Wang X. L. Continuous distillation experiment with rotating packed bed, Chi. J. Chem. Eng. 2008, 16: 656-662.
[48] Nascimento J. V. S., Ravagnani T. M. K., Pereira J. Experimental study of a rotating packed bed distillation column, Braz. J. Chem. Eng. 2009, 26: 219-226.
[49] Mondal A., Pramanik A., Bhowal A., Datta S. Distillation studies in rotating packed bed with split packing, Chem. Eng. Res. Des. 2012, 90: 453-457.
[50] 计建炳，俞云良，徐之超．折流式旋转床——超重力场中的湿壁群．现代化工，2005，25: 52-54.
[51] Wang G. Q., Xu Z. C., Yu Y. L., Ji B. J. Performance of a rotating zigzag bed—a new higee, Chem. Eng. Process. 2008, 47: 2131-2139.
[52] 高鑫，初广文，邹海魁，罗勇，张鹏远，陈建峰．新型多级逆流式超重力旋转床精馏性能研究．北京化工大学学报（自然科学版），2010，4: 1-5.
[53] Chu G W, Gao X, Luo Y, Zou H. K., Shao L., Chen J. F. Distillation studies in a two-stage counter-current rotating packed bed, Sep. Purif. Technol. 2013, 102: 62-66.
[54] 顾培韵．聚合物系的脱挥发分设备．合成橡胶工业，1994，17: 195-199.
[55] Van Krevelen D. W., Hoftijzer P. J. Studies of gas absorption. I. Liquid film resistance to gas absorption in scrubbers, Recl. Trav. Chim. Pays-Bas, 1947，66: 49-54.
[56] Vivian J. E., Peaceman D. W. The influence of gravitational force on gas absorption in a packed column, AIChE J. 1955, 2: 437-441.
[57] Norman, W. S. Sammak, F. Y. Y., Gas absorption in a packed column - Part I: The effect of liquid viscosi-

ty on the mass transfer coefficient, Trans. Inst. Chem. Eng. 1963, 41: 109-116.
[58] Haw J. Mass transfer of centrifugally enhanced polymer devolatilization by using foam metal bed [D]. Cleveland: Case Western Reserve University, 1995.
[59] 李沃源．旋转填充床内高黏聚合物脱挥的实验、理论及应用研究 [D]．北京：北京化工大学，2009.
[60] Stewart C. W. Nucleation and growth of bubbles in elastomers, J. Polym. Sci.: Part A-2, 1970, 8: 937-955.
[61] Munjal S., Dudukovic M. P., Ramachandran P. Mass-transfer in rotating packed beds-I. Development of gas-liquid and liquid-solid mass-transfer correlations, Chem. Eng. Sci. 1989, 44: 2245-2256.
[62] 陈建峰，李沃源，初广文，邹海魁，毋伟，张鹏远．一种脱除聚合物挥发分的方法及装置 [P], ZL200710120712. 7.

第10章 展 望

超重力技术自诞生以来，已经历了40多年的发展，有许多研究者做了大量的工作，特别是我国，已经将该技术应用于化工、环保、纳米材料、医药、能源、冶金等工业过程的反应与分离过程强化。本书中前面各章中介绍了超重力技术基本概念、科学基础原理、新工艺及工业应用实例，本章展望超重力技术未来发展方向及应用前景。希望能对读者起到抛砖引玉的作用，并期望在不久的将来，这些愿景均能变成现实，造福人类。

10.1 催化反应过程

化工生产过程中许多产品的生产都是在催化条件下进行的，如氨合成反应、变换反应、甲烷化反应、氨氧化以及丙酮、苯、丁二烯、正丁醇、丁烯、异丙苯等的生产均是在催化条件下进行的。可以说没有催化反应就没有今天的化学工业。因此，开发适用于不同目的的催化反应器具有十分重要的实用价值。

催化反应可分为均相催化反应和非均相催化反应。不论是何种催化反应，反应过程都包括传质过程和反应动力学过程。对以固体为催化剂的催化反应，又可分为内扩散过程和外扩散过程和反应本身。传质过程的快慢不仅会影响整个反应速度的高低，还影响到反应物料在反应器内的停留时间分布，进而影响反应过程的选择性和产品收率，并影响产品分离提纯的难易程度。

超重力技术的突出特点是可以使传质过程得到极大的强化，其传质效率可以达到填料塔或固定床反应器的几十倍至上百倍。另外，物料在超重力反应器中的停留时间短，并且停留时间分布均匀。可以预见，将超重力机用于外扩散过程（或均相反应中的传质过程）为控制步骤，或传质过程阻力在总反应阻力中占有显著份额的催化反应过程将是非常有利的，可明显提高反应速率，减小反应器体积，降低催化剂用量或减小反应系统压力；降低反应物料通过反应器的流动阻力，节约操作费用；提高反应过程的选择性和收率，并减轻后续工序的分离提纯负荷。

10.2 聚合反应过程

合成高分子材料的出现，开辟了化学的新纪元。现代化学工业，特别是石油化学工业的发展，就是与合成树脂、合成橡胶与合成纤维这三大合成材料的发展分不开的。在生产高分子材料过程中，其核心过程无疑是聚合反应过程。纵观高分子的合成，有如下一些特点。

① 与一般低分子物不同，它除了单体转化率这一指标外，还多了平均分子量和分子量分布问题，它们都因直接影响到产品的性能而须加以控制，这体现了聚合在动力学方面的复杂性。

② 多数高聚物体现黏度都是很高的，有的则是多相特性。它们的流动、混合以及传热、传质等等都与低分子体系有很大的不同；而且根据物系特性和产品性能的要求，反应装置的结构往往也需作一些专门的考虑，这些体现了聚合反应装置中的传递过程的复杂性。

③ 聚合反应放热较大而又对热十分敏感。温度增高，聚合物的分子量便迅速降低，分子量分布变宽，物理力学性能往往变差从而使产品不能合格。

工业上的聚合方法主要有本体聚合、溶液聚合、乳液聚合和悬浮聚合。本体聚合的最大优点是产品纯，不需要后处理设备。但本体聚合不易传热，尤其是转化率增高后黏度增大，搅拌和传热就更困难了，从而使分子量分布变宽。悬浮聚合的本质与本体聚合相同，只是把单体分散成悬浮于水中的液滴而已。这样传热问题就好解决了，但设备能力相应减少，并要用分散剂稳定液滴和增加后处理的手续。乳液聚合是使单体溶入乳化剂所形成的胶束中而进行的。反应速度快，分子量很大，传热也不成问题，但是乳化剂不易从产品中洗干净而影响产品质量，一般只用于对制品纯度要求不高的情况。溶液聚合的应用越来越多，尤其在离子型聚合方面更是如此，其反应速度很快。

已有的研究表明，分子混合对聚合过程有重要的影响，主要表现在对产物的分子量分布、链长分布、粒径分布、转化率等的影响方面。鉴于聚合反应过程特点及传热、传质和分子混合对聚合过程的重要影响作用，从理论上讲，超重力装备作为聚合反应器是非常合适的。据称，英国 Newcastle 大学的 Ramshaw 教授领导的科学小组，已开发具有特种结构的旋转聚合反应器，用于光聚合反应过程，与常规装置中的情况相比，其转化率和分子量均有显著提高。

我们知道：超重力反应器内液滴具有高度微细化特征，这种微细化作用可使有机物单体以微小液滴均匀地分散于水体介质中，从而减小分散剂或乳化剂用量，甚至可实现无皂聚合，大大减少后续处理过程负荷和成本，并提高聚合物产品纯度。由此，我们可以预计：对悬浮聚合和乳液聚合过程，超重力反应器必有其独特的优点，开发创制面向可控聚合领域的超重力组合反应器，具有广阔的应用前景。

10.3 “超重力+”法透明纳米分散体的制备及应用

纳米材料和纳米技术是 21 世纪国际前沿科技代表性领域之一，应用领域广泛。纳米颗粒是纳米材料的基本单元。目前，纳米颗粒的高性能应用至今仍面临一些难题，其中的关键科学或技术问题主要包括：纳米颗粒的稳定可控制备、高（单）分散和低成本工程放大。单分散纳米颗粒材料是近十多年来纳米材料研究过程中发展出的新一代纳米材料，其颗粒比较均匀、无团聚，分散在溶剂中可形成具有良好透明性的纳米分散体，较传统的纳米粉体材料更易于在聚合物中分散和应用，从而展现出更优异的性能，是制备高性能有机无机纳米复合材料的重要中间体，是纳米材料的重要发展方向。高效、低成本宏量可控制备高固含量、高稳定透明纳米分散体仍是一个巨大的挑战。

超重力技术在纳米粉体的制备方面已非常成熟，建成了万吨级的商业化生产线。然而，在原先超重力反应结晶法制备纳米粉体的基础上，进一步引入萃取分离过程，进而提出的超重力反应结晶-萃取分离耦合新方法，即“超重力＋”法可控制备透明纳米分散体，仍处于发展完善阶段。未来，需要进一步围绕终端应用需求，开展应用导向型的“超重力＋”法可控制备系列化、高稳定、高固含量功能纳米颗粒透明分散体的研究，包括金属、氧化物、硫化物、氢氧化物、其他无机化合物，以及有机体系等，真正形成规模化可控制备的平台技术。此外，进一步拓展所制备的高品质透明纳米分散体的应用领域并实现更多的工程应用也迫在眉睫，我们相信，其可望在3D印刷打印、柔性显示等电子信息，柔性太阳能电池等新能源，可穿戴柔性电子器件等生物医用，拟均相催化等工业催化，以及航空航天等领域具有重要的应用前景。

我国超重力技术的发展，从理论-装备-工艺三大层面，进行了系统的创新研究，成功实现了从合作跟踪到创新并跑到工业引领的跨越发展，使我国成为世界上第一个实现超重力化工强化技术商业化应用的国家。为了保障我国超重力技术的持续发展和国际工业引领地位，实现对极限、极端条件下反应过程强化，需进一步拓宽超重力技术研究范围，如研究突破高超重力强化技术、面向空间受限的海洋工程等的超重力强化新技术等。相应地，在超重力装备技术方面，需要结合3D打印等先进制造技术的发展，创制专用高孔隙、高强度填料及特殊内构件，实现超重力装备集约化、轻量化、模块化，保障安全平稳运行。